Jochen Kuhn

Authentische Aufgaben im theoretischen Rahmen von Instruktions- und Lehr-Lern-Forschung

VIEWEG+TEUBNER RESEARCH

Jochen Kuhn

Authentische Aufgaben im theoretischen Rahmen von Instruktions- und Lehr-Lern-Forschung

Optimierung von Ankermedien für eine neue Aufgabenkultur im Physikunterricht

VIEWEG+TEUBNER RESEARCH

Bibliografische Information der Deutschen Nationalbibliothek
Die Deutsche Nationalbibliothek verzeichnet diese Publikation in der Deutschen Nationalbibliografie; detaillierte bibliografische Daten sind im Internet über <http://dnb.d-nb.de> abrufbar.

Habilitationsschrift zur Erlangung der Venia Legendi für das Fachgebiet Didaktik der Physik. Vorgelegt dem Fachbereich 7: Natur- und Umweltwissenschaften der Universität Koblenz-Landau, Campus Landau, am 16.06.2008.

1. Auflage 2010

Lektorat: Ute Wrasmann | Anita Wilke

Vieweg+Teubner Verlag ist eine Marke von Springer Fachmedien.
Springer Fachmedien ist Teil der Fachverlagsgruppe Springer Science+Business Media.
www.viewegteubner.de

Umschlaggestaltung: KünkelLopka Medienentwicklung, Heidelberg
Gedruckt auf säurefreiem und chlorfrei gebleichtem Papier.

ISBN 978-3-8348-1261-2

Meiner Frau Judith und meinem Onkel Eugen

Inhaltsverzeichnis

Abbildungsverzeichnis

Tabellenverzeichnis

Überblick über die wichtigsten Ergebnisse der Arbeit

Das übergeordnete Ziel der vorliegenden Arbeit ist die Verbesserung von Lehren und Lernen im Physikunterricht. Damit fügt sie sich in den Bereich physikdidaktischer Forschung ein, die eine forschungsbasierte Entwicklung und Evaluation von Unterricht zum Gegenstand hat, sich also auf die empirische Lehr-Lern-Forschung konzentriert.

Die Motivation für diese Schrift basiert dabei auf drei in der aktuellen physikdidaktischen Diskussion prioritären **Defiziten**:

- Die in den jüngsten Analysen der PISA-Studie (PISA-2006; mit naturwissenschaftlichem Schwerpunkt) erneut bestätigte defizitäre Fähigkeit deutscher Schüler zur Anwendung ihres physikalischen Wissens in neuen Kontexten,
- die teils mit diesem Ergebnis ursächlich in Verbindung gebrachte Realitätsferne der Aufgaben und Inhalte des deutschen Physikunterrichts sowie
- die unzureichende Einbindung der auf diesen Erkenntnissen basierenden neuen Konzepte in den alltäglichen Physikunterricht.

Diese Defizite stellen die physikdidaktische Forschung vor drei grundlegende **Aufgaben**:

- Dem Bedarf an stärker schüler- und anwendungsorientierten Lehr-Lernprozessen,
- die Nachfrage nach einer hervorgehobenen Bedeutung einer neuen ‚Aufgabenkultur' im Rahmen authentischer Problemstellungen sowie
- die Forderung nach Konzepten zur nachhaltigen Implementation dieser Entwicklungen in den Physikunterricht deutscher Schulen.

Der Anspruch dieser Arbeit ist es, diesen Forderungen Rechnung zu tragen und die analysierten Defizite zu reduzieren. Dazu ist sie auf drei **Ziele** hin ausgerichtet:

1. Die theoriegeleitete Entwicklung praktikabler und flexibler Lernmedien im Rahmen von aufgabenorientierten Lernumgebungen,
2. die Implementation und detaillierte empirische Untersuchung des entwickelten Ansatzes sowie
3. die Bildung einer ‚Learning Community' als lernende, lehrende und forschende Gemeinschaft zur Unterrichtsentwicklung im Fach Physik.

Die Umsetzung dieser drei Ziele spiegelt sich im Aufbau dieser Schrift wider, deren Kapitel auf die vorangestellten Ziele bezogen sind. Die wichtigsten **inhaltlichen Ergebnisse** bezogen auf die o. g. Ziele sind:

Zu 1.: Ausgehend von einer interdisziplinären Problem- und Bedarfsanalyse (s. 2.1, 2.2) wird basierend auf dem instruktionspsychologischen ‚Anchored Instruction'-Ansatz theoriegeleitet das Konzept einer Modifizierten ,Anchored Instruction' (MAI) entwickelt (s. 2.3). Dieses greift die Vorzüge der originären Rahmentheorie auf und behebt darüber hinaus die damit verbundenen Probleme durch die Umsetzung von drei Leitlinien: ,Praktikabilität', ,Flexibilität' und ,empirische Forschung'. Erst diese Modifizierung macht eine Umsetzung der theoretischen Kernidee im Unterricht de facto überhaupt praktikabel möglich. Dies wird in dieser Arbeit durch die Entwicklung und theoretische Einbettung von Zeitungsaufgaben als authentisch wirkendes Lernmedium zur Verankerung des Wissens an realitätsnahen Lerngegenständen verdeutlicht.

Zu 2.: a) Die Effektivität der Implementation von Zeitungsaufgaben in den Physikunterricht als Lernmedium im Sinne des MAI-Ansatzes bildet den *Untersuchungsschwerpunkt I* dieser Arbeit und wird durch die Prüfung von Breitenwirkung und Robustheit des Ansatzes hinsichtlich Lerneffekt (hier: Lernleistung in Physik) und Motivation im Rahmen einer Interventionsstudie untersucht (s. 3). An dieser Studie nahmen schulartübergreifend 15 Lehrkräfte und 911 Lernende in insgesamt 39 Schulklassen an zehn verschiedenen Schulen in den Themenbereichen ,Geschwindigkeit' und ,Elektrische Energie' teil. Die Ergebnisse zeigen, dass Zeitungsaufgaben themenübergreifend zu größerer Motivation und Leistungsfähigkeit der Lernenden führen als ,traditionelle' Aufgaben (Motivation: $p < 0.001$; $d_{\text{Gesamt}} = 0.87$; Leistung: $p < 0.001$; $d_{\text{Gesamt}} = 1.13$) und dass diese Überlegenheit zudem auch wenigstens mittelfristig Bestand hat (Motivation: $p < 0.001$; $d_{\text{Gesamt}} > 1.16$; Leistung: $p < 0.001$; $\omega^2_{\text{Gesamt}} > 0.09$). Neben diesen im Zentrum des Interesses stehenden Untersuchungsaspekten wurden zu den diesbzgl. formulierten Hypothesen noch Forschungsfragen untersucht, die sämtlich mögliche Einflüsse von Moderatorvariablen auf die Motivations- und Lerneffekte betreffen (Lehrkraft bzw. Lehrermerkmale, Geschlecht, Themenbereich, Schulart, Schulsystem, Physik-Vorleistung und allgemeine Intelligenz sowie Textverständnis bzw. Sprachfähigkeit). Diese lassen sich unter dem Aspekt der Robustheit der Wirkungen von Zeitungsaufgaben auf Lerneffekt und Motivation zusammenfassen: Es zeigt sich, dass die positive Wirkung von Zeitungsaufgaben auf die Motivation der Lernenden weitgehend unempfindlich gegenüber den genannten Einflussfaktoren ist. Hingegen wird die Leistungsfähigkeit neben der großen, positiven Wirkung von Zeitungsaufgaben zudem noch durch die Physik-Vorleistung sowie durch die Ausprägung des Interesses der Lehrkräfte am Unterrichten von Physik beeinflusst, und zwar in praktisch bedeutsamen Ausmaß.

b) Neben Breitenwirkung und Robustheit des MAI-Ansatzes stellt dessen Optimierung im Rahmen einer Interventionsstudie den *Untersuchungs-*

schwerpunkt II dieser Arbeit dar (s. 4). Diese Detailuntersuchung resultiert aus dem Zusammenhang zwischen Authentizität und Komplexität einerseits und kognitiver Belastung andererseits. Bezogen auf das MAI-Lernmedium Zeitungsaufgabe steht dabei die Optimierung des Instruktionstextes – also des Zeitungsartikels – im Zentrum dieser Interventionsstudie. Neben Bestätigung des im Untersuchungsschwerpunkt I analysierten grundsätzlich positiven Einflusses von Zeitungsaufgaben auf Motivation und Leistungsfähigkeit der Lernenden wird nachgewiesen, dass bei Zeitungsaufgaben mit mittelschweren Zeitungsartikeln als Instruktionstext ein Optimum der Effektivität erreicht wird (Motivation: $p < 0.01$; $\omega^2_{Gesamt} > 0.03$; Leistung: $p < 0.01$; $\omega^2_{Gesamt} > 0.04$). Somit fördern Zeitungsaufgaben mit mittelschweren Zeitungsartikeln sowohl Motivation als auch Leistungsfähigkeit besser als Zeitungsaufgaben mit leichten oder schweren Zeitungsartikeln. Dagegen sind Motivation und Leistungsfähigkeit bei der Arbeit mit ‚traditionellen Aufgaben' umso geringer je schwieriger der Aufgabentext ist. Um diese Effekte besser verstehen und für die Weiterentwicklung der Lernmedien nutzen zu können, wird zudem ein Wirkgefüge modelliert, das kausale Zusammenhänge zwischen verschiedenen Variablen darstellt, die die positive Wirkung des MAI-Lernmediums Zeitungsaufgabe auf Motivation und Leistungsfähigkeit beeinflussen. Dieses Kausalmodell verdeutlicht, dass die positive Wirkung von Zeitungsaufgaben am stärksten davon abhängt, wie stark die laut Theorie für ein MAI-Lernmedium erforderlichen Merkmale auch tatsächlich von den Lernenden als solche wahrgenommen werden (Motivation: $p < 0.001$; $b = 0.40$; Leistung: $p < 0.001$; $b = 0.30$).

Zu 3.: Ein Konzept zur Einbindung der auf Erkenntnissen der Lehr-Lern-Forschung basierenden neuen Maßnahmen in den Physikunterricht stellt den Abschluss dieser Arbeit dar (s. 5). Dazu wird ausgehend aus der für die Interventionsstudie zu Untersuchungsschwerpunkt I entwickelten Implementationsstrategie ein Netzwerk vorgestellt, indem neben der verstärkten Forschungsorientierung eine verstärke Vernetzung zwischen den Lehrkräften zur Stärkung ihrer Professionalität betragen soll. Dieses Konzept eines LehrerBildungs-Netzwerks (LeBi-Net) ist durch verschiedene Abstimmungsmaßnahmen modular aufgebaut und ist daher sehr flexibel anwendbar.

Neben diesen zielbezogenen, inhaltlichen Ergebnissen der Arbeit erfolgen neue **methodische Entwicklungen**, die bezogen auf die o. g. Ziele wie folgt zusammengefasst werden können.

Zu 2.: a) Es wird ein Instrument zur Analyse der Motivation insbesondere in authentischen Lernumgebungen entwickelt und validiert, das zunehmend in diesbzgl. angelegten Studiendesigns eingesetzt wird. Darüber hinaus erfolgt die Untersuchung der umfangreichen Stichprobe in Untersuchungsschwerpunkt I überwiegend durch Mehrebenenanalysen. Dieses Verfahren gilt auch in der psychologischen Forschung methodisch als State-of-the-Art und ist in der fachdidaktischen Forschung bisher nur ganz vereinzelt angewendet worden, sodass die vorliegende Untersuchung eine der ersten diesbzgl. Anwendungen (wenigstens im deutschsprachigen Raum) in diesem Umfang überhaupt darstellt. Erst auf dieser Basis konnte eine methodisch adäquate und solide Erarbeitung der o. g. Ergebnisse zur Breitenwirkung und Robustheit von Zeitungsaufgaben erfolgen.

b) Für die im Untersuchungsschwerpunkt II durchgeführten detaillierten Analysen wird aus methodischer Sicht zunächst eine operationalisierte Charakterisierung der verwendeten Ankermedien vorgenommen. In einem zweiten Schritt erfolgt die Entwicklung neuer Messinstrumente für die dabei definierten Variablen. Beide Punkte stellten bis dahin eine Lücke sowohl in dem originären Theorierahmen der ‚Anchored Instruction' als auch in der in dieser Arbeit erstellten Modifikation dar, die durch die Analysen im Rahmen von Untersuchungsschwerpunkt II geschlossen werden. Erforderlich hierfür sind Strukturgleichungsmodelle, die in der Psychologie als anspruchsvolle Standardmethoden gelten, jedoch in der naturwissenschafts-didaktischen Forschung dagegen deutlich zu selten eingesetzt werden.

Zu 3.: Zur exemplarischen Prüfung der Effektivität einer der erstellten Abstimmungsmaßnahme im Rahmen von LeBi-Net wird ein Messinstrument entwickelt, das gleichzeitig zur standardbezogenen Evaluation der universitären Lehre eingesetzt werden kann.

Kapitel 1: Einleitung

1.1 Problemrahmen, Bedarfsanalyse und Einordnung der Arbeit

Die Ergebnisse der internationalen Schulleistungsvergleichsstudien und Gutachten der letzen Jahre weisen einen dringenden Handlungsbedarf für den naturwissenschaftlichen Unterricht in Deutschland aus und stellen damit die naturwissenschaftlichen Fachdidaktiken vor große Herausforderungen (vgl. z. B. Baumert et al., 1997; BLK, 1997; Deutsches PISA-Konsortium, 2001; 2002; PISA-Konsortium Deutschland, 2004; 2007; Prenzel et al., 2004). Unter Berücksichtigung von jüngsten Studien speziell der physikdidaktischen Unterrichtsforschung lassen sich zunächst diese Ergebnisse im Wesentlichen in den folgenden drei Punkten zusammenfassen:

- Ein funktionales Verständnis von ‚Literacy' als Grundbildung allgemein stellt die Anwendbarkeit des in der Schule erworbenen Wissens ins Zentrum. So beschreibt ‚Scientific Literacy' als naturwissenschaftliche Grundbildung die Fähigkeit, naturwissenschaftliches Wissen anzuwenden sowie ein Verständnis von naturwissenschaftlichen Arbeitsweisen und deren Grenzen zu entwickeln, „um Entscheidungen zu verstehen bzw. zu treffen, welche die natürliche Welt und die durch menschliches Handeln an ihr vorgenommenen Veränderungen betreffen" (Deutsches PISA-Konsortium, 2001, S. 191). Bei einer solchen Auffassung von naturwissenschaftlicher Grundbildung wird deutlich, dass die Lösung von Aufgaben der PISA-Studien die Anwendung des Wissens auf Problemstellungen in verschiedenen authentischen, alltagsnahen Kontexten erfordern soll. Die schlechten Ergebnisse deutscher Schüler[1] bei dieser Studie lassen sich insbesondere auf ihre defizitäre Fähigkeit zurückführen, erworbenes Wissen in neuen Kontexten anzuwenden.
- Diese diagnostizierten Defizite deutscher Schüler bei der Anwendung konzeptuellen Wissens in verschiedenen Kontexten werden einem zu stark auf die Vermittlung von Faktenwissen und Routinefertigkeiten konzentrierten Unterricht zugeschrieben (Klieme & Stanat, 2002). Für den naturwissenschaftlichen Unterricht, und hier speziell für das Fach Physik, wurde diese Einschätzung durch umfangreiche Videostudien bestätigt, die den lehrergesteuerten, fragend-entwickelten Unterricht als dominierendes Verfahren und eine überwiegende Bearbeitung von Routineaufgaben zur Sicherung des erlernten Faktenwissens herausstellten (Prenzel et al., 2001; 2002; Duit & Widodo, 2004). Bei der seltenen Bearbeitung kom-

[1] In dieser Arbeit werden stets anstelle von Doppelbezeichnungen die Personen und Funktionsbezeichnungen in männlicher Form verwendet, stehen aber jeweils für die weibliche und männliche Form.

plexerer, realitätsnaher Problemstellungen wurden die Aufgaben häufig im Unterrichtsgespräch Schritt für Schritt unter starker Steuerung durch den Lehrer gelöst.

- Auf der anderen Seite wird derzeit deutlich, dass es die fachdidaktische wie auch die pädagogisch-psychologische Lehr-Lern-Forschung bis vor kurzem versäumt haben, ihre Ergebnisse und Theorien nachhaltig in die Unterrichtspraxis zu implementieren (Eilks et al., 2005; Demuth, Parchmann & Ralle, 2006; Gräsel & Parchmann, 2004a; 2004b). Die Entwicklung von Lehrmaterialien und Unterrichtseinheiten vorwiegend aus fachwissenschaftlicher Perspektive ohne Berücksichtigung der unterrichtspraktischen Expertise von Lehrern sowie die Vernachlässigung der Verbreitung dieser Entwicklungen führt dazu, dass diese nur in den seltensten Fällen ohne große Abstriche in der Unterrichtspraxis akzeptiert, adaptiert oder umgesetzt wurden (vgl. z. B. CTGV, 1997). Gleiches gilt für Erkenntnisse aus der fachdidaktischen und pädagogisch-psychlogischen Forschung. In diesem Zusammenhang könnte auch in der Bildungsforschung von ‚trägem Wissen' (s. 2.1) gesprochen werden: Das Wissen, wie Unterricht verbessert werden kann, findet keine oder kaum Anwendung in der Praxis.

Als Konsequenz aus diesen Ergebnissen steht speziell für den Physikunterricht in Deutschland der Bedarf nach stärker schüler- und anwendungsorientierten Lehr-Lernprozessen, nach einer hervorgehobenen Bedeutung einer neuen ‚Aufgabenkultur' im Rahmen authentischer Problemstellungen sowie nach Konzepten zur nachhaltigen Implementation dieser Entwicklungen im Zentrum der physikdidaktischen Diskussion der letzten Jahre (BLK, 1997; Eilks et al., 2005; Kuhn & Müller, 2005b; Leisen, 2005; 2006; 2007; Müller & Müller, 2002).

Diese Bedarfsanalyse findet eine theoretische Fundierung in einer situierten Auffassung von Lehren und Lernen in der Instruktionspsychologie. Die Ansätze zum Situierten Lernen propagieren ein stärker auf Verstehen und Anwenden ausgerichtetes Lernen an authentischen Problemstellungen und stimmen somit mit den o. g. Forderungen als Reaktion auf die analysierten Defizite überein. Es ist deshalb nicht überraschend, dass speziell in den naturwissenschaftlichen Fachdidaktiken die Ausweitung solcher Ansätze zum Situierten Lernen im Rahmen einer Kultivierung von Aufgaben als eine Möglichkeit zur Verbesserung von Unterrichtsqualität und Schulleistung angesehen wird (Bayrhuber et al., 2007a; 2007b; Demuth, Parchmann & Ralle, 2006; Gräsel & Parchmann, 2004a; Mikelskis-Seifert & Duit, 2007; Parchmann et al., 2001; 2006). Diese in der Fachdidaktik auch als kontextorientierte Ansätze bezeichneten Bemühungen liefern jedoch bis heute keine kohärente empirische Absicherung, ob eine Umsetzung solch situierter Lernumgebungen auch tatsächlich zu den gewünschten Effekten führt.

Zur Lösung dieser defizitären Forschungslage werden auch mit Rücksicht auf die o. g. Konsequenzen aus PISA in jüngster Zeit drei Aspekte in den Fachdidaktiken der Naturwissenschaften angeführt, die im Rahmen von Projekten zur Entwicklung und

Evaluation fachdidaktischer Forschung für den naturwissenschaftlichen Unterricht zu diesem Thema zwingend miteinander verbunden werden sollen (Eilks et al., 2005; Gräsel & Parchmann, 2004a; 2004b; Parchmann et al., 2006):

1. Entwicklung situierter Lernumgebungen im Rahmen einer neuen ‚Aufgabenkultur'

In den vergangenen Jahren entwickelten die Fachdidaktiken zahlreiche Konzepte und Materialien zum kontextorientierten Lernen und zu authentischen Problemstellungen (z. B. Herget & Scholz, 1998; Übersicht für die Physikdidaktik: Duit & Mikelskis-Seifert, 2007). Problematisch ist dabei allerdings einerseits, dass häufig eine theoretische Einbindung und Absicherung z. B. im Rahmen der Lernpsychologie fehlt und dadurch eine wissenschaftlich fundierte Erkenntnisgewinnung und Weiterentwicklung dieser Materialien nur begrenzt möglich ist. Andererseits wurden diese Bemühungen zudem nicht systematisch mit den beiden folgenden Punkten verbunden, sodass empirisch gesichertes Wissen über deren Effektivität nur spärlich vorliegt und solche Konzepte im Unterricht deutscher Schulen auch nicht weit verbreitet anzutreffen sind. Streng genommen bleiben solche Konzepte dann auf die praktische Umsetzung im Unterricht einzelner Lehrer beschränkt und sind zur Erkenntnisgewinnung, Weiterentwicklung oder für Empfehlungen nur von begrenztem Wert.

2. Implementation und detaillierte empirische Untersuchung der Effektivität solcher Lernumgebungen im Rahmen differenzierter Interventionsstudien

Neue Unterrichtskonzeptionen wurden häufig von Fachdidaktikern aus fachwissenschaftlicher Perspektive ohne Einbezug von Positionen oder gar Personen aus der Lehr-Lern-Forschung oder der Unterrichtspraxis entwickelt und anschließend den Lehrern zur Verfügung gestellt (Eilks et al., 2005; s. o.). Neben der Entwicklung der Konzepte und Materialien wurden weder in den Fachdidaktiken noch in der Lehr-Lern-Forschung Überlegungen zu deren strukturellen und inhaltlichen Implementation angestellt. Dieses oft als Kluft zwischen Theorie und Praxis diagnostizierte Problem (Stark, 2004; Stark & Mandl, 2007) resultiert aus der Konzentration auf die Mikroprozesse des Lehrens und Lernens, die eine gewisse „Institutionenblindheit" aufweisen (Terhart, 2002, S. 84). In vielen Fällen ergibt sich daraus, dass die teils sehr aufwändigen, aber praxisfernen Untersuchungen und Entwicklungen an den Bedürfnissen der Lehrer und des Unterrichts sowie an den schulischen Rahmenbedingungen vorbeigehen und somit nur schwer praktisch umsetzbar sind. Die Folgen sind eine geringe Akzeptanz bei den Lehrern und somit eine geringe Verbreitung in der alltäglichen Unterrichtspraxis (s. z. B. CTGV, 1997; Eilks et al., 2005).

Eine Implementation praktikabler Ansätze zum Situierten Lernen wäre schließlich mit einer Prüfung der Effektivität dieser Ansätze im Rahmen detailliert konzipierter Interventionsstudien zu verbinden, um einerseits überhaupt sinnvolle Empfehlungen für die Unterrichtspraxis geben und andererseits Erkenntnisse für weitergehende fachdidaktische Forschung gewinnen zu können. Dabei stehen die naturwissenschaftlichen Fachdidaktiken auch an dieser Stelle unisono vor der Forderung, praktikable Lernumgebungen unter realen Bedingungen in der Unterrichtspraxis auf deren Wirkungen hinsichtlich der Veränderung des Lernens deutscher Schüler hin zu untersuchen. Diese Forderung deckt sich mit dem in der pädagogischen Psychologie in jüngster Zeit verstärkt aufgetretenen Ruf nach einer nutzenorientierten Grundlagenforschung in der Bildung (Fischer & Wecker, 2006), die einerseits strengen Prinzipien wissenschaftlicher Forschung genügen und andererseits die Praxistauglichkeit der Erkenntnisse gewährleisten sollte. Eine derartig konzipierte Bildungsforschung soll traditionelle Grundlagen- und Anwendungsforschung nicht ersetzen, sondern ergänzen, indem sie einerseits ihre Fragestellung – stärker als reine Grundlagenforschung – aus Anforderungen von Anwendungsfeldern, in diesem Fall der Unterrichtspraxis, bezieht. Andererseits soll eine nutzenorientierten Grundlagenforschung in der Bildung – stärker als reine Anwendungsforschung – nicht lediglich an der Verbesserung pädagogischer Maßnahmen, sondern auch an der Gewinnung verallgemeinerbarer Erkenntnisse interessiert sein. Nur so werden theoretisch fundierte und aufwändig entwickelte Ansätze für Theorie *und* Praxis wirksam und brauchbar (Gräsel & Parchmann, 2004a, S. 179).

3. Dissemination des Ansatzes

Ein wichtiges Kriterium für den Erfolg neu entwickelter Unterrichtskonzeptionen und -ansätze ist aus fachdidaktischer Sicht und aus der Perspektive der Lehr-Lern-Forschung deren Verbreitung in der Unterrichtspraxis (Blumenfeld et al., 2000; Gräsel & Parchmann, 2004b; Stark, 2004; Stark & Mandl, 2007). Eine Maßnahme gilt dabei als umso erfolgreicher, je mehr Schulen oder Personen dadurch miteinander vernetzt werden.

Es liegt auf der Hand, dass die entsprechend dem hier skizzierten Anforderungsprofil konzipierten fachdidaktischen Forschungsprojekte die Bildung einer ‚Learning Community' (CTGV, 1994a) erfordern, also einer lernenden, lehrenden und forschenden Gemeinschaft in der die Expertise von Fachdidaktikern, Vertretern der Lehr-Lern-Forschung und Lehrern aus der Unterrichtspraxis miteinander verbunden werden (Eilks et al., 2005; Gräsel & Parchmann, 2004a). Damit wird neben den analysierten Defiziten aktueller Arbeiten zur Implementationsforschung auch der vielfach diagnostizierten Kluft zwischen Theorie und Praxis wenigstens in zweifacher Hinsicht entgegengewirkt: Erstens durch die transdisziplinäre Lösung des strukturellen Defizits zwischen verschiedenen Institutionen (Gräsel & Parchmann, 2004b) und zweitens durch die interdisziplinäre Bearbeitung des analysierten inhaltlichen Defizits aus Perspektiven zweier verschiedener Disziplinen, nämlich aus fachdidaktischer Sicht und der Perspektive der Lehr-Lern-Forschung (Arnold, 2006; Stark, 2004; Stark & Mandl, 2007). Somit stellt die Bildung einer ‚Learning Community' in dem hier skizzierten Sinne den *strukturellen Problemrahmen* dieser Arbeit dar.

Aus dem hier skizzierte Handlungsbedarf und Problemrahmen folgt zwangsläufig, dass die vorliegende Arbeit zunächst allgemein in den weitläufigen Komplex einer forschungsbasierten Entwicklung und Evaluation von naturwissenschaftlichem Unterricht – speziell von Physikunterricht – einzuordnen ist und damit die Verbesserung des Lehrens und Lernens zum Ziel hat. Dadurch fügt sie sich in den Bereich fachdidaktischer Forschung ein, die sich auf die Schüler, deren Lernmöglichkeiten, auf die Entwicklung von Lernumgebungen und Lernmaterialien sowie deren differenzierte empirischen Untersuchung – kurz auf die Lehr-Lern-Forschung konzentriert. Diese Richtung betont also stärker den didaktischen Anteil in der Fachdidaktik: FachDIDAKTIK. Neben diesem Bereich gibt es noch einen zweiten Zweig auf dem Feld fachdidaktischer Forschung, der sich im Rahmen fachinhaltlich-didaktischer Forschung vorwiegend am Fach orientiert und auch als ‚Stoffdidaktik' bezeichnet wird (Jahnke, 1998; Weber & Schön, 2001). Diese Richtung betont somit stärker den fachlichen Anteil in der Fachdidaktik: FACHdidaktik. Duit (2007) stellt dabei vier zentrale Aufgabenfelder für aktuelle und zukünftige fachdidaktische Forschungsarbeiten heraus:

- Fachliche Klärung (z. B. Elementarisierung)
- Didaktische Analyse (z. B. Untersuchungen zu Zielen des Unterrichts)
- Lehr-Lern-Forschung
- Forschungsbasierte Entwicklung und Evaluation von Unterricht

Während die ersten beiden Aufgabenfelder der ‚Stoffdidaktik' zugeordnet werden können, beziehen sich die letzten beiden Aufgabenbereiche auf die fachdidaktische Forschungsrichtung, die am Schüler ausgerichtet ist. Dabei charakterisiert Duit fachdidaktische Forschung in den Naturwissenschaften mit vier Kriterien (Duit, 2007, S. 93f.):

(i) Fachdidaktiken sind interdisziplinäre Wissenschaften, deren Gegenstand die Verbesserung des Lehrens und Lernens ist.
(ii) Fachliche und pädagogisch/psychologische Aspekte sollten bei jeder fachdidaktischen Arbeit – mit unterschiedlicher Gewichtung – berücksichtigt werden.
(iii) Fachdidaktische Entwicklung und Forschung umfasst vielfältige Aspekte, die eine Professionalisierung in einem breiten Qualifikationsspektrum erfordern.
(iv) Fachdidaktische Entwicklung und Forschung müssen eng miteinander verzahnt werden.

In einer zweiten Möglichkeit der Unterscheidung verschiedener Bereiche fachdidaktischer Forschung werden eine pädagogische und eine empirische Richtung gegenübergestellt (Jenkins, 2001). Der pädagogische Zweig fachdidaktischer Forschung zielt auf die Verbesserung der Unterrichtspraxis ab und verbindet Entwicklung und Forschung miteinander. Forschungsprojekte werden meist „im Feld", also in dem

Unterricht vor Ort durchgeführt. Dagegen liegt das Interesse der empirischen Richtung fachdidaktischer Forschung auf der Erhebung objektiver Daten, die zum Verständnis und zur Beeinflussung der Unterrichtspraxis benötigt werden. Forschungsprojekte dieser Richtung finden meist unter Laborbedingungen statt. Diese Unterscheidung zwischen pädagogischer und empirischer fachdidaktischer Forschung entspricht dem Unterschied zwischen angewandter Forschung und Grundlagenforschung. Während dem empirischen Bereich fachdidaktischer Forschung Praxisferne, unterrichtspraktische Irrelevanz und Verstärkung der Kluft zwischen Theorie und Praxis vorgeworfen wird, wird Vertretern der pädagogischen Richtung mangelnde Kontrolle beeinflussender Variablen sowie überhaupt mangelnde Einhaltung methodischer Standards und damit unzureichende Aussagekraft der ermittelnden Ergebnisse entgegengehalten (Wright, 1993).

Obwohl weltweit über z. T. erhebliche Spannungen zwischen Vertretern der verschiedenen Lagern berichtet wurde (Dahncke et al., 2001), setzte sich in den letzten Jahren im deutschsprachigen Raum verstärkt die Auffassung der Feinabstimmung zwischen den verschiedenen Bereichen durch: Gleichgültig an welcher Aufteilung fachdidaktischer Forschung sich orientiert wird, besteht mittlerweile mehrheitlich die Ansicht, dass sich die Bereiche nicht als Antagonisten gegenüberstehen, sondern sich infolge unterschiedlicher Schwerpunkte ergänzen sollen (Duit, 2007; Duit, Niedderer & Schecker, 2007).

Für die hier vorliegende Arbeit, die sich an einem integrierten Anforderungsprofil von Entwicklung, Implementation und Forschung sowie Dissemination situierter Lernumgebungen orientiert, bedeutet dies, dass sie gleichzeitig auch den allgemeinen Kriterien fachdidaktischer Forschung nach Duit (2007) entspricht. Somit kann sie je nach Unterteilung entweder der pädagogischen oder der an der Lehr-Lern-Forschung orientierten Richtung physikdidaktischer Forschung zugeordnet werden.

1.2 Ziele, Aufbau und Genese der Arbeit

Der in 1.1 aufgespannte inhaltliche und strukturelle Problemrahmen in der Physikdidaktik ist der Ausgangspunkt des in dieser Arbeit dargestellten Projektes und legt gleichzeitig dessen Ziele fest:

Ziel 1: Entwicklung eines praktikablen und flexiblen Lernmediums im Rahmen einer aufgabenorientierten, situierten Lernumgebung zur Verbesserung der Lernwirksamkeit im Physikunterricht.

Ziel 2: Implementation und detaillierte empirische Untersuchung des entwickelten Ansatzes durch differenziert konzipierte Interventionsstudien

Ziel 3: Bildung einer ‚Learning Community' als lernendes, lehrendes und forschendes LehrerBildungs-Netzwerk (LeBi-Net)

Die Umsetzung dieser drei Ziele erfolgt in dieser Arbeit ebenso in drei Schritten, die den Aufbau der Arbeit widerspiegeln und konsequent auf die vorangestellten Ziele bezogen sind:

1. *Kapitel 2: Von theoriegeleiteter Problemanalyse zur Entwicklung eines theoretischen Rahmenkonzepts und praktischer Konzeptumsetzung in Pilotstudien*

   Ausgehend von Ansätzen Situierten Lernens und deren Eigenschaften, Ziele und Probleme wird in Kapitel 2 zunächst eine Bedarfsanalyse für die Entwicklung situierter Lernumgebungen, speziell der ‚Anchored Instruction‘ (AI) als einer der führenden Ansätze Situierten Lernens erstellt. Darauf basierend wird ein theoriegeleitetes Rahmenkonzept entwickelt, das die Erstellung von Lernumgebungen erlaubt, die es ermöglichen, die Vorteile Situierten Lernens zu nutzen und die zuvor im Rahmen von AI diagnostizierten Probleme und Nachteile zu reduzieren bzw. zu beheben. Orientiert an dem in 1.1 dargestellten Problemrahmen und den analysierten Defiziten von AI stehen drei Leitlinien bei der theoriegeleiteten Konzeptentwicklung dieser Modifizierten ‚Anchored Instruction‘ (MAI) im Vordergrund: ‚Praktikabilität‘, ‚Flexibilität‘ und ‚empirische Forschung‘. Ausgehend von den vielfach genannten Mängeln physikdidaktischer Entwicklungen (fehlende Praktikabilität, keine Rücksicht auf unterrichtliche Rahmenbedingungen, Kluft zwischen Theorie und Praxis usw.; s. o.) und den daraus resultierenden Folgen (fehlende Akzeptanz, schwierige Umsetzbarkeit usw.; s. o.) dient als Leitfrage dieses Ansatzes: „Wie klein – im Sinne geringen Aufwandes bei Entwicklung und Einsatz – kann ein Lernmedium im Sinne von MAI sein, um trotzdem noch erworbenes Wissen zu verankern und lernförderlich zu wirken?“ Es sollen somit Möglichkeiten aufgezeigt werden, wie durch praktikable Maßnahmen eine theoretisch fundierte und empirisch nachweisbare Verbesserung des Physiklernens im Rahmen des alltäglichen Physikunterrichts von jeder Lehrkraft realisiert werden kann.

   Eingebettet in den aufgespannten Theorierahmen des MAI-Ansatzes werden dazu Zeitungsaufgaben als ein Lernmedium zur Verankerung des Wissens vorgestellt, die den Kriterien von MAI entsprechen und als praktikable und flexible ‚Ankermedien‘ zur Umsetzung in Untersuchungsdesigns verwendet werden können. Dabei ist mit Verankerung zunächst einmal die in der AI-Schule geprägte Metapher gemeint, dessen Präzisierung und Operationalisierung eines der methodischen Hauptergebnisse der Arbeit ist (im Sinne der Gedächtnispsychologie als einer subjektiv erfahrenen Verankerung in authentischen Kontexten; s. Kapitel 4). Die Konzeption und die Ergebnisse erster diesbzgl. Pilotstudien werden dargestellt und Konsequenzen für eine breit angelegte empirische Prüfung im Rahmen einer systematischen Implementation berichtet.

2. a) *Kapitel 3: Symbiotisch-partizipative Implementation und schulartübergreifende, empirische Prüfung der Effektivität des MAI-Ansatzes im Rahmen einer schulartübergreifenden Interventionsstudie*

Orientiert an den Ergebnissen aktueller Implementationsforschung (Fey et al., 2004; Parchmann et al., 2006) werden die an der in Kapitel 3 dargestellten, breit angelegten, schulartübergreifenden MAI-Interventionsstudie teilnehmenden Lehrkräfte durch eine symbiotisch-partizipative Implementationsstrategie (Gräsel & Parchmann, 2004b) in das Forschungsprojekt integriert. Damit reiht sich die Arbeit in eine Gruppe groß angelegter und geförderter Projekte der letzten Jahre ein (z. B. ‚Chemie im Kontext' (ChiK): vgl. Demuth, Parchmann & Ralle, 2006; Parchmann et al., 2001; 2006; ‚Physik im Kontekt' (PiKo): vgl. Mikelskis-Seifert & Duit, 2007; ‚Biologie im Kontext' (BiK): vgl. Bayrhuber et al., 2007a; 2007b), die das Lernen in Kontexten in den Vordergrund stellen und damit in den theoretischen Rahmen des Situierten Lernens eingeordnet werden. Dabei soll die Arbeit nicht als Konkurrenz, sondern als Ergänzung und Alternative zu diesen Projekten angesehen werden. Im Gegensatz zu diesen verschiedenen Großprojekten, die mit erheblichem materiellen, finanziellen und personellen Aufwand betrieben werden, bietet diese Arbeit nämlich eine andere Perspektive, einen weiteren Zugang zur Lösung des in 1.1 aufgezeigten Problemrahmens: Die Projekte zum kontextorientierten Lernen werden über eine größere Zeitdauer von mehreren Jahren in den Fachunterricht implementiert und in diesem Rahmen u. a. mit dem Problem mangelnder Praktikabilität hinsichtlich reibungsloser Implementation konfrontiert werden (Fey et al., 2004). Dagegen soll in dieser Arbeit eine Möglichkeit vorgestellt werden, wie eine Interventionsstudie auch durch zeitlich und inhaltlich überschaubare, praktikable Maßnahmen in einem regionalen Rahmen und durch Einbindung in den alltäglichen Physikunterricht theoretisch fundierte und empirisch abgesicherte Erkenntnisse zum kontextorientierten Physiklernen liefert, die zudem flexibel auf verschiedene Rahmenbedingungen angepasst werden kann (s. u.). Damit greift die Arbeit auch Forderungen an eine nutzenorientierten Grundlagenforschung in der Bildung auf, in denen die Konzentration aktuellerer Lehr-Lern-Forschung auf kleine Interventionsstudien kritisiert und die Prüfung der Gültigkeit der dort erzielten Erkenntnisse in der Breite postuliert wird (Fischer & Wecker, 2006).

In Kapitel 3 werden somit zunächst die basierend auf Erkenntnissen aus Pilotstudien entwickelten Materialien, Methoden und das Untersuchungsdesign dargestellt. Da zur Auswertung der hierarchisch strukturierten Daten das als modern einzustufende Verfahren der Mehrebeneanalyse verwendet wird, wird dieses Auswertungsverfahren vor der Beschreibung der Untersuchungsergebnisse überblicksartig erläutert. Die in dem hier beschriebenen Sinne zentral stehende Frage nach Breitenwirkung und Robustheit des MAI-Ansatzes – oder in der Sprache der Forschung: die Frage nach möglichen Moderatorvariablen und Aptitude-Treatment-Effekten – wird dann in der Ergebnisdiskussion erörtert. Abschließend erfolgt die Darstellung der vom Autor konzipierten Implementationsstrategie und der im Rahmen des Projektes aufgebauten inhaltlichen und organisatorischen Infrastruktur.

b) Kapitel 4: Interventionsstudie zur Optimierung von Zeitungsaufgaben als MAI-Ankermedien

Die in Kapitel 3 dargestellte Interventionsstudie zur ‚Breitenwirkung' von Zeitungsaufgaben im Rahmen von MAI ist entsprechend den Forderungen nach einer nutzenorientierten Grundlagenforschung in der Bildung ein wichtiger Schritt zur wissenschaftlichen Erkenntnisgewinnung und Weiterentwicklung. Nun sind authentische Aufgabenstellung im Allgemeinen allerdings auch komplex und stellen durch eine sinnvolle Komplexität das Sprungbrett für das anspruchsvollste Charakteristikum ‚Steigerung der Problemlösefähigkeit' dar. Überzogene kognitive Anforderungen und zu komplexe Lernumgebungen können jedoch den Lernerfolg mindern und sogar ganz verhindern (Cognitive-Load-Theory; Sweller et al, 1990; Eilks et al., 2005; Gräsel, Prenzel, Mandl & Tarnai, 1993; Leutner, 1992). Es gibt also einen Antagonismus zwischen Authentizität und Komplexität einerseits und kognitiver Belastung andererseits, der sowohl ein unterrichtspraktisches Problem als auch eine offene wissenschaftliche Fragestellung darstellt. Beidem kann man sich nur mit einem flexiblen Ankermedium nähern. Folgerichtig müssen nun in einem nächsten Schritt Parameter untersucht werden, von denen die positive Wirkung von Zeitungsaufgaben ursächlich abhängt.
In Kapitel 4 wird dazu zunächst eine Operationalisierung einer verankerten Instruktion (Weniger, 2002) im theoretischen Rahmen von MAI vorgenommen, um anschließend die Wechselwirkung zwischen Authentizität und Komplexität von Zeitungsaufgaben als Ankermedien einerseits sowie kognitiver Belastung und Verankerung andererseits im Rahmen einer weiteren Interventionsstudie zu untersuchen. Im Anschluss an die operationalisierte Charakterisierung von MAI-Ankermedien werden die Konzeption der Interventionsstudie mit den entwickelten Materialien und Methoden beschrieben, das Untersuchungsdesign dargestellt und die Ergebnisse diskutiert.

3. Kapitel 5: Nachhaltige Dissemination in einem regionalen LehrerBildungs-Netzwerk (LeBi-Net)

Die Implementation von MAI orientiert an einer symbiotisch-partizipativen Implementationsstrategie berücksichtigt einerseits die Forderung eines integrativen Forschungsansatzes (Stark, 2004; Stark & Mandl, 2007) und stellt andererseits den

Ausgangspunkt einer Vernetzung von Lehrkräften dar, die im Rahmen des Projektes zu einem Netzwerk ausgebaut wurde. Durch verschiedene Abstimmungsmaßnahmen werden in dem regionalen LehrerBildungs-Netzwerk (LeBi-Net) alle im Land Rheinland-Pfalz an der Lehrerbildung beteiligten institutionellen Ebenen in dieses Netzwerk integriert und dadurch einem Defizit in der Lehrerbildung entgegengewirkt, das die wichtigsten Gremien in der deutschen Lehrerbildung in einer beeindruckend konvergenten Gesamtanalyse offen legten: Die Gutachten und Stellungnahmen der Hochschulrektorenkonferenz[2], der Kultusministerkonferenz (Terhart, 2000), des Wissenschaftsrates[3], mehrerer Bundesländer[4] und Verbände (z. B. DPG, 2006; DMV, GDM & MNU, 2007) stellen als gemeinsame und zentrale Forderung die verbesserte Abstimmung und Verzahnung der drei Phasen der Lehrerbildung (vertikale Abstimmung) sowie der an der Lehrerbildung beteiligten Institutionen und Institute (horizontale Abstimmung) heraus. Die Verbindung aus integrativem Forschungsansatz mit vertikaler und horizontaler Abstimmung in der Lehrerbildung wird an dieser Stelle als essentielle Voraussetzung für die Nachhaltigkeit eines Lehrerbildungsnetzwerkes angesehen.[5] Denn es ist unbestritten, dass eine Vernetzung nur dann erfolgreich und nachhaltig bestand hat, wenn für alle beteiligten Akteure Gewinn und Nutzen dieser Kooperation deutlich wird (z. B. CTGV, 1994b; Fey et al., 2004; Parchmann et al., 2006). Um diesem Aspekt Rechnung zu tragen, spielt neben dem regionalen Bezug auch die Vernetzung der beteiligten Lehrkräfte über das in dieser Arbeit beschriebene Forschungsprojekt hinaus in verschiedenen Ebenen und Abstimmungsmaßnahmen eine große Rolle. In diesem Sinne folgt diese Arbeit einem weitreichenderen Verständnis von Dissemination, als dies bisher in der fachdidaktischen und in der Lehr-Lern-Forschung vorzufinden ist. Dabei steht hier nicht nur der Erfolg einer einzelnen Implementationsmaßnahme gemessen an der Anzahl der daran beteiligten Schulen oder Personen im Vordergrund, sondern auch die Anzahl verschiedener Maßnahmen, in denen die Schulen und Personen miteinander vernetzt sind. Damit wird in einem regionalen LeBi-Net einerseits die interdisziplinäre Bearbeitung einer gemeinsam entwickelten Fragestellung aus Perspektiven der Schulpraxis, der Fachdidaktik

---

[2] Entschließung des 206. Plenums der Hochschulrektorenkonferenz über die „Empfehlungen zur Zukunft der Lehrerbildung in den Hochschulen: http://www.hrk.de/de/beschluesse/3127.php [Stand: 06/2008].

[3] Empfehlungen zur künftigen Struktur der Lehrerbildung des Wissenschaftsrats: http://www.wissenschaftsrat.de/texte/5065-01.pdf [Stand: 06/2008].

[4] Beispielsweise Übersicht über die Reform der Lehrerbildung in Rheinland-Pfalz: http://www.mwwfk.rlp.de/Lehrerbildung/Reform_der_Lehrerbildung/Inhalt.htm [Stand: 06/2008].

[5] Die Bedeutung der Nachhaltigkeit des MAI-Konzepts im Rahmen von LeBi-Net wird durch die Nominierung für den Deutschen Innovationspreis für nachhaltige Bildung im März 2006 unterstrichen.

und der Lehr-Lern-Forschung umgesetzt. Gleichzeitig wird das vielfach angesprochene transdisziplinäre Problem des organisatorischen Defizits zwischen verschiedenen Instituten und Institutionen überwunden.
In Kapitel 5 werden somit zunächst die verschiedenen Abstimmungsmaßnahmen sowie deren Integration im Rahmen von LeBi-Net beschrieben und anschließend ein zur Analyse einer spezifischen Maßnahme entwickeltes Evaluationsinstrument vorgestellt sowie bisher daraus resultierende, aktuelle Ergebnisse berichtet.

Schließlich ist der Anhang zu dieser Arbeit in zwei Teile unterteilt: Erstens sind die Instruktionsmaterialien der beiden Interventionsstudien von Kapitel 3 und 4 infolge des großen Materialumfangs in elektronischer Form nach Kapitel geordnet in OnlinePLUS unter www.viewegteubner.de zu finden. Hinzu kommen die Unterlagen zur Implementationsstrategie aus Kapitel 3 (z. B. Programmübersicht der Lehrerfortbildungen, darin erarbeitetes Material, Genehmigungsschreiben und Projektunterlagen für die teilnehmenden Lehrkräfte usw.). Zweitens besteht der Anhang in gedruckter Form aus Dokumenten oder Informationen, die sich direkt auf den Text beziehen und deren Umfang überschaubar ist.

Diese einleitende Übersicht über Struktur und Aufbau dieser Arbeit soll auch verdeutlichen, dass die Genese des hier beschriebenen Projekts mehrere verschiedene Entwicklungsschritte umfasst. Die Dauer des Projektverlaufs umfasst dabei bis zur Abgabe dieser Arbeit etwa fünf Jahre. Eine Verlaufsübersicht ist in Tabelle 1 (s. S. 12) dargestellt.

Nach der theoriegeleiteten Problemanalyse und der Entwicklung des MAI-Rahmenkonzepts im zweiten Halbjahr 2002 startete die Pilotierungsphase 1 Ende 2002 mit der Entwicklung von Instruktionsmaterial und Testinstrumenten. Sowohl die Entwicklung von Zeitungsaufgaben als MAI-Ankermedien als auch die Konzeptentwicklung, -umsetzung und -auswertung bis zum dritten Quartal 2003 wurde vom Autor infolge seiner Ausbildung und Tätigkeit als Realschullehrer und seiner zu diesem Zeitpunkt fünf jährigen Unterrichtserfahrung in der Pilotierungsphase 1 zunächst selbst im Rahmen eigenständigen Unterrichts durchgeführt. In der daran anschließenden Pilotierungsphase 2 wurde in den Jahren 2004 und 2005 zudem ein Kollege für die Umsetzung der Konzeption an einem Gymnasium gewonnen, der auch in die Anpassung von Material und Methode eingebunden wurde. Die damit verbundene Initiierung der sukzessiven Implementation der Maßnahme und somit der Beginn des Aufbaus eines Lehrerbildungsnetzwerks sowie (Teil-)Ergebnisse aus den Pilotierungsphasen waren Bestandteil des Drittmittelprojekts ‚Lehrerbildung in den Naturwissenschaften‘ (LeNa) der Universität Koblenz-Landau, das Mitte 2004 mit dem Förderpreis des Stifterverbandes für die Deutsche Wissenschaft im Rahmen des Programms ‚Neue Wege in der Lehrerbildung‘ ausgezeichnet wurde. Im Rahmen dieser Förderung erhielt der Autor ab 08/2005 eine Teilabordnung als Lehrkraft im Hochschuldienst an die Abteilung Physik der Universität Koblenz-Landau (Campus Landau).

Tabelle 1: Projektverlauf

Jahr	2002		2003				2004				2005				2006				2007			
Tätigkeit / Quartal	3	4	1	2	3	4	1	2	3	4	1	2	3	4	1	2	3	4	1	2	3	4
Theoriegeleitete Problemanalyse	x	x																				
Entwicklung des Rahmenkonzepts	x	x																				
Pilotierungsphase 1 (s. Kapitel 2):																						
Entwicklung d. Instruktionsmaterials		x	x																			
Entwicklung d. Testinstrumente		x	x																			
Entwicklung d. Untersuchungseinheiten (Realschule)		x	x																			
Durchführung d. Untersuchung				x																		
Auswertung					x																	
Pilotierungsphase 2 (s. Kapitel 2):																						
Anpassung von Material und Methode; Ausweitung der Stichprobe (Realschule; Gymnasium)						x	x			x	x											
Durchführung d. Untersuchung								x				x										
Auswertung									x				x									
Systematische Implementation (s. Kapitel 3):																						
Anpassung von Material und Methode													x	x	x							
Aufbau d. Infrastruktur: Lehrerfortbildungsmaßnahmen, Genehmigungsverfahren, Untersuchungsbegleitung, Reflexion												x	x	x	x	x	x	x				
Durchführung d. Untersuchung															x	x						
Auswertung																	x	x				
Konzeptoptimierung und differenzierte Analyse (s. Kapitel 4):																						
Entwicklung d. Instruktionsmaterials															x	x	x	x				
Entwicklung d. Testinstrumente															x	x	x	x				
Entwicklung d. Untersuchungseinheiten															x	x	x	x				
Durchführung d. Untersuchung																			x	x		
Auswertung																					x	x
Dissemination (s. Kapitel 5):																						
Abstimmungsmaßnahme ‚Teacher Research'						x	x	x	x	x	x	x	x	x	x	x	x	x	x	x	x	x
Abstimmungsmaßnahme ‚Vertiefungskurse'													x	x	x	x	x	x	x	x	x	x
Abstimmungsmaßnahme ‚Experten'																	x	x	x	x	x	x
Abstimmungsmaßnahme ‚Regionale AG Physik'																x	x	x	x	x	x	x

Bereits im letzten Abschnitt der Pilotierungsphase 2 im Frühjahr 2005 begann der Autor dann mit dem Aufbau der Infrastruktur sowie mit Lehrerfortbildungsmaßnahmen zur systematischen Implementation von MAI im Rahmen einer schulartübergreifenden Studie zur Breitenwirkung des Ansatzes. Nach Abschluss der Schulungsmaßnahmen für die 15 teilnehmenden Lehrkräfte und der unter Einbezug der Expertise der Lehrer angepassten Instruktionsmaterialien wurde die Untersuchung bis Mitte 2006 an zehn Schulen in der Südpfalz von den geschulten Lehrern umgesetzt. Die erhobenen Daten wurden dann vom Autor bis Ende 2006 ausgewertet und an die teilnehmenden Lehrer und Schulen rückgemeldet. Die Konzeption von MAI und die Ergebnisse der Pilotierungsphasen sowie die bis dahin gemachten Erfahrungen in der systematischen Implementationsphase waren zudem Ende 2005 Ausgangspunkt für das Teilprojekt ‚Aufgabenkultur' der Abteilung Physik im Rahmen des Drittmittelantrages ‚Kooperationsprojekt Empirische Unterrichtsforschung' der Universität Koblenz-Landau. Nach positiver Evaluation stellt MAI damit einerseits das Rahmenkonzept zweier bis heute geförderter Dissertationen im Rahmen der Graduiertenschule ‚Unterrichtsprozesse: Graduiertenschule der Exzellenz' (UPGradE) dar (P. Vogt: Lernwirksamkeit authentischer Texte in Physik – von Werbeanzeigen bis zu wissenschaftlichen Originalartikeln; T. Poth: JiTT – Just-in-Time-Teaching). Andererseits wird das Projekt selbst seit Mitte 2005 im Rahmen des Drittmittelprojektes ‚Forschungsschwerpunkt Empirische Unterrichtsforschung' durch das Hochschulsonderprogramm ‚Wissen schafft Zukunft' des Landes Rheinland-Pfalz gefördert. Teil dieser Förderung ist die Ergänzung der bis dahin laufenden Teilabordnung des Autors im Rahmen von LeNa durch eine zusätzliche Abordnung an die Abteilung Physik der Universität Koblenz-Landau (Campus Landau) im Rahmen einer halben Stelle als wissenschaftlicher Mitarbeiter ab 08/2006.

Parallel dazu entwickelte der Autor 2006 während der Implementationsphase im Austausch mit den an der späteren Untersuchung beteiligten 12 Lehrern Instruktionsmaterial, Testinstrumente und Untersuchungseinheiten für die Konzeptoptimierung und differenzierte Analyse des Ansatzes. Die Umsetzung dieser Optimierung fand dann im ersten Halbjahr 2007 statt, indem der Autor die mit den Lehrkräften abgestimmten Unterrichtseinheiten in den von den Kollegen zur Verfügung gestellten 14 Schulklassen an fünf Schulen selbst durchführte. Die Datenauswertung war Ende 2007 abgeschlossen. Neben der inhaltlichen Umsetzung des MAI-Konzeptes begann der Autor bereits Ende 2005 mit der Ausweitung der Abstimmungsmaßnahmen und damit mit der konzeptuellen Entwicklung von LeBi-Net, das Bestandteil der im Rahmen des Hochschulsonderprogramms des Landes Rheinland-Pfalz ‚Wissen schafft Zukunft' (Förderbereich ‚Schnittstelle Schule/Hochschule') geförderten Drittmittelprojekte ‚Fass an! Guck hin! Denk nach! - Physik und Chemie für Grundschulkinder' und ‚Frühstudium für Schülerinnen und Schüler' der Universität Koblenz-Landau/ Campus Landau waren. Mit der Abgabe dieser Arbeit wird die Konzeptentwicklung von LeBi-Net abgeschlossen und die anschließende Phase eingeleitet, in der schwerpunktmäßig die Evaluation einzelner Maßnahmen im Zentrum von LeBi-Net steht. Dazu wird das Projekt im Rahmen des Hochschulsonderprogramms des Landes Rheinland-Pfalz ‚Wissen schafft Zukunft' (Schwerpunktthema ‚Institutionalisierung und Professionalisierung') gefördert. Über erste deskriptive Daten kann in dieser Arbeit bereits berichtet werden.

Kapitel 2: Theorie und Forschungsstand

Im Zentrum dieses Kapitels steht das in der Einleitung genannte erste Ziel dieser Arbeit: Entwicklung eines praktikablen und flexiblen Lernmediums im Rahmen einer aufgabenorientierten, situierten Lernumgebung zur Verbesserung der Lernwirksamkeit im Physikunterricht. Dazu wird ausgehend von Erkenntnissen der Physikdidaktik und Ansätzen Situierten Lernens zunächst eine Bedarfsanalyse für die Entwicklung situierter Lernumgebungen, speziell der ‚Anchored Instruction' (AI) als einer der führenden Ansätze Situierten Lernens erstellt. Dieser Bedarfsanalyse folgend wird ein theoriegeleitetes Rahmenkonzept zur Weiterentwicklung und Optimierung der bekannten lerntheoretischen Ansätze vorgestellt. Orientiert an dem in der Einleitung dargestellten Problemrahmen und den analysierten Defiziten von AI stehen bei der theoriegeleiteten Konzeptentwicklung dieser Modifizierten ‚Anchored Instruction' (MAI) die drei Leitlinien ‚Praktikabilität', ‚Flexibilität' und ‚empirische Forschung' im Vordergrund. Es werden Zeitungsaufgaben als ein Lernmedium zur Verankerung des Wissens vorgestellt, die den Kriterien von MAI entsprechen und als praktikable und flexible ‚Ankermedien' verwendet werden können. Abschließend wird der diesbzgl. aktuelle Stand der Forschung diskutiert, indem die Konzeption und die Ergebnisse erster Pilotstudien zum MAI-Ansatz dargestellt und Konsequenzen für eine breit angelegte empirische Prüfung im Rahmen einer systematischen Implementation berichtet werden.

2.1 Kontextorientiertes und Situiertes Lernen

Der naturwissenschaftliche Unterricht stand in den letzten Jahren verstärkt im Fokus sowohl nationaler als auch internationaler Schulleistungsvergleichsstudien und Gutachten (vgl. z.B. Baumert et al., 1997; BLK, 1997; Deutsches PISA-Konsortium, 2001; 2002; PISA-Konsortium Deutschland, 2004; 2007; Prenzel et al., 2004). Eines der wichtigsten Ergebnisse dieser Analysen war die defizitäre Fähigkeit deutscher Schüler, erworbenes, naturwissenschaftliches Wissen in neuen Kontexten anwenden zu können und die in dieser Hinsicht konsequenten Forderung der hervorgehobenen Bedeutung einer neuen ‚Aufgabenkultur'.

In der Physikdidaktik dieses Defizite zunächst ursächlich der ‚synthetischen Wirklichkeit' des auch heutzutage noch überwiegend in deutschen Schulen anzutreffenden traditionellen Physikunterrichts zugeschrieben (Müller, 2006). Die Schüler erleben darin physikalische Begriffe und Inhalte in einem reinen Schulkontext, um den Prozess der wissenschaftlichen Erkenntnisgewinnung nachzubilden und einen möglichst großen Vorrat an Wissen und Können systematisch erwerben zu können.

Rainer Müller illustriert diesen Sachverhalt mit der Metapher eines Werkzeugkastens, der – bestückt mit allen erforderlichen Werkzeugen – zwar eine optimale, aber keine hinreichende Ausgangssituation zum Bau eines Tisches darstellt. Das Werkzeug ist nutzlos, solange nicht gelernt wird, in konkreten Situationen damit umzugehen (s. Müller, 2006, S. 104).

Aus lernpsychologischer Sicht wird dieser Mangel u. a. einer bis in die 1990er Jahre dominierenden, stark kognitivistisch ausgerichteten Auffassung von Lehren und Lernen im schulischen Unterricht zugeschrieben. Nach dieser Auffassung soll der Lerngegenstand als ‚fertiges System' vermittelt und der Lehr-Lern-Prozess ausschließlich von dem Lehrenden dezidiert geplant, organisiert und kontrolliert werden, sodass der Schüler den objektiven Lerninhalt systematisch übernehmen kann (vgl. Reinmann & Mandl, 2006). Am Ende dieses ‚Wissenstransports' soll der Lernende den vermittelten Wissensausschnitt, also den Lerngegenstand, in ähnlicher Form erworben haben wie vom Lehrenden präsentiert, als eine Ansammlung von Fakten und Regeln.

Beide, vordergründig zunächst sehr verschieden erscheinende Perspektiven führen kohärent die gleiche Ursachenlage ins Feld und fokussieren einhellig in der Erkenntnis, dass die systematisch aufbereiteten und nach sachlogischen Kriterien strukturierten Lerninhalte ‚träges Wissen' erzeugen (‚inert knowledge'; vgl. Renkl, 1996; Renkl, Mandl & Gruber, 1996; Whitehead, 1929): Die Schüler können die erworbenen Kenntnisse nur unzureichend auf konkrete Alltagsprobleme übertragen und diesbzgl. Anwendungs- und Transferaufgaben in neuen Situationen nur defizitär lösen. Dies gilt insbesondere dann, wenn der Wissenserwerb eher vom Anwendungskontext abgelöst erfolgt (vgl. Brown, 1989).

Es liegt daher auf der Hand, im Folgenden die fachdidaktische und lernpsychologische Perspektive nicht als konkurrierende, sondern als sich ergänzende, sich wechselseitig beeinflussende und miteinander verzahnte Ansätze zur Problemanalyse und -lösung heranzuziehen.

2.1.1 Kontextorientierung in der Physikdidaktik

Zur Lösung der Problematik des ‚trägen Wissens' wird in den naturwissenschaftlichen Fachdidaktiken verstärkt ein Lehren und Lernen in unterschiedlichen Kontexten mit authentischen Problemstellungen im Rahmen einer neuen ‚Aufgabenkultur' diskutiert (s. z.B. Duit & Mikelskis-Seifert, 2007; Kuhn & Müller, 2005b; Müller & Müller, 2002; Müller, 2006; Parchmenn et al., 2001; Parchmann et al., 2006). Dabei entstand die Forderung eines stärker kontextorientierten naturwissenschaftlichen Unterrichts nicht erst nach den durch die internationalen Analysen der letzten Jahre herausgestellten Defiziten deutscher Schüler. Neue Vorschläge für die Einbindung naturwissenschaftlicher, speziell physikalischer Unterrichtsthemen in alltägliche und gesellschaftlich relevante Inhalte wurden bereits in Arbeiten aus Mitte der 1970er Jahre (Aikenhead & Fleming, 1975; IPN, 1975) dargestellt und erfuhren Mitte der 1990er Jahren einen starken Schub mit dem ‚Salters Advanced Chemistry Project' in Chemie (Burton, 1994) und dem ‚Lernen in sinnstiftenden Kontexten' in Physik (Muckenfuß, 1995). Dabei umfasst der Begriff ‚Kontext' v. a. zwei Aspekte, einen inhaltlichen durch die genannte Einbindung in alltägliche, authentische und gesellschaftlich relevante Zusammenhänge sowie einen unterrichtsmethodischen durch die Einbindung des Inhaltes in eine lernförderliche Lernumgebung. Während die Vertreter in der ersten Phase der Entwicklung kontextorientierter Unterrichtsmaterialien und -choreographien beide Aspekte häufig isoliert voneinander betrachtet haben, werden seit der kontextorientierten ‚Renaissancebewegung' in den 1990er Jahren beide Aspekte berücksichtigt und versucht, diese aufeinander abzustimmen. Denn die nationalen und internationalen Analysen verdeutlichten einmal mehr, dass es nicht ausreicht, Alltagsbezüge in fachsystematisch orientiertes Lernen einzubetten. Stattdessen wird ein Lernen anhand authentischer Kontexte propagiert, das von authentischen Problemstellungen ausgeht und die Problemlösung in den Mittelpunkt des Unterrichts rückt.

Dabei stellt sich vor der Entwicklung jedes naturwissenschaftlichen Unterrichtskontextes zunächst die Frage, welcher Inhalt dazu geeignet ist. Wichtige empirische Hinweise dazu liefert die IPN-Interessenstudie (Hoffmann, Häußler & Lehrke, 1998; Hoffmann, Häußler & Peters-Haft, 1997), die die Themenbereiche ‚Mensch und Natur' sowie ‚Physik und Gesellschaft' als Interessenbereiche herausstellt, die von 80% deutscher Schüler als bedeutsam angesehen werden. Somit ist die Eignung von Unterrichtsinhalten z. B. aus Bereichen wie ‚Physik und Medizin', ‚Physik und der menschliche Körper', Physik und Sport' sowie ‚Physik und Gesellschaft' für einen kontextorientierten Unterricht empirisch begründet und abgesichert. Die Berücksichtigung dieser Interessenbereiche allein stellt jedoch noch nicht sicher, dass die Kontextorientierung zu der gewünschten Lernwirksamkeit führt. Die Verwendung authentischer Problemstellungen im Rahmen solcher Themenbereiche für kontextorientiertes Lernen setzt voraus, dass darüber hinaus ‚vorgebliche Kontexte' vermieden werden müssen (Müller, 2006, S. 109). Die Authentizität der Problemstellung darf nicht vorgetäuscht werden, wobei der Begriff ‚Authentizität' sowie das Adjektiv ‚authentisch' oft sehr unspezifisch verwendet werden (Radinsky et al., 2001): „Im Allgemeinen wird unter Authentizität die Qualität des Bezuges zur realen Welt verstanden. Allerdings gibt es verschiedene Facetten von Authentizität." (Engeln, 2004, S. 38). Die bei dem in dieser Arbeit entwickelten Ansatz betonte Facette von Authentizität wird in 2.3.3 präzisiert. Ein weiterer wichtiger Aspekt zur Vermeidung von Lernproblemen beim kontextorientierten Erschließen neuer Lerninhalte stellt die Einbettung des Lerninhaltes in einen größeren Zusammenhang dar, um diesen in multiplen Kontexten behandeln zu können. Dadurch soll vermieden werden, dass das in einem isolierten Kontext erworbene Wissen punktuell und unvernetzt bleibt.

Obwohl es bereits positive Analysen zu der Lernwirksamkeit kontextorientierter Ansätze gibt (Bennett & Lubben, 2002; Whitelegg & Parry, 1999), ist es nicht angebracht, fachsystematische und kontextorientierte Unterrichtsgestaltungen als konkurrierende Ansätze gegenüberzustellen. Zwar wird einer fachsystematischen Unterrichtsorientierung die o. g. Erzeugung ‚trägen Wissens' vorgeworfen. Im Gegensatz dazu werden kontextorientierten Unterrichtsansätzen eine nur oberflächliche, qualitative Analyse des Unterrichtsthemas und eine Vernachlässigung physikalischer Inhalten und Arbeitsweisen unterstellt. Es wird schnell klar, dass eine Erneuerung naturwissenschaftlichen Unterrichts nicht durch die Dominanz oder gar den Absolutheitsanspruch eines der Ansätze erreicht werden kann. Vielmehr gilt es sowohl in der Fachdidaktik als auch in der Lehr-Lern-Forschung mittlerweile als unbestritten, dass nur eine Verzahnung beider Ansätze zielführend sein kann (Hoffmann, Häußler & Lehrke, 1998; Weinert, 1998). Es geht also darum, Unterricht so zu gestalten, dass sowohl eine systematische Entwicklung der Begrifflichkeit als auch eine Anbindung an die Lebens- und Erfahrenswelt der Schüler möglich ist. Für den Physikunterricht bedeutet dies, dass einerseits authentische Problemstellungen als Ausgangspunkt dienen und ins Zentrum des Unterrichtsgeschehens rücken. Andererseits müssen die Kompetenzen der Schüler während des Erschließens der authentischen Problemstellung orientiert an der gegliederten Struktur des fachsystematisch physikalischen Wissensnetzes entwickelt werden.

Diese Forderungen stellen zweifellos hohe Ansprüche an in dieser Hinsicht interpretierte kontextorientierte Ansätze. Trotzdem oder gerade deshalb nahm die Anzahl groß angelegter und geförderter Projekte zum kontextorientierten Lernen in den letzten Jahren immer mehr zu (z. B. ‚Chemie im Kontext' (ChiK): vgl. Demuth, Parchmann & Ralle, 2006; Parchmann et al., 2001; 2006; ‚Physik im Kontekt' (PiKo): vgl. Mikelskis-Seifert & Duit, 2007; ‚Biologie im Kontext' (BiK): vgl. Bayrhuber et al., 2007a; 2007b). Die lehr-lerntheoretische Rahmentheorie dieser Ansätze ist dabei in dem lernpsychologischen Ansatz der Situierten Kognition bzw. des Situierten Lernens zu finden, der deshalb im folgenden Abschnitt detailliert ausgeführt werden soll.

2.1.2 Situierte Kognition und Situiertes Lernen

Als Reaktion auf die aus den rein kognitivistisch orientierten Lehr-Lern-Ansätzen resultierenden Defizite entwickelten sich seit Ende der 1980er Jahre als Gegenposition und Alternative dazu eine Reihe von Forschungsansätzen und Theorierichtungen in der Pädagogische Psychologie, die eine gemäßigt bzw. moderat konstruktivistische Position von Lehren und Lernen vertraten (Gerstenmaier & Mandl, 1995). Sie plädierten dafür, beim Lernen die konstruktive Eigenaktivität sowie den Kontextbezug in den Vordergrund zu stellen und Lernumgebungen entsprechend offen und situiert zu gestalten. Wissen wird von diesen Ansätzen – im Gegensatz zum Kognitivismus – demnach nicht als Kopie der Wirklichkeit oder als äußerer Gegenstand angesehen, der sich auch gleichsam vom Lehrenden auf den Lernenden ‚transportieren' lässt. Vielmehr ist Wissen eine individuelle Konstruktion von Menschen und Lernen ein aktiver, konstruktiver Prozess, der in bestimmten Handlungskontexten stattfindet und sich „in situ" in der Relation zwischen Person und Situation konstituiert (vgl. Greeno, Smith & Moore, 1993). Dies hat zur Folge, dass Wissen immer situativ gebunden und die *Situation*, in der das Lernen stattfindet, für den Lernprozess von entscheidender Bedeutung ist. Theoretische Erklärungsansätze, die Wissen in dieser Art als situativ gebunden verstehen, werden unter dem (Sammel-)Begriff der Situierten Kognition (engl.: *Situated Cognition*) zusammengefasst. Diese Ansätze fordern im Hinblick auf die Gestaltung von Lernumgebungen, dass eine solche grundsätzliche *Situiertheit* des Wissenserwerbs beachtet werden müsse. Auf der Situierten Kognition basierende Auffassungen von Lehren und Lernen prägen die Merkmale des *Situierten Lernens*, das als Überbegriff verschiedener Konzepte angesehen werden kann, die die (fach-)didaktische Entwicklung und Umsetzung von Lernumgebungen zum Gegenstand haben, die die theoretischen Annahmen der Situierten Kognition durch entsprechende Maßnahmen berücksichtigen (Reich, 2004).

2.1.2.1 Merkmale und Vertreter

Wie der Begriff ‚Konstruktivismus' ist auch der Terminus ‚Situiertes Lernen' nicht eindeutig definiert. Die verschiedenen Positionen überdecken ein Spektrum von der kognitiven Anthropologie nach Rogoff und Lave über die ökologische Psychologie nach Greeno bis zur sozio-kognitiven Position nach Resnick, das im Folgenden überblicksartig dargestellt werden soll.

Das Konzept der *Guided Participation* von Rogoff (1990) verknüpft die kognitive Entwicklung eines Menschen unmittelbar mit dem jeweiligen sozialen Umfeld, indem die Person aufwächst. Deshalb wird jedem Menschen ein kulturelles Curriculum, das an sein soziales Milieu angepasst ist, zuteil. Der Lernende soll von ihm anerkannten und kompetenten Sozialpartnern geleitet und unterstützt werden, sodass er immer komplexere Aufgaben selbständig lösen kann.

In dem *Community-of-Practice*-Ansatz geht Lave (1988; Lave & Wenger, 1991) davon aus, dass kognitive Prozesse und Strukturen den Lernvorgang nur unzureichend beschreiben. Zusätzlich muss noch der soziale Kontext berücksichtigt werden; Lernen und Handeln findet im Alltag einer Person statt. Deshalb müssen auch die zwischenmenschlichen Beziehungen beachtet werden. Durch die aktive Teilnahme an einer ‚community of practice', einer Gemeinschaft praktisch tätiger Menschen, werden Lernprozesse ein- und angeleitet.

Nach Greeno (1989; 1994) und seinem Konzept der *Situiertheit* werden kognitive Prozesse von situationsbezogenen Handlungseinschränkungen *(constraints)* und

Handlungsangeboten *(affordances)* beeinflusst. Greeno interessierte sich auch für die Frage, wie Wissenstransfer stattfindet. Wissen wird auf eine neue Situation übertragen, falls entweder die neue Situation sehr ähnlich zu der alten Situation ist oder falls die neue Situation in irgendeiner Weise auf die alte Situation zurückzuführen ist.

Resnick (1989; 1991) geht in ihrem *Socially Shared Cognition*-Ansatz davon aus, dass Kognition eine sozial geteilte Aktivität ist. Dieser Sachverhalt ist vor allem im Rahmen des schulischen Lernens zu berücksichtigen. Sie vergleicht das Lernen in der Schule mit dem Lernen außerhalb der Schule. In der Schule würde man individualisiert lernen, die Aufgaben für sich bearbeiten, im alltäglichen Leben aber gemeinschaftlich agieren. Das geteilte Wissen *(shared-knowledge)* sei hier zu betonen und die Notwendigkeit, sein Handeln und denken mit anderen abzustimmen und zu verhandeln. Denn im Alltag verwendet der Mensch auch häufig Werkzeuge zur Problemlösung. In der Schule hingegen sei das ‚reine Wissen' *(pure-knowledge)* gefragt. Auch sei abstraktes Denken und Handeln in der Schule dominant, wohingegen diese Art des Wissens und Denkens im Alltag selten vorkommt. Konkretes kontextualisiertes – situationsspezifisches – Denken und Wissen sei dem Menschen also näher. Der Vergleich fällt für das schulische Lernen im Gesamten somit negativ aus, weil die Übertragung auf den außerschulischen Bereich nur selten gelingt.

Obwohl die Situierte Kognition als lose Gruppierung durchaus verschiedener Theorien angesehen werden kann (Law, 2000), die im Detail unterschiedliche Schwerpunkte ausweisen, sind sich die Vertreter dieser didaktisch situierten Position (Urhahne et al., 2000) im Kernpunkt einig: Um ‚träges Wissen' zu verhindern und Wissenstransfer zu ermöglichen, muss Wissen in situierten Lernumgebungen erworben werden, die dadurch gekennzeichnet sind, dass sie selbstständiges, aktives Lernen in authentischen Kontexten ermöglichen (Rogoff, 1990; Resnick, 1991; Greeno, 1994; Gruber et al., 1995). Daraus ergeben sich folgende Merkmale für situierte Lernumgebungen (Gerstenmaier, 1999; Gruber, 2006):

- Lernen ist situiert, d. h. es ist an die inhaltlichen und sozialen Erfahrungen der Lernsituation gebunden.
- Lernen erfolgt an authentischen Problemstellungen in inhaltlich reichhaltigen Kontexten, die für die Lernenden von Bedeutung sind und einen Bezug zur außerschulischen Erfahrungswelt haben. So soll der Transfer von Lern- zu Anwendungssituationen unterstützt werden, indem der Bedeutungsgehalt des erworbenen Wissens für alltägliche Situationen verdeutlicht wird.
- Lernen ist ein aktiver, subjektiv-konstruktiver und selbstgesteuerter Prozess.
- Lernen ist ein Prozess der zunehmenden Teilnahme an einer Expertengemeinschaft, der im sozialen Austausch durch Artikulation und Reflexion stattfindet.
- Lernen erfolgt in multiplen Kontexten, um der Gefahr entgegen zu wirken, dass die erworbenen Kompetenzen auf einen Anwendungskontext beschränkt bleiben.

2.1.2.2 Ansätze des Situierten Lernens

Die im Rahmen des Situierten Lernens seit Ende der 1980er Jahre entwickelten Ansätze beziehen sich insbesondere auf die theoretischen Annahmen zur Situiertheit von Wissen und Lernen nach Greeno (s. o.). Neue Informations- und Kommunikationsmedien werden dabei als besonders gut geeignete Möglichkeiten zur Verbesserung des Lehrens und Lernens angesehen (Gerstenmaier & Mandl, 2001; Schulmeister, 2003). Im Folgenden werden überblicksartig zunächst zwei Ansätze vorgestellt, die neben der Anchored Instruction in der wissenschaftlichen Diskussion bisher den größten Stellenwert einnahmen. Anschließend folgen zwei neuere Entwicklungen, die zwar noch nicht derart stark verbreitet sind, aber infolge der adaptiven Softwareplattformen Nachteile der vorangehenden Ansätze aufgreifen und durch diese Verbesserungen aktuell verstärkt weiterentwickelt werden.

Der *Cognitive Apprenticeship*-Ansatz orientiert sich sehr stark an der Lehre in einem Handwerk. Für die Vertreter dieser Theorie war es wichtig, die Qualitäten einer äußeren praxisnahen Anleitung zu berücksichtigen und damit dem in der Schule überwiegend vorzufinden Bruch zwischen dem Lernen von inhaltlichen Konzepten und ihrer Anwendung in authentischen, lebensweltlichen Situationen entgegenzuwirken (Brown, Collins & Duguid, 1989). Von Anfang an arbeitet der Lernende an einer authentischen Problemstellung und bekommt somit ein Gespür, was er am Ende beherrschen sollte. Charakteristisch für diesen Ansatz ist die Unterstützung des Lernenden durch einen Experten während der Problemlösung. Zwischen Novize und Experte besteht also ein ähnliches Verhältnis, wie das Verhältnis zwischen Lehrling und Meister in einem Handwerksbetrieb. Durch die Interaktion und den Dialog der beiden Personen soll anwendbares Wissen vermittelt werden. Weiterhin ist auch wichtig, dass sich die Lernenden untereinander austauschen, um ihre Problemlösungen mit denen der anderen zu vergleichen. Der Lernende gewinnt dadurch unterschiedliche Sichtweisen und Standpunkte zu einem bestimmten Problem. Ähnlich wie in alltäglichen Situationen werden bei der Cognitive Apprenticeship informelle Lernaktivitäten in den Vordergrund gestellt. Der Lernfortschritt begründet sich auf subjektiv relevante Erfahrung. Ferner ist für diesen Ansatz entscheidend, dass die Hilfestellung für den Lernenden nach und nach eingeschränkt wird. Dem Lernenden wird immer mehr Verantwortung übertragen und er wächst so allmählich in eine „Expertenkultur" hinein. Das Dreistufen-Modell nach Collins, Brown und Newman (1989) beschreibt den Prozess des Hineinwachsens in die „Expertenkultur":

1. Stufe: Der Experte versucht alles, was er macht und denkt zu verbalisieren.
2. Stufe: Experte und Novize arbeiten gemeinsam an einer Problemstellung.
3. Stufe: Die Verantwortung wird immer stärker auf den Novizen übertragen.

In seinen Kernpunkten stellt der Ansatz das Lernen in authentischen Lernumgebungen sowie sechs Lehrmethoden zur Förderung des Wissenserwerbs heraus: Vormachen *(modelling)*, unter Anleitung trainieren *(coaching)*, Unterstützung von Lernbemühungen *(scaffolding)*, schrittweises Zurücknehmen der Hilfestellung *(fading)*, Versprachlichung der Problemlösestrategien *(articulation)* und rückblickende Bewertung *(reflection)*. Empirische Untersuchungen zur Cognitive Apprenticeship liefern widersprüchliche Ergebnisse. Während Casey (1996) sowie Al-Diban und Seel (1999) positive Effekte durch das Vormachen und Trainieren analysierten, konnten Henninger et al. (1999) diese Ergebnisse nicht bestätigen. Einig sind sich die Autoren allerdings darüber, dass sich der für Fächer mit wenig Konzept- und Faktenwissen entwickelte Ansatz nicht ohne weiteres auf naturwissenschaftliche Fächer übertragbar ist, die auf solche Wissenselemente aufbauen.

Bei dem *Cognitive Flexibility*-Ansatz nach Spiro et al. (1989) ist die grundlegende Forderung, zu starke Vereinfachungen bei der Gestaltung von Lernumgebungen zu vermeiden. Stattdessen soll der Lernende von Anfang an mit der Komplexität der Wirklichkeit konfrontiert werden, um eine Übertragung des Gelernten auf neue Problemstellungen zu ermöglichen. Dazu ist es erforderlich, dass die Lerner das Wissen flexibel im Gedächtnis präsent haben und situationssensitive Schemata von Wissensfragmenten neu zusammenstellen und applizieren können (Spiro et al., 1987). Zur Erfüllung dieser Forderungen wird die Verwendung nicht-linearer Hypertextsysteme empfohlen, in denen der Lernende das Sachgebiet auf immer neuen Wegen durcharbeitet *(landscape criss-crossing)*. Bei diesem Konzept werden die Faktoren Zeit, Kontext, Zielsetzung und Perspektive variiert, sodass wichtige Konzepte durch fortlaufend neue, variierende Fallbeispiele kennen gelernt werden und das Lernen multidirektional und multiperspektivisch abläuft. Empirische Untersuchungen zu diesem Ansatz sind rar gesät, da die Herstellung solcher Lernumgebung mit großem materiellem und personellem Aufwand verbunden ist. In einer diesbzgl. Studie im Bereich der Ökonomie konnten Mandl, Gruber und Renkl (1997) keine Überlegenheit im Wissenstransfer durch die Arbeit mit solchen Lernumgebungen nachweisen. Stattdessen wurde ein geringerer Kompetenzzuwachs im Sachwissen analysiert.

Der Ansatz der *Goal-Based-Scenarios* nach Schank (1998) können als Sonderform des fallbasierten Lernens betrachtet werden, der die Bedeutung der herausfordernden Gestaltung der zumeist multimedial umgesetzten Lernumgebungen und die Selbstkontrolle der Lernenden als essentielle Kriterien herausstellt. Zwar erfüllt die Konzeption der Goal-Based-Scenarios nicht das Prinzip des konstruktivistischen Lernens nach einem offenen Zielbereich im engeren Sinne, da das zu erreichende Ziel in der jeweiligen Lernumgebung zuvor fest definiert wird. Allerdings führen dann mehrere Wege nach Rom, da die Lernenden unterschiedliche Zugangswege einschlagen können. Fallbasiertes Lernen im Ansatz von Schank wurde u. a. von Zumbach (2002) in Deutschland untersucht und angewandt.

Model-Centered Learning and Instruction ist ein in der Entwicklung begriffener, neuerer Ansatz, der wesentlich auf die Arbeiten und Seel (2003a; 2003b; 2004) zurückgeht. Unter dieser Schule finden sich verschiedene Ansätze mit dem gleichen Grundgedanken, die sich aber in der Begrifflichkeit je nach Autor unterscheiden wie z. B. model-based learning oder design-based modeling. Modellbasiertes Lernen ist im Rahmen von Problemlösen besonders wirkungsvoll. Der Lernende befindet sich beispielsweise in einem kognitiven Konflikt, in einer kognitiven Krise und ist so in seinem weiteren Lerngang behindert. Modellbasiertes Lernen stellt hier Rahmenkonzepte, Modelle für gangbare Lösungswege und strukturierte Lösungshilfen zur Verfügung, um so die Handlungsfähigkeit des Lernenden aufrecht zu erhalten. Gleichzeitig kann der Lerner durch diese didaktisch aufbereitete herausfordernde Lernumgebung Problemlösestrategien erlernen, die generell als hochwirksam angesehen werden. Dabei kann die Gruppe um Seel auf eine langjährige kognitionspsychologische Forschungsarbeit im Rahmen des theoretischen Ansatzes der Mentalen Modelle aufbauen (Seel, Al-Diban & Blumschein, 2000). Der Grundgedanke ist die Frage danach, wie die Modellkonstruktion des Lernenden zur Erklärung eines komplexen Sachverhaltes von außen beeinflusst werden kann. Der Lernende soll sich selber als Konstrukteur oder Designer seines eigenen Modells erleben.

Während Unflexibilität, Komplexität und geringe Lernerunterstützung der ersten beiden Ansätze zur *Cognitive Apprenticeship* und *Cognitive Flexibility* Gründe dafür sind, dass sie heute – softwaretechnisch – nicht mehr weiterverfolgt werden, sind die beiden neueren Ansätze zu *Goal-based-Scenarios* und *Model-Centered Learning and Instruction* in dieser Hinsicht deutlich weiterentwickelt.

2.2 Der Anchored Instruction-Ansatz

Die *Anchored Instruction* (AI) stellt einen weiteren Ansatz zum Situierten Lernen dar. Genauso wie die Ansätze zur *Cognitive Apprenticeship* und zur *Cognitive Flexibility* (s. 2.1.2.2) muss die originäre AI aus heutiger Sicht sicherlich schon als historisch angesehen werden. Nichts desto trotz hebt sich auch die originäre AI aus mehreren Gründen von den restlichen Ansätzen zum Situierten Lernen ab: AI ist einerseits einer der führenden theoriegleiteteten Ansätze zum technologiebasierten Lernen sowie für offene, lernerzentrierte und lernergesteuerte Unterrichtsformen (Leutner, 2001). Kaum eine andere Schule kann eine didaktische Konzeption dieser Tragweite aufweisen oder wurde über zehn Jahre hinweg mit solchen erheblichen finanziellen Mitteln unterstützt. Darüber hinaus ist AI der einzige Ansatz zum Situierten Lernen, der großflächig in der Unterrichtspraxis eingesetzt und durch empirische Arbeiten theoretisch sowie auf Effektivität hin geprüft wurde (Blumschein, 2003) und auch heute noch verstärkt weiterentwickelt wird (Bottge et al., 2007; s. 2.2.2.3).

2.2.1 *Wissenskonstruktion und Designprinzipien*

Der AI-Ansatz wurde von der *Cognition and Technology Group at Vanderbilt* University (CTGV) Anfang der 1990er Jahre entwickelt und basiert auf dem Situierten Lernen (vgl. 2.1.2; CTGV, 1990; 1993a; Griffin, 1995). Ausgangspunkt dieses Ansatzes ist die Überzeugung, dass es wichtig ist, Lehren und Lernen in möglichst authentischen Kontexten zu verankern, die von den Lernenden das Lösen bedeutungshaltiger Probleme erfordern (Weniger, 2002; Stichwort ‚verankerte Instruktion'). Der grundlegende Gedanke besteht somit darin, dass der entscheidende Punkt jedes Lernens „der Aufbau kognitiver Strukturen ist. Es kommt auf den ‚Ankergrund' für die Verankerung neuen Lernstoffes an. Damit stellt sich die Frage nach dem Sinn des Gelernten, denn Sinnstrukturen dürften ein ausgezeichneter Ankergrund sein" (Gudjons, 1995, S. 206). Situiertheit wird bei AI durch das Bereitstellen eines medialen Kontextes simuliert, der als ‚Interesseanker' dient, von dem aus Problemlösefähigkeiten entwickelt werden sollen.

Kurz gesagt, könnte AI als multimediale, komplexe Textaufgabe bezeichnet werden: Die Schüler sehen zunächst eine Videosequenz, in der eine Geschichte von realen Personen in einer realen Umgebung dargestellt wird. Der ca. 15-20minütige Film endet mit einer komplexen Problemstellung, die die Schüler in der Klasse bzw. in Kleingruppen vorwiegend selbstständig lösen. Dabei können sie auf einzelne Episoden und speziell arrangierte Themen im Filmmaterial zugreifen. Diese interaktiven, multimedialen Videodisketten (bzw. heute CD-ROM oder DVD) sind somit das zentrale Mittel von AI, das Ankermedium – oder kurz der ‚Anker'. Dieser bildet den Makrokontext (s. u.) und muss als reichhaltig authentische Lernumgebung zur Schaffung der beabsichtigten Lerngelegenheit ein besonderes Design haben (s. u.). Idealerweise ist der Anker so interessant, dass er das motivierte Arbeiten an den Problemen leitet und herausfordert. Die Schüler sollen sich in die Lage der Hauptfigur des Kurzfilmes hineinversetzen und das vorgestellte Problem lösen. Das explorative Lernen ist durch die narrative Struktur der Darstellungen eingebettet. Die Schüler sollen Einsichten erfahren und durch eigenes Handeln die notwendigen Problemlösekompetenzen aktiv erwerben. Das erlernte Wissen soll somit über den schulischen Bereich hinaus flexibel aufgebaut werden. Die Lernenden sollen Sinnhaftigkeit, Bedeutungsgehalt und Relevanz des Lerninhaltes erkennen, sodass die Lösung der Problemstellung nicht nur als wichtig für einen guten Leistungsnachweis oder das Erreichen des Klassenziels erkannt wird. Die Entwicklung von Ankermedien soll sich an sieben Designprinzipien orientieren (CTGV 1997, S. 45ff.; s. Abb. 1).

AI-1: Videobasiertes Format

Durch das Videoformat sollen mehrere Vorteile gegenüber einer Gestaltung mit Texten und anderen herkömmlichen Unterrichtsmaterialien erreicht werden. Zum einen sollen die Lernenden für den Lerninhalt besser zu begeistern sein und stärker moti-

Design Principle	Hypothesized Benefits
1. Video-based format	A. More motivating. B. Easier to search. C. Supports complex comprehension. D. Especially helpful for poor readers yet it can also support reading.
2. Narrative with realistic problems (rather than a lecture on video)	A. Easier to remember. B. More engaging. C. Prime students to notice the relevance of mathematics and reasoning for everyday events.
3. Generative format (i.e., the stories end students must generate the problems to be solved)	A. Motivating to determine the ending. B. Teaches students to find and define problems to be solved. C. Provides enhanced opportunities for reasoning.
4. Embedded data design (i.e., all the data needed to solve the problems are in the video)	A. Permits reasoned decision making. B. Motivating to find. C. Puts students on an "even keel" with respect to relevant knowledge. D. Clarifies how relevance of data depends on specific goals.
5. Problem complexity (i.e., each adventure involves a problem of least 14 steps)	A. Overcomes the tendency to try for a few minutes and then give up. B. Introduces levels of complexity characteristic of real problems. C. Helps students deal with complexity. D. Develops confidence in abilities.
6. Pairs of related adventures	A. Provides extra practice on core schema. B. Helps clarify what can be transferred and what cannot. C. Illustrates analogical thinking.
7. Links across the curriculum	A. Helps extend mathematical thinking to other areas (e.g., history, science) B. Encourages the integration of knowledge. C. Supports information finding and publishing.

Abb. 1: Übersicht zu den Designprinzipien der Anchored Instruction (vgl. CTGV, 1997, S. 46)

vational und emotional angesprochen werden. Im Film werden umfangreiche Informationen dargestellt und komplizierte Sachverhalte in kurzer Zeit veranschaulicht. Zu einzelnen Problemen können spezielle Sequenzen wieder betrachtet und weitergehende Informationen aus anderen Umfeldern hinzugezogen werden. Dadurch soll die Suche nach relevanten Informationen und der Aufbau mentaler Situationsmodelle auch für schwächere Schüler unterstützt werden (Schmidt, 2000, S. 68f.).

AI-2: Narrative Struktur mit realistischen, authentischen Problemstellungen

Die narrative Struktur der Informationspräsentation soll durch vielfältig gestaltete Problemkontexte in gut ausgearbeiteten und möglichst spannend und realistisch gestalteten Geschichten realisiert werden. Die CTGV hat übereinstimmend mit dem Cognitive-Flexibility-Ansatz nach Spiro et al. (s. 2.1.2.2) festgestellt, dass die Übersimplifizierung von Problemen oder die Reduktion von Aufgaben auf einen Minimalkontext Lernschwierigkeiten bewirken und nicht zur Überwindung des trägen Wissens beitragen (Schmidt, 2000, S. 71). Daher soll in den Ankermedien besonderen Wert auf die Gestaltung bedeutungsvoller und authentischer Kontexte gelegt werden, die als Makrokontexte bezeichnet werden (CTGV, 1991, S. 35; Schmidt, 2000, S. 71). Die Aufgaben sollen den Schülern als in Geschichten eingebunden und damit lebensnäher im Vergleich zu abstraktem Unterrichtsstoff aus der Schulwelt erscheinen (vgl. Gardner, 1994), sodass sich die Lernenden intensiver mit dem Ankermedium beschäftigen und sich besser daran erinnern.

AI-3: Generatives Format

Generatives Problemlösen ist ein kognitionspsychologisch gut begründetes didaktisches Postulat, wonach der größtmögliche Lernerfolg nur dann zu erreichen ist, wenn an die komplexe Vorwissensstruktur des Schülers angeknüpft werden kann (vgl. Kourilsky & Wittrock, 1992; Greeno, 1989; CTGV, 1991). So sollen die Ankermedien bewusst an die Vorwissensstruktur der Schüler angepasst werden, auf das die Schüler ein entsprechendes mentales Modell generieren, in das die neu erworbenen Informationen integriert werden können. Das Ankermedium soll gewährleisten, dass die Kompetenz zur Problemdefinition und zur Entwicklung von eigenen Problemlösungsstrategien gefördert wird. Statt passiv zur Lösung einer Problemsituation geführt zu werden, soll der Lernende seinen Lernprozess vielmehr aktiv selbst beeinflussen. Die Möglichkeit des selbstständigen Erreichens des Ziels mittels entdeckenden Lernens weckt „ein intrinsisches Bedürfnis, mit der Umgebung fertig zu werden" (Edelmann, 1996, S. 213). Die Effektivität dieses Prinzips konnten z. B. Soraci et al. (1994) auch empirisch verifizieren.

AI-4: Eingebettete Daten

Nach diesem Prinzip sollen die zum Lösen der Aufgaben erforderlichen Daten und Informationen in dem Ankermedium beinhaltet sein. Dabei soll eine gewisse Fülle von irrelevanten Angaben vorhanden sein, um beispielsweise die medienbedingte Realitätsnähe und damit die Authentizität des Ankermediums zu unterstreichen und die Lernenden anzuleiten, wichtige Informationen von unwichtigen zu unterscheiden. Durch die ‚detektivische' Suche nach problemrelevanten Informationen soll die Motivation erhöht und die Schüler auf eine gemeinsame Wissensbasis gebracht werden. Auch mit diesem Prinzip wird dem Problem des „trägen Wissens" begegnet (CTGV 1997, 47).

AI-5: Sinnvolle Problemkomplexität

Das Ankermedium soll die Lernenden in ihrer Kompetenz fördern, mit komplexen Problemstellungen umgehen zu können. Diese Kompetenz muss schrittweise aufgebaut werden, sodass dieser Aspekt adressatenabhängig ist. Die Problemkomplexität soll so angelegt sein, dass die Schüler mehrere Schritte durchlaufen müssen, um das gegebene Problem zu lösen. Dies soll dadurch realisiert werden, dass die Problemlösung eines Ankermediums mehrere miteinander verbundene Teilprobleme umfassen soll, die erarbeitet, miteinander kombiniert und durchdacht werden müssen. Die Lernenden sollen so erfahren, dass Durchhaltevermögen, Organisation und Problemlösefertigkeiten wesentlich sind für einen erfolgreichen Abschluss. Zudem sollen sich die gestellten Probleme wiederum in kleinere Probleme unterteilen lassen, was die Arbeit erleichtert und gleichzeitig einen größeren Überblick erfordert, um das Hauptziel nicht aus den Augen zu verlieren.

AI-6: Verbindung aufeinander bezogener, sachgleicher Ankermedien

Das Ankermedium soll die Möglichkeit bieten, durch das Bearbeiten mehrerer Ankermedien zu sachgleichen Themen die Lernenden in ihrer Transferfähigkeit zu fördern. Dadurch soll ein Sachzusammenhang (z. B. der Themenbereich ‚Elektrische Energie') aus verschiedenen Perspektiven beleuchtet und dadurch die Anwendung erworbener Kenntnisse flexibilisiert und der erfolgreiche Transfer gefördert werden. Auf Kenntnisse und Fertigkeiten, die lediglich in einem Kontext erworben wurden, kann nicht spontan zurückgegriffen werden, sodass sie in neuen Situationen nicht angewendet werden können (Stichwort: ‚träges Wissen'; s. 2.1). Somit soll jedes Ankermedium zu einem Thema zusätzliche Übungsmöglichkeiten bieten. Die Lernenden können dann selbst beurteilen, inwieweit sie in der Lage sind, Wissen zu transferieren bzw. als speziell kontextabhängig oder generalisierbar zu erkennen.

AI-7: Horizontale und vertikale Verbindungen von Curriculuminhalten

Die Forderung eines fächer- und jahrgangsstufenübergreifenden Ankermediums als siebtes Prinzip soll die Integration bereits vorhandenen Wissens fördern, lebensweltliche Relevanz verdeutlichen (CTGV 1992a, S. 81) und erneut zur Überwindung des Problems des ‚trägen Wissens' dienen, (CTGV, 1997, S. 9ff.).

Neben diesen sieben Prinzipien soll bei der Entwicklung von Ankermedien zudem stets die Integration verschiedene Formen von analogen Problemen berücksichtigt werden: Neue analoge Probleme, teilweise analoge Probleme und ‚Was-wäre-wenn'-Probleme. Sie sollen entweder vollständig oder teilweise strukturidentisch mit bereits gelösten Problemen sein, enthalten aber auch unbekannte Anteile. ‚Was-wäre-wenn'-Probleme (‚what-if'-problems) haben dieselbe Gesamtstruktur des bereits gelösten Problems, dennoch ist deren Lösung aufwändig, da Inhalte und die Strukturen teils unbekannt sind (vgl. CTGV, 1993b, S. 60).

Da die CTGV im Laufe der Jahre die Ankermedien zu AI kontinuierlich weiterentwickelt hat, sollen im Folgenden die wichtigsten Beispiele zusammengefasst dargestellt werden. Dabei wird zwischen Ankermedien der ersten Generation und Ankermedien der zweiten Generation unterschieden. Während letztere durch die Implementierung der Videosequenzen in interaktive computerbasierte Lernumgebungen gekennzeichnet sind, wird bei der ersten Generation ausschließlich mit dem Videofilm an sich als Anker gearbeitet.

2.2.2 Entwicklungslinien von Anchored Instruction

Bereits in den 1980er Jahren wurden von der Forschergruppe ‚Learning Technology Center (LTC) at Peabody College, Vanderbilt University' unter der Leitung von John Bransford und James Pellegrino erste Lernumgebungen mit Unterstützung von Videofilmen realisiert. Als Basis dienten zunächst bekannte Geschichten aus Büchern wie ‚The Young Sherlock Holmes' und ‚Oliver Twist'. Hier wurde das Ziel verfolgt, die Schreibkompetenz der Schüler zu entwickeln. Mitte der 1980er Jahre arbeitete die Gruppe zunächst mit kommerziellen Filmen wie ‚The Raiders of the lost Ark' (Jäger des verlorenen Schatzes). Es wurden die ersten 12 Minuten des Films verwendet, um den Schülern einen motivierenden Anker zu präsentieren, mit dessen Hilfe sie die angestrebten Problemlösekompetenzen in weiteren Aufgaben entwickeln sollten (Sherwood et al., 1987).

2.2.2.1 AI-Ankermedien der ersten Generation

Nach dieser ersten Erprobungsphase von AI wurde dann die erste Generation von Ankermedien entwickelt, die eigens dem didaktischen Anspruch des Ansatzes entsprachen: „The limitations on creating additional problem types in the Raiders context prompted us to think about creating our own videos that included the kinds of scenes needed in an educational context." (CTGV, 1997, S. 29). Diese Anker waren nicht in interaktive computerbasierte Lernumgebungen integriert, sondern bestanden alleine aus Videofilmen, die in einzelne Episoden untergliedert waren, zu denen jeweils wiederum analoge Probleme bereitgestellt wurden.

In Zusammenarbeit mit Lehrern wurden die ersten Abenteuer des vermutlich bekanntesten Ankermediums **‚The Adventures of Jasper Woodbury'** entwickelt (CTGV, 1994a, S. 162ff.). Bereits bei dieser Entwicklung flossen Erkenntnisse aus früheren Forschungsarbeiten der Gruppe ein, dass ein flexibler vielseitiger Zugang zu demselben Kontext erforderlich ist, um die diagnostizierte Barriere von Lernenden bei der Generierung neuer Problemlösestrategien zu verhindern (Stichwort: Kompartmentalisation; s. Spiro & Jehng, 1990; Mandl, Gruber & Renkl, 1993). Die ‚Jasper Woodbury'-Abenteuer wurden zunächst für den Mathematikunterricht für 11-14-jährige Schüler entwickelt. Dabei handelt es sich um ca. 15-20minütige Abenteuergeschichten der Hauptfigur Jasper Woodbury und seiner Freunde, die von realen Personen in einem realen Umfeld handelte (Überblick: s. Abb. 2).

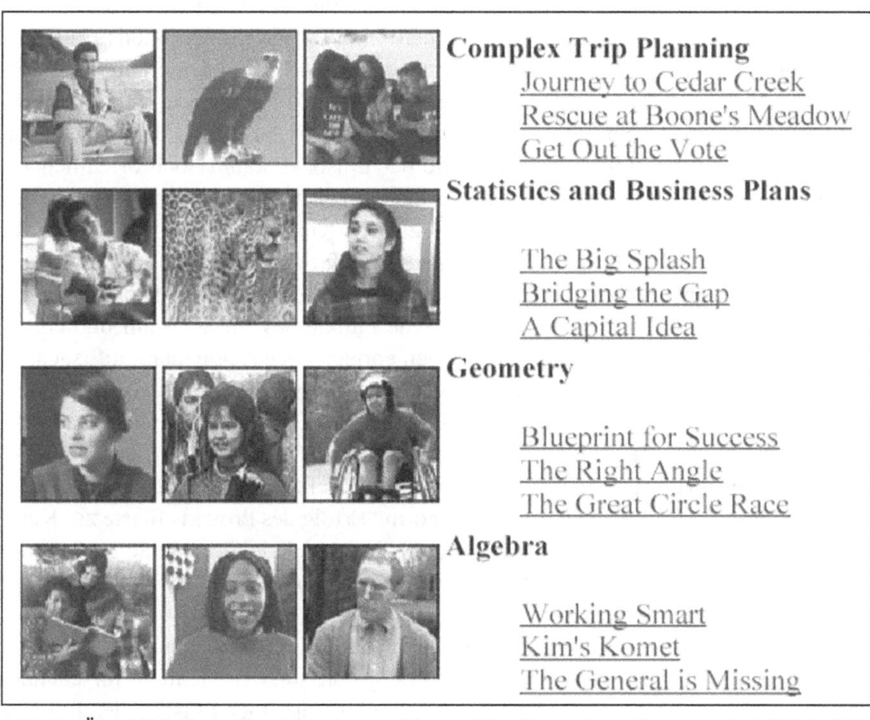

Abb. 2: Überblick über ‚The Adventures of Jasper Woodbury' (vgl. Crews et al., 1997, S. 153)

Jede Episode der Abenteuerserie dient als narrativer Anker für die Einführung in eine komplexe, möglichst lebensnahe Problemstellung, die verschiedene Lösungsschritte erfordert. Am Ende steht jeweils die Aufforderung an die Schüler, die bestmögliche Problemlösung zu erarbeiten. So wird beispielsweise in der ersten Episode ‚Journey to Cedar Creek' die Hauptfigur, Jasper Woodbury, eingeführt, der in dem

Ort Cedar Creek eine gebrauchte Motorjacht kaufen möchte. Den Ort erreicht er nur über einen Fluss. Dort angekommen trifft er die Yacht-Besitzerin, macht eine Testfahrt und erhält von der Yacht-Besitzerin alle wichtigen Informationen, die das Boot betreffen: Sie unterrichtet ihn über die Geschwindigkeit, den Spritverbrauch, das Tankvolumen und die aktuelle Tankfüllung. Jasper entschließt sich zum Kauf, obwohl die Scheinwerfer nicht funktionieren und er deshalb noch vor Einbruch der Dunkelheit zu Hause sein muss. An dieser Stelle endet das Video und die Schüler werden aufgefordert, Jaspers Problem zu lösen, noch vor Einbruch der Dunkelheit mit dem Boot nachhause zu kommen, ohne dass ihm das Benzin ausgeht.

Die Jasper-Videos wurden professionell von einer Filmproduktionsfirma entwickelt. Die Arbeitsgruppe um Bransford engagierte zudem eigens einen Drehbuchautor und einen Mathematikdidaktiker, sodass ein enormer personeller und finanzieller Aufwand mit der Produktion verbunden war. Dieser professionelle Aufwand konnte nur mit der Unterstützung verschiedener staatlicher und gemeinnütziger Stiftungen realisiert werden. Im Laufe der Zeit entstanden 12 Abenteuer zu verschiedenen mathematischen Themen (s. Abb. 2), wobei bis zur Auflösung der Forschungsgruppe CTGV Mitte 2003 etwa die Hälfte der Episoden kaum noch öffentlich zugänglich waren.[6] Anfänglich verwendete man Videodiskplatten, eine kostspielige Technologie, deren Implementierung im regulären Klassenzimmer im großen Rahmen undenkbar erscheint. Später konnte man die aufkommende CD-ROM einsetzen, die die Kosten- und Technikbarrieren reduzierte. Darüber hinaus griff die Forschergruppe um Bransford und Pellegrino kritische Punkte des Ansatzes auf und entwickelte neue Programme, die teilweise auf den vorhandenen Abenteuern aufbauen.

Schon Anfang der 1990er Jahre wurden die **‚Young Children Literacy Series‘** entwickelt (CTGV, 1997, S. 143f.). Kernidee war die Unterstützung von Leseanfängern durch den Einsatz bildhafter Veranschaulichung. Man setzte hierfür Videosequenzen ein, die junge Schüler dazu befähigen sollten, Sätze nachsprechen und selbstständig entwickeln zu können. Der enorme Erfolg des Projekts führte zur Kommerzialisierung in den ‚Little Planet Literacy Series‘.[7] Jede Geschichte beginnt mit einem Videofilm und stellt eine multimediale Lernumgebung zur Bearbeitung der Aufgaben bereit (Sharp & Risko, 1993).

Das **‚Scientists in Action‘**-Projekt schließt ebenfalls an die Jasper-Serie an. Hier steht allerdings nicht die Mathematik im Vordergrund, sondern vielmehr forschendes Lernen im naturwissenschaftlichen Bereich. So läuft in einer Episode des Projekts eine nicht näher bekannte, giftige Chemikalie aus einem umgekippten Lastzug aus, die einen nahe gelegenen Fluss bedroht. Nachdem einige Eigenschaften der Flüssig-

[6] Überblick zu den Episoden: http://peabody.vanderbilt.edu/projects/funded/jasper/ [Stand: 06/2008].

[7] http://sunburst.com/littleplanet/pdf/93-96_assess.pdf [Stand: 06/2008].

keit vorgestellt werden, bricht das Video ab. Die Zielgruppe sind Jugendliche zwischen 14 und 16 Jahren. Anders als bei den Jasper-Abenteuern stehen nicht alle Informationen in den Videos zur Verfügung. Vielmehr sind diese nur motivierender Anker und machen darüber hinaus Recherchen in anderen Medien notwendig. Die Schüler sollen dabei lernen, Hypothesen zu bilden und naturwissenschaftliche Kenntnisse auch in der realen Welt umzusetzen (CTGV, 1997, S. 142f.).

2.2.2.2 Ankermedien der zweiten AI-Generation: Interaktive computergestützte Lernumgebungen

Die zweite Generation der AI-Ankermedien zeichnet sich durch die Implementierung der Videosequenzen in interaktive computerbasierte Lernumgebungen aus. Das erste Medium dieser Art ist der **‚Adventure Player'** (s. Abb. 3; Crews et al., 1997), mit dem der Makrokontext der 1. AI-Generation durch Werkzeuge der Lernumgebung in seinem Einsatzbereich erweitert wird. Die Schüler sollen selbständiger als zuvor und unabhängiger von den jeweiligen Bedingungen in den Klassenzimmern lernen können. Auch für dieses Ankermedium wurden Prinzipien formuliert, die sich von den ursprünglichen AI- Prinzipien wie folgt abheben (vgl. Crews et al., 1997, S. 7f.):

Principle 1: ILEs[8] should implement the principles of generative and active learning
Principle 2: ILEs should provide anchored learning opportunities
Principle 3: ILEs should facilitate and allow guided-discovery learning
Principle 4: Knowledge of the domain and problem solving task should be made explicit in multiple ways in the representations and interfaces used in the system.

Zur Realisierung des konstruktivistisch begründeten Lehr-Lern-Ansatzes stehen dem Schüler in der Lernumgebung entsprechende Werkzeuge zur Verfügung. Mit diesem Ankermedium sollte AI dahingehend weiterentwickelt werden, dass die Schüler durch interaktive Werkzeuge bei der Problemlösung unterstützt werden sollen.

Eine weitere Weiterentwicklung der AI-Idee stellt **‚SMART'** (Special Multimedia Areas of Thinking) dar, die die 1. AI-Generation in eine erweiterte Diskussion über den regulären Klassenverband hinaus überführen soll. Die Schüler können über netzwerkbasierte Lernumgebungen ihre Ergebnisse und auch ihr Vorgehen bei der Problemlösung mit anderen Schülern teilen. Zudem stehen weitere analoge Probleme zur Bearbeitung bereit und computerbasierte Werkzeuge, durch deren Einsatz eine tiefere Informationsverarbeitung angeregt werden soll (CTGV, 1997, S. 10ff.). Durch die Einführung von ‚SMART' sollte eine Erweiterung des AI-Ansatzes etwa in weitere wissenschaftliche Kontexte möglich werden. In gewissem Sinne kann auch der ‚Adventure Player' als Werkzeug von SMART angesehen werden (vgl. Bransford et al., 2000).

[8] ILE: Interactive Learning Environment.

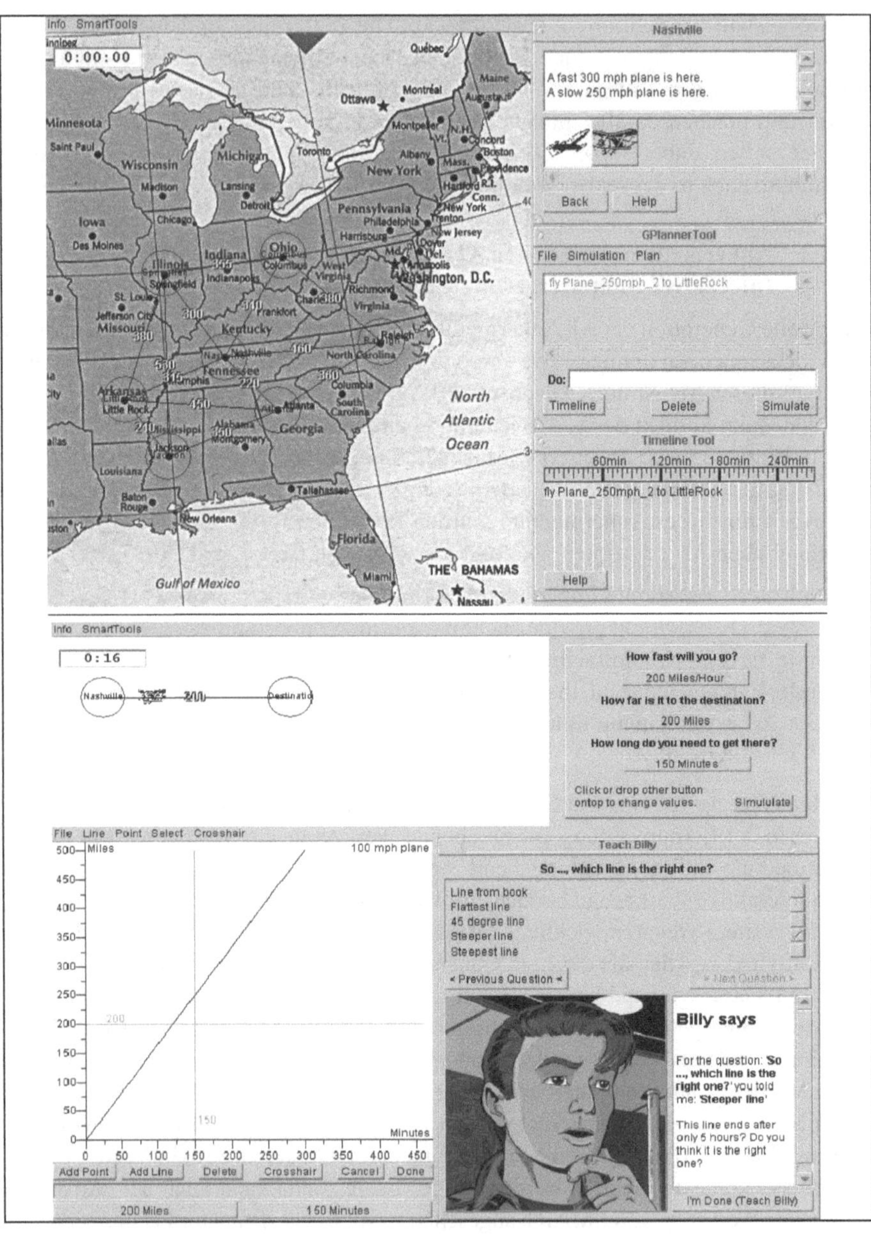

Abb. 3: Die Lernumgebung ‚Adventure Player' (Bransford et al., 2000a, S. 280)

Die Plattform **‚STAR.Legacy'** (STAR: Software Technology for Action and Reflection) wurde konzipiert, um Schüler bei der Problemlösung in verschiedenen Makrokontexten zu unterstützen (z. B. Jasper-Abenteuer) und gleichzeitig den engen Rahmen der 1. AI-Generation zu erweitern. Auch hier kommen CD-ROM, Internet und andere Medien zum Einsatz. Dieses Ankermedium einen projektorientierten Zugang zum Lerninhalt ermöglichen, wobei hier neue Medien bewusst integriert werden können (Schwartz et al., 1999): Dabei soll die Plattform es ermöglichen, dass die Schüler verschiedene Probleme aufeinander aufbauend in projektorientierter Form bearbeitet können. STAR.Legacy soll somit eine flexible und adaptive Plattform darstellen, die es den Lehrern ermöglicht, komplexe Curricula in verschiedene Lernumgebungstypen zu integrieren. Das didaktische Rahmenkonzept soll Anpassungen innerhalb der Software bieten, die durch entsprechende Werkzeuge ermöglicht werden sollen.

Die **‚Teachable Agents'** stellen den neuesten Entwurf eines Ankermediums aus der 2. AI-Generation dar. Die Plattform schließt zum einen an die Arbeiten der Jasper-Serie an und zum anderen an die Idee einer softwaregestützten Lernumgebung mit eingebauter Hilfe wie es im ‚Adventure Player', in ‚STAR.Legacy' und in ‚SMART' realisiert wurde (Blair et al., 2006). Theoretisch knüpft die Arbeit an den ‚Teachable Agents' an die Überlegungen von Papert (1980) und den Gedanken zum Lernen durch Lehren an (vgl. Kafai et al., 1997). Dazu entwickelte die *Teachable Agent Group at Vanderbilt* University (TAG-V) um Biswas, Bransford und Schwartz seit Ende der 1990er Jahre virtuelle Charaktere im Rahmen virtueller, simulationsbasierter Lernumgebungen (sog. ‚Teachable Agents'; engl.: belehrbare Agenten), die eine Problemstellung lösen müssen (z. B. Wasserverschmutzung eines Sees verhindern oder verringern). Die dazu erforderlichen mathematischen oder naturwissenschaftlichen Kenntnisse werden den ‚Teachable Agents' gemäß dem Prinzip ‚lernen durch lehren' von Schülern beigebracht (z. B. Reduktion der Wasserverschmutzung durch Verständnis der komplexen Zusammenhänge eines Ökosystems).

2.2.2.3 ‚Enhanced Anchored Instruction': Ankermedium und Handlungsorientierung

Brian A. Bottge gründete 2004 an der University of Wisconsin-Madison die Forschergruppe TEAM (‚Teaching Enhanced Anchored Mathematics'), die – gefördert durch das Forschungsprogramm ‚Cognition and Student Learning' (U.S. Department of Education, Institute of Education Sciences) – den originären AI-Ansatz weiter entwickelt. Der Ansatz der *Enhanced Anchored Instruction* (EAI) kombiniert videobasierte Lernumgebungen der 1. AI-Generation mit handlungsorientierten Lerngelegenheiten. Bottge und Hasselbring (1993) entwickelten diesen Ansatz noch während der aktiven Erforschung und Weiterentwicklung der originären AI durch die CTGV und andere, sodass sich EAI parallel zu dem originären AI-Ansatz entwickelte und sich demgegenüber mittlerweile behauptet hat. Dies ist u. a. auch darauf zurückzuführen, dass EAI durch die Kombination aus video-basierten Lernumgebungen und der handlungsorientierten Bearbeitung von praktischen Projekten im Unterricht v. a. auch lernschwächere Schüler fördert (Bottge, 1999; Bottge et al., 2002; 2003; 2004; 2007b). Der Erfolg von EAI (s. 2.2.4.1) hat aber auch zur Folge, dass die Lernumgebungen komplexer und umfangreicher werden. Dies ist für Schule und Lehrkraft neben großem organisatorischem, auch mit nicht zu vernachlässigendem materiellem Aufwand verbunden (s. 2.2.3).

2.2.3 Unterrichtsgestaltung und Anforderungen an die Lehrkräfte

Empirische Befunde belegen, dass ein erfolgreicher Einsatz von Innovationen im Allgemeinen und neuen Medien im Besonderen im Unterricht insbesondere von der Motivation und der Medienkompetenz der Lehrkraft abhängt (Clark, 1983; Sivin-Kachala & Bialo, 1996; Pellegrino & Altman, 1997; Lowe, 2001; Hickey, Moore & Pellegrino, 2001; Bottge et al., 2002). Deshalb wurden bereits mit dem Einsatz von Ankermedien der 1. AI-Generation Beobachtungsstudien in ‚Jasper-Klassen' – also Klassen, in denen das damals aktuelle Ankermedium ‚The Adventures of Jasper Woodbury' eingesetzt wurde – durchgeführt. Danach entwickelte die CTGV drei mögliche Modelle von Lehrinstruktionsstrategien für den Unterricht mit Ankermedien abgeleitet (CTGV, 1991, S. 19 ff.), die sich auf die Dimensionen ‚Inhaltssequenzzierung', ‚Feedback' und ‚Lehrerrolle' beziehen.

Modell 1: Grundlagen zuerst, sofortiges Feedback, direkte Instruktion

Bei diesem Unterrichtsmodell werden zuerst alle erforderlichen Teilfähigkeiten und Konzepte gelehrt, die zur Lösung des Problems notwendig sind. Die Lehrkraft erklärt alle mathematischen Operationen und Konzepte, strukturiert die Inhalte vor und präsentiert sie den Schülern als einzelne Häppchen, die nacheinander abgearbeitet und eingeübt werden. Erst wenn die Schülerinnen und Schüler die mathematischen Grundlagen eingeübt haben und die „richtigen" Antworten geben können, wird zum komplexeren Problemlösen weitergegangen. Lehrkräfte haben hier die Rolle des Wissensvermittlers inne und leiten das Unterrichtsgespräch (CTGV, 1991, S. 21).

Modell 2: Strukturiertes Problemlösen

Im Unterschied zum ersten Modell werden bei Modell 2 komplexe Problemstellungen parallel oder fast zeitgleich mit den Grundlagenkenntnissen eingeführt. Der Lehrende strukturiert die Probleme jedoch vor, um mögliche Fehler und das Gefühl der Überforderung bei den Schülern möglichst niedrig zu halten. Die Lehrkraft arbeitet mit vorbereiteten Arbeitsblättern, die mögliche Lösungspläne enthalten und sie führt die Schüler durch den Auswertungsprozess dieser Pläne. Je mehr Führung durch die

Lehrkraft erfolgt, desto geringer ist die Wahrscheinlichkeit, dass die Lernenden Fehler machen (CTGV, 1991, S. 24). Bei dieser Unterrichtsmethode kommt auch die Gruppenarbeit zum Einsatz. Allerdings findet hier eines der wichtigsten Designprinzipien von Ankermedien, das generative Problemlösen, nicht statt, da die Arbeitsblätter schon hinsichtlich der möglichen Lösungswege vorstrukturiert sind und die Schüler nur an vorgegebenen und fehlerfreien Lösungsplänen arbeiten (CTGV, 1991, S. 24). Die angestrebte Interaktion zwischen den Lernenden innerhalb der Arbeitsgruppen findet bei diesem Modell selten statt (CTGV, 1991, S. 24).

Modell 3: ‚The Guided Generation Model'

Das dritte Modell wurde von den Vertretern der CTGV als bevorzugt propagiert. Hier findet entdeckendes Lernen statt, indem die Lehrkraft Führung anbietet, wenn es notwendig erscheint, aber zumeist die Rolle eines Betreuers übernimmt Dies gilt besonders dann, wenn die Schüler angeleitet werden, die Problemstellungen in den ‚Jasper-Episoden' selbst zu entdecken und zu erarbeiten (CTGV, 1991, S. 26). Entscheidend bei diesem Modell ist die Gruppenarbeit. Mit dem ‚Guided Generation Model' bezog sich die CTGV auf die Idee einer ‚Forscher- und Entdeckergemeinschaft' in der Schule (Stichwort: ‚community of inquiry'; vgl. Scardamalia Bereiter, 1991; 1996). Nach Vygotsky's „Zone der nächsten Entwicklung" wird den Schülern stets eine herausfordernde, leicht überfordernde Lernumgebung angeboten, um optimale Fortschritte beim Lernen zu erzielen (Vygotsky, 1996; CTGV, 1991, S. 26).

Entsprechend den drei Lehrmodellen werden für den Einsatz von Ankermedien drei mögliche Sozialformen für den Unterricht unterscheiden: Das zu lösende Problem wird

- im Klassenverband gelöst;
- im Klassenverband generiert, die Bearbeitung findet dann in Kleingruppen statt;
- in Kleingruppen generiert, im Plenum einigen sich die Gruppen auf die ‚beste' Lösung.

Dabei soll kein verbindliches Modell festgelegt, sondern die Entscheidung für eine bestimmte Sozialform entsprechend der spezifischen Voraussetzungen in einer Klasse gewählt werden. Trotzdem wird als bevorzugte Sozialform das kooperative Lernen in Gruppen propagiert, da dadurch besonders das generative Problemlösen unterstützt werden soll. Vye et al. konnten nachweisen, dass erfolgreiches Problemlösen im Zusammenhang mit den kohärenten Argumentationsstrukturen in Problemlöse-Dialogen steht. In der Kommunikation mit anderen ist es möglich, zielorientierter zu Problemlösungen zu gelangen als in einem individuellen Problemlöseprozess (Vye et al., 1997), was den Vorteil dieser Sozialform belegen soll.

Zusammenfassend muss festgehalten werden, dass in allen Entwicklungslinien des AI-Ansatzes durch die damit verbundenen, offen konzipierten Lernumgebungen hohe Ansprüche an die Lehrenden gestellt werden – sowohl Medien- als auch methodisch-didaktische Kompetenzen betreffend. Im Grunde wurde von Anfang an über die Entwicklung der AI-Ankermedien eine Neudefinition der Lehrerrolle gefordert: Lehrkräfte sollen nicht länger als Wissenslieferanten fungieren, sondern sich selbst als Lernende verstehen, die sich gemeinsam mit ihren Schülern in einem Lernprozess befinden (CTGV, 1991, S.28). Das erfordert von den Lehrenden auch die Bereitschaft, die eigene Rolle neu zu überdenken und einer alternativen Unterrichtskonzeption zu folgen.

2.2.4 Effektivität und Diskussion des AI-Ansatzes

Die AI kann auf eine von Anfang an intensiv betriebene empirische Begleitforschung zurückblicken. Von der Entwicklung erster Ankermedien zu Beginn des originären AI-Ansatzes Ende der 1980er Jahre bis zur Auflösung der Forschergruppe CTGV 2003 wurden fast 40 empirische Studien verschiedener Art durchgeführt, die sich explizit auf den theoretischen Ansatz von AI beziehen, wobei nur ein Teil davon als Feldstudien im Unterricht angelegt waren. Patrick Blumschein stellt die Studien zur originären AI in einer beeindruckend umfassenden Metaanalyse zusammen und analysiert deren Ergebnisse (Blumschein, 2003). Weitere Recherchen ergaben, dass seit 2003 die originäre AI der CTGV hauptsächlich von der Forschergruppe TEAM um Brian Bottge weiterentwickelt und evaluiert wird (s. 2.2.2.3). Infolge der Fragestellung dieser Arbeit konzentriert sich dieser Abschnitt auf empirische Forschungsergebnisse von Feldstudien zum AI-Ansatz, die einen Kontrollgruppenvergleich mit Schülern zum Gegenstand haben, um die Effektivität von AI im Vergleich zu herkömmlichen Unterricht herauszustellen. Studien, die explizit theorieentwickelnd bzw. als Laborexperimente angelegt sind oder verschiedene Ankermedien (ohne Kontrollgruppe) miteinander vergleichen, bleiben an dieser Stelle unberücksichtigt. Im Anschluss daran werden die Ergebnisse und darauf basierend die Effektivität von AI unter verschiedenen Aspekten diskutiert.

2.2.4.1 Überblick über bisherige empirische Studienergebnisse

An dieser Stelle werden zunächst überblicksartig die Haupteffekte solcher Studien vorgestellt, die sich bis 2003 auf die originäre AI beziehen. Infolge der umfassenden Darstellung in Blumschein (2003) und aus Gründen der Übersichtlichkeit erfolgt die Zusammenstellung an dieser Stelle chronologisch in Tabellenform unter Berücksichtigung der für die Diskussion relevanten Untersuchungsdaten (Tab. 2; für weitere Details: s. Blumschein, 2003). Infolge der Weiterentwicklung des originären AI-Ansatzes zur EAI (s 2.2.2.3) werden die Arbeiten der Arbeitsgruppe um Bottge im Anschluss daran getrennt dargestellt (Tab. 3).

Die in Tabelle 2 entsprechend den o. g. Kriterien zusammengestellten Untersuchungen zum originären AI-Ansatz zeigen neben grundsätzlich methodischen Unterschieden auch verschiedene Schwerpunkte in der Ergebnisdarstellung. So liegt der Fokus der Arbeiten weniger auf der Ermittlung von Effektstärken als vielmehr auf dem Nachweis eines generell statistisch bedeutsamen Unterschiedes zwischen AI-Klassen und den entsprechenden Kontrollen. Dabei weisen alle in Tabelle 2 aufgelisteten signifikanten Unterschiede einen positiven Effekt für die AI-Klassen nach. Herauszustellen sind an dieser Stelle die Studien von Pellegrino et al. (1991) sowie

Tabelle 2: Überblick über empirische Feldstudien zur Effektivität von AI

Jahr	Autor(en)	Stichprobe *N*	Fragestellung	Studiendesign	Instruktionsmaterial	Variablen	Statistische Kennwerte	Anmerkungen
1987	Sherwood et al.	Ges: 75 KG: 43 EG: 32 Jg.-St.: 7/8	Behaltensleistung mit und ohne zusätzlichem Ankermedium (Themenbereich Biologie)	Post-Test-Design mit Kovariate; quasi-experimentell	KG: Textmaterial zu Spinnen; EG: Textmaterial zu Spinnen & Video 'The Raiders of the lost Ark' Dauer: 1 U.-Std.	UV: Gruppe; Jg.-St. AV: Behaltensleistung d. Textinhalte; Kovariate: Lesekompetenz	ANCOVA; Klasse 7: $p<0.01$; $\omega^2=0.20$ Klasse 8: $p<0.01$; $\omega^2=0.20$	Ankermedium als Zusatzmaterial
1991	Pellegrino et al.	Ges.: 739 (11 Schulen, 37 Klassen); KG: 271 EG: 468 Jg.-St.: 5/6	Mathematische Fähigkeiten mit und ohne Ankermedium	Pre-Post-Test-Design (Pre-Test als Kovariate); quasi-experimentell	KG: herkömmlicher Unterricht (Schulbuch und Arbeitsblätter); EG: Videoanker 'The Adventures of Jasper Woodbury' Dauer: 1 Schuljahr	UV: Gruppe; Schule; Jg.-St. AV: Einstellung zu Mathematik (AV1); grundlegende mathemat. Fähigkeiten (AV2); Textaufgaben (AV3); Planungsprobleme (AV4)	ANCOVA; Haupteffekte ‚Gruppe': AV1: $p<0.01$ AV2: $p<0.01$ AV3: n.s. AV4: $p<0.01$	Verschiedene Lehrer in EG und KG; AV1: geringes Cronbachs Alpha
1997	Shyu	Ges.: 37 KG: 18 EG: 19 Jg.-St.: 5	Mathematische Problemlösefertigkeiten mit und ohne Ankermedium in Abhängigkeit von der Leistungsfähigkeit	Pre-Post-Test-Design mit je drei Leistungsgruppen; experimentell	KG: herkömmlicher Unterricht (Schulbuch und Arbeitsblätter); EG: Videoanker 'Encore's Vacation' (Taiwan) Dauer: 4 U.-Std.	UV: Gruppe; Leistungsniveau AV: Mathematische Problemlösefertigkeit	ANOVA; Innersubjektfaktor ‚Zeit' (über alle Gruppen): $p<0.001$; Zwischensubjektfaktoren: ‚Gruppe': $p<0.001$ ‚Leistungsniveau': n.s.	selbstständige Anker-Entwicklung (Taiwan); sehr aufwändig
1999	Shyu	Ges.: 61 KG: 20 EG1: 20 EG2: 21 Jg.-St.: 6	Mathematische Problemlösefähigkeiten mit und ohne Ankermedium	Pre-Post-Test-Design; quasi-experimentell	KG: Frontalunterricht (Schulbuch und Arbeitsblätter); EG1: Drehbuch zum Videoanker 'Mathematics in Life: Jane's Choice' (Taiwan) EG2: Videoanker 'Mathematics in Life: Jane's Choice' (Taiwan) Dauer: 6 Wochen	UV: Gruppe AV: Einstellung zu Mathematik (AV1); Mathematische Problemlösefertigkeit (AV2)	ANOVA; Innersubjektfaktor ‚Zeit': $p_{AV1}<0.001$ (fallend); Zwischensubjektfaktoren: ‚Gruppe': AV1: n.s. AV2 (EG2 vs. KG): $p<0.05$; ansonsten: n.s.	selbstständige Anker-Entwicklung (Taiwan); sehr aufwändig; Experimentalphase zusätzlich zum Unterricht
2001	Hickey, Moore & Pellegrino	Ges.: 331 (4 Schulen, 19 Klassen); KG: 148 EG: 183 Jg.-St..: 5	Mathematische Problemlösefähigkeiten und Motivation mit und ohne Ankermedium	Pre-Post-Test-Design (Pre-Test als Kovariate); quasi-experimentell	KG: herkömmlicher Unterricht (Schulbuch und Arbeitsblätter); EG: Videoanker 'The Adventures of Jasper Woodbury' Dauer: 1 Schuljahr	UV: Gruppe; Sozialstatus; Reformorientierung AV: Motivationale Erfahrung (AV1); motivationale Überzeugung (AV2); Mathematikleistung (AV3)	ANCOVA; Haupteffekte ‚Gruppe': AV1: n.s.; AV2: n.s. AV3: $p<0.01$ (Problemlösung); n.s. (math. Konzepte, Rechenfertigkeiten)	Verschiedene Lehrer in EG und KG; AV1: geringes Cronbachs Alpha

Anmerkung. AV = Abhängige Variable; UV = Unabhängige Variable; EG = Experimental-Gruppe mit Ankermedium; KG = Kontrollgruppe mit herkömmlichem Unterricht.

von Hickey, Moore und Pellegrino (2001), die von den Vertretern des AI-Ansatzes infolge ihres Umfanges stets als repräsentativ ins Feld geführt werden. Darüber hinaus stellen die Studien von Shyu (1997; 1999) eine Besonderheit wegen der kulturellen Unterschiede sowie wegen der selbstständigen Neuentwicklung von Ankermedien entsprechend der 1. AI-Generation (‚Encore's Vacation', ‚Mathematics in Life: Jane's

Tabelle 3: Überblick über empirische Feldstudien zur EAI nach Bottge et al.

Jahr	Autor(en)	Stichprobe N	Fragestellung	Studiendesign	Instruktionsmaterial	Variablen	Statistische Kennwerte	Anmerkungen
1993	Bottge & Hasselbring	Ges: 29 KG: 14 EG: 15 Jg.-St.: 9	Mathematische Fähigkeiten mit und ohne Ankermedium	Pre-Post-Test-Design; quasi-experimentell	KG: herkömmlicher Unterricht (Schulbuch und Arbeitsblätter); EG: Videoanker ‚Bart's Pet Project' Dauer: 5 U.-Tage	UV: Gruppe AV: Rechenfähigkeit (AV1); Textaufgaben (AV2); Video-Transfer (AV3); Text-Transfer (AV4); nach 3 Wochen: Praxis-Transfer (AV5)	ANOVA; AV1: n.s. AV2: n.s. AV3: $p<0.01$; $\eta^2=0.25$ AV4: n.s. AV5: $p<0.05$; $\eta^2=0.13$	Test zur Video-Transferfähigkeit benachteiligt KG, da Methode unbekannt.
1999	Bottge	Ges: 66 KG: 36 EG: 30 Jg.-St.: 8	Mathematische Fähigkeiten mit und ohne Ankermedium in Abhängigkeit von der Leistungsfähigkeit	Pre-Post-Test-Design mit je zwei Leistungsniveaus; experimentell	KG: herkömmlicher Unterricht (Schulbuch und Arbeitsblätter); EG: Videoanker ‚Bart's Pet Project' Dauer: 10 U.-Tage	UV: Gruppe; Leistungsniveau AV: Rechenfähigkeit (AV1); Textaufgaben (AV2); Video-Transfer (AV3); nach 10 Tagen Praxis-Transfer (AV4)	ANOVA; Haupteffekte ‚Gruppe': AV1: n.s. AV2: n.s. AV3: $p<0.01$; $\eta^2=0.32$ AV4: $p<0.05$; $\eta^2=0.13$	Test zur Video-Transferfähigkeit benachteiligt KG, da Methode unbekannt.
2002	Bottge et al.	Ges: 42 KG: 21 EG: 21 Jg.-St.: 8	Mathematische Fähigkeiten mit und ohne Ankermedium in Abhängigkeit von der Leistungsfähigkeit	Pre-Post-Test-Design mit je zwei Leistungsniveaus; experimentell	KG: herkömmlicher Unterricht (Schulbuch und Arbeitsblätter); EG: Videoanker ‚Bart's Pet Project' Dauer: 10 U.-Tage	UV: Gruppe; Leistungsniveau AV: Rechenfähigkeit (AV1); Textaufgaben (AV2); Video-Transfer (AV3); nach 17 Tagen Praxis-Transfer (AV4)	ANOVA; Haupteffekte ‚Gruppe': AV1: n.s. AV2: n.s. AV3: $p<0.01$; $\eta^2=0.38$ AV4: $p<0.05$; $\eta^2=0.64$	Test zur Video-Transferfähigkeit benachteiligt KG, da Methode unbekannt.
2004	Bottge et al.	Ges: 93 KG: 45 EG: 48 Jg.-St.: 6	Mathematische Fähigkeiten mit und ohne Ankermedium in Abhängigkeit von der Leistungsfähigkeit	Pre-Post-Test-Design; quasi-experimentell	KG: herkömmlicher Unterricht (Schulbuch und Arbeitsblätter); EG: Videoanker ‚Bart's Pet Project' Dauer: 5 U.-Tage	UV: Gruppe; Lehrkraft AV: Rechenfähigkeit (AV1); Textaufgaben (AV2); Video-Transfer (AV3); nach 17 Tagen Praxis-Transfer (AV4)	ANOVA; Haupteffekte ‚Gruppe': AV1: n.s. AV2: $p<0.01$; $\eta^2=0.1$* AV3: $p<0.001$; $\eta^2=0.21$ AV4: $p<0.01$; $\eta^2=0.17$	Test zur Video-Transferfähigkeit benachteiligt KG, da Methode unbekannt.
2006	Bottge, Rueda & Skivington	Ges: 17 KG: 8 EG: 9 Jg.-St.: 8	Mathematische Fähigkeiten mit und ohne Ankermedium	Pre-Post-Test-Design; quasi-experimentell	KG: herkömmlicher Unterricht (Schulbuch und Arbeitsblätter); EG: Videoanker ‚Bart's Pet Project' Dauer: 10 U.-Tage	UV: Gruppe AV: Rechenfähigkeit (AV1); Textaufgaben (AV2); Video-Transfer (AV3); Problemlösefähigkeit (AV4)	ANCOVA; Haupteffekte ‚Gruppe': AV1: n.s. AV2: n.s. AV3: $p<0.01$; $\eta^2=0.18$ AV4: $p<0.05$; $\eta^2=0.14$	Test zur Video-Transferfähigkeit benachteiligt KG, da Methode unbekannt.
2007a	Bottge et al.	Ges: 128 KG: 64 EG: 64 Jg.-St.: 8	Mathematische Fähigkeiten mit und ohne Ankermedium in Abhängigkeit von der Leistungsfähigkeit	Pre-Post-Test-Design mit je zwei Leistungsniveaus; quasi-experimentell	KG: herkömmlicher Unterricht (Schulbuch und Arbeitsblätter); EG: Videoanker ‚Bart's Pet Project' Dauer: 5 U.-Tage	UV: Gruppe; Leistungsniveau AV: Rechenfähigkeit (AV1); Textaufgaben (AV2); Video-Transfer (AV3); nach 17 Tagen Praxis-Transfer (AV4)	ANOVA; Haupteffekte ‚Gruppe': AV1: n.s. AV2: n.s. AV3: $p<0.001$; $\eta^2=0.59$ AV4: $p<0.01$; $\eta^2=0.53$	Test zur Video-Transferfähigkeit benachteiligt KG, da Methode unbekannt.

Anmerkung. AV = Abhängige Variable; UV = Unabhängige Variable; EG = Experimental-Gruppe mit Ankermedium; KG = Kontrollgruppe mit herkömmlichem Unterricht; alle mit * gekennzeichneten Werte weißen eine signifikante Überlegenheit der KG aus, nicht gekennzeichnete Werte stellen eine signifikante Überlegenheit der EG dar.

Choice‘). Grundsätzlich stellt Blumschein (2003) in seiner Metaanalyse fest, dass die Interpretierbarkeit von Primärstudien zur AI infolge der Heterogenität ihrer Ergebnisse aus methodologischer Sicht nur begrenzt möglich ist. Um überhaupt eine Metaanalyse durchführen zu können, musste er die anfangs knapp 40 Studien auf letztlich 13 reduzieren (Blumschein, 2003, S. 161) und ermittelte daraus einen Produkt-Moment-Korrelationskoeffizienten $r = 0.33$ als gewichtete Effektstärke. Nach Cohen (1988) ist dieser Effekt mittelgroß. Blumschein merkt aber gleichzeitig an, dass es infolge der großen Fehlerstreuung „nicht angezeigt ist, diesen prinzipiell als mittelstarken Effekt zu gewichteten Wert als vertrauenswürdige Schätzung zu betrachten“ (Blumschein, 2003, S. 179).

Werden die Ergebnisse der einzelnen Untersuchungen für sich genommen betrachtet, so fällt auf, dass die überwiegende Anzahl der Studien Einzelresultate aufweisen, die eine Überlegenheit der AI-Gruppen in der Problemlösefähigkeit belegen. Allerdings sind die Testinstrumente für die Variable ‚Problemlösefähigkeit‘ erstens nicht in allen Studien gleich und zweitens aus methodologischer Sicht durchaus kritisch zu beurteilen (s. 2.2.4.2). Im Gegensatz dazu zeigen die in Tabelle 3 aufgeführten Studien der Arbeitsgruppe um Bottge ein durchaus homogenes Bild. Sie sind aus zwei Gründen besonders hervorzuheben: Erstens stellen sie eine Reihe von Replikationsstudien dar, die ein kohärentes Ergebnisbild des Untersuchungsgegenstandes zeichnen. Zweitens machen alle Studien eine Aussage über die Größe des Effektes (Effektstärke).

Bis zum Abschluss seiner Arbeit konnte Blumschein lediglich auf die ersten drei ‚Bottge-Studien‘ zurückgreifen (Bottge & Haselbring, 1993; Bottge, 1999; Bottge et al., 2002), für die er nach Bestätigung der Datenhomogenität einen Produkt-Moment-Korrelationskoeffizienten $r = 0.30$ als gewichtete Effektstärke und damit einen vertrauenswürdigen, mittelgroßen Effekt (Cohen, 1988) nachwies. Die starke Abweichung der Effektstärken dieser drei ersten ‚Bottge-Studien‘ wurde mit verschiedenen Anforderungsniveaus sowie mit unzureichender Unterstützung der Lernenden durch die Lehrer und Versuchsleiter begründet. Zu Bedenken gab Blumschein dabei allerdings die geringe Fallzahl, die sich jedoch relativiert, wenn man die Folgestudien der Gruppe aus den Jahren 2004-2007 hinzuzieht. Diese bestätigen die Größenordnungen der Effekte der Studien bis 2002 und erhöhen die Fallzahl von 137 auf insgesamt 375 Probanden. Trotz dieser positiven Effekte muss bedacht werden, dass auch hier die Testinstrumente speziell hinsichtlich des Transferwissens aus methodologischer Sicht problematisch sind (s. 2.2.4.2).

Insgesamt auffällig ist dabei, dass sowohl bei den Studien in Tabelle 2 als auch bei den ‚Bottge-Studien‘ in Tabelle 3 die AI-Klassen in den einzelnen Untersuchungen zwar eine Überlegenheit in der Problemlöse- oder Transferfähigkeit aufweisen, herkömmliche Textaufgaben aber entweder ‚nur‘ gleich gut oder sogar schlechter (Bottge et al., 2004) als die Kontrollklassen lösen konnten.

2.2.4.2 Diskussion

Die in Tabelle 2 und Tabelle 3 dargestellten und in 2.2.4.1 ausgeführten Ergebnisse machen deutlich, dass trotz der umfangreichen Analysen zur AI und den damit verbundenen, auf den ersten Blick größtenteils positiven Ergebnisse, im Detail sowohl empirisch-methodologische als auch fachdidaktische Kritikpunkte zu erkennen sind.

Neben der von Blumschein (2003) bereits in seiner Metaanalyse angesprochenen Ergebnisheterogenität wird zunächst deutlich, dass in den verschiedenen Analysen aus dem angloamerikanischen Sprachraum in Tabelle 2 weder ein vergleichbares Studiendesign vorzufinden war, noch vergleichbare Instrumente verwendet wurden, obwohl diese Studien alle aus der gleichen Arbeitsgruppe, der CTGV, entstanden sind. Zudem wird in keiner Untersuchung verdeutlicht, nach welchem methodischen Vorgehen der Unterricht in den einzelnen Klassen durchgeführt wurde (s. 2.2.3), sodass streng genommen keine Aussage darüber gemacht werden kann, ob das Ankermedium oder die Unterrichtsmethode für die beobachteten Effekte verantwortlich war. Darüber hinaus ist keine einheitliche Verwendung der Ankermedien zu erkennen. So setzten beispielsweise Sherwood et al. (1987) in den EG das Video-Ankermedium zusätzlich zum Instruktionstext ein, der auch in der KG eingesetzt wurde. Dagegen wurden in den EG aller anderen Untersuchungen der Video-Anker als alleiniges Medium verwendet, ohne traditionelle Textunterstützung. Diese Defizite machen eine Vergleichbarkeit der Analyseergebnisse kaum möglich. Obwohl bei den Studien der Bottge-Gruppe (s. Tab. 3) diese Defizite nicht zu erkennen sind, muss dazu angemerkt werden, dass diese Untersuchungen mit Schülern mit Lernschwierigkeiten oder -lernstörungen durchgeführt wurden, sodass ein Transfer der Ergebnisse auf allgemeinbildende Schulen alleine schon wegen der unterschiedlich aufgewendeten Betreuungsintensität (Zeit, Betreueranzahl) nur bedingt möglich ist.

Der Stichprobenumfang in den einzelnen Analysen muss aus zwei Gründen kritisch beurteilt werden: Entweder sind die Fallzahlen in den einzelnen Gruppen so klein, dass ausschließlich parametrische Analysen als bedenklich eingestuft werden müssen (vgl. Shyu, 1997; 1999), oder aber bei Untersuchungen mit großer Fallzahl tritt das Problem der Ergebniskonfundierung auf (Clark, 1983; Clark & Salomon, 1986), da EG und KG nicht von der gleichen Lehrkraft unterrichtet wurden. So bestätigten Hickey, Moore und Pellegrino (2001), dass Teile des Erfolges des AI-Ansatzes nicht auf die Qualität des Materials an sich, sondern vielmehr auf die Lehrerpersönlichkeit zurückzuführen sind (Hickey, Moore & Pellegrino, 2001, S. 648). Dieser Faktor wurde jedoch in keiner der Studien durch ein differenziertes Testinstrumentarium erhoben.

Bezüglich der Testinstrumentarien fällt zudem auf, dass die Instrumente zur Einstellung zu Mathematik sowie zur motivationalen Erfahrung und Überzeugung nur unzureichend zuverlässig waren (vgl. Pellegrino et al. 1991; Hickey, Moore & Pellegrino, 2001; Cronbachs $\alpha < 0.65$), weshalb kritische Stimmen die Ergebnisse solcher Medienvergleichsstudien als unbrauchbar einschätzen (vgl. Bryan & Hunton, 2000). Darüber hinaus wurden speziell bei der Erfassung der Transferfähigkeit in den ‚Bottge-Studien' (s. Tab. 3) video-basierte Testinstrumente verwendet, sodass eine Bevorteilung der AI-Gruppen infolge größerer Vertrautheit im Umgang mit dieser Medienform verglichen mit den KG nicht ausgeschlossen werden kann. Daraus folgt, dass die in diesen Analysen diagnostizierte deutliche Überlegenheit der EG in der Transferfähigkeit kritisch beurteilt werden muss.

Alle bisher durchgeführten Studien versuchten die Frage nach der Effektivität von AI durch die Analyse der Effekte zu beantworten, die durch den Medieneinsatz erzeugt wurden. In keiner Untersuchung wird jedoch explizit die Qualität des Ankermediums selbst theoriegeleitet erhoben, d.h. es wird weder geprüft, ob die nach den AI-Designprinzipien entwickelten Ankermedien (s. 2.2.1) auch tatsächlich als solche von den Lernenden wahrgenommen werden (Stichwort: ‚Manipulation Check'; s. Fußnote 55), noch wird eine Aussage dazu gemacht, was gute von schlechten Ankermedien unterscheidet. Es fehlt also eine Operationalisierung der Verankerung von Wissen, ein Defizit, das u.a. aus der mangelnden Praktikabilität der Anker resultiert (s.u.).

Neben den bisher genannten empirisch-methodologischen Kritikpunkten ist die Umsetzung des originären AI-Ansatzes zudem aus fachdidaktischer und unterrichtspraktischer Sicht mit vier wesentlichen Schwierigkeiten bzw. Defiziten verbunden:

Erstens ist die Entwicklung solcher Ankermedien mit erheblichem materiellen und personellen Aufwand verbunden (vgl. 2.2.2.1), was dazu führt, dass selbst Vertreter dieses Ansatzes das Kosten-Nutzen Verhältnis bei der Verwendung der AI-Medien in der originär propagierten Form kritisch einschätzen (Romiszowski, 1988; Shyu, 1999; Urhahne et al., 2000). Der entscheidende Faktor ist dabei das Verhältnis von Entwicklungsstunden für die Medien zu den damit durchführbaren Unterrichtsstunden. Einschlägige Schätzungen gehen beispielsweise für die Entwicklungsphase der Jasper-Serie von einem Wert von mindestens 100 aus, d.h. dass pro Unterrichtsstunde 100 Entwicklungsstunden für das Ankermedium aufgewendet werden mussten (dieser Schätzwert hat sich in den Folgejahren nicht wesentlich geändert, s. Brahler, Peterson & Johnson, 1999). Dieser Wert steigt mit zunehmender Funktionalität bei den Ankermedien der 2. Generation (Interaktionsgrad, Nachschlagefunktion für Zusatzinformation etc.) schnell auf 500 und mehr an (Brahler, Peterson & Johnson, 1999). Dieses Verhältnis ist für das Zeitbudget in der schulischen Realität völlig unmöglich, und bei (sehr konservativen) Kosten von 25 EUR pro Entwicklungsstunde ebenso für das Geldbudget (mindestens 2500 EUR pro Unterrichtsstunde). Darüber hinaus gelten alle diese Schätzungen nur, wenn das entsprechende technologische

Know-how schon vorhanden ist, was für eine Breitenwirkung im Schulbereich einen unrealistischen Schulungsaufwand voraussetzen würde.

Damit verbunden ist die Unflexibilität, die jede fortgeschrittene Technologie mit sich bringt. Die Entscheidung alleine für eine bestimmte Arbeitsplattform (ganz gleich, ob Videodisk, CD, Internet etc.) bringt eine doppelte Systemfixierung mit sich, die Printmedien in diesem Ausmaß nicht kennen: Erstens bezüglich der Voraussetzungen (Hardware, Software), die für die Nutzung des Ankermediums nötig sind, und die schon ohne jede eigene Entwicklung und Änderung einen erheblichen Aufwand erzwingen. Zweitens bezüglich der zeitlichen Entwicklung, indem dieser hohe Aufwand (an Geld und Zeit) eine entsprechend lange Nutzungsdauer verlangen würde, was aber mit den völlig überdrehten Produktzyklen der Informations- und Kommunikationstechnologie kollidiert und so zu einem kontinuierlichen Überalterungsproblem führt (s. 2.2.2).

Zu der Unflexibilität, hervorgerufen durch die technischen Rahmenbedingungen, kommt noch eine völlig ungenügende didaktisch-inhaltliche Flexibilität der Ankermedien selbst hinzu: Die Video-Disks bzw. die Multimedia-Software können infolge ihrer komplexen technischen Entwicklung oft nur unzureichend auf die dringend zu berücksichtigenden, individuellen Bedürfnisse des Unterrichts vor Ort angepasst werden (z. B. unterschiedliche Lernvoraussetzungen, erforderliche Binnendifferenzierung, Sprache usw.; Schmidt, 2000; Zanger, 2003). Ein deutlicher Hinweis dafür ist die mangelnde Verbreitung der AI-Medien über den englischsprachigen Raum hinaus. In solchen Fällen, in denen beispielsweise infolge anderer Muttersprache eigenständig neue Ankermedien entwickelt wurden, wird die Kosten-Nutzen-Relation in Frage gestellt (Shyu, 1999; s. o.) und zu bedenken gegeben, ob positive Ergebnisse nicht auch mit Hilfe ‚herkömmlichen' Materials erreicht werden könnten. Diese Unflexibilität macht es zudem nahezu unmöglich, Attribute eines Mediums gezielt zu verändern und so beispielsweise positiv und negativ wirkende Eigenschaften eines Mediums zu eruieren und die Anker damit zu optimieren (Kerres, 1999; 2001; 2002).

Schließlich soll an dieser Stelle einerseits noch auf die durch den AI-Ansatz geforderten hohen Ansprüche an die Medien- und methodisch-didaktische Kompetenzen der Lehrenden hingewiesen werden (s. 2.2.3), die dazu führen, dass die Lehrkräfte ihre Lehrerolle überdenken und auf diese Anforderungen einlassen. Andererseits erfordert die offene Gestaltung und der zeitliche Unterrichtsbedarf der Lernumgebung sowohl von Lehrkraft als auch von der Schule einen enormen organisatorischen Aufwand, der sich noch vergrößert, wenn originäre AI durch projektorientiertes Arbeiten ergänzt wird (EAI, s. 2.2.2.3). Aus dieser Sicht sind Berichte über die problematische Implementation von AI in den beiden groß angelegten Studien von Pellegrino et al. (1991) sowie von Hickey, Moore & Pellegrino (2001) durchaus nachvollziehbar.

2.3 Der Modifizierte Anchored Instruction-Ansatz

2.3.1 Bedarfsanalyse für die theoriegeleitete Entwicklung einer problemorientierten Aufgaben- und Lernumgebung in der Physikdidaktik

Die durch die nationalen und internationalen Vergleichsstudien und Gutachten (vgl. z. B. Baumert et al., 1997; 2001; BLK, 1997; Prenzel et al., 2004) analysierten Defizite deutscher Schüler bei der Anwendung naturwissenschaftlichen Wissens in neuen Aufgabenkontexten führte dazu, dass die Bedeutung eines Lernen in sinnstiftenden Kontexten im Rahmen einer neuen ‚Aufgabenkultur' sukzessive zunahm (s. 2.1.1; vgl. Eilks et al., 2005; Kuhn & Müller, 2005b; Leisen, 2005; 2006; 2007; Müller & Müller, 2002). Die lehr-lerntheoretische Verankerung der Kontextorientierung in den Rahmen des Situierten Lernens, speziell der AI, und die damit verbundene gemäßigt konstruktivistische Auffassung von Unterricht macht aber auch deutlich, dass mit den gewünschten positiven Effekten dieses Ansatzes auch Schwächen verbunden sind, auf die reagiert werden muss:

- *Empirischer Forschungsbedarf:* Trotz zahlreicher Analysen kann kein kohärenter empirischer Befund angeführt werden, der eine Überlegenheit eines Ansatzes aus dem Theorierahmen des Situierten Lernens gegenüber anderen Formen des Lehrens und Lernens aufweist. (bzgl. AI: s. 2.2.4; Überblick zum Situierten Lernen: Mandl & Kopp, 2005; Reinmann & Mandl, 2006; Renkl, Gruber & Mandl, 1996).
- *Mangelnde Flexibilität:* Erstens kann die Komplexität situierter Ankermedien schnell zur Überforderung der Lernenden führen, da adäquate Unterstützungsmaßnahmen nicht oder nur unzureichend bereitgestellt werden und die Ergänzung solcher Optionen oder die Anpassung der Ankermedien an die Leistungsfähigkeit der Lerngruppe oder des Lerners sehr aufwändig ist. Neben der Reduktion des Lernerfolges allgemein (Eilks et al., 2005; Gräsel, Prenzel, Mandl & Tarnai, 1993; Leutner, 1992) besteht eine weitere Gefahr zu komplexer Lernumgebungen darin, dass leistungsstärkere Schüler mehr von solchen Ankermedien profitieren als leistungsschwächere und dadurch die Leistungsschere weiter auseinanderklafft (s. 2.2.4.2; Reinmann & Mandl, 2006, S. 635). Zweitens resultiert darüber hinaus aus der Kontextgebundenheit des Lernens, dass es schwierig ist, multiple konzeptuelle Repräsentationen aufzubauen, wenn ein Lerngegenstand nur einmalig aus einer bestimmten Perspektive betrachtet werden kann. Stattdessen soll dasselbe Lerngebiet zu unterschiedlichen Zeiten, in veränderten Kontexten, unter veränderter Zielsetzung und aus unterschiedlichen konzeptuellen Perspektiven betrachtet werden können (vgl. Gruber, Mandl & Renkl, 2000). Beide Aspekte erfordern flexible Ankermedien und Lernumgebungen.
- *Mangelnde Praktikabilität:* Die aufwändige Entwicklung situierter Ankermedien (s. 2.2.2.1) und das daraus resultierende schlechte Kosten-Nutzen-Verhältnis (s.

2.2.4.2) sowie der hohe Anspruch an die Lehrkräfte (organisatorischer Aufwand, neue Lehrerrolle usw.) stellen gravierende Hindernisse für die Implementation solcher Lernumgebungen in den Unterricht dar (Anderson, Reder & Simon, 1996). Neuere Entwicklungen von AI-Medien (s. 2.2.2.2) und von EAI (s. 2.2.2.3) versuchen zwar durch eine größere Anzahl von optionalen Unterstützungsmaßnahmen oder durch Berücksichtigung verschiedener Lernzugänge die Effektivität und Flexibilität zu erhöhen. Erstens geht dieser Trend aber auf Kosten der Praktikabilität, da die Komplexität der Lernumgebungen, und damit auch Kosten und personeller Aufwand zur Herstellung solcher Medien, enorm ansteigt und die Implementation in den herkömmlichen Unterrichtsalltag weiter erschwert. Zweitens muss jede vorgefertigte Unterstützungsmaßnahme aber auch allgemein gehalten werden, sodass eine individuelle Anpassung an die Bedürfnisse der Lerngruppe vor Ort erforderlich wäre. Dies ist allerdings infolge der technischen Komplexität nicht oder nur mit großem Aufwand und Know-how möglich, sodass auch die neueren Entwicklungen der AI-Ankermedien lediglich eine scheinbare Flexibilität herstellen, die den Mangel an Praktikabilität erhöhen und die ursächliche Problematik der unflexiblen Eigenschaften solcher Medien nicht reduzieren.

Diese Punkte verdeutlichen den Bedarf der theoriegeleiteten Entwicklung einer problemorientierten Aufgaben- und Lernumgebung *(pAL)* für die Physikdidaktik, orientiert an dem bis hierher aufgespannten Theorierahmen, die die damit verbundenen Vorzüge nutzt und die aufgezeigten Schwierigkeiten situierter Ankermedien reduziert. Die Entwicklung erfolgt dabei unter drei übergeordneten Leitlinien:

1. *Praktikabilität:* Die unzureichende Kosten-Nutzen-Relation situierter Ankermedien sowie der damit verbundene hohe Anspruch an Lehrkräfte und unterrichtliche Rahmenbedingungen (Implementation) erfordert eine Modifikation innerhalb dieses Theorierahmens hin zur Entwicklung praktikabler, einfacher einsetzbarer Ankermedien.
2. *Flexibiltät:* Die Entwicklung praktikabler Ankermedien soll eine flexible Anpassung der damit verbundenen Komplexität gewährleisten, eine gezielte Änderung einzelner Attribute eines Mediums erlauben und auf individuell vorherrschende unterrichtliche Rahmenbedingungen ausgerichtet werden können.
3. *Empirische Forschung:* Basierend auf der theoriegeleiteten Entwicklung praktikabler und flexibler Ankermedien erfolgt deren Einbindung in eine pAL und deren Umsetzung in ein reproduktionsfähiges und an den methodologischen Standards der empirischen Forschung orientiertes Untersuchungsdesign. Dabei stehen die Fragen nach Effektivität des modifizierten Ansatzes sowie die Optimierung der damit verbundenen Ankermedien im Zentrum des Interesses.

Ausgehend von dieser Bedarfsanalyse werden im Folgenden Abschnitt in Anlehnung an Parchmann et al. (2006) und Van den Akker (1998) zunächst das theoretische Rahmenkonzept praktikabler und flexibler Ankermedien entwickelt sowie deren Einbindung in eine problemorientierte Aufgaben- und Lernumgebung als *Modifizierter Anchored Instruction-Ansatz (MAI-Ansatz)* vorgestellt (s. 2.3.2). Die Eignung von Zeitungsaufgaben als Ankermedium für den Physikunterricht im Sinne des aufgespannten Theorierahmens wird im Anschluss daran in 2.3.3 diskutiert. Die empirischen Untersuchungen zur Effektivität und zur Optimierung der Ankermedien folgen dann in zwei Schritten: Nachdem die Ergebnisse erster Pilotstudien den Forschungsstand dieses Ansatzes zusammenfassen (s. 2.3.7), werden die Fragen zur Effektivität und zur Optimierung dann in den Kapiteln 3 (Effektivität) und 4 (Optimierung) ausführlich dargestellt und diskutiert.

2.3.2 Entwicklung des theoretischen Rahmenkonzepts von MAI

Ausgangspunkt von MAI ist die Gestaltung von Ankermedien für den Physikunterricht, die sich einerseits an den Designprinzipien des originären AI-Ansatzes orientieren (s. 2.2.1), diese allerdings unter den Leitlinien ‚Praktikabilität' und ‚Flexibilität' modifizieren. Demzufolge werden den mit dem video-basierten bzw. multimedialen Präsentationsformat originärer Ankermedien verbundenen Schwierigkeiten (s. 2.2.4.2; 2.3.1; darüber hinaus: Blumschein, 2003; Schmidt, 2000; Zanger, 2003) dadurch entgegengewirkt, dass im Rahmen von MAI auch solche Medien als Lernanker zulässig sind, die allgemein ein affektives Format aufweisen, jedoch praktikabler und flexibler in der Verwendung sind und allen anderen AI-Designprinzipien entsprechen (s. 2.3.3). Dadurch soll der gemäß dem originären AI-Ansatz beabsichtigte Nutzen, den Lerner zu motivieren und komplexes Verständnis zu unterstützen, gewährleistet werden. Dabei ist der ‚Bruch' mit dem Designprinzip ‚video-basiertes Format' (AI-1) nicht ungewöhnlich. Streng genommen erfüllen bereits die Ankermedien der 2. Generation dieses Designprinzip nicht mehr, sodass eine fachdidaktisch gemäßigte Interpretation dieses Prinzips orientiert an den damit beabsichtigten Nutzen nur konsequent ist.

Die Ansätze zum Situierten Lernen in der pädagogischen Psychologie, und dabei speziell AI, sowie damit verbunden die kontextorientierten Unterrichtskonzepte in den naturwissenschaftlichen Fachdidaktiken erfordern aber stets neben der Entwicklung von situierten, kontextorientierten Ankermedien auch deren Implementation in situierte Lernumgebungen (s. 2.1.2.1; 2.2.3). In diesem Sinne wird auch im Rahmen von MAI eine problemorientierte Aufgaben- und Lernumgebung (pAL) vorgestellt, die entsprechend dem in 2.3.1 skizzierten Spannungsfeld und den dort formulierten Leitlinien ‚Praktikabilität' und ‚Flexibilität' orientiert an theoretisch fundierten und praktisch erfolgreich erprobten Konzepten entwickelt wird. Im Zentrum von pAL steht dabei infolge der hervorgehobenen Bedeutung einer ‚Aufgabenkultur' im naturwissenschaftlichen Unterricht das aufgabenorientierte Arbeiten. Ausgehend von den AI-Designprinzipien einerseits und den theoriegeleiteten Prozessmerkmalen problemorientierter Lernumgebungen andererseits (De Corte, 2003; De Corte et al., 2004; Reinmann-Rothmeier & Mandl, 1998a; Reinmann & Mandl, 2006) wird eine pAL im Rahmen des MAI-Ansatzes aus physikdidaktischer Sicht entwickelt, in der die folgenden, dem Theorierahmen entsprechenden Leitlinien umgesetzt werden:

- *Authentizität und Anwendungsbezug:* Lernumgebungen sollen den Umgang mit realen Problemstellungen und authentischen Situationen ermöglichen bzw. anregen. Die dargebotenen Problemstellungen sollen Relevanz für den Lernenden besitzen, Interesse erzeugen oder betroffen machen, wodurch Motivation und Anwendungsbezug hergestellt werden (vgl. auch CTGV, 1990).
- *Multiple Kontexte und Perspektiven:* Um zu verhindern, dass situativ erworbenes Wissen auf einen bestimmten Kontext fixiert bleibt, sind Lernumgebungen möglichst so zu gestalten, dass spezifische Inhalte in verschiedene Situationen eingebettet und aus mehreren Blickwinkeln betrachtet werden können. Lernen unter multiplen Perspektiven erzeugt Flexibilität bei der Anwendung des Gelernten (vgl. Spiro & Jehng, 1990; 2.1.2.2).
- *Sozialer Kontext:* Bei der Gestaltung von Lernumgebungen sollten möglichst oft soziale Lernarrangements geschaffen werden, um kooperatives Lernen und Problemlösen sowie Prozesse zu fördern, die die Entwicklung von Lern- und Praxisgemeinschaften vorantreiben. Der soziale Kontext sichert ein Hineinwachsen in die Expertengemeinde.
- *Instruktionale Unterstützung:* Damit der selbstgesteuerte und soziale Umgang mit komplexen Aufgaben bei Berücksichtigung multipler Perspektiven von den Lernenden auch umgesetzt werden kann, ist es notwendig, die Lernenden instruktional anzuleiten und zu unterstützen. Da Formen problemorientierten Lernens für sich genommen aufgrund ihrer Komplexität bereits hohe Anforderungen an die Lernenden stellen, können sie auch zu Überforderung und sogar zum Abbruch von Lernhandlungen führen. Die Lernumgebung ist deshalb so zu gestalten, dass neben vielfältigen Möglichkeiten eigenständigen Lernens auch das zur Bearbeitung von Problemen erforderliche Wissen bereitgestellt wird. Auf inhaltlicher Ebene kann dies durch die Präsentation von Modellen und durch gezielte Beratung von Experten im Kontext der Aufgabenlösung umgesetzt werden. Lernumgebungen, die vor dem Hintergrund der genannten Prinzipien gestaltet werden, können nicht nur den Erwerb anwendbaren Wissens unterstützen, sondern weisen gleichzeitig auch ein hohes Motivierungspotenzial auf (vgl. Stark & Mandl, 2000).

Unter Berücksichtigung dieser vier Leitlinien, des ‚Modells aufgabenorientierten Lernens' (Peterßen, 2004) und der Erfahrung aus ersten empirischen Erprobungen (s. 2.3.7) ähnelt eine so strukturierte pAL dem Konzept eines forschend-entwickelnden Unterrichts (Schmidkunz & Lindemann, 1992). Dadurch sind Lehrkräfte naturwissenschaftlicher Fächer mit der unterrichtlichen Umsetzung von MAI vertraut, sodass sie gut umzusetzbar und im Unterricht leicht implementierbar ist (vgl. Abb. 4).

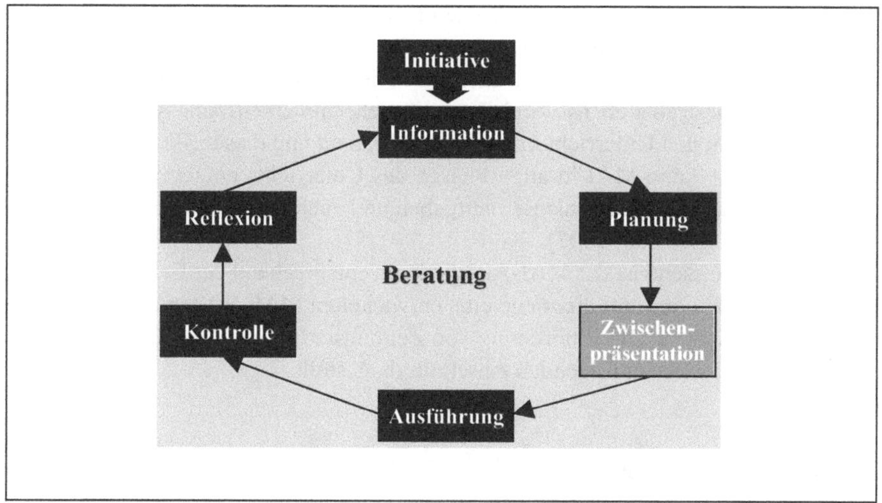

Abb. 4: Problemorientierte Aufgaben- und Lernumgebung im Rahmen von MAI

Die Motivation zu der Auseinandersetzung mit dem zu lösenden Problem geschieht dabei in der *Initiativphase*, in der die Lernenden mit der Aufgabe konfrontiert werden und das Lernen angestoßen wird. In der anschließenden *Informationsphase* sichten die Schüler in Kleingruppen zunächst das Material, d. h. sie setzen sich selbst mit dem Instruktionsmaterial und den zugehörigen Aufgaben auseinander und klären auftretende Verständnisfragen. Die Lösungsvorschläge der Aufgaben werden in der *Planungsphase* erstellt, in der die zu lösenden Probleme sowie die dafür erforderlichen Größen identifiziert und mögliche Lösungswege diskutiert werden. Die Erfahrungen aus der Umsetzung des Ansatzes in ersten Pilotstudien machten deutlich (s. 2.3.7), dass vor der Ausführung des Lösungsprozesses eine *Zwischenpräsentation* durchgeführt werden muss, bei der einzelne Gruppen ihre Lösungsvorschläge der gesamten Klasse vorstellen und diskutieren. Dadurch wird einerseits der konstruktive Lernprozess unterstützt und andererseits eine Überforderung vermieden, sodass auch leistungsschwächere Lernende adäquate Unterstützungsmaßnahmen erhalten, um an der anschließenden Ausführung der Lösung aktiv teilzunehmen.

In dieser *Ausführungsphase* wird der vorgestellte Plan (oder ein Alternativplan) umgesetzt. Um den Gruppenprozess zu fördern, werden alle Notizen und Lösungsvorschläge auf einem gemeinsamen Schreibblatt pro Gruppe als ‚Ideenpapier' angefertigt. Dadurch wird die Wahrscheinlichkeit reduziert, dass innerhalb der Gruppe jeder selbst die Aufgabe bearbeitet ohne die Lösungsideen zur Diskussion zu stellen. Nachdem die Problemlösung in der *Kontrollphase* von einer Gruppe präsentiert und anschließend von der Klasse diskutiert und die endgültige Lösung von jedem übernommen wurde, wird der gesamte Problemlösungsprozess reflektiert, und zwar von Seiten der Lehrenden *und* der Lernenden. In dieser Reflexionsphase können dadurch Verbesserungen von der Lehrkraft an die Schüler zurückgemeldet werden. Umgekehrt können diese aber ebenso Änderungswünsche anmerken, sodass die Lernenden in jeder Phase in den Unterricht mit eingebunden sind und diesen aktiv mitgestalten. In diesem Sinne kann MAI in allen Phasen des Unterrichts eingesetzt werden, zur Einführung, zur Erarbeitung als Lernaufgaben und auch zur Übung und Anwendung (vgl. Leisen, 2005; 2006; 2007).

Zusammenfassend ist der MAI-Ansatz durch entsprechend der Leitlinien ‚Praktikabilität' und ‚Flexibilität' theoriegeleitet entwickelten MAI-Ankermedien und einer pAL gekennzeichnet. Die Einordnung von Zeitungsaufgaben in den Theorierahmen dieses Ansatzes wird im folgenden Abschnitt dargestellt.

2.3.3 Zeitungsaufgaben als MAI-Ankermedien

Zeitungsaufgaben erfüllen die Anforderungen des MAI-Ansatzes. Sie bestehen aus einem Instruktionstext, der nach Text und Layout weitgehend unverändert aus Zeitungen entnommen wurde, und einer oder mehrerer Aufgabenstellungen, die sich auf diesen Text beziehen (s. Abb. 5).

Solche Aufgaben haben in der mathematisch-naturwissenschaftlichen Unterrichtspraxis eine gewisse Tradition. Zu deren erfolgreichen Einsatz liegen aktuelle Beispielsammlungen und Erfahrungsberichte vor, umfangreich in Mathematik (vgl. Herget & Scholz, 1998) und mit ersten Vorschlägen in der Physik (Armbrust, 2001). Die dabei angeführten Vorzüge und Erfolgsgründe, nämlich die Authentizität und der affektiv ansprechende ‚Story-Charakter' finden eine plausible theoretische Erklärung in dem AI-Ansatz. Dies soll im Folgenden dadurch verdeutlicht werden, indem ausgehend von den AI-Designprinzipien (s. 2.2.1) die Modifikation durch MAI am Beispiel von Zeitungsaufgaben als Ankermedien diskutiert wird.

MAI-1: Affektiv ansprechendes Format

Das an dieser Stelle im Rahmen von AI propagierte video-basierte Format der Ankermedien (AI-1, s. 2.2.1) wird zugunsten der Leitlinien ‚Praktikabilität' und ‚Flexibilität' derart modifiziert, dass allgemeiner solche Medien zulässig sein sollen, die ein affektiv ansprechendes Format aufweisen. Dadurch soll der gemäß dem originären AI-Ansatz beabsichtigte Nutzen, den Lerner zu motivieren und komplexes Verständnis zu unterstützen, gewährleistet werden. Zwar erfordern Zeitungsaufgaben ein gewisses Maß an Lesekompetenz, die jedoch durch die Wahl des Zeitungsartikels selbst sowie der Printmedien individuell bzw. lerngruppenabhängig berücksichtigt werden kann (s. MAI-5).

MAI-2: Narrative Struktur mit realistischen, authentischen Problemstellungen (AI-2)

Das narrative Designprinzip der Informationspräsentation soll durch die Verwendungsmöglichkeit vielfältig gestalteter Problemkontexte in gut ausgearbeiteten und authentischen Berichten bei Zeitungsaufgaben gewährleistet werden. Die Forderung nach Gestaltung bedeutungsvoller und authentischer Kontexte spielt im Rahmen kontextorientierten, situierten Lernens eine wichtige Rolle (s. 2.1.1, 2.1.2), obwohl der Begriff ‚Authentizität' und insbesondere das Adjektiv ‚authentisch' in verschiedenen Zusammenhängen verwendet wird und oft nicht ausreichend spezifiziert ist (Radinsky et al., 2001). Deshalb ist es angebracht, diese Begriffe im Rahmen von MAI zu spezifizieren: In Anlehnung an Parchmann et al. (2006) wird im Rahmen von MAI unter ‚authentischen Ankermedien' solche Problemstellungen verstanden, die reale Zusammenhänge aus dem alltäglichen Leben unter Verwendung realer Daten beschreiben sowie als gesellschaftlich relevant und bedeutungsvoll angesehen werden. In diesem Sinne erfüllen Zeitungsaufgaben dieses Kriterium in besonderem Maße: Charakteristische Eigenschaften journalistischer Darstellungsformen ist gerade Wichtigkeit und Interessantheit des dargestellten Ereignisses (Schneider & Raue, 1998; Von LaRoche, 2006).

Wichtig ist dabei, was den Leser interessiert, sodass ein besonderes Augenmerk solchen Themen gilt, die eine möglichst breite Zahl möglicher Leser ansprechen könnten. Von den verschiedenen journalistischen Darstellungsformen werden bei Zeitungsaufgaben in dieser Arbeit infolge ihrer strikten Objektivität ausschließlich informierende Darstellungsformen wie Nachrichten oder Berichte verwendet. Diese sind dadurch gekennzeichnet, dass sie auf möglichst viele der sog. sechs W-Fragen antworten: wer? was? wo? wann? wie? warum? Formal sind Nachricht und Bericht gegliedert nach dem Bedeutungsgehalt der Informationen aufgebaut, nicht chronologisch. Das zu beschreibende Ereignis wird nicht in seiner natürlichen Abfolge nacherzählt, sondern das Wichtigste wird an den Anfang gestellt. Der erste Satz oder Absatz sollte bereits über die W-Fragen Auskunft geben. Dann folgen Mitteilungen und weiterführende Erläuterungen mit abnehmender Wichtigkeit, so dass der Text vom Ende her gekürzt werden kann. Verständlichkeit ist oberstes Gebot dieser Darstellungsformen. Die verwendeten Wörter sollen allgemein bekannt, die Sätze weitgehend unverschachtelt sein.

Selbstverständlich erfüllen grundsätzlich auch meinungsäußernde journalistische Darstellungsformen dieses MAI-Kriterium. Allerdings muss dabei darauf geachtet werden, dass bei Kommentaren, Kolumnen, Leitartikeln usw. eine subjektive Meinung – in diesem Fall des Autors – im Vordergrund steht, während Berichte und Nachrichten die sachliche Analyse zentral rücken. Subjektive Meinungsäußerungen können in manchen Fällen erwünscht (z.B. als Diskussionsanlass, zum kritischen Umgang mit Medien), in anderen wiederum unerwünscht sein, z.B. falls der Inhalt aus didaktischen, lernpsychologischen oder pädagogischen Gründen einem Kompetenzerwerb abträglich ist. Selbstverständlich muss sowohl bei informierenden als

a) Antrieb der Zukunft?

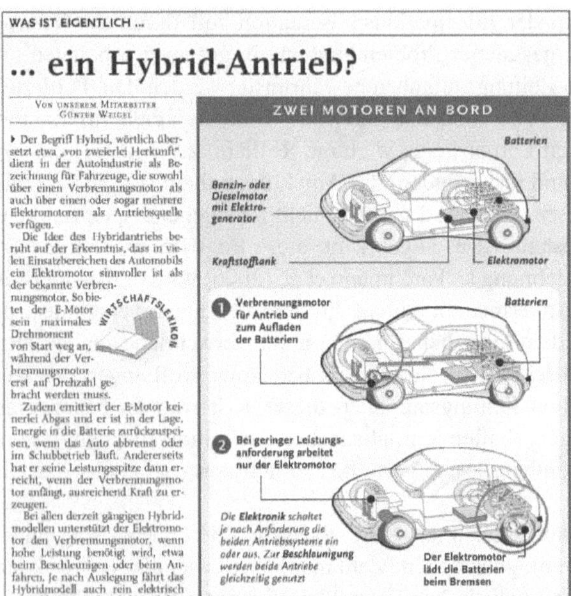

WAS IST EIGENTLICH ...

... ein Hybrid-Antrieb?

VON UNSEREM MITARBEITER GÜNTER WEIGEL

Der Begriff Hybrid, wörtlich übersetzt etwa „von zweierlei Herkunft", dient in der Autoindustrie als Bezeichnung für Fahrzeuge, die sowohl über einen Verbrennungsmotor als auch über einen oder sogar mehrere Elektromotoren als Antriebsquelle verfügen.

Die Idee des Hybridantriebs beruht auf der Erkenntnis, dass in vielen Einsatzbereichen des Automobils ein Elektromotor sinnvoller ist als der bekannte Verbrennungsmotor. So bietet der E-Motor sein maximales Drehmoment von Start weg an, während der Verbrennungsmotor erst auf Drehzahl gebracht werden muss.

WIRTSCHAFTSLEXIKON

Zudem emittiert der E-Motor keinerlei Abgas und er ist in der Lage, Energie in die Batterie zurückzuspeisen, wenn das Auto abbremst oder im Schubbetrieb läuft. Andererseits hat er seine Leistungsspitze dann erreicht, wenn der Verbrennungsmotor anfängt, ausreichend Kraft zu erzeugen.

Bei allen derzeit gängigen Hybridmodellen unterstützt der Elektromotor den Verbrennungsmotor, wenn hohe Leistung benötigt wird, etwa beim Beschleunigen oder beim Anfahren. Je nach Auslegung fährt das Hybridmodell auch rein elektrisch an und legt im Stadtverkehr auch längere Strecken elektrisch zurück.

Knackpunkt der Hybridentwicklung ist die Batterietechnik. Derzeit setzt die Industrie Nickel-Metall-Hydridspeicher ein, die unempfindlich auf häufiges Be- und Entladen reagieren, aber in ihrer Leistung begrenzt sind. Vorteile hinsichtlich Gewicht und Leistung versprechen Lithium-Ionen-Batterien, aber ihr Serieneinsatz im Pkw wird erst zum Ende dieses Jahrzehnts erwartet.

Marktführer bei den Hybridherstellern ist Toyota. Seit zehn Jahren baut das japanische Unternehmen das Modell Prius. Gemeinsam mit den Luxusmodellen der Konzerntochter Lexus kommt Toyota mittlerweile auf eine Million produzierte Hybride – eine Zahl, die das Unternehmen künftig jährlich anstrebt. Deutsche Hersteller werden im kommenden Jahr mit ersten Hybriden auf den Markt kommen.

— *Was Sie schon immer über Wirtschaft wissen wollten: Freitags gibt es hier Auskunft. Schicken Sie Ihre Fragen an die RHEINPFALZ Wirtschaftsredaktion, Postfach 21147, 67011 Ludwigshafen, Fax: 0621 5902-600, E-Mail: redwirt@rheinpfalz.de*

DIE RHEINPFALZ (01_WIRT), 28.09.2007

1. Vergleicht Vor- und Nachteile eines Hybridantriebs mit einem Verbrennungsmotor.
2. Erklärt die Funktionsweise eines Hybridmotors aus Sicht eines Physikers unter Berücksichtigung der Fachsprache.
3. Verdeutliche die Funktionsweise eines Hybridantriebs beim Beschleunigen und beim Abbremsen durch jeweils ein Energieflussdiagramm.

b) Paris-Marathon

Klassezeiten in Paris

Paris/sid. Klassezeiten gab es gestern beim Paris-Marathon. Der Franzose Benoit Zwierzchlewski verpasste als Erster in 2:08:18 Minuten den drei Jahre alten Streckenrekord des Kenianers Julius Ruto um die Winzigkeit von acht Sekunden. Die Belgierin Marleen Renders verbesserte in 2:23:05 Stunden ihren eigenen Streckenrekord aus dem Jahr 2000 um 38 Sekunden.

MITTELDEUTSCHE ZEITUNG, 08.04.2002

1. Lest den Artikel sorgfältig durch. Was fällt euch auf?
2. Wäre Julius Ruto gemeinsam mit Benoit Zwierzchlewski gestartet und in der Streckenrekordzeit im Ziel angekommen, wie groß wäre sein Vorsprung vor Benoit Zwierzchlewski gewesen?
3. a) Wie schnell würdet ihr die Marathondistanz zurücklegen? Formuliert eine Vermutung:
   b) Plant ein Experiment, mit dem ihr eure Hypothese überprüfen könnt. Dazu steht euch eine Stoppuhr zur Verfügung. Nehmt das Ergebnis eures Experiments kritisch unter die Lupe

Abb. 5: Zeitungsaufgaben zum Themenbereich ‚Energie' (a) und ‚Geschwindigkeit' (b)

auch bei meinungsäußernden journalistischen Darstellungsformen stets die sachliche Korrektheit sowie die Verwendung von Alltags- und Fachsprache geprüft werden. Doch erstens gilt diese Forderung auch für alle anderen Lernmedien und insbesondere auch für Schulbücher, was die letzte Analyse der Stiftung Warentest Ende September 2007 wiederholt gezeigt hat.[9] Zweitens ist aber gerade der Aspekt ‚Aus Fehlern Lernen' wichtiger Bestandteil der naturwissenschaftlichen Fachdidaktiken und speziell der Physikdidaktik (BLK, 1997; Kuhn, 2003), sodass gerade auch fehlerhafte Darstellungen insbesondere in Zeitungsartikel geeignete Lernanlässe bieten würden.

Die Verwendung von Zeitungsartikeln als Instruktionstext von Zeitungsaufgaben unterscheidet sich somit von dem Aufgabentext ‚traditioneller Aufgaben' z. B. in Schulbüchern durch die Authentizität im o. g. Sinne. Im Gegensatz zu Zeitungsartikeln sind ‚traditionelle' Aufgabentexte sachlogisch gegliedert, beinhalten meist nur die zur Lösung der Aufgabenstellungen erforderlichen Daten, sind üblicherweise ohne zeitlichen Bezug und ‚entpersonalisiert'. Während Zeitungsaufgaben durch Zeitungsartikel per se fächerübergreifend sind (z. B. zu den Schulfächern Deutsch, Sozialkunde usw.; für Details: s. MAI-7), sind ‚traditionelle Aufgaben' meist fachspezifisch oder werden zumindest fachspezifisch wahrgenommen.

MAI-3: Generatives Format (AI-3)

Durch die Implementation von Zeitungsaufgaben in eine pAL gemäß Abbildung 4 soll das generative Problemlösen gefördert werden. Dabei können diese MAI-Ankermedien durch individuelle Auswahl gut an die Vorwissensstruktur der Schüler angepasst werden. Das entsprechend eines forschend-entwickelnden Unterrichtens geplante Vorgehen im Rahmen der MAI-pAL ermöglicht es dem Lernenden, seinen Lernprozess zudem aktiv selbst beeinflussen.

MAI-4: Eingebettete Daten (AI-4)

Um dieses Prinzip zu erfüllen, ist es erforderlich, dass solche Zeitungsartikel ausgewählt werden, die alle Daten beinhalten, oder aber evtl. im Artikel fehlende Daten innerhalb der Aufgabenstellungen oder durch zusätzliches Informationsmaterial bereitgestellt werden.

MAI-5: Sinnvolle Problemkomplexität (AI-5)

Authentische Aufgabenstellungen sind i. A. komplex, mithin schwierig – das muss man im Unterricht steuern können, um Lernschwierigkeiten zu vermeiden (Gräsel, Prenzel, Mandl & Tarnai, 1993; Leutner, 1992). Auch die o. g. Eigenschaft ‚eingebet-

[9] Übersicht: http://www.test.de/themen/bildung-soziales/test/-Schulb%C3%CHcher/1577822/1577822/1579573 [Stand: 06/2008]

tete Daten‘ (MAI-4) sowie ‚horizontale und vertikale Verknüpfung‘ (s. u., MAI-7) stellen nicht allzu leistungsstarke Schüler bereits vor Probleme. In solchen Fällen ist eine adäquate Auswahl von Zeitungsartikel und Aufgabenstellung empfehlenswert, indem beispielsweise zunächst eine mehr geschlossene Aufgabenstellung bearbeitet wird, um die Lernenden nicht von Beginn an zu überfordern und sie schrittweise an offene Problemstellungen heranzuführen (Eilks et al., 2005). Für leistungsstärkere Lerngruppen könnten zu dem gleichen Zeitungsartikel problemlos offenere und damit auch anspruchsvollere Aufgaben, mit verschiedenen Lösungswegen gestaltet werden. So können sie z. B. aufgefordert werden, in einem Leserbrief an die Zeitung kritisch und mit physikalisch belegten Argumenten zu dem Artikel Stellung zu nehmen. Zu ein und demselben Ankermedium ‚Zeitungsartikel‘ sind also verschiedene Aufgabenvarianten möglich, die mit Rücksicht auf die Adressatengruppe flexibel angepasst werden können (s. Abb. 6; vgl. Kuhn & Müller, 2006; 2007c).

Genauso wie die Möglichkeit zur flexiblen Anpassung der Aufgabenkomplexität kann auch der Zeitungsartikel einer Zeitungsaufgabe flexibel an die Lerngruppe oder an den Lerner angepasst werden. So können zu ein und demselben Thema, wie z. B. dem ‚3-Schluchten-Staudamm‘ (s. Abb. 6), Zeitungsartikel mit verschiedenem Komplexitätsgrad (s. Abb. 7) verwendet und je nach Leistungsfähigkeit der Lerngruppe

3-Schluchten-Staudamm am Yangtse

Der Gigant kurz vor der ersten Belastungsprobe

VDI nachrichten, Yichang, 30. 5. 03 - Aus der Luft werden die gigantischen Ausmaße des chinesischen Drei-Schluchten-Staudamms am Jangtse in der chinesischen Provinz Hubei deutlich.
Am 1 Juni will China nach Angaben der Nachrichtenagentur AP die Dammtore schließen und damit beginnen, das Reservoir hinter dem Damm mit Wasser aufzufüllen. Zwei Wochen später, am 15. Juni, soll der geplante Wasserstand von 135 m erreicht sein.
Bereits in diesem Jahr soll mit der Stromproduktion begonnen werden. Die Kapazität soll bis zur endgültigen Fertigstellung 2009 beständig ausgeweitet werden. Das Kraftwerk soll eine Leistung von 18 200 MW haben und jährlich 85 TWh Strom produzieren. ap/swe
Foto: ap

VDI Nachrichten, 30.05.2003

Geschlossene Aufgabenstellung:

Berechne mit den Angaben des Zeitungsartikels und der erforderlichen Gleichung, wie lange das Wasserkraftwerk in Betrieb sein müsste, um die prognostizierte Energie bereitstellen zu können.

Offene Aufgabenstellung:

Hältst du den Bau des Staudammes für sinnvoll und rentabel? Schreibt einen Leserbrief, in dem ihr die resultierende Betriebsdauer und die mit der geplanten elektrischen Energien zu versorgenden Haushalte gegen die damit verbundenen Eingriffe in Umwelt und Lebenswelt abwägt.

Abb. 6: Zeitungsaufgabe mit verschieden offenen Aufgabenstellungen (vgl. Kuhn & Müller, 2006; 2007c)

Millionen Chinesen müssen Staudamm weichen

Wegen des gigantischen Drei-Schluchten-Staudamms in China sollen weitere vier Millionen Menschen aus der Region umgesiedelt werden. Das berichteten staatliche Medien gestern. Bisher mussten 1,4 Millionen Menschen ihre Häuser verlassen. Zwei weitere Millionen müssten binnen fünf Jahren ihre Häuser in Außenbezirken der Metropole Chongqing räumen, zitierte die amtliche Nachrichtenagentur Xinhua den stellvertretenden Bürgermeister der Stadt, Yu Yuanmu. In zehn bis 15 Jahren soll die Umsiedlung abgeschlossen sein. Grund sind ökologische Bedenken. Am Rand des Stausees habe Bodenerosion eingesetzt. Die Regierung in Peking hatte im September eingestanden, dass Umweltprobleme wie Erosion und Überflutungen zu einer Katastrophe führen könnten. Der Staudamm, der seit 2003 teilweise und ab 2009 vollständig betrieben wird, ist das weltgrößte Wasserkraftwerk und Aushängeschild der chinesischen Regierung. Das Projekt kostete bisher 23,6 Milliarden Dollar. Die Bauarbeiten begannen 1993 trotz Protesten gegen die Zwangsumsiedlung und die Zerstörung der Umwelt im Yangtse-Tal. (ap/afp) —FOTO: AP

Die Rheinpfalz, 13.10.2007

1,3 Millionen Chinesen haben ihre Heimat verloren

Visionär oder wahnwitzig?: Der Drei-Schluchten-Staudamm ist fertig gestellt – Yangtse-Stausee verkommt zur Kloake

Von unserer Korrespondentin
Jutta Lietsch, Peking

Vom „großartigsten Projekt des chinesischen Volkes in den vergangenen tausend Jahren" spricht Unternehmenschef Li Yongan. Von einer „Katastrophe für Gesellschaft und Umwelt" und einer „üblen Farce" sprechen Umweltschützer. 13 Jahre nach Baubeginn stehen sich Befürworter und Kritiker des Drei-Schluchten-Damms am Yangtse nach wie vor unversöhnlich gegenüber.

Vor wenigen Tagen ist die riesige Staumauer, acht Monate früher als geplant, fertig gestellt worden. Spätestens in drei Jahren soll das größte Wasserwehr der Welt am längsten Fluss Chinas 85 Milliarden Kilowattstunden Elektrizität jährlich produzieren, rund ein Zehntel des chinesischen Bedarfs.

Alles an diesem Vorhaben ist gigantisch bemessen: Die 2309 Meter breite Staumauer zwischen dem Nord- und dem Südufer des Yangtse ist 185 Meter hoch und am Fundament über 100 Meter dick. Ganze Heerscharen von Arbeitern, Bausoldaten und Ingenieuren – zeitweise über 25.000 Personen zugleich – waren Tag und Nacht im Einsatz.

Über 1200 Orte versunken

Zum Ausruhen bleibt auch jetzt wenig Zeit. Noch zwölf der insgesamt 26 Turbinen müssen in den kommenden zwei Jahren im Kraftwerk verankert werden. Zusätzlich zur Fünf-Stufen-Schleuse für Schiffe bis zu 10.000 Tonnen soll ein Schiffshebewerk dafür sorgen, dass der Verkehr auf dem Yangtse möglichst ungehindert am Damm vorbei fließt.

Zwei deutsche Firmen erhielten vor wenigen Tagen den Auftrag für das komplizierte Bauwerk. Die Deutschen sollen einen Schiffsaufzug von 120 Metern Länge konstruieren, der Frachter und Passagierdampfer bis zu 3000 Tonnen Gewicht über 113 Meter heben und senken kann. Wie teuer das Projekt insgesamt wird, ist umstritten. Offiziell hat der Drei-Schluchten-Damm mittlerweile umgerechnet rund 18 Milliarden Euro verschlungen, etwa doppelt so viel wie ursprünglich geplant. Der wahre Preis, glauben Experten, liege weit höher. So sind viele Kosten, etwa für die Umsiedlung der Anwohner und die Rettung archäologischer Fundstätten, in der staatlichen Kalkulation nur teilweise berücksichtigt.

Seine erste Probe muss der Damm im September bestehen: Nach der Sommerregenzeit werden die Wassermassen voraussichtlich auf eine Höhe von 156 Meter anschwellen. Kein Grund zur Unruhe, schwören die Ingenieure. Der Betonwall werde jede Belastung aushalten. Sogar Erdbeben über Stärke sechs sollen dem Drei-Schluchten-Damm nichts anhaben können. Selbst Raketenangriffe von Terroristen würde die Mauer verkraften, versichern die Bauherren.

Bis zum Jahr 2009 soll der Stausee die Marke von 175 Metern erreicht haben. Über 660 Kilometer Länge wird sich das neue Gewässer erstrecken, was einer Entfernung von Berlin nach Amsterdam entspricht. In ihm werden über 1200 Ortschaften versinken.

In die neuen Städte weiter oben an den Hängen und im Landesinneren haben die Behörden inzwischen offiziell 1,1 Millionen Menschen umgesiedelt. In den kommenden Wochen müssen weitere 80.000 vor den Fluten weichen. Am Ende werden mindestens 1,3 Millionen Menschen ihre Heimat verloren haben. Ein Teil von ihnen erhielt – wie von der Regierung in Aussicht gestellt – bessere Wohnungen. Doch in vielen Fällen hielt die Regierung ihr Versprechen nicht, für angemessene Entschädigungen und neue Arbeitsplätze zu sorgen.

Millionenbeträge verschwanden in den Taschen korrupter oder inkompetenter Funktionäre. Dutzende Kader wurden inzwischen verhaftet, ein Regierungsfunktionär sogar hingerichtet, weil er große Summen unterschlagen hatte. Proteste von Anwohnern wurden allerdings oft gewaltsam unterdrückt.

Die Behörden verteidigen den enormen Aufwand: Der Damm werde so viel Strom wie 18 Atomkraftwerke erzeugen, argumentieren sie. Außerdem zähme die Sperre den wilden Yangtse: Überschwemmungen, die in den vergangenen Jahren Tausenden das Leben kosteten, sollen der Vergangenheit angehören. Umweltschützer sind von diesen Erklärungen freilich nicht überzeugt. Die Organisation International Rivers Network (IRN) fordert, die sozialen und ökologischen Folgen unabhängig zu untersuchen. Ihr Argument: Statt des riesigen Staudamms wären kleinere Dämme effektiver, billiger und auch umweltschonender gewesen.

Eine Befürchtung scheint schon jetzt wahr zu werden: Der Stausee verkommt zur Kloake, da ein großer Teil der Städte und Fabriken Abwässer ungereinigt in den Yangtse und seine Zuflüsse spülen. Die wichtigste Lebensader Chinas ist vielerorts hochgradig verseucht. Schon in wenigen Jahren könnte der Strom, der bis zu 400 Millionen Menschen mit Wasser versorgt – darunter die 18-Millionenstadt Shanghai –, umkippen.

Politischer Wille fehlt

„Viele Funktionäre glauben, der Schmutz könne dem Yangtse nichts anhaben, weil er so viel Wasser führt und sich selbst reinigen könne, aber die Verunreinigung ist gravierend", klagt der Shanghaier Professor Yuan Aiguo. Über vierzig Prozent der gesamten Abwässer Chinas, rund 25 Milliarden Tonnen, gelangen jährlich in den Yangtse, fanden Wissenschaftler heraus. Mehr als 80 Prozent davon werden völlig unbehandelt eingeleitet. Dazu kommen die 210.000 Fracht- und Passagierschiffe, die den Yangtse jährlich befahren. Sie pumpen 360 Millionen Tonnen Abwässer in den Fluss – einschließlich Motoröle und Toilettenabfälle. Die Besatzungen werfen 75.000 Tonnen weiteren Unrats über Bord. Auch die Bauern tragen zur Vergiftung des Yangtse bei: Von ihren Feldern gelangen gefährliche Mengen Pestizide und chemische Düngemittel ins Wasser.

Die Alarmrufe sind nicht neu. Seit Jahren warnen Chinas Umweltschützer vor den Folgen für die Gesundheit der Anwohner und die Ökologie. Von 126 Tierarten, die noch vor zwanzig Jahren im Yangtse lebten, seien inzwischen nur noch 52 übrig, klagt Lu Jianjian von der Ostchinesischen Hochschule in Shanghai.

Bislang fehlte der Wille bei den Politikern der Kommunistischen Partei in Peking und den Provinzen, den 6300 Kilometer langen Fluss und seine Anwohner wirksamer zu schützen. Das Wirtschaftswachstum hatte Vorrang. Die Umweltbehörden sind schlecht ausgestattet, ihre Kontrolleure weitgehend machtlos. Vorschriften werden vor Ort oft ignoriert. Spät erst beschloss die Regierung, bis zum Jahr 2010 am Fluss 170 Klärwerke zu bauen. Das wird nicht reichen, sagen Fachleute.

Den Abfall sieht man, die giftigen Substanzen nicht: am Drei-Schluchten-Damm in Yichang. —FOTO: AFP

Die Rheinpfalz, 06.06.2006

Abb. 7: Zeitungsartikel mit verschiedenem Komplexitätsgrad zum 3-Schluchten-Staudamm (s. Abb. 6)

oder einzelner Schüler individuell eingesetzt werden. Demnach lässt sich mit diesem Ankermedium auch die zunehmend wichtiger werdende Binnendifferenzierung innerhalb von heterogenen Lerngruppen aus verschiedenen Perspektiven umsetzen.

Darüber hinaus stellt das Prinzip ‚Sinnvolle Problemkomplexität' zudem noch ein wichtiges Sprungbrett für das anspruchsvollste Charakteristikum ‚Steigerung der Problemlösefähigkeit' dar. Es steht außer Zweifel, dass dieses Charakteristikum zu einem selbsttätigen Lernen und zu einer authentischen Aufgabe gehört. Genauso ist es aber auch unbestritten, dass überzogene kognitive Anforderungen den Lernerfolg mindern und sogar ganz verhindern können (*Cognitive-Load-Theory*, Sweller et al, 1990). Es gibt also einen Zusammenhang, einen Antagonismus, zwischen Authentizität und Komplexität einerseits und kognitiver Belastung andererseits. Hier liegt offensichtlich neben einem unterrichtspraktischen Problem eine offene wissenschaftliche Frage vor. Beiden kann man sich nur mit variablem Ankermedium nähern (s. Kapitel 4).

Zusammenfassend stellen Zeitungsaufgaben ein sehr flexibles Medium dar, um Lernende adressatenabhängig in ihrer Kompetenz zu fördern, mit komplexen Problemstellungen umgehen zu können. Dadurch ist es möglich, diese Kompetenz schrittweise aufzubauen.

MAI-6: Verbindung aufeinander bezogener, sachgleicher Ankermedien (AI-6)

Zeitungsaufgaben bieten die Möglichkeit, durch das Bearbeiten verschiedener Beispiele zu sachgleichen Themen die Lernenden in ihrer Transferfähigkeit zu fördern. So kann z. B. der Sachzusammenhang zum Themenbereich ‚Energie' mit den Aufgaben in Abbildung 5a und Abbildung 6 aus verschiedenen Perspektiven beleuchtet und dadurch die Anwendung erworbener Kenntnisse flexibilisiert und der erfolgreiche Transfer gefördert werden. Weitere Beispiele sind problemlos zu finden und werden in den folgenden Kapiteln auch exemplarisch vorgestellt.

MAI-7: Horizontale und vertikale Verbindungen von Curriculuminhalten (AI-7)

Zeitungsaufgaben sind schon allein durch ihren gesellschaftsrelevanten Aspekt stets fächerübergreifend, d. h. ein Bezug zu gemeinschaftskundlichen Aspekten kann in jedem Artikel hergestellt werden. Zudem ist die Arbeit mit Zeitungsartikeln z. B. im Land Rheinland-Pfalz explizit in den Fächern Mathematik und Deutsch curricular verankert (s. MBFJ, 2004a; 2004b), sodass eine fächerübergreifende Verbindung zu diesen Fächern problemlos möglich wäre und sogar gewünscht ist. Unabhängig davon nehmen Zeitungsartikel keine Rücksicht auf lehrplanmäßig vorgeschriebene Inhalte, sodass die Lernenden auch solches Wissen anwenden müssen, das vielleicht schon 1-2 Schuljahre zurückliegt. Während bei ‚traditionellen Aufgaben' (s. Abb. 8) die vertikale und horizontale Verknüpfungen oftmals als ausschließlich vom Lehrer induziert wahrgenommen werden, wird dieser Aspekt bei Zeitungsaufgaben als aus dem Medium heraus resultierend und für den Alltag erforderlich angesehen. Durch den affektiv ansprechenden Inhalt des Ankermediums Zeitungsaufgaben ist die Sinnstruktur für die Schüler überzeugend (s. MAI-1).

a) Zeitungsaufgabe	
Transatlantik-Weltrekord (*si/apa*) Der Amerikaner Steve Fossett und seine neunköpfige Mannschaft haben am Mittwoch einen Transatlantik-Weltrekord (von West nach Ost) für Segelboote aufgestellt. Mit einem 38-Meter-Katamaran legten sie die 5417 Kilometer zwischen New York und der Südwestküste Englands in 4 Tagen, 17 Stunden und 28 Minuten zurück. Der Millionär Fosset unterbot den Rekord des Franzosen Serge Madec aus dem Jahr 1990 (6 Tage, 13 Stunden und 3 Minuten) um mehr als 43 Stunden. Neue Züricher Zeitung, 11.10.2001	1. Welche Durchschnittsgeschwindigkeit erreichten Steve Fossett und seine Crew bei ihrem Transatlantik-Weltrekord? 2. Welche Durchschnittsgeschwindigkeiten hatte Serge Madec 1990 erreicht? 3. Wäre Madec gemeinsam mit Fossett gestartet und in der bisherigen Rekordzeit hinter ihm ins Ziel gekommen, um wie viel Kilometer hätte er zurückgelegen?

b) ‚Traditionelle Aufgabe'	
Eine amerikanische Segelcrew legte die Strecke zwischen New York und der Südwestküste Englands mit einem 38 m langen Katamaran zurück. Sie benötigte für die 5417 Kilometer lange Strecke quer durch den Atlantischen Ozean 4 Tage, 17 Stunden und 28 Minuten und unterbot damit den bis dahin bestehenden Weltrekord (6 Tage, 13 Stunden und 3 Minuten) einer französischen Segelcrew um mehr als 43 Stunden.	1. Welche Durchschnittsgeschwindigkeit erreichte die amerikanische Segelcrew bei ihrem Transatlantik-Weltrekord? 2. Welche Durchschnittsgeschwindigkeit erreichten die Franzosen, als sie den bisherigen Weltrekord aufstellten? 3. Wäre die französische Crew gemeinsam mit der amerikanischen gestartet und in der bisherigen Rekordzeit hinter ihr ins Ziel gekommen, um wie viel Kilometer hätte sie zurückgelegen?

Abb. 8: Katamaranrennen – Zeitungsaufgabe (a) und ‚traditionelle Aufgabe' (b) im Themenbereich ‚Geschwindigkeit'

Zusammenfassend macht der Vergleich zwischen AI- und MAI-Designprinzipien am Beispiel von Zeitungsaufgaben als Ankermedien deutlich, dass sich beide Ansätze nahezu exakt entsprechen. Einzige Ausnahme stellt das Prinzip zum Präsentationsformat dar (AI-1 bzw. MAI-1), das im Rahmen von MAI in eine verallgemeinerte Form übergeführt wurde. Somit behält MAI die Vorzüge des originären AI-Ansatzes bei und soll seine Schwierigkeiten in Bezug auf spezifische Unterrichtsanwendungen zumindest vermindern (wenn nicht sogar Verhindern). Anders als multimediale Ankermedien sind Text- bzw. Bildmedien (natürlich heute auch als Dateien) nämlich vergleichsweise leicht zu erstellen und zu verändern. So kann, mit vertretbarem Aufwand, die erforderliche Flexibilität in Bezug auf Unterrichts- uns Personenparameter (Themen, Niveau, Länge, Offenheitsgrad, um nur die wichtigsten zu nennen) und auf sich zeitlich ändernde technische und unterrichtliche Bedingungen verwirklicht werden. Dabei fügen sich die Vorzüge der Selbsttätigkeit und Authentizität von AI nahtlos in die Charakteristika einer neuen ‚Aufgabenkultur' ein (vgl. Kuhn & Müller, 2005a; 2005b), die im Rahmen von MAI eine hervorgehobene Bedeutung einnimmt. Andere, wichtige Charakteristika dieser Aufgabenkultur, nämlich Variationsreichtum und Flexibilität in Bezug auf Klassen- und Individualvoraussetzungen aber stehen in deutlichem Widerspruch zu den o. g. Nachteilen multimedialer Ankermedien von AI (s. 2.2.4.2; 2.3.1). Entscheidend wird eine solche Flexibilität des MAI-Ansatzes für das Charakteristikum der ‚sinnvollen Komplexität' des ursprünglichen AI-Ansatzes und soll dadurch die Problemlösefähigkeit fördern.

Basierend auf diesem Theorierahmen bietet MAI aus physikdidaktischer Sich eine ideale Möglichkeit die beim kontextorientierten angestrebte Balance von zentral stehender, authentischer Problemstellung und fachsystematisch Entwicklung der Inhalte und Arbeitsweisen. Letzteres ist insbesondere durch die methodische pAL-Einbindung mit MAI gut umsetzbar. Die hervorgehobene Bedeutung und sorgfältige Auswahl authentischer Kontexte ist dabei durch Zeitungsaufgaben im besonderen Maße gegeben, insbesondere in den entsprechend der IPN-Interessenstudie empfohlenen Themenbereichen (Hoffmann, Häußler & Lehrke, 1998; Hoffmann, Häußler & Peters-Haft, 1997; s. 2.1.1). Denn gerade gesellschaftlich relevante Themen sind per se Gegenstand von Zeitungsartikeln. Aber auch Themen zu Sport, Medizin und zum menschlichen Körper sind in Zeitungen häufig zu finden, da sie nicht nur für Schüler sondern auch für die Gesellschaft allgemein von Interesse sind. Dies hat zur Folge, dass bei Zeitungsaufgaben die Gefahr ‚vorgeblicher' Kontexte nicht gegeben ist, da die dort aufgeführten Daten und Zusammenhänge real und authentisch sind – mit allen Vor- und Nachteilen (s. Fußnote 17).

2.3.4 Generalhypothesen

An dieser Stelle werden entsprechend dem Theorierahmen bzgl. der beiden abhängigen Variablen ‚Leistungsfähigkeit' und ‚Motivation' übergeordnete Hypothesen formuliert, die über alle Pilotstudien und Untersuchungsschwerpunkte dieser Arbeit hinweg gelten.

Zeitungsaufgaben fördern die Motivation

M1. Die Motivation in der EG ist größer als in der KG, d. h. das Ankermedium Zeitungsaufgabe führt zu einem größeren Motivationsgrad verglichen mit ‚traditionellen Aufgaben'.

M2. Zeitungsaufgaben fördern nachhaltig die Motivation einer Lerngruppe, d. h. die Motivation in der EG ist ansteigend und hat dauerhaft Bestand.

Zeitungsaufgaben fördern die Leistungsfähigkeit

L1. Die Leistungsfähigkeit in der Experimental-Gruppe (EG)[10] ist größer als in der Kontrollgruppe (KG)[11], d. h. das Ankermedium Zeitungsaufgabe (s. Abb. 8a)

[10] Lerngruppe, in der Schüler entsprechend dem MAI-Ansatz mit Zeitungsaufgaben entsprechend Abbildung 8a arbeiten.

[11] Lerngruppe, in der Schüler ‚traditionelle Aufgaben' entsprechend Abbildung 8b bearbeiten.

führt zu einer größeren Leistungsfähigkeit im Vergleich zu ‚traditionellen Aufgaben' (s. Abb. 8b).

Da bei MAI die Bearbeitung von Texten eine wesentliche Rolle spielt, ist nicht nur das Lösen von Aufgaben selbst, sondern auch das Leseverstehen und das Texterschließen von Bedeutung. Deshalb wurden die Lesekompetenz bzw. Sprachfähigkeit sowie die allgemeine – speziell die logische – Intelligenz sowie das Geschlecht der Lernenden als Moderatorvariablen (Bortz, 1998, S. 448) in allen Untersuchungen berücksichtigt. Weitere Untersuchungsschwerpunkt-spezifische moderierende Variablen und Hypothesen werden in den folgenden Kapiteln der Fragestellung entsprechend ergänzend aufgeführt.

2.3.5 Themenauswahl: Curriculare Einbindung und Praktikabilität

Die MAI-Leitlinie ‚Praktikabilität' hat u. a. zum Ziel, dass dieser Ansatz ohne größeren organisatorischen Aufwand curricular und schulpraktisch im ‚Unterrichtsalltag' umgesetzt werden kann. Daraus resultiert erstens, dass im Rahmen dieses Ansatzes solche Themen bearbeitet werden, die curricular verankert sind. Zweitens sollen zeitlicher Rahmen und erforderlicher organisatorischer Aufwand für Lehrkraft und Schule das allgemein im durchschnittlichen, alltäglichen Unterrichtsgeschehen Erforderliche nicht oder nur wenig überschreiten.

Da Zeitungsaufgaben üblicherweise aus unveränderten Zeitungsartikeln bestehen und für die empirische Prüfung der MAI-Effektivität eine größere Anzahl an Zeitungsaufgaben entwickelt werden müssen, bieten sich für die Untersuchungen zunächst solche curriculare Themen an, die häufig auch Gegenstand von Zeitungsartikeln sind. Demzufolge wurden als Instruktionsmaterial für die Untersuchungsschwerpunkte dieser Arbeit Zeitungsaufgaben zu den Themenbereichen ‚Geschwindigkeit' und ‚Elektrische Energie' entwickelt.

Aus organisatorischen Gründen (s. Fußnote 15) bezieht sich in dieser Arbeit die curriculare Einbindung primär auf das Bundesland Rheinland-Pfalz. Allerdings sind die Themenbereiche ‚Geschwindigkeit' und ‚Elektrische Energie' in den nationalen Bildungsstandards im Fach Physik für den Mittleren Schulabschluss in den Basiskonzepten ‚Wechselwirkung' und ‚Energie' verankert (KMK, 2005) und stellen schon deshalb länderübergreifend einen zentralen Bestandteil des Physikunterrichts dar. Obwohl sich der zeitliche Umfang und die Verortung in den Jahrgangsstufen in einigen Bundesländern unterscheiden, waren diese Themen auch schon vor der Einführung dieser nationalen Bildungsstandards curricularer Bestandteil in jedem Bundesland.

Das Thema ‚Geschwindigkeit' ist in dem aktuell gültigen Lehrplanentwurf des Faches Physik in Rheinland-Pfalz für Gymnasien und Integrierte Gesamtschulen (IGS) in der 8. Jahrgangsstufe, für alle anderen Schularten in Jahrgangsstufe 7 als Einstieg in die Mechanik vorgesehen (MBWW, 1998).

a) ZEITUNGSAUFGABE

Gleitflug über den Kanal

Mit einem Spezial-Gleitschirm hat ein österreichischer Extremsportler den Ärmelkanal überquert. Nach einem Sprung aus dem Flugzeug in 9000 Metern Höhe glitt Felix Baumgartner gestern Morgen mit einer Anfangsgeschwindigkeit von rund 300 Kilometern pro Stunde über den Ärmelkanal. Dabei absolvierte er die 34 Kilometer weite Strecke zwischen Dover und Calais in 14 Minuten. Um 6.23 Uhr landete der 34-Jährige, ein gelernter Automechaniker, wohlbehalten in Calais. „Ich habe mich wie ein Vogel gefühlt", schwärmte der Extremsportler nach seinem Flug. „Trotz einiger Probleme mit den Seilen und einem zerrissenen Segel war es eine fantastische Erfahrung". Der Österreicher hatte sich drei Jahre lang auf sein Abenteuer vorbereitet. Baumgartner hat bereits einen Sprung von den 451 Meter hohen Petronas Towers in Kuala Lumpur gewagt und auch den bisher weltweit niedrigsten Fallschirmsprung von der Christus-Statue in Rio de Janeiro absolviert. (ap/rtr/ Foto: ap) —***Zeitgeschehen***

DIE RHEINPFALZ, 01.08.2003

1. Wie groß war die Durchschnittsgeschwindigkeit des Extremsportlers bei seiner Kanalüberquerung?
2. Vergleiche das Ergebnis aus Nr. 1 mit der Geschwindigkeitsangabe in dem Zeitungsartikel. Wieso sind die beiden Geschwindigkeiten verschieden?

b) ‚Traditionelle Aufgabe'	
Mit einem Spezial-Gleitschirm sprang ein Extremsportler in 9000 m Höhe aus einem Flugzeug und glitt mit einer Anfangsgeschwindigkeit von rund 300 Kilometern pro Stunde über den Ärmelkanal. Dabei absolvierte er die 34 Kilometer weite Strecke zwischen Dover und Calais in 14 Minuten.	1. Wie groß war die Durchschnittsgeschwindigkeit des Extremsportlers bei seiner Kanalüberquerung? 2. Vergleiche das Ergebnis aus Nr. 1 mit der Geschwindigkeitsangabe im Aufgabentext. Wieso sind die beiden Geschwindigkeiten verschieden?

Abb. 9: Kanalüberquerung – Zeitungsaufgabe (a) und ‚traditionelle Aufgabe' (b) im Themenbereich ‚Geschwindigkeit'

Infolge des einführenden Charakters grundlegender Zusammenhänge dieses Themas sind keine speziellen Lernvoraussetzungen aus vorangehenden Themen des Physikunterrichts erforderlich. Obwohl der Geschwindigkeitsbegriff nicht explizit aufgeführt ist, muss er mit Rücksicht auf Themen folgender Jahrgangsstufen (z. B. Schall- und Lichtgeschwindigkeit) im Rahmen des Lerninhaltes ‚Kraft, Masse und Dichte' aufgegriffen werden. Deshalb wird die Geschwindigkeit in jedem zugelassenen Schulbuch des Landes auch bei der Wirkung von Kräften als Änderung eines Bewegungszustandes eingeführt und entspricht somit auch den aktuellen Vorgaben der nationalen Bildungsstandards im Fach Physik für den Mittleren Schulabschluss (KMK, 2005) sowie der Erwartungshorizonte des Landes Rheinland-Pfalz (MBFJ, 2005) für das Basiskonzept ‚Wechselwirkung'. Soll die Umsetzbarkeit und Effektivität des MAI-Ansatzes in allen Schularten untersucht werden, müssen zunächst Aufgaben entwickelt werden, die sowohl von Schülern der 8. Klassen (Gymnasium, IGS) als auch von Lernenden in der Jahrgangsstufe 7 (restliche Schularten) gelöst werden können. Da die mathematischen Fähigkeiten in Jahrgangsstufe 7 noch nicht so weit vorangeschritten sind, dass ein vertrauter Umgang mit Variablen vorausgesetzt werden kann, beschränken sich die Aufgaben in diesem Themenbereich auf geradlinige gleichförmige Bewegungen und die Ermittlung der Durchschnittsgeschwindigkeit des Bewegungsvorgangs. Dies hat zur Folge, dass die in Zeitungsartikeln beschriebenen, realen Vorgänge idealisierend als Bewegungen mit konstanter Geschwindigkeit angesehen und Reibungsverluste vernachlässigt werden. Physikalisch bedeutet dies also für den Zusammenhang zwischen der Geschwindigkeit eines Bewegungsvorgangs v, der dabei zurückgelegten Strecke s und der dafür benötigten Zeit t:

$$v = \frac{\mathrm{d}s}{\mathrm{d}t} \overset{v=\text{konst.}}{=} \frac{s}{t}$$

Zwar werden dadurch beschleunigte Vorgänge nicht quantitativ betrachtet, jedoch bieten die Aufgaben die Möglichkeit, auf diesen Aspekt sowie auf mögliche Reibungsverluste qualitativ-phänomenologisch einzugehen (vgl. Abb. 9). Da der Themenbereich ‚Geschwindigkeit' nicht explizit in dem o. g. Lehrplanentwurf genannt wird, ist der Zeitumfang, den dieses Thema im Physikunterricht üblicherweise einnimmt nicht exakt festzulegen. Hinzu kommt noch der auch durch den Lehrplanentwurf unterstützte pädagogische Freiraum jedes einzelnen Lehrers, der es erlaubt, „auf weitergehende Fragen und Neigungen der Schülerinnen und Schüler einzugehen" (MBWW, 1998, S. 164). Dieser pädagogische Freiraum erhält durch die Kompetenzorientierung in den nationalen Bildungsstandards und den landesspezifischen Erwartungshorizonten eine größere Bedeutung. Der intensive Austausch mit Lehrern (s. 2.3.7) hat jedoch gezeigt, dass der für diesen Themenbereich im Physikunterricht vorgesehene Zeitrahmen fünf Unterrichtsstunden nicht überschreitet.

Im Gegensatz zum Themenbereich ‚Geschwindigkeit' ist die Bearbeitung des Themas ‚Elektrische Energie' in dem aktuell gültigen Lehrplanentwurf des Faches Physik in Rheinland-Pfalz (MBWW, 1998) für alle Schularten – bis auf die Hauptschule – in der 10. Jahrgangsstufe vorgesehen. In der Hauptschule wird der Themenbereich in Klasse 9 bearbeitet. Im Rahmen des Lerninhaltes ‚Elektrische Energie' sieht der Lehrplanentwurf vor, umweltbezogene Aufgaben zu bearbeiten, Glühlampen und Energiesparlampen zu vergleichen, Energiebedarf für Haushaltsgeräte zu berechnen, Energiekostenabrechnung zu betrachten und Möglichkeiten zur sparsamen Nutzung elektrischer Energie aufzuzeigen. Gemäß den nationalen Bildungsstandards im Fach Physik für den Mittleren Schulabschluss (KMK, 2005) sowie den Erwartungshorizonten des Landes Rheinland-Pfalz (MBFJ, 2005) kann der Themenbereich jeweils dem Basiskonzept ‚Energie' zugeordnet werden.

Neben dem vertrauten Umgang mit Äquivalenzumformungen von linearen Gleichungen als Lernvoraussetzungen aus dem Fach Mathematik müssen Kenntnisse zu den Zusammenhängen der physikalischen Größen ‚Elektrische Ladung', ‚Elektrische Spannung', ‚Elektrische Stromstärke' und ‚Elektrische Leistung' vor der Bearbeitung des Themas ‚Elektrische Energie' im Physikunterricht vermittelt werden. Wie im Themenbereich ‚Geschwindigkeit' werden auch hier alle Vorgänge unter idealisierenden Bedingungen betrachtet und evtl. Energieentwertungen (z.B. durch Reibungsprozesse) vernachlässigt. Somit steht der quantitative Zusammenhang zwischen elektrischer Ladung Q, elektrischer Spannung U, elektrischer Stromstärke I, elektrischer Leistung P, Zeit t und elektrischer Energie E zentral:

$$E = P \cdot t = U \cdot I \cdot t = U \cdot Q$$

a) Zeitungsaufgabe	
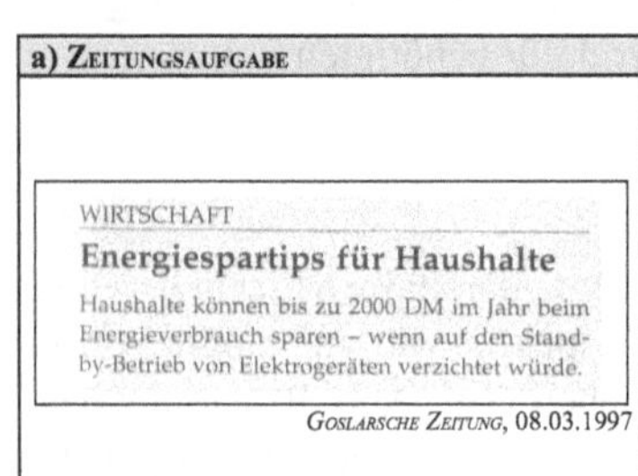 WIRTSCHAFT **Energiespartips für Haushalte** Haushalte können bis zu 2000 DM im Jahr beim Energieverbrauch sparen – wenn auf den Stand-by-Betrieb von Elektrogeräten verzichtet würde. *Goslarsche Zeitung*, 08.03.1997	1. a) Erkundige dich bei deinen Eltern, wie hoch in deinem Haushalt die jährlichen Kosten für elektrische Energie sind! b) Was meinst du zu den in der Zeitung angegebenen Einsparungsmöglichkeiten? 2. a) Schaue dich zu Hause um. Wie viel Geräte findest du in eurem Haushalt, die im Stand-by-Modus geschaltet sind? b) Berechne die Kosten für elektrische Energie dieser Geräte, wenn diese das ganze Jahr im Stand-by-Modus betrieben werden würden, und vergleiche den Betrag mit dem des Artikels. _Hinweis_: Die Leistungsaufnahme von Elektrogeräten im Stand-by-Betrieb beträgt bis zu 15 W (bei alten Geräten). Eine Kilowattstunde (kWh) kostet etwa 15 Cent (Stand: 04/2003).

b) ‚Traditionelle Aufgabe'	
Einem Zeitungsbericht zufolge könnten Haushalte in Deutschland bis zu 1000 € im Jahr sparen, wenn auf den Stand-by-Betrieb von Elektrogeräten verzichtet werden würde.	1. a) Erkundige dich bei deinen Eltern, wie hoch in deinem Haushalt die jährlichen Kosten für elektrische Energie sind! b) Was meinst du zu den in der Zeitung angegebenen Einsparungsmöglichkeiten? 2. a) Schaue dich zu Hause um. Wie viel Geräte findest du in eurem Haushalt, die im Stand-by-Modus geschaltet sind? b) Berechne die Kosten für elektrische Energie dieser Geräte, wenn diese das ganze Jahr im Stand-by-Modus betrieben werden würden, und vergleiche den Betrag mit dem des Zeitungsberichtes. _Hinweis_: Die Leistungsaufnahme von Elektrogeräten im Stand-by-Betrieb beträgt bis zu 15 W (bei alten Geräten). Eine Kilowattstunde (kWh) kostet etwa 15 Cent (Stand: 04/2003).

Abb. 10: Energiesparen – Zeitungsaufgabe (a) und ‚traditionelle Aufgabe' (b) im Themenbereich ‚Elektrische Energie'

Entsprechend dem aktuell gültigen Lehrplanentwurf für das Fach Physik in Rheinland-Pfalz (MBWW, 1998) und in Rücksprache mit kooperierenden Lehrkräften (s. 2.3.7) kann der für das Thema ‚Elektrische Energie' vorgesehene Zeitumfang mit fünf Unterrichtsstunden angesetzt werden.

2.3.6 Grundlagen der Aufgabenkonzeption zur empirischen Forschung

Die Ausführungen aus den vorangehenden Kapiteln sowie die bisher vorgestellten Aufgabenbeispiele machen deutlich, dass in diesem Projekt eine mit mathematischen Verfahren durchgeführte, theoretisch-quantitative Auseinandersetzung mit den Aufgabenstellungen im Vordergrund steht. Selbstverständlich sind Zeitungsaufgaben neben der überwiegend mathematischen Analyse zudem auch für andere methodische Zugänge (z. B. experimentell; s. z. B. Abb. 11) und an verschiedenen didaktischen

Zeitungsaufgabe ‚Solarschiff'

Sonnige Zeiten für Ausflügler

Umweltfreundlich und ungestört von Motorengeräuschen können Ausflügler demnächst auf dem Neckar schippern: Am 21. Juni wird in Heidelberg ein mit Solarenergie angetriebener Ausflugs-Katamaran in Betrieb gestellt. Nach Angaben des Herstellers, der Kopf AG in Sulz-Bergfelden, ist er das bisher größte Solarschiff der Welt (unser Foto zeigt ein Vorgängermodell, das in Hamburg im Einsatz ist). Kopf, Spezialist für Anlagen- und Rohrleitungsbau sowie für Energietechnik mit erneuerbaren Ressourcen, habe mit dem Solarschiffsbau quasi als Hobby angefangen, so Marketingchef Eberhard Kipp. Inzwischen sind zwölf verschiedene Modelle entstanden, von denen zusammen 30 Stück gebaut wurden. Sie fahren unter anderem auf dem Bodensee, dem Thuner- und dem Vierwaldstädtersee, in Berlin, Leipzig und Hannover sowie in den USA und Großbritannien. Auf dem Heidelberger Solarschiff haben 110 Passagiere Platz. Laut Hersteller kann das Wasserfahrzeug mit vollen Akkus acht bis zehn Stunden ohne Energiezufuhr fahren. Bei einer Geschwindigkeit von unter fünf Kilometern in der Stunde werde mehr Energie erzeugt, als das Boot verbraucht. Sie wird in Akkus zwischengespeichert. Die Dienstgeschwindigkeit werde zehn bis zwölf Stundenkilometer betragen. Wenn sich die Sonne zu lange hinter Wolken versteckt, können die Akkus über das Stromnetz nachgeladen werden. 760.000 Euro teuer ist das Ausflugsboot in futuristischem Design, das auf einem rostfreien Edelstahl-Rumpf ruht. Der Kauf des knapp 25 Meter langen und rund 41 Tonnen schweren Solarliners durch die neu gegründete und privatwirtschaftlich geführte Heidelberger Solarschifffahrtsgesellschaft wurde laut Hersteller von zahlreichen Sponsoren aus der Region unterstützt, unter anderem von der Stadt Heidelberg und den dortigen Stadtwerken, aber auch von Unternehmen wie SAP in Walldorf, dem Getränkehersteller Wild in Eppelheim und der Ludwigshafener BASF AG. (jus)

—WERKFOTO

Die Rheinpfalz, 11.06.2004

1. Schätzt die Leistung der Solaranlage des Solarschiffes und vergleicht sie mit der angegebenen elektrischen Motorleistung. Was fällt euch auf?
2. Untersucht mithilfe eines Modellexperiments die Abhängigkeit der elektrischen Energieumwandlung von verschiedenen Einflussparametern (z. B. Abschattung, Neigungswinkel usw.)

Abb. 11: Zeitungsaufgabe mit experimentellem Aufgabenanteil

Orten im Physikunterricht geeignet (z. B. Einstieg, Erarbeitung, Festigung, Transfer), wodurch die Leitlinien ‚Praktikabilität' und ‚Flexibilität' von MAI unterstrichen werden. In dieser Arbeit wird sich aber im Sinne der ersten Analyse im Rahmen dieses theoretischen Ansatzes und der Leitlinie ‚Praktikabilität' auf eine schwerpunktmäßig mathematisch-analytische Ermittlung physikalischer Erkenntnisse mit solchen Ankermedien konzentriert.

Dieses Vorgehen ist erstens praktikabel für die Unterrichtsimplementation, erlaubt zweitens eine Reduktion und größtmögliche Kontrolle potentieller Moderatorvariablen und dazu existieren drittens bereits einzelne positive Erfahrungsberichte (s. o.). Der Einsatz von Zeitungsaufgaben an verschiedenen oder mehreren didaktischen Orten hat dann folgerichtig auch eine Veränderung des Zeitrahmens für das zu bearbeitende Thema zur Folge. Da die Aufgaben in den verschiedenen Untersuchungsschwerpunkten infolge unterschiedlicher Fragestellungen auch an verschiedenen didaktischen Orten zum Einsatz kamen, wurde der Zeitumfang der Instruktionsphase dem Untersuchungsschwerpunkt entsprechend angepasst (s. Kapitel 3 und 4). In beiden Untersuchungsschwerpunkten erfolgte aber entsprechend der hier vorgestellten Beispiele (s. Abb. 8; Abb. 9; Abb. 10) in quasi-experimentellen Untersuchungsdesigns ein Vergleich von Zeitungsaufgaben, die von Schülern in Experimental-Gruppen (EG) bearbeitet wurden, mit ‚traditionellen Aufgaben', mit denen Schüler in Kontrollgruppen (KG) arbeiteten. Dabei werden unter ‚traditionellen Aufgaben' Aufgaben zu konventionell formulierten Alltagsproblemen verstanden, deren Instruktionstext den gleichen Inhalt beschreibt wie der der korrespondierenden Zeitungsartikel. Allerdings entspricht die Darstellungsform des traditionellen Instruktionstextes nicht der eines Zeitungsartikels, sondern dem Sprachstil eines Aufgabentextes eines Schulbuches (s. MAI-2:), d. h. es werden meist nur die zur Lösung der Aufgabenstellungen erforderlichen Daten aufgeführt, der Text ist üblicherweise ohne zeitlichen Bezug und ‚entpersonalisiert'. Die Aufgabenstellungen sind bei Zeitungsaufgaben und den entsprechenden ‚traditionellen Aufgaben' identisch, sodass in beiden Fällen der gleiche physikalische Lerninhalt bearbeitet wird. Gleiche Aufgabenstellungen in EG und KG haben zur Folge, dass sich die Komplexität des Instruktionsmaterials in beiden Gruppen entspricht. Da ein zu komplexes Problem mit überzogenen kognitiven Anforderungen Schüler schnell überfordern und den Lernerfolg mindern oder sogar ganz verhindern kann, muss man die Komplexität planmäßig steuern. Dazu wurden die Aufgaben für die empirischen Untersuchungen erstens orientiert an den gut validierten PISA-Kompetenzstufen[12] so entwickelt, dass die Aufgaben des Instruktionsmaterials eine breite Streuung über die Kompetenzstufen hinweg aufwiesen und dem Anforderungsniveau der Aufgaben des Leistungstests entsprachen (s. 2.3.7 sowie Kapitel 3 und 4). Darüber hinaus muss ein weiteres Kennzeichen komplexer Problemstellungen kontrolliert werden, nämlich der

[12] Die Definitionen der Kompetenzstufen nach PISA sind in Baumert et al. (2001), S. 202ff. zu finden.

Offenheitsgrad[13] von Aufgaben. Um diesen Aspekt planmäßig, also theoriegeleitet, steuern zu können, ist eine systematische Operationalisierung und eine Einbindung in gängige Lehr-Lern-Theorien erforderlich. Obwohl das Öffnen von Aufgaben im Zentrum vieler Arbeiten sowohl für den mathematischen (vgl. z. B. Blum & Wiegand, 2000; Bruder, 2003) als auch für den naturwissenschaftlichen Unterricht stand (s. Fach, Kandt & Parchmann, 2006; Leisen, 2006; Woest, 2004), ist eine systematische Operationalisierung zur Analyse oder zur Erstellung solcher Aufgaben v. a. im naturwissenschaftlichen Unterricht zunächst nur in Ansätzen zu finden (z. B. Baumert, 1996; Woest, 2004). Eine Einbindung in gängige Lehr-Lern-Theorien fehlt darüber hinaus weitestgehend. Deshalb entwickelte der Autor mit Kollegen einen Ansatz zur theoriegeleiteten Operationalisierung des Offenheitsgrades und damit Kriterien zur Erstellung verschieden offener Aufgaben (vgl. Kuhn, 2007b; Kuhn & Müller, 2007c; 2007d). Zur Erklärung eines empirisch nachweislichen Effektes ist in der Lehr-Lern-Forschung eine Einordnung in eine Rahmentheorie erforderlich.

Abb. 12: Die drei Parameter eines Problems

Bezüglich der Offenheit von Aufgaben besteht eine Möglichkeit darin, die Operationalisierung des Offenheitsgrades an der kognitions-psychologischen Problemlöseforschung auszurichten. Ein Problem wird dabei allgemein durch drei Parameter charakterisiert (vgl. Newell & Simon, 1972; Dörner, 1976; Funke, 2003; s. Abb. 12): Ein unbefriedigender Ausgangszustand, ein erwünschter Zielzustand sowie eine Barriere, die die Umwandlung des Ausgangszustands in den Zielzustand verhindert und nur durch Verwendung neuartigen Wissens überwunden werden kann. Sieht man Aufgaben als Aufträge zur Lösung eines Problems an, so können sie durch die Parameter „Ausgangsdaten", „Lösungsweg" und „Ergebnis" (Zielzustand oder Enddaten) definiert werden. Dadurch können Aufgaben durch deren Anzahl offener Parameter in verschiedene Offenheitsgrade eingeteilt werden. Daraus ergeben sich sieben verschiedene Aufgabentypen, die sich in Anzahl oder Art der offenen Parameter unterscheiden (vgl. Mehlhorn & Mehlhorn, 1979). Diese Parametrisierung deckt sich auch sehr gut mit der in den Didaktiken bereits aufgeführten Aufgabentypisierung (s. Bau-

[13] Unter dem Begriff ‚Offenheitsgrad' wird an dieser Stelle die Ausprägung der Offenheit einer Aufgabe verstanden, d. h. die Anzahl der in der Aufgabe offenen Parameter nach Tabelle 4 und Tabelle 5.

Tabelle 4: Operationalisierung des Offenheitsgrades in Anlehnung an Mehlhorn & Mehlhorn (1979)

Aufgabentyp	Ausgangsdaten	Lösungsweg	Ergebnis
I. geschlossen	vorgegeben	vorgegeben	offen
II. geschlossen	offen	vorgegeben	vorgegeben
III. geschlossen	vorgegeben	offen	vorgegeben
IV. halboffen	vorgegeben	offen	offen
V. halboffen	offen	vorgegeben	offen
VI. halboffen	offen	offen	vorgegeben
VII. offen	offen	offen	offen

mert, 1996; Bruder, 2003). Demnach gibt es für geschlossene und halboffene Aufgaben jeweils drei mögliche Aufgabentypen (s. Tab. 4).

Dabei können sich Aufgaben vom gleichen Typ aber zudem dadurch unterscheiden, dass die Anzahl möglicher Lösungen des offenen Parameters (z. B. verschiedene Anzahl möglicher Ergebnisse), also das Ausmaß der Offenheit, verschieden ist (s. Abb. 13). Diese Größe wird in der Kognitionspsychologie als *Problemraum* bezeichnet. Dementsprechend muss in der Aufgabentypisierung in Tabelle 4 die Variable ‚Problemraum' (PR) (Operationalisierung: klein PR(k); mittel PR(m); groß (PR(g)) bei offenen Parametern ergänzt werden (s. Tab. 5).

Tabelle 5: Operationalisierung des Offenheitsgrades durch Ergänzung der Variablen ‚Problemraum'

Aufgabentyp	Ausgangsdaten	Lösungsweg	Ergebnis
I. geschlossen	vorgegeben	vorgegeben	offen PR(g) PR(m) PR(k)
II. geschlossen	offen PR(g) PR(m) PR(k)	vorgegeben	vorgegeben
III. geschlossen	vorgegeben	offen PR(g) PR(m) PR(k)	vorgegeben
IV. halboffen	vorgegeben	offen PR(g) PR(m) PR(k)	offen PR(g) PR(m) PR(k)
V. halboffen	offen PR(g) PR(m) PR(k)	vorgegeben	offen PR(g) PR(m) PR(k)
VI. halboffen	offen PR(g) PR(m) PR(k)	offen PR(g) PR(m) PR(k)	vorgegeben
VII. offen	offen PR(g) PR(m) PR(k)	offen PR(g) PR(m) PR(k)	offen PR(g) PR(m) PR(k)

Geschwindigkeitsrausch

Die französische Bahn will heute nach mehreren inoffiziellen Versuchen offiziell einen neuen Geschwindigkeitsrekord für schienengebundene Fahrzeuge aufstellen. Auf der vor zwei Wochen eingeweihten Hochgeschwindigkeitsstrecke zwischen Paris und Straßburg soll der TGV 540 Kilometer pro Stunde erreichen. Nach Medienberichten brach das Schienenfahrzeug den Rekord schon bei mehreren Tests, die Konstrukteure hoffen, dass es heute auf fast 600 Kilometer pro Stunde beschleunigen kann. Der Zug wäre damit deutlich schneller als ein Propellerflugzeug und könnte sogar den Rekord von 581 km/h brechen, den Japan vor vier Jahren mit seiner Magnetschwebebahn Maglev aufstellte. Die Konstrukteure von Alstom tauften ihr Geschoss „V 150" – die Abkürzung steht für 150 Meter pro Sekunde. Der Rekordzug besteht aus zwei Lokomotiven und drei doppelstöckigen Waggons. Er hat größere Räder als ein normaler TGV, der Triebwagen hat 25.000 PS. (ap) —FOTO: AP

Die Rheinpfalz (01_ZEIT), 03.04.2007

Aufgabenstellung	Typ (s. Tab. 9)	Problemraum des offenen Parameters	Kompetenzstufe
Schreibe einen Leserbrief, in dem Du das Projekt unter physikalischen, ökonomischen, ökologischen und gesellschaftlichen Aspekten bewertest. Vergleiche dazu mithilfe der erforderlichen Zusammenhänge den elektrischen Energiebedarf des TGV bis zum Erreichen seiner nach 13 Minuten erreichten Höchstgeschwindigkeit von 575 km/h mit dem Jahresbedarf eines 4-Familienhaushaltes von ca. 3500 kWh, wenn der Leistungsbedarf des TGV bis zur Höchstgeschwindigkeit gleichförmig zunimmt. Argumentiere dabei für die Leserschaft verständlich und diskutiere anschließend deinen Leserbrief mit deinem Nachbarn.	geschlossen (Typ I)	*Ergebnis*: PR(g) Gemessen an den zu berücksichtigenden Aspekten sind mehrere, verschiedene Ergebnisse möglich.	III
Bewerte die technische Effektivität des TGV, indem Du die bis zum Erreichen seiner Höchstgeschwindigkeit von 575 km/h bereitgestellte elektrische Energie mit der bei einer Masse von 206 t umgewandelten kinetischen Energie während der 13-minütigen Fahrt vergleichst. Gehe dabei davon aus, dass der Leistungsbedarf des TGV bis zur Höchstgeschwindigkeit gleichförmig zunimmt und seine Beschleunigung konstant ist. Stelle Deine Erkenntnisse in aussagekräftiger Form anschaulich dar und diskutiere deine Ergebnisse mit deinem Nachbarn.	halboffen (Typ IV)	*Lösungsweg:* PR (m) Die elektrische Energie muss mit der entsprechenden Gesetzmäßigkeit und den Daten aus dem Text berechnet werden; es sind verschiedene Visualisierungsformen möglich (nicht nur Flussdiagramm; z. B. Strukturdiagramm, Bildfolgen usw.) *Ergebnis*: PR(k) Es gibt nur ein mögliches Ergebnis.	III
Der V 150 erreichte auf seiner Rekordfahrt bei konstanter Beschleunigung nach 13 Minuten eine Höchstgeschwindigkeit von 575 km/h. Wie lang müsste die Teststrecke mindestens sein, wenn der TGV gleich nach Erreichen der Höchstgeschwindigkeit gleichmäßig abbremsen würde? Informiere Dich dazu über angemessene Verzögerungswerte und stelle den Bewegungsvorgang anschaulich dar.	offen (Typ VII)	*Ausgangsdaten*: PR(m) Die Anzahl angemessener Verzögerungswerte wird nach unten begrenzt durch physikalisch-technisch sinnvolle Werte (Güterzug: $a = 0{,}6\ m/s^2$). Größtmögliche Werte könnten im "worst case" maximal körperlich erträgliche Verzögerungen darstellen. *Lösungsweg:* PR (m) Es können unterschiedliche Medien zur Recherche verwendet werden (Bücher, Internet usw.); zur Veranschaulichung sind je nach Wahl von abhängiger und unabhängiger Variable verschiedene Diagramme möglich. *Ergebnis*: PR(m) Jeder S. löst die Aufgabe mit dem von ihm recherchierten Verzögerungswert.	IV

Abb. 13: Zeitungsaufgaben mit verschiedenem Offenheitsgrad

Mithilfe dieser Operationalisierung nach Typ und Problemraum lässt sich nun der Offenheitsgrad von Aufgaben systematisch und theoriegeleitet analysieren sowie verschieden offene Aufgaben kriterienorientiert erstellen.

2.3.7 Pilotstudien: Stand der Forschung

Nach der theoriegeleiteten Defizitanalyse und der Entwicklung von MAI als theoretisches Rahmenkonzept in den vorangehenden Kapiteln erfordert die Untersuchung der Effektivität des MAI-Ansatzes bezüglich der in 2.3.4 formulierten Hypothesen im nächsten Schritt zunächst die Umsetzung des Rahmenkonzeptes in ersten Untersuchungseinheiten (‚operational units', vgl. Parchmann et al., 2006). Dazu entwickelte der Autor seit 2003 insgesamt sieben Pilotstudien mit Lernmaterialien und Testinstrumenten für den regulären Physikunterricht in den Themenbereichen ‚Geschwindigkeit' (7. Jahrgangsstufe) und ‚Elektrische Energie' (10. Jahrgangsstufe).

Die Pilotstudien können dabei in zwei verschiedene Pilotierungsphasen zusammengefasst werden (s. Tab. 6): Während in Pilotierungsphase 1 im Jahr 2003 ausschließlich die vom Autor entsprechend MAI entwickelten Lernmaterialien und Testinstrumente sowie die methodische Umsetzung unter den Aspekten ‚unterrichtspraktische Umsetzbarkeit' und ‚Effektivität' geprüft wurden (Kuhn & Müller, 2005a; 2005b), diente die Pilotierungsphase 2 in den Jahren 2004/2005 zudem zur Anpassung von Material und Methode sowie zur Validierung der eingesetzten Instrumente (Kuhn, 2005; Kuhn & Müller, 2005c; 2007b).

Tabelle 6: Übersicht über die Entwicklungsstadien der Pilotstudien zum MAI-Ansatz

Tätigkeit / Jahr / Quartal	2002		2003				2004				2005			
	3	4	1	2	3	4	1	2	3	4	1	2	3	4
Pilotierungsphase 1:														
Entwicklung d. Instruktionsmaterials		x	x											
Entwicklung d. Testinstrumente		x	x											
Entwicklung d. Untersuchungseinheiten (Realschule)		x	x											
Durchführung d. Untersuchung				x										
Auswertung					x									
Pilotierungsphase 2:														
Anpassung von Material und Methode; Ausweitung der Stichprobe (Realschule; Gymnasium)						x	x			x	x			
Durchführung d. Untersuchung								x				x		
Auswertung									x				x	

In beiden Phasen wurden Material und Design den Fachlehrern der beteiligten Schulen vorgestellt und in Rücksprache in einzelnen Punkten angepasst (s. 2.3.7.3).[14]

An den Pilotstudien im Bundesland Rheinland-Pfalz[15] nahmen insgesamt 294 Lernende (47% weiblich; 53% männlich) in 12 Schulklassen einer Realschule und in zwei Gymnasialklassen teil (vgl. Tab. 7). An der Realschule führte der Autor selbst den Physikunterricht im Rahmen der Pilotstudien durch, während am Gymnasium eine Physiklehrkraft den Unterricht abhielt, die vom Autor vor der Durchführung entsprechend den MAI-Prinzipien geschult und während der Durchführung betreut wurde. Dabei entsprach eine Lerngruppe (EG bzw. KG) jeweils einer kompletten Schulklasse.

Tabelle 7: Übersicht über bisherige Pilotstudien im Rahmen des MAI-Ansatzes

Jahr	**7. Jahrgangsstufe: Geschwindigkeit (Realschule)**	**10. Jahrgangsstufe: Elektrische Energie**	
		Realschule	**Gymnasium**
		Pilotierungsphase 1	
2003	1 EG (N = 21: 12 w.; 9 m.) 1 KG (N = 19: 6 w.; 13 m.)	1 EG (N = 23: 8 w.; 15 m.) 1 KG (N = 22: 12 w.; 10 m.)	
		Pilotierungsphase 2	
2004	1 EG (N = 21: 11 w.; 10 m.) 1 KG (N = 20: 14 w.; 6 m.)	1 EG (N = 16: 8 w.; 8 m.) 1 KG (N = 18: 11 w.; 7 m.)	1 EG (N = 28: 11 w.; 17 m.) 1 KG (N = 26: 10 w.; 16 m.)
2005	1 EG (N = 22: 9 w.; 13 m.) 1 KG (N = 24: 8 w.; 16 m.)	1 EG (N = 16: 7 w.; 9 m.) 1 KG (N = 18: 12 w.; 6 m.)	
Summe	3 EG (N = 64: 32 w.; 32 m.) 3 KG (N = 63: 28 w.; 35 m.)	3 EG (N = 55: 23 w.; 32 m.) 3 KG (N = 58: 35 w.; 23 m.)	1 EG (N = 28: 11 w.; 17 m.) 1 KG (N = 26: 10 w.; 16 m.)

Da die Pilotstudien und deren Ergebnisse vom Autor alleine oder als verantwortlicher Verfasser bereits detailliert publiziert wurden, werden an dieser Stelle die wesentlichen Kernpunkte der Untersuchungen und deren Ergebnisse überblicksartig dargestellt und auf detaillierte Ausführungen zu den einzelnen Pilotierungsphasen auf die einschlägigen Publikationen verwiesen (Pilotierungsphase 1: Kuhn & Müller, 2005a; 2005b; Pilotierungsphase 2: Kuhn, 2005; Kuhn & Müller, 2005c; 2007b).

2.3.7.1 Material und Methode

In einem quasi-experimentellen Untersuchungsdesign unterrichtete jede Lehrkraft sowohl eine Versuchsklasse (Experimentalgruppe EG), in der mit Zeitungsaufgaben entsprechend dem MAI-Ansatz gearbeitet wurde, als auch eine Kontrollklasse (Kontrollgruppe KG), die mit ‚traditionellen Aufgaben' arbeitete, um den Faktor ‚Lehrkraft' als Einflussfaktor zwischen diesen Gruppen ausschließen zu können.

---

[14] Infolge des großen Materialumfangs sind die Lernmaterialien in OnlinePLUS unter www.viewegteubner.de zu finden.

[15] Die Beschränkung auf das Land Rheinland-Pfalz hat an dieser Stelle rein organisatorische Ursachen, da der Autor in dieser Zeit als Realschullehrer in diesem Land unterrichtete.

Vor der Instruktionsphase wurde jeweils eine Einführungsstunde in den Themenbereichen ‚Elektrische Energie‘ und ‚Geschwindigkeit‘ abgehalten, in denen die zu bearbeitenden physikalischen Begriffe sowie deren grundlegenden Zusammenhänge erarbeitet wurden. Anschließend wurden ein Motivations-Prätest sowie standardisierte Tests zur allgemeinen Intelligenz und zur Lesekompetenz durchgeführt (s. u.). Danach bearbeiteten die Lerngruppen drei Wochen lang drei verschiedene Arbeitsblätter zu den Themenbereichen ‚Elektrische Energie‘ und ‚Geschwindigkeit‘ in insgesamt sechs aufeinander folgenden jeweils 45-minütigen Unterrichtsstunden ihres Physikunterrichts. Die Instruktionsphase diente als Festigung, Vertiefung und Anwendung der physikalischen Zusammenhänge in den beiden Themenbereichen. Der Lerninhalt und die Aufgabenschwierigkeit in KG und EG entsprachen sich, gleiches gilt für die Unterrichtsmethode, mit der die Aufgaben in beiden Gruppen bearbeitet wurden (s. Abb. 4). Verschieden war lediglich das Instruktionsmaterial: Die Lernenden in der EG arbeiteten mit Zeitungsaufgaben, während in der KG die korrespondierenden ‚traditionellen Aufgaben‘ bearbeitet wurden. Während in Pilotierungsphase 1 in beiden Gruppen nach jedem Arbeitsblatt jeweils die aktuelle Motivation mit dem entsprechenden Instrument erhoben wurde (s. u.), fand die Erhebung dieser Variablen in Pilotierungsphase 2 nur ein Mal nach dem zweiten Arbeitsblatt statt. Diese Modifikation war erforderlich, da in Pilotierungsphase 1 durch die Vielzahl an Testerhebungen eine ‚Testmüdigkeit‘ bei den Schülern zu erkennen, die die Ergebnisse beeinflussen konnte.

In der folgenden Unterrichtsstunde nach Abschluss der Instruktionsphase führten die Lernenden in beiden Gruppen einen Leistungstest sowie in der darauf folgenden Unterrichtstunde einen Motivations-Posttest durch. Sieben Wochen nach dieser Phase wurde zudem noch eine Follow-up Messung zur Motivation erhoben, um die Nachhaltigkeit der Motivation zu testen. Ein Überblick des Untersuchungsverlaufs in den verschiedenen Pilotierungsphasen ist in Abbildung 14 dargestellt.

Die abhängigen Variablen dieser Studien stellten somit die Motivation und die Leistungsfähigkeit im Fach Physik dar, während die Lerngruppenzugehörigkeit (d. h. Arbeit mit Zeitungsaufgaben oder ‚traditionellen Aufgaben‘), die besuchte Schulart (und damit die Lehrkraft), das Geschlecht der Lernenden sowie die allgemeine Intelligenz, die Lesekompetenz und das Vorwissen im Fach Physik als unabhängige Variablen bzw. als Moderatorvariablen fungierten.

Instruktionsmaterial (Arbeitsblätter)

Die Aufgaben der Arbeitsblätter bestanden wie die in diesem Abschnitt vorgestellten Beispiele (s. Abb. 8; Abb. 9; Abb. 10) aus Lern- Übungs- und Transferaufgaben zum jeweiligen Thema (insgesamt jeweils 12 Aufgaben in der Instruktionsphase), mit denen gemäß dem MAI-Ansatz die physikalischen Zusammenhänge der Themenbereiche erarbeitet, vertieft und angewendet wurden (s. Fußnote 8). Die Schwierigkeitsgrade der Aufgaben entsprachen den der Leistungstests.

Untersuchungsdesign in Pilotierungsphase 1

Woche		Kontrollgruppe (KG)		Experimentalgruppe (KG)
1		Test zur allgemeinen Intelligenz, Test zur Lesekompetenz Motivationsprätest		Test zur allgemeinen Intelligenz, Test zur Lesekompetenz Motivationsprätest
2	Traditionelle Aufgaben zum Themenbereich	Arbeitsblatt 1 Aktueller Motivationstest 1	Zeitungsaufgaben zum Themenbereich	Arbeitsblatt 1 Aktueller Motivationstest 1
3		Arbeitsblatt 2 Aktueller Motivationstest 2		Arbeitsblatt 2 Aktueller Motivationstest 2
4		Arbeitsblatt 3 Aktueller Motivationstest 3		Arbeitsblatt 3 Aktueller Motivationstest 3
5		**Leistungsüberprüfung** **Motivationsposttest**		**Leistungsüberprüfung** **Motivationsposttest**
6...13		konventioneller Unterricht in neuem Stoffgebiet		
14		**Follow-up Motivationstest**		**Follow-up Motivationstest**

Untersuchungsdesign in Pilotierungsphase 2

Woche		Kontrollgruppe (KG)		Experimentalgruppe (KG)
1		Test zur allgemeinen Intelligenz, Test zur Lesekompetenz Motivationsprätest		Test zur allgemeinen Intelligenz, Test zur Lesekompetenz Motivationsprätest
2	Traditionelle Aufgaben zum Themenbereich	Arbeitsblatt 1	Zeitungsaufgaben zum Themenbereich	Arbeitsblatt 1
3		Arbeitsblatt 2 Aktueller Motivationstest		Arbeitsblatt 2 Aktueller Motivationstest
4		Arbeitsblatt 3		Arbeitsblatt 3
5		**Leistungsüberprüfung** **Motivationsposttest**		**Leistungsüberprüfung** **Motivationsposttest**
6...13		konventioneller Unterricht in neuem Stoffgebiet		
14		**Follow-up Motivationstest**		**Follow-up Motivationstest**

Abb. 14: Überblick über den Verlauf der einzelnen Pilotstudien

Motivationstests

Es wurden zwei verschiedene Testformen zur Motivation durchgeführt. Einerseits wurde der Motivationsverlauf in einem Längsschnittdesign mit drei gleichen, zeitlich aufeinander folgenden Motivationstests (Motivationsprätest, -posttest und Follow-up Motivationstest, s. Abb. 14 und Anhang A) erhoben. Diese bestanden aus 29 Items, unterteilt in drei verschiedene Bereiche (*Lernklima* Lk: Zehn Items; *Selbstkonzept* Sk: Sieben Items; *Motivation* M: 12 Items) und orientiert an gut validierten Motivationstests (Hoffmann, Häußler & Peters-Haft, 1997; s. a. Kuhn & Müller, 2005b). Darüber hinaus wurde die aktuelle Motivation während der Instruktionsphase zum direkten Vergleich zwischen den Gruppen erfasst. Dieser Test (s. Anhang B) bestand aus 30 Items, unterteilt in vier verschiedene Bereiche (*Lernklima* Lk: Neun Items; *Selbstkonzept* Sk: Acht Items; *Motivation im Allgemeinen* M: Sieben Items; *Motiva-*

tion durch die eingesetzten Aufgaben M_A: Sechs Items) und ebenfalls orientiert an gut validierten Motivationstests (s. o.).

Leistungstests

Die Vorleistung im Fach Physik vor der Intervention wurde durch den Durchschnitt des pro schriftlichen Leistungsnachweis im Physikunterricht des laufenden Schuljahres erbrachten prozentualen Punkteanteils an der Gesamtpunktzahl erhoben (jeweils insgesamt typisch fünf schriftliche Nachweise pro Schüler).[16] Der Leistungsstand nach der Intervention wurde durch eine schriftliche Leistungsüberprüfung mit fünf Aufgaben (der Hauptteil der Aufgaben entspricht den PISA-Kompetenzstufen (s. Fußnote 12) I und II, der Rest Kompetenzstufe III, s. Anhang C) erfasst.

Moderatorvariablen

Als Indikatoren für die Moderatorvariablen Sprachfähigkeit und allgemeine (insbes. logische) Grundbildung werden standardisierte und gut validierte Instrumente verwendet, und zwar nach Lehrl (1999) bzw. Lang, Mengelkamp & Jäger (2004) für die Lesekompetenz in Jahrgangsstufe 7 bzw. 10 und der SSB für die allgemeine Intelligenz (Kornmann & Horn, 2001).

2.3.7.2 Ergebnisüberblick

Wie o. g. werden an dieser Stelle die wesentlichsten Ergebnisse überblicksartig berichtet und für Detailanalysen auf die einschlägigen Publikationen des Autors verwiesen. Bezüglich der Generalhypothesen aus 2.3.4 zeigten die Ergebnisse in beiden Themenbereichen

- in sechs von sieben Untersuchungen[17] eine mindestens *signifikant größere Leistungsfähigkeit* in der EG verglichen mit der KG (s. L1, 2.3.4; Effektstärke[18] (s. auch Fußnote 42): wenigstens mittelgroß).
- ein mindestens *signifikant größerer Motivationsgrad* in allen EG verglichen mit den KG (s. M1, 2.3.4; Effektstärke: groß).

[16] Die Physik-Vorleistung diente als weitere Moderatorvariable, um die Leistungsunterschiede zwischen den Gruppen vor der Intervention statistisch zu kontrollieren bzw. auszugleichen.

[17] Bei der Untersuchung in der 7. Jahrgangsstufe im Jahr 2003 wurden die Aufgaben ohne Taschenrechner berechnet, was infolge der authentischen Daten zu arithmetischen Problemen beim Berechnen dieser Aufgaben führte. Somit sind die Ergebnisse dieser Untersuchung durch diesen Faktor beeinflusst, was auch dazu führt, dass diese Untersuchung als einzigste keine Überlegenheit der EG in Lernleistung und Motivation zeigte. In der Replikationsstudie im Jahre 2004 wurde nämlich für den Zeitraum der Untersuchung ein Taschenrechner verwendet, sodass die dort erfassten – im Gegensatz zur Vorstudie in 2003 erneut positiven – Ergebnisse dieser Untersuchung um diesen Faktor bereinigt sind.

[18] Die Bewertung der praktischen Bedeutsamkeit von Effekten erfolgt nach Cohen (1988).

- eine mindestens *signifikante Motivationssteigerung* in jeder EG (im Prä-Post-Vergleich; s. M2, 2.3.4; Effektstärke: wenigstens mittelgroß).
- die Stabilität der Motivationssteigerung im Follow-up Test nach mehr als zwei Monaten (s. M2, 2.3.4; Effektstärke: wenigstens mittelgroß).

Einflüsse der meisten Moderatorvariablen auf diese Ergebnisse konnten nicht (Geschlecht, Schulart bzw. Lehrkraft, Lesefähigkeit) oder nur in einzelnen Fällen (allgemeine Intelligenz) nachgewiesen werden. Allerdings hatte die Moderatorvariable ‚Physikvorleistung' in allen Fällen einen höchst signifikanten und wenigstens mittelgroßen Einfluss auf die Leistungsfähigkeit in den Lerngruppen.

2.3.7.3 Diskussion und Implementationsplan

Zusammenfassend erzeugen Zeitungsaufgaben bei der Umsetzung von MAI in ersten Untersuchungseinheiten im Rahmen von Pilotierungsphasen mit verschiedenen Schwerpunkten eine insgesamt größere Leistungsfähigkeit und Motivation. Diese Effekte waren unabhängig von der allgemeinen Intelligenz und der Lesekompetenz der Lernenden und stellen eine empirische Absicherung für die Umsetzbarkeit des MAI-Ansatzes auch mit Hinweisen auf verschiedene Schularten dar, da die berichteten Ergebnisse nämlich auch unabhängig von der Schulart (Realschule oder Gymnasium) waren. Da jedoch EG und KG in jeder der beiden Schularten jeweils von der gleichen Lehrkraft unterrichtet wurden, die beiden Lehrkräfte der einzelnen Schularten jedoch nicht identisch waren, kann keine Aussage getroffen werden, ob die Effekte unabhängig von Schulart oder Lehrkraft waren. Allerdings weist die Stabilität der Effekte darauf hin, dass es sich bei den gefundenen positiven Wirkungen nicht um reine Einführungseffekte handelt.

Zusammenfassend erfordern die Befunde aus beiden Pilotierungsphasen im nächsten Schritt zwei wesentliche Untersuchungsschwerpunkte (Parchmann et al., 2006):

1. Implementation des Ansatzes in einer dezidiert konzipierten, schulartübergreifenden Interventionsstudie, die die Effektivität von MAI in einem umfassenden Rahmen unter Beteiligung mehrerer Lehrkräfte an verschiedenen Schularten zum Untersuchungsgegenstand hat (s. Untersuchungsschwerpunkt 1; Kapitel 3).
2. Detailanalysen relevanter lernpsychologischer und fachdidaktischer Faktoren, deren Zusammenspiel ein detailliertes Verständnis der Beeinflussung des Physiklernens durch diesen Ansatz erwarten lässt (s. Untersuchungsschwerpunkt 2; Kapitel 4). Vor allem zeigt der in 2.3.3 (s. MAI-5:) beschriebene Antagonismus zwischen Authentizität und Komplexität zum einen und kognitiver Belastung zum anderen neue Forschungsaspekte und -perspektiven auf.

Basierend auf den einschlägigen Erkenntnissen aus den Pilotierungsphasen müssen dabei folgende Aspekte zur Umsetzung berücksichtigt werden:

- Lernumgebung: In den Pilotierungsphasen erfolget eine an den theoretischen und methodischen Rahmen problemorientierter Lernumgebungen (De Corte, 2003; De Corte et al., 2004; Reinmann-Rothmeier & Mandl, 1998a; Reinmann & Mandl, 2006) und aufgabenorientierten Lernens (Peterßen, 2004) ausgerichtete Umsetzung von MAI. Dabei wurde deutlich, dass eine solches Vorgehen in zwei Punkten angepasst werden muss: Erstens muss den Schülern zwischen der Planung zur Lösung der Problemstellung und der Ausführung des Lösungsplanes die Gelegenheit gegeben werden, durch die von einer Schülergruppe durchgeführte Zwischenpräsentation eines möglichen Lösungsplanes einen falschen Lösungsweg zu korrigieren oder, falls nicht vorhanden, Ideen für einen Lösungsweg zur Ausführung zu erhalten. Dieses Vorgehen hat sich v. a. bei der Förderung lernschwacher Schüler als erforderlich und erfolgreich erwiesen. Zweitens hat es sich bewährt, das soziale Lernen in Kleingruppen dadurch zu unterstützen, dass zunächst nicht jedes Gruppenmitglied die Problemlösung auf einem getrennten Papier notiert, sondern dass ein Gruppenmitglied alle Notizen und Lösungsvorschläge auf einem gemeinsamen Schreibblatt als ‚Ideenpapier' anfertigt und festhält. Nachdem in der Kontrollphase die endgültige Problemlösung in der Klasse präsentiert und diskutiert wurde, wird diese dann von allen Schülern übernommen. Aus diesen beiden Anpassungen wurde die in 2.3.2 (s. Abb. 4) dargestellte MAI-pAL entwickelt und in den folgenden, o. g. Untersuchungsschwerpunkten (s. Kapitel 3 und 4) umgesetzt.
- Testinstrumente: Analysen der Testinstrumente zeigten, dass die Skalenstruktur der Motivationstests überarbeitet werden muss (Schneider & Kuhn, 2005). Anhand einer explorativen Faktorenanalyse[19] in Form einer Hauptachsenanalyse (PAF) mit anschließender orthogonaler Varimax-Rotation wurde dabei geprüft, ob die aus theroretischen Überlegungen angenommene latente Struktur (s. 2.3.7.1) sich in einem Faktorenmuster ausdrückt. Um eine sinnvoll interpretierbare Lösung zu erreichen, musste das Itemset sukzessive um insgesamt neun auf 19 Items (s. Fußnote 20) reduziert werden. Danach ergab sich eine 4-faktorielle Lösung, die sinnvoll interpretierbar war und 48% der Varianz aufklärte (s. Tab. 8 und Anhang A).

  Faktor F1: Selbstkonzept (Items sk11, lk4, lk5, sk13, m28)
  Faktor F2: Intrinsische Motivation (Items m19, m22, m23, lk2, m20, m21)
  Faktor F3: Engagement im Physikunterricht (Items sk14, sk15, sk9, m18)
  Faktor F4: Alltags- bzw. Realitätsbezug des Physikunterrichts (Items lk8, lk6, lk7)

  Neben der erforderlichen Itemset-Reduktion und der fehlenden Bestätigung der theoretisch angenommen 3-faktoriellen Skalenstruktur waren zudem einige Sekundärladungen problematisch. Obwohl dadurch keine ‚Einfachstruktur' (s. 3.2.2.1) erreicht wurde, konnte trotzdem jedes Item durch Ausweis der maximalen Faktor-

[19] Das Verfahren der Faktorenanalyse wird in 3.2.2.1 überblicksartige erläutert.

ladung eindeutig dem zugehörigen Faktor zugeordnet werden. Eine Verbesserung der Faktorenstruktur war durch Elimination einzelner Items nicht mehr zu erreichen.

- Ein Anhaltspunkt für die Konstruktvalidität der gefundenen Faktoren erlaubte eine Analyse der Reliabilität der jeweils auf einem Faktor ladenden Items im Sinne einer Skalenanalyse (s. Tab. 9; vgl. Backhaus et al., 1994). In Anbetracht der geringen Zahl von Items pro Skala waren diese Werte allesamt akzeptabel. Für eine Verbesserung der ‚Skalenkonstruktion' wäre es aus dieser Sicht aber erforderlich, für die durch die Faktorenanalyse identifizierten inhaltlichen Komponenten jeweils mehr Items zu formulieren, neue Daten zu erheben und deren Faktorenstruktur abermals zu untersuchen (s. 3.2.2.1).

Tabelle 8: Faktorenstruktur des Motivationstests der Pilotstudien [FACTORS (4)] mit reduziertem Itemset (Faktorladungen in rotierter Faktorenmatrix)

Item-Nr. (kodiert)[20]	**Faktor F**			
	1	**2**	**3**	**4**
sk11	**0.787**			
lk4	**0.778**			
lk5	**0.764**			
sk13	**0.659**		0.399	
sk17	**0.485**	0.274	0.358	
m28	**0.449**			
m19		**0.716**		
m22	0.334	**0.690**		
m23		**0.563**		
lk2	0.383	**0.555**		
m20		**0.534**		
m21	0.267	**0.511**		
sk14	0.310		**0.775**	
sk15	0.387		**0.587**	
sk9			**0.553**	0.350
m18			**0.493**	
lk8				**0.641**
lk6				**0.548**
lk7		0.361		**0.499**

Anmerkung. Extraktionsmethode: Hauptachsen-Faktorenanalyse; Rotationsmethode: Varimax mit Kaiser-Normalisierung; die größte Ladung ist fett gedruckt; sk = Selbstkonzept; lk = Lernklima; m = Motivation

- Untersuchungsdesign: Die Ergebnisse zur Nachhaltigkeit der Motivation lassen den Schluss zu, dass dieser Aspekt auch bei der Leistungsfähigkeit in Betracht gezogen werden sollte. In diesem Sinne wurden in den folgenden Untersuchungsdesigns auch Follow-up Untersuchungen zur Leistungsfähigkeit integriert.

[20] Für die Zuordnung der Kodierung zu den zugehörigen Items s. Anhang A.

Tabelle 9: Übersicht über die Konstruktvalidität des 4-faktoriellen Motivationstests der Pilotstudien

Skala	N Items	Cronbachs Alpha α[21]	Reliabilitätssteigerung durch Itemelimination
Selbstkonzept	6	0.85	Nein
Intrinsische Motivation	6	0.79	Nein
Engagement	4	0.72	Nein
Alltags- bzw. Realitätsbezug	3	0.62	Nein

2.4 Zusammenfassung und Diskussion

In diesem Kapitel wurde nach Darstellung des aktuellen, physikdidaktischen und lernpsychologischen Theorierahmens zunächst eine Problem- und Bedarfsanalyse für die Entwicklung situierter Lernumgebungen, speziell der ‚Anchored Instruction' (AI), erstellt basierend auf Ergebnissen empirischer Untersuchungen der letzten 20 Jahre. Darauf basierend ist ein somit theoriegeleitetes Rahmenkonzept entwickelt worden, das die Erstellung von Lernumgebungen erlaubt, die es ermöglichen, die Vorteile Situierten Lernens zu nutzen und die zuvor im Rahmen von AI diagnostizierten Probleme und Nachteile zu reduzieren bzw. zu beheben. Dabei stehen drei Leitlinien bei der theoriegeleiteten Konzeptentwicklung dieser Modifizierten ‚Anchored Instruction' (MAI) im Vordergrund: ‚Praktikabilität', ‚Flexibilität' und ‚empirische Forschung'. Eingebettet in den aufgespannten Theorierahmen des MAI-Ansatzes werden dazu Zeitungsaufgaben als ein Lernmedium zur Verankerung des Wissens vorgestellt, die den Kriterien von MAI entsprechen und als praktikable und flexible ‚Ankermedien' zur Umsetzung in ersten Untersuchungsdesign verwendet werden können. Ausgehend von den vielfach genannten Mängeln physikdidaktischer Entwicklungen (fehlende Praktikabilität, keine Rücksicht auf unterrichtliche Rahmenbedingungen, Kluft zwischen Theorie und Praxis usw.; s. Kapitel 1) und den daraus resultierenden Folgen (fehlende Akzeptanz, schwierige Umsetzbarkeit usw.) dient als Leitfrage dieses Ansatzes: „Wie klein – im Sinne von leicht zu erstellen – kann ein Lernmedium im Sinne von MAI sein, um trotzdem noch erworbenes Wissen zu verankern und lernförderlich zu wirken?" Es sollen somit Möglichkeiten aufgezeigt werden, wie durch praktikable Maßnahmen eine theoretisch fundierte und empirisch nachweisbare Verbesserung des Physiklernens im Rahmen des alltäglichen Physikunterrichts von jeder Lehrkraft realisiert werden kann.

Pilotuntersuchungen geben erste Hinweise auf einen positiven Einfluss dieses Ansatzes. Die Tragfähigkeit und Effektivität im Sinne der o. g. Leitlinien kann jedoch nur durch eine systematische Implementation von MAI im Rahmen einer breit angelegten, schulartübergreifenden Interventionsstudie geprüft werden. Diese wird in Kapitel 3 vorgestellt.

[21] Die mit dieser Größe ausgezeichnete interne Konsistenz eines Instruments bzw. einer Skala (vgl. Bortz, 1999, S. 543) gilt für $\alpha > 0.70$ als ‚gut' (vgl. Nunnally & Bernstein, 1994).

Kapitel 3: Untersuchungsschwerpunkt I – Effektivität authentischer Ankermedien im Physikunterricht der Sekundarstufe I

Entsprechend dem in 1.2 genannten übergeordneten Ziel der Implementation und empirischen Prüfung wurde der MAI-Ansatz entsprechend den Forderungen nach einer nutzenorientierten Grundlagenforschung in der Bildung (Fischer & Wecker, 2006) in einer breit angelegten Interventionsstudie umgesetzt. Deren Planung und Durchführung knüpfte gezielt an die theoriegeleitete Entwicklung des Rahmenkonzepts sowie an die Erkenntnisse aus ersten Pilotierungsphasen (s. 2.3.7) an. Im Zentrum stand dabei die Frage nach Breitenwirkung und Robustheit des Ansatzes hinsichtlich Lernleistung und Motivation der Schüler – oder in der Sprache der Forschung: die Frage nach möglichen Moderatorvariablen und Aptitude-Treatment-Effekten. Somit war vor der Einbindung der eigentlichen Forschungsergebnisse in den Unterrichtsalltag zunächst die Implementation der Untersuchungsdurchführung selbst in den alltäglichen Physikunterricht erforderlich. Im Anschluss an die Darstellung der Hypothesen und Forschungsfragen, der eingesetzten Materialen und verwendeten Methoden sowie der Diskussion der Ergebnisse wird in diesem Kapitel deshalb auch die Implementationsstrategie dieses Projektes vorgestellt.

3.1 Hypothesen und Forschungsfragen der Interventionsstudie

Die Hypothesen resultierten aus den theoriegeleiteten Annahmen über den vermuteten Zusammenhang der von dem Instruktionsmaterial beeinflussten Variablen, die in 3.2.2 detailliert dargestellt sind und zum besseren Verständnis der Hypothesen in Tabelle 10 zusammengestellt werden.

Bezüglich dieser Variablen wurden entsprechend dem theoretischen Rahmen und aus Erfahrungen der Pilotierungsphase folgende Hypothesen und Forschungsfragen formuliert:

Zeitungsaufgaben fördern die Motivation

M1. Die Motivation in der EG ist größer als in der KG, d.h. das Ankermedium Zeitungsaufgabe führt zu einem größeren Motivationsgrad verglichen mit ‚traditionellen Aufgaben'.

M2. Die Förderung der Motivation durch Zeitungsaufgaben ist wenigstens mittelfristig, d.h. die Motivation in der EG ist ansteigend und hat über einen mittelfristigen Zeitraum Bestand.

Zeitungsaufgaben fördern die Leistungsfähigkeit

L1. Die Leistungsfähigkeit in der EG ist größer als in der KG, d. h. das Ankermedium Zeitungsaufgabe führt zu einer größeren Leistungsfähigkeit im Vergleich zu ‚traditionellen Aufgaben'.

L2. Die Förderung der Leistungsfähigkeit durch Zeitungsaufgaben ist wenigstens mittelfristig, d. h. die Leistungsfähigkeit in Physik ist in der EG ansteigend und hat über einen mittelfristigen Zeitraum Bestand

Tabelle 10: Übersicht über die Variablen des Untersuchungsschwerpunktes I

Variablen	Detailangaben (z. B. Erhebungsinstrumente usw.)	Kapitelverweise
Abhängige Variablen		
Themenspezifische Leistungsfähigkeit in Physik (in %)	Leistungstest	2.2.3, 2.2.4
Motivationsgrad (in %)	Motivationstest	2.2.1, 2.2.2
Unabhängige Variablen		
Geschlecht		
Gruppenzugehörigkeit (Interventions- bzw. Experimentalbedingung)[22]	EG, d. h. Arbeit mit ZEITUNGSAUFGABEN, vs. KG, d. h. Arbeit mit ‚traditionellen Aufgaben'	
Themenbereich	‚Geschwindigkeit', ‚Elektrische Energie'	
Lehrkraft bzw. Lehrermerkmale	Testinstrument zu Lehrereinstellungen	2.2.2
Schule		
Schulart	Hauptschule, Realschule, Gymnasium, Regionale Schule, Duale Oberschule, Integrierte Gesamtschule	
Schulsystem	differenziert, integriert	
Moderatorvariablen:		
Physik-Vorleistung (in %)	Durchschnitt vor der Intervention erbrachten schriftlichen Leistungen im Fach Physik	2.2.2
Allgemeine Intelligenz (in %)	logisches Denken;	2.2.2
Wortschatz (in %)	Themenbereich ‚Geschwindigkeit'	2.2.3
Textverständnis (in %)	Themenbereich ‚Elektrische Energie'	2.2.4

In der Lehr-Lern-Forschung besteht unbestritten Konsens darüber, dass Lernerfolg und Motivation durch vielfältige Faktoren determiniert sind (Helmke, 2007; Helmke & Schrader, 2001), die zur zuverlässigen Verwendungsmöglichkeit von empirischen Interventionsergebnissen kontrolliert werden müssen. Unter Berücksichtigung empirischer Forschungsergebnisse wurden deshalb neben dem Einfluss des Instruktionsmaterials auf Motivation und Leistungsfähigkeit zudem berücksichtigt, dass die Schüler unterschiedlichen Geschlechts verschiedene Schulklassen in unterschiedlichen Schulen und Schularten bzw. Schulsystemen besuchten (vgl. Deutsches PISA-Konsortium, 2001; 2002; PISA-Konsortium Deutschland, 2004; 2007; Kasten, 1996). Zudem wurden sie von verschiedenen Lehrkräften mit unterschiedlichen

[22] Im Folgenden wird für die Gruppenzugehörigkeit (d. h. EG vs. KG, hier: Arbeit mit Zeitungsaufgaben vs. Arbeit mit ‚traditionellen Aufgaben') auch der in der empirischen Statistik häufig zu findende Begriff ‚Experimentalbedingung' verwendet.

Lehrermerkmalen unterrichtet, die ebenso empirisch kontrolliert werden mussten (vgl. Baumert & Kunter, 2006). Darüber hinaus sind zum Lösen von Zeitungsaufgaben nicht nur das Lösen selbst, sondern auch das Leseverstehen und das Texterschließen von Bedeutung. Deshalb war es erforderlich, die Lesekompetenz bzw. Sprachfähigkeit sowie die allgemeine Intelligenz in der Untersuchung zu berücksichtigen (vgl. z. B. Sauer & Gamsjäger, 1996). Ebenso ist Leistungsfähigkeit und Motivation vom Vorwissen im Fach Physik abhängig (vgl. z. B. PISA-Konsortium Deutschland, 2007), sodass diese Variable ebenso wie die Variablen Lesekompetenz/Sprachfähigkeit und allgemeine Intelligenz als Moderatorvariable in die Analyse einbezogen wurde.

Somit wurden zu den o. g. Hypothesen noch Forschungsfragen (FF) geprüft (FF1-FF9), die sämtlich mögliche Einflüsse von Moderatorvariablen auf die Motivations- und Lerneffekte betreffen. Diese lassen sich unter dem Aspekt der *Robustheit* dieser Wirkungen zusammenfassen.

Robustheitsaspekte:

Welchen Einfluss haben

a) folgende Merkmale des unterrichtenden Lehrers
   FF1. Lehrkraft bzw. Lehrermerkmale (s. Tab. 14)
b) folgende Merkmale der Schulklasse
   FF2. Geschlecht
   FF3. Themenbereich
   FF4. Schulart
   FF5. Schulsystem
c) folgende individuellen Merkmale der Schüler
   FF6. Physik-Vorleistung
   FF7. allgemeine Intelligenz (logisches Denken)
   FF8. Textverständnis bzw. Sprachfähigkeit

auf Ausprägung und Veränderung von Leistungsfähigkeit und Motivation?

FF9. Zusätzlich wird im Rahmen von Mehrebenenmodellen (s. 3.3.1) geprüft, ob Hinweise auf im Modell nicht erfasste Faktoren bestehen (nicht erklärte Anteile von Restvariation auf den Analyseebenen)

3.2 Material und Methode der Interventionsstudie

Zielgruppe der entsprechend dem MAI-Ansatz entwickelten Zeitungsaufgaben sind grundsätzlich alle Schüler der Sekundarstufen I. Aus den in 2.3.5 genannten Gründen stehen an dieser Stelle jedoch zunächst solche physikalischen Themen im Vordergrund, die curricular verankert und in Zeitungsartikeln häufig zu finden sind, also v. a. ‚(Durchschnitts-)Geschwindigkeit' (Jahrgangsstufen 7/8) und ‚Elektrische Energie' (Jahrgangsstufen 9/10). Während Stichprobe und Design der Untersuchung

(3.2.1, 3.2.3) themenübergreifend dargestellt werden, sind in Teilabschnitt 3.2.2 (Material und Testinstrumenten) neben themenübergreifenden Kapiteln auch themenspezifische Abschnitte aufgeführt.

3.2.1 Stichprobe

Die Interventionsstudie wurde schulartübergreifend mit 15 Lehrkräften und 911 Lernenden in insgesamt 39 Schulklassen an zehn verschiedenen Schulen durchgeführt (Themenbereich ‚Geschwindigkeit': Altersdurchschnitt 12.8 Jahre; 56% weiblich; 44% männlich; Themenbereich ‚Elektrische Energie': Altersdurchschnitt 16.3 Jahre; 52% weiblich; 48% männlich). Berücksichtigt wurden dabei alle Schularten der Sekundarstufe I des Landes Rheinland-Pfalz. Eine Stichprobenübersicht zeigt Tabelle 11. In gleichen Schulen tätig waren die Lehrkräfte Lk2 und Lk3, Lk4 und Lk5, Lk6 und Lk7, Lk12 und Lk13 sowie Lk14 und Lk15. Aus methodischen Gründen unterrichtete pro Themenbereich eine Lehrkraft wenigstens zwei Parallelklassen, wobei die Lehrkraft Lk2 darüber hinaus drei (2× EG, 1× KG) und die Lehrkraft Lk10 vier Schulklassen unterrichtete (2× EG, 2× KG). Daraus wird deutlich, dass sowohl eine EG als auch eine KG jeweils einer kompletten Schulklasse entsprach. Während die Schulen S1, S2, S3, S6, S7 und S8 durch ein ländliches Einzugsgebiet gekennzeichnet waren, befanden sich die Schulen S4, S5, S9 und S10 in einem kleinstädtischen Umfeld. Somit lässt sich diese Stichprobe, hierarchisch betrachtet, in mehrere Ebenen verschiedener Ordnung unterteilen, die gleichzeitig Gegenstand der Untersuchung bilden. So bilden die Schüler die Individualdatenebene, gefolgt von der Klassen- und Lehrerebene bis hin zur Ebene der Schulart und des Schulsystems.

Tabelle 11: Anzahl der Lernenden in den einzelnen Gruppen

Schulsystem	Schularten	Schule	Lehrkraft	Geschwindigkeit		Elektrische Energie		Gesamt
				EG	KG	EG	KG	
differenziert, dreigliedrig	Hauptschule	S1	Lk 1	20	19	16	18	73
	Realschule	S2	Lk 2			40	19	59
			Lk 3	20	19			39
		S3	Lk 4	27	24	26	25	102
			Lk 5	25	25	23	17	90
	Gymnasium	S4	Lk 6			26	27	53
			Lk 7	20	22			42
		S5	Lk 8	28	24			52
		S6	Lk 9	25	24			49
integriert	Regionale Schule	S7	Lk 10	47	50			97
		S8	Lk 11			27	24	51
	Duale Oberschule	S9	Lk 12	28	28			56
			Lk 13			19	19	38
	Integrierte Gesamtschule	S10	Lk 14	30	27			57
			Lk 15			30	24	54
Gesamt				269	262	207	173	911

Anmerkungen. EG = Experimental-Gruppe; KG = Kontrollgruppe; S = Schule; Lk = Lehrkraft

3.2.2 *Material und Testinstrumente*

In diesem Teilabschnitt werden sowohl die Instruktionsmaterialien als auch die Testinstrumente der Interventionsstudie dargestellt. Während das Testinstrument zum Professionswissen der Lehrkräfte und das Testinstrument zur Erfassung der Motivation themenübergreifend eingesetzt wurden, waren das Instruktionsmaterial und die Leistungstests themenspezifisch ausgeführt. Nach der Darstellung zur Entwicklung des Motivationstestinstrumentes (s. 3.2.2.1) ist dieser Abschnitt in diesem Sinne auch in drei Teile unterteilt: in einen Teil zu themenübergreifenden Instrumenten (s. 3.2.2.2), in einen zweiten Teil zum Instruktions- und Testmaterial im Themenbereich ‚Geschwindigkeit' (s. 3.2.2.3) sowie in einen dritten Teil zu den Materialien im Themenbereich ‚Elektrische Energie' (s. 3.2.2.4).

3.2.2.1 Entwicklung des Testinstruments zur Motivation

Zur Entwicklung eines Testinstruments ist es erforderlich, die Skalenstruktur des Tests zur analysieren. Dazu wurde der in der Pilotierungsphase eingesetzte Motivationstest einer Faktorenanalyse unterzogen, die auch zur Weiterentwicklung dieses Tests verwendet werden musste und deren grundsätzliches Verfahren an dieser Stelle deshalb überblicksartig verdeutlicht werden soll.[23]

Das Verfahren der Faktorenanalyse (FA)

Die FA ist ein Verfahren zur Datenreduktion. Die grundlegende Idee besteht darin, dass hinter einer Reihe von Messwerten – z. B. Ergebnisse des Motivationstest – eine grundlegende, nicht direkt messbare, latente Variable angenommen wird, hier: die Motivation. Eine solche hypothetische Variable wird als ‚Faktor' bezeichnet. Wenn angenommen wird, dass die erzielten Messergebnisse auf einen einzigen Faktor zurückgehen, so bedeutet das, dass die betreffenden Variablen untereinander in hohem Maße korrelieren müssten. Die entsprechende Korrelationsmatrix ist daher Ausgangspunkt der FA. Häufig wird die FA auch eingesetzt, wenn angenommen wird, dass verschiedene Variablen durch eine Serie von Messwerten repräsentiert werden. Dann soll die FA festlegen, welcher Messwert zu welchem Faktor gehört bzw. entsprechende Vorab-Hypothesen testen. Dabei wird zwischen explorativen und konfirmatorischen FA unterschieden, wobei an dieser Stelle ausschließlich auf die in dieser Arbeit eingesetzte explorative FA näher eingegangen werden soll.[23] Die explorative FA versucht, aus der Korrelationsmatrix Faktoren zu extrahieren, die voneinander unabhängig sein sollen. Nach bestimmten Verfahren werden solange Faktoren ermittelt, bis ein bestimmtes Kriterium erreicht ist, nach dem die Annahme weiterer Faktoren keinen Erklärungsgewinn mehr verspricht (s. u.). Im Allgemeinen sucht man an-

[23] Für detaillierte Darstellungen dieser Analysemethode: s. Backhaus et al., 2000.

schließend die Faktoren so mit den Messwerten abzugleichen, dass alle Messwerte mit einem der Faktoren sehr hoch zusammenhängen (oder hoch auf ihm ‚laden') und mit allen anderen nicht oder nur äußerst niedrig. Zu diesem Zweck werden in einem zweiten Schritt die ermittelten Faktoren ‚rotiert' (Faktorenrotation). Die so ermittelten Faktoren müssen nunmehr interpretiert werden, d.h. man untersucht die Zusammenhänge zwischen den einzelnen Messwerten und den Faktoren darauf, ob sich sinnvolle Ergebnisse gezeigt haben.

Die Summen aller quadrierten Faktorladungen pro Variablen heißen Kommunalitäten. Sie geben an, wie gut die manifesten Messwerte durch die hypothetischen Faktoren erklärt werden (bei einer Kommunalität von 1 lassen sich die Messwerte perfekt durch die Faktoren erklären). Von den Kommunalitäten sind die Eigenwerte der Werte der Faktoren zu unterscheiden. Diese geben an, wie viel Varianz in den Daten insgesamt durch den jeweiligen Faktor erklärt werden kann. Da es sich um standardisierte Variablen handelt, hat jede Variable die Varianz 1, sodass die Summe der Eigenwerte der Anzahl der Variablen entspricht. Der Eigenwert eines jeden Faktors ist die Summe aller quadrierten Faktorladungen, die zu ihm gehören.

Für die Extraktion der Faktoren sowie für die Anzahl der zu extrahierenden Faktoren stehen unterschiedliche Verfahren und Kriterien zur Verfügung. Unter den Extraktionsverfahren stellen die Hauptkomponenten- und die Hauptachsenanalyse die wichtigsten Verfahren dar. Während die Hauptachsenanalyse (‚Principal Axis Factoring' PAF) explizit berücksichtigt, dass unerklärte spezifische Varianz vorhanden ist, wird dieser unerklärte Rest an Varianz von der Hauptkomponentenmethode (‚Principal Component Analysis' PC) nicht beachtet. Da man üblicherweise unterstellen muss, dass die Faktoren nicht komplett die Varianz der einzelnen Variablen erklären können, sondern dass ein unerklärter Rest an Varianz bleibt, stellt die Hauptachsenanalyse das genauere Extraktionsverfahren dar. Für alle Verfahren der Faktorenextraktion gilt: Der erste extrahierte Faktor soll einen so großen Varianzanteil wie möglich erklären. Der zweite Faktor (falls mehr als ein Faktor extrahiert wird) ist von dem ersten Faktor völlig unabhängig, d.h. er ist ‚orthogonal' zum ersten Faktor und erklärt den maximalen Anteil der Restvarianz. Soweit weitere Faktoren zu extrahieren sind, erfüllen diese wiederum die Bedingung der Orthogonalität zu den übrigen Faktoren und der Extraktion von so viel Varianz wie jeweils möglich. Die Zahl der zu extrahierenden Faktoren liegt bei der explorativen FA nicht a priori fest. Aus dem Vorstehenden wird klar, dass irgendwann einmal die Restvarianz, die ein weiterer Faktor erklärt, so klein ist, dass die Extraktion dieses Faktors statistisch nicht mehr sinnvoll ist. Meist wird als Kriterium herangezogen, dass der Eigenwert eines jeden Faktors größer als 1 sein soll (Kaiser-Kriterium, s. Backhaus et al., 2000, S. 90).[24]

[24] Eigenwerte kleiner oder gleich 1 bedeuten, dass ein Faktor keinen größeren Varianzanteil als eine einzelne Variable erklärt.

Allerdings kann unter Umständen schon dieses Kriterium zu einer zu großen Anzahl von Faktoren führen. Häufig wird daher der sog. Scree-Plot verwendet, in dem die Eigenwerte der Faktoren als Liniendiagramm abgetragen werden. Meist ist in diesem Diagramm ein deutlicher Knick zu sehen, was bedeutet, dass die Faktoren ab diesem Knick keinen nennenswerten Erklärungsbeitrag mehr liefern. Letztlich müssen aber auch immer Kriterien der inhaltlichen bzw. theoretischen Adäquatheit herangezogen werden. Neben der Erklärung einer möglichst großen (Rest-)Varianz in allen Merkmalen ist man zudem an Faktoren interessiert, die möglichst unabhängig voneinander sind, also ‚orthogonal' zueinander. Einzelne Variablen sollen hoch auf einem Faktor und möglichst niedrig auf den anderen Faktoren laden. Dazu wird die durch die Extraktion gewonnene Faktorenlösung ‚rotiert'.[25] Dabei liefert das Varimax-Rotationsverfahren die am einfachsten zu interpretierenden Lösungen, da sie es die Ladungen eines Items auf jeweils einem Faktor maximiert und die Ladungen desselben Items auf die übrigen Faktoren minimiert. Die Qualität des Ergebnisses einer FA kann man daran erkennen, dass sie für jede Variable eine hohe Ladung auf einem Faktor und niedrige Ladungen auf allen anderen Faktoren ergibt (sog. ‚Einfachstruktur'). In der praktischen Anwendung werden unter ‚hoher Ladung' Faktorladungen größer als 0.45 verstanden (s. Backhaus et al., 2000).

Der letzte Schritt der FA stellt die Interpretation der gewonnenen Faktoren dar. Die Tatsache, dass bestimmte Merkmale zu einem gemeinsamen Faktor gehören, muss durch inhaltliche Überlegungen plausibel gemacht werden können.

Entwicklung des Motivationstests

Die Analyse der Motivationstests aus der Pilotierungsphase verdeutlichte, dass weitere Items zu der identifizierten faktoriellen Skalenstruktur formuliert, diese theoriegeleitet weiterentwickelt und einer neuerlichen Analyse unterzogen werden mussten (s. 2.3.7.3). Zu diesem Zweck wurde ausgehend von dem für die Pilotstudien entwickelten Testinstrument ein Fragebogen mit 26 jeweils 6-stufigen Items konstruiert (s. Anhang F), der sich basierend auf theroretischen Überlegungen aus drei Gegenstandsbereichen zusammensetzte (vgl. Hoffmann, Häußler & Peters-Haft, 1997): Intrinsische Motivation/Engagement (IE), Selbstkonzept (Sk) und Realitätsbezug/Authentizität (RA). Dieser Fragebogen wurde vor der Interventionsstudie in sieben Schulklassen der Klassenstufe 9 an drei Realschulen durchgeführt, woraus ein Datensatz von $N = 180$ Probanden resultierte. Anhand einer Faktorenanalyse in Form einer Hauptachsenanalyse (PAF) mit anschließender orthogonaler Varimax-Rotation wurde geprüft, ob diese angenommene latente Struktur sich in einem Faktorenmuster ausdrückt. Zur Festlegung der Hauptkomponentenzahl wurde das Kaiser-Kriterium

[25] Der Begriff der Rotation geht in diesem Zusammenhang auf die geometrische Veranschaulichung von Korrelationen zurück.

festgelegt, nach dem alle Faktoren mit einem Eigenwert größer als 1 extrahiert werden.

Daraus resultierte die Extraktion von drei Faktoren (s. Tab. 12), in denen das komplette Itemset[26] verwendet werden konnte, um die theoretisch angenommenen drei Gegenstandsbereiche abzubilden (keine Itemreduktion erforderlich).

Faktor F1: Realitätsbezug/Authentizität RA (acht Items: RA2, RA7, RA10, RA13, RA16, RA21, RA24, RA26)

Faktor F2: Selbstkonzept Sk (zehn Items: Sk1, Sk3, Sk5, Sk6, Sk8, Sk11, Sk12, Sk14, Sk18, Sk22)

Faktor F3: Intrinsische Motivation/Engagement IE (acht Items: IE4, IE9, IE15, IE17, IE19, IE20, IE23, IE25)

Die Varianzaufklärung dieser ersten drei Faktoren betrug 63%. Obwohl einige Items Sekundärladungen aufwiesen und dadurch eine ‚Einfachsstruktur' nicht erreicht wurde, konnte jedes Item durch Ausweis der maximalen Faktorladung (>0.45) eindeutig dem zugehörigen Faktor zugeordnet werden.

Tabelle 12: Faktorenstruktur des weiterentwickelten Motivationstests [FACTORS (3)] (Faktorladungen in rotierter Faktorenmatrix)

Item-Nr. (kodiert)[26]	**Faktor**		
	1	**2**	**3**
RA16	**0.860**		
RA21	**0.843**		
RA10	**0.841**		
RA26	**0.830**		
RA2	**0.812**		
RA7	**0.792**		
RA24	**0.714**		0.318
RA13	**0.546**		0.306
Sk11		**0.773**	
Sk3		**0.743**	
Sk5		**0.704**	
Sk6		**0.615**	0.305
Sk1	0.316	**0.583**	
Sk18	0.300	**0.560**	
Sk22		**0.543**	
Sk12		**0.537**	
Sk14		**0.474**	
Sk8		**0.460**	
IE9			**0.677**
IE19			**0.656**
IE4			**0.643**
IE25			**0.612**
IE15		0.306	**0.589**
IE20			**0.567**
IE17	0.301		**0.527**
IE23		0.304	**0.494**

Anmerkungen. Extraktionsmethode: Hauptachsen-Faktorenanalyse; Rotationsmethode: Varimax mit Kaiser-Normalisierung; die größte Ladung ist fett gedruckt; Faktorladungen kleiner als 0.3 werden wegen geringer Bedeutung und aus Gründen der Übersichtlichkeit nicht aufgeführt

[26] Für die Zuordnung der Kodierung zu den zugehörigen Items s. Anhang F.

Eine Verbesserung der Faktorenstruktur war durch Elimination einzelner Items nicht zu erreichen. Ein Anhaltspunkt für die Konstruktvalidität der gefundenen Faktoren erlaubte eine Analyse der Reliabilität der jeweils auf einem Faktor ladenden Items im Sinne einer Skalenanalyse (vgl. Backhaus et al., 2000; s. Tab. 13).

Tabelle 13: Übersicht über die Konstruktvalidität des weiterentwickelten, 3-faktoriellen Motivationstests

Skala	Beispiel-Item	N Items	Cronbachs Alpha α[21]	Reliabilitätssteigerung durch Itemelimination
Selbskonzept Sk	Meine Leistungen in Physik sind nach meiner eigenen Einschätzung gut.	10	0.89	Nein
Intrinsische Motivation/Engagement IE	Ein physikalisches Problem zu lösen, macht mir Spaß.	8	0.89	Nein
Realitätsbezug/ Authentizität RA	Was wir im Physikunterricht lernen, ist im Alltag nützlich.	8	0.95	Nein
Gesamt		26	0.93	Nein

Im Gegensatz zu dem Motivationstestinstrument aus den Pilotstudien resultierte aus der Verwendungsmöglichkeit aller Items eine interpretierfähige Anzahl von Items pro Skala, die die theoretisch angenommene Skalenstruktur abbilden konnten.

Die Konstruktvalidität aller Skalen sowie des Instruments insgesamt war zufriedenstellend. Nach dem Einsatz des Instruments in der Interventionsstudie wurde zudem geprüft, ob sich die gefundene Struktur in den Daten der Prä-, Post- und Follow up-Treatment-Messungen replizieren lässt.

3.2.2.2 Themenübergreifende Instrumente

Professionswissen der Lehrkräfte

Um den Einfluss der Lehrereinstellungen statistisch kontrollieren zu können, wurden deren Vorstellungen vom Lehren und Lernen sowie die motivationalen und selbstbezogenen Lehrervariablen mit einem Fragebogeninstrument orientiert an Kleickmann, Möller und Jonen (2005; 2006) erfasst (s. Anhang D; s. a. Hartinger, Kleickmann & Hawelka, 2006). Dieses für Lehrkräfte des Sachkundeunterrichts in der Grundschule entwickelte Instrument wurde in Kooperation mit den Autoren für Physiklehrer in der Sek. I und II angepasst. In Tabelle 14 sind die verschiedenen Skalen mit den wichtigsten Kennwerten aufgeführt.

Testinstrument zur Motivation der Schüler

In der Studie wurden zwei Testformen zur Erfassung von Motivationsverlauf und -unterschied in einem Längsschnittdesign mit vier Messzeitpunkten eingesetzt. Einerseits wurden drei gleiche, zeitlich aufeinander folgenden Motivationstests entsprechend dem in 3.2.2.1 entwickelten Instrument mit 26 Items zu den drei Gegenstandsbereichen Intrinsische Motivation (IE), Selbstkonzept (Sk), Realitätsbezug/

Tabelle 14: Fragebogen zu den Lehrereinstellungen nach Kleickmann, Möller und Jonen (2005; 2006)

Skala (Kodierung)	Beispiel-Item	N Items[27]	Cronbachs Alpha α[21]
Skalen zum konstruktivistisch orientierten Lehr- Lernverständnis			
Motivation als notwendige Voraussetzung für Lernen (MT)	Nur wenn die Schüler bei einem naturwissenschaftlichen Thema motiviert sind, können sie verstandenes Wissen aufbauen	4	0.70
Eigene Ideen entwickeln lassen/ individuelle Lernwege zulassen (EI)	Man sollte den Schülern ermöglichen, sich erst ihre eigenen Deutungen zu suchen, bevor der Lehrer Hilfen gibt.	9	0.83
Conceptual Change (CC)	Schüler erlernen naturwissenschaftliches Wissen nur, wenn neue Vorstellungen für sie überzeugender sind als ihre alten Vorstellungen	6	0.73
Präkonzepte (VW)	Schüler lassen im Physikunterricht so schnell nicht ab von den Vorstellungen, die sie mit in den Unterricht bringen	3	0.69
Ideen diskutieren (DK)	Damit Schüler physikalische Phänomene verstehen, ist es entscheidend, dass sie ihre eigenen Lösungsideen untereinander diskutieren	4	0.71
Situiertes Lernen (AW)	Echte und komplexe Problemstellungen aus dem Alltag müssen der Ausgangspunkt des Physikunterrichts sein.	5	0.73
Skalen zu spezifischen Lehr-Lernverständnissen (LLV)			
Stark instruktives LLV (IL)	Schüler benötigen beim Lösen naturwissenschaftlicher Probleme ausführliche Anleitungen, die sie schrittweise befolgen können	7	0.79
Sehr „offenes" LLV (OL)	Ohne Eingreifen und Lenken des Lehrers lernen Schüler im Physikunterricht am besten.	5	0.74
Praktizistisches LLV (PL)	Das Durchführen von Versuchen im Physikunterricht stellt eigentlich schon sicher, dass die Schüler physikalische Phänomene verstehen	5	0.72
Skalen zu motivationalen und selbstbezogenen Variablen			
Fachinteresse Physik (retrospektiv; FAI)	Physikunterricht in der Schule hat mir Spaß gemacht	4	0.92
Sachinteresse Physik (SAI)	Mich mit physikalischen Inhalten zu beschäftigen, macht mir großen Spaß	4	0.85
Bedeutung von Physik (SBP)	Ich kenne zahlreiche praktische Anwendungen der Physik in meinem Alltag.	4	0.84
Interesse am Unterrichten von Physik (IUP)	Es macht mir Spaß/, physikalische Themen für meinen Unterricht vorzubereiten	4	0.91
Selbstwirksamkeitserwartungen (SWE)	Ich kann auch anspruchsvolle physikalische Themen für meinen Physikunterricht aufbereiten	4	0.91

Authentizität (RA) vor und direkt nach der Instruktionsphase sowie nochmals einige Wochen später erhoben (MOT1-PRE, MOT2-POST, MOT3-FUP, s. Anhang F und Tab. 21). Dieser Motivationstest bezieht sich auf die Motivation allgemein im Physikunterricht. Darüber hinaus wurde die aktuelle Motivation während der Instruktionsphase nach dem zweiten Arbeitsblatt erfasst (MOT-CUR, s. Tab. 21). Dieser Test bestand aus den gleichen 26 Items wie der Motivationstest aus 3.2.2.1, die lediglich bezogen auf die aktuelle Unterrichtssituation formuliert waren (s. Anhang G). Dieses Testinstrument erfasste die Motivation direkt bezogen auf die gerade zurückliegenden Physikstunden der Instruktionsphase (zum Vergleich s. Tab. 15). In beiden Tests wurde der Motivationsgrad als prozentualer Anteil der erreichten Punktzahl an der insgesamt möglichen Gesamtpunktzahl des Bogens angegeben. Dabei betrug die Maximalpunktzahl eines Items fünf Punkte.

[27] Die Items wurden im Fragebogen als geschlossene Items mit 5stufiger Likert-Skalierung vorgegeben.

Tabelle 15: Beispiel-Items zum Vergleich von aktueller Motivation und Motivationsverlauf

Item-Code	Item zum Motivationsverlauf	Item zur aktuellen Motivation
Sk12	Ich freue mich auf den Physikunterricht.	Ich habe mich auf die letzten Physikstunden gefreut.
IE15	Ich strenge mich in Physik mehr an als in anderen Fächern.	Ich habe mich in den letzten Physikstunden mehr angestrengt als in anderen Fächern.
RA16	Was wir im Physikunterricht lernen, ist im Alltag nützlich.	Was wir in den letzten Physikstunden gelernt haben, ist im Alltag nützlich.

Moderatorvariablen (Kontrollvariablen)

Als Indikatoren für die allgemeine (logische) Grundbildung wurde das standardisierte Instrument des Screeningverfahrens für Schul- und Bildungsberatung (SSB)[28] nach Kornmann und Horn (2001) verwendet. Um die Leistungsunterschiede in Physik zwischen den Gruppen vor der Instruktionsphase statistisch zu kontrollieren, wurde zudem die Physik-Vorleistung als weitere Moderatorvariable erhoben. Sie repräsentierte den Durchschnitt des pro schriftlichen Leistungsnachweis im Physikunterricht im laufenden Schuljahr erbrachten prozentualen Punkteanteils an der Gesamtpunktzahl (jeweils insgesamt fünf schriftliche Nachweise pro Schüler). Neben diesen themenübergreifenden Kontrollvariablen wurde zudem die Sprachfähigkeit als weiterer Moderator erfasst. Da sich die Testverfahren für die beiden Themenbereiche unterschieden, werden diese Kontrollvariablen in den folgenden, themenspezifischen Abschnitten aufgeführt.

3.2.2.3 Material und Instrumente im Themenbereich ‚Geschwindigkeit'

Instruktionsmaterial (Arbeitsblätter)[29]

Das Instruktionsmaterial[30] im Themenbereich ‚Geschwindigkeit' bestand hauptsächlich aus Aufgaben zur Erarbeitung, Anwendung, Vertiefung und Transfer der Zusammenhänge von geradlinigen gleichförmigen Bewegungen, insbesondere zur Ermittlung der Durchschnittsgeschwindigkeit v und der damit verbundenen Größen wie Zeitdauer t und zurückgelegte Strecke s (s. 2.3.5 und 3.2.3.1).

[28] Der Test erfasst die allgemeine Intelligenz hinsichtlich des logischen Denkens. In dieser Arbeit wird unter dem Begriff ‚Intelligenzgrad' bzw. ‚Grad der Intelligenz' der relative Anteil der richtigen Testaufgaben an der Aufgabengesamtzahl des Tests (in %) verstanden und ist von dem Prozentrang, ermittelt durch Normentabellen oder Prozentrangbänder, zu unterscheiden. Dies ist möglich, da diese Größe hier als Moderatorvariable diente und keine Aussage beispielsweise über die Position eines Probanden in einem Normenraster machen sollte.

[29] Da sich die Aufgaben in EG und KG nur im Instruktionstext unterschieden, die Aufgabenstellung und der zu erarbeitende Lerninhalt dagegen identisch waren (s. 2.3.7), wird an dieser Stelle für die Beschreibung des In-struktionsmaterials nicht zwischen Zeitungsaufgaben und ‚traditionellen Aufgaben' unterschieden.

[30] Infolge des großen Materialumfangs sind die Lernmaterialien in OnlinePLUS unter www.viewegteubner.de zu finden.

Insgesamt umfasste das Instruktionsmaterial acht Aufgaben, die auf drei Arbeitsblätter (AB) verteilt wurden und jeweils in verschiedene Teilaufgaben unterteilt waren. Während das erste AB zwei Aufgaben umfasste, waren auf den folgenden beiden AB jeweils drei Aufgaben zu finden (Übersicht: s. Tab. 16).

Auf dem ersten AB wurde die Durchschnittsgeschwindigkeit an verschiedenen Beispielen aus dem Bereich des Sports berechnet. Die Ermittlung der eigenen Durchschnittsgeschwindigkeit der Schüler und der Vergleich mit Geschwindigkeiten aus dem Leistungssport dienten dazu, eine bessere Vorstellung von Geschwindigkeitsbeträgen zu erhalten (vgl. Aufgaben-Nr. I.4, AB 1). Durch die kritische Reflexion der berechneten Ergebnisse wurde in Aufgaben-Nr. II.2 (AB 1) zudem der Aspekt beschleunigter Bewegungsvorgänge durch qualitativ-phänomenologische Betrachtungen thematisiert. Neben weiteren Anwendungsaufgaben zur Berechnung der Durchschnittsgeschwindigkeit wurden auf dem AB 2 die Zusammenhänge zur Berechnung der Zeitdauer (vgl. Aufgaben-Nr. I.2, AB 2) und der zurückgelegten Strecke (vgl. Aufgaben-Nr. II.3, AB 2) aus den restlichen beiden Größen erarbeitet. Die Anwendung und Vertiefung dieser neu erarbeiteten Zusammenhänge war Gegenstand sowohl von AB 2 als auch von AB 3. Zudem standen bei der Bearbeitung von AB 3 der Wissenstransfer sowie Aufgabenstellungen höherer Kompetenzstufen im Mittelpunkt (s. Tab. 16 und Abb. 15). Dabei fand die Bearbeitung der AB in EG und KG stets in Gruppen zu je zwei bis drei Lernenden entsprechend der problemorientierten Aufgaben- und Lernumgebung (pAL; s. 2.3.2, Abb. 4) statt und wurde von derselben Lehrperson betreut. Obwohl sich die Aufgaben in EG und KG nur im Instruktionstext unterschieden, die Aufgabenstellung und der zu erarbeitende Lerninhalt dagegen identisch waren (vgl. Abb. 15), waren die Instruktionsmaterialien in der KG so gestaltet, dass zwei der acht Aufgaben als Zeitungsaufgaben statt als ‚traditionelle Aufgaben' ausgeführt waren (Aufgaben-Nr. I.1, AB 1; Aufgaben-Nr. I.1, AB 3) und damit den entsprechenden Aufgaben der EG vollständig entsprachen. Dies resultierte aus der Konstruktion des Leistungstests (s. u.), in dem eine Zeitungsaufgabe vorgesehen war.

Damit die Schüler der KG nicht durch die fehlende Vertrautheit mit diesem Format des Instruktionstextes benachteiligt werden sollten, waren in den Instruktionsmaterialien der KG 25% der Aufgaben als Zeitungsaufgaben ausgeführt, was genau dem Anteil dieses Aufgabenformats an der Gesamtzahl der Aufgaben im Leistungstest entsprach.

Insgesamt sah das Instruktionsmaterial eine breite und in Absprache mit den Kooperationslehrkräften eine für diese Altersstufe sinnvolle Streuung über die PISA-Kompetenzstufen I-IV unter Berücksichtigung des Offenheitsgrades der Aufgaben vor. Der Anteil jeder Kompetenzstufe an der Gesamtzahl der Aufgaben des Instruktionsmaterials wurde an deren Anteil im Leistungstest orientiert und entsprach den zugehörigen Kompetenzstufenanteilen des Leistungstests weitestgehend (s. u.). Neben der Abstimmung der entwickelten Aufgaben mit allen Kooperationslehrern und der einstimmigen Zustimmung zu der entsprechenden Einordnung in Kompetenz-

Tabelle 16: Übersicht über die Aufgaben-Merkmale des Instruktionsmaterials zum Themenbereich ‚Geschwindigkeit'

Aufgaben-Nr.	Lerninhalt (*Didaktischer Ort*)	Aufgabentyp (Problemraum)[31]	Kompetenzstufe[32] (Cohens Kappa κ)[33]
Arbeitsblatt 1: Geschwindigkeiten beim Sport			
I	**Weltrekord in Atlanta über 100 m**		
I.1	Berechnung der Durchschnittsgeschwindigkeit aus vorgegebenen Daten (*Anwendung*)	IV (PR(k))	II (0.83)
I.2	Berechnung der Durchschnittsgeschwindigkeit aus vorgegebenen Daten (*Vertiefung*)	IV (PR(k))	II (0.76)
I.3	Recherche der Daten zum aktuellen Weltrekord über 100 m und Berechnung der Durchschnittsgeschwindigkeit mit recherchierten Daten (*Anwendung*)	VII (PR(k))	III (0.84)
I.4	Ermittlung erforderlicher Daten und Berechnung der eigenen Durchschnittsgeschwindigkeit (*Anwendung*)	VII (PR(g))	IV (0.79)
II	**Kanalüberquerung in der Luft (vgl. Abb. 9)**		
II.1	Berechnung der Durchschnittsgeschwindigkeit aus vorgegebenen Daten (*Anwendung*)	IV (PR(k))	II (0.81)
II.2	Ergebnisbewertung. (*Transfer*)	IV (PR(g))	IV (0.80)
Arbeitsblatt 2: Geschwindigkeiten auf der Erde, auf dem Wasser und in der Luft			
I	**Geschwindigkeit beim Gehen**		
I.1	Berechnung der Durchschnittsgeschwindigkeit aus vorgegebenen Daten (*Anwendung*)	IV (PR(k))	II (0.89)
I.2	Berechnung der Zeitdauer nach Ermittlung erforderlicher Daten (*Erarbeitung des Zusammenhangs zur Berechnung der Zeit t*)	IV (PR(g))	III (0.79)
II	**Katamaran-Rennen (vgl. Abb. 8)**		
II.1	Berechnung der Durchschnittsgeschwindigkeit aus vorgegebenen Daten (*Anwendung*)	IV (PR(k))	II (0.74)
II.2	Berechnung der Durchschnittsgeschwindigkeit aus vorgegebenen Daten (*Vertiefung*)	IV (PR(k))	II (0.83)
II.3	Berechnung der Strecke aus vorgegebenen Daten (*Erarbeitung des Zusammenhangs zur Berechnung der Strecke s*)	IV (PR(m))	III (0.80)
III	**Schnelles ‚Mädchen'**		
III.1	Berechnung der Zeitdauer aus vorgegebenen Daten (*Anwendung*)	IV (PR(k))	II (0.88)
Arbeitsblatt 3: Geschwindigkeiten beim Dauerlaufen			
I	**Dauerlaufen 1: Ohne Unterbrechung**		
I.1	Berechnung der Durchschnittsgeschwindigkeit aus vorgegebenen Daten (*Anwendung*)	IV (PR(k))	II (0.81)
I.2	Berechnung der Zeitdauer nach Ermittlung erforderlicher Daten (*Anwendung*)	IV (PR(g))	III (0.79)
II	**Dauerlaufen 2: Weltumrundung**		
II.1	Berechnung der Durchschnittsgeschwindigkeit aus vorgegebenen Daten (*Anwendung*)	IV (PR(k))	II (0.82)
II.2	Datenentnahme aus Text (*Anwendung*)	I (PR(k))	I (0.83)
II.3	Berechnung der Zeitdauer nach Ermittlung erforderlicher Daten (*Anwendung*)	IV (PR(g))	IV (0.77)
II.4	Ergebnisbewertung (*Transfer*)	IV (PR(g))	IV (0.80)
III	**Dauerlaufen 3: Paris-Marathon (vgl. Abb. 15)**		
III.1	Kritische Datenanalyse (*Anwendung*)	I (PR(m))	II (0.91)
III.2	Berechnung der Durchschnittsgeschwindigkeit aus vorgegebenen Daten (*Anwendung*)	IV (PR(k))	III (0.77)
III.3	Berechnung der Strecke aus vorgegebenen Daten (*Anwendung*)	IV (PR(m))	IV (0.86)
III.4	Berechnung der Strecke aus vorgegebenen Daten (*Vertiefung*)	IV (PR(m))	IV (0.80)
III.5	Ermittlung erforderlicher Daten und Berechnung der eigenen Durchschnittsgeschwindigkeit (*Anwendung*)	VII (PR(g))	IV (0.79)

[31] Die Einteilung in nach Offenheitsgrad unterschiedene Aufgabentypen und den zugehörigen Problemräumen (PR) orientiert sich an der Klassifikation aus Tabelle 5 (s. 2.3.6; g: groß; m: mittel; k: klein).

[32] Vgl. Deutsches PISA-Konsortium, 2001, S. 204.

[33] Das Konsistenzmaß für Beobachterübereinstimmung Cohens Kappa κ (vgl. Cohen, 1960) kennzeichnet für $0.60 < \kappa < 0.80$ eine substanzielle und für $0.80 < \kappa$ eine fast vollkommene Übereinstimmung (vgl. Landis & Koch, 1977).

stufe und Offenheitsgrad waren die Interrater-Reliabilitäten zweier unabhängiger Beurteiler für die Zuordnung der Kompetenzstufen zu den entsprechenden Aufgaben durchweg wenigstens substanziell (s. Fußnote 33). Dadurch konnte von einer zuverlässigen Einschätzung des Instruktionsmaterials hinsichtlich der PISA-Kompetenzstufen der Aufgaben ausgegangen werden.

	a) ZEITUNGSAUFGABE	b) ‚Traditionelle Aufgabe'
Instruktionstext	**Klassezeiten in Paris** **Paris/sid.** Klassezeiten gab es gestern beim Paris-Marathon. Der Franzose Benoit Zwierzchlewski verpasste als Erster in 2:08:18 Minuten den drei Jahre alten Streckenrekord des Kenianers Julius Ruto um die Winzigkeit von acht Sekunden. Die Belgierin Marleen Renders verbesserte in 2:23:05 Stunden ihren eigenen Streckenrekord aus dem Jahr 2000 um 38 Sekunden. MITTELDEUTSCHE ZEITUNG, 08.04.2002	Beim Paris-Marathon im Jahre 2002 verpasste der Franzose Benoit Zwierzchlewski als Erster in 2:08:18 Minuten den drei Jahre alten Streckenrekord des Kenianers Julius Ruto um die Winzigkeit von acht Sekunden. Die Belgierin Marleen Renders verbesserte in 2:23:05 Stunden ihren eigenen Streckenrekord aus dem Jahr 2000 um 38 Sekunden.
Aufgabenstellung	1. Lese den Artikel/Text sehr sorgfältig. Was fällt Dir auf? 2. Welche Durchschnittsgeschwindigkeit erreichte der Sieger und wie schnell war dagegen die Siegerin im Durchschnitt? 3. a) Wie schnell war Julius Ruto durchschnittlich beim Aufstellen des Streckenrekords? b) Wäre Julius Ruto gemeinsam mit Benoit Zwierzchlewski gestartet und in der Streckenrekordzeit im Ziel angekommen, um wie viel Meter hätte er vor Benoit Zwierzchlewski das Ziel erreicht? 4. a) Wie groß ist die Differenz zwischen der Durchschnittsgeschwindigkeit, die Marleen Renders bei ihrem bisherigen Streckenrekord im Jahre 2000 gelaufen ist, und ihrer Geschwindigkeit beim Paris-Marathon 2002? b) Wie viel Meter „Vorsprung" hatte Marleen Renders gegenüber ihrem bisherigen Streckenrekord herausgelaufen? 5. Berechne die Durchschnittsgeschwindigkeit, die du bei deiner bisher längsten Leichtathletikstrecke gelaufen bist. Vergleiche sie mit den Durchschnittsgeschwindigkeiten aus den Aufgaben Nr. 2, Nr. 3 und Nr. 4. Was stellst du fest?	

Abb. 15: Paris-Marathon – Zeitungsaufgabe (a) und ‚traditionelle Aufgabe' (b) im Themenbereich ‚Geschwindigkeit'(s. Tab. 16, Arbeitsblatt 3, Aufgaben-Nr. III)

Leistungstest

Anforderungsbereiche, Offenheitsgrade und Kompetenzstufen der Aufgaben des Leistungstests im Themenbereich ‚Geschwindigkeit' entsprachen den Aufgaben des Instruktionsmaterials (s. Tab. 17, Anhang H). Dabei handelte es sich um Aufgaben zur Reproduktion, Anwendung und Transferierung des Wissens der während der Instruktionsphase erarbeiteten Inhalte.

Die Lösung der Teilaufgaben von Aufgaben-Nr. 1 erforderte einfaches Faktenwissen sowie Erklärungen auf Basis naturwissenschaftlichen Alltagswissens, sodass diese Aufgaben den PISA-Kompetenzstufen I bzw. II zugeordnet werden konnten. Während die Teilaufgaben zu Aufgaben-Nr. 2 v. a. funktionales Verständnis auf Basis

Tabelle 17: Übersicht über die Aufgaben-Merkmale des Leistungstests zum Themenbereich ‚Geschwindigkeit'

Aufgaben-Nr.	Aufgabengegenstand	Aufgabentyp (Problemraum)[31]	Kompetenzstufe[32] (Cohens Kappa κ)[33]
1	**Fragen zur Durchschnittsgeschwindigkeit**		
1.a	Erklärung des Begriffs der Durchschnittsgeschwindigkeit unter Verweis auf Daten eines Beispiels.	I (PR(g))	II (0.89)
1.b	Erklärung des Begriffs der gleichförmigen Bewegung durch Faktenwissen.	IV (PR(k))	I (0.78)
1.c	Erklärung des Begriffs der ungleichförmigen Bewegung auf Basis von naturwissenschaftlichem Alltagswissen..	IV (PR(m))	II (0.82)
2	**Geschwindigkeit eines ICE**		
2.a	Berechnung der Durchschnittsgeschwindigkeit aus vorgegebenen Daten	IV (PR(k))	II (0.85)
2.b	Berechnung der zurückgelegten Wegstrecke aus vorgegebenen Daten	IV (PR(k))	II (0.80)
3	**Haarwachstum**		
	Berechnung der Durchschnittsgeschwindigkeit aus vorgegebenen Daten mit kritischer Datenanalyse.	IV (PR(g))	IV (0.89)
4	**Erdumkreisung mit einem Leichtflugzeug**		
4.a	Berechnung der Zeitdauer aus vorgegebenen Daten.	IV (PR(m))	III (0.88)
4.b	Kritische Datenanalyse durch Unterscheidung relevanter und irrelevanter Daten.	IV (PR(m))	III (0.75)
4.c	Schlussfolgerungen ziehen und Argumentationskette entwickeln.	IV (PR(m))	IV (0.80)

naturwissenschaftlichen Alltagswissens für die Ermittlung von Variablen in einfachen Zusammenhängen erforderten (PISA-Kompetenzstufe II), standen in den Aufgaben-Nr. 3 und 4 naturwissenschaftlich-funktionales Wissen sowie konzeptuell und prozedurales Verständnis im Zentrum (PISA-Kompetenzstufe III bzw. IV). Ebenso wie die Aufgaben des Instruktionsmaterials bestand der Leistungstest aus solchen Aufgaben, die sich neben der Abstimmung der entwickelten Aufgaben mit allen Kooperationslehrern und der einstimmigen Zustimmung zu der entsprechenden Einordnung in Kompetenzstufe und Offenheitsgrad durch wenigstens substanzielle Interrater-Reliabilitäten zweier unabhängiger Beurteiler auszeichneten (s. Fußnote 33). Somit konnte auch hier von einer zuverlässigen Einschätzung des Testmaterials hinsichtlich der PISA-Kompetenzstufen der Aufgaben ausgegangen werden. Die Leistungsfähigkeit wurde dabei sowohl für jede Teilaufgabe als auch insgesamt als prozentualer Anteil der erreichten Punktzahl an der insgesamt möglichen Gesamtpunktzahl der Teilaufgabe bzw. des Gesamttests angegeben.

Lesekompetenztest

Als Indikator für die Moderatorvariable Sprachfähigkeit wurde im Themenbereich ‚Geschwindigkeit' der standardisierte und gut validierte Mehrfachwortschatz-Intelligenztest MWT-B nach Lehrl (1999) eingesetzt.

3.2.2.4 Material und Instrumente im Themenbereich ‚Elektrische Energie'

Instruktionsmaterial (Arbeitsblätter) (s. Fußnote 29)

Das Instruktionsmaterial im Themenbereich ‚Elektrische Energie' bestand hauptsächlich aus Aufgaben zur Erarbeitung, Anwendung, Vertiefung und Transfer der Zusammenhänge zur Berechnung der elektrischen Energie sowie der dazu erforderlichen Größen (s. 2.3.5 und 3.2.3.1).[34] Neben der Ermittlung von Möglichkeiten und Grenzen regenerativer Energien stand zudem die Berechnung der Energiekosten und das Thema ‚Energie sparen' im Zentrum der Instruktionsphase.

Insgesamt umfasste das Instruktionsmaterial neun Aufgaben, die auf drei Arbeitsblätter (AB) verteilt wurden und jeweils in verschiedene Teilaufgaben unterteilt waren. Während das erste AB drei Aufgaben umfasste, waren auf AB 2 zwei und auf AB 3 vier Aufgaben zu finden (Übersicht: s. Tab. 18).

Auf dem ersten AB wurden verschiedene Energiewandler thematisiert, indem deren Möglichkeiten und Grenzen durch Ermittlung der Bereitstellung elektrischer Energie, durch Energiekostenberechnung sowie durch Darstellung von Vor- und Nachteilen der entsprechenden Kraftwerke und Geräte erarbeitet wurden. Neben der Analyse regenerativer Energie (Wasserkraftwerk: vgl. Aufgaben-Nr. I, AB 1; Erdwärmekraftwerk: vgl. Aufgaben-Nr. III, AB 1) stand auch die kritische Betrachtung der mit Batterien verbundenen Energiekosten (vgl. Aufgaben-Nr. II, AB 1) im Zentrum von AB 1. Neben der Untersuchung der energetischen Möglichkeiten und Grenzen von Windkraftanlagen (vgl. Aufgaben-Nr. I, AB 2) war die Gegenüberstellung der Anteile verschiedener Energieträger in Deutschland (vgl. Aufgaben-Nr. II, AB 2) Gegenstand von AB 2. Beim letzten AB stand die Ermittlung von Energiekosten resultierend aus elektrischen Geräten im Stand-by-Betrieb zentral. Dabei wurden v. a. Möglichkeiten zum Energiesparen eruiert. Um den Schülern eine bessere Vorstellung von den ermittelten Energiebeträgen vermitteln zu können, wurden die ermittelten Energiebeträge in allen AB häufig mit dem jährlichen Energiebedarf eines 4-Personenhaushaltes verglichen. Dabei fand die Bearbeitung der AB in EG und KG wie im Themenbereich ‚Geschwindigkeit' stets in Gruppen zu je zwei bis drei Lernenden entsprechend der problemorientierten Aufgaben- und Lernumgebung (pAL; s. 2.3.2, Abb. 4) statt und wurde von derselben Lehrperson betreut.

Ebenso wie im Themenbereich ‚Geschwindigkeit' waren die Instruktionsmaterialien in der KG so gestaltet, dass zwei der neun Aufgaben als Zeitungsaufgaben statt als ‚traditionelle Aufgaben' ausgeführt waren (Aufgaben-Nr. I.1, AB 1: s. Abb. 6; Aufgaben-Nr. I.1, AB 3: s. Abb. 10) und damit den entsprechenden Aufgaben der EG vollständig entsprachen. Dies resultierte aus der Konstruktion des Leistungstests (s. u.), in dem eine Zeitungsaufgabe vorgesehen war. Wie im Themenbereich ‚Geschwindigkeit' sollten die Schüler der KG nicht durch die fehlende Vertrautheit mit diesem Format des Instruktionstextes benachteiligt werden, sodass sich die Anteile von Zeitungsaufgaben im Instruktionsmaterial der KG und im Leistungstest entsprachen.

[34] Infolge des großen Materialumfangs sind die Lernmaterialien in OnlinePLUS unter www.viewegteubner.de zu finden.

Tabelle 18: Übersicht über die Aufgaben-Merkmale des Instruktionsmaterials zum Themenbereich ‚Elektrische Energie'

Aufgaben-Nr.	Lerninhalt (*Didaktischer Ort*)	Aufgabentyp (Problemraum)[31]	Kompetenzstufe[32] (Cohens Kappa κ)[33]
Arbeitsblatt 1: Verschiedene Energiequellen			
I	**Der „Drei-Schluchten-Staudamm"**		
I.1	Berechnung und Bewertung der Laufzeitdauer eines Wasserkraftwerks aus vorgegebenen Daten (*Erarbeitung des Zusammenhangs zur Berechnung der Zeit t, Anwendung*)	IV (PR(m))	IV (0.77)
I.2	Berechnung der möglichen Anzahl an Haushalten zur Energieversorgung (*Festigung*)	IV (PR(k))	II (0.81)
I.3	Diskussion der Vor- und Nachteile des Kraftwerks (*Transfer*)	VII (PR(g))	IV (0.78)
II	**Teure Energie in der Batterie**		
II.1	Berechnung der Energiekosten (*Erarbeitung des Zusammenhangs zur Berechnung der Energiekosten, Anwendung*)	VII (PR(g)	V (0.81)
III	**Energie aus Erdwärme**		
III.1	Berechnung der Laufzeitdauer eines Erdwärmekraftwerks aus vorgegebenen Daten (*Anwendung*)	IV (PR(m)	III (0.87)
III.2	Berechnung des Energiebedarfs einer Wohnung (*Festigung*)	IV (PR(k))	II (0.81)
III.3	Berechnung der Wirtschaftlichkeit des Erdwärmekraftwerks (*Transfer*)	IV (PR(m))	IV (0.84)
Arbeitsblatt 2: Energiemix			
I	**Windturbinen in Rheinland-Pfalz**		
I.1	Berechnung der elektrischen Leistung aus vorgegebenen Daten (*Festigung*)	IV (PR(k))	II (0.75)
I.2	Berechnung und Bewertung der möglichen Energieversorgung durch Windkraftanlagen (*Anwendung, Transfer*)	IV (PR(m))	IV (0.83)
I.3	Ergebnisbewertung (*Transfer*)	IV (PR(g))	IV (0.80)
II	**Energieanteile**		
II.1	Berechnung der elektrischen Energie aus vorgegebenen Daten (*Anwendung*)	IV (PR(m))	III (0.81)
II.2	Berechnung und Darstellung verschiedener Energieanteile in verschiedenen Präsentationsformen (*Festigung*)	IV (PR(k))	III (0.79)
II.3	Berechnung und Darstellung verschiedener Energieformen in verschiedenen Präsentationsformen (*Übung*)	I (PR(k))	II (0.82)
Arbeitsblatt 3: Teurer Stand-by-Betrieb			
I	**Einsparungen von bis zu 2000 DM pro Jahr und Haushalt? (vgl. Abb. 10)**		
I.1	Datenrecherche und -bewertung (*Übung, Transfer*)	IV (PR(g))	IV (0.82)
I.2	Datenrecherche und Berechnung des „Energieverbrauchs" durch Stand-by-Betrieb (*Übung, Anwendung*)	IV (PR(g))	III (0.76)
II	**Einsparungen von 145 DM pro Jahr und Haushalt?**		
II.1	Datenvergleich (*Übung*)	I (PR(k))	I (0.85)
II.2	Datenbewertung (*Transfer*)	I (PR(k))	IV (0.77)
III	**Einsparung von jeder zehnten Kilowattstunde?**		
III.1	Kritische Informationsanalyse und Berechnung von entwertetem Energieanteil (Übung)	I (PR(m))	II (0.88)
III.2	Berechnung der elektrischen Energie und der Energiekosten aus vorgegebenen Daten (*Anwendung*)	IV (PR(k))	III (0.78)
III.3	Berechnung der elektrischen Energie und der Energiekosten aus vorgegebenen Daten (*Festigung*)	IV (PR(k))	III (0.81)
III.4	Ergebnisbewertung und Rechnungsprüfung (*Anwendung*)	IV (PR(m))	IV (0.81)
IV	**Vergleich der Ergebnisse**		
II.1	Ergebnisbewertung (*Transfer*)	IV (PR(k))	V (0.82)

Insgesamt sah das Instruktionsmaterial eine breite und in Absprache mit den Kooperationslehrkräften eine für diese Altersstufe sinnvolle Streuung über die PISA-Kompetenzstufen I-V unter Berücksichtigung des Offenheitsgrades der Aufgaben vor. Der Anteil jeder Kompetenzstufe an der Gesamtzahl der Aufgaben des Instruktionsmaterials wurde an deren Anteil im Leistungstest orientiert und entsprach den zugehörigen Kompetenzstufenanteilen des Leistungstests weitestgehend (s. u.). Neben der Abstimmung der entwickelten Aufgaben mit allen Kooperationslehrern und der einstimmigen Zustimmung zu der entsprechenden Einordnung in Kompetenzstufe und Offenheitsgrad waren die Interrater-Reliabilitäten zweier unabhängiger Beurteiler für die Zuordnung der Kompetenzstufen zu den entsprechenden Aufgaben durchweg wenigstens substanziell (s. Fußnote 33). Dadurch konnte von einer zuverlässigen Einschätzung des Instruktionsmaterials hinsichtlich der PISA-Kompetenzstufen der Aufgaben ausgegangen werden.

Leistungstest

Anforderungsbereiche, Offenheitsgrade und Kompetenzstufen der Aufgaben des Leistungstests im Themenbereich ‚Elektrische Energie' entsprachen den Aufgaben des Instruktionsmaterials (s. Tab. 18, Anhang H). Dabei handelte es sich um Aufgaben zur Festigung, Anwendung und Transferierung des Wissens der während der Instruktionsphase erarbeiteten Inhalte. Die Lösungen der Aufgaben-Nr. 1 und -Nr. 2 erforderten die Anwendung naturwissenschaftlichen Wissens, sodass diese Aufgaben jeweils der PISA-Kompetenzstufe III zugeordnet werden konnten. Im Gegensatz dazu mussten in den Aufgaben-Nr. 3 und -Nr. 4 Erklärungen auf Basis elaborierter naturwissenschaftlicher Konzepte getroffen sowie Informationen für gültige Schlussfolgerungen identifiziert werden. Damit entsprechen diese beiden Aufgaben der PISA-Kompetenzstufe IV.

Tabelle 19: Übersicht über die Aufgaben-Merkmale des Leistungstests zum Themenbereich ‚Elektrische Energie'

Aufgaben-Nr.	Aufgabengegenstand	Aufgabentyp (Problemraum)[31]	Kompetenzstufe[32] (Cohens Kappa κ)[33]
1	Berechnung des elektrischen Energiebedarfs eines Staubsaugers auf Basis naturwissenschaftlichen Wissens.	IV (PR(k))	III (0.84)
2	Berechnung der Energiekosten eines Heizlüfters auf Basis naturwissenschaftlichen Wissens.	IV (PR(m))	III (0.82)
3	Beurteilung der Auswirkung des Anschlusses einer Waschmaschine und Erklärung auf Basis elaborierter Konzepte.	IV (PR(m))	IV (0.82)
4	Identifikation erforderlicher Daten zur Berechnung der Ladung einer Batterie.	IV (PR(m))	IV (0.76)
5	**‚Starker Rückenwind'**		
5.a	Berechnung der elektrischen Leistung einer Windkraftanlage auf Basis naturwissenschaftlichen Alltagswissens.	IV (PR(k))	II (0.91)
5.b	Berechnung der täglichen elektrischen Energieerzeugung einer Windkraftanlage auf Basis naturwissenschaftlichen Wissens.	IV (PR(m))	III (0.75)
5.c	Berechnung der Energiekosten eines Energieversorgungsunternehmens durch Identifikation erforderlicher Informationen.	IV (PR(m))	IV (0.85)
5.d	Berechnung des elektrischen Energiebedarfs eines Staubsaugers auf Basis naturwissenschaftlichen Alltagswissens.	IV (PR(k)	II (0.89)
5.e	Beurteilung des Ergebnisses unter Verwendung alternativer Gesichtspunkte und Perspektiven.	IV (PR(g))	V (0.78)

Schließlich erforderten die Teilaufgaben der Aufgaben-Nr. 5 ein breites Spektrum an verschiedenen Kompetenzen. Sie reichten von den PISA-Kompetenzstufe II und III, der Anwendung naturwissenschaftlichen Alltagswissens und naturwissenschaftlicher Konzepte, über die Stufen IV, der Identifikation von Informationen für gültige Schlussfolgerungen, bis hin zur PISA-Kompetenzstufe V, der Verwendung alternativer Gesichtspunkte und Perspektiven zur Beurteilung des Ergebnisses.

Ebenso wie die Aufgaben des Instruktionsmaterials bestand der Leistungstest aus solchen Aufgaben, die sich neben der Abstimmung der entwickelten Aufgaben mit allen Kooperationslehrern und der einstimmigen Zustimmung zu der entsprechenden Einordnung in Kompetenzstufe und Offenheitsgrad durch wenigstens substanzielle Interrater-Reliabilitäten zweier unabhängiger Beurteiler auszeichneten (s. Fußnote 33). Somit konnte auch hier von einer zuverlässigen Einschätzung des Testmaterials hinsichtlich der PISA-Kompetenzstufen der Aufgaben ausgegangen werden. Die Leistungsfähigkeit wurde dabei sowohl für jede Teilaufgabe als auch insgesamt als prozentualer Anteil der erreichten Punktzahl an der insgesamt möglichen Gesamtpunktzahl der Teilaufgabe bzw. des Gesamttests angegeben.

Lesekompetenztest

Als Indikator für die Moderatorvariable Sprachfähigkeit wurde im Themenbereich ‚Elektrische Energie' der standardisierte und gut validierte Lesekompetenztest nach Lang, Mengelkamp und Jäger (2004) eingesetzt.

3.2.3 Organisation und Design der Interventionsstudie

3.2.3.1 Organisation: Voraussetzungen und Rahmenbedingungen

Die Leitlinie ‚Praktikabilität' stellte das Projekt vor die Herausforderung, zwei vordergründig gegensätzliche Anforderungen zu vereinen: einerseits die Intervention in den alltäglichen Physikunterricht unter möglichst authentischen Bedingungen einzubinden und andererseits die statistische Aussagekraft und Validität der Untersuchung durch Reduktion und Kontrolle möglicher Moderatorvariablen zu sichern. Dazu mussten u. a. verbindliche Voraussetzungen, Rahmenbedingungen und Absprachen mit den Kooperationslehrkräften und -schulen getroffen und eingehalten werden.

Eine essentielle Voraussetzung für die Mitarbeit an dem Projekt war, dass jede Lehrkraft sowohl eine EG, in der mit Zeitungsaufgaben entsprechend 2.3.3 gearbeitet wurde, als auch eine KG, in der die Schüler mit traditionellen Aufgaben arbeiteten (s. Abb. 8-Abb. 10) unterrichtete. Entsprechend den Pilotuntersuchungen diente dieses Vorgehen dazu, den Faktor ‚Lehrkraft' als Einflussfaktor zwischen diesen Gruppen ausschließen zu können. Zudem mussten vor der Instruktionsphase mit den Kooperationslehrkräften im Rahmen der Koordinationstreffen für die einzelnen Themenbereiche die Lerninhalte vor und während der Instruktionsphase, die Aufgaben der Leistungstests, der Umfang der Themeneinführung sowie der Instruktionsmaterialien und das Design der Untersuchung abgesprochen werden. Es wurde vereinbart, dass die besprochenen Aufgaben in der Instruktionsphase zur Erarbeitung, Festigung und Anwendung in dem jeweiligen Thema eingesetzt werden sollten. Die Aufgaben der Leistungstests wurden so ausgewählt, dass sie eine breite Streuung über die PISA-

Kompetenzstufen hinweg aufwiesen und dem Anforderungsniveau des Instruktionsmaterials entsprachen. Dazu mussten die Lehrer vor der Instruktionsphase in einer Unterrichtsstunde ausschließlich die zu bearbeitenden physikalischen Begriffe sowie deren grundlegenden Zusammenhänge zum jeweiligen Themenbereich einführen. Für den Bereich ‚Geschwindigkeit' bedeutete dies die Einführung verschiedener Bewegungsformen (gleichförmig/ungleichförmig), des formalen Zusammenhangs zur Berechnung der Durchschnittsgeschwindigkeit ($v = s/t$; s. 2.3.5) sowie die Umrechnung der Geschwindigkeitswerte von Kilometer pro Stunde (km/h) in Meter pro Sekunde) m/s und umgekehrt. Im Themenbereich ‚Elektrische Energie' sollten Beispiele zu Energieumwandlungsprozessen bearbeitet, der formale Zusammenhang zur Berechnung der elektrischen Energie ($E = P \cdot t = U \cdot I \cdot t = U \cdot Q$; s. 2.3.5) sowie die Umrechnung der Energieangaben von Kilowattstunden (kWh) in Wattsekunden (Ws) und umgekehrt erarbeitet werden.

Die erstellten Instruktionsmaterialien wurden in Anlehnung an Erfahrungen aus den Pilotierungsphasen in Absprache mit den Lehrkräften in drei verschiedene Arbeitsblätter pro Themenbereich eingeteilt, sodass auf jedem Arbeitsblatt drei Aufgaben zu finden waren. Dabei sollte ein Arbeitsblatt pro Unterrichtswoche bearbeitet werden, wobei in jeder Unterrichtswoche genau zwei Unterrichtsstunden in Physik abgehalten werden sollten. In der Woche vor der Instruktionsphase wurden nach der Einführungsstunde die Tests zur Motivation, Lesekompetenz und allgemeinen Intelligenz durchgeführt (s. 3.2.3.2), sodass für die Instruktionsphase selbst komplette Unterrichtswochen zur Verfügung standen. Dabei sollten Motivationspost- und Leistungstest am fünften Tag nach der letzten Unterrichtsstunde der Instruktionsphase stattfinden. Die Zeitdauer ergab sich aus der Situation heraus, dass die Physikstunden der verschiedenen Lehrkräfte an unterschiedlichen Schultagen abgehalten wurden. Sowohl der Motivationspost- und der Leistungstests als auch die Follow up-Testinstrumente sollten an den betreffenden Schultagen in der dritten oder vierten Unterrichtsstunde stattfinden. Diese Vorgabe sollte mögliche Zeiteffekte als Moderatorvariable vermeiden und wurde nach den meisten Übereinstimmungen mit den zu diesem Zeitpunkt bereits existierenden Stundenplänen der Lehrer ausgewählt.

Während die Lehrkräfte nach dem letzten Koordinationstreffen vor der Instruktionsphase einen Projektordner mit allen Instruktionsmaterialien und fast allen Testinstrumenten (Motivationstests, standardisierte Testinstrumente) erhielten (s. 3.5.2), mussten die Leistungstests von den Lehrkräften per E-Mail angefordert werden, um ein ‚Testtraining' zu vermeiden. Einen Tag vor der geplanten Durchführung des Leistungstests wurden diese den Lehrern dann per E-Mail zugesendet. Zudem wurde festgelegt, dass während der Instruktionsphase jeder Lehrer die beiden Klassen (EG und KG) immer an dem gleichen Schultag in Physik unterrichtete. Diese Festlegungen erforderten nur in drei Fällen eine Veränderung des Stundenplans für die Dauer der Instruktionsphase.

Schließlich wurden für alle Teilnehmer verbindliche Zeiträume zur Durchführung der Instruktionsphasen pro Themenbereich vereinbart, in denen keine schulorganisatorischen Probleme (z. B. Schulpraktika, Studientage, Ausflüge usw.) zu erwarten waren. Die getroffenen verbindlichen, inhaltlichen und organisatorischen Vereinbarungen wurden in dem o. g. Projektordner (s. Fußnote 50) festgehalten und den Lehrern ausgehändigt. Insgesamt umfasst der Instruktionsverlauf pro Themenbereich 14 Wochen, wobei zwischen den Post- und Follow up-Tests stets der konventionelle Physikunterricht gemäß Stoffverteilungs- bzw. Arbeitsplan der jeweiligen Schule stattfand. Der Anspruch an ‚Praktikabilität' für den alltäglichen Unterricht und die damit verbundene Umsetzung unter möglichst authentischen Bedingungen hatte aber

Tabelle 20: Übersicht über die Terminierung des Instruktionsverlaufs in den einzelnen Themenbereichen

Tätigkeit \ Jahr / Woche	2006																				
	9	10	11	12	13	14	15	16	17	18	19	20	21	22	23	24	25	26	27	28	29
Themenbereich ‚Geschwindigkeit'																					
Einführungsstunde	x																				
Testinstrumente zur Motivation (Prätest), LK und AI	x																				
Instruktionsphase		x	x	x																	
Motivationsposttest					x																
Leistungstest					x																
konventioneller Physikunterricht					x	x	x	x	x	x	x	x	x	x							
Follow up-Leistungstest										(x)											
Follow up-Motivationstest														x							
Themenbereich ‚Elektrische Energie'																					
Einführungsstunde								x													
Testinstrumente zur Motivation (Prä-Test), LK und AI								x													
Instruktionsphase									x	x	x										
Motivationsposttest												x									
Leistungstest												x									
konventioneller Physikunterricht												x	x	x	x	x	x	x	x	x	x
Follow up-Leistungstest																	(x)				
Follow up-Motivationstest																					x

Anmerkungen. LK = Test zur Lesekompetenz bzw. zum Wortschatz; AI = Test zur Allgemeinen Intelligenz; die Klammerzeichen sollen verdeutlichen, dass der Follow up-Test zur Leistung gemäß § 47 Abs. 2 der Übergreifenden Schulordnung für die öffentlichen Hauptschulen, Regionalen Schulen, Realschulen, Gymnasien, Integrierten Gesamtschulen und Kollegs nicht in allen Klassen durchgeführt wurde.

auch zur Folge, dass die Schulen und Lehrkräfte die erhobenen Leistungstestdaten auch als schriftlichen Leistungsnachweis für ihre eigenen Notengebung verwenden wollten. Dazu mussten die Termine für die Leistungstests gemäß § 47, Abs. 6 der Übergreifenden Schulordnung für die öffentlichen Hauptschulen, Regionalen Schulen, Realschulen, Gymnasien, Integrierten Gesamtschulen und Kollegs spätestens eine Woche vor der Durchführung bekannt gegeben werden.

Darüber hinaus konnten die Follow up-Tests zur Leistung gemäß § 47 Abs. 2 dieser Schulordnung nicht als Leistungsüberprüfung für die Notengebung des Physikunterrichts ergeben werden, weshalb die Durchführung dieses Tests nicht als verpflichtend für alle Lehrkräfte festgelegt werden konnten, sondern auf freiwilliger Basis durchgeführt wurde. Dies hatte zur Folge, dass dieser Follow up-Leistungstest nicht von allen Lehrkräften durchgeführt wurde (s. Tab. 20 und 3.4). Eine Übersicht über die Terminierung der Instruktionsphase ist in Tabelle 20 dargestellt.

3.2.3.2 Design der Untersuchung

Die Interventionsstudie wies ein quasi-experimentelles Untersuchungsdesign auf, in dem jede Lehrkraft sowohl eine EG als auch eine KG unterrichtete. Vor der Instruktionsphase wurden ein Motivationsprätest (MOT1-PRE) sowie standardisierte Tests zur allgemeinen Intelligenz und zur Lesekompetenz durchgeführt (s. 3.2.2). Anschließend bearbeiteten die Lerngruppen drei Wochen lang drei verschiedene Arbeitsblätter zu den Themenbereichen ‚Geschwindigkeit' bzw. ‚Elektrische Energie' in insgesamt sechs aufeinander folgenden jeweils 45minütigen Unterrichtsstunden ihres Physikunterrichts.

Der Lerninhalt, die Aufgabenstellungen und damit die Aufgabenschwierigkeit in KG und EG entsprachen sich, gleiches galt für die Unterrichtsmethode, mit der die Aufgaben in beiden Gruppen bearbeitet wurden (pAL, s. 2.3.2, Abb. 4). Verschieden war lediglich der Instruktionstext der Aufgaben: Die Lernenden in der EG arbeiteten mit Zeitungsartikeln als Instruktionstext von Zeitungsaufgaben, während in der KG die korrespondierenden ‚traditionellen Aufgaben' mit konventionell formulierten Alltagsproblemen besprochen wurden, deren Instruktionstext den gleichen Inhalt beschrieb wie der der korrespondierenden Zeitungsartikel (s. 2.3.5 und Abb. 8-Abb. 10). Dabei wurde nach dem zweiten Arbeitsblatt während der Instruktionsphase in beiden Gruppen die aktuelle Motivation mit dem entsprechenden Motivationstesttest erfasst (MOT-CUR, s. 3.2.2.2). In der folgenden Unterrichtsstunde fünf Tage nach Abschluss der Instruktionsphase führten die Lernenden in beiden Gruppen einen Motivations-Posttest (MOT2-POST) sowie in der darauf folgenden Unterrichtstunde einen Leistungstest (L-POST) durch.

In einzelnen Fällen wurde fünf Wochen nach dieser Phase ein Follow up-Leistungstest (L-FUP) erhoben, weitere vier Wochen nach Testung wurde zudem noch ein Follow up-Test zur Motivation (MOT3-FUP) von allen Teilnehmern durchgeführt, um die Nachhaltigkeit dieser Variablen zu testen.

Die abhängigen Variablen dieser Studie stellten somit die Motivation und die Leistungsfähigkeit im Fach Physik dar, während die Lerngruppenzugehörigkeit (d. h. Arbeit mit Zeitungsaufgaben oder ‚traditionellen Aufgaben'), das Schulsystem, die besuchte Schulart, die Lehrkraft, der Themenbereich, das Geschlecht der Lernenden sowie die allgemeine Intelligenz, die Lesekompetenz und das Vorwissen im Fach Physik als unabhängige Variablen fungierten. Ein Überblick des Untersuchungsverlaufs ist in dargestellt Tabelle 21.

Tabelle 21: Instruktions- und Testablauf

<table>
<tr><th>Woche</th><th colspan="2">Kontrollgruppe (KG)</th><th colspan="2">Experimental-Gruppe (EG)</th></tr>
<tr><td rowspan="2">1</td><td colspan="2">Test zur allgemeinen Intelligenz, Test zur Lesekompetenz</td><td colspan="2">Test zur allgemeinen Intelligenz, Test zur Lesekompetenz</td></tr>
<tr><td colspan="2">Motivationsprätest (MOT1-PRE)</td><td colspan="2">Motivationsprätest (MOT1-PRE)</td></tr>
<tr><td>2</td><td rowspan="4">Traditionelle Aufgaben zum Themenbereich</td><td>Arbeitsblatt 1</td><td rowspan="4">Zeitungsaufgaben zum Themenbereich</td><td>Arbeitsblatt 1</td></tr>
<tr><td rowspan="2">3</td><td>Arbeitsblatt 2</td><td>Arbeitsblatt 2</td></tr>
<tr><td>Aktueller Motivationstest (MOT-CUR)</td><td>Aktueller Motivationstest (MOT-CUR)</td></tr>
<tr><td>4</td><td>Arbeitsblatt 3</td><td>Arbeitsblatt 3</td></tr>
<tr><td rowspan="2">5</td><td colspan="2">Motivationsposttest (MOT2-POST)</td><td colspan="2">Motivationsposttest (MOT2-POST)</td></tr>
<tr><td colspan="2">Leistungstest (L-POST)</td><td colspan="2">Leistungstest (L-POST)</td></tr>
<tr><td>6...9</td><td colspan="4">konventioneller Unterricht in neuem Stoffgebiet</td></tr>
<tr><td>10</td><td colspan="2">Follow up-Leistungstest (L-FUP)</td><td colspan="2">Follow up-Leistungstest (L-FUP)</td></tr>
<tr><td>11...13</td><td colspan="4">konventioneller Unterricht in neuem Stoffgebiet</td></tr>
<tr><td>14</td><td colspan="2">Follow up-Motivationstest (MOT3-FUP)</td><td colspan="2">Follow up-Motivationstest (MOT3-FUP)</td></tr>
</table>

3.3 Auswertungsverfahren

Die Beschreibungen in den bisherigen Kapiteln verdeutlichen, dass für die Analyse von Leistungsfähigkeit und Motivation von Schülern spezifische Kriterien auf verschiedenen schulorganisatorischen Ebenen eine Rolle spielen (z. B. Schulklasse, Schulart, Lehrer usw.). Aufgrund der hier vorliegenden hierarchischen Datenstruktur sowie der simultanen Modellierung der Effekte individueller Merkmale (hier: Leistungsfähigkeit und Motivation der Schüler) bzw. von Schulklasse, Schule, Schulart, Schulsystem und Lehrer könnten konventionell-varianz- oder regressionsanalytische

Verfahren zu Fehlinterpretationen führen. Dies ist u. a. darauf zurückzuführen, dass die Voraussetzungen für die Anwendung dieser Verfahren bei derart hierarchischer Datenstruktur nicht erfüllt sind. Denn bei der Untersuchung von Einzelpersonen, die einem zusammengehörigen Cluster (z. B. einer Schulklasse) angehören, kann naturgemäß nicht von unabhängigen Personen ausgegangen werden. Denn diese Individuen innerhalb der Einheiten (bzw. Cluster) sind gemeinsamen Einflüssen und Erfahrungen ausgesetzt, die für diese Stichprobeneinheit typisch sind. Somit spielen die Beziehungen innerhalb dieser Cluster bzw. Einheiten eine Rolle und müssen berücksichtigt werden. Würde eine solche Datenstruktur mit den o. g. statistischen ‚Routineverfahren' analysiert werden, so können die Schätzwerte für die Standardfehler fehlerhaft sein (vgl. Ditton, 1998; Raudenbush & Bryk, 2002). Somit muss im Rahmen von Untersuchungen mit Schulklassen die hierarchische Struktur der Daten berücksichtigt werden (vgl. Raudenbush & Bryk, 2002). Ein adäquates Auswertungsverfahren für Daten mit hierarchischer Struktur stellt die Mehrebenenanalyse dar. Sie erlaubt es, Prädiktoren auf mehreren Ebenen simultan zu berücksichtigen. Dieses Verfahren gewann erst in den letzten Jahren an Bedeutung, da u. a. aus Gründen der Analysekomplexität rechnergestützte Auswertungen einschließlich entsprechender Software erforderlich sind. Deshalb gehören Mehrebenenmodelle zu diesem Zeitpunkt weder in der Psychologie und schon gar nicht in der Fachdidaktik zu den üblicherweise verwendeten statistischen Standardmethoden, sondern werden als moderne Verfahren zur Analyse komplexer Daten herangezogen (Hochweber, 2004). Deshalb werden in den folgenden Abschnitten zunächst die grundlegenden Zusammenhänge dieses Verfahrens, die damit verbundenen Vorgehensweisen und die wichtigsten Kenngrößen zusammenfassend dargestellt und danach die den verschiedenen Ebenen zuzuordnenden Variablen für diese Interventionsstudie aufgeführt. Dies erfolgt unter Verwendung der in der Fachliteratur anzutreffenden, teils methodenspezifischen Notation und Terminologie. Selbstverständlich kann in diesem Rahmen nur ein Überblick über diese komplexe Methode skizziert werden, sodass für detailliertere Ausführungen auf die weiterführende Literatur verwiesen werden soll (s. Ditton, 1998; Hox, 2002; Langer, 2004; Raudenbush & Bryk, 2002; Snijders & Bosker, 1999).

In dieser Arbeit werden die mehrebenenanalytische Berechnungen mit dem speziell für die Analyse dieser Modelle entwickelten Programm HLM (Version 6.00) durchgeführt (Raudenbush et al., 2004).

Für die Verwendung von Mehrebenenanalysen müssen die Daten der Untersuchung jedoch verschiedene Voraussetzungen erfüllen (s. Ditton, 1998; Hox, 2002; Langer, 2004; Raudenbush & Bryk, 2002; Snijders & Bosker, 1999). Diese betreffen insbesondere den Umfang der Stichprobe in den verschiedenen Ebenen sowie die Anzahl der Messzeitpunkte bei Längsschnittuntersuchungen (s. u.). Da aus organisatorischen Gründen der Follow up-Leistungstest nur von einigen wenigen Lehrkräften durchgeführt wurde (s. 3.2.3.1) und zudem nur aus zwei Messzeitpunkten besteht (s. Tab. 21), kann dieses Verfahren nicht zur Analyse der Leistungsbeständigkeit (Hypothese L2) herangezogen werden. Deshalb wird diese Fragestellung varianzanalytisch ausgewertet, wobei die statistischen Grundlagen dieses grundlegenden Verfahrens an dieser Stelle nicht mehr eigens dargestellt werden (vgl. Backhaus et al., 2000, S. 43ff.; Bortz, 1999, S. 233ff.).

3.3.1 Grundlagen der Mehrebenenanalyse

3.3.1.1 Hierarchische Datenstrukturierung

Die Mehrebenenanalyse ist ein Verfahren zur Analyse hierarchisch strukturierter Daten, das daher auch oft als Hierarchisch Lineares Modell (HLM; Ditton, 1998) bezeichnet wird.[35] Datensätze dieser Art sind dadurch charakterisiert, dass sie eindeutig verschiedenen Ebenen zugeordnet werden können. Diese Ebenenstruktur weist ihrerseits wiederum eine bestimmte Ordnung auf. So können Objekte einer niedrigeren Ordnung dabei als Elemente von Objekten einer höheren Ordnung bestimmt werden. Im Hinblick auf die empirische Bildungsforschung lassen sich leicht Mehrebenenstrukturen identifizieren (s. Abb. 16): Die erste Ebene könnte von den einzelnen Schülern gebildet werden, die wiederum eindeutig bestimmten Klassen in verschiedenen Schularten zuordenbar sind (zweite Ebene). Die Klassen in einzelnen Schularten sind wiederum jeweils einzelnen Lehrern zuzuordnen (dritte Ebene). Die in Abbildung 16 dargestellte Dreiebenenstruktur lässt sich selbstverständlich noch erweitern. So sind z. B. die verschiedenen Lehrer wiederum in verschiedenen Bundesländern (vierte Ebene) tätig.

Welche und wie viele Ebenen in ein Untersuchungsmodell eingeschlossen werden, hängt einerseits von der Fragestellung und andererseits von der Varianz ab, die auf den jeweiligen Ebenen erklärbar ist. In der Regel wird dies zunächst mit einem ‚Null-Modell' (‚Intercept-Only-Model') geprüft, das noch keine möglichen Prädiktoren, sondern nur die abhängige Variable beinhaltet, und mit dem die Varianz der abhängigen Variable in die Anteile der unterschiedlichen Ebenen zerlegt wird. Zeigt sich z. B. nur geringer Varianzanteil auf der vierten Ebene, wird empfohlen, statt eines Vier-Ebenen-Modells ein Drei-Ebenen-Modell zu spezifizieren (Raudenbush & Bryk, 2002). Da die aktuell für Mehrebenenanalysen zur Verfügung stehenden Softwareprodukte ohnehin nur Modelle mit maximal drei Ebenen unterstützen, stellt sich jedoch nur die Frage, ob eine Zwei- oder eine Drei-Ebenen-Struktur vorliegt

[35] Die Abkürzung ‚HLM' wird synonym sowohl für das Verfahren der Mehrebenenanalyse selbst als auch für die dafür zur Verfügung stehende Analyse-Software von Raudenbush et al. (2004) verwendet, obwohl auch andere Softwareprodukte Mehrebenenanalysen unterstützen.

bzw. welche drei Ebenen in die Analyse einbezogen werden, sofern vier oder mehr Ebenen angenommen werden. Eine Modellschätzung auf den vier Ebenen Schüler, Klassen, Lehrer und Bundesland würde z. B. zur Partitionierung der Gesamtvarianz in der abhängigen Variable in vier Komponenten gelangen: (1) zwischen Schüler innerhalb der Klassen, (2) zwischen Klassen verschiedener Schulen und Schularten innerhalb der Lehrer, (3) zwischen Lehrern insgesamt und innerhalb des Bundeslandes sowie (4) zwischen Bundesländern (vgl. Raudenbush & Bryk, 2002). Um zu entscheiden, ob als dritte Ebene die Lehrer oder die Bundesländer in die Untersuchung einbezogen werden müssen, wird geprüft, welche Varianzkomponenten der unterschiedlichen Ebenen die maximalen Anteile an der Gesamtvarianz in der abhängigen Variable angeben, die in dem Modell auf der jeweiligen Ebene durch mögliche Prädiktoren erklärbar sind. In HLM werden die Varianzkomponenten der höheren Ebenen anhand eines Chi-Quadrat-Tests (χ^2-Test) auf Signifikanz bezüglich der Unterschiedlichkeit vom Wert Null geprüft. Sind sie nicht signifikant, bedeutet dies, dass man im Rahmen der verwendeten Stichprobe mit diesen Varianzen auch dann noch als wahrscheinliche Werte zu rechnen hätte, wenn man sie gleich Null setzen würde (vgl. Raudenbush et al., 2004).

Mit der in Abbildung 16 dargestellten Mehrebenenstruktur kann der Leistungsunterschied zwischen EG und KG im Rahmen der hier dargestellten Interventionsstudie untersucht werden (Hypothese L1).

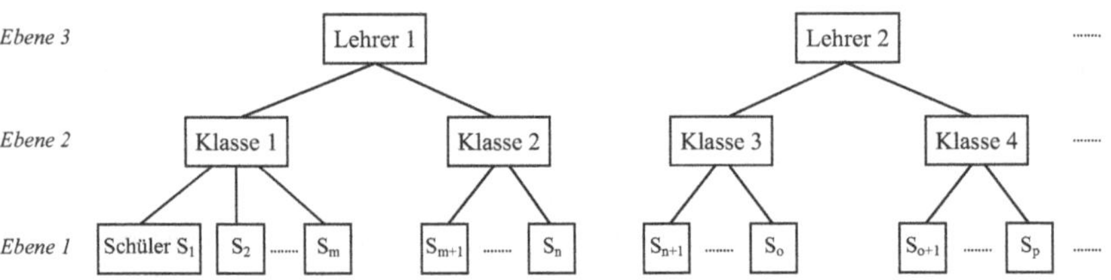

Abb. 16: Schematische Darstellung einer Drei-Ebenen-Struktur

Im Fall von Längsschnittuntersuchungen (hier: Motivationsverlauf) bilden die verschiedenen Messzeitpunkte der betreffenden Variablen die erste Ebene, die Schüler die zweite Ebene und die Klassen in verschiedenen Schulen und Schularten die dritte Ebene (s. Abb. 17).[36] Für die Mehrebenenanalyse eines Längsschnittdesigns sind dabei wenigstens drei Messzeitpunkte erforderlich, da ansonsten die dafür zu lö-

[36] Auch hier sind wiederum weitere Ebenen denkbar (z. B. Lehrer, Schulen usw.), die entsprechend dem o. g. Verfahren geprüft werden müssen.

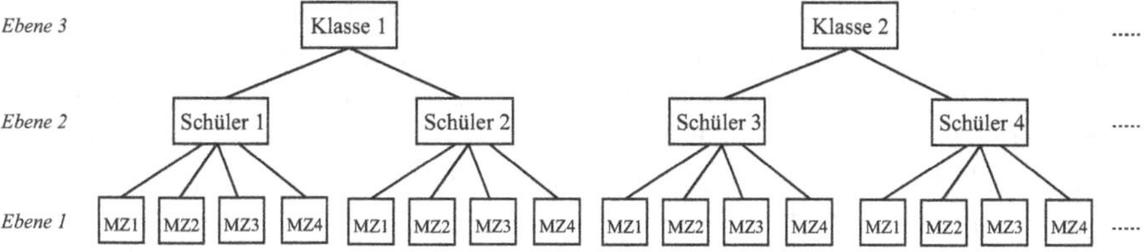

Abb. 17: Schematische Darstellung der Drei-Ebenen-Struktur eines Längsschnittdesigns mit vier Messzeitpunkten MZ

senden Zusammenhänge unterbestimmt wären und das Modell nicht eindeutig identifizierbar wäre (vgl. Ditton, 1998; Hox, 2002, S. 74ff.).[37]

Dies hat zur Folge, dass dieses Verfahren in dieser Arbeit nur zur Analyse von Motivationsverlauf und -unterschied (Hypothesen M1 und M2) zwischen den Gruppen herangezogen werden kann, nicht aber zur Untersuchung der Leistungsbeständigkeit (Hypothese L2), für die lediglich zwei Messungen vorliegen. Dabei blieben in allen mehrebenenanalytischen Verfahren dieser Arbeit Fälle mit fehlenden Daten unberücksichtigt.

3.3.1.2 Formale Darstellung der Zusammenhänge bei Mehrebenenanalysen

Für das formale Verständnis der Mehrebenenanalyse sind regressionsanalytische Kenntnisse vorauszusetzen.[38] Die Regressionsanalyse ist das Standardverfahren zur Beschreibung eines linearen Zusammenhangs zwischen einer oder mehreren unabhängigen und einer metrisch skalierten abhängigen Variablen. Im einfachsten Fall beinhaltet das Modell nur eine unabhängige Variable oder einen Prädiktor.

Die zugehörige Modellgleichung lässt sich wie folgt darstellen:

$$Y_i = \beta_0 + \beta_1 \cdot X_i + e_i \qquad (1)$$

mit Y_i: Wert eines Individuums in der abhängigen Variable;

β_0: Regressionskonstante bzw. Achsenabschnitt (engl. ‚intercept'); beschreibt den vorhergesagten Wert $\dot{Y}_i$ für den Fall, dass der Prädiktor den Wert 0 annimmt;

β_1: Regressionskoeffizient (engl. ‚slope'); beschreibt die Veränderung in Y_i, wenn der Wert von X_i um eine Einheit steigt;

e_i: Residuum bzw. Fehlerterm; beschreibt die Abweichung des tatsächlichen Wertes für eine Person in der abhängigen Variable Y_i vom vorhergesagten Wert $\dot{Y}_i$.

[37] Für das in dieser Arbeit in 3.4.2 beschriebene Längsschnittdesign zur Motivation wird z. B. mit Gl. (13) deutlich, dass das Modell bei der Verwendung von zwei Messzeitpunkten durch sechs Variable gekennzeichnet ist, wobei mit zwei Messzeitpunkten ein Gleichungssystem mit nur vier Gleichungen zur Lösung bereitgestellt werden kann. Bei der Verwendung von drei Messzeitpunkten ergibt sich ein Gleichungssystem mit sieben Gleichungen, mit denen die dann sieben Parameter eindeutig bestimmt werden können.

[38] Zur formalen Darstellung folgt die Notation in dieser Arbeit den in der Literatur und den Softwareprodukten verwendeten Ausdrücken (vgl. Hox, 2002; Raudenbush et al., 2004).

Die Mehrebenenanalyse unterscheidet sich von diesem einfachen Modell im Wesentlichen dadurch, dass die Parameter β_0 und β_1 grundsätzlich variieren können – also nicht für alle i Personen gleich sind – und eine Modellgleichung für jede Ebene formuliert wird. So könnte sich beispielsweise sowohl die mittlere Physikvorleistung als auch der Effekt der Experimentalbedingung (also EG vs. KG, hier: Zeitungsaufgaben vs. ‚traditionelle' Aufgaben) auf die Leistungsfähigkeit von Klasse zu Klasse, von Lehrer zu Lehrer oder von Schule zu Schule unterscheiden. Während in der einfachen Regression solche Unterschiede konfundiert bleiben, können sie durch das mehrebenenanalytische Vorgehen aufgedeckt werden. Dazu werden Regressionskonstante und Regressionskoeffizient (oder auch Regressionssteigung) einer Ebene jeweils durch die Ergebnisse der Gleichungen auf der nächst höheren Ebene erklärt. Dies sei hier exemplarisch an der Vorhersage der Leistungsfähigkeit in dieser Interventionsstudie erläutert. Die Gleichung der ersten Ebene des Dreiebenenmodells (Individualebene, vgl. Abb. 16) lautet hier beispielhaft für ein Modell mit einem Prädiktor:

$$LPO_{ijk} = \pi_{0jk} + \pi_{1jk} \cdot X_{1jk} + e_{1jk} \qquad (2)$$

mit i: Index von Einheiten der ersten Ebene (hier: Schüler);
j: Index von Einheiten der zweiten Ebene (hier: Klassen);
k: Index von Einheiten der zweiten Ebene (hier: Lehrer);
LPO_{ijk}: Leistungsfähigkeit eines Schülers im Leistungs-Posttest (in % bzw. z-standardisiert; s. 3.4).
π_{0jk}: Regressionskonstante der ersten Ebene (hier: Leistungsniveau der Klasse);
π_{1jk}: Regressionskoeffizient zum Prädiktor X_{1jk} der ersten Ebene (z. B. Physikleistung vor Beginn der Unterrichtsreihe);
e_{ijk}: Differenz zwischen dem tatsächlichen Wert des Schülers in der abhängigen Variablen und dem ihm vorhergesagten Wert (Zufallseffekt auf Ebene 1: Ebene-1-Residuen).

Regressionskonstanten und Regressionskoeffizienten der ersten Ebene lassen sich wiederum durch Gleichungen auf zweiter Ebene (auch Kontextebene) vorhersagen. Geht man erneut von einem Prädiktor – diesmal auf der zweiten Ebene – aus, ergibt sich folgende Gleichung zur Vorhersage der Regressionskonstanten der ersten Ebene:

$$\pi_{0jk} = \beta_{00k} + \beta_{01k} \cdot Y_{1jk} + r_{0jk} \qquad (3)$$

mit π_{0jk}: Regressionskonstante der ersten Ebene (hier: Leistungsniveau der Klasse);
β_{00k}: Regressionskonstante der zweiten Ebene (hier: Leistungsniveau der von dem Lehrer unterrichteten Klassen);
β_{01k}: Regressionskoeffizient zum Prädiktor Y_{1jk} der zweiten Ebene (z. B. Instruktionsbedingung: Zeitungsaufgaben vs. ‚traditionelle' Aufgaben).
r_{0jk}: Differenz zwischen dem tatsächlichen mittleren Wert der Einheit der zweiten Ebene (hier: Klasse) in der abhängigen Variablen und dem ihr vorhergesagten Wert (Zufallseffekt auf Ebene 2: ‚random intercept').

Für die Regressionskoeffizienten der ersten Ebene ergibt sich:

$$\pi_{1jk} = \beta_{10k} + \beta_{11k} \cdot Y_{1jk} + r_{1jk} \tag{4}$$

mit π_{1jk}: Regressionskoeffizient zum Prädiktor α_{1jk} der ersten Ebene;
β_{10k}: über die Einheiten der zweiten Ebene gemittelter, durchschnittlicher Regressionskoeffizient für Prädiktor X_{1jk} (z. B. mittlere Physikvorleistung für alle Klassen);
β_{11k}: Abweichung des Regressionskoeffizienten für Prädiktor X_{1jk} einer Einheit der zweiten Ebene von dem durchschnittlichen Regressionskoeffizienten in Abhängigkeit von Prädiktor Y_{1jk};
r_{1jk}: Differenz zwischen dem tatsächlichen Regressionskoeffizienten für Prädiktor X_{1jk} in einer Einheit der zweiten Ebene (hier: Klasse) in der abhängigen Variablen und dem vorhergesagten Wert (‚random slope').

Die Koeffizienten der zweiten Ebene (β_{00k}, β_{01k}, β_{10k}, β_{11k}) lassen sich wiederum durch Variablen auf Ebene 3 vorhersagen. Die hierfür erforderlichen vier Gleichungen sollen hier in Anlehnung an Hosenfeld (2002, S. 122) in Kurzform dargestellt werden:

$$\beta_{00k} = \gamma_{000} + \gamma_{001} \cdot Z_{1k} + u_{00k} \tag{5a}$$
$$\beta_{01k} = \gamma_{010} + \gamma_{011} \cdot Z_{1k} + u_{01k} \tag{5b}$$
$$\beta_{10k} = \gamma_{100} + \gamma_{101} \cdot Z_{1k} + u_{10k} \tag{5c}$$
$$\beta_{11k} = \gamma_{110} + \gamma_{111} \cdot Z_{1k} + u_{11k} \tag{5d}$$

mit β: Regressionskoeffizienten der zweiten Ebene, also abhängige Variable der dritten Ebene;
γ: Regressionskoeffizienten der dritten Ebene (‚intercept');
u: Zufallseffekt auf Ebene 3; Ebene-3-Residuen.

In die Gleichungen aller Ebenen können jeweils mehrere Prädiktoren simultan eingefügt werden, sodass auf jeder Ebene eine multiple Regression vorliegen kann. Die Zahl der Gleichungen steigt entsprechend, da die Koeffizienten der Prädiktoren zu abhängigen Variablen auf der nächsthöheren Ebene werden.

Durch Einsetzen der Gleichungen (5a) bis (5d) in Gl. (3) bzw. Gl. (4) und das anschließende Ersetzen von π_{0jk} und π_{1jk} in Gl. (1) durch die daraus resultierenden Beziehungen ergibt sich eine Schätzgleichung für das Gesamtmodell mit mehreren Zufallskomponenten (e, r, u):

$$\begin{aligned} LPO_{ijk} = {} & \gamma_{000} + \gamma_{001} \cdot Z_{1k} + \gamma_{010} \cdot Y_{1jk} + \gamma_{100} \cdot X_{1jk} \\ & + \gamma_{011} \cdot Y_{1jk} \cdot Z_{1k} + \gamma_{101} \cdot X_{1jk} \cdot Z_{1k} + \gamma_{110} \cdot Y_{1jk} \cdot X_{1jk} + \gamma_{111} \cdot X_{1jk} \cdot Y_{1jk} \cdot Z_{1k} \\ & + r_{1jk} \cdot X_{1jk} + u_{01k} \cdot Y_{1jk} + u_{10k} \cdot X_{1jk} + u_{11k} \cdot X_{1jk} \cdot Y_{1jk} + e_{ijk} + r_{0jk} + u_{00k} \end{aligned} \tag{6}$$

In HLM werden die Regressionskoeffizienten und Varianzen der Regressionsschätzungen auf allen Ebenen simultan geschätzt (vgl. Raudenbush & Bryk, 1992). Variiert nun die höhere Ebene nicht bedeutsam um die Parameter der unteren Ebene, werden die Zufallskomponenten u der höheren Ebene Null oder nahe Null sein. Mit einem χ^2-Test erhält man Auskunft darüber, ob dort eine Zufallsvariation existiert, d. h. eine Variation zwischen den Untersuchungseinheiten auf der jeweiligen Ebene, die nicht auf einen festen, als erklärende Variable in das Modell eingefügten Prädiktor zurückzuführen ist. Fällt der Test nicht signifikant aus, wird z. B. empfohlen, die entsprechende Zufallskomponente aus der Gleichung herauszunehmen, um die Stabilität der Schätzung zu erhöhen (vgl. Raudenbush et al., 2004). Variiert hingegen die höhere Ebene um die Parameter der unteren Ebene, geben die Zufallskomponenten zunächst an, welche Varianz auf der höheren Ebene erklärbar ist (dies wird mit dem so genannten ‚Null-Modell' vorgenommen).

3.3.2 Allgemeines Vorgehen und wichtige Kenngrößen bei Mehrebenenanalysen

Bei der praktischen Umsetzung von Mehrebenenanalysen ist es notwendig, bestimmte Regeln zu beachten und Entscheidungen zu treffen. Die wichtigsten Grundzüge werden an dieser Stelle überblicksartig zusammengestellt.[39]

Die Modellierung von Mehrebenenstrukturen sollte üblicherweise mit der Überprüfung der Verteilung der Varianzanteile der abhängigen Variablen auf die einzelnen Ebenen beginnen. Dies erfolgt mit dem sog. ‚Null-Modell' (‚Intercept-Only-Model', s. 3.3.1.1), das noch keine möglichen Prädiktoren, sondern nur die abhängige Variable beinhaltet (hier exemplarisch die Leistungsfähigkeit *LPO*), und mit dem die Varianz der abhängigen Variable in die Anteile der unterschiedlichen Ebenen zerlegt wird. Die Gleichung für das ‚Null-Modell' resultiert damit aus Gleichung (6) zu:

$$LPO_{ijk} = \gamma_{000} + e_{ijk} + r_{0jk} + u_{00k} \tag{7}$$

mit γ_{000}: ‚intercept';
e_{ijk}: Ebene-1-Zufallseffekt;
r_{0jk}: Ebene-2-Zufallseffekt;
u_{00k}: Ebene-3-Zufallseffekt.

Die Verteilung der Varianzanteile auf die einzelnen Ebenen erfolgt dann auf der Grundlage der absoluten Varianzkomponenten $VAR(e_{ijk})$, $VAR(r_{0jk})$ und $VAR(u_{00k})$ mittels der Intraklassenkorrelation (‚Intraclass Correlation Coefficient' *ICC*; vgl. Bortz & Döring, 2002, S. 274ff.). Diese bestimmt die auf den einzelnen Ebenen (‚ebenspezifisch') vorliegenden, relativen Anteile erklärbarer Varianz (in %) an der Gesamtvarianz ausgehend von den absoluten Varianzkomponenten, die das Programm HLM ausgibt:

[39] Für detaillierte Ausführungen: s. Raudenbush & Bryk, 1992.

$$ICC_{\text{Ebene1}} = \frac{VAR(e_{\text{ijk}})}{VAR(e_{\text{ijk}}) + VAR(r_{\text{0jk}}) + VAR(u_{\text{00k}})} \cdot 100\% \quad (8a)$$

$$ICC_{\text{Ebene2}} = \frac{VAR(r_{\text{0ijk}})}{VAR(e_{\text{ijk}}) + VAR(r_{\text{0jk}}) + VAR(u_{\text{00k}})} \cdot 100\% \quad (8b)$$

$$ICC_{\text{Ebene3}} = \frac{VAR(u_{\text{00k}})}{VAR(e_{\text{ijk}}) + VAR(r_{\text{0jk}}) + VAR(u_{\text{00k}})} \cdot 100\% \quad (8c)$$

Im Anschluss daran erfolgt in der Regel der Aufbau eines Modells auf der Individualebene (Ebene 1) (vgl. Raudenbush & Bryk, 2002). Die zwei wesentlichen Aspekte hierbei sind die Testung der festen Effekte, d. h. die Prüfung der Signifikanz der ins Modell eingeführten Prädiktoren, und die Identifikation von klassenabhängig variierenden Regressionskoeffizienten. Die Effekte der Prädiktorvariablen werden dabei zunächst in Modellen getestet, in die nur der jeweilige Prädiktor, also keine weitere Variable, eingefügt wird. Diese Vorgehensweise ent-spricht damit der von Raudenbush und Bryk (2002, S. 201ff.) vorgeschlagenen ‚step up'-Strategie, welche die schrittweise Erweiterung des Modells auf Grundlage funktionierender Submodelle vorsieht. Auf Klassen- und Lehrerebene ist die Vorgehensweise prinzipiell die gleiche, doch stellt sich zusätzlich die Frage, welche Prädiktoren auf Individual- bzw. Klas-senebene mit berücksichtigt werden müssen. Ist auf einer Ebene nur ein Prädiktor verfügbar, werden bei einer Modellierung auf Kontextebene (Ebene 2) alle signifikanten Individualeffek-te, bei einer Modellierung auf Ebene 3 alle statistisch bedeutsamen Effekte auf dieser Ebene implementiert. Zur Identifikation signifikanter Prädiktoren, die zur sukzessiven Erweiterung der Modellbildung herangezogen werden sollten, können explorative Analysen aller beteiligter Prädiktoren bei der Auswertung jedes Submodells durchgeführt werden. Prädiktoren, bei denen sich in diesen Analysen abzeichnet, dass sie einen bedeutsamen Vorhersagegehalt besitzen, werden zur Modellerweiterung des Submodells in die entsprechende Modellebenengleichung eingefügt. Allerdings ist eine rein empirische Rechtfertigung für das Einfügen von Prädiktoren keinesfalls ausreichend. Der Einschluss von Prädiktoren muss stets mit den Forschungshypothesen vereinbar und theoretisch begründbar sein. Sofern nicht anders beschrieben, gilt dies auch für die Varianzkomponenten variierender Regressionskoeffizienten. Diese grundsätzliche Vorgehensweise wird in allen Mehrebenenanalysen dieser Arbeit verfolgt, die in den einzelnen Anwendungsfällen zudem noch spezifiziert wird.

Neben den Signifikanztests für Prädiktoren und Varianzkomponenten stehen zur Beurteilung von Modellen weitere Indizes zur Verfügung. Von besonderer Bedeutung ist die Devianz D, die der doppelten negativen Log-Likelihood L entspricht:

$$D = -2 \cdot \log(L) \quad (9a)$$

Sie kann als ein Maß der Gesamtmodellgüte angesehen werden, wobei eine Verringerung der Devianz durch Weiterentwicklung eines Modells M1 zu einem Modell M2 (z. B. bei Einfügen eines Prädiktors) eine Verbesserung des Erklärungswerts indiziert, wenn auch der Betrag von D nicht absolut zu interpretieren ist. Die Differenz der Devianzen ΔD zweier Modelle M1 und M2 ergibt sich demnach zu:

$$\Delta D_{\mathrm{M1M2}} = D_{\mathrm{M1}} - D_{\mathrm{M2}} = -2[\log(L_{\mathrm{M1}}) - \log(L_{\mathrm{M2}})] = -2\log\left(\frac{L_{\mathrm{M1}}}{L_{\mathrm{M2}}}\right) \tag{9b}$$

Die Devianzdifferenz lässt sich über eine χ^2-Verteilung auf statistische Bedeutsamkeit testen, wobei die Zahl der Freiheitsgrade durch die Differenz der Anzahl geschätzter Modellparameter definiert ist. Erreicht der Wert von ΔD statistische Signifikanz, so bedeutet dies, dass das umfangreichere Modell dem restriktiveren insgesamt überlegen ist. Voraussetzung für diesen Signifikanztest ist allerdings, dass die beiden Modelle geschachtelt sind, was bedeutet, dass das spezifischere der Modelle durch Entfernen von Parametern aus dem allgemeineren abgeleitet werden kann (vgl. Hox, 1995, S. 17). Die Vorgehensweise bei Verletzung dieser Bedingung ist umstritten. So nennen Kreft und De Leeuw (1998, S. 65) als Faustregel, dass die Veränderung der Devianz mindestens dem Doppelten der Differenz der Freiheitsgrade entsprechen sollte. Hox (1995) empfiehlt für den Fall, dass ein Signifikanztest nicht möglich ist, dem Einfachheitsprinzip zu folgen und das Modell mit weniger Parametern bzw. Varianzkomponenten vorzuziehen. Hier soll beiden Ansichten Rechnung getragen werden, indem das Für und Wider im Einzelfall abgewogen wird. Zur Beurteilung von Mehrebenenmodellen stehen weitere Indikatoren zur Verfügung, z. B. die Reliabilität der Schätzungen und die Zahl der Iterationen bis zum Erreichen des Konvergenzkriteriums (vgl. Raudenbush & Bryk, 2002, S. 202). Obwohl diese gerade in Grenzfällen stets in die Modellbeurteilung einbezogen wurden, bilden sie keinen Schwerpunkt im Rahmen der Ergebnisinterpretation und sollen daher nicht näher erläutert werden.

Die Ermittlung der festen Effekte und der Varianzkomponenten erfolgt in Mehrebenenanalysen meist auf Basis einer Maximum-Likelihood-Schätzung. Auch wenn auf dieses Verfahren nicht im Detail eingegangen werden kann[40], soll an dieser Stelle auf die Unterscheidung zwischen der Full-Maximum-Likelihood (MLF) und der Restricted-Maximum-Likelihood (MLR) hingewiesen werden. Nach Raudenbush und Bryk (2002) erbringt die MLR-Schätzung unter bestimmten Umständen bessere Resultate. Ihr Einsatz hat jedoch zur Folge, dass eine Berechnung der Devianzminderung nur bei Veränderungen der Varianzkomponenten (z. B. durch das Zulassen variierender Regressionskoeffizienten), nicht bei einer Rekonfiguration der festen Effekte (z. B. durch Hinzufügen eines weiteren Prädiktors) möglich ist (vgl. Hox, 1998, S.

[40] Ausführliche Beschreibung in Rost, 2004, S. 303ff.

150). Da die Beurteilung der Gesamtmodellgüte eine sinnvolle Ergänzung zur Parametertestung darstellt (s. o.), wird in allen folgenden Berechnungen die MLF-Schätzung verwendet.

Ein weiterer wichtiger Aspekt für die Interpretation von Mehrebenenanalysen ist die Definition des Nullpunktes (‚Zentrierung‘) eines Prädiktors, die für die Bewertung der Koeffizienten maßgeblich ist und die numerische Stabilität der Schätzungen (vgl. Raudenbush & Bryk, 2002, S. 25ff.) beeinflusst. Zur Zentrierung der Prädiktoren sind die drei gängigsten Formen

a) die Verwendung der natürlichen Metrik: Der gegebene Nullpunkt wird übernommen. Dies macht nur dann Sinn, wenn der Nullpunkt interpretierbar ist (Bsp. IQ: Ein Intelligenzquotient von null ist theoretisch unsinnig);
b) die Zentrierung um den Gruppenmittelwert (‚group-mean-centered‘): Das Gruppenmittel wird von jedem Wert des Prädiktors abgezogen (Bsp.: Von der Physikleistung jedes Schülers einer Klasse wird die mittlere Physikleistung der Klasse abgezogen);
c) die Zentrierung um das Gesamtmittel (‚grand-mean-centered‘): Von den Werten des Prädiktors wird das Mittel aller verfügbaren Werte abgezogen (Bsp.: Von der Physikleistung jedes Schülers wird die mittlere Physikleistung aller Schüler abgezogen).

Eine weitere entscheidende Größe zur Beurteilung des Effektes eines Prädiktors ist die Ermittlung eines Effektstärkenmaßes, das häufig mit R^2 als Anteil der zugeschriebenen, aufgeklärten (oder auch erklärten) Varianz im Rahmen des jeweiligen Versuchsplans interpretiert wird (Wolf, 2001, S. 97). Im Gegensatz zu einfachen Regressions- und Varianzanalysen (uni- oder multivariat) ist die Bestimmung eines derartigen Effektstärkenmaßes bei Mehrebenenanalysen ungleich komplexer. Dies resultiert schon alleine aus der Tatsache, dass in diesen Verfahren eine Varianzaufklärung auf verschiedenen Ebenen erfolgt. Werden darüber hinaus neben festen Effekten auch Zufallseffekte (‚random slopes‘, s. 3.3.1.2) in den Mehrebenenstrukturen modelliert, so werden erstens die Modelle an sich schon wesentlich komplexer, und zweitens hat darüber hinaus die Varianzaufklärung keine einheitliche Definition mehr (Hox, 2002, S. 63). Dies hat zur Folge, dass die Ermittlung der aufgeklärten Varianz als Effektstärkemaß im Rahmen komplexer Mehrebenenmodellen mit Zufallseffekten erstens nur vereinzelt und zweitens bisher nur bei Zwei-Ebenen-Strukturen ausgeführt und auf die Berechnung im Drei-Ebenen-Fall infolge weiter drastisch ansteigender Komplexität der Zusammenhänge verzichtet wird. Einzige Ausnahme bilden die im Folgenden erläuterten und dieser Arbeit genutzten ‚Hilfsmodelle‘ (Hox, 2002; Langer, 2004; Snijders & Bosker, 1994; 1999).

Da in dieser Arbeit bei der Analyse der Motivation (s. 3.4.2) Modelle entwickelt werden, die signifikante Zufallseffekte aufweisen, erfolgt deshalb die Ermittlung der Effektstärke eines Prädiktors auf die Motivation als abhängige Variable in diesen Fällen in Anlehnung an Hox (2002) sowie an Snijders und Bosker (1994; 1999) durch Verwendung von ‚Hilfsmodellen'. Darin werden neben den Prädiktoren des Submodells ausschließlich der zusätzlich zu modellierende Prädiktor hinzugefügt, ohne Berücksichtigung möglicher signifikanter Zufallseffekte. Dies hat zur Folge, dass in diesen Fällen die Effektstärke überschätzt wird, da davon auszugehen ist, dass die Prädiktoren gemeinsame Varianz aufweisen. Somit stellen die ermittelten Effektstärken zur Motivation einerseits zwar ‚nur' eine grobe Näherung dar, andererseits ist diese Vorgehensweise jedoch das derzeit einzig dokumentierte Verfahren zur Berechnung von Effektstärken bei Mehrebenenmodellen mit Zufallseffekten im Drei-Ebenen-Fall.

Grundsätzlich wird in dieser Arbeit für die Ermittlung der Größe eines Effektes zwischen zwei Fällen unterschieden:

- Ebenenspezifisch: Zur Betrachtung von Effekten *innerhalb* einer Ebene wird die Größe des Effektes als prozentualer Varianzanteil dargestellt, der durch hinzufügen des Prädiktors in ein Submodell ebenenspezifisch aufgeklärt wird, verglichen mit der ebenenspezifischen Gesamtvarianz des Null-Modells:

$$R^2{}_{\mathrm{P}} = \frac{VAR_{\mathrm{SoP}} - VAR_{\mathrm{SmP}}}{VAR_0} \tag{10}$$

mit $R^2{}_{\mathrm{P}}$: Anteil der durch den Prädiktor ebenenspezifisch aufgeklärten Varianz;
VAR_{SoP}: ebenenspezifische Restvarianz des Submodells ohne Prädiktor;
VAR_{SmP}: ebenenspezifische Restvarianz des Submodells mit Prädiktor;
VAR_0: ebenenspezifische Gesamtvarianz des Null-Modells.

Diese ebenenspezifische Varianzaufklärung kann zudem nach Wolf (2001, S. 99) in das populationskorrigierte Effektstärkenmaß ω^2 umgewandelt werden:

$$\omega^2 = \frac{R^2(n_{\mathrm{E}} + n_{\mathrm{H}}) - n_{\mathrm{H}}}{1 - R^2 + n_{\mathrm{E}}} \tag{11}$$

mit n_{H}: Freiheitsgrade Hypothese (hier: Anzahl der Prädiktoren);
n_{E}: Freiheitsgrade Fehler (Error).

An dieser Stelle ist die Angabe von ω^2 als Effektstärkemaß im Sinne einer in der empirischen Forschung gängigen Einschätzung über die Größe eines Effektes[41] nur auf Individualebene (Ebene 1) sinnvoll, da auf dieser Ebene die abhängige Variable gemessen wird. Für die Einschätzung der Größe eines Prädiktoreffektes auf höheren Ebenen wird dabei ausschließlich $R^2{}_{\mathrm{P}}$ verwendet, das von ω^2 auf Ebene 1 zu unterscheiden ist und nicht ohne weiteres mit diesem Effektstärkenmaß verglichen werden kann.

[41] Nach Cohen (1988) werden die Effekte in kleine ($0.01 < \omega^2 \leq 0.06$), mittelgroße ($0.06 < \omega^2 \leq 0.14$) und große Effekte ($0.14 < \omega^2$) eingeteilt.

– Ebenenübergreifend: Sollen Haupteffekte von dichotomen Prädiktoren höherer Ebenen (wie z. B. die Experimentalbedingung, das Geschlecht, das Thema usw.; vgl. 3.4.2, 3.4.3) auf die abhängige Variable auf Ebene 1 ebenenübergreifend ermittelt werden, so wird in Anlehnung an Tymms, Merrell und Henderson (1997) und Tymms (2004) Cohens *d* als Effektstärkenmaß[42] für den Mehrebenenfall berechnet. Dabei wurden die Verhältnisse zwischen verschiedenen Ebenen mithilfe meta-analytischer Zusammenhänge berücksichtigt (Glass, McGraw & Smith, 1991; Fitz-Gibbon & Morris, 1987), sodass sich für die Berechnung der Effektstärke *d* als ebenenübergreifende Effektstärkemaß im Rahmen von Mehrebenenanalyse folgende Beziehung ergibt:

$$d_N = \frac{\beta_N}{\sigma_e} \tag{12a}$$

mit d_N: Cohens *d* als Effektstärke[43] des Prädiktors von Ebene N auf die abhängige Variable auf Ebene 1;
β_N: Regressionskoeffizient des Prädiktors auf Ebene N;
σ_e: Standardabweichung auf Ebene 1 ($\sigma_e^2 = e_{ijk}$; vgl. Gl. (7)).

Zur Berechnung der Effektstärken kontinuierlicher Prädiktoren ändert sich Gl. (12a) zu

$$d_N = \frac{2 \cdot \beta_N \cdot SD_P}{\sigma_e} \tag{12b}$$

mit d_N: Cohens *d* als Effektstärke[43] des Prädiktors von Ebene N auf die abhängige Variable auf Ebene 1;
β_N: Regressionskoeffizient des Prädiktors auf Ebene N;
SD_P: Standardabweichung des Prädiktors auf Ebene N;
σ_e: Standardabweichung auf Ebene 1 ($\sigma_e^2 = e_{ijk}$; vgl. Gl. (7)).

Mithilfe dieser Zusammenhänge kann Cohens *d* als standardisiertes Effektstärkenmaß ermittelt werden, das, wie mit ω^2 ebenenspezifisch auf Individualebene (s. o.), zur Einschätzung der Größe des ebenenübergreifenden Einflusses eines Prädiktors bzw. einer Aggregateinheit auf die abhängige Variable auf Ebene 1 verwendet werden kann.

[42] $d = \frac{MW_1 - MW_2}{SD_{pooled}}$ (vgl. Bortz & Döring, 1995, S. 568)

[43] Nach Cohen (1988) werden die Effekte dabei in kleine ($0.2 \leq d < 0.5$), mittlere ($0.5 \leq d < 0.8$) und große Effekte ($0.8 \leq d$) eingeteilt (vgl. Cohen, 1988; Bortz & Döring, 1995, S. 568).

3.4 Ergebnisse der Interventionsstudie

Die Darstellung der Ergebnisse zur ‚Breitenwirkung des MAI-Ansatzes' erfolgt in diesem Abschnitt in vier Schritten. Zunächst werden die deskriptiven Daten der Lehrermerkmale und der themenübergreifenden Moderatorvariablen berichtet. Im Anschluss daran werden die inferenzstatistischen Zusammenhänge zur Motivation mehrebenenanalytisch untersucht (Hypothesen M1 und M2; s. 3.1), wobei die diesbzgl. deskriptiven Statistiken zur Motivation den Analysen vorangestellt sind. Danach werden zunächst im dritten Schritt Wirkbeziehungen zur Leistungsfähigkeit nach der Instruktionsphase (Posttest) mehrebenenanalytisch dargestellt (Hypothese L1; s. 3.1) und dann abschließend im vierten und letzten Schritt die varianzanalytischen Ergebnisse zur Leistungsbeständigkeit präsentiert (Hypothese L2; s. 3.1). In beiden Fällen sind wie auch bei der Motivationsanalyse die deskriptiven Statistiken zur themenspezifischen Leistungsfähigkeit dem entsprechenden Abschnitt jeweils vorangestellt.

Tabelle 22: Übersicht über Instrumente, Analysemethoden und Orte der Daten- und Ergebnisdarstellung

Abhängige Variable/Erhebungsinstrument	Analysemethode	Untersuchungsaspekt/-bereich	Ergebnisdarstellung	Deskriptive Daten
Motivation/Motivationstest (s. 2.2.1)	MA	Gesamtmotivation	4.2.3, S. 108	4.2.2, S. 105
		Subskala IE	4.2.4, S. 116	
		Subskala Sk	4.2.5, S. 120	
		Subskala RA	4.2.6, S. 125	
Leistungsfähigkeit/Leistungstest (‚Geschwindigkeit': s. 2.2.3; ‚Elektrische Energie': s. 2.2.4)	MA	Gesamtleistung	4.3.3, S. 133	4.3.2, S. 132
	VA	‚Geschwindigkeit'	4.4.1, S. 139	
		‚Elektrische Energie'	4.4.2, S. 144	
Lehrereinstellungen/Test zu Lehrereinstellungen bzw. Professionswissen (s. 2.2.2)	MA	Gesamtleistung	4.3.3, S. 133	4.1.1, S. 100
Physik-Vorleistung (s. 2.2.2)	MA	Gesamtmotivation	4.2.3, S. 108	4.1.2, S. 100
		Subskala IE	4.2.4, S. 116	
		Subskala Sk	4.2.5, S. 120	
		Subskala RA	4.2.6, S. 125	
		Gesamtleistung	4.3.3, S. 133	
	VA	‚Geschwindigkeit'	4.4.1, S. 139	
		‚Elektrische Energie'	4.4.2, S. 144	
Allgemeine Intelligenz/Test zur allgemeinen Intelligenz (s. 2.2.2)	MA	Gesamtmotivation	4.2.3, S. 108	4.1.2, S. 100
		Subskala IE	4.2.4, S. 116	
		Subskala Sk	4.2.5, S. 120	
		Subskala RA	4.2.6, S. 125	
		Gesamtleistung	4.3.3, S. 133	
	VA	‚Geschwindigkeit'	4.4.1, S. 139	
		‚Elektrische Energie'	4.4.2, S. 144	
Lesekompetenz/Test zu Sprachfähigkeit (s. 2.2.3) und Textverständnis (s. 2.2.4)	MA	Gesamtmotivation	4.2.3, S. 108	4.1.2, S. 100
		Subskala IE	4.2.4, S. 116	
		Subskala Sk	4.2.5, S. 120	
		Subskala RA	4.2.6, S. 125	
		Gesamtleistung	4.3.3, S. 133	
	VA	‚Geschwindigkeit'	4.4.1, S. 139	
		‚Elektrische Energie'	4.4.2, S. 144	

Anmerkung. MA = Mehrebenenanalyse; VA = Varianzanalyse; IE = Intrinsische Motivation/Engagement; Sk = Selbstkonzept; RA = Realitätsbezug/Authentizität

3.4.1 *Deskriptive Statistiken*

In diesem Kapitel werden zunächst die Daten der Lehrermerkmale und themenübergreifenden Moderatorvariablen tabellarisch dargestellt und die wichtigsten Ergebnisse überblicksartig qualitativ berichtet. Die Detailanalysen insbesondere inferenzstatistischer Zusammenhänge dieser Daten erfolgen dann durch hierarchische bzw. varianzanalytische Verfahren in den folgenden Kapiteln. Die Daten werden an dieser Stelle jeweils themenspezifisch dargestellt, um eine detaillierte Analyse bei anschließend analysierten Wirkzusammenhängen zu ermöglichen.

3.4.1.1 Daten der Lehrermerkmale

Während Sachinteresse für Physik (SAI), Bedeutung von Physik (SBP) sowie Interesse für den Physikunterricht (IUP) überwiegend einheitlich ausgeprägt sind, zeigen die restlichen deskriptiven Lehrermerkmale deutliche Unterschiede zwischen den einzelnen Lehrkräften (s. Tab. 23). Dies gilt einerseits für die selbstbezogenen Variablen ‚Fachinteresse' (FAI; retrospektiv bezogen auf die eigene Schulzeit) und Selbstwirksamkeitserwartung (SWE), aber insbesondere für die Variablen zu den Einstellungen zum Lehren und Lernen. Bei letzteren zeigen lediglich die Teilbereiche ‚Motivation als Voraussetzung erfolgreichen Lernens' (MT) und ‚Eigene Ideen diskutieren' (DK) ein einigermaßen ausgewogenes Verhältnis.

Tabelle 23: Deskriptive Daten der Lehrermerkmale

Merkmal / Lehrer	FAI		SAI		SBP		IUP		SWE		IL		EI		AW		PL		MT		CC		VW		OL		DK	
	MW	SD	MW	SD	MW	SD	MW	SD	MW	SD	MW	SD	MW	SD	MW	SD	MW	SD	MW	SD	MW	SD	MW	SD	MW	SD	MW	SD
Lk1	2.8	1.0	3.3	1.0	4.0	0.0	3.5	1.0	3.8	0.5	0.7	1.0	3.6	0.7	3.6	0.9	1.8	1.8	3.8	0.5	1.7	1.0	1.7	0.6	2.2	0.8	4.0	0.0
Lk2	3.8	0.5	2.8	1.0	4.0	0.0	3.8	0.5	4.0	0.0	1.8	1.5	2.1	1.2	2.8	1.6	1.0	0.7	2.8	0.5	2.3	1.2	1.7	0.6	1.8	1.3	2.5	0.6
Lk3	2.3	0.5	3.0	0.8	2.8	0.4	2.8	1.9	2.8	1.9	1.9	0.7	2.9	0.6	2.4	0.9	2.0	1.0	3.3	0.5	2.8	0.4	3.0	0.0	2.4	0.5	3.0	0.0
Lk4	1.8	1.0	4.0	0.0	4.0	0.0	4.0	0.0	2.3	1.5	2.4	1.9	3.3	1.0	3.8	0.4	2.2	1.5	3.8	0.5	4.0	0.0	4.0	0.0	2.2	0.8	3.0	2.0
Lk5	0.3	0.5	3.8	0.5	3.8	0.4	3.8	0.5	3.5	0.6	2.1	0.7	2.4	0.5	2.4	0.9	0.6	0.5	3.8	0.5	3.8	0.4	4.0	0.0	1.4	0.5	3.5	1.0
Lk6	3.5	0.6	3.0	1.0	3.4	0.5	3.5	0.6	3.0	0.8	2.6	0.8	2.3	0.9	2.0	0.7	1.6	0.9	3.0	0.0	2.3	0.5	2.3	0.6	1.6	0.5	2.8	0.5
Lk7	2.7	0.7	3.5	0.6	3.7	0.4	3.5	0.6	3.2	0.7	2.0	1.0	2.8	0.7	2.9	0.7	1.9	1.0	3.1	0.7	2.8	0.6	2.4	0.4	1.7	0.7	3.1	0.7
Lk8	2.5	1.3	3.8	0.5	3.4	0.5	3.3	1.0	3.3	1.0	2.2	0.7	1.9	0.9	1.8	0.8	1.8	0.8	2.5	0.6	2.5	0.5	1.3	0.6	1.2	1.1	2.5	0.6
Lk9	3.5	0.6	3.3	1.0	4.0	0.0	2.8	0.5	1.5	0.6	2.3	1.7	3.2	0.4	3.8	0.4	2.6	1.1	3.8	0.5	2.3	1.2	1.3	0.6	2.0	0.7	2.8	0.5
Lk10	4.0	0.0	4.0	0.0	4.0	0.0	4.0	0.0	4.0	0.0	3.1	1.5	1.9	0.6	4.0	0.0	1.4	1.1	3.5	1.0	3.3	0.5	2.3	0.6	1.0	0.0	2.8	0.5
Lk11	2.8	1.9	3.3	0.5	3.6	0.5	3.5	0.6	3.3	0.5	1.8	0.5	3.0	0.9	2.4	0.5	1.8	0.8	3.0	0.8	2.5	1.2	2.7	0.6	1.8	1.1	3.3	1.0
Lk12	3.5	0.6	3.8	0.5	3.6	0.5	3.3	0.5	3.0	1.4	1.0	1.0	2.9	0.6	3.2	0.4	2.8	0.4	2.5	1.3	3.2	0.4	2.7	0.6	1.6	0.5	2.8	1.0
Lk13	3.5	0.6	4.0	0.0	3.6	0.9	3.8	0.5	3.5	0.6	1.9	1.2	3.6	0.5	2.4	1.1	1.6	1.5	3.5	0.6	3.7	0.5	2.7	0.6	1.2	0.4	3.8	0.5
Lk14	1.3	0.5	3.5	0.6	3.2	0.8	3.5	0.6	3.3	0.5	2.2	0.7	2.7	0.5	2.8	0.4	2.6	0.5	2.3	1.0	2.8	0.4	2.0	1.0	2.0	0.7	2.8	0.5
Lk15	2.5	0.6	3.3	1.0	3.8	0.4	3.5	0.6	4.0	0.0	1.4	0.8	2.9	0.3	3.8	0.4	2.4	0.9	2.8	1.3	2.2	0.4	2.0	0.0	1.8	0.4	3.5	0.6

Anmerkungen. Lk = Lehrkraft; MW = Mittelwert; SD = Standardabweichung; kleinster Wert = 0; größter Wert = 4

3.4.1.2 Daten der Moderatorvariablen

Die deskriptiven Daten der Moderatorvariablen in Tabelle 24 verdeutlichen, dass sich EG und KG pro Lehrkraft in den einzelnen Variablen meist nahezu entsprachen.

Tabelle 24: Deskriptive Daten der Moderatorvariablen in den Themenbereichen ‚Geschwindigkeit' und ‚Elektrische Energie'

Schul-system	Schulart	Lehrkraft	Gruppe	**Physik-Vorleistung** *MW (SD)*	**Allgemeine Intelligenz** *MW (SD)*	**Sprach-fähigkeit** *MW (SD)*	**Physik-Vorleistung** *MW (SD)*	**Allgemeine Intelligenz** *MW (SD)*	**Textver-ständnis** *MW (SD)*
Gesamt			EG	59.6 (16.1)	63.0 (18.8)	56.7 (13.7)	64.4 (16.5)	74.0 (12.4)	68.7 (16.6)
			KG	61.1 (16.2)	64.3 (17.8)	57.6 (14.0)	61.4 (18.5)	72.1 (14.0)	65.7 (18.2)
differenziertes, 3gliedriges Schulsystem	Haupt-schule	Lk1	EG	51.7 (12.3)	59.6 (16.7)	55.0 (8.1)	58.9 (11.5)	72.5 (11.4)	44.5 (13.1)
			KG	54.7 (15.7)	57.9 (17.3)	52.2 (9.7)	54.7 (15.2)	69.1 (17.4)	43.5 (16.9)
	Realschule	Lk2	EG				63.2 (17.3)	76.4 (10.4)	69.8 (11.7)
			KG				59.8 (22.0)	75.1 (12.3)	68.2 (20.7)
		Lk3	EG	64.2 (13.9)	56.2 (16.9)	55.2 (8.4)			
			KG	64.7 (12.2)	55.6 (17.0)	57.6 (7.5)			
		Lk4	EG	52.9 (11.2)	53.7 (16.8)	48.7 (10.0)	64.3 (10.8)	71.1 (10.9)	68.2 (21.9)
			KG	55.2 (12.0)	49.7 (18.4)	51.1 (12.0)	64.1 (12.0)	68.3 (10.4)	64.7 (15.8)
		Lk5	EG	57.1 (12.9)	62.0 (14.8)	54.5 (8.2)	59.3 (15.5)	66.7 (11.7)	69.9 (10.0)
			KG	52.3 (13.1)	59.7 (16.3)	54.1 (11.2)	55.9 (16.5)	65.9 (14.4)	68.3 (12.3)
	Gymnasium	Lk6	EG				65.6 (18.4)	78.8 (12.1)	82.3 (12.1)
			KG				63.6 (17.5)	76.8 (12.0)	79.4 (16.1)
		Lk7	EG	68.8 (9.3)	79.6 (8.7)	84.2 (10.6)			
			KG	71.1 (10.3)	81.2 (11.5)	87.0 (8.7)			
		Lk8	EG	65.0 (17.2)	78.0 (11.5)	60.4 (9.6)			
			KG	70.4 (9.0)	75.0 (11.6)	57.7 (9.9)			
		Lk9	EG	74.0 (7.1)	78.3 (18.4)	61.7 (8.9)			
			KG	74.0 (12.9)	82.7 (10.8)	64.4 (6.5)			
integriertes Schulsystem	Regionale Schule	Lk10	EG	54.3 (18.5)	55.6 (15.3)	47.3 (11.1)			
			KG	58.1 (22.3)	56.2 (14.7)	47.9 (11.7)			
		Lk11	EG				66.6 (11.2)	71.0 (14.6)	65.6 (11.5)
			KG				63.2 (24.7)	69.2 (18.2)	64.6 (17.4)
	Duale Ober-schule	Lk12	EG	53.5 (17.7)	55.8 (19.1)	56.8 (9.3)			
			KG	55.2 (12.2)	60.3 (12.8)	55.8 (6.3)			
		Lk13	EG				54.9 (25.6)	75.7 (10.2)	64.5 (18.2)
			KG				56.2 (18.2)	76.8 (10.8)	65.1 (17.5)
	Int.egrierte Gesamtsch.	Lk14	EG	59.1 (17.5)	63.7 (18.7)	57.9 (8.5)			
			KG	57.5 (15.9)	63.9 (14.1)	54.9 (13.3)			
		Lk15	EG				75.6 (12.5)	74.8 (13.7)	70.8 (12.5)
			KG				71.8 (12.6)	76.8 (9.9)	67.3 (12.9)

Anmerkungen. Lk = Lehrkraft; *MW* = Mittelwert; *SD* = Standardabweichung; alle Angaben in %.

Gleichzeitig werden aber auch vereinzelt deutliche Unterschiede erstens zwischen den von einzelnen Lehrkräften betreuten Parallelklassen (s. z. B. Datenwerte von Lk4 und Lk7) und zweitens zwischen den beiden Themenbereichen (s. Datenwerte zur Allgemeinen Intelligenz und zur Lesekompetenz) ersichtlich. In wieweit diese Daten die abhängigen Variablen beeinflussen und ob die Unterschiede auf die Lehrkraft, die Klassen oder die Schulart zurückzuführen sind, wird in 3.4.2 und 3.4.3 analysiert.

3.4.2 Mehrebenenanalysen zur Motivation

In diesem Abschnitt erfolgt die Analyse der Motivation unter Berücksichtigung der hierarchischen Struktur der Stichprobe. Da es sich dabei um ein Längsschnittdesign handelt, stellen die durch die Dummy-Variablen Dum_t1, Dum_t2 und Dum_t3 repräsentierten Zeitintervalle zwischen den drei Messzeitpunkten und dem Motivations-Prätest Prädiktoren der ersten Ebene und die Schüler die zweite Ebene dieser Mehrebenenstruktur dar (s. 3.4.2.1).[44] Als weitere Ebenen können die Klassen sowie die Lehrkräfte identifiziert werden. Da technisch nur Drei-Ebenen-Modelle ausgewertet werden können, muss zunächst geprüft werden, welche dieser beiden Variablen als dritte Ebene in die Analyse einbezogen wird (s. 3.4.2.1). In den daran anschließenden Teilkapiteln dieses Abschnitts erfolgt dann nach Darstellung der deskriptiven Motivationsdaten (s. 3.4.2.2) die Mehrebenenanalyse der Motivation insgesamt sowie der verschiedene Subskalen ‚Intrinsische Motivation/Engagement' (IE), ‚Selbstkonzept' (Sk) und ‚Realitätsbezug/Authentizität' (RA). Da in diesem Teilkapitel zum ersten Mal in dieser Arbeit mehrebenenanalytische Ergebnisse dargestellt werden, erscheint es angebracht, bei der Analyse des Motivationsverlaufs insgesamt (total, s. 3.4.2.3) das Vorgehen exemplarisch ausführlicher zu beschreiben. Dabei werden aus Gründen der Übersichtlichkeit und der Datenfülle nur Daten signifikanter Prädiktoren aufgeführt. Nicht signifikante Daten werden nur in Einzelfällen zur Verdeutlichung der Modellentwicklung und beim Vergleich der Modelldevianzen genannt.[45]

3.4.2.1 Auswahl und Strukturierung der Ebenen

Die Auswahl der in einem Untersuchungsmodell zu berücksichtigenden Ebenen ist, wie in 3.3.1.1 beschrieben, von der Fragestellung und von der pro Ebene erklärbaren Varianz abhängig. Für den hier analysierten Fall der Mehrebenenanalyse eines Längsschnittdesigns zur Motivation ist es erforderlich, von den vier zur Verfügung stehenden Ebenen (Messzeitpunkte, Schüler, Klassen, Lehrer) drei Ebenen auszuwählen (s. 3.3.1.1). Dies bedeutet in Anlehnung an Ditton und Krecker (1995), dass zunächst in einem Drei-Ebenen-Modell die Varianzkomponenten auf Ebene 1 zwischen den Messzeitpunkten innerhalb der Schüler, zwischen den Schülern innerhalb der Klassen (Ebene 2) und zwischen den Klassen (Ebene 3) ermittelt wird. Um da-

[44] Dum_t1: Zeitintervall zwischen Motivations-Prätest und Test zur aktuellen Motivation; Dum_t2: Zeitintervall zwischen Motivations-Prätest und Motivations-Posttest; Dum_t3: Zeitintervall zwischen Motivations-Prätest und Follow up-Test.

[45] Die vollständigen, signifikanten und nicht signifikanten Modelldaten sind aus Gründen der Datenfülle (insgesamt über 200 Seiten für die Analyse allein der Motivation in 3.4.2) nicht in gedruckter Form, sondern in OnlinePLUS unter www.viewegteubner.de zu finden.

rüber hinaus den Effekt der Lehrer zu bestimmen, wurde für jede zu untersuchende Schülervariable zuerst ein vollständig unkonditioniertes Modell (‚Null-Modell', s. Gl. (6), 3.3.2) berechnet und dann in einem weiteren Modell die Lehrer kontrolliert. Die Effektanteile für die Lehrer und Varianzanteile auf Klassen- und Schülerebene wurden anschließend auf der Grundlage der ermittelten absoluten Varianzkomponenten mit Gl. (8a) bis Gl. (8c) berechnet. Die Varianzaufteilung bzgl. der Motivation insgesamt (total) sowie der drei Subskalen auf die einzelnen Ebenen für ein Vier-Ebenen-Modell zum Längsschnittdesign der Motivation in der hier vorliegenden Interventionsstudie ist in Tabelle 25 dargestellt. Es wird deutlich, dass der größte Teil der Varianz der Ebene 1 der Messzeitpunkte zugeordnet werden kann. Auf diese Ebene entfällt stets mehr als 50% des gesamten Varianzanteils. Der Varianzanteil der zweiten Ebene der Schüler beträgt zwar nur noch ca. die Hälfte von Ebene 1, trotzdem entspricht dies für die Motivation insgesamt (total) sowie für zwei von drei Subskalen noch ca. 30% des gesamten Varianzanteils. Lediglich bei der Subskala zu ‚Realitätsbezug/Authentizität' (RA) des Motivationstests wird dieser Ebene nur ca. 23% der Varianz zugeteilt.

Tabelle 25: Varianzaufteilung auf die einzelnen Ebenen des Vier-Ebenen-Modells zum Längsschnittdesign der Motivation

Mot.-Skalen / Ebene	Intrinsische Mot./ Engagement IE		Selbstkonzept Sk		Realitätsbezug/ Authentizität RA		total	
	VAR	%	VAR	%	VAR	%	VAR	%
Messzeitpunkte	273.60	58.3	221.00	58.9	369.66	60.8	204.35	57.3
Schüler	144.24	30.7	116.47	31.0	140.12	23.1	104.07	29.2
Klassen	48.25	10.3	34.28	9.2	94.80	15.6	46.31	12.3
Lehrer	3.38	0.7	3.55	0.9	3.23	0.5	2.07	0.6
Summe	469.47	100.0	375.25	100.0	607.81	100.00	356.80	100.0

Anmerkungen. VAR = Varianz

Für die dritte Ebene der Klassen reduziert sich der Varianzanteil für die Motivation insgesamt sowie die Subskalen IE und Sk auf ca. 10% und somit auf ca. ein Drittel des Varianzanteils von Ebene 2. Bei der Subskala RA sowie bei der Motivation insgesamt beträgt der Varianzanteil sogar mehr als 10%. Trotz des verglichen mit den vorangehenden Ebenen kleineren Varianzanteils ist der χ^2-Test dieser Ebene für die Motivation insgesamt und für alle Subskalen signifikant (df = 38; $\chi^2 > 187.23$; $p <$ 0.001).

Der Varianzanteil der Lehrer-Ebene ist dagegen sehr gering und für die Motivation insgesamt sowie für alle Subskalen kleiner als 1%. Zwar wird der χ^2-Test für die Subskala Sk gerade signifikant (df = 14; $\chi^2 = 23.83$; $p = 0.048$), für die Motivation insgesamt und für alle anderen Subskalen wird die Signifikanz jedoch verfehlt (IE: df = 14; $\chi^2 = 22.44$; $p = 0.070$; RA: df = 14; $\chi^2 = 20.68$; $p = 0.110$; RA: df = 14; $\chi^2 =$ 22.18; $p = 0.075$).

Aus diesen Gründen werden neben den Messzeitpunkten als Ebene 1, den Schülern als Ebene 2 noch die Klassen als Ebene 3 in das zu untersuchende Drei-Ebenen-Modell eingeschlossen, nicht die Lehrer.

Somit ergibt sich für die Untersuchung der Motivation in dieser Interventionsstudie folgende Mehrebenenstruktur mit den entsprechend zugeordneten Prädiktoren:

Ebene 1: Messzeitpunkte ($N = 3264$)

- Prätest MOT1-PRE (s. Tab. 21) vor der Instruktionsphase (T0)
- Aktuelle Motivation MOT-CUR (s. Tab. 21) während der Instruktionsphase (T1)
- Posttest MOT2-POST (s. Tab. 21) nach Abschluss der Instruktionsphase (T2)
- Follow up-Test MOT3-FUP (s. Tab. 21) neun Wochen nach dem Posttest (T3)

Infolge der Nichtlinearität resultierend aus den ungleichen Messzeitpunktabständen war es erforderlich, drei ‚Dummy-Variablen' aus den vier Messzeitpunkten zu erzeugen, die jeweils dem zeitlichen Intervall zum Motivations-Prätest darstellen:

- Dum_t1: Zeitintervall zwischen T0 und T1
- Dum_t2: Zeitintervall zwischen T0 und T2
- Dum_t3: Zeitintervall zwischen T0 und T3

Ebene 2: Schüler ($N = 816$)

- Physik-Vorleistung: Differenz zwischen der durchschnittlich vor der Intervention erbrachten schriftlichen Leistungen im Fach Physik und der mittleren Physikleistung der Klasse (‚group-mean-centered'; s. 3.3.2: $PHY = PHY_{0jk} - \overline{PHY}_k$; in % der maximal erreichten Punktzahl)
- Allgemeine Intelligenz (AI; in % der maximal erreichten Punktzahl)
- Lesekompetenz (LK; in % der maximal erreichten Punktzahl)
- Geschlecht (GENDER; Kodierung: weiblich = 0; männlich = 1)

Ebene 3: Klassen ($N = 39$)

- Experimentalbedingung (BED; EG vs. KG; Kodierung: KG = 0; EG = 1)
- Themenbereich (THEMA; ‚Geschwindigkeit' vs. ‚Elektrische Energie'; Kodierung: ‚Geschwindigkeit' = 0; ‚Elektrische Energie' = 1)
- Schulart (ART)
- Schulform (FORM)

Die Modellentwicklung verläuft grundsätzlich durch jeweils sukzessive Erweiterung eines Submodells basierend auf theoretisch-inhaltlichen Aspekten. Dazu werden solche Prädiktoren in die Erweiterung eines Modells miteinbezogen, die zunächst aus

Tabelle 26: Übersicht über das Vorgehen zur Modellentwicklung bei den Mehrebenenanalysen zur Motivation

Modell-Nr. / Feste Effekte	M0	M1a	M1b	M2a	M2b	M3a	M3b	M3c	M3d	M4a	M4b	M4c	M4d	M5a	M5c	M5d	M5e
Intercept	●	●	●	●	●	●	●	●	●	●	●	●	●	●	●	●	●
Zeitintervalle ZI (E1)		●	●	●	●	●	●	●	●	●	●	●	●	●	●	●	●
Bedingung BED (E3)				●	●	●	●	●	●	●	●	●	●	●	●	●	●
Interaktionen BED (E3) x ZI (E1)					●	●	●	●	●	●	●	●	●	●	●	●	●
Physik-Vorleistung PHY (E2)						○	○	○	○	○	○	○	○	○	○	○	○
PHY (E2) x BED (E3)								○	○	○	○	○	○	○	○	○	○
PHY (E2) x ZI (E1)									○	○	○	○	○	○	○	○	○
Geschlecht GES (E2)										○	○	○	○	○	○	○	○
GES (E2) x BED (E3)												○	○	○	○	○	○
GES (E2) x ZI (E1)													○	○	○	○	○
Thema THE (E3)														○	○	○	○
THE (E3) x PHY (E2)															○	○	○
THE (E3) x GES (E2)																○	○
THE (E3) x ZI (E1)																	○
Zufallseffekte																	
Intercept-Restvarianz auf Ebene 1	●	●	●	●	●	●	●	●	●	●	●	●	●	●	●	●	●
Intercept-Restvarianz auf Ebene 2	●	●	●	●	●	●	●	●	●	●	●	●	●	●	●	●	●
Intercept-Restvarianz auf Ebene 3	●	●	●	●	●	●	●	●	●	●	●	●	●	●	●	●	●
ZI-Zufallseffekte			○	○	○	○	○	○	○	○	○	○	○	○	○	○	○
PHY-Zufallseffekt							○	○	○	○	○	○	○	○	○	○	○
GES-Zufallseffekt											○	○	○	○	○	○	○

Anmerkungen. ○ = Prädiktor/Komponente wird ins Modell eingeführt und bleibt im Modell nur dann enthalten, wenn statistische Signifikanz erreicht wird; ● = Komponente wird ins Modell eingeführt und bleibt aus theoretischen Gründen auch bei Insignifikanz im Modell enthalten.

den Hypothesen und Forschungsfragen theoriegeleitet legitimiert werden können (s. 3.1; Übersicht: s. Tab. 26). Zudem geben explorative Analysen Hinweise auf die Auswahl statistisch bedeutsamer Prädiktoren, sofern z. B. zwischen mehreren Variablen multikollineare Zusammenhänge zu erwarten sind. Damit resultieren für diesen Abschnitt acht Modellschritte für die Mehrebenenanalysen:

Modellserie M0 (‚Nullmodell‘): Aufteilung der Gesamtvarianz auf die verschiedenen Ebenen.

Modellserie M1: Prüfung globaler Motivationsunterschiede zwischen den drei *Zeitintervallen*.

Modellserie M2: Prüfung des Einflusses der *Experimentalbedingung* (EG vs. KG).

Modellserie M3: Prüfung des Einflusses der Moderatorvariablen *Physik-Vorleistung*, *allgemeine Intelligenz* und *Lesekompetenz*.

Modellserie M4: Prüfung des Einflusses des *Geschlechts*.

Modellserie M5: Prüfung des Einflusses des *Themenbereichs*.

Modellserie M6: Prüfung des Einflusses der *Schularten*.

Modellserie M7: Prüfung des Einflusses der *Schulformen*.

Während die Entwicklung der Modellserien M1 und M2 aus den Hypothesen zur Motivation (s. 3.1) resultieren, ergeben sich die Modellserien M3-M7 aus den in 3.1 genannten Forschungsfragen. Die Reihenfolge der Implementation der unterschiedlichen Prädiktoren verläuft dabei erstens orientiert an den formulierten Hypothesen und zweitens für die Untersuchung der Forschungsfragen hierarchisch sukzessive entsprechend der Prädiktor-Zugehörigkeit zur nächsthöheren Ebene.

Detailuntersuchungen (z. B. Interaktionen, Zufallseffekte) und Modellanpassungen innerhalb der Modellserien werden durch Buchstaben in alphabetischer Reihenfolgen gekennzeichnet (z. B. Modell M4a). Dabei beginnt jede Modellserie mit der Einführung des entsprechenden Prädiktors als Haupteffekt (ohne Zufallskomponente) und dessen Prüfung auf Signifikanz (MXa-Modelle). Zufallseffekte werden dann als Folgemodell innerhalb dieser Modellserie eingefügt (MXb-Modelle). Während die Prädiktoren der Modellserien M1 und M2 wegen deren hypothesenprüfenden Charakters immer, also auch bei Insignifikanz, in den Folgemodellen belassen werden, erfolgt die Weiterentwicklung der restlichen Modellserien ausschließlich basierend auf signifikanten Prädiktoren. Das heißt, Zufallseffekt und mögliche Cross-Level-Interaktionen folgen ab der Modellserien M3 nur dann, wenn der Prädiktor als Haupteffekt signifikant ist. In der tabellarischen Übersicht in Tabelle 26 ist die Modellentwicklung lediglich bis zur Modellserie M5 dargestellt. Die Entwicklung der Modellserien M6 und M7 zu den Prädiktoren ‚Schularten' und ‚Schulsystem' verläuft dabei analog. Diese sind jedoch erstens aus Gründen der Übersichtlichkeit und zweitens aus Gründen eines durchweg insignifikanten Einflusses (s. 3.4.2.3-3.4.2.6) nicht aufgeführt.

3.4.2.2 Deskriptive Testdaten zur Motivation

Aus den deskriptiven Daten der Motivationstests zu den verschiedenen Zeitpunkten in Tabelle 27 und Tabelle 28 wird zunächst ersichtlich, dass sich die Motivation vor der Instruktionsphase (Motivations-Prätest MOT1-PRE) sowohl pro Lehrkraft in EG und KG als auch zwischen den von einzelnen Lehrkräften betreuten Parallelklassen insgesamt und in allen Teilbereichen meist kaum unterschiedlich war. Ebenso einheitlich sind die Daten in den folgenden Motivationstests (MOT-CUR, MOT2-POST, MOT3-FUP): Hier waren die Werte des Motivationsgrades insgesamt und in allen Motivationsteilbereichen pro Lehrkraft in der EG immer größer als in der KG. Dieses Ergebnis lässt sich in den deskriptiven Daten sowohl lehrkraft- als auch themenbereichsübergreifend erkennen.

Tabelle 27: Deskriptive Daten der Motivationstests im Themenbereich ‚Geschwindigkeit'

Schulsystem	Schulart	Lehrkraft	Gruppe		Motivations-Prätest (MOT1-PRE)				Aktuelle Motivation (MOT-CUR)				Motivations-Prätest (MOT2-POST)				Follow up- Motivationstest (MOT3-FUP)			
					IE	SK	RA	total	IE	SK	RA	total	IE	SK	RA	total	IE	SK	RA	total
Gesamt			EG	MW	43.7	57.2	50.5	49.4	50.1	67.0	54.5	57.8	58.3	61.5	73.6	61.7	45.9	55.4	67.9	55.5
				(SD)	(21.6)	(16.8)	(21.7)	(16.9)	(21.8)	(18.8)	(23.9)	(19.0)	(23.2)	(17.4)	(20.2)	(17.2)	(21.0)	(18.7)	(22.8)	(17.8)
			KG	MW	48.0	58.6	51.0	50.6	33.4	49.7	41.5	41.9	35.6	51.2	42.7	43.5	36.8	52.5	47.9	45.8
				(SD)	(18.7)	(16.4)	(17.7)	(14.9)	(18.8)	(17.8)	(20.6)	(16.5)	(20.5)	(18.6)	(21.5)	(17.0)	(20.0)	(18.1)	(20.4)	(16.5)
differenziertes, 3gliedriges Schulsystem	Hauptschule	Lk1	EG	MW	47.2	50.5	51.3	49.5	51.1	49.3	53.3	51.1	54.3	56.2	73.9	60.4	47.2	50.5	68.9	54.4
				(SD)	(25.2)	(24.2)	(25.3)	(24.2)	(27.1)	(26.2)	(23.8)	(25.1)	(21.0)	(21.4)	(17.7)	(19.8)	(25.2)	(24.2)	(21.9)	(23.5)
			KG	MW	41.4	56.6	51.6	50.0	35.8	48.2	45.9	43.2	33.6	44.8	41.6	40.1	39.1	50.6	51.5	46.8
				(SD)	(19.2)	(19.8)	(18.3)	(17.2)	(21.5)	(18.3)	(20.1)	(17.2)	(19.5)	(20.0)	(20.7)	(16.2)	(16.7)	(15.6)	(17.5)	(13.2)
	Realschule	Lk3	EG	MW	37.9	59.9	59.4	52.2	51.4	75.5	54.7	61.6	51.1	59.9	74.7	60.9	37.9	59.9	77.3	57.0
				(SD)	(18.7)	(15.7)	(17.1)	(15.4)	(23.3)	(13.9)	(27.8)	(19.7)	(18.6)	(15.7)	(15.0)	(15.0)	(18.7)	(15.7)	(14.6)	(14.9)
			KG	MW	41.4	58.4	49.3	50.1	32.9	49.6	40.3	41.3	39.8	56.7	30.8	43.8	35.9	55.3	54.1	48.3
				(SD)	(13.9)	(14.1)	(14.9)	(12.1)	(16.9)	(21.6)	(20.7)	(18.0)	(19.8)	(16.7)	(18.9)	(16.0)	(19.6)	(12.0)	(14.3)	(12.3)
		Lk4	EG	MW	39.8	51.1	58.5	49.2	42.2	51.8	54.2	49.0	52.2	65.3	80.5	64.8	34.3	48.8	55.7	45.6
				(SD)	(14.6)	(15.3)	(19.4)	(13.7)	(20.5)	(16.5)	(21.3)	(17.1)	(12.7)	(10.1)	(19.7)	(11.9)	(13.0)	(14.7)	(21.7)	(12.7)
			KG	MW	39.5	59.1	52.6	50.5	23.3	38.6	31.1	31.3	31.8	46.7	35.2	38.4	25.3	36.2	34.2	31.8
				(SD)	(16.8)	(19.8)	(16.4)	(16.2)	(21.4)	(22.1)	(25.2)	(19.9)	(21.1)	(14.8)	(17.4)	(15.7)	(21.9)	(21.0)	(20.8)	(19.5)
		Lk5	EG	MW	41.9	56.6	41.8	47.6	49.2	58.5	50.4	53.1	44.3	57.0	72.7	56.8	54.4	57.1	60.7	57.1
				(SD)	(22.1)	(20.3)	(24.9)	(19.7)	(20.7)	(17.7)	(20.8)	(18.3)	(22.7)	(17.7)	(18.4)	(18.4)	(20.6)	(17.8)	(24.3)	(19.1)
			KG	MW	42.0	59.5	54.0	52.0	29.6	49.0	35.4	38.6	29.6	44.0	41.6	38.4	38.0	51.4	48.0	45.8
				(SD)	(13.7)	(17.7)	(22.0)	(15.2)	(17.7)	(14.7)	(25.7)	(14.9)	(17.6)	(20.1)	(27.4)	(17.7)	(22.5)	(19.2)	(22.2)	(19.3)
	Gymnasium	Lk7	EG	MW	41.3	55.9	47.2	48.5	50.9	73.4	53.2	60.2	55.3	66.0	83.7	67.1	41.3	55.9	84.2	58.6
				(SD)	(16.2)	(15.2)	(15.6)	(13.6)	(23.3)	(15.6)	(26.4)	(19.7)	(14.1)	(11.8)	(8.6)	(10.6)	(16.2)	(15.2)	(12.0)	(12.9)
			KG	MW	43.7	59.6	47.0	50.6	42.7	57.2	53.5	51.2	40.1	54.1	42.2	46.1	38.4	59.9	50.8	49.9
				(SD)	(14.6)	(11.2)	(15.8)	(10.9)	(17.5)	(16.5)	(17.9)	(15.5)	(19.0)	(14.6)	(17.2)	(12.3)	(10.7)	(11.1)	(15.9)	(7.5)
		Lk8	EG	MW	32.1	56.8	46.0	45.3	46.3	70.7	63.3	60.3	53.9	54.6	73.4	59.5	53.3	54.8	69.0	58.1
				(SD)	(18.0)	(13.0)	(16.0)	(11.5)	(18.3)	(12.5)	(19.5)	(12.6)	(20.6)	(11.7)	(16.6)	(13.2)	(17.7)	(18.3)	(18.9)	(13.6)
			KG	MW	35.2	53.1	48.7	45.5	27.3	44.8	37.8	36.9	35.4	46.7	43.4	42.1	34.5	52.7	48.1	44.7
				(SD)	(14.2)	(14.7)	(19.0)	(13.9)	(13.8)	(12.8)	(14.1)	(10.6)	(16.1)	(13.4)	(21.0)	(14.1)	(12.2)	(11.7)	(19.2)	(12.2)
		Lk9	EG	MW	41.1	61.3	49.3	51.1	55.3	70.1	56.9	61.5	61.5	65.0	70.7	65.3	44.9	65.0	70.7	59.6
				(SD)	(19.0)	(14.1)	(23.2)	(16.0)	(18.0)	(15.5)	(17.4)	(14.8)	(20.2)	(16.3)	(22.2)	(17.4)	(22.1)	(16.3)	(22.2)	(18.0)
			KG	MW	39.1	63.9	47.5	50.9	43.8	61.3	45.5	51.0	42.3	55.4	46.2	48.4	43.9	62.6	45.7	51.6
				(SD)	(17.2)	(14.6)	(13.0)	(13.1)	(21.6)	(18.4)	(26.5)	(19.1)	(17.8)	(19.6)	(17.7)	(16.5)	(20.9)	(14.6)	(18.9)	(15.6)
integriertes Schulsystem	Regionale Schule	Lk10	EG	MW	45.4	57.1	49.5	50.0	53.4	75.0	56.3	62.5	58.3	61.4	61.5	60.4	49.8	51.5	58.8	52.9
				(SD)	(18.2)	(13.5)	(22.2)	(14.7)	(22.3)	(13.9)	(25.9)	(18.7)	(23.2)	(20.8)	(24.8)	(20.5)	(21.2)	(20.9)	(26.1)	(19.8)
			KG	MW	48.0	57.7	47.4	51.6	31.5	48.3	39.1	40.0	40.6	58.5	50.4	50.0	43.5	55.4	51.6	50.2
				(SD)	(18.7)	(17.1)	(19.2)	(15.5)	(16.9)	(16.7)	(17.8)	(14.8)	(21.1)	(18.3)	(23.7)	(16.8)	(21.2)	(20.1)	(23.9)	(18.3)
	Duale Oberschule	Lk12	EG	MW	35.5	56.4	54.2	46.9	47.4	64.2	49.4	54.4	47.0	65.3	76.0	61.8	51.9	52.8	67.5	56.5
				(SD)	(35.5)	(15.9)	(15.8)	(19.9)	(21.8)	(18.6)	(26.3)	(19.6)	(31.2)	(21.4)	(20.9)	(23.1)	(19.6)	(19.5)	(23.1)	(18.4)
			KG	MW	37.4	55.1	58.2	50.0	28.4	48.0	39.8	39.0	23.2	41.1	43.8	35.7	24.6	46.2	45.3	38.7
				(SD)	(24.9)	(20.2)	(20.0)	(20.0)	(15.1)	(11.9)	(14.8)	(10.5)	(22.0)	(25.0)	(25.4)	(22.0)	(22.4)	(22.0)	(25.1)	(15.6)
	Int. Gesamtsch.	Lk14	EG	MW	41.4	66.1	51.0	53.5	51.1	74.3	53.9	60.8	45.4	63.4	77.5	60.9	39.6	59.4	75.9	57.0
				(SD)	(22.1)	(17.3)	(29.0)	(19.3)	(22.9)	(15.7)	(27.3)	(19.9)	(17.5)	(18.1)	(20.9)	(15.9)	(25.0)	(18.0)	(22.2)	(19.4)
			KG	MW	43.7	61.6	54.8	53.8	42.3	54.9	51.1	49.6	36.8	58.0	46.0	47.4	41.1	54.7	50.9	49.0
				(SD)	(21.1)	(13.4)	(15.8)	(14.8)	(16.7)	(15.7)	(15.4)	(14.5)	(24.9)	(15.9)	(19.7)	(17.6)	(19.4)	(16.3)	(17.3)	(15.7)

Anmerkungen. Lk = Lehrkraft; MW = Mittelwert; SD = Standardabweichung; alle Angaben in %

Tabelle 28: Deskriptive Daten der Motivationstests im Themenbereich ‚Elektrische Energie‘

Schulsystem	Schulart	Lehrkraft	Gruppe		Motivations-Prätest (MOT1-PRE)				Aktuelle Motivation (MOT-CUR)				Motivations-Posttest (MOT2-POST)				Follow up-Motivations-Test (MOT3-FUP)			
					IE	SK	RA	total	IE	SK	RA	total	IE	SK	RA	total	IE	SK	RA	total
Gesamt			EG	MW	30.9	49.4	45.4	42.1	47.4	59.5	57.3	54.7	50.4	61.6	70.8	60.1	47.1	58.1	68.7	57.0
				(SD)	(19.6)	(18.8)	(20.5)	(17.3)	(22.4)	(19.4)	(23.4)	(18.9)	(19.8)	(18.0)	(21.4)	(16.4)	(20.5)	(19.1)	(22.5)	(17.7)
			KG	MW	32.9	50.1	44.6	42.7	29.0	47.5	40.8	39.3	26.8	42.7	40.0	36.5	29.5	45.5	41.0	38.7
				(SD)	(17.4)	(17.3)	(17.2)	(14.8)	(21.5)	(20.6)	(23.8)	(19.4)	(19.6)	(18.7)	(21.4)	(16.8)	(19.3)	(19.9)	(21.3)	(17.6)
differenziertes, 3gliedriges Schulsystem	Hauptschule	Lk1	EG	MW	33.6	48.9	41.0	41.4	45.2	50.9	62.6	52.2	47.5	58.6	54.0	53.6	46.0	56.6	54.0	52.3
				(SD)	(23.4)	(19.2)	(25.9)	(21.1)	(21.5)	(20.4)	(26.0)	(21.2)	(18.0)	(14.6)	(17.4)	(14.8)	(17.7)	(14.6)	(17.4)	(14.9)
			KG	MW	36.9	44.5	41.7	41.1	31.2	36.8	35.4	34.5	36.6	43.8	37.6	39.6	36.7	42.7	36.0	38.7
				(SD)	(25.1)	(18.4)	(19.5)	(19.4)	(21.7)	(19.6)	(19.2)	(19.4)	(18.4)	(19.0)	(22.4)	(18.0)	(23.2)	(20.6)	(23.7)	(20.7)
	Realschule	Lk2	EG	MW	31.0	47.5	48.8	42.1	49.9	63.1	56.9	56.9	52.9	61.1	79.5	63.2	43.4	61.1	79.5	59.9
				(SD)	(21.1)	(20.0)	(21.4)	(19.3)	(24.1)	(20.0)	(29.4)	(21.6)	(22.2)	(19.7)	(19.4)	(18.9)	(23.1)	(19.7)	(19.4)	(19.2)
			KG	MW	27.0	46.5	52.5	41.3	34.9	56.3	49.2	47.0	26.4	45.9	38.6	37.2	26.9	44.0	44.7	38.3
				(SD)	(10.3)	(10.0)	(10.9)	(8.1)	(20.9)	(16.5)	(27.6)	(18.6)	(14.7)	(14.7)	(19.3)	(13.4)	(12.7)	(18.2)	(20.4)	(14.7)
		Lk4	EG	MW	28.9	50.1	43.3	40.9	51.5	53.1	58.0	53.9	46.5	60.6	77.7	60.3	42.1	56.9	66.1	54.2
				(SD)	(17.5)	(14.2)	(12.4)	(12.6)	(24.3)	(18.6)	(16.1)	(19.4)	(12.1)	(10.3)	(20.4)	(11.2)	(12.9)	(12.7)	(24.5)	(13.2)
			KG	MW	31.3	53.3	40.7	42.3	12.9	34.6	16.3	22.2	20.9	30.0	25.9	25.7	20.9	30.0	17.4	23.4
				(SD)	(17.4)	(15.0)	(21.4)	(15.2)	(15.8)	(19.6)	(17.3)	(15.4)	(19.4)	(15.2)	(16.9)	(13.3)	(19.4)	(15.2)	(12.7)	(12.4)
		Lk5	EG	MW	31.1	44.8	40.9	39.0	36.9	51.8	56.0	47.8	55.8	69.0	55.0	60.7	57.3	64.4	56.8	59.9
				(SD)	(21.2)	(24.0)	(23.2)	(18.7)	(20.9)	(25.3)	(24.7)	(18.5)	(25.4)	(21.5)	(18.6)	(17.6)	(17.2)	(14.1)	(16.8)	(14.4)
			KG	MW	32.5	50.2	40.4	41.5	32.5	50.2	40.4	41.5	27.7	44.8	44.4	38.7	27.7	44.8	44.4	38.7
				(SD)	(17.0)	(23.0)	(19.8)	(18.1)	(17.0)	(23.0)	(19.8)	(18.1)	(21.6)	(23.6)	(23.7)	(21.0)	(21.6)	(23.6)	(23.7)	(21.0)
	Gymnasium	Lk6	EG	MW	28.4	48.3	54.0	42.9	46.3	62.0	61.0	56.3	43.2	59.5	78.8	59.1	43.9	54.4	82.0	58.2
				(SD)	(17.2)	(20.0)	(18.2)	(16.1)	(18.2)	(14.9)	(15.7)	(14.1)	(18.4)	(20.7)	(19.8)	(17.9)	(15.1)	(20.8)	(14.6)	(14.5)
			KG	MW	35.2	46.2	45.9	42.3	28.8	53.7	51.7	44.7	24.4	38.9	47.2	36.1	26.2	44.8	46.5	38.8
				(SD)	(18.5)	(19.1)	(15.9)	(15.3)	(20.9)	(12.3)	(17.3)	(13.3)	(21.5)	(21.2)	(20.5)	(17.5)	(18.8)	(20.0)	(13.2)	(15.0)
integriertes Schulsystem	Regionale Schule	Lk11	EG	MW	29.8	55.4	45.6	45.3	50.3	64.8	48.1	55.2	50.0	67.1	67.2	60.7	40.6	54.9	64.5	51.4
				(SD)	(24.7)	(20.3)	(27.3)	(23.0)	(24.7)	(16.5)	(29.5)	(20.2)	(19.6)	(12.5)	(25.9)	(16.2)	(27.6)	(23.9)	(26.4)	(24.6)
			KG	MW	35.6	51.6	43.6	43.9	34.9	43.6	39.1	39.4	32.8	45.8	40.5	39.9	32.0	46.9	35.9	38.8
				(SD)	(15.2)	(17.1)	(21.8)	(16.1)	(25.8)	(26.5)	(27.6)	(25.2)	(18.6)	(20.7)	(23.2)	(18.9)	(18.8)	(21.9)	(19.7)	(18.6)
	Duale Oberschule	Lk13	EG	MW	29.8	49.8	40.3	40.3	57.1	66.9	61.7	62.1	55.2	56.9	66.2	58.8	60.1	53.1	58.3	57.0
				(SD)	(17.8)	(16.2)	(16.8)	(14.1)	(24.6)	(21.7)	(22.1)	(21.7)	(20.3)	(21.7)	(19.4)	(18.2)	(25.6)	(27.8)	(28.5)	(25.6)
			KG	MW	30.4	55.9	46.8	44.6	29.4	57.3	52.1	46.3	25.5	45.0	53.4	40.5	41.4	57.1	56.8	51.6
				(SD)	(17.9)	(11.5)	(10.9)	(10.7)	(20.6)	(10.5)	(18.3)	(12.6)	(18.4)	(11.5)	(8.5)	(9.9)	(15.9)	(12.6)	(11.9)	(11.6)
	Int. Gesamtsch.	Lk15	EG	MW	35.3	51.3	44.6	44.0	42.5	59.0	57.2	52.8	51.4	58.9	74.9	60.6	47.2	60.4	74.5	59.6
				(SD)	(16.7)	(16.0)	(17.8)	(14.1)	(17.9)	(14.7)	(19.4)	(14.8)	(18.3)	(17.4)	(15.5)	(15.1)	(15.8)	(16.0)	(15.8)	(13.1)
			KG	MW	34.3	54.6	43.4	44.4	25.1	44.8	37.1	35.9	21.4	44.2	30.0	32.4	26.6	49.8	38.6	38.7
				(SD)	(17.0)	(17.4)	(15.7)	(14.6)	(23.0)	(22.1)	(24.8)	(21.1)	(20.4)	(17.0)	(21.0)	(16.2)	(19.3)	(17.5)	(23.7)	(17.4)

Anmerkungen. Lk = Lehrkraft; MW = Mittelwert; SD = Standardabweichung; alle Angaben in %

3.4.2.3 Motivationsverlauf: Gesamtmotivation (total)

Die schrittweise Weiterentwicklung der einzelnen Submodelle wird in diesem Abschnitt infolge des einführenden Charakters sowohl durch Darstellung der kennzeichnenden Kriterien im Fließtext als auch durch die entsprechende Modellgleichung berichtet. Dabei werden aus Gründen der Übersichtlichkeit und der Datenfülle nur solche Daten im Text genannt, die nicht tabellarisch aufgeführt sind. Andernfalls wird auf die entsprechenden Tabellen verwiesen. An dieser Stelle werden nur beim ‚Null-Modell‘ sowie beim abschließenden Gesamtmodell die Daten ausführlich tabellarisch zusammengefasst. Zur Dokumentation des Modellentwicklungsprozesses werden die statistisch bedeutsamen Weiterentwicklungen der Submodelle als Übersicht zusammengefasst. In dieser Übersicht sind auch die Restvarianzen auf den verschiedenen Ebenen aufgeführt. Diese beziehen sich allerdings nur auf die zugehörigen Modelle unter Vernachlässigung der evtl. implementierten Zufallseffekte. Dies ist erforderlich, um mithilfe dieser Werte die Effektstärken einzelner Prädiktoren entsprechend Gl. (10) und (9) abzuschätzen (s. 3.3.2; 3.6.1). Grundsätzlich werden dabei an dieser Stelle insignifikante Daten nur in ergebnisrelevanten Fällen aufgeführt und ansonsten auf die elektronischen Datenquellen verwiesen (s. Fußnote 45).

'Null-Modell' M0

Ausgangspunkt des Modellierungsverfahren stellt die Ermittlung der Verteilung der Varianzanteile der Gesamtmotivation auf die drei Ebenen durch das 'Null-Modell' (s. 3.3.2, Gl. (7)) dar. Die Devianz D (vgl. Gl. (12a)) des Modells beträgt 27609.92 bei vier geschätzten Parametern ($df_0 = 4$).

Tabelle 29: Zufallseffekte des 'Null-Modells' zur Motivation insgesamt

Zufallseffekt	**SD**	**VAR**	**df**	**χ^2**	**p**	**Varianzanteil in %**
Messzeitpunkte, e_{ijk}	14.295	204.349				57.6
Schüler, r_{0jk}	10.201	104.070	777	2358.908	0.001	29.3
Klassen, u_{00k}	6.805	46.313	38	271.133	0.001	13.1

Anmerkungen. SD = Standardabweichung (der Zielvariablen); VAR = Varianz; df = Freiheitsgrade; χ^2 = χ^2-Werte

Modell M1a

Da im 'Null-Modell' noch kein Einfluss des Motivationsverlaufs berücksichtigt ist, muss dieses im nächsten Schritt um die Dummy-Variablen Dum_t1, Dum_t2 und Dum_t3 als Ebene-1-Prädiktoren erweitert werden. Modell M1a prüft damit, ob sich auf der ersten Ebene globale Unterschiede in der Gesamtmotivation MOT zwischen T0 und T1 (Dum_t1), T0 und T2 (Dum_t2) sowie T0 und T3 (Dum_t3) zeigen. Damit folgt mit Gl. (6) für die Modellgleichung:

$$MOT_{ijk} = \gamma_{000} + \gamma_{100} \cdot \text{Dum\_t1} + \gamma_{200} \cdot \text{Dum\_t2} + \gamma_{300} \cdot \text{Dum\_t3} + e_{ijk} + r_{0jk} + u_{00k} \quad (13)$$

In diesem Modell sind alle getesteten Zeitintervalle signifikant von Null verschieden (Dum_t1: $df = 3260$; $T = 2.674$; $p = 0.008$; Dum_t2: $df = 3260$; $T = 6.871$; $p < 0.001$; Dum_t3: $df = 3260$; $T = 4.907$; $p < 0.001$). Somit kann an dieser Stelle über die gesamte Stichprobe hinweg betrachtet – also beide Gruppen EG und KG zusammen genommen – in allen Zeitintervallen, d.h. zwischen Prätest und aktueller Motivation, zwischen Prä- und Posttest und zwischen Prä- und Follow up-Test ein statistisch bedeutsamer Motivationsunterschied nachgewiesen werden. Außerdem liegen weiterhin signifikante Restvarianzen auf Ebene 2 und Ebene 3 vor (Ebene 2 (r_{0jk}): $df = 777$; $\chi^2 = 2409.45$; $p < 0.001$; Ebene 3 (u_{00k}): $df = 38$; $\chi^2 = 271.13$; $p < 0.001$). Die Devianz D des Modells beträgt 27558.03 bei sieben geschätzten Parametern ($df_{1a} = 7$), sodass die Verbesserung der Modellgüte zwischen M0 und M1a als statistisch bedeutsam eingestuft werden kann ($\Delta D_{01a} = 51.89$; $df_{01a} = 3$; $p < 0.001$).

Modell M1b

Die folgende Erweiterung von M1a prüft, ob der Zeitverlauf der Gesamtmotivation MOT in den Zeitintervallen zwischen den Ebene-3-Einheiten, also den Klassen, variiert. Zu diesem Zweck werden die Zufallseffekte u_{10k}, u_{20k} und u_{30k} als Ebene-3-Prädiktor modelliert. Für die M1b-Modellgleichung folgt aufbauend auf Gl. (13):

$$MOT_{ijk} = \gamma_{000} + \gamma_{100} \cdot \text{Dum\_t1} + \gamma_{200} \cdot \text{Dum\_t2} + \gamma_{300} \cdot \text{Dum\_t3} + u_{10k} \cdot \text{Dum\_t1} + u_{20k} \cdot \text{Dum\_t2} + u_{30k} \cdot \text{Dum\_t3} + e_{ijk} + r_{0jk} + u_{00k} \quad (14)$$

In diesem Modell haben die einbezogenen Zufallseffekte der dritten Ebene einen signifikanten Einfluss auf die Gesamtmotivation (u_{10k}: $df = 38$; $\chi^2 = 256.604$; $p < 0.001$; u_{20k}: $df = 38$; $\chi^2 = 317.993$; $p < 0.001$; u_{30k}: $df = 38$; $\chi^2 = 210.673$; $p < 0.001$). Dabei wird der Einfluss von zwei der drei Zeitintervallen (Dum_t1: $df = 38$; $T = 0.809$; $p = 0.424$; Dum_t3: $df = 38$; $T = 1.919$; $p = 0.062$; s. Tab. 30) sowie die Restvarianz auf Ebene 3 (u_{00k}: $df = 38$; $\chi^2 = 50.652$; $p = 0.082$) insignifikant.

Die Devianz D des Modells beträgt 27279.45 bei 16 geschätzten Parametern ($df_{1b} = 16$), sodass die Verbesserung der Modellgüte zwischen M1a und M1b statistisch bedeutsam ist ($\Delta D_{1a1b} = 278.55$; $df_{1a1b} = 9$; $p < 0.001$).

Modell M2a

Im nächsten Schritt wird M1b in der Hinsicht erweitert, dass mit M2a geprüft wird, ob die Experimentalbedingung einen globalen Einfluss auf die Motivation insgesamt aufweist. Zu diesem Zweck wird die Experimentalbedingung (BED) als Ebene-3-Prädiktor im Sinne des Haupteffekts modelliert. Für die M2a-Modellgleichung folgt entsprechend dem Vorgehen zu Gl. (14):

$$MOT_{ijk} = \gamma_{000} + \gamma_{001} \cdot \text{BED} + \gamma_{100} \cdot \text{Dum\_t1} + \gamma_{200} \cdot \text{Dum\_t2} + \gamma_{300} \cdot \text{Dum\_t3} + u_{10k} \cdot \text{Dum\_t1} + u_{20k} \cdot \text{Dum\_t2} + u_{30k} \cdot \text{Dum\_t3} + e_{ijk} + r_{0jk} + u_{00k} \quad (15)$$

In diesem Modell besitzt die Experimentalbedingung (BED) einen signifikanten, positiven Einfluss auf die Motivation (BED: $\beta = 12.35$; $df = 37$; $T = 8.361$; $p < 0.001$). Somit zeichnet sich die EG bei Betrachtung über alle Zeitpunkte hinweg durch eine größere Gesamtmotivation als die KG aus (positiver Regressionskoeffizient β). In diesem Modell wird auch die Restvarianz auf Ebene 3 wiederum signifikant (u_{00k}: $df = 37$; $\chi^2 = 128.637$; $p < 0.001$).

Die Devianz D des Modells beträgt 27270.12 bei 17 geschätzten Parametern (df_{2a} = 17), sodass die Verbesserung in der Modellanpassung zwischen M 1b und M2a erneut statistisch bedeutsam ist ($\Delta D_{1b2a} = 9.33$; $df_{1b2a} = 1$; $p < 0.003$).

Modell M2b

Im nächsten Schritt wird mit M2b geprüft, ob es zu T0 und in den Zeitverlaufsintervallen Motivationsunterschiede zwischen EG und KG gibt. Dazu werden Cross-Level-Interaktionen zwischen der experimentellen Bedingung BED und den den Zeitverlauf beschreibenden Dummy-Variablen modelliert. Für die M2b-Modellgleichung folgt entsprechend dem Vorgehen zu Gl. (15):

$$\begin{aligned} MOT_{ijk} = \; & \gamma_{000} + \gamma_{001}\cdot \text{BED} + \gamma_{100}\cdot \text{Dum\_t1} + \gamma_{101}\cdot \text{Dum\_t1}\cdot \text{BED} + \gamma_{200}\cdot \text{Dum\_t2} \\ & + \gamma_{201}\cdot \text{Dum\_t2}\cdot \text{BED} + \gamma_{300}\cdot \text{Dum\_t3} + \gamma_{301}\cdot \text{Dum\_t3}\cdot \text{BED} \\ & + u_{10k}\cdot \text{Dum\_t1} + u_{20k}\cdot \text{Dum\_t2} + u_{30k}\cdot \text{Dum\_t3} + e_{ijk} + r_{0jk} + u_{00k} \end{aligned} \tag{16}$$

In diesem Modell sind alle Cross-Level-Effekte zwischen der Experimentalbedingung und den Zeitintervallen signifikant von Null verschieden. Dieser ist in der EG

Tabelle 30: Übersicht über die Modellentwicklung zur Gesamtmotivation

Modell-Nr. / Feste Effekte	M1b	M2a	M2b	M3a	M4a	M5a	M5b
	β	β	β	β	β	β	β
Intercept, γ_{000}	47.46***	42.62***	48.00***	48.07***	46.39***	47.76***	48.40***
Bedingung BED, γ_{001}		12.35***	-1.06	-1.15	-1.34	-1.36	-1.28
Physik-Vorleistung PHY, γ_{010}				0.22***	0.24***	0.21***	0.13**
Geschlecht GENDER, γ_{020}					3.74***	4.00***	4.06***
Thema THEMA, γ_{002}						-5.26***	-5.20***
THEMA x PHY, γ_{012}							0.16**
Dum_t1, γ_{100}	1.37	1.41	-7.28***	-7.31***	-7.29***	-7.04***	-7.36***
Dum_t1 x BED, γ_{101}			16.80***	16.91***	16.88***	16.46***	17.03***
Dum_t2, γ_{200}	4.17*	4.23*	-6.83***	-6.83***	-6.83***	-6.41***	-6.83***
Dum_t2 x BED, γ_{201}			21.43***	21.43***	21.43***	20.68***	21.44***
Dum_t3, γ_{300}	2.95	2.97	-4.85***	-4.84***	-4.86***	-4.68***	-4.95***
Dum_t3 x BED, γ_{301}			15.23***	15.22***	15.23***	14.90***	15.39***
Restvarianz auf Ebene 1, e_{ijk} (ohne Zufallseffekte)	200.06	200.06	171.45	171.37	171.63	171.86	171.79
Restvarianz auf Ebene 2, r_{0jk} (ohne Zufallseffekte)	105.14	105.30	110.03	98.92	95.67	95.74	94.07
Restvarianz auf Ebene 3, u_{00k} (ohne Zufallseffekte)	46.31	7.15	7.15	7.77	7.51	3.09	3.14
Devianz D	27279.45	27270.12	27195.93	27145.42	27121.42	27080.14	26898.88
ΔD	278.55***	9.33***	74.19***	50.51***	24.00***	25.09***	181.26***

Anmerkungen. β = Regressionskoeffizient; *** $p < 0.001$; ** $p < 0.01$; * $p < 0.05$

positiv (positiver Regressionskoeffizient β), in der KG dagegen negativ (negativer Regressionskoeffizient β; s. Tab. 30). Darüber hinaus ist der Einfluss der Bedingung zu T0 insignifikant (BED; s. Tab. 30), gleiches gilt für die Restvarianz auf Ebene 3 und für den Zufallseffekt zum Zeitverlauf zwischen Prä- und Posttest (u_{00k}: df = 37; $\chi^2 = 49.761$; $p = 0.078$; u_{20k}: df = 37; $\chi^2 = 47.840$; $p = 0.109$). Somit bestehen sowohl vor der Intervention zu T0 (Motivations-Prätest) als auch beim Zeitverlauf der Gesamtmotivation von T0 nach T2 keine Unterschiede zwischen den Klassen, die nicht auf die Experimentalbedingung (EG vs. KG) zurückgehen.

Die Devianz D des Modells beträgt 27195.93 bei 20 geschätzten Parametern (df_{2b} = 20), sodass die Verbesserung in der Modellanpassung zwischen M2a und M2b erneut statistisch bedeutsam ist ($\Delta D_{2a2b} = 74.19$; $df_{2a2b} = 3$; $p < 0.001$).

Infolge des einführenden Charakters dieses Abschnitts soll an dieser Stelle wegen der grundlegenden Bedeutung von Modellserie M2 (Prüfung beider Hypothesen zur Motivation; s. 3.1) zur besseren Verständlichkeit der tabellarischen Daten aus Tabelle 30 die diesbzgl. Ergebnisse exemplarisch mithilfe Gl. (16) veranschaulicht werden.[46] So beträgt der Schätzwert der Gesamtmotivation $\hat{MOT}_{ijk}$ der KG zu T0 zunächst 48.0% (BED = 0; Dum_t1 = Dum_t2 = Dum_t3 = 0; $\hat{MOT}_{ijk} = \gamma_{000}$; vgl. Gl. (16)), während sich der Schätzwert $\hat{MOT}_{ijk}$ der Gesamtmotivation in der EG zu diesem Zeitpunkt auf 46.9% beläuft (BED = 1; Dum_t1 = Dum_t2 = Dum_t3 = 0; $\hat{MOT}_{ijk} = \gamma_{000} + \gamma_{001} \cdot \text{BED} = 48.00 + (-1.06)$; vgl. Gl. (16)). Entsprechend beträgt $\hat{MOT}_{ijk}$ zum Zeitpunkt T1 während der Instruktionsphase in der KG 40.7% (BED = 0; Dum_t1 = 1; Dum_t2 = Dum_t3 = 0; $\hat{MOT}_{ijk} = \gamma_{000} + \gamma_{100} \cdot \text{Dum\_t1} = 48.00 + (-7.28)$; vgl. Gl. (16)) und in der EG 56.4% (BED = 1; Dum_t1 = 1; Dum_t2 = Dum_t3 = 0; $\hat{MOT}_{ijk} = \gamma_{000} + \gamma_{001} \cdot \text{BED} + \gamma_{100} \cdot \text{Dum\_t1} + \gamma_{101} \cdot \text{Dum\_t1} \cdot \text{BED} = 48.00 + (-1.06) + (-7.28) + 16.80$; vgl. Gl. (16)). Verfährt man genauso mit den Zeitpunkten T2 und T3, so erhält man die Schätzwerte des Gesamtmotivationsgrades in EG und KG (vgl. Tab. 31 und Abb. 18).

Tabelle 31: Motivationsgrad der Gesamtmotivation in EG und KG zu den einzelnen Messzeitpunkten aus M2b

Zeitpunkt / Gruppe	Motivations-Prätest T0	Aktueller Motivationstest T1	Motivations-Posttest T2	Follow up-Motivationstest T3
KG	48.0%	40.7%	41.2%	43.2%
EG	46.9%	56.4%	61.5%	57.3%

[46] Da eine solche Darstellung üblicherweise dem Abschnitt der Diskussion zugeordnet wird, ist diese Detailerläuterung aus o. g. Gründen an dieser Stelle erforderlich, soll aber gleichzeitig für diesen Abschnitt eine Ausnahme darstellen. Detaillierte Ergebniserläuterungen sind dann in 3.6.1 zu finden.

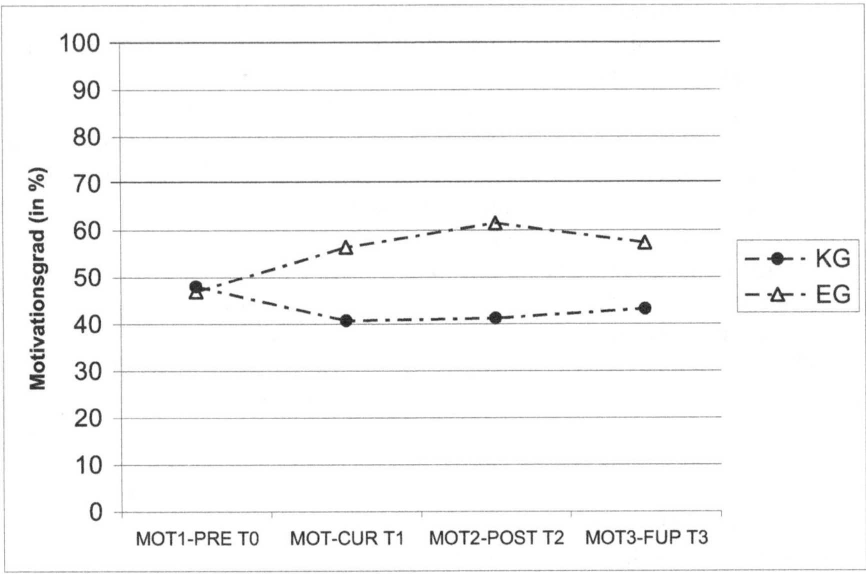

Abb. 18: Zeitverlauf der Gesamtmotivation in EG und KG nach M2b

Modell M3a

Die folgende Erweiterung von M2b berücksichtigt den globalen Einfluss der Physik-Vorleistung auf die Gesamtmotivation MOT im Sinne des Haupteffekts, d. h. die Auswirkung auf die in Klassen über den Zeitverlauf gemittelte Motivation. Zu diesem Zweck wird die Physik-Vorleistung (PHY) als Ebene-2-Prädiktor modelliert (‚group-mean-centered'; s. 3.3.2). Zusätzlich wird die in M2b die insignifikante Zufallskomponente u_{20k} aus dem Modell entfernt. Für die M3a-Modellgleichung folgt aufbauend auf Gl. (16):

$$\begin{aligned} MOT_{ijk} = {} & \gamma_{000} + \gamma_{001}\cdot \text{BED} + \gamma_{010}\cdot \text{PHY} + \gamma_{100}\cdot \text{Dum\_t1} + \gamma_{101}\cdot \text{Dum\_t1}\cdot \text{BED} \\ & + \gamma_{200}\cdot \text{Dum\_t2} + \gamma_{201}\cdot \text{Dum\_t2}\cdot \text{BED} + \gamma_{300}\cdot \text{Dum\_t3} + \gamma_{301}\cdot \text{Dum\_t3}\cdot \text{BED} \\ & + u_{10k}\cdot \text{Dum\_t1} + u_{30k}\cdot \text{Dum\_t3} + e_{ijk} + r_{0jk} + u_{00k} \end{aligned} \tag{17}$$

In diesem Modell hat über die in M2b gefundenen Effekte hinaus die Physik-Vorleistung einen signifikanten, positiven Einfluss auf die Gesamtmotivation (PHY: $\beta = 0.22$; $df = 814$; $T = 7.868$; $p < 0.001$). Die Devianz D des Modells beträgt 27145.42 bei 14 geschätzten Parametern ($df_{3a} = 14$), sodass die Verbesserung der Modellanpassung zwischen M2b und M3a wiederum statistisch bedeutsam ist ($\Delta D_{2b3a} = 50.51$; $df_{2b3a} = 6$; $p < 0.001$).

Weitere entsprechend Tabelle 26 durchgeführte Modellanpassungen durch Berücksichtigung des Effektes der Physik-Vorleistung auf die Motivation zwischen den Klassen (M3b) bzw. zwischen EG und KG (M3c) oder auf den Motivationszuwachs in den Zeitintervallen (M3d) bleiben insignifikant ($\Delta D_{3a3b} = 0.52$; $df_{3a3b} = 1$; $p = 0.472$; $\Delta D_{3a3c} = 1.02$; $df_{3a3c} = 1$; $p = 0.312$; $\Delta D_{3a3d} = 6.85$; $df_{3a3d} = 6$; $p = 0.335$).

An dieser Stelle wäre es jetzt erforderlich (vgl. 3.4.2.1), die Effekte der Moderatorvariablen ‚Allgemeine Intelligenz' und ‚Lesekompetenz' auf die Gesamtmotivation durch weitere Verbesserung der Modellgüte zu untersuchen. Allerdings korrelieren die Prädiktoren ‚Physik-Vorleistung', ‚Allgemeine Intelligenz' und ‚Lesekompetenz' alle signifikant miteinander, sodass Multikollinearität zwischen diesen Variablen besteht. Deshalb dürfen diese nicht simultan in Mehrebenenstrukturen modelliert werden. Durch explorative Analysen besteht nun die Möglichkeit, zu prüfen, welche der Variablen als potentiell signifikante Prädiktoren zur Verbesserung der Modellgüte dienen könnte. Dabei zeichnet sich nur bei der Physik-Vorleistung eine statistisch bedeutsame Varianzaufklärung bei der Gesamtmotivation ab. Deshalb wird an dieser Stelle die M3-Modellserie nicht mehr weiterverfolgt.

Modell M4a

Die folgende Erweiterung von M3a prüft den globalen Einfluss des Geschlechts auf die Gesamtmotivation MOT im Sinne eines Haupteffektes, d. h. die Auswirkung auf die über Klassen und Zeitverlauf gemittelte Motivation. Zu diesem Zweck wird Geschlecht (GENDER) als Ebene-2-Prädiktor modelliert. Für die M4a-Modellgleichung folgt aufbauend auf Gl. (17):

$$\begin{aligned} MOT_{ijk} = {} & \gamma_{000} + \gamma_{001} \cdot \mathrm{BED} + \gamma_{010} \cdot \mathrm{PHY} + \gamma_{020} \cdot \mathrm{GENDER} + \gamma_{100} \cdot \mathrm{Dum\_t1} + \gamma_{101} \cdot \mathrm{Dum\_t1} \cdot \mathrm{BED} \\ & + \gamma_{200} \cdot \mathrm{Dum\_t2} + \gamma_{201} \cdot \mathrm{Dum\_t2} \cdot \mathrm{BED} + \gamma_{300} \cdot \mathrm{Dum\_t3} + \gamma_{301} \cdot \mathrm{Dum\_t3} \cdot \mathrm{BED} \\ & + u_{10k} \cdot \mathrm{Dum\_t1} + u_{30k} \cdot \mathrm{Dum\_t3} + e_{ijk} + r_{0jk} + u_{00k} \end{aligned} \tag{18}$$

In diesem Modell kann zu den Ergebnisses aus M3a ein signifikanter Unterschied zwischen den Geschlechtern in ihrer Gesamtmotivation nachgewiesen werden (GENDER: $\beta = 3.74$; $df = 813$; $T = 4.378$; $p < 0.001$). Da der Regressionskoeffizient β stets den Effekt bezogen auf die zu Null kodierte Referenzvariable angibt, kennzeichnet ein positiver Regressionskoeffizient eine verglichen mit der Referenzvariablen positiven Effekt auf als Eins kodierte Ausprägung.[47] Hier bedeutet dies, dass männliche Lerner stärker motiviert sind als weibliche (Variablenkodierung: weiblich = 0; männlich = 1). Die Devianz D des Modells beträgt 27121.42 bei 18 geschätzten Parametern ($df_{4a} = 18$), sodass die Verbesserung der Modellgüte von M3a nach M4a statistisch bedeutsam ist ($\Delta D_{3a4a} = 24.00$; $df_{3a4a} = 4$; $p < 0.001$).

[47] Entsprechend kennzeichnet ein negativer Regressionskoeffizient einen verglichen mit der Referenzvariablen negativen Effekt auf die ungleich Null kodierte Variable.

Modell M4b

Die folgende Erweiterung von M4a prüft, ob die Stärke der Auswirkung des Geschlechts auf die Gesamtmotivation MOT zwischen den Ebene-3-Einheiten, also den Klassen, variiert. Zu diesem Zweck wird der Zufallseffekt u_{01k} des Geschlechts (GENDER) als Ebene-3-Prädiktor modelliert. Für die M4b-Modellgleichung folgt aufbauend auf Gl. (18):

$$\begin{aligned} MOT_{ijk} = {} & \gamma_{000} + \gamma_{001}\cdot \text{BED} + \gamma_{010}\cdot \text{PHY} + \gamma_{020}\cdot \text{GENDER} + \gamma_{100}\cdot \text{Dum\_t1} + \gamma_{101}\cdot \text{Dum\_t} \\ & + \gamma_{200}\cdot \text{Dum\_t2} + \gamma_{201}\cdot \text{Dum\_t2}\cdot \text{BED} + \gamma_{300}\cdot \text{Dum\_t3} + \gamma_{301}\cdot \text{Dum\_t3}\cdot \text{BED} \\ & + u_{01k}\cdot \text{GENDER} + u_{10k}\cdot \text{Dum\_t1} + u_{30k}\cdot \text{Dum\_t3} + e_{ijk} + r_{0jk} + u_{00k} \qquad (19) \end{aligned}$$

In diesem Modell hat der modellierte Zufallseffekt einen signifikanten Einfluss auf die Gesamtmotivation (u_{01k}: $df = 36$; $\chi^2 = 75.417$; $p < 0.001$). Die Devianz D des Modells beträgt 27105.23 bei 22 geschätzten Parametern ($df_{4b} = 22$), sodass die Verbesserung in der Modellanpassung zwischen M4a und M4b auch statistisch bedeutsam ist ($\Delta D_{4a4b} = 16.19$; $df_{4a4b} = 4$; $p < 0.010$).

Weitere entsprechend Tabelle 26 durchgeführte Modellanpassungen durch Prüfung der Interaktionseffekte zwischen Experimentalbedingung und Geschlecht (M4c) oder zwischen den Zeitintervallen und dem Geschlecht (M4d) auf den Motivationszuwachs bleiben insignifikant ($\Delta D_{4b4c} = 0.27$; $df_{4b4c} = 1$; $p = 0.611$; $\Delta D_{4b4d} = 2.15$; $df_{4b4d} = 2$; $p = 0.342$).

Entsprechend Tabelle 26 folgt nun die Erweiterung um das Thema als weiteren möglichen Prädiktor auf Ebene 3.

Modell M5a

In M5a wird geprüft, ob das Thema der Unterrichtsreihe, auf das sich die Intervention jeweils bezieht, also ‚Geschwindigkeit' vs. ‚Elektrische Energie', einen globalen Einfluss auf die Gesamtmotivation MOT besitzt. Zu diesem Zweck wird das Thema (THEMA) als Ebene-3-Prädiktor im Sinne eines Haupteffektes modelliert. Für die M5a-Modellgleichung folgt aufbauend auf Gl. (19):

$$\begin{aligned} MOT_{ijk} = {} & \gamma_{000} + \gamma_{001}\cdot \text{BED} + \gamma_{002}\cdot \text{THEMA} + \gamma_{010}\cdot \text{PHY} + \gamma_{020}\cdot \text{GENDER} + \gamma_{100}\cdot \text{Dum\_t1} \\ & + \gamma_{101}\cdot \text{Dum\_t1}\cdot \text{BED} + \gamma_{200}\cdot \text{Dum\_t2} + \gamma_{201}\cdot \text{Dum\_t2}\cdot \text{BED} + \gamma_{300}\cdot \text{Dum\_t3} \\ & + \gamma_{301}\cdot \text{Dum\_t3}\cdot \text{BED} + u_{01k}\cdot \text{GENDER} + u_{10k}\cdot \text{Dum\_t1} + u_{30k}\cdot \text{Dum\_t3} \\ & + e_{ijk} + r_{0jk} + u_{00k} \qquad (20) \end{aligned}$$

In diesem Modell kann zusätzlich zu den in M4b enthaltenen Effekten ein signifikanter Unterschied in der Gesamtmotivation zwischen den Themen nachgewiesen werden (THEMA: $\beta = -5.26$; $df = 36$; $T = -5.250$; $p < 0.001$). Aus der Variablenkodierung

(0 = Themenbereich ‚Geschwindigkeit‘; 1 = Themenbereich ‚Elektrische Energie‘) ergibt sich, dass die Motivation insgesamt im Themenbereich ‚Elektrische Energie‘ geringer ist als im Themenbereich ‚Geschwindigkeit‘. Die Devianz D des Modells beträgt 27080.14 bei 14 geschätzten Parametern ($df_{5a} = 23$), sodass die Verbesserung der Modellgüte von M4b nach M5a wiederum statistisch bedeutsam ist ($\Delta D_{4b5a} = 25.09$; $df_{4b5a} = 1$; $p < 0.001$).

Modell M5b (Gesamtmodell)

Die Erweiterung von M5a prüft, ob ein Zusammenwirken von Physik-Vorleistung und Thema die Gesamtmotivation MOT signifikant beeinflusst, d. h. die Auswirkung auf die in Klassen und über den Zeitverlauf gemittelte Motivation. Zu diesem Zweck wird eine Cross-Level-Interaktion zwischen den Prädiktoren ‚Physik-Vorleistung‘ auf Schülerebenen (Ebene 2) und Thema auf Klassenebene (Ebene 3) modelliert. Für die M5b-Modellgleichung folgt aufbauend auf Gl. (20):

$$\begin{aligned} MOT_{ijk} = \; & \gamma_{000} + \gamma_{001}\cdot BED + \gamma_{002}\cdot THEMA + \gamma_{010}\cdot PHY + \gamma_{020}\cdot GENDER \\ & + \gamma_{012}\cdot PHY\cdot THEMA + \gamma_{100}\cdot Dum\_t1 + \gamma_{101}\cdot Dum\_t1\cdot BED + \gamma_{200}\cdot Dum\_t2 \\ & + \gamma_{201}\cdot Dum\_t2\cdot BED + \gamma_{300}\cdot Dum\_t3 + \gamma_{301}\cdot Dum\_t3\cdot BED \\ & + u_{01k}\cdot GENDER + u_{10k}\cdot Dum\_t1 + u_{30k}\cdot Dum\_t3 + u_{00k} + r_{0jk} + e_{ijk} \end{aligned} \quad (21)$$

In diesem Modell hat zu dem Ergebnis aus M5a die Interaktion zwischen Physik-Vorleistung und Thema einen signifikanten, positiven Einfluss auf die Gesamtmotivation (PHY × THEMA: $\beta = 0.16$; $df = 813$; $T = 3.038$; $p = 0.003$). Aus der Variablenkodierung (0 = Themenbereich ‚Geschwindigkeit‘; 1 = Themenbereich ‚Elektrische Energie‘) ergibt sich damit, dass die Auswirkung des Vorwissens auf die Motivation im Themenbereich ‚Elektrische Energie‘ größer ist als im Themenbereich ‚Geschwindigkeit‘. Die Devianz D des Modells beträgt 26898.88 bei 36 geschätzten Parametern ($df_{5b} = 36$), sodass die Verbesserung in der Modellanpassung von M5a nach M5b wiederum statistisch bedeutsam ist ($\Delta D_{5a5b} = 181.26$; $df_{5a5b} = 22$; $p < 0.001$).

Da aus den explorativen Datenanalysen zu M5b ersichtlich ist, dass keine weiteren potentiell signifikanten Prädiktoren mehr vorliegen (z. B. Schulform, Schulart o. Ä.), kann dieses Modell auf der Basis der vorliegenden Daten als nicht mehr sinnvoll zu verbesserndes Gesamtmodell für die Beeinflussung der Gesamtmotivation angesehen werden. Einen Überblick über das Modell zeigt Tabelle 32. Nach Hox (2002) kann mithilfe Gl. (10) (s. 3.3.2), Tabelle 29 und Tabelle 30 die ebenenspezifische Varianzaufklärung dieses Modells zu 15.4% der Varianz auf Ebene 1, zu 17.5% der Varianz auf Ebene 2 sowie zu 76.7% der Varianz auf Ebene 3 abgeschätzt werden.

Tabelle 32: Gesamtmodell M5b zur Mehrebenenanalyse der Gesamtmotivation

Feste Effekte	β	SD	T	df	p
Intercept, γ_{000}	48.40	1.128	42.893	36	0.001
Bedingung BED, γ_{001}	-1.28	1.192	-1.071	36	0.288
Physik-Vorleistung PHY, γ_{010}	0.13	0.038	3.489	813	0.003
Geschlecht GENDER, γ_{020}	4.06	1.177	3.450	38	0.002
Thema THEMA, γ_{002}	-5.20	0.991	-5.250	36	0.001
THEMA x PHY, γ_{012}	0.16	0.053	3.038	813	0.032
Dum_t1, γ_{100}	-7.36	1.384	-5.318	37	0.001
Dum_t1 x BED, γ_{101}	17.03	1.896	8.982	37	0.001
Dum_t2, γ_{200}	-6.83	0.963	-7.093	3253	0.001
Dum_t2 x BED, γ_{201}	21.44	1.306	16.410	3253	0.001
Dum_t3, γ_{300}	-4.95	1.200	-4.126	37	0.001
Dum_t3 x BED, γ_{301}	15.39	1.625	9.468	37	0.001

Zufallseffekte	SD*	VAR	χ^2	df	p
Ebene-1-Zufallseffekt, e_{ijk}	13.146	172.82			
Ebene-2-Zufallseffekt, r_{0jk}	9.292	86.334	2112.750	737	0.001
Ebene-3-Zufallseffekt, u_{00k}	3.286	10.798	57.269	34	0.008
Ebene-3-Zufallseffekt, u_{01k} (GENDER)	5.502	30.270	82.049	36	0.001
Ebene-3-Zufallseffekt, u_{10k} (Dum_t1)	4.330	18.748	92.864	35	0.001
Ebene-3-Zufallseffekt, u_{30k} (Dum_t3)	3.167	10.033	60.773	35	0.005

Anmerkungen. * Mittlerer quadratischer Fehler zu den Residuen; β = Regressionskoeffizient; SD = Standardabweichung (der Zielvariablen); VAR = Varianz; df = Freiheitsgrade; χ^2 = χ^2-Werte.

3.4.2.4 Motivationsverlauf: Subskala ‚Intrinsische Motivation/Engagement' IE

In den folgenden Kapiteln wird sich nun infolge analogen Vorgehens zu 3.4.2.3 auf die Darstellung der wesentlichen Ergebnisse beschränkt, indem einerseits auch weiterhin nur die Daten des ‚Null-Modells' und des abschließenden Endmodells ausführlich tabellarisch zusammengefasst werden. Andererseits wird die Darstellung der schrittweisen Weiterentwicklung der einzelnen Submodelle im Dienste der Übersichtlichkeit sukzessive reduziert. Zunächst werden in diesem Kapitel noch die kennzeichnenden Modellkriterien im Fließtext berichtet. In den folgenden Abschnitten erfolgt die Modellentwicklung hauptsächlich als Übersicht in Tabellenform dargestellt.

‚Null-Modell' M0

Ausgangspunkt des Modellierungsverfahrens stellt auch hier Verteilung der Varianzanteile der Subskala ‚Intrinsische Motivation/Engagement' auf die drei Ebenen durch das ‚Null-Modell' dar. Die Devianz *D* des Modells beträgt 28572.51 bei vier geschätzten Parametern ($df_0 = 4$).

Tabelle 33: Zufallseffekte des ‚Null-Modells' zur Motivation-Subskala ‚Intrinsische Motivation/ Engagement'

Zufallseffekt	**SD**	**VAR**	***df***	χ^2	***p***	**Varianzanteil in %**
Messzeitpunkte, e_{ijk}	16.541	273.598				59.1
Schüler, r_{0jk}	12.010	144.240	777	2414.272	0.001	30.9
Klassen, u_{00k}	6.946	48.248	38	215.479	0.001	10.4

Anmerkungen. SD = Standardabweichung (der Zielvariablen); *VAR* = Varianz; d*f* = Freiheitsgrade; χ^2 = χ^2-Werte

Modell M1a

Auch hier wird M0 im nächsten Schritt um die Dummy-Variablen Dum_t1, Dum_t2 und Dum_t3 als Ebene-1-Prädiktoren erweitert und geprüft, ob sich auf der ersten Ebene globale Unterschiede in IE zwischen T0 und T1 (Dum_t1), T0 und T2 (Dum_t2) sowie T0 und T3 (Dum_t3) zeigen. In diesem Modell sind wiederum alle getesteten Zeitintervalle wenigstens signifikant von Null verschieden (s. 3.4.2.3; Dum_t1: $df = 3260$; $T = 3.888$; $p < 0.001$; Dum_t2: $df = 3260$; $T = 6.799$; $p < 0.001$; Dum_t3: $df = 3260$; $T = 4.436$; $p < 0.001$). Die Devianz *D* des Modells beträgt 28525.28 bei sieben geschätzten Parametern ($df_{1a} = 7$), sodass die Verbesserung in der Modellanpassung zwischen M0 und M1a ebenso als statistisch bedeutsam eingestuft werden kann ($\Delta D_{01a} = 47.28$; $df_{01a} = 3$; $p < 0.001$).

Modell M1b

Die folgende Erweiterung von M1a prüft, ob der Zeitverlauf der Motivations-Subskala IE in den Zeitintervallen zwischen den Ebene-3-Einheiten, also den Klassen, variiert. Zu diesem Zweck werden die Zufallseffekte u_{10k}, u_{20k} und u_{30k} als Ebene-3-Prädiktor modelliert. In diesem Modell haben die modellierten Zufallseffekte sowie die Restvarianz auf Ebene 3 einen signifikanten Einfluss auf IE (u_{10k}: $df = 38$; $\chi^2 = 245.514$; $p < 0.001$; u_{20k}: $df = 38$; $\chi^2 = 260.641$; $p < 0.001$; u_{30k}: $df = 38$; $\chi^2 = 187.943$; $p < 0.001$; u_{00k}: $df = 38$; $\chi^2 = 70.696$; $p = 0.001$). Dabei wird der Einfluss von zwei der drei Zeitintervallen (Dum_t1: $df = 38$; $T = 1.323$; $p = 0.194$; Dum_t3: $df = 38$; $T = 1.893$; $p = 0.066$; s. Tab. 34) insignifikant. Die Devianz *D* des Modells beträgt 28291.48 bei 16 geschätzten Parametern ($df_{1b} = 16$), sodass die Verbesserung der Modellgüte

Tabelle 34: Übersicht über die Modellentwicklung zur Motivation-Subskala ‚Intrinsische Motivation/Engagement‘

Modell-Nr. / Feste Effekte	M1b	M2a	M2b	M3a	M4a	M5a	M5b
	β	β	β	β	β	β	β
Intercept, γ_{000}	37.95***	32.75***	38.75***	38.75***	36.88***	39.17***	38.99***
Bedingung BED, γ_{001}		10.08***	-1.56	-1.55	-1.89	-1.96	-2.05
Physik-Vorleistung PHY, γ_{010}				0.20***	0.19***	0.19***	0.10*
Geschlecht GENDER, γ_{020}					4.38**	5.85**	4.92**
Thema THEMA, γ_{002}						-6.73***	-6.99***
THEMA x PHY, γ_{012}							0.17***
Dum_t1, γ_{100}	2.55	2.57	-7.26***	-7.26***	-7.26***	-6.53***	-7.48***
Dum_t1 x BED, γ_{101}			19.08***	19.08***	19.08***	17.69***	19.47***
Dum_t2, γ_{200}	4.89*	4.92*	-6.24***	-6.24***	-6.25***	-5.51***	-6.29***
Dum_t2 x BED, γ_{201}			21.62***	21.62***	21.64***	20.29***	21.73***
Dum_t3, γ_{300}	3.17	3.19	-4.25*	-4.25*	-4.26*	-3.70*	-4.44*
Dum_t3 x BED, γ_{301}			14.43***	14.43***	14.44***	13.41***	14.78***
Restvarianz auf Ebene 1, e_{ijk} (ohne Zufallseffekte)	268.37	268.37	233.69	233.69	233.69	233.39	233.39
Restvarianz auf Ebene 2, r_{0jk} (ohne Zufallseffekte)	145.55	145.59	151.21	141.35	133.34	133.98	130.55
Restvarianz auf Ebene 3, u_{00k} (ohne Zufallseffekte)	48.25	10.15	10.18	10.67	9.73	3.25	3.20
Devianz D	28291.48	28281.82	28223.84	28186.98	28168.84	28127.57	28088.20
ΔD	233.80***	9.66**	57.98***	36.86***	18.14***	14.63***	39.37***

Anmerkungen. β = Regressionskoeffizient;*** $p < 0.001$; ** $p < 0.01$; * $p < 0.05$

zwischen M1a und M1b statistisch bedeutsam ist (ΔD_{1a1b} = 233.80; df_{1a1b} = 9; $p < 0.001$).

Modell M2a

Im nächsten Schritt wird aufbauend auf M1b im Modell M2a geprüft, ob die Experimentalbedingung einen globalen Einfluss auf die Motivation im Teilbereich ‚Intrinsische Motivation/Engagement‘ aufweist. Zu diesem Zweck wird die Experimentalbedingung (BED) als Ebene-3-Prädiktor im Sinne eines Haupteffektes modelliert. In diesem Modell besitzt die Experimentalbedingung (BED) einen signifikanten, positiven Einfluss auf IE (BED: β = 12.22; df = 37; T = 8.407; $p < 0.001$). Somit besitzt die EG einen globalen positiven Effekt auf die Motivation der Subskala IE (positiver Regressionskoeffizient β). Die Devianz D des Modells beträgt 28281.82 bei 17 geschätzten Parametern (df_{2a} = 17), sodass die Verbesserung in der Modellanpassung von M1b nach M2a erneut statistisch bedeutsam ist (ΔD_{1b2a} = 9.66; df_{1b2a} = 1; $p <$ 0.002).

Modell M2b

In M2b wird geprüft, ob es zu T0 und in den durch die Dummy-Variablen Dum_t12, Dum_t2 und Dum_t3 modellierten Zeitverlaufsintervallen Motivationsunterschiede zwischen EG und KG gibt. In diesem Modell sind alle Cross-Level-Effekte zwischen der Experimentalbedingung und den Zeitintervallen signifikant von Null verschieden (Dum_t1 × BED; Dum_t2 × BED; Dum_t3 × BED; s. Tab. 34). Dabei ist der Einfluss von Zeitungsaufgaben wiederum positiv (positiver Regressionskoeffizient β), der Einfluss ‚traditioneller Aufgaben' dagegen negativ (negativer Regressionskoeffizient β). Darüber hinaus ist der Einfluss der Bedingung zu T0 insignifikant (BED; s. Tab. 34). Die Devianz D des Modells beträgt 28223.84 bei 20 geschätzten Parametern ($df_2 = 20$), sodass die Verbesserung der Modellgüte zwischen M2a und M2b statistisch bedeutsam ist ($\Delta D_{2a2b} = 57.98$; $df_{2a2b} = 3$; $p < 0.001$).

Modell M3a

Der globale Einfluss der Physik-Vorleistung auf IE, d. h. die Auswirkung auf die in den Klassen über den Zeitverlauf gemittelte Intrinsische Motivation bzw. das Engagement, wird in M3a durch Modellierung der Physik-Vorleistung (PHY) als Ebene-2-Prädiktor im Sinne eines Haupteffektes untersucht (‚group-mean-centered'; s. 3.3.2). In diesem Modell hat zusätzlich zu den zu in M2b enthaltenen Effekten die Physik-Vorleistung einen signifikanten, positiven Einfluss auf IE (s. 3.4.2.3; PHY: $\beta = 0.20$; $df = 814$; $T = 6.144$; $p < 0.001$). Die Devianz D des Modells beträgt 28186.98 bei 21 geschätzten Parametern ($df_3 = 21$), sodass die Verbesserung in der Modellanpassung zwischen M2b und M3a statistisch bedeutsam ist ($\Delta D_{23} = 36.86$; $df_{23} = 1$; $p < 0.001$).

Weitere entsprechend Tabelle 26 durchgeführte Modellanpassungen durch Prüfung des Effekts der Physik-Vorleistung auf IE zwischen den Klassen (M3b) bzw. zwischen KG und EG (M3c) oder auf den IE-Zuwachs in den Zeitintervallen (M3d) bleiben insignifikant ($\Delta D_{3a3b} = 0.94$; $df_{3a3b} = 1$; $p = 0.332$; $D_{3a3c} = 0.37$; $df_{3a3c} = 1$; $p = 0.543$; $\Delta D_{3a3d} = 1.64$; $df_{3a3d} = 1$; $p = 0.201$).

Wie in 3.4.2.3 wäre es auch an dieser Stelle erforderlich (vgl. 3.4.2.1), die Effekte der Moderatorvariablen ‚Allgemeine Intelligenz' und ‚Lesekompetenz' auf die Gesamtmotivation durch weitere Verbesserung der Modellgüte zu untersuchen. Allerdings korrelieren auch hier die Prädiktoren ‚Physik-Vorleistung', ‚Allgemeine Intelligenz' und ‚Lesekompetenz' alle signifikant miteinander, sodass Multikollinearität zwischen diesen Variablen besteht. Um eine gleichzeitige Modellierung dieser Komponenten in Mehrebenenstrukturen zu vermeiden, prüfen wiederum explorative Datenanalysen, welche dieser Prädiktoren potentiell zu einer statistisch bedeutsamen Verbesserung der Modellgüte beitragen könnte. Dabei wird auch in der Subskala IE nur bei der Physik-Vorleistung eine derart potentiell signifikante Beeinflussung analysiert. Deshalb wird an dieser Stelle die M3-Modellserie nicht mehr weiterverfolgt.

Modell M4a

Der globale Einfluss des Geschlechts auf IE, d. h. die Auswirkung auf die über Klassen und Zeitverlauf gemittelte Intrinsische Motivation bzw. das Engagement wird den Einbezug des Geschlechts (GENDER) als Ebene-2-Prädiktor im Sinne eines Haupteffektes in M4a geprüft. In diesem Modell wird zu den Ergebnissen von M3 ein signifikanter Unterschied in der Subskala IE zwischen den Geschlechtern nachgewiesen (s. 3.4.2.3; GENDER: $\beta = 4.38$; $df = 813$; $T = 4.293$; $p < 0.001$). Aus der Variablenkodierung (weiblich = 0; männlich = 1) ergibt sich damit, dass die Motivation von Jungen auch im Teilbereich IE größer ist als die von Mädchen. Die Devianz D des Modells beträgt 28168.84 bei 22 geschätzten Parametern ($df_{4a} = 22$), sodass die Verbesserung in der Modellanpassung zwischen M3a und M4a statistisch bedeutsam ist ($\Delta D_{3a4a} = 18.14$; $df_{3a4a} = 1$; $p < 0.001$).

Modell M4b

Mit der Erweiterung von M4a um den Zufallseffekt u_{01k} des Geschlechts (GENDER) als Ebene-3-Prädiktor wird wiederum geprüft, ob die Auswirkung des Geschlechts auf IE zwischen den Ebene-3-Einheiten, also den Klassen, variiert. Dieser modellierte Zufallseffekt erreicht statistische Signifikanz (u_{01k}: $df = 36$; $\chi^2 = 80.737$; $p < 0.001$; vgl. auch 3.4.2.3). Die Devianz D des Modells beträgt 28153.20 bei 27 geschätzten Parametern ($df_{4b} = 27$), sodass die Verbesserung der Modellgüte von M4a nach M4b statistisch bedeutsam ist ($\Delta D_{4a4b} = 15.64$; $df_{44b} = 5$; $p < 0.010$).

Weitere entsprechend Tabelle 26 durchgeführte Modellanpassungen durch Prüfung des Effekts der Experimentalbedingung auf den signifikanten Einfluss des Geschlechtes auf IE (M4c) bleibt insignifikant ($\Delta D_{4b4c} = 0.47$; $df_{34} = 1$; $p = 0.495$), gleiches gilt für die Interaktionen zwischen Geschlecht und Zeitintervalle (M4d; $\Delta D_{4b4d} = 2.68$; $df_{4b4d} = 2$; $p = 0.262$). Somit bleibt schließlich wiederum noch die Erweiterung um das Thema als weiteren möglichen Prädiktor auf Ebene 3.

Modell M5a

Der globale Einfluss des Themenbereichs (‚Geschwindigkeit' vs. ‚Elektrische Energie') wird aufbauend auf M4b durch die Modellierung des Themas (THEMA) als Ebene-3-Prädiktor im Sinne eines Haupteffektes geprüft. In diesem Modell unterscheiden sich die beiden Themen signifikant in der Subskala IE (; THEMA: $\beta = -6.73$; $df = 36$; $T = -5.908$; $p < 0.001$; vgl. auch 3.4.2.3), sodass auch in diesem Teilbereich (Variablenkodierung: Themenbereich ‚Geschwindigkeit' = 0; Themenbereich ‚Elektrische Energie' = 1) die Motivation im Themenbereich ‚Geschwindigkeit' größer ist als im Themenbereich ‚Elektrische Energie'. Die Devianz D des Modells beträgt 28127.57 bei 28 geschätzten Parametern ($df_{5a} = 28$), sodass die Verbesserung in der Modellanpassung von M4b nach M5a statistisch bedeutsam ist ($\Delta D_{4b5a} = 14.63$; $df_{4b5a} = 1$; $p < 0.001$).

Modell M5b (Gesamtmodell)

In M5b wird aufbauend auf M5a der Effekt einer Interaktion von Thema und Physik-Vorleistung auf IE geprüft, d.h. die Auswirkung auf die in Klassen über den Zeit-

Tabelle 35: Gesamtmodell M5b zur Mehrebenenanalyse der Motivation-Subskala ‚Intrinsische Motivation/Engagement'

Feste Effekte	***β***	**SD**	***T***	**d*f***	***p***
Intercept, γ_{000}	39.34	1.026	38.348	36	0.001
Bedingung BED, γ_{001}	-2.05	1.388	-1.479	36	0.148
Physik-Vorleistung PHY, γ_{010}	0.10	0.045	2.179	813	0.029
Geschlecht GENDER, γ_{020}	4.92	1.481	3.324	38	0.002
Thema THEMA, γ_{002}	-6.99	1.183	-5.908	36	0.001
THEMA x PHY, γ_{012}	0.17	0.064	2.721	813	0.007
Dum_t1, γ_{100}	-7.48	1.678	-4.458	37	0.001
Dum_t1 x BED, γ_{101}	19.47	2.287	8.510	37	0.001
Dum_t2, γ_{200}	-6.29	1.417	-4.439	37	0.001
Dum_t2 x BED, γ_{201}	21.73	1.942	11.191	37	0.001
Dum_t3, γ_{300}	-4.44	1.758	-2.526	37	0.016
Dum_t3 x BED, γ_{301}	14.78	2.410	6.133	37	0.001

Zufallseffekte	**SD***	**VAR**	χ^2	**d*f***	***p***
Ebene-1-Zufallseffekt, e_{ijk}	15.274	233.302			
Ebene-2-Zufallseffekt, r_{0jk}	11.203	125.517	2223.834	737	0.001
Ebene-3-Zufallseffekt, u_{00k}	2.649	7.017	38.582	34	0.270
Ebene-3-Zufallseffekt, u_{01k} (GENDER)	6.911	47.755	86.300	36	0.001
Ebene-3-Zufallseffekt, u_{10k} (Dum_t1)	5.520	30.467	90.749	35	0.001
Ebene-3-Zufallseffekt, u_{20k} (Dum_t2)	3.769	14.207	55.034	35	0.017
Ebene-3-Zufallseffekt, u_{30k} (Dum_t3)	5.948	35.380	89.827	35	0.001

Anmerkungen. * Mittlerer quadratischer Fehler zu den Residuen; β = Regressionskoeffizient; SD = Standardabweichung (der Zielvariablen); VAR = Varianz; df = Freiheitsgrade; χ^2 = χ^2-Werte.

verlauf gemittelte Motivation IE. Es zeigt sich ein signifikanter, positiver Einfluss der Interaktion von THEMA × PHY auf IE (THEMA × PHY: $\beta = 0.17$; $df = 813$; $T = 2.721$; $p = 0.007$), sodass der Motivationsgrad der Subskala IE im Themenbereich ‚Elektrische Energie' bei Schülern mit größerer Vorleistung größer ist. Die Devianz D des Modells beträgt 28088.20 bei 31 geschätzten Parametern ($df_{5b} = 31$), sodass die Verbesserung der Modellgüte zwischen M5a und M5b Modellanpassung statistisch bedeutsam ist ($\Delta D_{5a5b} = 39.37$; $df_{5a5b} = 3$; $p < 0.001$).

Da aus den explorativen Datenanalysen zu M5b ersichtlich ist, dass keine weiteren potentiell signifikanten Prädiktoren mehr vorliegen (z. B. Schulform, Schulart o. Ä.), kann dieses Modell auf der Basis der vorliegenden Daten als nicht mehr sinnvoll zu verbesserndes Gesamtmodell für die Beeinflussung der Motivation-Subskala ‚Intrinsische Motivation/Engagement' angesehen werden. Einen Überblick über das Modell zeigt Tabelle 35. Nach Hox (2002) kann mithilfe Gl. (10) (s. 3.3.2), Tabelle 33 und Tabelle 34 die ebenenspezifische Varianzaufklärung dieses Modells zu 14.7% der Varianz auf Ebene 1, 13.0% der Varianz auf Ebene 2 und 85.5% der Varianz auf Ebene 3 abgeschätzt werden.

3.4.2.5 Motivationsverlauf: Subskala ‚Selbstkonzept' Sk

In diesem und den folgenden Kapiteln werden aus Gründen der Ökonomie der Darstellung ausschließlich die wesentlichen Ergebnisse berichtet, indem die Daten des ‚Null-Modells' und des abschließenden Gesamtmodells ausführlich tabellarisch zusammengefasst werden. Die Modellentwicklung wird als Übersicht tabellarisch verdeutlicht und es wird nur auf solche Entwicklungsschritte ausführlich eingegangen, die nicht bereits in den vorangehenden Abschnitten beschrieben wurden.

‚Null-Modell' M0

Ausgangspunkt des Modellierungsverfahren stellt wie auch in 3.4.2.3 und 3.4.2.4 die Verteilung der Varianzanteile der Subskala ‚Selbstkonzept' Sk auf die drei Ebenen durch das ‚Null-Modell' dar (s. Tab. 36). Die Devianz D des Modells beträgt 27869.56 bei vier geschätzten Parametern ($df_0 = 4$).

Tabelle 36: Zufallseffekte des ‚Null-Modells' zur Motivation-Subskala ‚Selbstkonzept'

Zufallseffekt	SD	VAR	df	χ^2	p	Varianzanteil in %
Messzeitpunkte, e_{ijk}	14.866	221.004				59.8
Schüler, r_{0jk}	10.792	116.473	777	2413.942	0.001	31.5
Klassen, u_{00k}	5.678	32.234	38	187.280	0.001	8.7

Anmerkungen. SD = Standardabweichung (der Zielvariablen); VAR = Varianz; df = Freiheitsgrade; $\chi^2 = \chi^2$-Werte.

Modell M1a

Durch die Aufnahme der Dummy-Zeitintervalle Dum_t1, Dum_t2 und Dum_t3 in das Modell zeigt sich, dass im Gegensatz zu den in den vorangehenden Abschnitten beschriebenen Modellen zur Gesamtmotivation und zur Subskala IE nur Dum_t1 signifikant von Null verschieden ist (Dum_t1: $df = 3260$; $T = 2.501$; $p = 0.013$; Dum_t2: $df = 3260$; $T = 1.226$; $p = 0.221$; Dum_t3: $df = 3260$; $T = -1.025$; $p = 0.306$). Somit ist an dieser Stelle über die gesamte Stichprobe hinweg betrachtet – also beide Gruppen EG und KG zusammen genommen – nur im Zeitintervall Dum_t1, d. h. zwischen Prätest und aktueller Motivation ein statistisch bedeutsamer Motivationsunterschied in der Subskala Sk nachweisbar. Die Devianz D des Modells beträgt 27855.63 bei sieben geschätzten Parametern ($df_{1a} = 7$), sodass die Verbesserung in der Modellanpassung zwischen M0 und M1a ebenso als statistisch bedeutsam eingestuft werden kann ($\Delta D_{01a} = 13.93$; $df_{01a} = 3$; $p = 0.003$).

Modell M1b

Die folgende Erweiterung von M1a prüft, ob der Zeitverlauf der Motivations-Subskala Sk in den Zeitintervallen zwischen den Ebene-3-Einheiten, also den Klassen, variiert. Zu diesem Zweck werden die Zufallseffekte u_{10k}, u_{20k} und u_{30k} als Ebene-3-Prädiktor modelliert. In diesem Modell haben die modellierten Zufallseffekte sowie die Restvarianz auf Ebene 3 einen signifikanten Einfluss auf Sk (u_{10k}: $df = 38$; $\chi^2 = 257.014$; $p < 0.001$; u_{20k}: $df = 38$; $\chi^2 = 199.211$; $p < 0.001$; u_{30k}: $df = 38$; $\chi^2 = 134.115$; $p < 0.001$; u_{00k}: $df = 38$; $\chi^2 = 64.925$; $p = 0.004$). Dabei wird nun auch der Einfluss von Dum_t1 insignifikant (s. Tab. 37), wobei der Empfehlung in der Literatur gefolgt werden soll, insignifikante Haupteffekte in den Modellen beizubehalten (Ditton, 1998; Hox, 2002; Raudenbush & Bryk, 2002). Die Devianz D des Modells beträgt 27632.98 bei 16 geschätzten Parametern ($df_{1b} = 16$), sodass die Verbesserung der Modellgüte zwischen M1a und M1b statistisch bedeutsam ist ($\Delta D_{1a1b} = 222.65$; $df_{1a1b} = 9$; $p < 0.001$).

Modell M2a

Im nächsten Schritt wird aufbauend auf M1b mit Modell M2a geprüft, ob die Experimentalbedingung einen globalen Einfluss auf die Motivation im Teilbereich ‚Selbstkonzept' aufweist. Zu diesem Zweck wird die Experimentalbedingung (BED) als Ebene-3-Prädiktor im Sinne eines Haupteffekts modelliert. In diesem Modell besitzt die Experimentalbedingung (BED) einen signifikanten, positiven Einfluss auf IE (BED; s. Tab. 37). Somit besitzt die EG einen globalen positiven Effekt auf die über die Zeitpunkte gemittelte Motivation der Subskala Sk (positiver Regressionskoeffizient β). Die Devianz D des Modells beträgt 27627.85 bei 17 geschätzten Parametern ($df_{2a} = 17$), sodass die Verbesserung der Modellgüte von M1b nach M2a erneut statistisch bedeutsam ist ($\Delta D_{1b2a} = 5.13$; $df_{1b2a} = 1$; $p < 0.023$).

Tabelle 37: Übersicht über die Modellentwicklung zur Motivation-Subskala ‚Selbstkonzept'

Modell-Nr. / Feste Effekte	M1b	M2a	M2b	M3a	M4a	M5a	M5b
	β	β	β	β	β	β	β
Intercept, γ_{000}	54.96***	51.84***	55.79***	55.77***	53.11***	54.04***	55.68***
Bedingung BED, γ_{001}		6.03***	-1.60	-1.58	-1.80	-2.01	-2.06
Physik-Vorleistung PHY, γ_{010}				0.29***	0.32***	0.33***	0.24***
Geschlecht GENDER, γ_{020}					5.89***	5.91***	6.17***
Thema THEMA, γ_{002}						-5.88***	-5.94***
THEMA x PHY, γ_{012}							0.12*
Dum_t1, γ_{100}	1.37	1.84	-7.14***	-7.14***	-7.06***	-7.32***	-7.23***
Dum_t1 x BED, γ_{101}			16.59***	16.59***	16.42***	17.01***	16.69***
Dum_t2, γ_{200}	0.44	0.90	-7.48***	-7.48***	-6.73***	-7.11***	-7.52***
Dum_t2 x BED, γ_{201}			15.39***	15.39***	13.93***	15.23***	15.43***
Dum_t3, γ_{300}	-1.04	-0.75	-6.11***	-6.11***	-5.55***	-6.26***	-6.06***
Dum_t3 x BED, γ_{301}			9.87***	9.87***	8.80****	10.06***	9.71***
Restvarianz auf Ebene 1, e_{ijk} (ohne Zufallseffekte)	219.75	219.04	191.13	191.13	191.13	191.13	191.10
Restvarianz auf Ebene 2, r_{0jk} (ohne Zufallseffekte)	116.79	116.79	120.83	99.58	92.47	92.47	91.23
Restvarianz auf Ebene 3, u_{00k} (ohne Zufallseffekte)	32.23	12.36	12.36	13.40	13.08	8.07	7.38
Devianz D	27632.98	27627.85	27577.53	27477.62	27389.98	27356.63	27311.63
ΔD	222.65***	5.13*	50.32***	99.91***	87.64***	17.09***	45.00***

Anmerkungen. β = Regressionskoeffizient; *** $p < 0.001$; ** $p < 0.01$; * $p < 0.05$

Modell M2b

Unter Berücksichtigung der Empfehlung, auch insignifikante Haupteffekte im Modell zu belassen, wenn Interaktionen mit diesen Prädiktoren modelliert werden (Ditton, 1998; Hox, 2002; Raudenbush & Bryk, 2002), werden Cross-Level-Interaktionen zwischen der Experimentalbedingung (BED) und allen Zeitverlaufsintervallen modelliert. Es ergibt sich in allen drei Fällen statistische Signifikanz. Dabei ist der Einfluss von Zeitungsaufgaben wiederum positiv (positiver Regressionskoeffizient β), der Einfluss ‚traditioneller Aufgaben' dagegen negativ (negativer Regressionskoeffizient β; Dum_t1 × BED; Dum_t2 × BED; Dum_t3 × BED; s. Tab. 37). Darüber hinaus ist der Einfluss der Bedingung zu T0 insignifikant (BED; s. Tab. 37). Die Devianz D des Modells beträgt 27577.53 bei 20 geschätzten Parametern ($df_{2b} = 20$), sodass die Verbesserung in der Modellanpassung zwischen M2a und M2b statistisch bedeutsam ist ($\Delta D_{2a2b} = 50.32$; $df_{2a2b} = 3$; $p < 0.001$).

Modell M3a

Dieses Modell zeigt einen signifikanten globalen, positiven Einfluss der Physik-Vorleistung (PHY) als Ebene-2-Prädiktor im Sinne eines Haupteffektes (‚group-mean-centered'; s. 3.3.2) auf Sk (PHY; s. Tab. 37). Die Devianz *D* des Modells beträgt 27477.62 bei 21 geschätzten Parametern ($df_{3a} = 21$), sodass die Verbesserung der Modellgüte von M2b nach M3a statistisch bedeutsam ist ($\Delta D_{2b3a} = 99.91$; $df_{2b3a} = 1$; $p < 0.001$).

Weitere entsprechend Tabelle 26 durchgeführte Modellanpassungen durch Prüfung des Effekts der Physik-Vorleistung auf Sk zwischen den Klassen (M3b) bzw. zwischen KG und EG (M3c) oder auf den Sk-Zuwachs in den Zeitintervallen (M3d) bleiben insignifikant ($\Delta D_{3a3b} = 1.30$; $df_{3a3b} = 2$; $p = 0.521$; $D_{3a3c} = 2.09$; $df_{3a3c} = 1$; $p = 0.148$; $\Delta D_{3a3d} = 0.68$; $df_{3a3d} = 2$; $p = 0.712$).

Wie in den vorangehenden Abschnitten zur Gesamtmotivation (vgl. 3.4.2.3) sowie zur Motivations-Subskala IE (vgl. 3.4.2.4) wäre es auch an dieser Stelle erforderlich (vgl. 3.4.2.1), die Effekte der Moderatorvariablen ‚Allgemeine Intelligenz' und ‚Lesekompetenz' auf die Subskala Sk durch weitere Verbesserung der Modellgüte zu untersuchen. Allerdings können auch hier die Prädiktoren ‚Physik-Vorleistung', ‚Allgemeine Intelligenz' und ‚Lesekompetenz' infolge von Multikollinearität nicht gleichzeitig in Mehrebenenstrukturen modelliert werden. Die zur Prüfung potentiell signifikanter Prädiktoren herangezogene explorative Datenanalysen weißt auch in dieser Subskala Sk nur die Physik-Vorleistung als eine derartige Variable aus, die zu einer statistisch bedeutsamen Verbesserung der Modellgüte beitragen könnte. Deshalb wird an dieser Stelle die M3-Modellserie nicht mehr weiterverfolgt.

Modell M4a

Der globale Einfluss des Geschlechts auf Sk, d. h. die Auswirkung auf das über Klassen und Zeitverlauf gemittelte Selbstkonzept durch die Berücksichtigung des Geschlechts (GENDER) als Ebene-2-Prädiktor im Sinne eines Haupteffektes zeigt einen signifikanten, positiven Einfluss auf Sk (GENDER; s. Tab. 37), sodass auch im Teilbereich Sk die Motivation von Jungen größer ist als die von Mädchen. Die Devianz *D* des Modells beträgt 27389.98 bei 28 geschätzten Parametern ($df_{4a} = 28$), sodass die Verbesserung in der Modellanpassung zwischen M3a und M4a statistisch bedeutsam ist ($\Delta D_{3a4a} = 87.64$; $df_{3a4a} = 7$; $p < 0.001$).

Modell M4b

Mit der Erweiterung von M4a um den Zufallseffekt u_{01k} des Geschlechts (GENDER) als Ebene-3-Prädiktor wird wiederum geprüft, ob die Auswirkung des Geschlechts auf Sk zwischen den Ebene-3-Einheiten, also den Klassen, variiert. In diesem Modell hat der modellierte Zufallseffekt einen signifikanten Einfluss auf Sk (u_{01k}: df = 36; χ^2 = 66.539; p = 0.002; vgl. auch 3.4.2.3). Die Devianz D des Modells beträgt 27373.72 bei 35 geschätzten Parametern (df_{4b} = 35), sodass die Verbesserung der Modellgüte von M4a nach M4b statistisch bedeutsam ist (ΔD_{4a4b} = 16.26; df_{4a4b} = 7; $p < 0.023$).

Weitere entsprechend Tabelle 26 durchgeführte Modellanpassungen durch Prüfung des Effekts der Experimentalbedingung auf den signifikanten Einfluss des Geschlechtes auf Sk (M4c) bleibt insignifikant (ΔD_{4b4c} = 1.73; df_{4b4c} = 1; p = 0.188), gleiches gilt für die Interaktionen zwischen Geschlecht und Zeitintervalle (M4d; ΔD_{4b4d} = 0.71; df_{4b4d} = 2; p = 0.692). Somit bleibt schließlich wiederum noch die Erweiterung um das Thema als weiteren möglichen Prädiktor auf Ebene 3.

Tabelle 38: Gesamtmodell M5b zur Mehrebenenanalyse der Motivation-Subskala ‚Selbstkonzept‘

Feste Effekte	β	**SD**	T	**df**	p
Intercept, γ_{000}	55.68	1.196	46.540	36	0.001
Bedingung BED, γ_{001}	-2.06	1.258	-1.636	36	0.110
Physik-Vorleistung PHY, γ_{010}	0.24	0.046	5.241	37	0.001
Geschlecht GENDER, γ_{020}	6.17	1.162	5.306	38	0.001
Thema THEMA, γ_{002}	-5.94	1.084	-5.474	36	0.001
THEMA x PHY, γ_{012}	0.12	0.056	2.203	37	0.028
Dum_t1, γ_{100}	-7.23	1.701	-4.250	37	0.001
Dum_t1 x BED, γ_{101}	16.69	2,311	7.221	37	0.001
Dum_t2, γ_{200}	-7.52	1.392	-5.407	37	0.001
Dum_t2 x BED, γ_{201}	15.43	1.910	8.077	37	0.001
Dum_t3, γ_{300}	-6.06	1.486	-4.081	37	0.001
Dum_t3 x BED, γ_{301}	9.71	2.019	4.809	37	0.001

Zufallseffekte	**SD***	**VAR**	χ^2	**df**	p
Ebene-1-Zufallseffekt, e_{ijk}	13.804	190.557			
Ebene-2-Zufallseffekt, r_{0jk}	9.139	83.525	1909.700	699	0.001
Ebene-3-Zufallseffekt, u_{00k}	3.503	12.272	57.994	34	0.009
Ebene-3-Zufallseffekt, u_{01k} (GENDER)	5.032	25.323	69.186	36	0.001
Ebene-3-Zufallseffekt, u_{10k} (Dum_t1)	6.100	37.205	111.179	35	0.001
Ebene-3-Zufallseffekt, u_{20k} (Dum_t2)	4.156	17.269	70.616	35	0.001
Ebene-3-Zufallseffekt, u_{30k} (Dum_t3)	4.838	23.401	79.820	35	0.001

Anmerkungen. * Mittlerer quadratischer Fehler zu den Residuen; β = Regressionskoeffizient; SD = Standardabweichung (der Zielvariablen); VAR = Varianz; df = Freiheitsgrade; χ^2 = χ^2-Werte.

Modell M5a

Die Modellierung des Themenbereichs (THEMA: ‚Geschwindigkeit' vs. ‚Elektrische Energie') als Ebene-3-Prädiktor im Sinne eines Haupteffektes in M5a zeigt einen signifikanten Unterschied zwischen den Themenbereichen in Sk (THEMA; s. Tab. 37), sodass auch im Teilbereich Sk die Motivation im Themenbereich ‚Elektrische Energie' geringer ist als im Themenbereich ‚Geschwindigkeit'. Die Devianz D des Modells beträgt 27356.63 bei 34 geschätzten Parametern ($df_{5a} = 34$), sodass die Verbesserung in der Modellanpassung zwischen M4b und M5a statistisch bedeutsam ist ($\Delta D_{4b5a} = 17.09$; $df_{4b5a} = 1$; $p < 0.001$).

Modell M5b (Gesamtmodell)

In M5b wird aufbauend auf M5a der Effekt einer Interaktion von Thema und Physik-Vorleistung auf Sk geprüft, d. h. die Auswirkung auf die in Klassen über den Zeitverlauf gemittelte Motivation im Teilbereich Sk. Es zeigt sich ein signifikanter, positiver Einfluss der Interaktion von THEMA × PHY auf Sk (THEMA × PHY; s. Tab. 37 und Tab. 38), sodass die Motivationsfacette Sk im Themenbereich ‚Elektrische Energie' bei Schülern mit größerer Vorleistung höher ausgeprägt ist. Die Devianz D des Modells beträgt 27311.37 bei 44 geschätzten Parametern ($df_{5b} = 44$), sodass die Verbesserung der Modellgüte von M5a nach M5b statistisch bedeutsam ist ($\Delta D_{5a5b} = 45.00$; $df_{5a5b} = 10$; $p < 0.001$).

Da aus den explorativen Datenanalysen zu M5b ersichtlich ist, dass keine weiteren potentiell signifikanten Prädiktoren mehr vorliegen (z. B. Schulform, Schulart o. Ä.), kann dieses Modell auf der Basis der hier vorliegenden Daten als nicht mehr sinnvoll zu verbesserndes Gesamtmodell für die Beeinflussung der Motivations-Subskala ‚Selbstkonzept' angesehen werden. Einen Überblick über das Modell zeigt Tabelle 38. Nach Hox (2002) kann mithilfe Gl. (10) (s. 3.3.2), Tabelle 36 und Tabelle 37 die ebenenspezifische Varianzaufklärung dieses Modells zu 13.8% auf Ebene 1, 28.3% auf Ebene 2 sowie 61.0% auf Ebene 3 abgeschätzt werden.

3.4.2.6 Motivationsverlauf: Subskala ‚Realitätsbezug/Authentizität' RA

Auch in diesem Kapitel werden die wesentlichen Ergebnisse berichtet, die Daten des ‚Null-Modells' und des abschließenden Gesamtmodells ausführlich tabellarisch zusammengefasst sowie die Modellentwicklung als Übersicht in einer Tabelle verdeutlicht. Auf Entwicklungsschritte wird nur dann ausführlich eingegangen, falls diese nicht bereits in den vorangehenden Abschnitten beschrieben wurden.

‚Null-Modell' M0

Ausgangspunkt des Modellierungsverfahren stellt die Verteilung der Varianzanteile der Subskala ‚Realitätsbezug/Authentizität' RA auf die drei Ebenen durch das ‚Null-

Tabelle 39: Zufallseffekte des ‚Null-Modells' zur Motivation-Subskala ‚Realitätsbezug/Authentizität'

Zufallseffekt	SD	VAR	df	χ^2	p	Varianzanteil in %
Messzeitpunkte, e_{ijk}	19.227	369.662				60.8
Schüler, r_{0jk}	11.991	143.732	777	2259.798	0.001	23.6
Klassen, u_{00k}	9.736	94.796	38	386.273	0.001	15.6

Anmerkungen. SD = Standardabweichung (der Zielvariablen); VAR = Varianz; df = Freiheitsgrade; χ^2 = χ^2-Werte

Modell' dar (s. Tab. 39). Die Devianz D des Modells beträgt 29335.22 bei vier geschätzten Parametern (df_0 = 4).

Modell M1a

Die Berücksichtigung der Dummy-Zeitintervalle Dum_t1, Dum_t2 und Dum_t3 in M1a zeigt, dass im Gegensatz zu 3.4.2.5 nur Dum_t1 insignifikant ist, die Haupteffekte der restlichen Dummy-Variablen dagegen signifikant von Null verschieden sind (Dum_t1: df = 3260; T = 0.377; p = 0.706; Dum_t2: df = 3260; T = 10.691; p < 0.001; Dum_t3: df = 3260; T = 10.248; p < 0.001). Somit kann an dieser Stelle über die gesamte Stichprobe hinweg betrachtet – also beide Gruppen EG und KG zusammen genommen – in den Zeitintervallen Dum_t2 und Dum_t3, d.h. zwischen Prä- und Posttest bzw. zwischen Prä- und Follow up-Test ein statistisch bedeutsamer Motivationsunterschied in der Subskala RA nachgewiesen werden. Die Devianz D des Modells beträgt 29132.15 bei sieben geschätzten Parametern (df_{1a} = 7), sodass die Verbesserung in der Modellanpassung zwischen M0 und M1a als statistisch bedeutsam eingestuft werden kann (ΔD_{01a} = 203.07; df_{01a} = 3; p < 0.001).

Modell M1b

Die folgende Erweiterung von M1a prüft, ob der Zeitverlauf der Motivations-Subskala RA in den Zeitintervallen zwischen den Ebene-3-Einheiten, also den Klassen, variiert. Zu diesem Zweck werden die Zufallseffekte u_{10k}, u_{20k} und u_{30k} als Ebene-3-Prädiktor modelliert. In diesem Modell haben die modellierten Zufallseffekte einen signifikanten Einfluss auf RA (u_{10k}: df = 38; χ^2 = 95.001; p < 0.001; u_{20k}: df = 38; χ^2 = 253.619; p < 0.001; u_{30k}: df = 38; χ^2 = 180.164; p < 0.001). Zusätzlich wird auch die Restvarianz auf Ebene 3 insignifikant (u_{00k}: df = 38; χ^2 = 51.014; p = 0.077). Die Devianz D des Modells beträgt 28748.43 bei 16 geschätzten Parametern (df_{1b} = 16), sodass die Verbesserung der Modellgüte zwischen M1a und M1b statistisch bedeutsam ist (ΔD_{1a1b} = 383.72; df_{1a1b} = 9; p < 0.001).

Modell M2a

Die Berücksichtigung der globalen Einwirkung der Experimentalbedingung (BED) als Haupteffekt auf die Motivation im Teilbereich ‚Realitätsbezug/Authentizität‘ weist einen signifikanten, positiven Einfluss von BED auf IE (BED; s. Tab. 41) auf. Somit besitzt die EG einen globalen positiven Effekt auf die über die Zeitpunkte gemittelte Motivation (positiver Regressionskoeffizient β). Die Devianz D des Modells beträgt 28741.71 bei 17 geschätzten Parametern ($df_{2a} = 17$), sodass die Verbesserung in der Modellanpassung zwischen M1b und M2a statistisch bedeutsam ist ($\Delta D_{1b2a} = 6.71$; $df_{1b2a} = 1$; $p < 0.01$).

Modell M2b

Die Berücksichtigung der Experimentalbedingung (BED) als Ebene-3-Prädiktor zur Prüfung auf Unterschiede zwischen EG und KG zu T0 und in den Zeitverlaufsintervallen ergibt signifikante Einflüsse in allen drei Cross-Level-Effekten. Dabei ist der Einfluss von Zeitungsaufgaben wiederum positiv (positiver Regressionskoeffizient β), der Einfluss ‚traditioneller Aufgaben‘ dagegen negativ (negativer Regressionskoeffizient β; s. Tab. 40). Darüber hinaus ist der Einfluss der Bedingung zu T0 insignifikant (BED; s. Tab. 40), sodass sich EG und KG vor der Intervention in der Motivations-Subskala RA nicht unterscheiden. Die Devianz D des Modells beträgt 28683.09 bei 20 geschätzten Parametern ($df_{2b} = 20$), sodass die Verbesserung der Modellgüte von M2a nach M2b statistisch bedeutsam ist ($\Delta D_{2a2b} = 58.62$; $df_{2a2b} = 3$; $p < 0.001$).

Modell M3a

Dieses Modell zeigt einen signifikanten, positiven globalen Einfluss der Physik-Vorleistung (PHY) als Ebene-2-Prädiktor im Sinne eines Haupteffektes (‚group-mean-centered‘; s. 3.3.2) auf die in Klassen über den Zeitverlauf hinweg gemittelte Motivation im Teilbereich RA (PHY; s. Tab. 40). Die Devianz D des Modells beträgt 28665.66 bei 17 geschätzten Parametern ($df_{3a} = 21$), wobei die Verbesserung in der Modellanpassung zwischen M2a und M3a statistisch bedeutsam ist ($\Delta D_{2b3a} = 20.73$; $df_{2n3a} = 1$; $p < 0.001$).

Modell M3b

In diesem Modell wird durch das Einfügen einer Zufallskomponente geprüft, ob sich die Stärke der Physik-Vorleistung (PHY) (‚group-mean-centered‘; s. 3.3.2) auf Motivations-Subskala RA zwischen den Klassen unterscheidet. Diese Zufallskomponente erlangt statistische Signifikanz (u_{01k}: $df = 38$; $\chi^2 = 61.910$; $p = 0.009$), wobei die Restvarianz auf Ebene 3 gerade insignifikant wird (u_{01k}: $df = 37$; $\chi^2 = 51.956$; $p =$

0.052). Die Devianz D des Modells beträgt 28660.80 bei 22 geschätzten Parametern ($df_{3b} = 22$), sodass die Verbesserung in der Modellanpassung zwischen M3a und M3b statistisch bedeutsam ist ($\Delta D_{3a3b} = 4.86$; $df_{3a3b} = 1$; $p < 0.03$).

Weitere entsprechend Tabelle 26 durchgeführte Modellanpassungen durch Prüfung der Interaktion von Physik-Vorleistung und Experimentalbedingung (M3c) bzw. von Physik-Vorleistung und Zeitintervalle (M3d) bleiben insignifikant (ΔD_{3b3c} = 2.67; $df_{3b3c} = 1$; $p = 0.102$; $\Delta D_{3b3d} = 4.65$; $df_{3b3d} = 2$; $p = 0.098$).

Tabelle 40: Übersicht über die Modellentwicklung zur Motivation-Subskala ‚Realitätsbezug/Authentizität'

Feste Effekte \ Modell-Nr.	M1b	M2a	M2b	M3b	M5a	M5b
	β	β	β	β	β	β
Intercept, γ_{000}	48.78***	44.59***	48.57***	48.47***	50.21***	50.21***
Bedingung BED, γ_{001}		9.31***	0.42	0.41	0.61	0.60
Physik-Vorleistung PHY, γ_{010}				0.14***	0.14***	0.07
Thema THEMA, γ_{002}					-4.09**	-4.09**
THEMA x PHY, γ_{012}						0.16*
Dum_t1, γ_{100}	0.01	0.03	-7.44***	-7.46***	-7.43**	-7.49***
Dum_t1 x BED, γ_{101}			14.50***	14.53***	14.52***	14.60***
Dum_t2, γ_{200}	8.84**	8.86**	-6.33***	-6.30***	-6.31**	-6.29**
Dum_t2 x BED, γ_{201}			29.50***	29.47***	29.50***	29.46***
Dum_t3, γ_{300}	8.59**	8.61**	-3.36	-3.35	-3.30	-3.30
Dum_t3 x BED, γ_{301}			23.27***	23.27***	23.22***	23.21***
Restvarianz auf Ebene 1, e_{ijk} (ohne Zufallseffekte)	340.23	340.23	279.11	279.11	279.11	279.11
Restvarianz auf Ebene 2, r_{0jk} (ohne Zufallseffekte)	128.45	128.45	139.03	134.28	134.28	133.24
Restvarianz auf Ebene 3, u_{00k} (ohne Zufallseffekte)	94.80	17.78	17.78	18.05	16.23	16.40
Devianz D	28748.43	28741.71	28683.09	28660.80	28654.09	28649.87
ΔD	383.72***	6.17**	58.62***	20.73***	6.71**	4.22*

Anmerkungen. β = Regressionskoeffizient; *** $p < 0.001$; ** $p < 0.01$; * $p < 0.05$

Wie in den vorangehenden Abschnitten zur Gesamtmotivation (vgl. 3.4.2.3) sowie zu den Motivations-Subskalen IE und Sk (vgl. 3.4.2.4; 3.4.2.5) wäre es auch an dieser Stelle erforderlich (vgl. 3.4.2.1), die Effekte der Moderatorvariablen ‚Allgemeine Intelligenz' und ‚Lesekompetenz' auf die Subskala RA zur weiteren Verbesserung der Modellgüte zu untersuchen. Allerdings können auch hier die Prädiktoren ‚Physik-Vorleistung', ‚Allgemeine Intelligenz' und ‚Lesekompetenz' infolge von Multikollinearität nicht gleichzeitig in Mehrebenenstrukturen modelliert werden. Die zur Prüfung potentiell signifikanter Prädiktoren herangezogene explorative Datenanalysen weist auch in dieser Subskala RA nur die Physik-Vorleistung als eine derartige Variable aus, die zu einer statistisch bedeutsamen Verbesserung der Modellgüte beitragen könnte. Da zudem der Einfluss des Geschlechtes (GENDER) auf die Motivations-Subskala RA insignifikant bleibt, werden an dieser Stelle die Modellserien M3 und M4 nicht mehr weiterverfolgt und die Analyse mit der M5-Modellserie fortgesetzt wird.

Modell M5a

Die Modellierung des Themenbereichs (THEMA: ‚Geschwindigkeit' vs. ‚Elektrische Energie') als Ebene-3-Prädiktor im Sinne eines Haupteffektes in M5a zeigt einen signifikanten Unterschied zwischen den beiden Themen in RA (THEMA; s. Tab. 40), sodass auch im Teilbereich RA die Motivation im Themenbereich ‚Elektrische Ener-

Tabelle 41: Gesamtmodell M5b zur Mehrebenenanalyse der Motivation-Subskala ‚Realitätsbezug/Authentizität'

Feste Effekte	β	**SD**	T	df	p
Intercept, γ_{000}	50.21	1.210	41.488	36	0.001
Bedingung BED, γ_{001}	0.60	1.483	0.407	36	0.686
Physik-Vorleistung PHY, γ_{010}	0.07	0.054	1.268	37	0.213
Thema THEMA, γ_{002}	-4.09	1.342	-3.052	36	0.005
THEMA x PHY, γ_{012}	0.16	0.077	2.094	37	0.043
Dum_t1, γ_{100}	-7.49	1.907	-3.925	37	0.001
Dum_t1 x BED, γ_{101}	14.60	2.619	5.575	37	0.001
Dum_t2, γ_{200}	-6.29	1.808	-3.476	37	0.002
Dum_t2 x BED, γ_{201}	29.46	2.482	11.870	37	0.001
Dum_t3, γ_{300}	-3.30	1.93	-1.710	37	0.095
Dum_t3 x BED, γ_{301}	23.21	2.66	8.709	37	0.001

Zufallseffekte	**SD***	**VAR**	χ^2	df	p
Ebene-1-Zufallseffekt, e_{ijk}	16.706	279.080			
Ebene-2-Zufallseffekt, r_{0jk}	11.005	121.122	1794.954	738	0.001
Ebene-3-Zufallseffekt, u_{00k}	1.217	1.480	37.868	36	0.384
Ebene-3-Zufallseffekt, u_{01k} (PHY)	0.124	0.015	58.834	37	0.013
Ebene-3-Zufallseffekt, u_{10k} (Dum_t1)	6.388	40.801	98.798	37	0.001
Ebene-3-Zufallseffekt, u_{20k} (Dum_t2)	5.815	33.814	88.976	37	0.001
Ebene-3-Zufallseffekt, u_{30k} (Dum_t3)	6.478	41.967	99.432	37	0.001

Anmerkungen. * Mittlerer quadratischer Fehler zu den Residuen; β = Regressionskoeffizient; SD = Standardabweichung (der Zielvariablen); VAR = Varianz; df = Freiheitsgrade; χ^2 = χ^2-Werte.

gie‘ geringer ist als im Themenbereich ‚Geschwindigkeit‘. Die Devianz D des Modells beträgt 28654.09 bei 23 geschätzten Parametern ($df_{5a} = 28$), sodass die Verbesserung der Modellgüte von M3b nach M5a statistisch bedeutsam ist ($\Delta D_{3b5a} = 6.71$; $df_{3b5a} = 1$; $p < 0.009$).

Modell M5b (Gesamtmodell)

In M5b wird aufbauend auf M5a der Effekt einer Cross-Level-Interaktion von Thema und Physik-Vorleistung auf RA geprüft, d. h. die Auswirkung auf die in Klassen über den Zeitverlauf gemittelte Motivation im Teilbereich RA. Es zeigt sich ein signifikanter, positiver Einfluss der Interaktion von THEMA × PHY auf RA (THEMA × PHY; s. Tab. 40 und Tab. 41), sodass die Motivations-Subskala RA insbesondere im Themenbereich ‚Elektrische Energie‘ bei Schülern mit größerer Vorleistung stärker ausgeprägt ist. Obwohl der Haupteffekt der Physik-Vorleistung insignifikant wird, soll an dieser Stelle der Empfehlung gefolgt werden, auch insignifikante Haupteffekte im Modell zu belassen, falls eine auf diesen Haupteffekten beruhende Cross-Level-Interaktion modelliert wird (Ditton, 1998; Hox, 2002; Raudenbush & Bryk, 2002). Die Devianz D des Modells beträgt 28649.87 bei 24 geschätzten Parametern ($df_{5b} = 24$), sodass die Verbesserung in der Modellanpassung zwischen M5a und M5b statistisch bedeutsam ist ($\Delta D_{5a5b} = 4.22$; $df_{5a5b} = 1$; $p = 0.04$).

Da aus den explorativen Datenanalysen zu M5b ersichtlich ist, dass keine weiteren potentiell signifikanten Prädiktoren mehr vorliegen (z. B. Schulform, Schulart o. Ä.), kann dieses Modell basierend auf den hier vorliegenden Daten als nicht mehr sinnvoll zu verbesserndes Gesamtmodell für die Beeinflussung der Motivations-Subskala ‚Realitätsbezug/Authentizität‘ angesehen werden. Einen Überblick über das Modell zeigt Tabelle 41. Nach Hox (2002) kann mithilfe Gl. (10) (s. 3.3.2), Tabelle 39 und Tabelle 40 die ebenenspezifische Varianzaufklärung dieses Modells zu 24.5% der Varianz auf Ebene 1, 15.7% der Varianz auf Ebene 2 sowie 98.4% der Varianz auf Ebene 3 abgeschätzt werden.

3.4.3 Mehrebenenanalyse zur Beeinflussung der Leistungsfähigkeit

Wie in 3.3.1 bereits ausgeführt, ist es für die Verwendung von Mehrebenenanalysen erforderlich, dass einerseits der Umfang der Stichproben-Einheiten pro Ebene ausreichend groß ist und andererseits bei Längsschnittuntersuchungen wenigstens drei Messzeitpunkte vorhanden sind. Da aus organisatorischen Gründen der Follow up-Leistungstest nur von einigen wenigen Lehrkräften durchgeführt wurde (s. 3.2.3.1) und für die Leistung insgesamt nur zwei Messzeitpunkte vorliegen (s. Tab. 21), kann das Verfahren der Mehrebenenanalyse nicht zur Untersuchung der Leistungsbeständigkeit (Hypothese L2) als Längsschnittuntersuchung herangezogen werden.

Somit erfolgt in diesem Abschnitt nach Darstellung der Vorgehensweise (s. 3.4.3.1) und der deskriptiven Testdaten zum Leistungs-Posttest in den verschiedenen Themenbereichen (s 3.4.3.2) eine Mehrebenenanalyse nur für die Unterschiede in der Leistungsfähigkeit insgesamt (Gesamtleistung LPO, s. 3.4.3.3). Die Leistungsbeständigkeit wird in 3.4.4 mittel Varianzanalysen untersucht.

3.4.3.1 Auswahl der Ebenen und Vorgehensweise

Da im Falle der Mehrebenenanalyse zur Leistung im Gegensatz zu 3.4.2 kein Längsschnittdesign vorliegt, können an dieser Stelle aus der Organisationsstruktur heraus drei Ebenen identifiziert werden: Die erste Ebene bilden die Schüler, die zweite Ebene die Klassen und die dritte Ebene die Lehrkräfte (Abb. 16). Diese durch die Organisation implizierten Ebenen eignen sich unmittelbar für eine mehrebenenanalytische Betrachtung.

Somit ergibt sich für die Untersuchung der Leistung in dieser Interventionsstudie folgende Mehrebenenstruktur mit den entsprechend zugeordneten Prädiktoren:

Ebene 1: Schüler (*N* = 816)

- Leistungs-Posttest (gesamt; L-POST; z-standardisiert)
- Physik-Vorleistung: Differenz zwischen der durchschnittlich vor der Intervention erbrachten schriftlichen Leistungen im Fach Physik und der mittleren Physikleistung der Klasse (‚group-mean-centered'; s. 3.3.2: $PHY = PHY_{1jk} - \overline{PHY}_{jk}$; in % der maximal erreichten Punktzahl)
- Motivations-Prätest (MOT1-PRE; in % der maximal erreichbaren Punktzahl)
- Allgemeine Intelligenz (AI; in % der maximal erreichbaren Punktzahl)
- Lesekompetenz (LK; in % der maximal erreichbaren Punktzahl)
- Geschlecht (GENDER; Kodierung: weiblich = 0; männlich = 1)

Ebene 2: Klassen (*N* = 39)

- Experimentalbedingung (BED; EG vs. KG; Kodierung: KG = 0; EG = 1)
- Thema (THEMA; ‚Geschwindigkeit' vs. ‚Elektrische Energie'; Kodierung: ‚Geschwindigkeit' = 0; ‚Elektrische Energie' = 1)
- Schulart (ART)
- Schulform (FORM)

Ebene 3: Lehrer[48] (*N* = 15)

- FAI: Fachinteresse Physik (retrospektiv)
- SAI: Sachinteresse Physik

[48] Repräsentiert durch Lehrermerkmalen (jeweils in % der maximal erreichbaren Punktzahl; s. Tab. 14)

- SBP: Bedeutung von Physik
- IUP: Interesse am Unterrichten von Physik
- SWE: Selbstwirksamkeitserwartungen
- IL: Stark instruktives Lehr-Lern-Verständnis (LLV)
- OL: Sehr „offenes“ LLV
- PL: Praktizistisches LLV
- MT: Beachtung von Motivation als notwendige Voraussetzung für Lernen
- EI: Eigene Ideen entwickeln lassen/individuelle Lernwege zulassen
- CC: Berücksichtigung von ‚Conceptual Change‘
- VW: Berücksichtigung von Präkonzepten
- DK: Ideen diskutieren lassen
- AW: Berücksichtigung von Situiertem Lernen

Obwohl es für die Anwendung mehrebenenanalytischer Verfahren verschiedene Empfehlungen für die Anzahl der Einheiten pro Ebene gibt (z. B. Ditton, 1998; Hox, 2002), die entweder 30 oder 50 Einheiten pro Ebene ausweisen, mehren sich in jüngster Zeit verstärkt Belege dafür, dass auch ab zehn Einheiten auf der höchsten Aggregatebene mehrebenenanalytische Verfahren eine ausreichende Robustheit besitzen (z. B. Maas & Hox, 2004a; 2004b; 2005; Gollwitzer et al., 2007). Deshalb wird auch hier bei 15 Lehrkräften auf der dritten Ebene eine derartige Vorgehensweise gewählt.

Grundsätzlich verläuft die Modellentwicklung wie in 3.4.2 durch jeweils sukzessive Erweiterung eines Submodells basierend auf theoretisch-inhaltlichen Aspekten. Dazu werden solche Prädiktoren in die Erweiterung eines Modells miteinbezogen, die zunächst aus den Hypothesen und Forschungsfragen theoriegeleitet legitimiert werden können (s. 3.1; Teilübersicht: s. Tab. 42). Zudem geben explorative Analysen Hinweise auf die Auswahl statistisch bedeutsamer Prädiktoren, sofern z. B. zwischen mehreren Variablen multikollineare Zusammenhänge zu erwarten sind.

Aus dieser Vorgehensweise resultieren acht Modellschritte für die Mehrebenenanalysen der Gesamtleistung:

Modellserie M0 (‚Nullmodell‘): Aufteilung der Gesamtvarianz auf die verschiedenen Ebenen.

Modellserie M1: Prüfung des Einflusses der *Experimentalbedingung* (EG vs. KG).

Modellserie M2: Prüfung des Einflusses der Moderatorvariablen *Physik-Vorleistung*, *allgemeine Intelligenz* und *Lesekompetenz* sowie des *Motivations-Prätests*.

Modellserie M3: Prüfung des Einflusses des *Geschlechts*.

Modellserie M4: Prüfung des Einflusses des *Themenbereichs*.

Modellserie M5: Prüfung des Einflusses der *Schularten*.

Modellserie M6: Prüfung des Einflusses der *Schulformen*.

Modellserie M7: Prüfung des Einflusses der *Lehrermerkmale*.

Während die Entwicklung der Modellserie M1 aus den Hypothesen zur Leistung (s. 3.1) resultierten, ergeben sich die Modellserien M2-M7 aus den in 3.1 genannten Forschungsfragen. Die Reihenfolge der Implementation der unterschiedlichen Prädiktoren verläuft dabei erstens orientiert an den formulierten Hypothesen, und zweitens für die Untersuchung der Forschungsfragen hierarchisch sukzessive entsprechend der Prädiktor-Zugehörigkeit zur nächsthöheren Ebene. Detailuntersuchungen (z. B. Interaktionen, Zufallseffekte) und Modellanpassungen innerhalb der Modellserien werden durch Buchstaben in alphabetischer Reihenfolgen gekennzeichnet (z. B. Modell M2c). Dabei beginnt jede Modellserie mit der Einführung des entsprechenden Prädiktors als Haupteffekt (ohne Zufallskomponente) und dessen Prüfung auf Signifikanz (MXa-Modelle). Zufallseffekte werden dann als Folgemodelle innerhalb dieser Modellserie eingefügt. Während der Prädiktor ‚Experimentalbedingung' (BED) der Modellserie M1 wegen dessen hypothesenprüfenden Charakters immer, also auch bei möglicher Insignifikanz, in den Folgemodellen belassen wird, erfolgt die Weiterentwicklung der restlichen Modellserien ausschließlich basierend auf

Tabelle 42: Übersicht über das Vorgehen zur Modellentwicklung bei den Mehrebenenanalysen zum Leistungs-Posttest

Modell-Nr. / Feste Effekte	M0	M1a	M1b	M2a	M2b	M2c	M2d	M2e	M2f	M2g	M2h	...	M7a	M7b	M7c	M7d	M7e
Intercept	●	●	●	●	●	●	●	●	●	●	●	●	●	●	●	●	●
Bedingung BED (E2)		●	●	●	●	●	●	●	●	●	●	●	●	●	●	●	●
Physik-Vorleistung PHY (E1)				○	○	○	○	○	○	○	○	○	○	○	○	○	○
Interaktionen PHY (E1) x BED (E2)							○	○	○	○	○	○	○	○	○	○	○
Motivations-Prätest MOT_PRE (E1)								○	○	○	○	○	○	○	○	○	○
MOT_PRE (E1) x BED (E2)											○	○	○	○	○	○	○
|											|	|	|	|	|	|	|
Lehrermerkmal EI (E3)													○	○	○	○	○
EI (E3) x BED (E2)															○	○	○
EI (E3) x PHY (E1)																○	○
EI (E3) x MOT_PRE (E1)																	○
Zufallseffekte																	
Restvarianz auf Ebene 1	●	●	●	●	●	●	●	●	●	●	●	●	●	●	●	●	●
Restvarianz auf Ebene 2	●	●	●	●	●	●	●	●	●	●	●	●	●	●	●	●	●
Restvarianz auf Ebene 3	●	●	●	●	●	●	●	●	●	●	●	●	●	●	●	●	●
BED-Zufallseffekt auf E3			○	○	○	○	○	○	○	○	○	○	○	○	○	○	○
PHY-Zufallseffekt auf E2					○	○	○	○	○	○	○	○	○	○	○	○	○
PHY-Zufallseffekt auf E3						○	○	○	○	○	○	○	○	○	○	○	○
MOT-Zufallseffekt auf E2									○	○	○	○	○	○	○	○	○
MOT-Zufallseffekt auf E3										○	○	○	○	○	○	○	○
EI-Zufallseffekt auf E2														○	○	○	○

Anmerkungen. ○ = Prädiktor/Komponente wird ins Modell eingeführt und bleibt im Modell nur dann enthalten, wenn statistische Signifikanz erreicht wird; ● = Komponente wird ins Modell eingeführt und bleibt aus theoretischen Gründen auch bei Insignifikanz im Modell enthalten.

signifikanten Prädiktoren. Das heißt, Zufallseffekte und mögliche Cross-Level-Interaktionen folgen ab der Modellserie M2 nur dann, wenn der Prädiktor als Haupteffekt signifikant ist. Eine Übersicht über das Vorgehen zeigt Tabelle 42. Darin ist aus Gründen der Übersichtlichkeit die Modellentwicklung nur für solche Prädiktoren dargestellt, die bei der Mehrebenenanalyse einen signifikanten Haupteffekt zeigen. Darüber hinaus werden im Rahmen der Lehrermerkmale als Ebene-3-Prädiktoren die Modellentwicklung zum Einzelmerkmal ‚Eigene Ideen entwickeln lassen' EI exemplarisch ausgeführt. Der Einschluss weiterer Einzelmerkmale verläuft analog.

3.4.3.2 Deskriptive Testdaten zur Leistungsfähigkeit

Im Leistungs-Posttest (L-POST) insgesamt und in allen Teilaufgaben erreichten die Schüler in der EG – bis auf zwei Ausnahmen (s. Lk6, Tab. 44, und Lk7, Tab. 43) – eine größere Leistungspunktzahl als die Schüler der KG (jeweils pro Lehrkraft). Deutliche Unterschiede gab es dabei sowohl zwischen den von einzelnen Lehrkräften betreuten Parallelklassen als auch zwischen einzelnen Teilaufgaben.

So ist themenübergreifend erkennbar, dass die Schüler einer Hauptschule bei Lehrkraft 1 insbesondere bei anspruchsvolleren Aufgabenstellungen von höherwertiger Kompetenzstufe (Teilaufgabe A4 im Themenbereich ‚Geschwindigkeit', s. Tab. 17, bzw. Teilaufgaben A4 und A5 im Themenbereich ‚Elektrische Energie', s. Tab. 19)

Tabelle 43: Deskriptive Daten der Leistungstests im Themenbereich ‚Elektrische Energie'

Schul-system	Schulart	Lehrkraft	Gruppe	Leistungs-Posttest (L-POST)					
				A1	A2	A3	A4	A5	total
Gesamt			EG	78.7 (20.3)	72.7 (26.3)	74.2 (26.4)	55.4 (34.6)	57.8 (31.8)	67.0 (20.4)
			KG	62.0 (29.4)	49.6 (34.5)	57.5 (33.9)	33.4 (29.6)	36.3 (30.5)	45.5 (22.8)
differenziertes Schulsystem	Hauptschule	Lk1	EG	88.4 (15.8)	78.1 (14.1)	83.6 (16.9)	2.3 (6.8)	0.4 (1.7)	41.9 (6.5)
			KG	35.3 (24.9)	14.0 (16.5)	61.0 (36.9)	0.7 (3.0)	0.0 (0.0)	18.7 (9.1)
	Realschule	Lk2	EG	83.7 (17.5)	64.7 (27.9)	70.0 (19.8)	65.3 (18.5)	67.2 (20.8)	69.1 (15.4)
			KG	75.0 (17.6)	47.7 (30.3)	59.7 (34.9)	26.7 (15.1)	35.5 (23.9)	45.5 (15.8)
		Lk4	EG	86.2 (19.9)	65.2 (31.3)	64.1 (37.7)	73.4 (33.8)	56.2 (36.3)	67.0 (25.7)
			KG	80.4 (27.2)	39.7 (33.4)	48.5 (35.3)	44.1 (24.3)	48.7 (25.8)	50.5 (21.3)
		Lk5	EG	79.5 (17.2)	70.2 (30.0)	73.6 (28.8)	44.9 (41.0)	62.5 (31.4)	66.0 (20.6)
			KG	62.0 (30.2)	44.0 (39.2)	37.0 (33.4)	21.5 (17.5)	24.3 (24.0)	34.8 (21.3)
	Gym.	Lk6	EG	67.3 (24.8)	80.6 (20.2)	75.5 (23.5)	63.4 (34.3)	71.4 (23.3)	71.8 (17.9)
			KG	71.7 (25.8)	49.5 (35.7)	54.3 (31.2)	30.4 (25.5)	49.1 (22.4)	49.8 (19.4)
Int. Schulsystem	Reg. Sch.	Lk11	EG	72.0 (10.8)	80.7 (13.3)	79.0 (12.5)	76.7 (8.8)	69.1 (27.4)	74.9 (12.5)
			KG	52.2 (28.6)	64.1 (25.9)	64.1 (29.5)	59.2 (34.0)	51.6 (41.5)	58.6 (24.3)
	DOS	Lk13	EG	77.8 (25.6)	68.8 (31.9)	75.7 (30.8)	72.2 (35.8)	52.5 (33.4)	67.5 (27.4)
			KG	68.6 (33.9)	59.2 (37.1)	71.4 (34.5)	57.1 (38.8)	33.0 (25.7)	53.5 (29.2)
	IGS	Lk15	EG	76.1 (22.6)	77.1 (28.6)	76.7 (33.1)	30.0 (21.7)	54.8 (24.5)	67.5 (21.3)
			KG	52.1 (25.2)	70.3 (26.3)	69.3 (28.5)	31.8 (25.3)	41.4 (29.7)	51.0 (17.0)

Anmerkungen. Gym. = Gymnasium; Reg. Sch. = Regionale Schule; DOS = Duale Oberschule; IGS = Integrierte Gesamtschule; Lk = Lehrkraft; MW = Mittelwert; SD = Standardabweichung; alle Angaben in %

Tabelle 44: Deskriptive Daten der Leistungstests im Themenbereich ‚Geschwindigkeit'

Schulsystem	Schulart	Lehrkraft	Gruppe	Leistungs-Posttest (L-POST) A1 MW (SD)	A2 MW (SD)	A3 MW (SD)	A4 MW (SD)	total MW (SD)
Gesamt			EG	62.1 (26.1)	67.4 (28.3)	60.5 (29.8)	59.5 (30.1)	63.1 (22.6)
			KG	39.2 (26.5)	54.9 (30.1)	44.5 (28.7)	48.3 (33.7)	48.5 (23.9)
differenziertes, 3gliedriges Schulsystem	Hauptschule	Lk1	EG	44.7 (28.0)	32.0 (30.4)	20.0 (32.0)	2.9 (9.0)	25.7 (15.8)
			KG	43.8 (26.5)	18.8 (17.7)	9.5 (19.6)	3.0 (12.9)	17.9 (12.4)
	Realschule	Lk3	EG	66.4 (23.2)	80.3 (23.2)	60.1 (22.1)	64.6 (29.2)	70.2 (17.3)
			KG	36.8 (27.5)	76.6 (17.4)	57.1 (28.6)	61.7 (20.0)	61.9 (12.5)
		Lk4	EG	51.6 (23.9)	64.7 (20.6)	54.7 (28.1)	71.7 (19.5)	62.4 (14.1)
			KG	33.2 (27.6)	44.5 (25.6)	34.6 (24.0)	45.8 (54.7)	41.0 (24.3)
		Lk5	EG	74.4 (26.0)	77.8 (23.0)	58.3 (23.6)	55.1 (29.2)	67.6 (17.4)
			KG	45.3 (16.4)	54.9 (26.8)	43.5 (22.5)	48.5 (18.3)	49.5 (15.8)
	Gymnasium	Lk7	EG	86.0 (15.0)	74.0 (18.4)	71.4 (17.8)	73.8 (16.8)	74.8 (13.2)
			KG	48.1 (27.3)	67.8 (21.0)	51.4 (21.9)	73.9 (20.5)	63.5 (17.7)
		Lk8	EG	67.0 (17.5)	83.8 (16.4)	73.4 (24.7)	81.4 (18.1)	78.2 (14.8)
			KG	52.3 (22.2)	71.0 (23.6)	64.8 (17.0)	64.2 (19.9)	64.8 (13.7)
		Lk9	EG	60.4 (13.1)	86.2 (15.2)	84.5 (15.1)	80.3 (15.6)	79.5 (10.2)
			KG	49.5 (23.2)	83.5 (16.5)	63.4 (25.1)	69.3 (19.9)	70.0 (12.9)
Int. Schulsystem	Reg. Sch.	Lk10	EG	52.0 (31.8)	47.5 (29.6)	48.5 (34.9)	43.7 (29.6)	47.4 (24.2)
			KG	23.2 (25.8)	38.8 (28.3)	33.9 (30.4)	36.9 (31.4)	34.5 (23.0)
	DOS	Lk12	EG	63.0 (29.3)	63.8 (20.5)	60.0 (18.1)	61.7 (23.3)	62.5 (17.3)
			KG	28.6 (25.7)	26.4 (17.4)	28.0 (19.5)	20.9 (21.4)	25.6 (14.3)
	IGS	Lk14	EG	65.4 (17.4)	76.7 (26.1)	76.9 (19.8)	67.5 (16.1)	72.2 (15.1)
			KG	38.8 (27.5)	64.6 (26.2)	52.9 (28.1)	51.8 (26.6)	54.4 (20.7)

Anmerkungen. Gym. = Gymnasium; Reg. Sch. = Regionale Schule; DOS = Duale Oberschule; IGS = Integrierte Gesamtschule; Lk = Lehrkraft; MW = Mittelwert; SD = Standardabweichung; alle Angaben in %.

nahezu überhaupt nicht in der Lage waren, diese zu lösen. Dieses Ergebnis gilt sowohl für Schüler in der EG als auch in der KG.

3.4.3.3 Untersuchungsergebnisse zur Gesamtleistung LPO (Posttest)

In diesem Kapitel werden einerseits beim ‚Null-Modell' und beim abschließenden Gesamtmodell die Analyseergebnisse ausführlich tabellarisch zusammengefasst (s. Tab. 47). Andererseits wird die sukzessive Modellentwicklung sowohl durch Darstellung der kennzeichnenden Kriterien im Fließtext als auch in Form einer Überblickstabelle berichtet (s. Tab. 46).

Tabelle 45: Zufallseffekte des ‚Null-Modells' zum Leistungs-Posttest

Zufallseffekt	SD	VAR	d*f*	χ^2	*p*	Varianzanteil in %
Schüler, e_{ijk}	0.773	0.597				58.9
Klassen, r_{0jk}	0.482	0.232	24	233.125	0.001	22.9
Lehrer, u_{00k}	0.429	0.184	14	45.082	0.001	18.2

Anmerkungen. SD = Standardabweichung (der Zielvariablen); VAR = Varianz; d*f* = Freiheitsgrade; χ^2 = χ^2-Werte.

‚Null-Modell' M0

Ausgangspunkt des Modellierungsverfahren stellt die Ermittlung der Verteilung der Varianzanteile der Gesamtmotivation auf die drei Ebenen durch das ‚Null-Modell' (s. 3.3.2, Gl. (7); vgl. Tab. 45) dar.

Die Devianz *D* des Modells beträgt 1995.87 bei vier geschätzten Parametern ($df_0 = 4$).

Modell M1a

Da im ‚Null-Modell' noch kein Einfluss der Experimentalbedingung (BED; EG vs. KG) berücksichtigt ist, muss M0 zunächst um diesen Ebene-2-Prädiktor im Sinnen eines Haupteffektes erweitert werden. Modell M1a prüft damit, ob sich auf der zweiten Ebene globale Unterschiede auf die Gesamtleistung LPO im Leistungs-Posttest zwischen EG und KG zeigen. Damit folgt aus den Gleichungen (2) bis (5d) für die Modellgleichung:

$$LPO_{ijk} = \gamma_{000} + \gamma_{010} \cdot \mathrm{BED} + u_{00k} + r_{0jk} + e_{ijk} \qquad (22)$$

Dieses Modell weist einen signifikanten, positiven Einfluss (gekennzeichnet durch positiven Regressionskoeffizienten β) der Experimentalbedingung auf den Leistungs-Posttest aus (BED: $\beta = 0.74$; $df = 37$; $T = 10.098$; $p < 0.001$). Die Devianz *D* des Modells beträgt 1955.73 bei fünf geschätzten Parametern ($df_{1a} = 5$), sodass die Verbesserung in der Modellanpassung zwischen M0 und M1a als statistisch bedeutsam eingestuft werden kann ($\Delta D_{01a} = 40.14$; $df_{01a} = 1$; $p < 0.001$).

Die entsprechend Tabelle 42 durchgeführte Modellanpassung durch Prüfung der auf unterschiedliche Lehrermerkmale auf Ebene 3 zurückzuführende Beeinflussung dieses Effekts bleibt insignifikant (M1b; u_{01k}: $df = 14$; $\chi^2 = 15.215$; $p = 0.363$).

Modell M2a

Im nächsten Schritt berücksichtigt M2a aufbauend auf M1a den globalen Einfluss der Physik-Vorleistung im Sinne eines Haupteffektes auf die Gesamtleistung LPO im Leistungs-Posttest, d.h. die Auswirkung auf die in Klassen gemittelte Leistung. Zu diesem Zweck wird die Physik-Vorleistung (PHY) als Ebene-1-Prädiktor modelliert (‚group-mean-centered'; s. 3.3.2). Für die M2a-Modellgleichung folgt entsprechend dem Vorgehen zu Gl. (22):

$$LPO_{ijk} = \gamma_{000} + \gamma_{010} \cdot \mathrm{BED} + \gamma_{100} \cdot \mathrm{PHY} + u_{00k} + r_{0jk} + e_{ijk} \qquad (23)$$

In diesem Modell hat zusätzlich zu den Effekten in M1a die Physik-Vorleistung einen signifikanten, positiven Einfluss auf die Gesamtleistung im Leistungs-Posttest (PHY: $\beta = 0.02$; $df = 813$; $T = 10.990$; $p < 0.001$). Die Devianz *D* des Modells beträgt

1843.46 bei sechs geschätzten Parametern ($df_{2a} = 6$), sodass die Verbesserung der Modellgüte von 1a nach 2a wiederum statistisch bedeutsam ist ($\Delta D_{1a2a} = 112.27$; $df_{1a2a} = 1$; $p < 0.001$).

Weitere entsprechend Tabelle 42 durchgeführte Modellanpassungen durch Berücksichtigung des Effektes der Physik-Vorleistung auf die Leistung zwischen den Klassen auf Ebene 2 (M2b) bzw. Lehrermerkmalen auf Ebene 3 (M2c) bleiben insignifikant (M2b: r_{0jk}: $df = 38$; $\chi^2 = 46.040$; $p = 0.174$; $\Delta D_{2a2b} = 1.9$; $df_{2a2b} = 2$; $p = 0.386$; M2c: u_{02k}: $df = 14$; $\chi^2 = 13.743$; $p = 0.469$; $\Delta D_{2a2c} = 0.63$; $df_{2a2c} = 1$; $p = 0.426$). Gleiches gilt für die Cross-Level-Interaktion zwischen Experimentalbedingung und Physik-Vorleistung (M2d: PHY × BED; $df = 812$; $T = 0.791$; $p = 0.429$; $\Delta D_{2a2d} = 2.60$; $df_{2a2d} = 1$; $p = 0.107$).

An dieser Stelle wäre es jetzt erforderlich, die Effekte der Moderatorvariablen ‚Allgemeine Intelligenz' und ‚Lesekompetenz' sowie des Motivations-Prätests auf die Gesamtleistung zur weiteren Verbesserung der Modellgüte im Rahmen der Modellserie M2 zu untersuchen. Allerdings korrelieren die Prädiktoren ‚Physik-Vorleistung', ‚Allgemeine Intelligenz' und ‚Lesekompetenz' alle signifikant miteinander, sodass Multikollinearität zwischen diesen Variablen besteht. Deshalb dürfen diese nicht simultan in Mehrebenenstrukturen modelliert werden. Durch explorative Analysen besteht nun die Möglichkeit, zu prüfen, welche der Variablen als potentiell signifikante Prädiktoren zur Verbesserung der Modellgüte dienen könnte. Dabei zeichnet sich neben der Physik-Vorleistung zudem beim Motivations-Prätest eine statistisch bedeutsame Varianzaufklärung bei der Gesamtleistung ab. Deshalb wird an dieser Stelle der Motivations-Prätest als nächster Ebene-1-Prädiktor in die Mehrebenenstruktur modelliert (vgl. auch Tab. 42).

Modell M2e

Die folgende Erweiterung von M2a prüft den globalen Einfluss des Motivations-Prätest im Sinne eines Haupteffektes auf die Gesamtleistung LPO des Leistungs-Posttests. Zu diesem Zweck wird diese Variable (MOT_PRE) als Ebene-1-Prädiktor modelliert. Für die M2e-Modellgleichung folgt aufbauend auf Gl. (23):

$$LPO_{ijk} = \gamma_{000} + \gamma_{010} \cdot \text{BED} + \gamma_{100} \cdot \text{PHY} + \gamma_{200} \cdot \text{MOT\_PRE} + u_{00k} + r_{0jk} + e_{ijk} \qquad (24)$$

In diesem Modell hat zusätzlich zu den Effekten in M2a der Motivations-Prätest einen signifikanten, positiven Einfluss auf die Gesamtleistung (MOT_PRE: $\beta = 0.02$; $df = 812$; $T = 10.021$; $p < 0.001$). Die Devianz D des Modells beträgt 1834.44 bei sieben geschätzten Parametern ($df_{2d} = 7$), sodass die Verbesserung in der Modellanpassung zwischen M2a und M2e statistisch bedeutsam ist ($\Delta D_{2a2e} = 9.02$; $df_{2a2e} = 1$; $p < 0.003$).

Weitere entsprechend Tabelle 42 durchgeführte Modellanpassungen durch Berücksichtigung des Effektes des Motivations-Prätests auf die Gesamtleistung zwischen den Klassen (M2f) bzw. Lehrermerkmalen (M2g) bleiben insignifikant (M2f: r_{0jk}: $df = 38$; $\chi^2 = 48.834$; $p = 0.112$; $\Delta D_{2e2f} = 1.89$; $df_{2e2f} = 1$; $p = 0.169$; M2g: u_{02k}: $df = 14$; $\chi^2 = 17.410$; $p = 0.235$; $\Delta D_{2e2g} = 0.68$; $df_{2e2g} = 1$; $p = 0.411$). Gleiches gilt für Cross-Level-Effekte zwischen MOT_PRE und Experimentalbedingung (M2h: MOT_PRE × BED; $df = 37$; $T = 0.094$; $p = 0.926$; $\Delta D_{2e2h} = 1.78$; $df_{2e2h} = 3$; $p = 0.619$).

Orientiert an den theoriegeleiteten Hypothesen und Forschungsfragen aus 3.1 würden nun das Geschlecht (Modellserie M3), das Thema (Modellserie M4), die verschiedenen Schularten (Modellserie M5) und das Schulsystem (Modellserie M6) als nächstfolgende Prädiktoren zur Mehrebenenanalyse der Gesamtleistung des Leistungs-Posttests an dieser Stelle diskutiert werden. Allerdings weisen alle diese Prädiktoren keine signifikanten Haupteffekte auf die Gesamtleistung aus und tragen nicht zur Verbesserung der Modellgüte bei. Deshalb werden sowohl die M3- und M4-Modellreihe zur Untersuchung des Einflusses von Geschlecht und Thema als auch die M5- und M6-Modelle zur Einwirkung der Schularten und des Schulsystems auf die Gesamtleistung hier nicht weiterverfolgt.

Im nächsten Schritt werden deshalb noch die Lehrermerkmale als weitere, mögliche Prädiktoren untersucht. Um zu prüfen, welche der verschiedenen Merkmale als

Tabelle 46: Übersicht über die Modellentwicklung zur Gesamtleistung

Modell-Nr. / **Feste Effekte**	**M1a** β	**M2a** β	**M2e** β	**M7a** β	**M7f** β	**M7h** β
Intercept, γ_{000}	-0.34*	-0.34*	-0.34**	-1.46**	-2.01***	-2.10***
Bedingung BED, γ_{010}	0.74***	0.74***	0.74***	0.74***	0.74***	0.94***
Physik-Vorleistung PHY, γ_{100}		0.02***	0.02***	0.02***	0.02***	0.02***
Motivations-Prätest MOT_PRE, γ_{200}			0.01**	0.01**	0.01**	0.01**
Lehrermerkmal IUP (‚Interesse am Unterrichten von Physik'), γ_{002}				0.57**	0.67**	0.67**
Lehrermerkmal EI (‚Eigene Ideen entwickeln lassen'), γ_{001}					0.67*	0.88**
BED x IUP, γ_{010}						0.42*
Restvarianz auf Ebene 1, e_{ijk}	0.597	0.517	0.510	0.511	0.511	0.511
Restvarianz auf Ebene 2, r_{0jk}	0.023	0.027	0.027	0.028	0.028	0.019
Restvarianz auf Ebene 3, u_{00k}	0.245	0.245	0.245	0.134	0.080	0.083
Devianz D	1955.73	1843.46	1834.44	1826.61	1820.30	1816.07
ΔD	40.14***	112.27***	9.02**	7.83**	6.31*	4.13*

Anmerkungen. β = Regressionskoeffizient; *** $p < 0.001$; ** $p < 0.01$; * $p < 0.05$

potentiell signifikante Prädiktoren zur Verbesserung der Modellgüte beitragen könnten, werden explorative Analysen durchgeführt. Dabei zeichnen die Lehrermerkmale ‚Eigene Ideen entwickeln lassen' EI und ‚Interesse am Unterrichten von Physik' IUP als weitere, mögliche Prädiktoren aus, sodass hier die Modellanpassung mit Modellreihe M7 fortgeführt wird.

Modell M7a

Die folgende Erweiterung von M2e berücksichtigt den globalen Einfluss des Lehrermerkmals ‚Eigene Ideen entwickeln lassen/individuelle Lernwege zulassen' EI auf die Gesamtleistung LPO im Leistungs-Posttest. Zu diesem Zweck wird dieses Merkmal (EI) als Ebene-3-Prädiktor im Sinne eines Haupteffektes modelliert. Für die M7a-Modellgleichung folgt aufbauend auf Gl. (24):

$$LPO_{ijk} = \gamma_{000} + \gamma_{001}\cdot \text{EI} + \gamma_{010}\cdot \text{BED} + \gamma_{100}\cdot \text{PHY} + \gamma_{200}\cdot \text{MOT\_PRE} + u_{00k} + r_{0jk} + e_{ijk} \quad (25)$$

In diesem Modell hat zusätzlich zu den Effekten in den M2-Modellen das Lehrermerkmal EI einen signifikanten, positiven Einfluss auf die Leistung (EI: $\beta = 0.57$; d$f = 13$; $T = 3.241$; $p = 0.007$). Die Devianz D des Modells beträgt 1826.61 bei acht geschätzten Parametern (d$f_{7a} = 8$), sodass die Verbesserung der Modellgüte von M2e nach M7a statistisch bedeutsam ist ($\Delta D_{2e7a} = 7.83$; d$f_{2e7a} = 1$; $p = 0.006$).

Weitere entsprechend Tabelle 42 durchgeführte Modellanpassungen durch Berücksichtigung des Effektes von EI auf die Posttestleistung zwischen den Klassen (M7b) sowie durch Cross-Level-Interaktionen zwischen EI und der Experimentalbedingung (M7c), der Physik-Vorleistung (M7d) oder dem Motivations-Prätest (M7e) bleiben insignifikant (M7b: r_{0jk}: d$f = 38$; $\chi^2 = 40.001$; $p = 0.381$; $\Delta D_{7a7b} = 4.26$; d$f_{7a7b} = 2$; $p = 0.119$; M7c: BED × EI; d$f = 37$; $T = 0.556$; $p = 0.581$; $\Delta D_{7a7c} = 1.39$; d$f_{7a7c} = 1$; $p = 0.238$; M7d: PHY × EI; d$f = 810$; $T = 0.203$; $p = 0.839$; $\Delta D_{7a7d} = 0.84$; d$f_{7a7d} = 1$; $p = 0.359$; M7e: MOT_PRE × EI; d$f = 810$; $T = 1.183$; $p = 0.237$; $\Delta D_{7a7e} = 1.21$; d$f_{7a7e} = 1$; $p = 0.272$).

Die explorative Datenanalyse zu M7 weist auf Ebene 3 das Lehrermerkmal ‚Interesse am Unterrichten von Physik' IUP als weiteren, möglichen Prädiktor.

Modell M7f

Die folgende Erweiterung von M7a prüft den globalen Einfluss des Lehrermerkmals ‚Interesse am Unterrichten von Physik' IUP als Haupteffekt auf die Gesamtleistung LPO. Zu diesem Zweck wird dieses Merkmal (IUP) als Ebene-3-Prädiktor modelliert. Für die M7f-Modellgleichung folgt aufbauend auf Gl. (25):

$$LPO_{ijk} = \gamma_{000} + \gamma_{001}\cdot \text{EI} + \gamma_{002}\cdot \text{IUP} + \gamma_{010}\cdot \text{BED} + \gamma_{100}\cdot \text{PHY} + \gamma_{200}\cdot \text{MOT\_PRE} + u_{00k} + r_{0jk} + e_{ijk} \quad (26)$$

In diesem Modell hat zusätzlich zu den Effekten in M7a das Lehrermerkmal ‚Interesse am Unterrichten von Physik' IUP einen signifikanten, positiven Einfluss auf die Gesamtleistung (IUP: $\beta = 0.67$; $df = 12$; $T = 2.815$; $p = 0.016$). Die Devianz D des Modells beträgt 1820.30 bei neun geschätzten Parametern ($df_{7f} = 9$), sodass die Verbesserung in der Modellanpassung zwischen M7a und M7f statistisch bedeutsam ist ($\Delta D_{7a7f} = 6.31$; $df_{7a7f} = 1$; $p = 0.012$).

Weitere entsprechend Tabelle 42 durchgeführte Modellanpassungen durch Berücksichtigung des Effektes von IUP auf die Posttestleistung zwischen den Klassen (M7g) bleiben insignifikant (r_{0jk}: $df = 38$; $\chi^2 = 39.310$; $p = 0.411$; $\Delta D_{7f7g} = 1.15$; $df_{7f7g} = 1$; $p = 0.284$).

Modell M7h

Die folgende Erweiterung von M7f prüft, ob ein spezifisches Zusammenwirken des Lehrermerkmals ‚Interesse am Unterrichten von Physik' IUP und der Experimentalbedingung im Hinblick auf die Gesamtleistung LPO besteht. Zu diesem Zweck wird die Cross-Level-Interaktion zwischen dem Ebene-3-Merkmal IUP und dem Ebene-2-Prädiktor BED modelliert. Für die M7h-Modellgleichung folgt aufbauend auf Gl. (26):

$$LPO_{ijk} = \gamma_{000} + \gamma_{001} \cdot \mathrm{EI} + \gamma_{002} \cdot \mathrm{IUP} + \gamma_{010} \cdot \mathrm{BED} + \gamma_{010} \cdot \mathrm{BED} \cdot \mathrm{IUP} + \gamma_{100} \cdot \mathrm{PHY} + \gamma_{200} \cdot \mathrm{MOT\_PRE} + r_{0jk} + u_{00k} + e_{ijk} \quad (27)$$

In diesem Modell hat zusätzlich zu den in M7f modellierten Effekten die Interaktion zwischen der Experimentalbedingung und dem Lehrermerkmal IUP einen signifikanten, positiven Einfluss auf die Gesamtleistung (BED × IUP: $\beta = 0.42$; $df = 37$; $T = 2.160$; $p = 0.037$). Die Devianz D des Modells beträgt 1816.07 bei zehn geschätzten Parametern ($df_{7h} = 10$), sodass die Verbesserung der Modellgüte von M7f nach M7h statistisch bedeutsam ist ($\Delta D_{7f7h} = 4.13$; $df_{7f7h} = 1$; $p = 0.042$).

Weitere entsprechend Tabelle 42 durchgeführte Modellanpassungen durch Berücksichtigung weiterer Cross-Level-Effekte zwischen IUP und der Physik-Vorleistung (M7i) oder des Motivations-Prätests (M7j) bleiben insignifikant (M7i: PHY × IUP; $df = 808$; $T = 0.048$; $p = 0.962$; $\Delta D_{7h7i} = 2.16$; $df_{7h7i} = 1$; $p = 0.142$; M7j: MOT_PRE × IUP; $df = 808$; $T = -1.632$; $p = 0.103$; $\Delta D_{7h7j} = 0.75$; $df_{7h7j} = 1$; $p = 0.386$).

Da an dieser Stelle die explorative Datenanalyse zu M7h keine weiteren, potentiell signifikanten Prädiktoren in den Lehrermerkmalen prognostiziert, kann dieses Modell als nicht mehr sinnvoll zu verbesserndes Gesamtmodell für die Beeinflussung der der Gesamtleistung angesehen werden. Einen Überblick über das Modell zeigt Tabelle 47. Nach Hox (2002) kann mithilfe Gl. (10) (s. 3.3.2), Tabelle 45 und Tabelle 46 die ebenenspezifische Varianzaufklärung dieses Modells zu 14.4% der

Tabelle 47: Gesamtmodell M7h zur Mehrebenenanalyse der Gesamtleistung

Feste Effekte	β	**SD**	T	df	p
Intercept, γ_{000}	-2.10	0.351	-5.980	12	0.001
Bedingung BED, γ_{010}	0.94	0.112	8.303	37	0.001
Physik-Vorleistung PHY, γ_{100}	0.02	0.002	10.020	810	0.001
Motivations-Prätest MOT_PRE, γ_{200}	0.01	0.002	3.012	810	0.003
Lehrermerkmal IUP (,Interesse am Unterrichten von Physik'), γ_{002}	0.88	0.257	3.432	12	0.005
Lehrermerkmal EI (,Eigene Ideen entwickeln lassen'), γ_{001}	0.67	0.146	4.580	12	0.001
BED x IUP, γ_{010}	0.42	0.194	2.160	37	0.037

Zufallseffekte	**SD***	**VAR**	χ^2	df	p
Ebene-1-Zufallseffekt, e_{ijk}	0.715	0.511			
Ebene-2-Zufallseffekt, r_{0jk}	0.136	0.019	44.390	23	0.005
Ebene-3-Zufallseffekt, u_{00k}	0.282	0.083	70.599	12	0.001

Anmerkungen. * Mittlerer quadratischer Fehler zu den Residuen; β = Regressionskoeffizient; SD = Standardabweichung (der Zielvariablen); VAR = Varianz; df = Freiheitsgrade; χ^2 = χ^2-Werte.

Varianz auf Schülerebene (Ebene 1), 92.0% der Varianz auf Klassenebene (Ebene 2) und 56.7% der Varianz auf Lehrerebene (Ebene 3) abgeschätzt werden.

3.4.4 *Varianzanalyse zur Beeinflussung der Leistungsbeständigkeit*

Aus den in 3.4.3 genannten Gründen müssen für die Analyse der Leistungsbeständigkeit (s. 3.1, Hypothese L2) varianzanalytische Verfahren verwendet werden. Da in den beiden Themenbereichen notwendigerweise inhaltlich verschiedene Testinstrumente eingesetzt wurden (s. 3.2.2.3 und 3.2.2.4), die sich sowohl in der Anzahl der Teilaufgaben als auch in den pro Teilaufgaben zuordenbaren Kompetenzstufen unterscheiden, wird an dieser Stelle die Leistungsbeständigkeit themenbereichsspezifisch analysiert.

Nach der themenspezifischen Darstellung der deskriptiven Daten wird grundsätzlich die Leistungsbeständigkeit in beiden Themenbereichen durch dreifaktorielle Kovarianzanalysen (engl.: *An*alysis of *Cova*riance ANCOVA) in einem Messwiederholungsdesign untersucht. Da die Teilnehmeranzahl der Lehrkräfte an der Follow up-Messung in den Themenbereichen jeweils verschieden war, müssen pro Themenbereich neben der Experimentalbedingung (oder auch Interventionsbedingung) und dem Geschlecht der Lernenden zudem sowohl der Faktor ‚Lehrkraft' als auch der Faktor ‚Schulart' in die Untersuchung einbezogen werden. Als Effektstärkemaß wird in allen Fällen das auf die Population korrigierte Maß ω^2 verwendet (Wolf, 2001) (s.

Fußnote 41). Aus Gründen der Übersichtlichkeit wird im Folgenden im Fließtext nur über praktisch relevante Einwirkungen ($0.06 < \omega^2$) berichtet. Eine ausführliche Ergebnisdarstellung findet sich in den zugehörigen Tabellen.

3.4.4.1 Themenbereich ‚Geschwindigkeit'

Im Themenbereich ‚Geschwindigkeit' führten insgesamt vier Lehrkräfte in drei verschiedenen Schularten den Follow up-Leistungstest in ihren Klassen durch (s. Tab. 44), sodass neben den Faktoren ‚Experimentalbedingung' (EG vs. KG) und ‚Geschlecht' (GENDER) auch die Faktoren ‚Lehrer' und ‚Schulart' analysiert werden müssen. Infolge unvollständiger Zellbesetzungen werden dazu zwei Kovarianzanalysen durchgeführt, in denen ‚Lehrer' und ‚Schulart' jeweils getrennt zur Interventionsbedingung als zusätzliche Faktoren berücksichtigt werden. Da diese separat eingeführten Einflussparameter nicht unabhängig voneinander variieren, kommt es aufgrund der in beiden Analysen unberücksichtigten Interaktion zwischen diesen Faktoren zu einer Verschiebung in den Beträgen der berücksichtigten Varianzanteile. Dies hat u. a. zur Folge, dass auch die Effektstärken der Haupteffekte geringfügig verschieden sind.

ANCOVA 1: Experimentalbedingung und Lehrer(s. Tab. 49)

In diesem Fall wird eine 2 × 2 × 4-faktorielle ANCOVA mit Messwiederholung durchgeführt (Anzahl der Gruppen in Faktor 1 (Experimentalbedingung): 2; Anzahl der Gruppen in Faktor 2 (Geschlecht): 2; Anzahl der Gruppen in Faktor 3 (Lehrer): 4). Dabei stellen die Experimentalbedingung (BED; EG vs. KG), das Geschlecht sowie die Lehrer (LEH) Zwischensubjektfaktoren dar. Die Leistungsbeständigkeit wird mit den beiden Messzeitpunkten des Leistungs-Posttests L-POST und Follow up-Leistungstests L-FUP (Zwei-Ebenen-Leistungsverlauf; s. Tab. 21) als Innersubjektfaktor erfasst. Als Moderatorvariablen dienen Physik-Vorleistung, allgemeine Intelligenz und Lesekompetenz.

Beim Vergleich der Leistungsfähigkeit insgesamt gemittelt über beide Messzeitpunkte hinweg (Zwischensubjektfaktoren) hat die Experimentalbedingung höchst signifikante Einflüsse auf die Gesamtleistung (Total) sowie auf die Leistungen in allen Teilaufgaben (Aufgabe 1: $F(1, 178) = 157.167$; $p < 0.001$; $\chi^2 = 0.457$; Aufgabe 2: $F(1, 178) = 30.264$; $p < 0.001$; $\chi^2 = 0.141$; Aufgabe 3: $F(1, 178) = 97.462$; $p < 0.001$; $\chi^2 = 0.353$; Aufgabe 4: $F(1, 178) = 33.649$; $p < 0.001$; $\chi^2 = 0.152$; Total: $F(1, 178) = 100.624$; $p < 0.001$; $\chi^2 = 0.359$).

Diese Effekte sind nach der Einteilung nach Cohen (1988) alle als groß zu bezeichnen.. Ebenso wirkt sich das Geschlecht signifikant auf die Leistung insgesamt sowie auf drei der vier Teilaufgaben signifikant aus (Aufgabe 2: $F(1, 178) = 11.148$; $p < 0.01$; $\chi^2 = 0.059$; Aufgabe 3: $F(1, 178) = 19.045$; $p < 0.001$; $\chi^2 = 0.096$; Total: F(1,

Tabelle 48: Deskriptive Daten der Leistungstests im Themenbereich ‚Geschwindigkeit'

Schul-system	Schulart	Lehrkraft	Gruppe		Leistungs-Posttest (L-POST)					Follow up-Leistungstest (L-FUP)				
					A1	A2	A3	A4	total	A1	A2	A3	A4	total
Gesamt			EG	MW	71.6	78.7	72.7	69.2	73.5	71.9	72.2	67.4	80.0	70.8
				(SD)	(17.9)	(20.7)	(19.1)	(19.4)	(14.0)	(27.3)	(22.2)	(22.4)	(24.9)	(16.4)
			KG	MW	45.4	67.7	52.5	60.9	59.4	36.3	55.4	42.6	48.2	47.6
				(SD)	(23.6)	(22.6)	(24.4)	(21.3)	(16.8)	(24.8)	(24.9)	(23.2)	(28.6)	(17.5)
differenziertes Schulsystem	Realschule	Lk5	EG	MW	74.4	77.8	58.3	55.1	67.6	77.1	68.2	63.7	64.4	67.8
				(SD)	(26.0)	(23.0)	(23.6)	(29.2)	(17.4)	(28.2)	(21.4)	(20.2)	(27.2)	(16.9)
			KG	MW	45.3	54.9	43.5	48.5	49.5	22.7	49.5	34.1	42.0	39.8
				(SD)	(16.4)	(26.8)	(22.5)	(18.3)	(15.8)	(15.9)	(22.2)	(18.6)	(24.1)	(14.5)
	Gymnasium	Lk7	EG	MW	86.0	74.0	71.4	73.8	74.8	78.6	76.2	57.1	66.7	70.4
				(SD)	(15.0)	(18.4)	(17.8)	(16.8)	(13.2)	(30.8)	(25.6)	(20.1)	(24.6)	(17.0)
			KG	MW	48.1	67.8	51.4	73.9	63.5	51.3	54.7	39.3	65.0	54.2
				(SD)	(27.3)	(21.0)	(21.9)	(20.5)	(17.7)	(25.9)	(17.5)	(27.0)	(26.1)	(12.6)
		Lk9	EG	MW	60.4	86.2	84.5	80.3	79.5	56.8	78.9	78.6	81.6	75.5
				(SD)	(13.1)	(15.2)	(15.1)	(15.6)	(10.2)	(25.3)	(17.9)	(15.8)	(17.4)	(14.1)
			KG	MW	49.5	83.5	63.4	69.3	70.0	35.1	75.8	53.3	46.5	56.0
				(SD)	(23.2)	(16.5)	(25.1)	(19.9)	(12.9)	(19.4)	(18.4)	(16.0)	(29.8)	(12.9)
Int.egriertes Schulsystem	IGS	Lk14	EG	MW	65.4	76.7	76.9	67.5	72.2	76.2	65.9	69.0	70.8	69.4
				(SD)	(17.4)	(26.1)	(19.8)	(16.1)	(15.1)	(20.1)	(22.4)	(27.5)	(27.0)	(17.6)
			KG	MW	38.8	64.6	52.9	51.8	54.4	37.5	42.5	42.0	42.6	41.5
				(SD)	(27.5)	(26.2)	(28.1)	(26.6)	(20.7)	(28.7)	(25.8)	(26.4)	(29.4)	(21.3)

Anmerkungen. IGS = Integrierte Gesamtschule; MW = Mittelwert, SD = Standardabweichung, alle Angaben in %

178) = 12.131; $p < 0.001$; $\chi^2 = 0.063$; Aufgabe 4: s. Tab. 49). Zudem hat der Faktor ‚Lehrer' auf zwei der vier Teilaufgaben und auf die Gesamtleistung (Aufgabe 1: $F(3, 178) = 5.491$; $p < 0.01$; $\chi^2 = 0.081$; Aufgabe 3: $F(3, 178) = 6.002$; $p < 0.001$; $\chi^2 = 0.097$; Total: $F(1, 178) = 4.201$; $p < 0.01$; $\chi^2 = 0.061$) signifikante, mittelgroße Einwirkungen. Gleiches gilt für den Einfluss der Interaktion zwischen Experimentalbedingung und Lehrer auf Teilaufgabe 1 und auf die Gesamtleistung (Aufgabe 1: $F(3, 178) = 4.258$; $p < 0.01$; $\chi^2 = 0.064$; Total: $F(1, 178) = 5.402$; $p < 0.01$; $\chi^2 = 0.079$).

Die Physik-Vorleistung moderiert die Effekte der Leistung insgesamt sowie zwei der vier Teilaufgaben signifikant (Aufgabe 1: $F(1, 178) = 18.063$; $p < 0.001$; $\chi^2 = 0.088$; Aufgabe 2 und Total: s. Tab. 49).

Darüber hinaus haben die allgemeine Intelligenz auf Teilaufgabe 2 und 3 sowie die Lesekompetenz auf die Gesamtleistung und auf Teilaufgabe 4 signifikante, allerdings kleine Einwirkungen (s. Tab. 49). Betrachtet man den Motivationsverlauf (Innersubjektfaktoren), so zeigen sich bei den Haupteffekten zwar vereinzelt signifikante Einflüsse, die allerdings überwiegend klein sind (z. B. die Interaktion zwischen Leistungsverlauf und Lehrkraft LV × LEH). Dagegen ergibt die Interaktion zwischen Leistungsverlauf und Experimentalbedingung (LV × BED) bei der Gesamtleistung und allen Teilaufgaben eine signifikante Einwirkung (Aufgabe 3: $F(1, 178) = 4.636$; $p < 0.01$; $\chi^2 = 0.069$; Aufgabe 4: $F(1, 178) = 12.674$; $p < 0.001$; $\chi^2 = 0.071$; Total: $F(1, 178) = 20.545$; $p < 0.001$; $\chi^2 = 0.103$; Aufgabe 1: s. Tab. 49). Somit unterscheidet sich

Tabelle 49: Ergebnisse von ANCOVA 1 mit Messwiederholung im Themenbereich ‚Geschwindigkeit'

	df	**Aufgabe 1** $F (\omega^2)$	**Aufgabe 2** $F (\omega^2)$	**Aufgabe 3** $F (\omega^2)$	**Aufgabe 4** $F (\omega^2)$	**Total** $F (\omega^2)$
Zwischensubjektfaktoren						
Haupteffekte und Interaktionen						
Experimentalbedingung BED	1	157.167*** (0.457)	30.264*** (0.141)	97.462*** (0.353)	33.649*** (0.152)	100.624*** (0.359)
Geschlecht GENDER	1	1.342 (0.007)	11.148** (0.059)	19.045*** (0.096)	8.175** (0.044)	12.131*** (0.063)
Lehrkraft LEH	3	5.491** (0.081)	2.296 (0.030)	6.002** (0.097)	1.679 (0.026)	4.201** (0.061)
BED x GENDER	1	2.494 (0.014)	0.447 (0.003)	3.148 (0.017)	2.587 (0.014)	0.913 (0.005)
BED x LEH	3	4.258** (0.064)	1.725 (0.027)	0.171 (0.003)	2.531 (0.043)	5.402** (0.079)
GENDER x LEH	3	1.262 (0.021)	3.340 (0.028)	1.172 (0.019)	1.025 (0.017)	3.264 (0.025)
BED x GENDER x LEH	3	1.296 (0.021)	0.676 (0.011)	1.241 (0.020)	0.547 (0.009)	0.844 (0.017)
Kovariate bzw. Moderatoren						
Physik-Vorleistung PHY	1	18.063*** (0.088)	4.614* (0.025)	1.811 (0.010)	2.625 (0.014)	10.287** (0.052)
Allgemeine Intelligenz AI	1	0.254 (0.001)	4.484* (0.036)	5.075* (0.025)	0.110 (0.001)	2.010 (0.011)
Lesekompetenz LK	1	3.651 (0.020)	0.475 (0.003)	0.708 (0.004)	11.619** (0.059)	5.682* (0.029)
Motivations-Prätest (MPRE)		0.270 (0.003)	0.257 (0.002)	4.312* (0.035)	0.503 (0.006)	4.108* (0.029)
Error	178					
Innersubjektfaktoren						
Haupteffekte und Interaktionen						
Leistungsverlauf (LV)	1	0.001 (0.001)	2.121 (0.011)	7.568** (0.041)	0.359 (0.002)	3.553 (0.019)
LV x BED	1	5.197* (0.027)	6.815** (0.037)	4.633** (0.069)	12.674*** (0.071)	20.545*** (0.103)
LV x GENDER	1	0.019 (0.001)	0.001 (0.001)	0.650 (0.002)	1.917 (0.011)	0.851 (0.005)
LV x LEH	3	3.005* (0.046)	1.589 (0.025)	1.988 (0.011)	0.535 (0.009)	0.853 (0.013)
LV x BED x GENDER	1	0.070 (0.001)	0.566 (0.003)	0.007 (0.001)	0.204 (0.001)	0.001 (0.001)
LV x BED x LEH	3	3.005 (0.019)	2.176 (0.034)	0.621 (0.010)	1.003 (0.016)	0.561 (0.009)
LV x GENDER x LEH	3	1.967 (0.032)	1.219 (0.026)	1.574 (0.026)	0.406 (0.007)	1.259 (0.021)
LV x BED x GENDER x LEH	3	0.146 (0.002)	1.951 (0.032)	1.728 (0.028)	0.723 (0.012)	1.889 (0.031)
Kovariate bzw. Moderatoren						
LV x PHY	1	0.091 (0.001)	3.266 (0.017)	0.293 (0.002)	0.265 (0.002)	2.817 (0.015)
LV x AI	1	0.259 (0.001)	0.399 (0.002)	0.658 (0.004)	0.001 (0.001)	0.682 (0.004)
LV x LK	1	0.157 (0.001)	3.431 (0.018)	10.364** (0.053)	0.445 (0.003)	4.853* (0.025)
LV x MPRE	1	0.521 (0.005)	1.688 (0.018)	0.279 (0.002)	1.481 (0.008)	1.550 (0.016)
Error	178					

Anmerkungen. *** $p < 0.001$, ** $p < 0.01$, * $p < 0.05$

der Leistungsverlauf zwischen EG und KG statistisch bedeutsam. Aus dem Bereich der Moderatorvariablen ergeben sich lediglich schwache Einflüsse der Lesekompetenz auf die Teilaufgabe 3 und auf die Gesamtleistung.

ANCOVA 2: Experimentalbedingung und Schulart (s. Tab. 50)

Im Gegensatz zur ANCOVA 1 ergibt sich mit dem Faktor ‚Schulart' eine 2 × 2 × 3-faktorielle ANCOVA mit Messwiederholung (Anzahl der Gruppen in Faktor 1 (Experimentalbedingung): 2; Anzahl der Gruppen in Faktor 2 (Geschlecht): 3; Anzahl der Gruppen in Faktor 3 (Schulart): 3). Dabei stellen die Experimentalbedingung (BED; EG vs. KG), das Geschlecht sowie die Schulart (SCH; hier: Realschule, Gymnasium, Integrierte Gesamtschule) Zwischensubjektfaktoren dar. Die Leistungsbeständigkeit wird mit den beiden Messzeitpunkten Leistungs-Posttest L-POST und Follow up-Leistungstest L-FUP (Zwei-Ebenen-Leistungsverlauf; s. Tab. 21) wiederum als Innersubjektfaktor erfasst. Als Moderatorvariablen dienen jeweils erneut Physik-Vorleistung, allgemeine Intelligenz und Lesekompetenz.

Beim Vergleich der Leistungsfähigkeit insgesamt gemittelt über beide Messzeitpunkte hinweg (Zwischensubjektfaktoren) hat auch in diesem Fall die Experimentalbedingung signifikante Einflüsse auf die Gesamtleistung (Total) sowie auf die Leistungen in allen Teilaufgaben (Aufgabe 1: $F(1, 182) = 154.647$; $p < 0.001$; $\chi^2 = 0.450$; Aufgabe 2: $F(1, 182) = 31.849$; $p < 0.001$; $\chi^2 = 0.144$; Aufgabe 3: $F(1, 182) = 84.056$; $p < 0.001$; $\chi^2 = 0.315$; Aufgabe 4: $F(1, 182) = 34.307$; $p < 0.001$; $\chi^2 = 0.154$; Total: $F(1, 182) = 104.955$; $p < 0.001$; $\chi^2 = 0.364$). Diese Effekte sind auch in diesem Fall alle groß. Ebenso wirkt sich das Geschlecht signifikant auf die Leistung insgesamt sowie auf drei der vier Teilaufgaben signifikant aus (Aufgabe 2: $F(1, 182) = 16.525$; $p < 0.001$; $\chi^2 = 0.083$; Aufgabe 3: $F(1, 182) = 18.038$; $p < 0.001$; $\chi^2 = 0.090$; Total: $F(1, 182) = 17.905$; $p < 0.001$; $\chi^2 = 0.089$). Zwar hat zudem die Schulart auf zwei der vier Teilaufgaben (Aufgabe 1 und 3: s. Tab. 50) signifikante Einwirkungen. Diese Effekte sind jedoch durchweg klein. Die Physik-Vorleistung moderiert die Effekte der Leistung insgesamt sowie zwei der vier Teilaufgaben signifikant (s. Tab. 50). Einzelne, weitere moderierende Effekte werden bei der allgemeinen Intelligenz (Aufgaben 2 und 3: s. Tab. 50) sowie bei der Lesekompetenz (Aufgaben 1und 3: s. Tab. 50) analysiert.

Betrachtet man den Leistungsverlauf (Innersubjektfaktoren), so zeigen sich bei den Haupteffekten und Interaktionen zwar vereinzelt signifikante Einflüsse, die allerdings überwiegend klein sind (z. B. die Interaktion zwischen Leistungsverlauf und Lehrkraft LV × SCH). Dagegen ergibt die Interaktion zwischen Leistungsverlauf und Experimentalbedingung (LV × BED) bei der Gesamtleistung einen signifikanten mittelgroßen Effekt (Total: $F(1, 182) = 18.416$; $p < 0.001$; $\chi^2 = 0.089$).

Weitere Einflüsse dieser Interaktion sind bei drei der vier Teilaufgaben signifikant, aber klein (Aufgaben 1, 2 und 4). Aus dem Bereich der Moderatorvariablen er-

Tabelle 50: Ergebnisse von ANCOVA 2 mit Messwiederholung im Themenbereich ‚Geschwindigkeit'

	df	Aufgabe 1 F (ω^2)	Aufgabe 2 F (ω^2)	Aufgabe 3 F (ω^2)	Aufgabe 4 F (ω^2)	Total F (ω^2)
Zwischensubjektfaktoren						
Haupteffekte und Interaktionen						
Experimentalbedingung BED	1	154.647*** (0.450)	31.849*** (0.144)	84.056*** (0.315)	34.307*** (0.154)	104.955*** (0.364)
Geschlecht GENDER	1	0.001 (0.001)	16.525*** (0.083)	18.038** (0.090)	8.880** (0.046)	17.905** (0.089)
Schulart SCH	2	3.624* (0.038)	1.380 (0.014)	4.245* (0.043)	0.939 (0.010)	0.380 (0.004)
BED x GENDER	1	3.607 (0.019)	0.642 (0.003)	2.470 (0.014)	2.664 (0.014)	0.872 (0.005)
BED x SCH	2	2.721 (0.028)	1.648 (0.017)	0.376 (0.004)	0.628 (0.007)	1.541 (0.016)
GENDER x SCH	2	0.920 (0.010)	2.512 (0.026)	2.520 (0.027)	1.879 (0.020)	2.594 (0.027)
BED x GENDER x SCH	2	0.118 (0.001)	0.724 (0.008)	1.770 (0.019)	1.121 (0.012)	0.833 (0.009)
Kovariate bzw. Moderatoren						
Physik-Vorleistung PHY	1	9.729** (0.050)	6.368** (0.033)	2.953 (0.015)	3.336 (0.018)	9.874** (0.051)
Allgemeine Intelligenz AI	1	0.305 (0.002)	5.423* (0.029)	6.165* (0.032)	0.112 (0.001)	2.658 (0.016)
Lesekompetenz LK	1	9.311** (0.049)	1.583 (0.008)	2.596 (0.014)	8.453** (0.043)	1.602 (0.008)
Motivations-Prätest (MPRE)	1	5.218* (0.028)	0.562 (0.003)	0.015 (0.001)	0.254 (0.002)	6.085* (0.031)
Error	182					
Innersubjektfaktoren						
Haupteffekte und Interaktionen						
Leistungsverlauf (LV)	1	0.168 (0.001)	1.604 (0.008)	3.172 (0.017)	0.286 (0.002)	3.244 (0.017)
LV x BED	1	9.330** (0.047)	4.588* (0.024)	2.465 (0.013)	11.590** (0.058)	18.898*** (0.094)
LV x GENDER	1	0.022 (0.001)	0.305 (0.002)	0.279 (0.002)	1.481 (0.008)	0.216 (0.003)
LV x SCH	2	3.917* (0.040)	1.885 (0.020)	2.770 (0.028)	0.817 (0.009)	0.717 (0.008)
LV x BED x GENDER	1	0.002 (0.001)	0.150 (0.001)	0.010 (0.001)	0.217 (0.003)	0.004 (0.001)
LV x BED x SCH	2	2.865 (0.029)	2.293 (0.024)	0.694 (0.007)	0.096 (0.001)	0.449 (0.005)
LV x GENDER x SCH	2	0.277 (0.003)	1.689 (0.018)	2.956 (0.031)	0.533 (0.006)	1.553 (0.017)
LV x BED x GENDER x SCH	2	0.165 (0.002)	1.600 (0.017)	0.255 (0.003)	0.311 (0.003)	0.463 (0.005)
Kovariate bzw. Moderatoren						
LV x PHY	1	0.167 (0.001)	2.943 (0.015)	0.227 (0.001)	0.188 (0.001)	2.197 (0.011)
LV x AI	1	0.128 (0.001)	0.576 (0.003)	0.929 (0.005)	0.009 (0.001)	0.744 (0.004)
LV x LK	1	0.119 (0.001)	2.482 (0.013)	3.161 (0.016)	0.552 (0.003)	3.851 (0.020)
LV x MPRE	1	0.075 (0.001)	0.032 (0.001)	0.017 (0.001)	0.211 (0.003)	0.180 (0.001)
Error	182					

Anmerkungen. *** $p < 0.001$, ** $p < 0.01$, * $p < 0.05$

gibt sich keine signifikante Einwirkung auf eine der Teilaufgaben oder auf die Gesamtleistung.

Im Gegensatz zu den Mehrebenenanalysen in 3.4.2 und 3.4.3 ist es varianzanalytisch nicht möglich, über die modellierten Faktoren hinaus eine Restvariation zwischen den Klassen als Zufallseffekt zu modellieren. Wird eine einfaktorielle ANCOVA mit Messwiederholung durchgeführt, bei der die Klassen als Zwischensubjekt- und die beiden Messzeitpunkte des Leistungstests (L-POST, L-FUP; Zwei-Ebenen-Leistungsverlauf; s. Tab. 21) als Innersubjektfaktoren fungieren, klärt der Faktor ‚Klassen' in etwa den gleichen Betrag an Varianz auf wie die Experimentalbedingung in Tabelle 49 und Tabelle 50 (*Zwischensubjekte*: Aufgabe 1: $F(1, 187) = 27.538$; $p < 0.001$; $\chi^2 = 0.508$; Aufgabe 2: $F(1, 187) = 6.537$; $p < 0.001$; $\chi^2 = 0.197$; Aufgabe 3: $F(1, 187) = 15.631$; $p < 0.001$; $\chi^2 = 0.369$; Aufgabe 4: $F(1, 187) = 7.049$; $p < 0.001$; $\chi^2 = 0.209$; Total: $F(1, 187) = 15.840$; $p < 0.001$; $\chi^2 = 0.372$; *Innersubjekte (LV × Klassen)*: Aufgabe 1: $F(1, 187) = 2.495$; $p < 0.01$; $\chi^2 = 0.075$; Aufgabe 2: $F(1, 187) = 2.008$; $p < 0.05$; $\chi^2 = 0.051$; Aufgabe 3: $F(1, 187) = 2.001$; $p < 0.05$; $\chi^2 = 0.048$; Aufgabe 4: $F(1, 187) = 2.549$; $p < 0.05$; $\chi^2 = 0.087$; Total: $F(1, 187) = 3.343$; $p < 0.001$; $\chi^2 = 0.111$). Um zu untersuchen, ob der Effekt auf die Klassen oder die Experimentalbedingung zurückzuführen ist, besteht an dieser Stelle nur die Möglichkeit, die Unterschiede zwischen den Klassen auch noch in den einzelnen Lerngruppen, d. h. jeweils in EG und KG, auf Signifikanz zu prüfen (Ditton, 1998). Bei dieser Prüfung werden alle Unterschiede zwischen den Klassen insignifikant. Dies ist als Hinweis darauf zu verstehen, dass die Leistungsunterschiede im Wesentlichen auf die Experimentalbedingung zurückgeführt werden können und die unsystematische Variation zwischen den Klassen darüber hinaus keinen statistisch bedeutsamen Beitrag zur Varianzaufklärung liefert.

3.4.4.2 Themenbereich ‚Elektrische Energie'

Im Themenbereich ‚Elektrische Energie' führten insgesamt zwei Lehrkräfte in zwei verschiedenen Schularten den Follow up-Leistungstests in ihren Klassen durch (s. Tab. 43).

Somit muss im Gegensatz zu 3.4.4.1 neben dem Faktor der Experimentalbedingung (EG vs. KG) und dem Geschlecht entweder nur der Faktor ‚Lehrer' oder nur der Faktor ‚Schulart' analysiert werden, da beide varianzanalytisch gleich behandelt werden können. Damit muss nur eine Kovarianzanalyse durchgeführt werden, die einen der beiden Faktoren (zu der Experimentalbedingung und dem Geschlecht) einschließt. Daraus resultiert jedoch andererseits, dass nicht entschieden werden kann, auf welchen der beiden Faktoren ein evtl. vorliegender signifikanter Einfluss zurückzuführen ist.

Bei dieser 2 × 2 × 2-faktoriellen ANCOVA mit Messwiederholung (Anzahl der Gruppen in Faktor 1 (Experimentalbedingung): 2; Anzahl der Gruppen in Faktor 2 (Geschlecht): 2; Anzahl der Gruppen in Faktor 3 (Lehrer bzw. Schulart): 2) stellen die Experimentalbedingung (BED; EG vs. KG) sowie der Lehrer (LEH; bzw. Schulart

SCH) Zwischensubjektfaktoren dar. Die Leistungsbeständigkeit wird mit den beiden Messzeitpunkten des Posttests L-POST und des Follow up-Leistungstests L-FUP (Zwei-Ebenen-Leistungsverlauf; s. Tab. 21) als Innersubjektfaktor erfasst. Als Moderatorvariablen dienen Physik-Vorleistung, allgemeine Intelligenz und Lesekompetenz.

Tabelle 51: Deskriptive Daten der Leistungstests im Themenbereich ‚Elektrische Energie'

Schul-system	Schulart	Lehrkraft	Gruppe		**Leistungs-Posttest (L-POST)**						**Follow up-Leistungstest (L-FUP)**					
					A1	A2	A3	A4	A5	total	A1	A2	A3	A4	A5	total
Gesamt			EG	MW	77.9	72.7	74.5	71.0	68.2	72.0	81.0	64.2	63.8	63.3	77.1	70.7
				(SD)	(14.2)	(20.6)	(16.2)	(13.7)	(24.1)	(14.0)	(16.5)	(26.6)	(30.7)	(29.5)	(19.0)	(13.6)
			KG	MW	63.6	55.9	61.9	43.0	43.6	52.1	43.5	37.9	43.2	34.3	39.6	39.3
				(SD)	(23.1)	(28.1)	(32.2)	(24.6)	(32.7)	(20.1)	(19.7)	(27.7)	(29.5)	(19.7)	(23.7)	(15.9)
Diff. Schul-syst.	Realschule	Lk2	EG	MW	83.7	64.7	70.0	65.3	67.2	69.1	85.9	59.9	59.0	54.5	76.5	68.1
				(SD)	(17.5)	(27.9)	(19.8)	(18.5)	(20.8)	(15.4)	(17.5)	(32.7)	(35.5)	(35.7)	(22.9)	(14.9)
			KG	MW	75.0	47.7	59.7	26.7	35.5	45.5	57.1	39.9	43.5	25.2	28.2	36.9
				(SD)	(17.6)	(30.3)	(34.9)	(15.1)	(23.9)	(15.8)	(16.6)	(35.3)	(41.0)	(21.4)	(28.2)	(21.1)
Int. Schul-syst.	Reg. Schule	Lk11	EG	MW	72.0	80.7	79.0	76.7	69.1	74.9	74.2	70.4	70.5	75.8	77.9	74.3
				(SD)	(10.8)	(13.3)	(12.5)	(8.8)	(27.4)	(12.5)	(12.1)	(12.2)	(21.1)	(7.6)	(12.0)	(10.9)
			KG	MW	52.2	64.1	64.1	59.2	51.6	58.6	30.4	36.0	43.0	43.0	50.4	41.7
				(SD)	(28.6)	(25.9)	(29.5)	(34.0)	(41.5)	(24.3)	(12.2)	(18.6)	(12.0)	(13.6)	(10.8)	(8.4)

Anmerkungen. MW = Mittelwert; SD = Standardabweichung; alle Angaben in %

Beim Vergleich der Leistungsfähigkeit insgesamt gemittelt über beide Messzeitpunkte hinweg (Zwischensubjektfaktoren) hat die Experimentalbedingung einen signifikanten Einfluss auf die Gesamtleistung (Total) sowie auf die Leistungen in allen Teilaufgaben (Aufgabe 1: $F(1, 100) = 97.783$; $p < 0.001$; $\chi^2 = 0.482$; Aufgabe 2: $F(1, 100) = 30.689$; $p < 0.001$; $\chi^2 = 0.226$; Aufgabe 3: $F(1, 100) = 18.144$; $p < 0.001$; $\chi^2 = 0.147$; Aufgabe 4: $F(1, 100) = 97.341$; $p < 0.001$; $\chi^2 = 0.491$; Aufgabe 5: $F(1, 100) = 734274$; $p < 0.001$; $\chi^2 = 0.424$; Total: $F(1, 100) = 132.892$; $p < 0.001$; $\chi^2 = 0.559$). Diese Effekte sind alle als groß einzuschätzen. Zudem haben der Faktor ‚Lehrer' (bzw. ‚Schulart') auf drei der fünf Teilaufgaben und auf die Gesamtleistung einen signifikanten Effekt (Aufgabe 1: $F(1, 100) = 11.637$; $p < 0.01$; $\chi^2 = 0.100$; Aufgabe 4: $F(1, 100) = 11.782$; $p < 0.01$; $\chi^2 = 0.099$; Aufgabe 5: $F(1, 100) = 6.795$; $p < 0.05$; $\chi^2 = 0.061$; Total: $F(1, 100) = 7.802$; $p < 0.05$; $\chi^2 = 0.069$). Als weiterer Haupteffekt weist die Interaktion zwischen Experimentalbedingung und Lehrer (bzw. Schulart) signifikante Einflüsse auf die Teilaufgaben 1 und 5 auf (Aufgabe 1: $F(1, 100) = 11.637$; $p < 0.01$; $\chi^2 = 0.100$; Aufgabe 5: s. Tab. 52).

Die Physik-Vorleistung moderiert die Effekte der Leistung insgesamt sowie vier der fünf Teilaufgaben signifikant (Aufgabe 2: $F(1, 100) = 26.094$; $p < 0.001$; $\chi^2 = 0.199$; Aufgabe 3: $F(1, 100) = 13.875$; $p < 0.001$; $\chi^2 = 0.117$; Aufgabe 4: $F(1, 100) = 7.208$; $p < 0.05$; $\chi^2 = 0.064$; Aufgabe 5: $F(1, 100) = 11.801$; $p < 0.01$; $\chi^2 = 0.100$; Total: $F(1, 100) = 29.488$; $p < 0.001$; $\chi^2 = 0.219$). Weitere signifikante Moderatorvariablen existieren nicht.

Tabelle 52: Ergebnisse der Kovarianzanalyse mit Messwiederholung im Themenbereich ‚Elektrische Energie'

	df	Aufgabe 1 $F(\omega^2)$	Aufgabe 2 $F(\omega^2)$	Aufgabe 3 $F(\omega^2)$	Aufgabe 4 $F(\omega^2)$	Aufgabe 5 $F(\omega^2)$
Zwischensubjektfaktoren						
Haupteffekte und Interaktionen						
Exp.-Bedingung BED	1	97.783*** (0.482)	30.689*** (0.226)	18.144*** (0.147)	97.341*** (0.491)	74.274*** (0.424)
Geschlecht GENDER	1	0.022 (0.001)	0.101 (0.001)	0.392 (0.004)	2.187 (0.021)	0.232 (0.002)
Lehrkraft LEH (Schulart SCH)	1	11.637** (0.100)	3.190 (0.029)	1.716 (0.016)	10.782** (0.099)	6.795* (0.061)
BED x GENDER	1	0.001 (0.001)	0.159 (0.002)	0.081 (0.001)	0.993 (0.010)	3.593 (0.034)
BED x LEH(SCH)	1	5.099* (0.048)	0.732 (0.007)	0.834 (0.008)	1.780 (0.017)	6.001* (0.054)
GENDER x LEH(SCH)	1	0.683 (0.007)	0.217 (0.002)	0.023 (0.001)	1.454 (0.014)	0.308 (0.003)
BED x GENDER x LEH(SCH)	1	0.870 (0.009)	0.003 (0.001)	2.029 (0.020)	0.074 (0.001)	1.872 (0.019)
Kovariate bzw. Moderatoren						
Physik-Vorleistung (PHY)	1	1.608 (0.015)	26.094*** (0.199)	13.875*** (0.117)	7.208* (0.064)	11.801** (0.101)
Allgemeine Intelligenz (AI)	1	0.251 (0.002)	0.131 (0.001)	1.548 (0.015)	2.196 (0.020)	0.011 (0.001)
Lesekompetenz (LK)	1	0.539 (0.005)	0.104 (0.001)	0.018 (0.001)	4.596 (0.042)	2.756 (0.026)
Motivations-Prätest (MPRE)		2.465 (0.013)	0.172 (0.001)	4.352 (0.038)	0.246 (0.003)	0.008 (0.001)
Error	100					
Innersubjektfaktoren						
Haupteffekte und Interaktionen						
Leistungsverlauf (LV)	1	1.314 (0.012)	0.779 (0.007)	0.462 (0.004)	0.001 (0.001)	0.510 (0.005)
LV x BED	1	28.306*** (0.212)	4.881* (0.044)	2.606 (0.024)	0.200 (0.002)	6.983** (0.065)
LV x GENDER	1	0.538 (0.004)	1.029 (0.010)	2.336 (0.023)	3.303 (0.032)	0.943 (0.003)
LV x LEH/SCH	1	0.009 (0.001)	4.501* (0.041)	0.098 (0.001)	0.310 (0.003)	0.168 (0.002)
LV x BED x GENDER	1	0.002 (0.001)	0.243 (0.002)	0.562 (0.006)	0.034 (0.001)	3.900 (0.034)
LV x BED x LEH/ SCH	1	0.030 (0.001)	1.186 (0.011)	0.205 (0.002)	3.123 (0.030)	0.305 (0.003)
LV x GENDER x LEH/SCH	1	0.341 (0.003)	2.435 (0.024)	0.236 (0.002)	2.645 (0.022)	1.483 (0.014)
LV x BED x GENDER x LEH/SCH	1	0.162 (0.002)	0.023 (0.001)	3.148 (0.036)	1.073 (0.011)	3.205 (0.032)
Kovariate bzw. Moderatoren						
LV x PHY	1	1.376 (0.013)	0.820 (0.008)	0.001 (0.001)	0.004 (0.001)	1.271 (0.012)
LV x AI	1	3.048 (0.028)	0.238 (0.002)	0.553 (0.005)	0.085 (0.001)	0.007 (0.001)
LV x LK	1	0.216 (0.002)	0.235 (0.002)	1.235 (0.012)	0.020 (0.001)	0.036 (0.001)
LV x MPRE	1	0.102 (0.001)	0.250 (0.001)	0.015 (0.001)	0.257 (0.003)	0.104 (0.001)
Error	100					

Anmerkungen. *** $p < 0.001$, ** $p < 0.01$, * $p < 0.05$

Betrachtet man die Beständigkeit der Leistung (Innersubjektfaktoren), so zeigen sich bei den Haupteffekten signifikante Effekte bei der Interaktion zwischen Leistungsverlauf und Experimentalbedingung (LV x BED) auf die Gesamtleistung und auf drei der fünf Teilaufgaben (Aufgabe 1: $F(1, 100) = 28.306$; $p < 0.001$; $\chi^2 = 0.212$; Aufgabe 5: $F(1, 100) = 6.983$; $p < 0.01$; $\chi^2 = 0.065$; Total: $F(1, 100) = 13.371$; $p < 0.001$; $\chi^2 = 0.117$; Aufgabe 2: s. Tab. 52).

Somit unterscheidet sich der Leistungsverlauf zwischen EG und KG statistisch bedeutsam. Der einzige zusätzlich signifikante, allerdings kleine Einfluss besteht bei der Interaktion von Leistungsverlauf und Lehrkraft (bzw. Schulart; LV × LEH/SCH; s. Tab. 52).

Wie in 3.4.4.1 muss an dieser Stelle geprüft werden, welchen Einfluss die Klassenzugehörigkeit auf die analysierten Effekte besitzt. Dazu wird ebenso wie in 3.4.4.1 eine einfaktorielle ANCOVA mit Messwiederholung durchgeführt, bei der die Klassen als Zwischensubjekt- und die beiden Messzeitpunkte des Leistungstests (L-POST, L-FUP; Zwei-Ebenen-Leistungsverlauf; s. Tab. 21) als Innersubjektfaktoren fungieren. Auch in diesem Fall klärt der Faktor ‚Klassen' in etwa den gleichen Betrag an Varianz auf wie die Experimentalbedingung in Tabelle 52 (*Zwischensubjekte*: Aufgabe 1: $F(1, 104) = 38.023$; $p < 0.001$; $\chi^2 = 0.594$; Aufgabe 2: $F(1, 104) = 8.414$; $p < 0.001$; $\chi^2 = 0.244$; Aufgabe 3: $F(1, 104) = 5.070$; $p < 0.01$; $\chi^2 = 0.163$; Aufgabe 4: $F(1, 104) = 31.994$; $p < 0.001$; $\chi^2 = 0.552$; Aufgabe 5: $F(1, 104) = 20.988$; $p < 0.001$; $\chi^2 = 0.447$; Total: $F(1, 104) = 34.234$; $p < 0.001$; $\chi^2 = 0.568$; *Innersubjekte*: Aufgabe 1: $F(1, 104) = 9.840$; $p < 0.01$; $\chi^2 = 0.275$; Aufgabe 2: $F(1, 104) = 2.641$; $p < 0.05$; $\chi^2 = 0.092$; Aufgabe 3: $F(1, 104) = 0.740$; $p = 0.567$; $\chi^2 = 0.028$; Aufgabe 4: $F(1, 104) = 1.059$; $p = 0.381$; $\chi^2 = 0.039$; Aufgabe 5: $F(1, 104) = 1.581$; $p = 0.185$; $\chi^2 = 0.057$; Total: $F(1, 104) = 3.805$; $p < 0.01$; $\chi^2 = 0.128$). Um zu untersuchen, ob der Effekt auf die Klassen oder die Experimentalbedingung zurückzuführen ist, wird wie in 3.4.4.1 nach Ditton (1998) geprüft, ob die Unterschiede zwischen den Klassen auch noch in den einzelnen Lerngruppen, d. h. jeweils in EG und KG, signifikant sind. Bei dieser Prüfung werden wiederum alle Unterschiede zwischen den Klassen insignifikant. Auch diese ist ein Hinweis darauf, dass die Leistungsunterschiede im Wesentlichen auf die Experimentalbedingung zurückgeführt werden können und der Einfluss der Klassen darüber hinaus keinen statistisch bedeutsamen Beitrag zur Varianzaufklärung liefert.

3.5 Implementationsstrategie

Eine wichtige Einsicht zur Einbindung von Erkenntnissen aus fachdidaktischen Forschungsergebnissen in die Unterrichtspraxis folgte speziell aus den Ergebnissen der PISA-Studie: „Die Implementation fachdidaktischer Forschungsergebnisse in die

Unterrichtspraxis gelingt bisher nur unzureichend.“ (Eilks et al., 2005, S. 213.) Die Autoren schreiben dieses Problem speziell der einseitigen Ausrichtung der Fachdidaktiken zu, Unterrichtskonzepte aus einer vorwiegend fachwissenschaftlichen Perspektive zu entwickeln und deren Verbreitung nur in geringem Umfang in voneinander isolierten Lehrerfortbildungen zu unterstützen. Darüber hinaus wurden die entwickelten Konzepte nur in Ausnahmen evaluiert.

3.5.1 Aktuelle Implementationsstrategien

Diese Erkenntnis deckt sich mit Ergebnissen aus der Implementationsforschung im Allgemeinen (Überblick in Gräsel & Parchmann, 2004b) sowie aus Erfahrungen groß angelegter Forschungsprojekte, die eine möglichst große Verbreitung ihrer Maßnahmen zum Ziel hatten. Von solchen Erfahrungen wird gerade bei der Umsetzung des in dieser Arbeit zu Grunde gelegten AI-Ansatzes in umfangreichem Maße berichtet (CTGV, 1994a; 1997; s. a. 2.2.4.2). Insgesamt ist sich die fachdidaktische Forschung heute einig, dass für den Erfolg eines Forschungskonzepts, das letztlich in der Unterrichtspraxis umgesetzt werden soll, die von Anfang an richtige Implementationsstrategie von essentieller Bedeutung ist. Dabei unterscheidet man zwischen drei möglichen Vorgehensweisen, nämlich Top-down-, symbiotische und Bottom-up-Strategien (vgl. Gräsel & Parchmann, 2004b). Top-down-Strategien sind dadurch gekennzeichnet, dass Innovationen von externen Instanzen initiiert und diese Neuerungen in einem hierarchischen System von ‚oben‘ nach ‚unten‘, also von der obersten Ebene zur untersten Ebene, durchgesetzt werden. Charakteristisch für solche Strategien ist, dass bei der Implementation der Innovation die Konzeptionsebene und die Anwendungsebene getrennt sind, d. h. die Neuerungen werden unabhängig von der ‚Ziel-Institution‘ und durch Vertreter ‚zielfremder‘ Institutionen entwickelt. Vertreter der Anwendungsebene sind weder bei der Entwicklung beteiligt, noch wird ihre Expertise oder Meinung zu der Innovation eingeholt. Die Innovation selbst wird dann infolge hierarchischen Zwangs umgesetzt. Euler bezeichnet dieses Vorgehen auch als Machtstrategie (Euler, 2001, S. 7). Im Gegensatz dazu gehen die Innovationen bei der Bottom-up-Strategie speziell im Schulwesen im Wesentlichen von einzelnen Schulen aus und werden auch durch diese getragen (z. B. Schulentwicklungsprozesse; s. a. Rolff et al., 1999). Während Top-down-Strategien häufig eine angemessene Orientierung an der Zielgruppe vermissen lassen, stoßen Bottom-up-Strategien speziell im Schulwesen z. B. dann an ihre Grenzen, wenn eine Neukonzeption von Unterricht eingeführt wird, die eine starke Veränderung von Unterrichtsroutinen der Lehrkräfte erfordert.

In der Fachdidaktik wird heute davon ausgegangen, dass insbesondere die symbiotische Strategie die wirksamsten Implementationsansätze liefert (Eilks et al., 2005). Das zentrale Merkmal dieser Vorgehensweise ist die kooperative Arbeit an der Umsetzung einer Innovation durch Akteure mit unterschiedlicher Expertise (Gräsel

& Parchmann, 2004b). Für fachdidaktische Implementationsvorhaben bedeutet dies, dass wenigstens Fachdidaktiker aus der Hochschule und Lehrer aus der Schulpraxis an der Entwicklung und Durchführung eines Forschungsvorhabens beteiligt sein sollten. Im Gegensatz zur Top-down-Strategie sind in diesem Fall Forschungs- und die Anwendungsebene nicht getrennt voneinander. Im Gegenteil: Der Begriff ‚symbiotisch' soll verdeutlichen, dass die Zusammenarbeit aller Beteiligten aus verschiedenen Institutionen für das Gelingen des Projektes wesentlich und zum Vorteil der verschiedenen Akteure ist. Denn erstens gewährleistet eine solche Kooperation eine möglichst systemische Implementation unter Berücksichtigung zentraler Kontextvariablen (Reinmann-Rothmeier & Mandl, 1998b). Und zweitens profitieren die Beteiligten durch die Zusammenarbeit infolge der Erweiterung der eigenen Sichtweise sowie der Integration von Fragestellungen und Lösungsansätze der anderen Akteure (Winkler & Mandl, 2004). Ausgangspunkt symbiotischer Ansätze ist im schulischen Bereich ein unterrichtspraktisch relevantes Problem, das von den beteiligten Parteien als bedeutsam und veränderungsbedürftig beurteilt wird. Zwar werden bei symbiotischen Strategien streng genommen keine vorgefertigten Konzeptionen umgesetzt, es wird aber stets ein allgemeiner, konzeptueller Rahmen zu der gemeinsamen Problemlösung vorgegeben. Dieser kann in Abhängigkeit des Zielaspekts der Fragstellung weiter oder enger gefasst sein. Auf der Basis der Problemstellung und des konzeptuellen Rahmens werden dann gemeinsame Maßnahmen zur Problemlösung realisiert. Die Implementation kann dann also aus Entwicklung, Umsetzung und Erprobung sowie Optimierung und Verbreitung bestehen. In Abhängigkeit konzeptueller Rahmenbedingungen finden diese Elemente in verschiedenen Projekten unterschiedliche Betonung und Ausprägung. Insgesamt resultiert aus den Kriterien symbiotischer Ansätze eine mehrjährige Zusammenarbeit der beteiligten Institutionsvertreter. Während dieser Zeit sollen die beteiligten Lehrkräfte in der Weiterentwicklung ihrer Kompetenzen und Handlungsmöglichkeiten unterstützt werden, indem sie Konzepte und Instrumente kennen lernen, mit denen sie über die Projekte hinaus die Qualität ihres Unterrichts untersuchen und verbessern können (Fishman & Krajcik, 2003). Neben der Unterstützung der Forschungsorientierung der Lehrkräfte (‚inquiry orientation'; vgl. Huffman & Kalnin, 2003; Zech et al., 2000) messen symbiotische Ansätze dem Aufbau dauerhafter Kooperationsstrukturen in Form schulübergreifender Netzwerke eine große Bedeutung zu (vgl. Kapitel 5).

3.5.2 Der symbiotisch-partizipative Implementationsansatz von MAI

Die Bedarfsanalyse und die Umsetzung der Zielstellungen dieser Arbeit erforderten zunächst speziell für die Aspekte ‚Breitenwirkung' und ‚Robustheit' eine symbiotisch ausgerichtete Implementationsstrategie. Dabei lag der Schwerpunkt der Implementation in dieser Phase des Projektes nach Abschluss der Pilotierungen auf der

Umsetzung und Erprobung durch verschiedene Lehrkräfte in unterschiedlichen Schularten. Obwohl die einzusetzenden Materialien und die MAI-pAL (vgl. 2.3.2) mit den an dem Projekt teilnehmenden Lehrern im Detail noch abgestimmt werden sollte, stand in diesem Implementationsverfahren der aktiv-partizipative Aspekt der Lehrkräfte im Vordergrund, d.h. die Lehrkräfte hielten selbstständig entsprechend den vorab gemeinsam festgelegten Rahmenbedingungen und Methoden den Unterricht in der Instruktionsphase ab und setzten die in Absprache mit ihnen entwickelten Testinstrumente ein. Dabei unterrichtete jeder Lehrer entsprechen den Pilotstudien sowohl eine der EG zugehörige als auch eine KG zugehörige Schulklasse zum gleichen Themenbereich. Gemäß dem symbiotischen Ansatz war Ausgangspunkt dieses Projektes die in dieser Arbeit bereits mehrfach skizzierte unterrichtspraktisch relevante Problematik der Entwicklung einer situierter Lernumgebungen im Rahmen einer neuen ‚Aufgabenkultur' sowie die damit verbundene, differenzierte empirische Untersuchung. Aus der Leitlinie ‚Praktikabilität' folgte zudem, dass die Intervention in den alltäglichen Physikunterricht eingebunden werden und damit unter möglichst authentischen Bedingungen stattfinden sollte, unter möglichst großer Reduktion und Kontrolle möglicher Moderatorvariablen. Zur Verdeutlichung des in dieser Arbeit verfolgten Implementationsansatzes wird das Vorgehen ausgehend von der ersten Kontaktaufnahme mit interessierten Lehrkräften chronologisch dargestellt. Ein Überblick über das Vorgehen ist in Tabelle 53 aufgeführt.

Vor der Implementation mussten zunächst Lehrer und Schulen gewonnen werden, die an der Fragestellung interessiert waren und an der Umsetzung des Projektes mitarbeiten wollten. Dazu bot der Autor zunächst im Mai 2005 eine ganztägige Veranstaltung zu diesem Thema am Institut für schulische Fortbildung und schulpsychologische Beratung (IFB) in Speyer als ersten Schritt der Kontaktaufnahme an.[49] Diese Veranstaltung war als Lehrerfortbildungsmaßnahme im Fortbildungskatalog des IFB ausgezeichnet und dadurch für alle Lehrkräfte mit naturwissenschaftlichen Fächern in Rheinland-Pfalz öffentlich zugänglich. An der Veranstaltung nahmen 19 Lehrer aus allen Schularten in Rheinland-Pfalz teil. Diese im Vergleich mit anderen Fortbildungsveranstaltungen große Resonanz (Durchschnitt pro naturwissenschaftliche Fortbildungsveranstaltung 2005/2006: 12-15 Teilnehmer) kann einerseits als Kennzeichen für die Bedeutung dieses Themas sowie der damit verbundenen Problematik und Fragestellung für die Unterrichtspraxis interpretiert werden. Andererseits fielen die Veranstaltungen aber auch zeitlich mit der Veröffentlichung der nationalen Bildungsstandards im Fach Physik für den Mittleren Schulabschluss (KMK, 2005) zusammen, wodurch der Aspekt ‚Aufgabenkultur' sowohl fachdidaktisch als auch unterrichtspraktisch verstärkt ins Zentrum des Interesses rückte.

---

[49] Das Programm zu dieser und den folgenden Fortbildungsveranstaltungen und die dabei eingesetzten elektronischen Materialien sind in OnlinePLUS unter www.viewegteubner.de zu finden.

Tabelle 53: Übersicht über den Implementationsverlauf zur Breitenwirkung des MAI-Ansatzes

Jahr	2005												2006											
Tätigkeit / Monat	1	2	3	4	5	6	7	8	9	10	11	12	1	2	3	4	5	6	7	8	9	10	11	12
Vorbereitung der Lehrerfortbildungsmaßnahmen			x	x					x															
Lehrerfortbildungsmaßnahmen, Koordinationstreffen					x	x			x	x	x	x												
Anpassung von Material und Methode						x	x	x	x	x	x	x												
Genehmigungsverfahren						x	x	x	x	x														
Durchführung d. Untersuchung (Themenbereich ‚Geschwindigkeit')														x	x									
Durchführung d. Untersuchung (Themenbereich ‚Elektrische Energie')																x	x							
Untersuchungsbegleitung														x	x	x	x							
Reflexion																		x						
Auswertung																		x	x	x	x	x		
Rückmeldung an Schulen und Lehrkräfte																							x	x

Die Veranstaltung war in zwei Teile aufgeteilt: Nachdem der Autor in einem Vortrag von etwa 90 Minuten Dauer die Ausgangspunkte, den theoretischen Rahmen, die Forschungsfragen und das Studiendesign sowie erste Ergebnisse der Pilotstudien von MAI (s. Kapitel 2) vortrug, entwarfen die Teilnehmer anschließend in Kleingruppen etwa vier Stunden lang Zeitungsaufgaben zu verschiedenen Themenbereichen. Dabei konnten sie entweder zu einer Anzahl bereits ausgewählter Zeitungsartikel verschiedene Aufgabenstellungen erstellen oder aber selbst aus diversen Zeitungen nach geeigneten Artikeln recherchieren, diese dann auswählen und entsprechende Aufgabenstellungen inkl. Musterlösung dazu formulieren. Am Ende der Veranstaltung stellten die Gruppen die entwickelten Zeitungsaufgaben vor, die dann vom Autor eingesammelt, vervielfacht und an alle Teilnehmer versendet wurden. Vor dem Abschluss der Veranstaltung wurde eine Liste ausgehändigt, in die sich diejenigen Teilnehmer eintragen sollten, die Interesse an der Umsetzung des Projektes in ihrem eigenen Unterricht hatten. Eine Voraussetzung für eine Teilnahme an dem Projekt war, dass die Lehrkraft im Schuljahr 2005/2006 voraussichtlich zwei Parallelklassen im Fach Physik unterrichten könnte, in denen die Themen ‚Geschwindigkeit' oder ‚Elektrische Energie' laut Lehrplan auch bearbeitet werden sollten. Eine zweite Voraussetzung bestand in der regionalen Umgebung um den Campus Landau der Universität Koblenz-Landau: Um eine adäquate Zusammenarbeit und Betreuung zu gewährleisten, sollte die Distanz zwischen Schule und Universität maximal 50 Kilometer betragen. Nach der Fortbildungsveranstaltung im Mai 2005 bekundeten 16 Teilnehmer ihr Interesse an der Mitarbeit an dem Projekt, davon konnten allerdings nur zehn Lehrkräfte berücksichtigt werden, da bei den restlichen die erforderlichen Voraussetzungen nicht erfüllt waren.

Im Anschluss an diese erste Veranstaltung zu diesem Thema wurden die zehn kooperierenden Lehrkräfte im Juni 2005 zu einem ersten, ganztägigen Koordinationstreffen an die Abteilung Physik der Universität Koblenz-Landau/Campus Landau eingeladen. Bei diesem ersten Treffen stellte der Autor nochmals den theoretischen Rahmen von MAI und das bisherige Vorgehen im Rahmen der Pilotierungsphasen verkürzt vor, d.h. das umgesetzte Untersuchungsdesign, die verwendeten Aufgaben sowie die eingesetzten Instrumente. Während der Theoriebezug bei den Lehrern auf kein nachhaltiges Interesse stieß, bestand hinsichtlich der bis dahin vorliegenden Ergebnisse aus den Pilotstudien Erörterungsbedarf. Nach der Diskussion dieser Ergebnisse wurde die daran anschließende Fragestellung vorgestellt, die im Rahmen des dann durchzuführenden Projektes mit den teilnehmenden Lehrkräften untersucht werden sollte, nämlich die schulartübergreifende Effektivität von Zeitungsaufgaben in der Sekundarstufe I. Gemeinsam mit den Lehrern wurden zunächst die bereits in den Pilotstudien eingesetzten Aufgaben der Leistungsüberprüfungen in beiden Themenbereichen analysiert, den PISA-Kompetenzstufen zugeordnet und deren Offenheitsgrad bestimmt (s. 2.3.6). Aufgabenstellungen mit verschiedener Kompetenzzuordnung oder mehrdeutigem Offenheitsgrad wurden gemeinsam so verändert, dass die Aufgabe einstimmig den gleichen Kriterien zugeordnet werden konnten. Genauso wurde mit den Aufgabenstellungen des Instruktionsmaterials verfahren. Die Kompetenzzuordnungen wurden anschließend nochmals durch Interrater-Reliabilitäten auf ihre Zuverlässigkeit hin überprüft (Überblick: s. 3.2.2). Während die PISA-Kompetenzstufen infolge der Einbindung in ein theoretisch fundiertes und gut validiertes Kompetenzmodell zur Klassifikation der Aufgaben in der Interventionsstudie verwendet wurden, ordneten die Teilnehmer zudem jede Aufgabe Kompetenzen aus den nationalen Bildungsstandards im Fach Physik für den Mittleren Schulabschluss (KMK, 2005) zu. Dieses Vorgehen trug einerseits dem nach Einführung der Bildungsstandards geforderten Anspruch an die Lehrer Rechnung, Aufgaben zu verschiedenen Kompetenzen und Kompetenzbereichen im Unterricht einzubinden, und unterstrich das symbiotische Vorgehen. Andererseits machte es auch den Teilnehmern deutlich, dass die in dieser Form formulierten Standards keine Einordnung in ein gut validiertes Kompetenzmodell erlaubten und die Modellierung naturwissenschaftlicher Kompetenz zukünftig Gegenstand fachdidaktischer Forschung sein musste (Schecker & Parchmann, 2006).

Nach diesem ersten Koordinationstreffen stellte der Autor die Aufgaben des Instruktions- und des Testmaterials zusammen und versendete diese an die Teilnehmer mit Bitte um Prüfung. In einem zweiten Koordinationstreffen im September 2005 präsentierte der Autor die MAI-pAL, die bei jeder Bearbeitung einer Aufgabe von den Lehrern als Unterrichtsmethode umgesetzt werden sollte. Die während der Pilotierungsphasen in Rücksprache mit den Kollegen vor Ort gemachten Erfahrungen und die daraus resultierenden Anpassungen der MAI-pAL (s. 2.3.6.3 und 2.3.2, Abb.

4) wurden diskutiert. Es stellte sich heraus, dass das methodische Vorgehen im Rahmen der pAL den Lehrkräften infolge der Ähnlichkeit zum forschend-entwickelnden Unterricht vertraut war und die Anpassungen ebenso als sinnvoll erachtet wurden. Nachdem das methodische Vorgehen an einem Beispiel exemplarisch, aber intensiv besprochen wurde, stellte der Autor die weiteren Testinstrumente zur Motivation vor. In diesem Rahmen wurden die Konzeption und die Intention solcher Instrumente diskutiert und die verwendeten Analyseverfahren überblicksartig skizziert, sodass die Lehrkräfte in die Lage versetzt werden sollten, bei Bedarf selbstständig mithilfe gängiger Tabellenkalkulationssoftware (z. B. Microsoft Excel) einfache Testauswertungen durchzuführen.

Nach diesen beiden Koordinationstreffen stellte der Autor das Projekt inkl. der in Absprache mit den teilnehmenden Lehrern konzipierten Materialien und Testinstrumente auf weiteren drei Veranstaltungen im Oktober und November 2005 am IFB in Speyer vor, um evtl. noch weitere interessierte Lehrkräfte für das Vorhaben zu gewinnen. Nach diesen Fortbildungsmaßnahmen ergänzten noch fünf Lehrkräfte die Projektgruppe, sodass die Teilnehmergruppe insgesamt 15 Lehrer umfasste. Bei einem letzten Koordinationstreffen vor Beginn der Instruktionsphase im Dezember 2005 wurde der Ablauf der Interventionsstudie detailliert geplant (s. Tab. 20). Zunächst wurde besprochen, welche Lerninhalte in den einzelnen Themenbereichen vor der Instruktionsphase erarbeitet werden mussten und wie umfangreich Themeneinführung, Instruktionsmaterial sowie Leistungstest sein sollten. Neben diesen inhaltlichen Aspekten wurden zudem die zeitlichen Rahmenbedingungen der Untersuchung diskutiert, wie z. B. die Anzahl der dafür erforderlichen Physikstunden oder die Dauer zur Bearbeitung der einzelnen Aufgaben. Nach der Abstimmung der Termine für die Instruktionsphase, wurden noch offene Fragen geklärt und abschließend ein Projektordner an die Teilnehmer verteilt, der neben den Instruktionsmaterialien und Testinstrumenten einen Überblick über die MAI-pAL und für die Umsetzung beachtenswerte Aspekte in einer Art Checkliste enthielt.[50] Die Leistungstests befanden sich dabei nicht in dem Projektordner, sondern wurden von den Lehrkräften per E-Mail angefordert und ein Tag vor dem Durchführungstermin (s. 3.2.3.2) zugesendet, um ein ‚Testtraining' zu vermeiden. Um den Einfluss der Lehrereinstellung auf die Studienergebnisse untersuchen zu können, füllten die Lehrkräfte zudem ein in Kooperation mit dem Institut für Sachunterricht der Universität Münster diesbzgl. entwickeltes Testinstrument aus (s. 3.2.2 und Anhang D; Hartinger, Kleickmann & Hawelka, 2006; Kleickmann, Möller & Jonen, 2005; 2006).

Parallel zu den Lehrerfortbildungsveranstaltungen und den Koordinationstreffen holte der Autor gemäß § 67 Abs. 6 des Schulgesetzes von Rheinland Pfalz die Genehmigung zur Durchführung empirischer Untersuchungen bei der Aufsichts- und Dienst-

[50] Die Dokumente des Projektordners sind in OnlinePLUS unter www.viewegteubner.de zu finden.

leistungsdirektion (ADD), bei den Schulleitungen der interessierten Lehrer sowie die Einwilligung des Landesbeauftragten für den Datenschutz Rheinland-Pfalz ein.[51]

Während der Instruktionsphase von Februar bis Mai 2006 führte der Autor mit Zustimmung der Kooperationslehrer stichprobenartig vereinzelte Unterrichtsbesuche durch, die infolge der hohen Termindichte und der großen Anzahl an Teilnehmern nicht in allen Schulen erfolgen konnten. Nach Abschluss der Instruktionsphase wurden die Lehrkräfte im Juni 2006 zur Reflexion des Instruktionsverlaufs sowie des gesamten Projektes an die Abteilung Physik der Universität Koblenz-Landau/Campus Landau eingeladen. Um einen strukturierten Überblick über Einzelaspekte des Projektes zu erhalten, verteilte der Autor zu Beginn einen nicht validierten, unstandardisierten, sechsstufigen Fragebogen bestehend aus acht Items, der von den Teilnehmern anonym ausgefüllt wurde und als Ausgangspunkt der Reflexion diente (s. 3.6.3; Anhang E). Nachdem der Fragebogen von allen ausgefüllt und eingesammelt worden war, stellten die Items des Fragebogens den Diskussionsanlass dar.

Nachdem der Autor die Testinstrumente ausgewertet hatte, wurden die Ergebnisse Ende des Jahres 2006 den Lehrkräften bzw. Schulleitungen der teilnehmenden Schulen zugesendet, die größtenteils das Projekt als ein Bestandteil in das Qualitätsprogramm ihrer Schule aufnahmen und die Ergebnisrückmeldung als externe Evaluation verwendeten.

Insgesamt wurden die Lehrer durch die hier entwickelte Implementationsstrategie sowohl in die Abstimmung der Instruktionsmaterialien als auch in die organisatorische Planung und Umsetzung der Interventionsstudie eingebunden. Neben der dem MAI-Ansatz folgenden Durchführung der Instruktionsphase waren sie auch für die Gewährleistung der organisatorischen Rahmenbedingungen verantwortlich, d. h. sie stellten beispielsweise sicher, dass die Einverständniserklärungen für die Teilnahme an dem Projekt von Eltern und Schülern vorlagen, dass die Physikstunden entsprechend den methodischen Vorgaben stattfanden und dass die besprochenen Rahmenbedingungen eingehalten wurden (s. 3.2.3.1). Jede Lehrkraft war somit für den Erfolg der Interventionsstudie verantwortlich. Dabei musste das Ausmaß an Verantwortung so ausgewogen sein, dass das Projekt nicht als Zusatzbelastung empfunden wurde. Durch diese Balance zwischen eigenverantwortlichem Tun und resultierendem Nutzen für die alltägliche Lehrertätigkeit konnte der für diese Interventionsstudie entwickelte Implementationsansatz Ergebnisse aus der Implementationsforschung bestätigen (s. o.). Ein solch symbiotischer Ansatz stellt dann eine Erfolg versprechende Vorgehensweise dar, wenn alle an der Implementation beteiligten Institutionen und Akteure das Projekt als profitabel für die eigene Handlungsfähigkeit ansehen (s. Fey et al., 2004; Gräsel & Parchmann, 2004b).

[51] Die Genehmigungsschreiben an ADD, Schulen, Eltern, Schüler und an den Datenschutzbeauftragten des Landes Rheinland-Pfalz sind in OnlinePLUS unter www.viewegteubner.de zu finden.

3.6 Diskussion

An dieser Stelle sollen die in 3.4 dargestellten Ergebnisse interpretiert und deren Folgen für zukünftige Forschungsvorhaben diskutiert werden. Dies erfolgt ‚von innen nach außen', d. h. zunächst in Bezug auf die in 3.1 für diese Untersuchung formulierten Hypothesen und Forschungsfragen und anschließend in einem zweiten Schritt im Hinblick auf die in den vorangehenden Kapiteln dargestellten Leitlinien des MAI-Ansatzes und übergeordneten Ziele dieser Arbeit.

3.6.1 Ergebnisse der Mehrebenenanalysen zur Motivation[52]

Bezüglich der Motivation wurden entsprechend dem theoretischen Rahmen und aus Erfahrungen von Pilotuntersuchungen folgende Hypothesen und Forschungsfragen formuliert (vgl. 3.1):

M1. Die Motivation in der EG ist größer als in der KG, d. h. das Ankermedium Zeitungsaufgabe führt zu einem größeren Motivationsgrad verglichen mit ‚traditionellen Aufgaben'.

Der Einfluss der Intervention ‚Zeitungsaufgaben' auf die Gesamtmotivation und deren Subskalen ist durchweg statistisch bedeutsam und positiv (s. 3.4.2.3-3.4.2.6). Das heißt, dass die über die Messzeitpunkte gemittelte Motivation insgesamt und in allen Subskalen in der EG wenigstens signifikant größer ist als in der KG, wobei vor der Intervention kein Unterschied nachweisbar war.

Dabei wird dieser ebenenübergreifende Effekt von Zeitungsaufgaben – gekennzeichnet durch den Ebene-3-Prädiktor ‚Experimentalbedingung' – auf die global über alle Ebene-1-Messzeitpunkte gemittelte Motivation mit Gl. (12a) (vgl. 3.3.2) berechnet und als Effektstärkemaß in Tab. 55 dargestellt. Dort ist ersichtlich, das die Effektstärke der Interventionsbedingung auf die Gesamtmotivation (total) eine große praktische Relevanz aufweist ($d_{3;\text{total}} = 0.87$; Daten: vgl. Tab. 30) (s. Fußnote 43).

Auch im Bereich der einzelnen Motivationssubskalen ergeben sich noch mittlere Effektstärken (s. Fußnote 43) für Intrinsische Motivation (bzw. Engagement; $d_{3;\text{IE}} = 0.62$; Daten: vgl. Tab. 34) sowie für die Einschätzung des Realitätsbezugs (bzw. der Authentizität; $d_{3;\text{RA}} = 0.51$; Daten: vgl. Tab. 40). Eine positive Beeinflussung des Selbstkonzepts ist vorhanden, aber klein (s. Fußnote 43) ($d_{3;\text{Sk}} = 0.41$; Daten: vgl. Tab. 37).

[52] Da zur Bestimmung der Effektstärken im Rahmen der Motivationsanalysen Hilfsmodelle verwendet werden müssen, kann eine Überschätzung der in diesem Abschnitt angegebenen Größen an dieser Stelle nicht ausgeschlossen werden (s. 3.3.2).

Die ebenenspezifische Varianzaufklärung R^2 durch den Prädiktor ‚Experimentalbedingung' auf Klassenebene (Ebene 3; Modellentwicklung M1 ⇒ M2a) wird dabei mit Gl. (10) (vgl. 3.3.2) ermittelt und beträgt 84.5% bei der Gesamtmotivation (vgl. Tab. 30), 79.0% bei der Subskala IE (vgl. Tab. 34), 60.1% bei der Subskala Sk (vgl. Tab. 37) und 81.2% bei der Subskala RA (vgl. Tab. 40).

Somit kann die Hypothese M1 bestätigt werden: Schüler werden durch die Arbeit mit Zeitungsaufgaben stärker motiviert als durch die Arbeit mit ‚traditionellen Aufgaben'; der Gesamteffekt ist von großer praktischer Relevanz. Eine Wechselwirkung mit anderen Faktoren kann dabei nicht festgestellt werden, sodass dieser Effekt unabhängig von der Interaktion mit anderen Variablen ist.

M2. Die Förderung der Motivation durch Zeitungsaufgaben ist wenigstens mittelfristig, d.h. die Motivation in der EG ist ansteigend und hat über einen mittelfristigen Zeitraum Bestand.

Auch bezogen auf den Motivationsverlauf kann gezeigt werden, dass Zeitungsaufgaben einen durchweg statistisch bedeutsamen und positiven Einfluss auf den Zeitverlauf bei allen Messzeitpunkten aufweisen. Das heißt, die Motivation in der EG ist insgesamt und in allen Subskalen während (aktuelle Motivation MOT-CUR), direkt nach (Motivations-Posttest MOT2-POST) sowie neun Wochen nach Abschluss der Instruktionsphase (Follow up-Motivationstest MOT3-FUP) wenigstens statistisch signifikant größer als vor der Instruktion (Motivations-Prätest MOT1-PRE; s. Abb. 19).

Im Gegensatz dazu gibt es in der KG einen wenigstens signifikanten negativen Einfluss auf den Zeitverlauf bei allen Messzeitpunkten, d. h. die Motivation in der

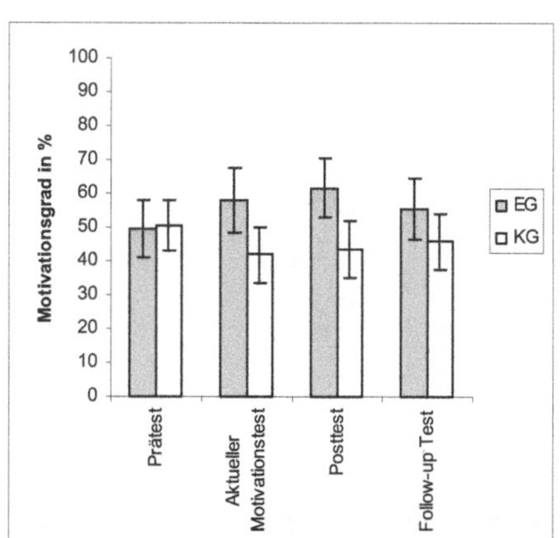

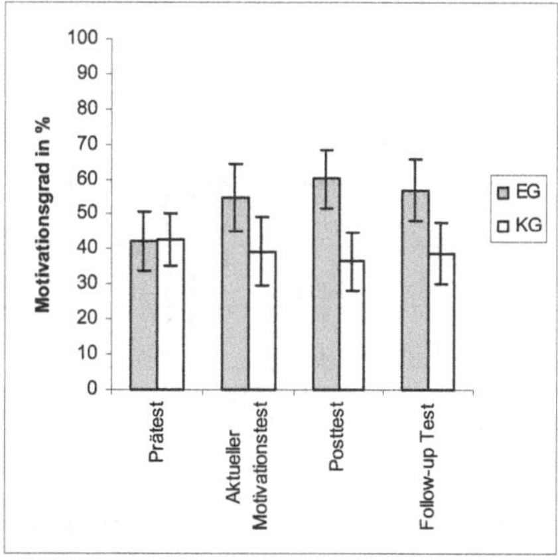

Abb. 19: Verlauf der Gesamtmotivation (Mittelwerte der Rohdaten; Fehlerbalken: Standardabweichung) in EG und KG in den Themenbereichen ‚Geschwindigkeit' (links) und ‚Elektrische Energie' (rechts)

KG ist insgesamt und in allen Subskalen während, direkt nach sowie neun Wochen nach Abschluss der Instruktionsphase kleiner als vor der Instruktion (s. Abb. 19). Dabei ist die Variable ‚Experimentalbedingung' bei der Analyse der Gesamtmotivation sowie in allen Subskalen auch der einzige Prädiktor, der den Motivationsverlauf der Schüler auf Ebene 1 signifikant beeinflusst.

Zur differenzierten Analyse des Einflusses dieser Cross-Level-Interaktionen werden mit Gl. (12a) die Effektstärken für jede Subskala (IE: vgl. Tab. 34; Sk: vgl. Tab. 37; RA: vgl. Tab. 40) sowie für die Gesamtmotivation (total; vgl. Tab. 30) die einzelnen Zeitintervalle für EG und KG getrennt bestimmt. Wie in Tabelle 54 ersichtlich, ist dabei in der EG der Motivationszuwachs insgesamt (total) sowie in den Subskalen IE und RA bis direkt nach der Instruktion (Dum_t2) maximal ($d_{3;total} = 1.63$; $d_{3;IE} = 1.41$; $d_{3;RA} = 1.77$). Dagegen ist der Unterschied zur Motivation vor der Instruktion in der Subskala Sk während der Instruktionsphase am größten (Dum_t1: $d_{3;Sk} = 1.20$). In der KG ist die Motivationsabnahme dagegen während der Instruktionsphase (Dum_t1) maximal und wird dann zunehmend kleiner. Die Übersicht in Tab. 54 zeigt, dass der Einfluss von Zeitungsaufgaben auf jedes der Zeitintervalle sowohl für jede Subskala als auch für die Gesamtmotivation durchweg groß (s. Fußnote 43) ist ($d_3 > 0.80$). Dagegen sind die Effekte in den Zeitintervallen der KG durchweg negativ und meist klein (s. Fußnote 43) .

Somit kann die Hypothese M2 bestätigt werden: Die Motivation von Schülern wird durch die Arbeit mit Zeitungsaufgaben gesteigert und hat auch noch mittelfristig Bestand; wie bereits bei M1 ist der Gesamteffekt auch hier von großer praktischer Relevanz. Auch in diesem Fall kann keine Wechselwirkung mit anderen Faktoren festgestellt werden, sodass dieser Effekt ebenso unabhängig von der Interaktion mit anderen Variablen ist.

Tabelle 54: Cohens *d* als Effektstärkenmaß für Einflüsse auf den Motivationsverlauf

Zeitintervalle \ Motivationsskalen		IE	Sk	RA	total
Dum_t1 :	KG	-0.47***	-0.51***	-0.45***	-0.56***
MOT1-PRE⇨MOT-CUR	EG	1.25***	1.20***	0.86***	1.28***
Dum_t2 :	KG	-0.41***	-0.54***	-0.38**	-0.52***
MOT1-PRE⇨MOT2-POST	EG	1.41***	1.11***	1.77***	1.63***
Dum_t3:	KG	-0.27*	-0.44***	-0.19	-0.37***
MOT1-PRE⇨MOT3-FUP	EG	0.94***	1.04***	1.39***	1.16***

Anmerkungen. *** p < 0.001, ** p < 0.01, * p < 0.05; IE = Subskala ‚Intrinsische Motivation/Engagement'; Sk = Subskala ‚Selbstkonzept'; RA = Subskala ‚Realitätsbezug/Authentizität'; total = Gesamtmotivation.

Neben dem Einfluss von Zeitungsaufgaben wurden zudem noch die in 3.1 genannten neun Forschungsfragen (FF1-FF9) unter dem Aspekt der Robustheit der Motivations- und Lerneffekte untersucht. An dieser Stelle werden dabei zunächst signifikante Effekte mit praktischer Relevanz bzgl. der Motivation ausführlich diskutiert.

FF2. Welchen Einfluss hat das Geschlecht auf die Ausprägung und Veränderung der Motivation?

Jungen und Mädchen unterscheiden sich in ihrer Motivation insgesamt und in den Motivationsbereichen IE und Sk global gemittelt über die vier Messzeitpunkte und über alle Gruppen signifikant. Der dabei analysierte positive Regressionskoeffizient β, verdeutlicht, dass die über alle Messzeitpunkte (und über alle Gruppen) hinweg gemittelte Motivation von Jungen statistisch bedeutsam größer ist als die Motivation der Mädchen.

Dabei lässt sich allerdings die Effektstärke dieses über die Ebene-1-Messzeitpunkte gemittelten Motivationsunterschieds mit Gl. (12a) (vgl. 3.3.2) für die Gesamtmotivation sowie für die Subskalen IE und Sk als klein (s. Fußnote 43) einordnen (vgl. Tab. 55; total: $d_2 = 0.29$; IE: $d_2 = 0.29$; Sk: $d_2 = 0.43$).

Einen weiteren Einfluss des Geschlechtes auf die Motivation oder im Rahmen anderweitiger Interaktionen (z. B. mit der Experimentalbedingung) kann nicht nachgewiesen werden. Dabei beträgt die Varianzaufklärung R^2 durch den Prädiktor ‚GENDER' auf Ebene 2 (Schülerebene; Modellentwicklung M3a $\Rightarrow$ M4a) entsprechend Gl. (10) (vgl. 3.3.2) 3.1% bei der Gesamtmotivation (vgl. Tab. 30), 5.6% bei der Subskala IE (vgl. Tab. 34) und 3.3% bei der Subskala Sk (vgl. Tab. 37).

FF3. Welchen Einfluss hat der Themenbereich auf die Ausprägung und Veränderung der Motivation?

Die Motivation unterscheidet sich in den beiden Themenbereichen ‚Geschwindigkeit' und ‚Elektrische Energie' insgesamt und in allen Subskalen signifikant, d.h. statistisch bedeutsam. Dabei verdeutlicht der durchweg negative Regressionskoeffizient β, dass die über alle Messzeitpunkte (und über alle Gruppen) hinweg gemittelte Motivation der Schüler im Themenbereich ‚Elektrische Energie' statistisch bedeutsam geringer ist als die Motivation der Schüler im Themenbereich ‚Geschwindigkeit' (s. Abb. 19). Wie bei FF2 lassen sich aber auch die Unterschiede in der Motivation zwischen den beiden Themenbereichen global gemittelt über alle Ebene-1-Messzeitpunkte mit Gl. (12a) (vgl. 3.3.2) als klein (s. Fußnote 43) einstufen (vgl. Tab. 55; total: $d_3 = 0.40$; IE: $d_3 = 0.44$; Sk: $d_3 = 0.43$; RA: $d_3 = 0.24$).

Tabelle 55: Cohens *d* als Effektstärkenmaß für globale Einflüsse auf die Motivation

Skala / **Prädiktor**	**IE**	**Sk**	**RA**	**total**
Experimentalbedingung BED	0.62***	0.41***	0.51***	0.87***
Geschlecht GENDER	0.29***	0.43***	n.s.	0.29***
Themenbereich THEMA	0.44***	0.43***	0.24**	0.40***
Physik-Vorleistung PHY	<0.20*	<0.20***	n.s.	<0.20**
PHYxTHEMA	<0.20**	<0.20*	<0.20*	<0.20**

Anmerkungen. *** p < 0.001, ** p < 0.01, * p < 0.05; IE = Subskala ‚Intrinsische Motivation/Engagement'; Sk = Subskala ‚Selbstkonzept'; RA = Subskala ‚Realitätsbezug/Authentizität'; total = Gesamtmotivation.

Ein weiterer Einfluss des Themenbereichs auf die Motivation kann nur im Rahmen der Interaktion mit der Physik-Vorleistung nachgewiesen werden (s. u.). Dabei beträgt die Varianzaufklärung R^2 durch den Prädiktor ‚THEMA' auf Klassenebene (Ebene 3; Modellentwicklung M4a ⇒ M5a) entsprechend Gl. (10) (vgl. 3.3.2) 9.1% der Varianz der Gesamtmotivation (vgl. Tab. 30), 13.3% der Varianz der Subskala IE (vgl. Tab. 34), 13.5% der Varianz der Subskala Sk (vgl. Tab. 37) und 1.5% der Varianz der Subskala RA (vgl. Tab. 40).

FF6. Welchen Einfluss hat die Physik-Vorleistung auf die Ausprägung und Veränderung der Motivation?

Zunächst beeinflusst die Physik-Vorleistung als Haupteffekt die Motivation insgesamt und in den Motivationsbereichen IE und Sk global gemittelt über die vier Messzeitpunkte und über alle Gruppen signifikant und positiv. Dieses Ergebnis verdeutlicht, dass die über alle Messzeitpunkte (und über alle Gruppen) hinweg gemittelte Motivation zunimmt, je größer die Physik-Vorleistung der Schüler ist. Dabei lässt sich der Einfluss dieses Prädiktors auf die Motivation insgesamt und auf alle Subskalen mit Gl. (12b) (vgl. 3.3.2) als praktisch nicht relevant (s. Fußnote 43) einstufen (vgl. Tab. 55; $d_2 < 0.20$).

Zudem beeinflusst die Interaktion zwischen dem Themenbereich und der Physik-Vorleistung ‚PHY × THEMA' die Motivation in allen Motivationsbereichen gemittelt über die vier Messzeitpunkte und über alle Gruppen global signifikant und positiv. Das heißt, die über alle Messzeitpunkte (und über alle Gruppen) hinweg gemittelte Motivation der Schüler im Themenbereich ‚Elektrische Energie' wird statistisch bedeutsam und positiv von der Physik-Vorleistung beeinflusst. Wie der Haupteffekt kann auch der Einfluss dieser Interaktion auf die Motivation insgesamt sowie auf alle Subskalen mit Gl. (12b) (vgl. 3.3.2) als praktisch nicht relevant (s. Fußnote 43) eingeordnet werden (vgl. Tab. 55; $d_{2/3} < 0.20$).

Auch hier treten keine weiteren Einwirkungen der Physik-Vorleistung auf die Motivationsveränderung oder im Rahmen anderweitiger Interaktionen (z. B. mit der Experimentalbedingung) auf. Dabei beträgt die auf den Prädiktor Physik-Vorleistung zurückzuführende Varianzaufklärung R^2 auf Schülerebene (Ebene 2; Modellentwicklung M2b ⇒ M3a) 6.8% bei der Gesamtmotivation (vgl. Tab. 30), 3.3% bei der Subskala IE (vgl. Tab. 34), 18.3% bei der Subskala Sk (vgl. Tab. 37) und 6.8% bei der Subskala RA (vgl. Tab. 40).

FF9. Wie groß sind die nicht erklärten Anteile von Restvarianzen auf den verschiedenen Analysenebenen?

Wie in Tabelle 56 ersichtlich, sind die durch die konstruierten Mehrebenenmodelle erklärten Varianzanteile auf den einzelnen Ebenen sehr unterschiedlich. So können die Ebene-3-Prädiktoren ‚Experimentalbedingung' und ‚Themenbereich' – abgesehen von der Subskala ‚Selbstkonzept' – durchweg einen Anteil von über 80% der Varianz erklären.

Tabelle 56: Ebenenspezifische Anteile erklärter Varianz der Motivation

Skala / Ebene	IE	Sk	RA	total
1	14.7%	13.5%	24.5%	15.9%
2	9.5%	21.7%	7.3%	9.9%
3	93.4%	73.6%	82.7%	93.6%

Anmerkungen. IE = Subskala ‚Intrinsische Motivation/Engagement'; Sk = Subskala ‚Selbstkonzept'; RA = Subskala ‚Realitätsbezug/Authentizität'; total = Gesamtmotivation.

Dabei ist der größte Teil der Varianzaufklärung dem Prädiktor ‚Experimentalbedingung', d. h. dem Einfluss von Zeitungsaufgaben zuzuschreiben (s. M1), wogegen der Themenbereich nur einen kleinen Teil zur Varianzaufklärung auf dieser Ebene beiträgt (s. FF3). Unter Berücksichtigung der Subskala ‚Selbstkonzept' bleiben auf Ebene 3 somit maximal nur ca. 25% der Varianz nicht erklärt. Auf Ebene der Schüler (Ebene 2) klären die in die Modellierung einbezogenen Prädiktoren – abgesehen von der Subskala ‚Selbstkonzept' – überwiegend kleine Varianzanteile auf. Der, verglichen mit den restlichen erklärten Varianzanteilen dieser Ebene, große Anteil der Varianzaufklärung im Teilbereich ‚Selbstkonzept' ist dabei hauptsächlich auf den Prädiktor ‚Physik-Vorleistung' zurück zu führen (s. FF6). Die insgesamt jedoch geringe Varianzaufklärung auf dieser Ebene verdeutlicht, dass es neben den in dieser Untersuchung erhobenen Faktoren potentiell eine Vielzahl weiterer Variablen gibt, die die Motivation auf dieser Ebene beeinflussen (z. B. sozialer Status, Einkommen der Eltern, Interessen der Schüler usw.). Die Berücksichtigung weiterer Variablen würde neben einem drastisch ansteigenden Organisationsaufwand zudem eine größere Instrumentenanzahl bedeuten (Stichwort: Testmüdigkeit), sodass bei jeder Untersuchung nur eine Auswahl implementiert werden kann, die allerdings theoriegeleitet erfolgen sollte – wie in dieser Interventionsstudie geschehen.

Die Varianzerklärung auf Ebene 1 erfolgt hauptsächlich durch die Modellierung der Cross-Level-Interaktion zwischen den Dummy-Variablen des Zeitverlaufs und der Experimentalbedingung (s. M2). Somit wird die Motivation in ihrem Verlauf nur von der unterschiedlichen Instruktion beeinflusst, und zwar durch die Vorgabe von Zeitungsaufgaben positiv und durch ‚traditionelle Aufgaben' negativ. Aus dieser Sicht können die in Tabelle 56 ausgewiesenen Anteile erklärter Varianz auf dieser Ebene als groß eingestuft werden (s. M2).

Neben den hier genannten Einflüssen sind keine weiteren Effekte durch andere Faktoren statistisch bedeutsam nachweisbar, weder durch die Schulart (FF4) oder das Schulsystem (FF5) noch durch die allgemeine Intelligenz (FF7), das Textverständnis oder die Sprachfähigkeit (FF8). Die Einwirkungen durch Lehrermerkmale (FF1) konnten infolge limitierter Bedingungen im Rahmen des Auswertungsverfahrens nicht untersucht werden. Allerdings kann gezeigt werden, dass der Effektanteil, der durch diese Faktoren aufgeklärt werden könnte, vernachlässigbar klein wäre, sodass der Einfluss der Lehrkraft für diese Fragestellung statistisch unbedeutend wäre.

Fasst man die Einflüsse dieser Moderatorvariablen auf die Motivationseffekte als ein Robustheitsmerkmal dieser Effekte auf, so wird deutlich, dass einerseits der *Motivationsverlauf* ausschließlich von der Experimentalbedingung beeinflusst wird. Dabei ist die Motivation bei Schülern, die mit Zeitungsaufgaben arbeiten, ansteigend und verbleibt auch mittelfristig auf höherem Niveau als vor der Instruktion. Dabei nimmt die Motivation der Lernenden, die ‚traditionelle Aufgaben' bearbeiten, ab. Dagegen wird andererseits die *global über alle Messzeitpunkte gemittelte Motivation* von verschiedenen Faktoren beeinflusst. Wie in Tabelle 55 ersichtlich weist dabei der Einfluss von Zeitungsaufgaben eine mittlere (Subskalen IE und RA) bzw. große (Gesamtmotivation) Effektstärke auf. Dagegen sind nur noch die Einflüsse der signifikanten Prädiktor-Haupteffekte des Geschlechts und des Themas praktisch relevant, aber durchweg klein. Dass die Experimentalbedingung auf den Teilbereich ‚Selbstkonzept' Sk auch ‚nur' einen kleinen Einfluss besitzt, kann u. a. darauf zurück geführt werden, dass es sich bei diesem Konstrukt um eine personenimmanente, zeitlich stabile Variable handelt, die sich durch eine einzelne, zeitlich begrenzte Instruktionsmaßnahme nur bedingt beeinflussen lässt (Moschner, 2001). Insgesamt können damit die Motivationseffekte sowohl hinsichtlich ihres Verlaufs als auch gemittelt über die verschiedenen Messzeitpunkte insgesamt als robust gegenüber den berücksichtigten Moderatorvariablen eingeschätzt werden.

Dabei sind die globalen Einwirkungen von Geschlecht und Themenbereich auf die Gesamtmotivation und deren Subskalen zwar klein, aber dennoch von praktischer Relevanz. Darüber hinaus decken sich die Ergebnisse dieser Untersuchungen mit Erkenntnissen der physikdidaktischen Forschung. So zeigt die wohl bekannteste und auch heute noch relevante IPN-Interessenstudie für die naturwissenschaftlichen Fächer aus den 1980er und 1990er Jahren (Hoffmann, Häußler & Lehrke, 1998; Hoffmann, Häußler & Peters-Haft, 1997) für das Geschlecht, dass sich Jungen stärker für Physik interessieren als Mädchen. Obwohl das Instruktionsmaterial (in EG und KG!) sich auf die Bereiche ‚Physik und Sport', ‚Physik und Gesellschaft' sowie ‚Mensch und Natur' bezog und damit aus nach der IPN-Interessenstudie als positiv zu bewertenden Kontexten bestand, wurde dieser geschlechtsspezifische Unterschied analysiert. Dies ist umso bemerkenswerter, als gerade Mädchen eine derartige Kontextorientierung zur Erarbeitung physikalischer Lerninhalte für bedeutsam erachten. Eine potentielle Erklärung für diesen Effekt könnte in der schwerpunktmäßig rechnerischen Bearbeitung des Instruktionsmaterial liegen (s. 2.3.6), die neben den genannten inhaltlichen Faktoren auch das Interesse beeinflusst, jedoch für diese Untersuchung aus Gründen curricularer Validität trotzdem gewählt wurde. Somit wäre es in einem nächsten Schritt angezeigt, den Effekt des Instruktionsmaterials unter vergleichbaren Bedingungen zu untersuchen, wenn andere Kompetenzbereiche (z. B. Erkenntnisgewinnung, Kommunikation oder Bewertung; vgl. Kuhn & Müller, 2006; 2007c) als Schwerpunkt berücksichtigt werden.

Für den Einfluss des Themenbereichs kann an dieser Stelle nicht unterschieden werden, ob der Unterschied tatsächlich aus den verschiedenen Kontexten stammt, oder ob es ein Alterseffekt ist. Letzteres würde wiederum die Ergebnisse der o. g. Interessenstudie bestätigen, die einen Interessenrückgang im Physikunterricht zwischen der 7. und 9. Jahrgangsstufe ausweist (‚Geschwindigkeit': 7./8. Jahrgangsstufe; ‚Elektrische Energie': 9./10. Jahrgangsstufe). Dagegen würde eine Einwirkung des Themenbereichs selbst wenigstens aus der Sicht bisherigen Analysen widersprechen, dass die Kontexte des Instruktionsmaterials in beiden Themen aus empirisch für interessenförderlich analysierten Bereichen entstammen und deshalb eigentlich kein Unterschied zu erwarten wäre. Um diese Frage zu klären, müsste in einem nächsten Schritt der Effekt des Instruktionsmaterials bei Verwendung gleicher Kontexte unter vergleichbaren Bedingungen untersucht werden. Dies wäre bei der Durchführung dieser Interventionsstudie infolge der zu diesem Zeitpunkt geltenden Rahmenbedingungen (gültiger Lehrplanentwurf des Faches Physik in Rheinland-Pfalz (MBWW, 1998)) nur mit Ausnahmeregelungen möglich gewesen, was wiederum der Leitlinie ‚Praktikabilität' widersprochen hätte. Deshalb sollte dieser Aspekt in Folgestudien berücksichtigt werden, was durch die Veränderung der administrativen Rahmenbedingungen durch die Einführung der nationalen Bildungsstandards für das Fach Physik (KMK, 2005) auch der Leitlinie ‚Praktikabilität' entspricht.

Insgesamt gesehen können Zeitungsaufgaben als hauptsächlicher und größter positiver Einflussfaktor der Motivation diagnostiziert werden. Trotz signifikanter Beeinflussung durch vereinzelte Moderatorvariablen zeigen die dann kleinen oder praktisch unrelevanten Einwirkungen, dass diese Motivationseffekte auch robust gegenüber solchen Einflussfaktoren sind. Die positive Wirkung von Zeitungsaufgaben auf die Motivation ist demnach auch unabhängig von Faktoren wie z. B. Schulart oder Schulsystem, wodurch die Breitenwirkung des MAI-Ansatzes verdeutlicht wird.

3.6.2 Ergebnisse der Analysen zur Leistung (Mehrebenen- und Varianzanalysen)

Bezüglich der Leistungsfähigkeit wurden entsprechend dem theoretischen Rahmen und aus Erfahrungen von Pilotuntersuchungen folgende Hypothesen und Forschungsfragen formuliert (vgl. 3.1):

L1. Die Leistungsfähigkeit in der EG ist größer als in der KG, d. h. das Ankermedium Zeitungsaufgabe führt zu einer größeren Leistungsfähigkeit im Vergleich zu ‚traditionellen Aufgaben'.

Diese Hypothese soll zunächst basierend auf den mehrebenenanalytischen Ergebnissen des Leistungs-Posttests aus 3.4.3 diskutiert werden. Damit kann gezeigt werden, dass Zeitungsaufgaben – gekennzeichnet durch den Prädiktor ‚Experimentalbedin-

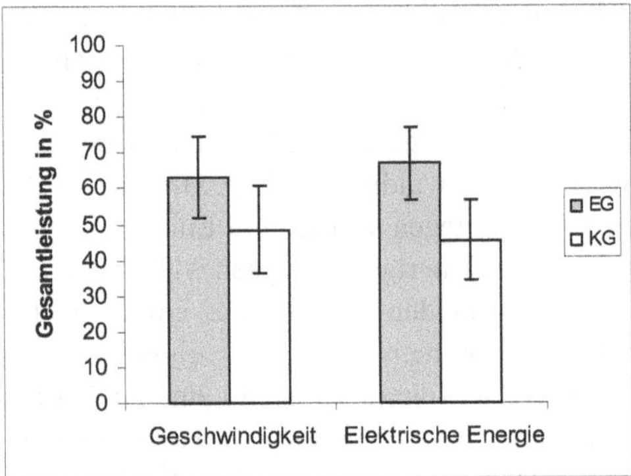

Abb. 20: Gesamtleistung des Leistungs-Posttests (Mittelwerte der Rohdaten; Fehlerbalken: Standardabweichung) in EG und KG in den Themenbereichen ‚Geschwindigkeit' und ‚Elektrische Energie'

gung' – die Gesamtleistung des Posttests signifikant und positiv beeinflusst. Das heißt, die Gesamtleistung ist bei Schülern in der EG statistisch bedeutsam größer als bei Lernenden in der KG (s. Abb. 20).

Die Größe des Effektes der Experimentalbedingung lässt sich in diesem Fall mit Gl. (12a) (vgl. 3.3.2) zu $d_2 = 1.31$ bestimmen (vgl. Tab. 46). Damit ist der Einfluss von Zeitungsaufgaben auf die Gesamtleistung des Leistungs-Posttests positiv und groß (s. Fußnote 43). Dieser Effekt wird jedoch noch von dem Lehrermerkmal ‚Interesse am Unterrichten von Physik' IUP signifikant und positiv beeinflusst (positiver Regressionskoeffizient β). Demnach ist die Gesamtleistung bei Schülern in der EG umso größer, je stärker das Lehrermerkmal IUP bei Lehrkräften ausgeprägt ist. Allerdings kann der Einfluss dieser Interaktion mit Gl. (12b) (vgl. 3.3.2) als klein (s. Fußnote 43) ($d_{2/3} < 0.23$) eingeordnet werden. Dabei beträgt die ebenenspezifische Varianzaufklärung R^2 durch den Prädiktor ‚Experimentalbedingung' auf Klassenebene (Ebene 2) 90.1% und durch die Interaktion des Lehrermerkmals IUP mit der Experimentalbedingung 2.7% (vgl. Tab. 46).

Diese mehrebenenanalytischen Ergebnisse zur Gesamtleistung des Leistungs-Posttests werden durch die varianzanalytischen Betrachtungen ergänzt und gestützt. Diese untersuchen themenspezifisch im Rahmen der vorliegenden Stichprobe neben der Leistungsbeständigkeit (s. u.) durch die Analyse der Zwischensubjektfaktoren zudem globale Einwirkungen auf die Gesamtleistung gemittelt über die beiden Messzeitpunkte hinweg. Damit kann gezeigt werden, dass sich KG und EG sowohl in ihrer Gesamtleistung als auch in den Leistungen bei den einzelnen Teilaufgaben themenübergreifend stets höchst signifikant unterscheiden (s. Tab. 49, Tab. 50, Tab. 52). Diese Effekte sind durchweg groß (s. Fußnoten 41, 43), oft sogar sehr groß ($\omega^2 > 0.30$; entspricht: $d > 1.30$). Unter Rückgriff auf die deskriptiven Daten aus Tabelle 44 und Tabelle 43 wird deutlich, dass diese Unterschiede auf eine deutliche Überlegenheit der Schüler der EG zurückzuführen ist, die in beiden Themenbereichen sowohl eine größere Gesamtleistung als auch eine größere Lösungsfähigkeit in den Teilaufgaben aufweisen. Wie auch bereits bei den Mehrebenenanalysen festgestellt, wird dieser Effekt in Einzelfällen zwar noch durch die Wechselwirkung mit dem Faktor ‚Lehrer' statistisch bedeutsam beeinflusst (s. Tab. 49, Tab. 52). Diese Einflüsse sind jedoch allenfalls moderat und fallen verglichen mit den großen Haupteffekten der Experimentalbedingung (EG vs. KG) wenig ins Gewicht.

Somit kann die Hypothese L1 bestätigt werden: Schüler, die mit Zeitungsaufgaben arbeiten, zeigen insgesamt eine deutlich größere Leistungsfähigkeit als solche, die ‚traditionelle Aufgaben' bearbeiten. Eine Wechselwirkung zwischen dem Einsatz von Zeitungsaufgaben und der dabei unterrichtenden Lehrkraft beeinflusst die Leistungsfähigkeit darüber hinaus nur geringfügig.

L2. Die Förderung der Leistungsfähigkeit durch Zeitungsaufgaben ist wenigstens mittelfristig, d. h. die Leistungsfähigkeit in Physik ist in der EG ansteigend und hat über einen mittelfristigen Zeitraum Bestand

Bezogen auf den Leistungsverlauf stellen die varianzanalytischen Ergebnisse für die Themenbereiche ‚Geschwindigkeit' und ‚Elektrische Energie' aus 3.4.4.1 und 3.4.4.2 heraus, dass die Experimentalbedingung themenübergreifend und als weitestgehend einziger, relevanter Faktor die Leistungsbeständigkeit wenigstens signifikant beeinflusst (s. Abb. 21). Das heißt, dass Schüler die mit Zeitungsaufgaben arbeiten, wenigstens mittelfristig eine größere Leistungsbeständigkeit insgesamt und in der überwiegenden Anzahl der Teilaufgaben aufweisen als Lernende, die ‚traditionelle

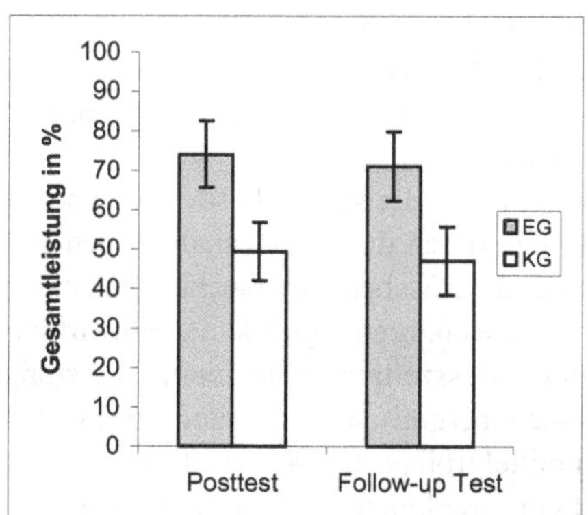

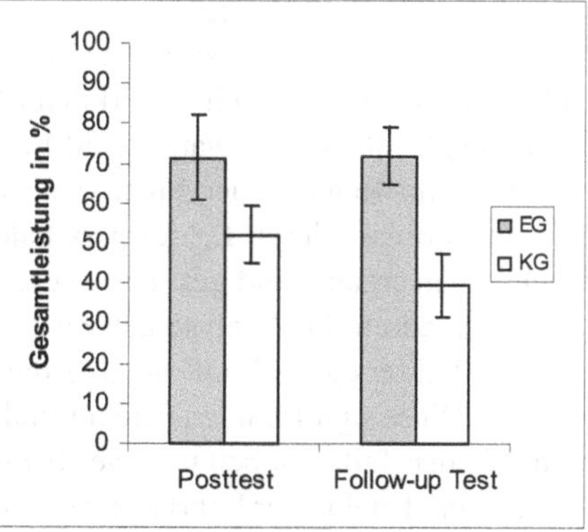

Abb. 21: Beständigkeit der Gesamtleistung (Mittelwerte; Fehlerbalken: Standardabweichung) in EG und KG in den Themenbereichen ‚Geschwindigkeit' (links) und ‚Elektrische Energie' (rechts)

Aufgaben' bearbeiten. Dieser Effekt ist in beiden Themenbereichen sowohl insgesamt als auch in den signifikanten Teilaufgaben häufig mittelgroß und im Themenbereich ‚Elektrische Energie' in Teilaufgabe 1 sogar groß (s. Fußnoten 41, 43).

Somit kann die Hypothese L2 bestätigt werden: Zeitungsaufgaben fördern wenigstens mittelfristig die Leistungsfähigkeit einer Lerngruppe. Wechselwirkungen der Experimentalbedingung mit anderen Faktoren werden nicht diagnostiziert.

Neben dem Einfluss von Zeitungsaufgaben wurden zudem noch die in 3.1 genannten neun Forschungsfragen (FF1-FF9) unter dem Aspekt der Robustheit der Motivations- und Lerneffekte untersucht. An dieser Stelle werden dabei zunächst signifikante Effekte mit praktischer Relevanz bzgl. der Lernleistung ausführlich diskutiert.

FF1. Welchen Einfluss haben Lehrkraft bzw. Lehrermerkmale auf die Ausprägung und Veränderung der Leistungsfähigkeit?

Neben des in der mehrebenenanalytischen Diskussion zu Hypothese L1 genannten signifikanten, aber kleinen Einflusses der Interaktion zwischen Experimentalbedingung und dem Lehrermerkmal ‚Interesse am Unterrichten von Physik' IUP auf die Gesamtleistung des Leistungs-Posttest gibt es auch globale Haupteffekte zweier Lehrermerkmale auf die Gesamtleistung (s. Tab. 47): Einerseits beeinflusst das Lehrermerkmal ‚Eigene Ideen entwickeln lassen' EI die Gesamtleistung höchst signifikant und positiv. Gleiches gilt andererseits auch für das o. g. Lehrermerkmal IUP, das bereits als Interaktion mit der Experimentalbedingung einen positiven, aber kleinen Einfluss auf die Gesamtleistung hat. Das heißt, die Gesamtleistung der Schüler ist umso größer, je stärker die Lehrermerkmale EI und IUP bei Lehrkräften ausgeprägt sind. Die Effektstärken der Lehrermerkmale lassen mit Gl. (12b) (vgl. 3.3.2) zu $d_3 = 0.27$ für das Lehrermerkmal EI bzw. zu $d_3 = 0.63$ für das Merkmal IUP bestimmen (vgl. Tab. 46). Damit ist der Einfluss der beiden Lehrermerkmale auf die Gesamtleistung des Leistungs-Posttests klein (EI) bzw. mittel (IUP) (s. Fußnote 43). Ebenenspezifisch klärt dabei das Lehrermerkmal EI 24.7% (vgl. Tab. 46) und das Merkmal IUP 29.9% (vgl. Tab. 46) der Varianz auf Lehrerebene (Ebene 3) auf.

Diese im Rahmen der Mehrebenenanalysen zum Leistungs-Posttest diagnostizierten Einflüsse durch Lehrermerkmale werden durch die varianzanalytischen Betrachtungen ergänzt und gestützt. Diese themenspezifischen Untersuchungen zeigen einerseits durch die Analyse der Zwischensubjektfaktoren signifikante Einwirkungen des Lehrers global auf die über die beiden Messzeitpunkte gemittelte Leistung hinweg. Diese signifikanten Effekte sind themenübergreifend insgesamt sowie in den betreffenden Teilaufgaben nachweisbar und mittelgroß (s. Tab. 49 und Tab. 52).

Weitere Effekte der Lehrkraft bzw. von Lehrermerkmalen auf die Gesamtleistung des Posttests (Mehrebenenanalysen) oder auf die Leistungsbeständigkeit (Varianzanalysen) können nicht nachgewiesen werden, weder als Haupteffekt noch in Wechselwirkung mit anderen Faktoren.

FF2. Welchen Einfluss hat das Geschlecht auf die Ausprägung und Veränderung der Leistungsfähigkeit?

Das Geschlecht zeigt lediglich im Rahmen der varianzanalytischen Betrachtungen im Themenbereich ‚Geschwindigkeit' globale, signifikante, mittelgroße Einwirkungen auf die über beide Messzeitpunkte gemittelte Leistung insgesamt sowie auf drei der vier Teilaufgaben (s. Tab. 49, Tab. 50). Durch Berücksichtigung der deskriptiven Daten wird deutlich (s. Tab. 44), dass Mädchen in diesem Themenbereich über beide Messzeitpunkte hinweg in den angezeigten Bereichen eine größere Leistungsfähigkeit aufweisen als Jungen. Dabei kann bei Reproduktionsaufgaben (Teilaufgabe 1) kein geschlechtsspezifischer Leistungsunterschied nachgewiesen werden.

Weitere Effekte des Geschlechts auf die Gesamtleistung des Posttests (Mehrebenenanalysen) oder auf die Leistungsbeständigkeit (Varianzanalysen) können nicht nachgewiesen werden, weder als Haupteffekt noch in Wechselwirkung mit anderen Faktoren.

FF6. Welchen Einfluss hat die Physik-Vorleistung auf die Ausprägung und Veränderung der Leistungsfähigkeit?

Die Physik-Vorleistung zeigt sowohl in den Mehrebenenanalysen der Gesamtleistung des Posttests als auch in den Varianzanalysen zur Leistungsbeständigkeit signifikante Einflüsse. So beeinflusst die Physik-Vorleistung die Gesamtleistung des Posttests signifikant und positiv. Dieses Ergebnis verdeutlicht, dass die Gesamtleistung steigt, je größer die Physik-Vorleistung der Schüler ist. Die ebenenspezifische Effektstärke ω^2 auf Individualebene kann mit Gl. (10) und Gl. (11) zu 0.13 (entspricht: $d = 0.79$) bestimmt werden, sodass der Einfluss der Physik-Vorleistung auf die Gesamtleistung des Posttests an der Grenze von mittelgroß zu groß eingeordnet werden kann (s. Fußnoten 41, 43).

Darüber hinaus können in den Varianzanalysen themenübergreifend signifikante Einwirkungen der Physik-Vorleistung auf die Leistung insgesamt sowie auf einzelne Teilaufgaben diagnostiziert werden. Während die Effekte im Themenbereich ‚Elektrische Energie' mittelgroß, teils sogar groß sind, werden im Themenbereich ‚Geschwindigkeit' meist kleine und vereinzelt mittelgroße Einflüsse nachgewiesen.

FF9. Wie groß sind die nicht erklärten Anteile von Restvarianzen auf den verschiedenen Ebenen der Mehrebenenanalyse?

Wie in Tabelle 57 ersichtlich sind die durch die konstruierten Mehrebenenmodelle erklärten Varianzanteile wie bei der Motivation (vgl. 3.6.1) auch hier auf den einzelnen Ebenen sehr unterschiedlich. So können die Lehrermerkmale ‚Interesse am Unterrichten von Physik' IUP und ‚Eigene Ideen entwickeln lassen' EI als Ebene-3-Prädiktoren mehr als die Hälfte der ebenenspezifischen Varianz erklären. Dabei besitzen beide Prädiktoren nahezu gleich große Anteile an der Varianzaufklärung (vgl. FF1).

Tabelle 57: Ebenenspezifische Anteile erklärter Varianz der Gesamtleistung LPO

Variable / Ebene	LPO
1	14.4%
2	92.8%
3	54.6%

Anmerkungen. LPO = Gesamtleistung des Leistungs-Posttest

Im Gegensatz dazu klären die in die Modellierung einbezogenen Prädiktoren auf Ebene 2 über 90% der ebenspezifischen Varianz auf. Wie bei der Motivation (vgl. 3.6.1) spielt auch bei der Varianzaufklärung der Gesamtleistung der Prädiktor ‚Experimentalbedingung' die größte Rolle. Dieser klärt bereits als Haupteffekt mehr als 90% der Varianz auf. Der restliche Anteil kann der Interaktion aus Experimentalbedingung und Lehrermerkmal IUP zugeordnet werden (vgl. L1).

Die Varianzerklärung auf Ebene 1erfolgt hauptsächlich durch den Prädiktor ‚Physik-Vorleistung', wobei die Effektstärke dieses Prädiktors an der Grenze zwischen mittelgroß und groß verortet werden kann (s. FF6) (s. Fußnoten 41, 43).

Neben den hier genannten Einflüssen können keine weiteren Effekte auf die Leistungsfähigkeit durch die in den Forschungsfragen in 3.1 genannten Faktoren des Themenbereichs (FF3), der Schulart (FF4) oder des Schulsystems (FF5) identifiziert werden. Zwar werden durch die varianzanalytischen Betrachtungen im Themenbereich ‚Geschwindigkeit' einzelne Einwirkungen der allgemeinen Intelligenz (FF7) oder des Textverständnisses bzw. der Sprachfähigkeit (FF8) auf die Leistung insgesamt oder auf einzelne Teilaufgaben diagnostiziert. Diese selten signifikanten Effekte weisen dann jedoch nur kleine Effektstärken auf.

Zu den in 3.1 aufgeführten Forschungsfragen wiesen die explorativen Analysen im Rahmen der mehrebenenanalytischen Untersuchungen zur Gesamtleistung des Leistungs-Posttests den Motivations-Prätest als weiteren Einflussfaktor aus (s. 3.4.3). Dieser beeinflusst die Gesamtleistung des Posttests signifikant und positiv. Dieses Ergebnis verdeutlicht, dass vor der Instruktion stärker motivierte Schüler auch eine größere Gesamtleistung im Posttest aufweisen. Allerdings lässt sich der ebenenspezifische Einfluss dieses Prädiktors auf Individualebene mit Gl. (10) und Gl. (11) als praktisch nicht relevant einstufen (s. Fußnoten 41, 43). Dieses Ergebnis wird auch durch die varianzanalytischen Untersuchungen gestützt, in den der Motivations-Prätest in beiden Themenbereichen vereinzelt signifikant global auf die Leistung gemittelt über beide Messzeitpunkte einwirkt. In diesen Einzelfällen sind die Effekte jedoch klein.

Interpretiert man auch hier die Einflüsse der Moderatorvariablen auf die Effekte der Lernleistung als ein Robustheitsmerkmal dieser Effekte, so verdeutlichen die varianzanalytischen Ergebnisse einerseits, dass wie der Motivationsverlauf (vgl. 3.6.1) auch die *Leistungsbeständigkeit* fast ausschließlich von der Experimentalbedingung statistisch bedeutsam beeinflusst wird. Dabei hat die Leistung der Schüler der EG, die mit Zeitungsaufgaben arbeiten, mittelfristig Bestand, während die Leistung von Schülern der KG, die ‚traditionelle Aufgaben' bearbeiten, abnimmt. Dieser Unterschied ist mittelgroß. Andererseits zeigen die Ergebnisse von Mehrebenen- und Varianzanalysen, dass verschiedene Faktoren auf die *Gesamtleistung* des Posttests (Mehrebenenanalysen) sowie auf *die über die beiden Messzeitpunkte gemittelte Leistung* insgesamt (Zwischensubjekte bei Varianzanalysen) statistisch bedeutsam einwirken. Dabei ist der positive Effekt von Zeitungsaufgaben als dominierend hervorzuheben, was hauptsächlich durch die großen Effektstärken (s. Fußnoten 41, 43) des Faktors ‚Experimentalbedingung' bei der Beeinflussung der Gesamtleistung (Mehrebenenanalyse) sowie bei allen Teilaufgaben (Varianzanalysen) verdeutlicht wird. Über die Effekte der Experimentalbedingung hinaus weisen sowohl die Mehrebenenanalyse des Leistungs-Posttests als auch die varianzanalytischen Ergebnisse der über die beiden Messzeitpunkte gemittelten Leistung (Zwischensubjekte) die Physik-Vorleistung als eine statistisch bedeutsame und dominierende Moderatorvariable auf Schülerebene (Ebene 1) aus. Zudem werden Einflüsse durch den Lehrer bzw. durch die Lehrermerkmale ‚Eigene Ideen entwickeln lassen' EI und ‚Interesse am Unterrichten von Physik' IUP auf Lehrerebene (Ebene 3) diagnostiziert. Lehrer, die ein größer ausgeprägtes Interesse am Unterrichten von Physik haben und die Schüler eigene Ideen entwickeln lassen, zeigen im Rahmen dieser Interventionsstudie einen positiven Einfluss auf die Leistungsfähigkeit der Schüler. Dieser Effekt weist kleine bzw. mittelgroße und damit praktisch bedeutsame Einwirkungen auf die Gesamtleistung des Posttests auf (s. Fußnote 43). Diese Ergebnisse decken sich auch mit aktuellen Befunden aus der Professionsforschung zum Einfluss der Lehrerkompetenz speziell auf den Mathematikunterricht in Deutschland. So zeigen die Ergebnisse im Rahmen des Projektes COACTIV am Max-Planck-Institut für Bildungsforschung, dass sich Unterschiede in Unterrichtsqualität und Leistungsvermögen der Schüler zu einem praktisch relevanten Teil auf Merkmale der Lehrerkompetenz zurückführen lassen (Kunter & Baumert, 2006; Kunter et al., 2006; 2007). In diesem Sinn können die Ergebnisse dieser Untersuchung als Reproduktion dieser Befunde allgemein und als Ergänzung für den Physikunterricht herangezogen werden.

Insgesamt gesehen sind die positiven Effekte von Zeitungsaufgaben auf Leistungsunterschied und -beständigkeit als dominierend herauszustellen. Misst man die Robustheit dieser Effekte an der Anzahl weiterer Moderatoreinflüsse, so können diese Lernleistungseffekte infolge der geringen Anzahl signifikanter Moderatoreffekte als robust bezeichnet werden. Allerdings sind die wenigen signifikanten Einflüsse durch Moderatorvariablen nicht vernachlässigbar klein, sodass ein wichtiger Punkt dieser Analysen auch darin besteht, bedeutsame Moderatoreinflüsse zu diagnostizieren, um sie sowohl in der Unterrichtspraxis als auch in Folgeuntersuchungen berücksichtigen zu können.

3.6.3 Zusammenfassung

Die in den vorangehenden beiden Abschnitten diskutierten Hypothesen und Forschungsfragen (vgl. 3.1) der in diesem Kapitel dargestellten Interventionsstudie stehen im Fokus eines dieser Arbeit übergeordneten Ziele:

Implementation und detaillierte empirische Untersuchung des entwickelten MAI-Ansatzes durch differenziert konzipierte Interventionsstudien (Ziel 2, s. 1.2).

Dieses Teilziel greift die durch Ergebnisse aktueller Implementations- und Lehr-Lern-Forschung ausgewiesene defizitäre Forschungslage in der Fachdidaktik sowie Forderungen nach einer nutzenorientierten Grundlagenforschung in der Bildung auf. Zur Implementation von MAI im Rahmen der hier dargestellten, breit angelegten und schulartübergreifenden Interventionsstudie musste zunächst eine inhaltliche und organisatorische Infrastruktur im Rahmen einer übergeordneten Implementationsstrategie erstellt werden (s. 3.2.3.1 und 3.5). Diese basiert einerseits auf aktueller Implementationsforschung, geht jedoch andererseits darüber hinaus, indem die Strategie im Sinne der in 2.3.1 verdeutlichten MAI-Leitlinien eine Möglichkeit vorstellt, wie eine Interventionsstudie auch durch zeitlich und inhaltlich überschaubare, praktikable Maßnahmen theoretisch fundierte und empirisch abgesicherte Erkenntnisse liefern kann. Darüber hinaus erfolgt die Einbindung in einem regionalen Rahmen und in den alltäglichen Physikunterricht, sodass das Vorgehen zudem flexibel auf verschiedene Rahmenbedingungen angepasst werden kann.

In den vorangehenden Abschnitten dieses Kapitels wurden die positiven und robusten Effekte von Zeitungsaufgaben auf Motivation und Lernleistung ausführlich dargestellt und erörtert, sodass nun theoretisch fundierte und empirisch abgesicherte Erkenntnisse zu dem in Kapitel 2 entwickelten MAI-Ansatz vorliegen. Darüber hinaus soll an dieser Stelle die Implementationstrategie als solche rückblickend deskriptiv diskutiert werden. Dies erfolgt durch Verwendung des nicht validierten, unstandardisierten, sechsstufigen Fragebogens, der von den an der Implementation teilnehmenden Lehrkräften nach Abschluss der Interventionsstudie anonym ausgefüllt (s. 3.5.2 und Anhang E). Aus didaktischer Sicht diente dieser Fragebogen zu diesem Zeitpunkt einerseits dazu, einen strukturierten Überblick über Einzelaspekte des Projektes zu erhalten. Andererseits stellte er auch den Ausgangspunkt der Reflexionsphase zu diesem Projekt dar, indem die Items des Fragebogens nach Durchführung als Diskussionsanlass dienten. Einen Überblick über die Ergebnisse zeigt Abbildung 22. Dabei stellen die Säulenhöhen den Mittelwert der Ausprägung des Einzelitems dar, der Fehlerbalken die Standardabweichung. Eine kleine Säule repräsentiert dabei eine große Zustimmung zu dem Item, eine große Säule wenig Zustimmung. Während die Teilnehmer das Projekt als innovativ, von der Umsetzung her problemlos, gelungen und profitabel für ihre eigene Professionalisierung und für ihren Unterricht ansahen, waren sie ebenso einhellig der Meinung, dass der Aufwand für die Erstellung, Umsetzung und Auswertung einer solchen Intervention von einer einzigen

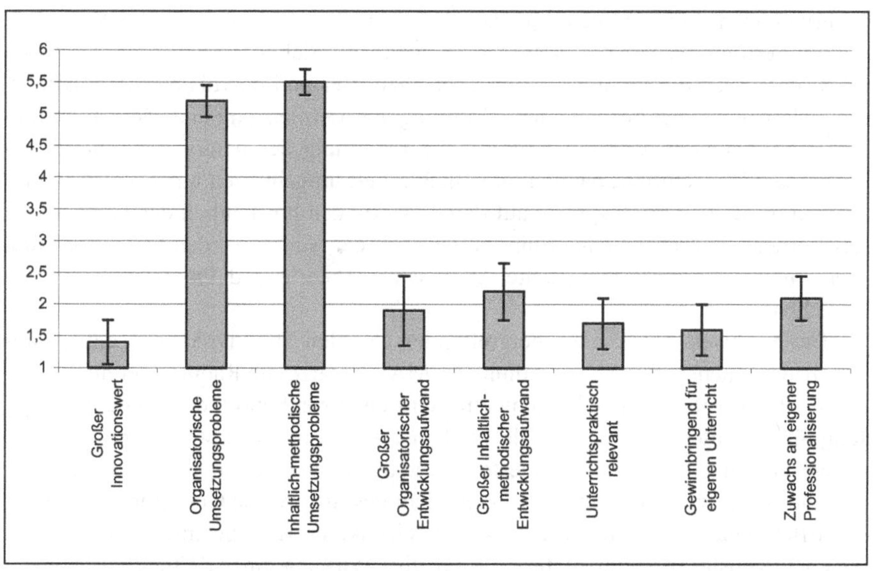

Abb. 22: Übersicht über die Ergebnisse des Reflexionsfragebogens zur Projektkonzeption und -implementation

(N = 15; Mittelwerte; Fehlerbalken: Standardabweichung; Werte wie Noten in der Schule; 1 = Die Aussage trifft voll und ganz zu; 2 = Die Aussage trifft zu; 3 = Die Aussage trifft eher zu; 4 = Die Aussage trifft eher nicht zu; 5 = Die Aussage trifft nicht zu; 6 = Die Aussage trifft gar nicht zu)

Person schwierig realisierbar sei, schon gar nicht für eine einzelne Lehrkraft mit vollem Lehrdeputat. Trotzdem ist die Zustimmung über eine Teilnahme an zukünftigen Implementationsprojekten vorhanden.

Außerdem bestand nachhaltiges Interesse, weitere eigene Fragestellungen zum Physikunterricht zu untersuchen. Der dadurch pointierte Antagonismus zwischen nachhaltigem Interesse an empirischer Unterrichtsforschung und Bedenken bzgl. großem Konzeptionsaufwand für den Einzelnen verdeutlichte einmal mehr den Bedarf einer kooperativen Vernetzung von Lehrern und bestätigte nachdrücklich die Notwendigkeit und die Chance eines Lehrerbildungsnetzwerkes (s. Kapitel 5).

Zusammenfassend kann festgestellt werden, dass das in dieser Arbeit vorgestellte Vorgehen eine positive Ergänzung und damit eine Alternative zu den groß angelegten Projekten zum kontextorientierten Lernen in den Naturwissenschaften (z. B. ChiK, PiKo, BiK) angesehen werden kann. Trotz oder gerade wegen der im Vordergrund stehenden Leitlinien ‚Praktikabilität' und ‚Flexibilität' wird deutlich, dass auch zeitlich und inhaltlich überschaubare praktikable Maßnahmen im Rahmen des alltäglichen Physikunterrichts theoretisch fundierte und empirisch abgesicherte positive Ergebnisse und detaillierte Einsichten zum kontextorientierten Physiklernen liefern können. Aufwändige Projektkonzeptionen stellen nicht per se eine Voraussetzung für erfolgreichen naturwissenschaftlichen Unterricht dar. Dieser Teil der Arbeit zeigt, dass auch die Implementation überschaubarer und praktikabler Instruktionsmaßnahmen zu einer beachtlichen Förderung von Lernleistung und Motivation führen kann. Dadurch wird eine wesentliche Forderung der naturwissenschaftlichen Fachdidaktiken saturiert, nämlich praktikable Lernumgebungen unter realen Bedingungen in der Unterrichtspraxis auf deren Wirkungen hinsichtlich der Veränderung des Lernens deutscher Schüler hin zu untersuchen. Nur so werden theoretisch fundierte und aufwändig entwickelte Ansätze für Theorie und Praxis wirksam und brauchbar.

Der Nachweis der schulartübergreifenden globalen Effektivität von Zeitungsaufgaben als authentisches Ankermedium des MAI-Ansatzes im Rahmen der hier vorgestellten Interventionsstudie ist somit einerseits ein erster Schritt, der mit der Empfehlung für die Unterrichtspraxis zu dessen Umsetzung verbunden werden kann und die Forderung an eine nutzenorientierte Grundlagenforschung in der Bildung nachkommt. Andererseits ist damit die Frage nicht geklärt, welche Gestaltungsmerkmale die Effektivität von Zeitungsaufgaben im Physikunterricht beeinflussen, d. h. von welchen Konstruktionsparametern die positive Wirkung einer Zeitungsaufgabe abhängt. Dies ist aber erforderlich, um den in 2.3.3 herausgestellten Zusammenhang zwischen Authentizität, Komplexität und kognitiver Belastung zu analysieren und Zeitungsaufgaben damit in dieser Hinsicht optimieren zu können. Eine solche Optimierung von Zeitungsaufgaben wird in Kapitel 4 analysiert und diskutiert.

Kapitel 4: Untersuchungsschwerpunkt II – Theoriegeleitete Optimierung authentischer Ankermedien

Die in Kapitel 3 im Rahmen des MAI-Ansatzes nachgewiesene, positive Wirkung von Zeitungsaufgaben bestätigt einerseits die Ergebnisse vorangehender Pilotversuche und belegt, dass dieses Ankermedium darüber hinaus auch schulartübergreifend einen wirksamen Beitrag zur Verbesserung des naturwissenschaftlichen Unterrichts liefert. Somit ist diese Interventionsstudie zur ‚Breitenwirkung' von Zeitungsaufgaben im Rahmen von MAI als ein wichtiger Schritt zur wissenschaftlichen Erkenntnisgewinnung und Weiterentwicklung anzusehen, die zudem Forderungen nach einer nutzenorientierten Grundlagenforschung in der Bildung nachkommt. Andererseits geht hohe Authentizität häufig mit hoher Komplexität einher, wobei eine sinnvolle Komplexität geradezu ein Sprungbrett für das anspruchsvollste Charakteristikum ‚Steigerung der Problemlösefähigkeit' darstellt. Überzogene kognitive Anforderungen und zu komplexe Lernumgebungen können jedoch den Lernerfolg mindern und sogar ganz verhindern (Cognitive-Load-Theory; Sweller et al, 1990; Eilks et al., 2005; Gräsel, Prenzel, Mandl & Tarnai, 1993; Leutner, 1992). Folgerichtig muss in einem nächsten Schritt die Untersuchung des in 2.3.3 skizzierten Zusammenhangs zwischen Authentizität und Komplexität einerseits und kognitiver Belastung andererseits stehen, um authentische Ankermedien in ihrer positiven Wirkung weiter optimieren zu können. Ziel der Optimierung von authentischen Ankermedien allgemein ist dabei, durch Analyse der die Lernwirkung beeinflussenden Faktoren Bedingungen ausfindig zu machen, unter denen die positive Wirkung dieser Ankermedien maximal ist.

Die Komplexität speziell von Zeitungsaufgaben wird dabei wenigstens von zwei Parametern beeinflusst, dem Aufgabentext (Instruktionstext) und der Aufgabenstellung. Der Einfluss dieser Parameter auf die Effektivität von Zeitungsaufgaben hinsichtlich Lernleistung und Motivation muss getrennt voneinander untersucht werden. Im Zentrum dieses Kapitels steht dabei die Optimierung von Zeitungsaufgaben in Abhängigkeit von der Komplexität des Instruktionstextes.[53] Dazu wird zunächst im Rahmen der Hypothesenbildung eine Variablendefinition zur Operationalisierung einer verankerten Instruktion (Weniger, 2002) im theoretischen Rahmen von MAI vorgenommen sowie diesbzgl. Hypothesen und Forschungsfragen formuliert. Dabei liegt der Schwerpunkt der Intervention in diesem Kapitel gemäß Ziel 2 dieser Arbeit (s. 1.2) auf der differenzierten Analyse der identifizierten Parameter. Im Anschluss an die theoriegeleitete Hypothesenbildung wird die Konzeption einer Interventions-

[53] Erste Hinweise auf Optimierungsmöglichkeiten der Aufgabenstellung, z. B. hinsichtlich des Offenheitsgrades (s. 2.3.6) werden ansatzweise in Kuhn (2007) diskutiert.

studie beschrieben, mit der der hier dargestellte Problemrahmen analysiert wird. Dazu werden die entwickelten Materialien und Methoden sowie das Untersuchungsdesign dargestellt und schließlich die Ergebnisse diskutiert.

4.1 Hypothesen und Forschungsfragen

Die Hypothesenbildung zur Untersuchung des Zusammenhangs zwischen Authentizität und Komplexität des Instruktionstextes einerseits und kognitiver Belastung andererseits erfordert zunächst eine Definition von Variablen, die diese Größen beschreiben. Im theoretischen Rahmen von MAI ist dazu zunächst eine operationalisierte Charakterisierung der verwendeten Ankermedien erforderlich. Dies ermöglicht letztlich auch, ‚gute' Ankermedien zu identifizieren oder zu erstellen.

4.1.1 Definition der Variablen

Diese im Folgenden charakterisierten Variablen zur Verankerung und Komplexität des Instruktionstextes dienen an dieser Stelle zunächst lediglich dem Begriffsverständnis, das zur Hypothesenbildung erforderlich ist. Eine ausführliche Darstellung erfolgt in 4.2.2.

Schwierigkeitsgrad des Instruktionstextes (Textschwierigkeit; ‚Ankermasse' AM). Die Ankermasse ist ausschließlich auf das Ankermedium bezogen und unabhängig vom Lerner. Sie beschreibt die objektive, konstruktionsbedingte mentale Beanspruchung durch den Instruktionstext (nach Paas, van Merrienboer und Adams (1994) im Sinne von Mental Load). Bei Verwendung von Textaufgaben als Ankermedium ist die AM durch textstrukturelle Eigenschaften des Zeitungsartikels bzw. des traditionellen Textes gekennzeichnet. Diese werden durch verschiedene Kriterien erfasst (multikriterialer Konsistenzbedingung; s. 4.2.2.1), um die Instruktionstexte damit in eine ordinale, dreistufige AM-Skala als leichte, mittelschwere und schwere Texte einordnen zu können.

Tiefe der Verankerung (Texterinnerung; ‚Ankertiefe' AT). Die Ankertiefe gibt an, wie gut sich die Lernenden an den semantischen, d.h. propositionalen, Gehalt des Ankermediums erinnern können (Schnotz, 1994). Dies bedeutet, dass z.B. in dem Text genannte Sachverhalte oder Personen wiedergegeben werden können. Diese Variable beschreibt also das Erinnerungsvermögen an den Text bzw. das Behalten des Sinngehaltes des Textes.

Ankereigenschaften (AE). Diese Variablengruppe erfasst die subjektive Wahrnehmung des Ankermediums durch die Lernenden, d.h. welcher Anteil der in 2.3.3 dargestellten sieben MAI-Merkmalen von den Lernenden auch tatsächlich als solche wahrgenommen werden.

Cognitive Load (CL). Die Cognitive Load des Instruktionsmaterials stellt die subjektiv wahrgenommene Beanspruchung der Lernenden durch den Instruktionstext dar (vgl. Sweller et al., 1990).

4.1.2 *Variablen, Instrumente, Hypothesen und Forschungsfragen der Interventionsstudie*

Die Hypothesen basieren mit den in 4.1.1 definierten Variablen auf dem theoretischen Hintergrund des MAI-Ansatzes (vgl. 2.3), der ‚Cognitive Load Theory' (CLT; vgl. Sweller et al., 1990), der Aufmerksamkeitserregung (‚Concept of Arousal' CoA[54], vgl. Berlyne, 1960; Eysenck, 1982; speziell das Gesetz nach Yerkes-Dodson; s. Yerkes & Dodson, 1908; Broadhurst, 1957; Duffy, 1957) sowie der Verarbeitungstiefe (‚Level of Processing' LoP, vgl. Craik & Lockhart, 1972). Damit erfolgt eine theoriegeleitete Formulierung der Hypothesen und Forschungsfragen (Übersicht: vgl. Tab. 59) über den vermuteten Zusammenhang der von dem Instruktionsmaterial beeinflussten Parameter. Diese werden in 4.2.2 detailliert ausgeführt und an dieser Stelle zwecks Formulierung der Hypothesen und zu deren besseren Verständnis in Tabelle 58 zunächst überblicksartig zusammengestellt.

Tabelle 58: Übersicht über die Variablen des Untersuchungsschwerpunkts II

Variablen	Detailangaben (z. B. Erhebungsinstrumente usw.)	Kapitelverweise
Abhängige Variablen		
Ankereigenschaften (AE) in %	AE-Test: Subjektiv wahrgenommene MAI-Merkmale (‚Manipulation Check'[55])	4.2.2.1
Cognitive Load (CL) in %	CL-Test: Subjektiv wahrgenommene Textschwierigkeit (‚Manipulation Check'[55])	4.2.2.1
Ankertiefe (AT) in %	AT-Test: Erinnerung an den Instruktionstext	4.2.2.2; 4.2.2.3
Themenspezifische Leistungsfähigkeit in Physik (in %)	Leistungstest	4.2.2.2; 4.2.2.3
Motivationsgrad (in %)	Motivationstest	4.2.2.1
Unabhängige Variablen		
Geschlecht		
Art des Instruktionstextes	ZEITUNGSAUFGABEN mit Zeitungsartikel vs. ‚traditionelle Aufgaben' mit traditionellem Instruktionstext (s. Abb. 25)	
Textstrukturelle Eigenschaften	3stufige AM-Kategorien mit multikriterialer Konsistenzbedingung;	4.2.2.1
Themenbereich	‚Geschwindigkeit', ‚Elektrische Energie'	
Moderatorvariablen (Kontrollvariablen):		
Physik-Vorleistung (in %)	Durchschnitt vor der Intervention erbrachten schriftlichen Leistungen im Fach Physik	4.2.2.1
Allgemeine Intelligenz (in %)	logisches Denken	4.2.2.1
Wortschatz (in %)	Themenbereich ‚Geschwindigkeit'	4.2.2.2
Textverständnis (in %)	Themenbereich ‚Elektrische Energie'	4.2.2.3

[54] In diesem Zusammenhang dient die ‚intellektuelle Stimulation' als Hilfsbegriff für den theoretischen Bezug zwischen CoA und den abhängigen Variablen dieses Untersuchungsschwerpunkts II (s. Tab. 58).

Bezüglich der in Tabelle 58 dargestellten Variablen werden entsprechend dem o. g. theoretischen Rahmen die folgenden Hypothesen und Forschungsfragen formuliert, die in vier Bereiche untergliedert sind: Die Hypothesen im Teilbereich A beziehen sich auf beide Instruktionstextarten zusammen. Dazu werden zunächst Hypothesen zu Variablenzusammenhängen (A.1-A.7) und anschließend Unterschiedshypothesen zu Zeitungsaufgaben ZA und ‚traditionellen Aufgaben' TA formuliert (A.8-A.15). Im Teilbereich B sind Hypothesen zu Kausalzusammenhängen ausschließlich bezogen auf ‚traditionelle Aufgaben' alleine und im Hypothesenbereich C bezogen auf Zeitungsaufgaben alleine aufgeführt. Der Hauptunterschied zwischen diesen beiden Hypothesenbereichen ist dabei, dass bei ‚traditionellen Aufgaben' ein (negativ) monotoner Zusammenhang zwischen Textschwierigkeit (‚Ankermasse' AM; ‚Cognitive Load' CL) und den restlichen abhängigen Variablen (Texterinnerung (‚Ankertiefe' AT), Leistungsfähigkeit, Motivation) vermutet wird, während bei Zeitungsaufgaben kein monotoner Einfluss der Textschwierigkeit auf diese Variablen sondern ein Extremalzusammenhang angenommen wird. Die Kausalzusammenhänge sind zudem als Kausalmodelle in Abbildung 23 dargestellt. Abschließend werden drei Forschungsfragen im Teilbereich D aufgeworfen, mit denen u. a. differenziertere Erkenntnisse über die Konstruktion des Instruktionsmaterials selbst gewonnen werden sollen.

A. Hypothesen bezogen auf den Vergleich *beider Instruktionstextarten* – Zeitungsaufgaben und traditionellen Aufgaben – und auf allgemein geltende Zusammenhänge:
   - A.1 Instruktionsmaterial mit größerer Ankermasse AM (low > med > high) führt zu einer größeren subjektiv wahrgenommenen Textschwierigkeit ‚Cognitive Load' CL bei den Schülern (‚Manipulation Check'[55]; Theorie: CLT).
   - A.2 Die Ankereigenschaften AE des Instruktionsmaterials haben eine positive Auswirkung auf die Texterinnerung, also die Ankertiefe AT, d. h. Instruktionsmaterial mit größerer Ausprägung der AE führt zu einer größeren AT (Theorie: (M)AI).
   - A.3 Die AE des Instruktionsmaterials haben eine positive Auswirkung auf die Motivation direkt nach der Instruktion, d. h. Instruktionsmaterial mit größerer Ausprägung der AE führt zu einem größeren Motivationsgrad im Motivations-Posttest (Theorie: (M)AI).
   - A.4 Die AE des Instruktionsmaterials haben eine positive Auswirkung auf die Leistungsfähigkeit direkt nach der Instruktion, d. h. Instruktionsmaterial

[55] Als ‚Manipulation Check' wird die empirische Überprüfung der im Untersuchungsplan vorgesehenen Stufen der unabhängigen Variablen in der Praxis bezeichnet, d. h. ob die im Untersuchungsplan vorgesehenen Stufen der Variablen auch tatsächlich in der Unterrichtspraxis realisiert sind (vgl. Bortz & Döring, 2002, S. 119).

Tabelle 59: Hypothesen und zugehörige Theorien des Untersuchungsschwerpunkts II

Hyp.-Nr.	Kurzbeschreibung	Theorie	Literatur	Auswertungs-verfahren
A. Vergleich beider Instruktionstextarten und allgemein geltende Zusammenhänge				
A.1	Größere AM führt zu größerer CL.	CLT	Sweller et al., 1990	ANCOVA
A.2	Größere AE führt zu größere AT.	(M)AI	CTGV, 1997; Kuhn & Müller, 2005a/b	LISREL
A.3	Größere AE führt zu größerer Motivation.	(M)AI	CTGV, 1997; Kuhn & Müller, 2005a/b	LISREL
A.4	Größere AE führt zu größerer Leistung.	(M)AI	CTGV, 1997; Kuhn & Müller, 2005a/b	LISREL
A.5	Größere AT führt zu größerer Motivation.	CoA, LoP	Berlyne, 1960; Eysenck, 1982; Craik & Lockkhart, 1972	LISREL
A.6	Größere AT führt zu größerer Leistung.	CoA, LoP	Berlyne, 1960; Eysenck, 1982; Craik & Lockkhart, 1972	LISREL
A.7	Größere Motivation führt zu größerer Leistung.	MAI, CoA	Berlyne, 1960; Eysenck, 1982; Kuhn & Müller, 2005a/b; Sauer, 2001	LISREL
A.8	CL pro AM-Kategorie ist unabhängig vom Instruktionsmaterial.			ANCOVA
A.9	$AE_{ZA} > AE_{TA}$	MAI, CoA	CTGV, 1997; Kuhn & Müller, 2005a/b; Berlyne, 1960; Eysenck, 1982	ANCOVA
A.10	$AT_{ZA} > AT_{TA}$	MAI, CoA	CTGV, 1997; Kuhn & Müller, 2005a/b; Berlyne, 1960; Eysenck, 1982	ANCOVA
A.11	AT_{ZA} ist mittelfristig größer als AT_{TA}	MAI, CoA	CTGV, 1997; Kuhn & Müller, 2005a/b; Berlyne, 1960; Eysenck, 1982	ANCOVA
A.12	$Motivation_{ZA} > Motivation_{TA}$	MAI, CoA	CTGV, 1997; Kuhn & Müller, 2005a/b; Berlyne, 1960; Eysenck, 1982	ANCOVA
A.13	$Motivation_{ZA}$ ist mittelfristig größer als $Motivation_{TA}$	MAI, CoA	CTGV, 1997; Kuhn & Müller, 2005a/b; Berlyne, 1960; Eysenck, 1982	ANCOVA
A.14	$Leistung_{ZA} > Leistung_{TA}$	MAI, CoA	CTGV, 1997; Kuhn & Müller, 2005a/b; Berlyne, 1960; Eysenck, 1982	ANCOVA
A.15	$Leistung_{ZA}$ ist mittelfristig größer als $Leistung_{TA}$	MAI, CoA	CTGV, 1997; Kuhn & Müller, 2005a/b; Berlyne, 1960; Eysenck, 1982	ANCOVA
B. Hypothesen alleine bezogen auf ‚traditionelle Aufgaben'				
B.1	CL hat eine direkte negative Auswirkung auf AE.	CLT, CoA	Sweller et al., 1990; Berlyne, 1960; Eysenck, 1982	LISREL
B.2	CL hat eine direkte negative Auswirkung auf AT.	CLT, CoA	Sweller et al., 1990; Berlyne, 1960; Eysenck, 1982	LISREL
B.3	CL hat eine direkte negative Auswirkung auf die Motivation.	CLT, CoA	Sweller et al., 1990; Berlyne, 1960; Eysenck, 1982	LISREL
B.4	CL hat eine direkte negative Auswirkung auf die Leistung.	CLT, CoA	Sweller et al., 1990; Berlyne, 1960; Eysenck, 1982	LISREL
B.5	Negative Auswirkung von CL auf AT wird indirekt über AE verstärkt.	CLT, CoA	Sweller et al., 1990; Berlyne, 1960; Eysenck, 1982	LISREL
B.6	Negative Auswirkung von CL auf die Motivation wird indirekt über AE verstärkt.	CLT, CoA	Sweller et al., 1990; Berlyne, 1960; Eysenck, 1982	LISREL
B.7	Negative Auswirkung von CL auf die Leistung wird indirekt über AE verstärkt.	CLT, CoA	Sweller et al., 1990; Berlyne, 1960; Eysenck, 1982	LISREL
B.8	Negative Auswirkung von CL auf die Motivation wird indirekt über AT verstärkt.	CLT, CoA	Sweller et al., 1990; Berlyne, 1960; Eysenck, 1982	LISREL
B.9	Negative Auswirkung von CL auf die Leistung wird indirekt über AT verstärkt.	CLT, CoA	Sweller et al., 1990; Berlyne, 1960; Eysenck, 1982	LISREL
B.10	Negative Auswirkung von CL auf die Leistung wird indirekt über die Motivation verstärkt.	CLT, CoA	Sweller et al., 1990; Berlyne, 1960; Eysenck, 1982	LISREL
C. Hypothesen alleine bezogen auf ZEITUNGSAUFGABEN				
C.1	AE ist bei AM_med maximal.	MAI, CoA	Kuhn & Müller, 2005a/b; Yerkes & Dodson, 1908; Broadhurst, 1957; Duffy, 1957	ANCOVA
C.2	AT ist bei AM_med maximal.	MAI, CoA	Kuhn & Müller, 2005a/b; Yerkes & Dodson, 1908; Broadhurst, 1957; Duffy, 1957	ANCOVA
C.3	Die Motivation ist bei AM_med maximal.	MAI, CoA	Kuhn & Müller, 2005a/b; Yerkes & Dodson, 1908; Broadhurst, 1957; Duffy, 1957	ANCOVA
C.4	Die Leistung ist bei AM_med maximal.	MAI, CoA	Kuhn & Müller, 2005a/b; Yerkes & Dodson, 1908; Broadhurst, 1957; Duffy, 1957	ANCOVA
C.5	CL hat keine statistisch bedeutsame direkte negative Auswirkung auf AE, AT, Motivation und Leistung.	MAI, CoA	Kuhn & Müller, 2005a/b; Yerkes & Dodson, 1908; Broadhurst, 1957; Duffy, 1957	LISREL
C.6	Positiver Einfluss von AE auf die Motivation wird indirekt über AT verstärkt.	MAI, CoA	Kuhn & Müller, 2005a/b; Yerkes & Dodson, 1908; Broadhurst, 1957; Duffy, 1957	LISREL
C.7	Positiver Einfluss von AE auf die Leistung wird indirekt über AT verstärkt.	MAI, CoA	Kuhn & Müller, 2005a/b; Yerkes & Dodson, 1908; Broadhurst, 1957; Duffy, 1957	LISREL
C.8	Positiver Einfluss von AE auf die Motivation wird indirekt über die Motivation verstärkt.	MAI, CoA	Kuhn & Müller, 2005a/b; Yerkes & Dodson, 1908; Broadhurst, 1957; Duffy, 1957	LISREL

Anmerkungen. ANCOVA = Analysis of Covariance; CLT = Cognitive Load Theory; CoA = Concept of optimal Arousel; LISREL = Linear Structural Relations (s. 4.3.1); LoP = Level of Processing; MAI = Modifizierte Anchored Instruction.

mit größerer Ausprägung der AE führt zu einer größeren Leistungsfähigkeit im Leistungs-Posttest (Theorie: (M)AI).

A.5 Die Texterinnerung AT hat eine positive Auswirkung auf die Motivation direkt nach der Instruktion, d. h. Instruktionsmaterial mit größerer AT führt zu einem größeren Motivationsgrad im Motivations-Posttests (Theorien: CoA; LoP).

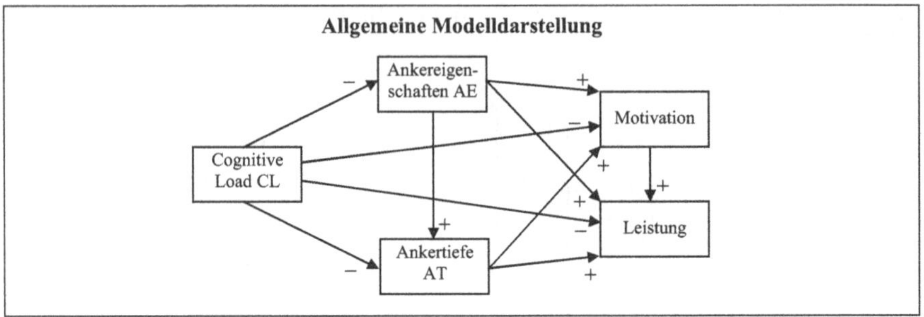

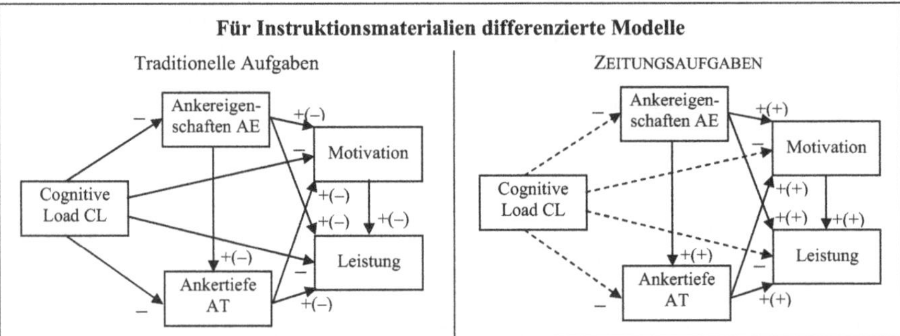

Abb. 23: Pfaddiagramme zur Beeinflussung der einzelnen Variablen in Abhängigkeit vom Instruktionsmaterial (die in Klammern gesetzten Operatoren beschreiben indirekte Effekte; s. 4.3.2)

A.6 Die Texterinnerung AT hat einen positiven Einfluss auf die Leistungsfähigkeit direkt nach der Instruktion, d. h. Instruktionsmaterial mit größerer AT führt zu einer größeren Leistungsfähigkeit im Leistungs-Posttest (Theorien: CoA; LoP).

A.7 Die Motivation direkt nach der Instruktion hat einen positiven Einfluss auf die Leistungsfähigkeit direkt nach der Instruktion, d. h. motiviertere Lernende sind auch leistungsstärker im Leistungs-Posttest (Theorien: MAI; CoA; Sauer, 2001).

A.8 Die CL der Instruktionstexte pro AM-Kategorie ist bei Zeitungsaufgaben und traditionellen Aufgaben gleich.

A.9 Zeitungsaufgaben besitzen – gemittelt über die AM-Kategorien – eine größere Ausprägung der AE als traditionelle Aufgaben (‚Manipulation Check' (s. Fußnote 55); Theorien: MAI; CoA).

A.10 Die Arbeit mit Zeitungsaufgaben führt – gemittelt über die AM-Kategorien – zu einer größeren Texterinnerung AT als traditionelle Aufgaben (Theorien: MAI; CoA).

A.11 Die Texterinnerung AT von Zeitungsaufgaben hat – verglichen mit traditionellen Aufgaben – über einen mittelfristigen Zeitraum Bestand (Theorien: MAI; CoA).

A.12 Insbesondere folgt aus der größeren AT von Zeitungsaufgaben (vgl. A.10) – konform mit A.5 und unabhängig von der AM-Kategorie – eine größere Motivation als bei traditionellen Aufgaben (Theorien: MAI; CoA).

A.13 Insbesondere folgt aus der auch mittelfristig größeren AT von Zeitungsaufgaben (vgl. A.11), konform mit A.5, dass die durch die Arbeit mit Zeitungsaufgaben erreichte Motivation – verglichen mit traditionellen Aufgaben – über einen mittelfristigen Zeitraum Bestand hat (Theorien: MAI; CoA).

A.14 Insbesondere folgt aus der größeren AT von Zeitungsaufgaben (vgl. A.10) – konform mit A.6 und unabhängig von der AM-Kategorie – eine größere Leistungsfähigkeit als bei traditionelle Aufgaben (Theorien: MAI; CoA).

A.15 Insbesondere folgt aus der auch mittelfristig größeren AT von Zeitungsaufgaben (vgl. A.11), konform mit A.6, dass die durch die Arbeit mit Zeitungsaufgaben erreichte Leistungsfähigkeit – verglichen mit traditionellen Aufgaben – über einen mittelfristigen Zeitraum Bestand hat (Theorien: MAI; CoA).

B. Hypothesen alleine bezogen auf *traditionelle Aufgaben*:

B.1 Die subjektiv wahrgenommene Textschwierigkeit ‚Cognitive Load' CL der Lernenden hat eine direkte negative Auswirkung auf die Ankereigenschaften AE (Theorien: CLT; CoA).

B.2 Die CL hat eine direkte negative Auswirkung auf die Texterinnerung, also die Ankertiefe AT (Theorien: CLT; CoA).

B.3 Die CL hat eine direkte negative Auswirkung auf die Motivation direkt nach der Instruktion (Theorien: CLT; CoA).

B.4 Die CL hat eine direkte negative Auswirkung auf die Leistungsfähigkeit direkt nach der Instruktion (Theorien: CLT; CoA).

B.5 Der negative Einfluss von CL auf AT wird indirekt über AE verstärkt, sodass der totale negative Effekt von CL auf AT zunimmt (Theorien: CLT; CoA).

B.6 Der negative Einfluss von CL auf die Motivation wird indirekt über AE verstärkt, sodass der totale negative Effekt von CL auf die Motivation zunimmt (Theorien: CLT; CoA).

B.7 Der negative Einfluss von CL auf die Leistungsfähigkeit wird indirekt über AE verstärkt, sodass der totale negative Effekt von CL auf die Leistungsfähigkeit zunimmt (Theorien: CLT; CoA).

B.8 Der negative Einfluss von CL auf die Motivation wird indirekt über AT verstärkt, sodass der totale negative Effekt von CL auf die Motivation zunimmt (Theorien: CLT; CoA).

B.9 Der negative Einfluss von CL auf die Leistungsfähigkeit wird indirekt über AT verstärkt, sodass der totale negative Effekt von CL auf die Leistungsfähigkeit zunimmt (Theorien: CLT; CoA).

B.10 Der negative Einfluss von CL auf die Leistungsfähigkeit wird indirekt über die Motivation verstärkt, sodass der totale negative Effekt von CL auf die Leistungsfähigkeit zunimmt (Theorien: CLT; CoA).

C. Hypothesen alleine bezogen auf *Zeitungsaufgaben*:

C.1 Es besteht ein umgekehrt U-förmiger Zusammenhang zwischen der Ankermasse AM und den Ankereigenschaften AE: die Ausprägung der AE ist bei AM_med maximal (Theorien: MAI; CoA).

C.2 Es besteht ein umgekehrt U-förmiger Zusammenhang zwischen AM und der Texterinnerung, also der Ankertiefe AT: die AT ist bei AM_med maximal (Theorien: MAI; CoA).

C.3 Es besteht ein umgekehrt U-förmiger Zusammenhang zwischen AM und der Motivation direkt nach der Instruktion: die Motivation ist bei AM_med maximal (Theorien: MAI; CoA).

C.4 Es besteht ein umgekehrt U-förmiger Zusammenhang zwischen AM und der Leistungsfähigkeit direkt nach der Instruktion: die Leistungsfähigkeit ist bei AM_med maximal (Theorien: MAI; CoA).

C.5 Die subjektiv wahrgenommene Textschwierigkeit ‚Cognitive Load' CL der Lernenden hat keine statistisch bedeutsame direkte negative Auswirkung auf die Variablen AE, AT, Motivation und Leistungsfähigkeit (beides direkt nach der Instruktion), sodass der direkte positive Einfluss dieser Variablen (s. A.2-A.7) durch die CL auch nicht indirekt reduziert wird (Theorien: MAI; CoA).

C.6 Der positive Einfluss von AE auf die Motivation nach der Instruktion wird indirekt über AT verstärkt, sodass der totale Effekt von AE auf die Motivation zunimmt (Theorien: MAI; CoA).

C.7 Der positive Einfluss von AE auf die Leistungsfähigkeit nach der Instruktion wird indirekt über AT verstärkt, sodass der totale Effekt von AE auf die Leistungsfähigkeit zunimmt (Theorien: MAI; CoA).

C.8 Der positive Einfluss von AE auf die Leistungsfähigkeit nach der Instruktion wird indirekt über die Motivation verstärkt, sodass der totale Einfluss von AE auf die Leistungsfähigkeit zunimmt (Theorien: MAI; CoA).

D. Forschungsfragen:

Welchen Einfluss hat

D.1 das Geschlecht

D.2 die Physik-Vorleistung

D.3 die allgemeine Intelligenz (logisches Denken)
D.4 das Textverständnis bzw. die Sprachfähigkeit (Wortschatz)

auf die abhängigen Variablen des Untersuchungsschwerpunktes II (s. Tab. 58)?

E. Methodische Kontrollen (in Varianzanalysen):
E.1 Gibt es eine Abhängigkeit vom Themenbereich?
E.2 Gibt es eine Abhängigkeit von den Instruktionsaufgaben?

4.2 Material und Methode der Interventionsstudie

Wie in Kapitel 3 stellen auch in diesem Untersuchungsschwerpunkt prinzipiell alle Schüler der Sekundarstufen I und II die Zielgruppe der entsprechend dem MAI-Ansatz entwickelten Zeitungsaufgaben dar. Aus den in 2.3.5 genannten Gründen stehen jedoch auch hier zunächst solche physikalischen Themen im Vordergrund, die in Zeitungsartikeln häufig zu finden und curricular verankert sind, also v. a. ‚(Durchschnitts-)Geschwindigkeit' (Jahrgangsstufen 7/8) und ‚Elektrische Energie' (Jahrgangsstufen 9/10). Während Stichprobe und Design der Untersuchung (4.2.1, 4.2.3) themenübergreifend dargestellt werden, sind in Teilabschnitt 4.2.2 (Material und Testinstrumenten) neben einem themenübergreifenden Kapitel (s. 4.2.2.1) auch themenspezifische Abschnitte (s. 4.2.2.2, 4.2.2.3) aufgeführt.

4.2.1 Stichprobe

An der Untersuchung nahmen insgesamt 14 Schulklassen mit 379 Lernende an fünf verschiedenen Schulen durchgeführt (Themenbereich ‚Geschwindigkeit': Altersdurchschnitt 12.8 Jahre; 56% weiblich; 44% männlich; Themenbereich ‚Elektrische Energie': Altersdurchschnitt 16.3 Jahre; 52% weiblich; 48% männlich). Die durch das Design der Untersuchung erforderliche Dreistufung der Instruktionstexte (leicht, mittel, schwer) verlangte jeweils drei Vergleichsklassen in EG und KG. Dazu wurden im Themenbereich ‚Geschwindigkeit' sechs Klassen (2 × 3) der Jahrgangsstufe 8 zweier Gymnasien (jeweils drei Klassen pro Schule) sowie im Themenbereich ‚Elektrische Energie' sechs Realschulklassen (2 × 3) aus zwei Schulen (jeweils drei Klassen pro Schule) in die Studie einbezogen. Zudem nahmen im Themenbereich ‚Elektrische Energie' zwei Gymnasialklassen an der Untersuchung teil, die leichte und mittelschwere Zeitungsaufgaben bearbeiteten. Eine Populationsübersicht zeigt Tabelle 60.

Im Gegensatz zu der Interventionsstudie zur Breitenwirkung des MAI-Ansatzes in Kapitel 3 unterrichtete der Untersuchungsleiter und Autor alle Gruppen in beiden

Tabelle 60: Übersicht über die beteiligten Lernenden in den Experimental- und Kontrollgruppen in den einzelnen Themenbereichen

Thema \ Lerngruppe	EG: Zeitungsaufgaben			KG: Traditionelle Aufgaben			
	Ankermasse (Schwierigkeit d. Instr.-Textes)			Ankermasse (Schwierigkeit d. Instr.-Textes)			Ges.
	low (leicht)	med (mittel)	high (schwer)	low (leicht)	med (mittel)	high (schwer)	
Geschwindigkeit (Klassenstufe 8)	28	30	28	28	28	28	170
Elektrische Energie (Klassenstufe 10)	48*	49*	28	28	28	28	209
Gesamt	76	79	56	56	56	56	379

Anmerkungen. * Diese beiden Gruppen bestanden jeweils aus Realschülern (N_{low} = 20; N_{med} = 23) und Gymnasiasten (N_{low} = 28; N_{med} = 26), die sich jedoch in den Moderatorvariablen vor der Untersuchung nicht unterschieden (s. 4.4).

Themenbereichen[56]. Um einen Versuchsleiter-Erwartungseffekt (Ludwig, 2001) und andere Klasseneffekte (Brodbeck & Frey, 1999) auszuschließen, bearbeitete dabei eine Hälfte einer Schulklasse während der Instruktionsphase eine Zeitungsaufgabe aus einer bestimmten AM-Kategorie, die andere Hälfte die entsprechende ‚traditionelle' Aufgabe aus der gleichen Kategorie. Da die Aufgabenstellungen von Zeitungsaufgabe und ‚traditioneller' Aufgabe identisch waren, sich das Material also nur in der Form des Instruktionstextes unterschied, war eine derartige Aufteilung organisatorisch, inhaltlich und methodisch problemlos möglich. Demzufolge entsprach statistisch gesehen eine Lerngruppe pro AM-Kategorie nicht einer einzigen Schulklasse, sondern setzte sich aus Lernenden verschiedener Klassen zusammen.

Die Zuteilung der AM-Kategorie zu den einzelnen Gruppen erfolgte dabei zufällig, indem die Physiklehrkräfte der jeweiligen Schulklassen die AM-Kategorie für ihre Klasse vor der Intervention per Los zogen und das entsprechende Instruktionsmaterial, d.h. Arbeitsblätter mit den entsprechenden Aufgaben, für den Versuchsleiter verdeckt ausgehändigt bekamen.

4.2.2 Material und Testinstrumente

Wie in Kapitel 3 werden in diesem Teilabschnitt sowohl die Instruktionsmaterialien als auch die Testinstrumente der Untersuchung dargestellt. Dabei sind die Tests zur Motivation, zur konstruktionsbedingten, objektiven Textschwierigkeit (Ankermasse AM), zu den Ankereigenschaften AE und zur subjektiv wahrgenommenen Textschwierigkeit (Cognitive Load CL) themenübergreifend identisch. Dagegen unterscheiden sich das Testinstrument zur Erinnerungsfähigkeit (Ankertiefe AT), die Leis-

56 Da die beiden Themenbereiche curricular in zwei verschiedenen Klassenstufen verankert sind (Themenbereich ‚Geschwindigkeit': Klassenstufe 8; Themenbereich ‚Elektrische Energie': Klassenstufe 10), kann an dieser Stelle zwischen Klassenstufe und Themenbereichen nicht unterschieden werden.

tungstests sowie das Instruktionsmaterial selbst infolge inhaltlicher Unterschiede zwischen den Themen. Deshalb werden in diesem Abschnitt die themenübergreifenden Instrumente (vgl. 4.2.2.1) und die themenspezifischen Materialien und Instrumente (vgl. 4.2.2.2 und 4.2.2.3) getrennt dargestellt.

4.2.2.1 Themenübergreifende Instrumente

Testinstrument zur Motivation der Schüler

Im Gegensatz zu der Interventionsstudie in Kapitel 3 wurde in dieser Untersuchung ausschließlich eine Motivationstestform eingesetzt, mit der der Motivationsgrad der Schüler zu drei Zeitpunkten erfasst wurde: Vor der Untersuchung (Motivations-Prätest), direkt nach der Instruktionsphase (Motivations-Posttest) und 14 Tage nach Abschluss der Instruktionsphase (Follow up-Motivationstest; s. Tab. 68). Der Motivationstest entsprach dem für die Interventionsstudie zur Breitenwirkung entwickelten Instrument, weshalb an dieser Stelle auf die dort ausführlich aufgeführten Kenndaten und Beschreibungen verwiesen werden soll (s. 3.2.2.1; Tab. 13).

AM-Test

Die Ankermasse AM des Instruktionstextes (Zeitungsartikels vs. traditioneller Text, s. Abb. 25) bildet die konstruktionsbedingte, objektive mentale Belastung durch den Artikel ab (im Sinne von Mental Load; vgl. Paas, van Merrienboer & Adams, 1994). Dazu werden textstrukturell-inhaltliche Eigenschaften der Texte erhoben (Übersicht s. Tab. 61):

a) Lesbarkeitsgrad des Textes als textstrukturelle Bewertung, erfasst durch die drei gängigsten Lesbarkeitsformeln: Wiener Sachtextformel WSTF nach Barnberger und Vanecek (1984), AVI-Wert nach Amstad (1978) und LIX nach Björnsson (1968).[57] Während kleinere AVI-Werte schwierigere Textstrukturen kennzeichnen, wird dies bei LIX und WSTF durch größere Werte nachgewiesen (s. Anhang I).
b) Verständlichkeitsmaß nach dem Hamburger Verständlichkeitsmodell (HVM; vgl. Langer et al., 1974) als inhaltliche Textbewertung (5stufige Skala: –2 = 0 ‚sehr schwierig' bis +2 = 4 ‚sehr leicht'; s. Anhang J): Die Textbewertung wurde durch Experten-Rating erfasst, d. h. 29 Lehrende der Germanistik und Physik aus Schule und Hochschule beurteilten mithilfe der Kriterien des Modells die Instruktionstexte. Die Beobachterübereinstimmung wird durch eine Intraclass-Korrelation geprüft (vgl. Bortz & Döring, 2002, S. 274ff.).
c) Anzahl der Propositionen des Textes (vgl. Schnotz, 1994, S. 150ff.): Auch dieses Kriterium wurde durch Beobachterübereinstimmung validiert, indem zwei un-

[57] LIX = [Wörter/Sätze]+[(Wörter>6 Buchstaben)/Wörter]; AVI = 180-[Wörter/Sätze]-58,5*[Silben/Wörter]; 4. WSTF = 0,2656*[Wörter/Sätze]+0,2744*[(Wörter>2Silben)/Wörter]-1,693.

abhängige Experten die Anzahl der Propositionen bestimmten und die Inter--rater-Korrelation κ (Cohens Kappa) ermittelt wurde (vgl. Cohen, 1960) (s. Fußnote 33).

d) Textlänge.

Tabelle 61: Übersicht über die Bewertung der Instruktionstexte der einzelnen Aufgaben durch den AM-Test

Thema/Test \ Lerngruppe		EG: Zeitungsaufgaben			KG: Traditionelle Aufgaben		
		Ankermasse (Schwierigkeit d. Instr.-Textes)			**Ankermasse (Schwierigkeit d. Instr.-Textes)**		
		low (leicht): IT1/IT2	med (mittel): IT1/IT2	high (schwer): IT1/IT2	low (leicht): IT1/IT2	med (mittel): IT1/IT2	high (schwer): IT1/IT2
Themenbereich Geschwindigkeit'	AVI	51.85/45.89	41.76/39.79	31.37/31.58	51.47/46.06	42.11/37.02	32.54/29.62
	LIX	16.50/17.90	20.1/22.62	24.05/26.95	16.89/17.80	21.64/21.17	25.62/26.15
	WSTF	2.67/2.82	3.62/3.80	4.67/4.92	2.71/2.91	3.85/3.84	4.87/4.95
	HVM (MW; SD; Intraclass-Korrelation)	3.48; 0.43; 0.80/ 3.46; 0.51; 0.86	2.17; 0.66; 0.80/ 2.42; 0.61; 0.79	0.98; 0.49; 0.87/ 1.24; 0.51; 0.81	3.50; 0.41; 0.82/ 3.52; 0.47; 0.86	2.27; 0.62; 0.79/ 2.49; 0.55; 0.81	1.04; 0.39; 0.88/ 1.29; 0.48; 0.82
	Propositionen (Anzahl);Cohens Kappa κ	24; 0.79/ 21; 0.82	33; 0.74/ 31; 0.75	45; 0.77/ 39; 0.81	23; 0.76/ 21; 0.74	32; 0.75/ 30; 0.74	42; 0.73/ 38; 0.78
	Textlänge (Wortzahl)	114/106	158/134	213/160	116/105	149/125	202/155
Themenbereich ‚Energie'	AVI	51.89/51.02	46.85/45.49	42.84/39.77	51.19/50.34	46.27/46.16	41.23/40.51
	LIX	15.12/15.72	18.82/19.93	22.48/24.52	14.35/15.40	17.99/19.4	21.61/23.4
	WSTF	2.23/2.35	3.13/3.28	4.17/4.25	2.01/2.19	3.02/3.15	4.05/4.11
	HVM (MW; SD; Intraclass-Korrelation)	3.39; 0.42; 0.86/ 3.45; 0.46; 0.82	2.25; 0.65; 0.82/ 2.31; 0.58; 0.79	1.09; 0.53; 0.89/ 1.12; 0.49; 0.84	3.40; 0.46; 0.84/ 3.42; 0.41; 0.85	2.34; 0.59; 0.79/ 2.31; 0.61; 0.77	1.13; 0.55; 0.81/ 1.21; 0.51; 0.82
	Propositionen (Anzahl);Cohens Kappa κ	35; 0.78/ 33; 0.73	44; 0.71/ 44; 0.76	53; 0.77/ 52; 0.79	37; 0.76/ 33; 0.75	42; 0.78/ 43; 0.79	51; 0.81/ 51; 0.72
	Textlänge (Wortzahl)	177/154	203/196	243/242	167/150	194/190	234/230

Anmerkungen. IT1 = Instruktionstext zu Aufgabe 1; IT2 = Instruktionstext zu Aufgabe 2; HVM = Hamburger-Verständlichkeitsmodell; MW = Mittelwert; SD = Standardabeichung; innerhalb jeder AM-Kategorie sind jeweils durch „/"-Zeichen getrennt zwei Bewertungen pro Zelle zu finden, die sich auf die Instruktionstexte der beiden pro AM-Kategorie bearbeiteten Aufgaben beziehen

Damit werden aus einer größeren Anzahl nur solche Texte ausgewählt, die eine Einteilung in schwere, mittlere und leichte Instruktionstexte (AM_high/AM_med/ AM_low) für alle Textparameter a)-d) konsistent erlauben (multikriteriale Konsistenzbedingung, s. Tab. 68). So sind z. B. nur solche Texte allgemein in der Kategorie AM_med zu finden, die durch alle Lesbarkeitsformeln, durch einen mittleren Schwierigkeitsgrad des HVM mit hoher Intraclass-Korrelation, durch die Anzahl der Propositionen und durch die Länge des Textes dieser Kategorie zugeordnet werden können (s. Abb. 24). Würden z. B. der Lesbarkeitsgrad und die Textlänge eines Zeitungsartikels für die Zuweisung einer hohen AM sprechen, das Verständlichkeitsmaß und die Propositionsanzahl jedoch nicht, so wird der Artikel nicht verwendet. Dabei ist es ebenso wichtig, dass sich die Textschwierigkeit innerhalb einer AM-Kategorie zwischen EG (Zeitungsaufgaben: ZA_high/ZA_med/ZA_low) und KG (‚traditionelle Aufgaben': TA_high/TA_med/TA_low) nicht unterscheidet. Dazu war es bei traditionellen Aufgaben erforderlich, die zur Lösung erforderlichen Angaben im Instruktionstext durch zusätzliche Textteile zu ergänzen, um die multikriteriale Konsistenz-

a) Regenerative Energie: Geringe Textschwierigkeit (leichter Instruktionstext; AM_low)

Der Gigant kurz vor der ersten Belastungsprobe

Vor wenigen Tagen ist die riesige Staumauer fertig gestellt worden. Spätestens im Jahre 2009 soll das größte Wasserwerk der Welt mit einer Leistung von 18200 MW am Yangtse, dem längsten Fluss Chinas, 85 Milliarden Kilowattstunden Elektrizität jährlich produzieren.

Am Ende des Projektes wird sich der Stausee über eine Länge von 660 Kilometer erstrecken, einer Entfernung von Berlin nach Amsterdam. In ihm werden über 1200 Ortschaften versinken und mindestens 1,3 Millionen Menschen ihre Heimat verloren haben.

Die Behörden verteidigen den enormen Aufwand. Der Damm werde so viel Strom wie 18 Atomkraftwerke erzeugen. Außerdem zähme die Sperre den Yangtse. Todbringende Überschwemmungen sollen dadurch der Vergangenheit angehören. Umweltschützer sind von diesen Erklärungen nicht überzeugt. Sie fordern, die sozialen und ökologischen Folgen unabhängig zu untersuchen. Sie gehen davon aus, dass mehrere kleinere Dämme effektiver, billiger und auch umweltschonender gewesen wären als ein einziger riesiger Staudamm.

Eine Befürchtung scheint schon jetzt wahr zu werden, nämlich dass der Stausee zur Kloake verkommt, da ein großer Teil der Städte und Fabriken Abwässer ungereinigt in den Yangtse spülen.

DIE RHEINPFALZ, 03.06.2006

Lesbarkeit: WSTF = 2.23; AVI = 51.89; LIX = 15.12 Propositionen: $N = 35$; $\kappa = 0.78$
Verständlichkeit: $MW = 3.39$ ($SD = 0.42$); $\alpha = 0.86$; Textlänge: 177 Wörter

b) Regenerative Energie: Große Textschwierigkeit (schwieriger Instruktionstext; AM_high)

Der Gigant kurz vor der ersten Belastungsprobe

Vor wenigen Tagen ist die riesige Staumauer fertig gestellt worden. Spätestens in drei Jahren soll das größte Wasserkraftwerk der Erde mit einer Leistung von 18200 MW am Yangtse, 85 Milliarden Kilowattstunden Elektrizität jährlich produzieren, rund ein Zehntel des chinesischen Bedarfs.
Wie teuer das Projekt insgesamt wird, ist dabei umstritten. Offiziell hat dieser Drei-Schluchten-Staudamm mittlerweile umgerechnet etwa 18 Milliarden Euro verschlungen, nahezu doppelt so viel wie ursprünglich geplant.

Bis zum Jahr 2009 wird sich der Stausee über eine Länge von 660 Kilometer erstrecken, was einer Entfernung von Berlin nach Amsterdam entspricht. In ihm werden über 1200 Ortschaften versinken und mindestens 1,3 Millionen Menschen ihre Heimat verloren haben. Ein Teil von ihnen erhielt bessere Wohnungen, allerdings hielt die Regierung ihr Versprechen in vielen Fällen nicht, für angemessene Entschädigung und neue Arbeitsplätze zu sorgen.

Die Verwaltungen verteidigen den enormen Aufwand, denn der Damm werde so viel Energie wie 18 Atomkraftwerke erzeugen. Außerdem zähme die Sperre den Yangtse, sodass Überschwemmungen, die in den vergangenen Jahren Tausenden das Leben kosteten, der Vergangenheit angehören sollen. Umweltschützer sind von diesen Erklärungen freilich nicht überzeugt und fordern, die sozialen und ökologischen Folgen unabhängig zu untersuchen, da ihrer Meinung nach kleinere Dämme anstatt des riesigen Staudamms effektiver, billiger und auch umweltschonender gewesen wären.

Eine Befürchtung scheint sich bereits jetzt zu bewahrheiten, nämlich dass der Stausee zur Kloake verkommt, da ein großer Teil der Städte und Fabriken Abwässer ungereinigt in den Yangtse und seine Zuflüsse spülen.

DIE RHEINPFALZ, 03.06.2006

Lesbarkeit: WSTF = 4.17; AVI = 42.84; LIX = 22.48 Propositionen: $N = 53$; $\kappa = 0.77$
Verständlichkeit: $MW = 1.09$ ($SD = 0.65$); $\alpha = 0.89$ Textlänge: 243 Wörter

Abb. 24: Instruktionstexte (hier: Zeitungsartikel) mit verschiedenem Schwierigkeitsgrad (MW: Mittelwert; SD: Standardabweichung; α: Intraclass-Korrelation der Expertenbewertung; κ: Interrater-Korrelation (Cohens Kappa))

bedingungen verglichen mit den entsprechenden Zeitungsartikeln der gleichen AM-Kategorie zu erfüllen. Diese zusätzlichen Textteile enthielten jedoch keine neuen Lerninhalte, sondern beschrieben bereits vor der Untersuchung behandelte Informationen (Wiederholungstext).

AE-Test

Dieser Test erfasst als ‚Manipulation Check' (s. Fußnote 55) die dem theoretischen Rahmen entsprechende subjektive Wahrnehmung des Ankermediums durch die Lernenden, d.h. wie viele der theoretisch vorherrschenden Ankereigenschaften AE von den Lernenden auch tatsächlich als solche wahrgenommen werden (s. 2.3.3). Dazu sollen die Schüler mithilfe der folgenden Items nach der Bearbeitung jeder Textaufgabe einschätzen, in welchem Maße sie die entsprechend dem theoretischen Rahmen vorherrschenden Ankereigenschaften wahrnehmen (6stufige Skala: ‚Die Aussage trifft voll und ganz zu' bis ‚Die Aussage trifft gar nicht zu'; Anteilbestimmung in %; s. Anhang K):

Affektivität
- Der Text war interessant.
- Der Text macht mich neugierig, mehr darüber zu erfahren.

Generatives Lernen
- Bei der Bearbeitung der Aufgabe konnten wir selbstständig Lösungswege finden.

Eingebettete Daten
- In dem Text waren alle Daten, die zur Lösung der Aufgabe erforderlich waren, enthalten.

Authentizität
- Der Text beschreibt Dinge, die tatsächlich passiert sind oder die es tatsächlich gibt
- Der Text hat eine wahre, reale Gegebenheit beschrieben

Verschiedene Ankermedien
- Es gibt noch andere Texte, mit denen dieser Unterrichtsstoff erarbeitet werden könnte

Horizontale und vertikale Verbindung
- Zum Verständnis des Textes waren Kenntnisse aus vorangehenden Schuljahren nützlich.
- Der Inhalt des Textes hat auch mit anderen Fächern zu tun.
- Zum Verständnis des Textes waren Kenntnisse aus anderen Fächern nützlich.

Somit dient diese Variable als ‚Manipulation Check' für den Faktor ‚Instruktionstext'. Damit wird geprüft, ob die Experimentalbedingung ‚Zeitungsartikel vs. traditioneller Aufgabentext' erfüllt ist, d.h. es wird sichergestellt, dass die Lernenden in den Lerngruppen der EG das Instruktionsmaterial auch tatsächlich theoriegemäß als MAI-Ankermedium wahrnehmen, mit statistisch bedeutsamen Unterschied zu den Schülern in den Lerngruppen der KG (vgl. Hypothese A.9).

Der AE-Test wurde vor der Interventionsstudie in sieben Schulklassen der Klassenstufe 9 an drei Realschulen durchgeführt, woraus ein Datensatz von $N = 180$

Probanden resultierte. Da der Test eine eindimensionale Testskala aufweist ist eine Faktorenanalyse an dieser Stelle nicht erforderlich. Die Reliabilität des Testinstrumentes wurde aus der Pilotstudie zu Cronbach's Alpha = 0.83 bestimmt (s. Fußnote 21).[58]

CL-Test

Die Cognitive Load stellt die subjektiv wahrgenommene Beanspruchung der Lernenden durch das Instruktionsmaterial dar, sodass die Erhebung dieser Variablen die subjektive Wahrnehmung der Lernenden erfassen muss (Cognitive-Load-Theory; vgl. Paas, van Merrienboer & Adams, 1994; Sweller et al., 1990). Dazu sollen die Schüler mithilfe der folgenden Items (nach Paas, van Merrienboer & Adams, 1994) nach der Bearbeitung jeder Textaufgabe deren Anforderung einschätzen (6stufige Skala: ‚Die Aussage trifft voll und ganz zu' bis ‚Die Aussage trifft gar nicht zu'; Anteilbestimmung in %; s. Anhang K):

- Der Text war schwierig.
- Ich musste mich anstrengen, um den Inhalt des Textes zu verstehen.
- Es war schwierig für mich, die Aufgaben zu lösen.
- Es war schwierig, wichtige und unwichtige Informationen im Text zu unterscheiden.
- Es war schwierig, die richtigen Informationen zum Lösen der Aufgaben in dem Text zu finden.
- Ich musste mich anstrengen, um die Aufgaben lösen zu können.
- Den Text zu verstehen, war schwierig.

Auch diese Variable dient als ‚Manipulation Check' (s. Fußnote 55), hier für den Faktor ‚Textschwierigkeit'. Damit wird geprüft, ob die Experimentalbedingung ‚Ankermasse' (leicht vs. mittel vs. schwer) erfüllt ist, d. h. es wird sichergestellt, dass die Lernenden in den Lerngruppen AM_low (leichter Instruktionstext), AM_med (mittelschwerer Instruktionstext) und AM_high (schwerer Instruktionstext) das Instruktionsmaterial auch statistisch bedeutsam verschieden schwer wahrnehmen (vgl. Hypothesen A.1 und A.8).

Der CL-Test wurde wie der AE-Test vor der Interventionsstudie in sieben Schulklassen der Klassenstufe 9 an drei Realschulen durchgeführt ($N = 180$). Wie der Test der Ankereigenschaften AE weist auch der CL-Test eine eindimensionale Testskala auf, sodass eine Faktorenanalyse an dieser Stelle nicht erforderlich. Die Reliabilität des Testinstrumentes wurde aus der Pilotstudie zu Cronbach's Alpha = 0.76 bestimmt (s. Fußnoten 21, 58).

[58] Bortz, 1999, S. 543.

Moderatorvariablen (Kontrollvariablen)

Die Moderatorvariablen dieses Untersuchungsschwerpunktes entsprachen denen aus der Interventionsstudie zur MAI-Breitenwirkung aus Kapitel 3 (s. 3.2.2). Als Indikatoren für die allgemeine (logische) Grundbildung wurde demnach das standardisierte Instrument des Screeningverfahrens für Schul- und Bildungsberatung (SSB) nach Kornmann und Horn (2001) verwendet. Die Leistungsunterschiede in Physik zwischen den Gruppen vor der Instruktionsphase wurden durch die Erhebung der Physik-Vorleistung als weitere Moderatorvariable kontrolliert. Sie repräsentierte den Durchschnitt des pro schriftlichen Leistungsnachweis im Physikunterricht im laufenden Schuljahr erbrachten prozentualen Punkteanteils an der Gesamtpunktzahl (jeweils insgesamt fünf schriftliche Nachweise pro Schüler). Thermenspezifische Kontrollvariablen zur Sprachfähigkeit werden in den folgenden Abschnitten aufgeführt.

4.2.2.2 Material und Testinstrumente im Themenbereich ‚Geschwindigkeit'

Instruktionsmaterial (Instruktionsaufgaben)

Das Instruktionsmaterial[59] im Themenbereich ‚Geschwindigkeit' bestand in diesem Untersuchungsschwerpunkt hauptsächlich aus Aufgaben zu Anwendung und Transfer der Zusammenhänge von geradlinigen gleichförmigen Bewegungen, insbesondere zur Ermittlung der Durchschnittsgeschwindigkeit v und der damit verbundenen Größen wie Zeitdauer t und zurückgelegte Strecke s (s. 2.3.5 und 4.2.3.1).

Da sich die Aufgaben in EG und KG nur in der Form und dem Schwierigkeitsgrad des Instruktionstexts unterschieden, die Aufgabenstellung und der zu erarbeitende Lerninhalt dagegen identisch waren (s. 2.3.6 und Abb. 25), wird an dieser Stelle das

Tabelle 62: Übersicht über die Aufgaben-Kennzeichen des Instruktionsmaterials zum Themenbereich ‚Geschwindigkeit'

Aufgaben-Nr.	Lerninhalt (*Didaktischer Ort*)	Aufgabentyp (Problemraum)[31]	Kompetenzstufe[32] (Cohens Kappa κ)[33]
Instruktionsaufgabe 1: Schnelle Körperbewegung			
1.	Berechnung der Durchschnittsgeschwindigkeit aus vorgegebenen Daten (*Anwendung*)	IV (PR(m))	II (0.85)
2.	Berechnung der Strecke aus vorgegebenen Daten (*Anwendung*)	IV (PR(m))	III (0.76)
3.	Ergebnisbewertung (*Transfer*)	IV (PR(g))	IV (0.80)
Instruktionsaufgabe 2: Gegen Erderwärmung			
1.	Berechnung der Durchschnittsgeschwindigkeit aus vorgegebenen Daten (*Anwendung*)	IV (PR(m))	II (0.86)
2.a	Berechnung der Zeitdauer aus vorgegebenen Daten (*Anwendung*)	IV (PR(m))	III (0.79)
2.b	Ergebnisbewertung (*Transfer*)	IV (PR(g))	IV (0.78)
3.	Kritische Datenanalyse (*Transfer*)	IV (PR(g))	IV (0.82)

[59] Infolge des großen Materialumfangs sind die Lernmaterialien in OnlinePLUS unter www.viewegteubner.de zu finden.

<table>
<tr><th></th><th>Instruktionstext</th><th>Aufgabenstellung</th></tr>
<tr><td>EG</td><td>Schnelle Körperbewegung

Ihr Name ist Odontomachus Buri, zu deutsch Schnappkieferameise. Sie kommt in Mittel- und Südamerika vor und ernährt sich von Termiten und anderen Ameisen. Die Ameisenart ist das Lebewesen mit der wohl schnellsten Körperbewegung der Welt. Ihre Kieferzangen, die Mandibeln, können mit Höchstgeschwindigkeit zuschnappen. Ein Muskelpaket im Kopf dieser Schnappkieferameise überträgt dazu wie eine Feder die Kraft auf die Kiefer.
Die Ameisen benutzen ihre Fähigkeiten zum Beutefang und zur Flucht vor Feinden. In höchster Not lassen sie ihre Kiefer auf den Boden schnappen und schleudern sich dadurch in nur 0,003 Sekunden bis zu 40 Zentimeter weit weg. Für einen 1,75 Meter großen Menschen würde dies bedeuten, dass er mehr als 64 Meter weit fliegen müsste</td><td rowspan="2">1. Berechne die Durchschnittsgeschwindigkeit der Ameise, wenn sie vor einer Bedrohung flüchtet.
2. Wie schnell würde sie mit der Durchschnittsgeschwindigkeit aus Nr. 1 eine Strecke von 100 m zurücklegen?</td></tr>
<tr><td>KG</td><td>Schnelle Körperbewegung
Wer in einer Stunde weit kommen will, fährt möglichst schnell. Dabei überholt man langsamere Autos, die in der gleichen Zeit einen kürzeren Weg fahren. Man muss also Strecken und Zeiten messen, um Geschwindigkeiten zu bestimmen. Zum Messen der Geschwindigkeit von Körpern mit Uhren sind dabei stets zwei Messpunkte nötig.
Die Geschwindigkeit einer der schnellsten Bewegungen im Tierreich, die von Schnappkieferameisen bei der Flucht vor Feinden, muss jedoch mit technischer Hilfe bestimmt werden. Die Kieferzangen dieser Ameisenart aus Mittel- und Südamerika schnappen mit Höchstgeschwindigkeit auf den Boden und schleudern dadurch die Schnappkieferameisen in nur 0,003 Sekunden bis zu 40 Zentimeter weit. Um nun die Geschwindigkeit messen zu können, wird die Bewegung mit speziellen Kameras gefilmt.</td></tr>
<tr><td></td><td></td><td></td></tr>
</table>

Abb. 25: Zeitungsaufgabe der EG und ‚traditionelle Aufgabe' der KG zum Thema ‚Geschwindigkeit' bei gleicher Textschwierigkeit (also gleicher AM-Kategorie; jeweils: AM_low)

Instruktionsmaterial zwischen Zeitungsaufgaben und ‚traditionellen Aufgaben' nicht differenziert beschrieben.

Insgesamt umfasste das Instruktionsmaterial zwei Instruktionsaufgaben (IA) mit jeweils drei Teilaufgaben (Übersicht: s. Tab. 62). Während die Aufgabenstellungen und damit die Lerninhalte pro IA in EG und KG identisch waren, unterschieden sich jeweils die Instruktionstexte sowohl in EG als auch in KG in ihrem Schwierigkeitsgrad: durch den AM-Test (s. 4.2.2.1) wurden sie jeweils einer der drei Kategorien AM_high, AM_med und AM_low zugeordnet. Somit gab es zu jeder IA drei Lerngruppen, die als EG mit Zeitungsartikeln mit verschiedenem Schwierigkeitsgrad aber gleichen Aufgabenstellungen arbeiteten: ZA_high, ZA_ med und ZA_low. Gleiches gilt für die ‚traditionellen Aufgaben' in der KG: TA_high, TA_med und TA_low (vgl. 4.2.2.1; 4.2.3.2). Dabei ist der Schwierigkeitsgrad von Zeitungsartikel und traditionellem Text aus der gleichen AM-Kategorie pro IA gleich (vgl. Tab. 61).

Der Instruktionstext in IA1 beschreibt den Bewegungsvorgang bei Schnappkieferameisen beim Beutefang und bei der Flucht vor Feinden (vgl. Abb. 25). Diese Bewegungen konnten erst in jüngster Zeit durch moderne Aufnahmetechnik beobachtet werden. Dabei sollte in Aufgaben-Nr. 1 zunächst die Durchschnittsgeschwindigkeit einer Schnappkieferameise berechnet werden, wenn diese sich durch das Zuschnappen ihrer Kieferzangen auf der Flucht vor Feinden wegkatapultiert. Um eine bessere Vorstellung von dem Geschwindigkeitsbetrag zu erhalten, berechneten die Schüler in Teilaufgabe 2 die Strecke, die eine solche Ameise in einer Zeit zurücklegen würde, die ein durchschnittlicher Schüler einer 8. Klasse für einen 50 m-Sprint benötigen würde. Dieses Verständnis sollte durch die kritische Reflexion der berechneten Ergebnisse auch im Vergleich mit bekannten Geschwindigkeitbeträgen aus dem Alltag weiter gefördert werden (Aufgaben-Nr. 3, IA 1). Auch bei IA2 standen weitere Anwendungsaufgaben zur Berechnung der Größen gleichförmiger Bewegungsvorgänge im Mittelpunkt. Dabei stand der Langstreckenschwimmrekord eines britischen Anwaltes im Zentrum der Instruktionstexte, der durch das Durchschwimmen der Themse auf die Problematik der Erderwärmung aufmerksam machen wollte. In Teilaufgabe 1 wurde dabei zunächst auf den Unterschied zwischen gleichförmiger und beschleunigter Bewegung hingewiesen, indem die Schüler die Durchschnittsgeschwindigkeit des britischen Anwaltes mit der eines Olympiarekordlers über 1500 m Freistil vergleichen sollten. Die Berechnung der Zeitdauer, die der britische Anwalt für die 1500 m lange Olympiastrecke benötigt hätte, sofern er mit der in Teilaufgabe 1 berechneten Durchschnittsgeschwindigkeit geschwommen wäre (vgl. Aufgaben-Nr. 2a, IA2) und der Vergleich mit dem aktuellen Olympiarekord (vgl. Aufgaben-Nr. 2a, IA2) sollte den Lernenden einen kritischen Umgang mit Daten und Zusammenhängen ermöglichen. Gleiches gilt für die Recherche nach weiteren vergleichbaren sportlichen Leistungen (vgl. Aufgaben-Nr. 3, IA2).

In allen IA fand dabei die Bearbeitung der einzelnen Teilaufgaben in EG und KG stets in Gruppen zu je zwei bis drei Lernenden entsprechend der problemorientierten Aufgaben- und Lernumgebung (pAL; s. 2.3.2, Abb. 4) statt.

Leistungstest

Anforderungsbereiche, Offenheitsgrade und Kompetenzstufen der Aufgaben des Leistungstests im Themenbereich ‚Geschwindigkeit' entsprachen den Aufgaben des Instruktionsmaterials (s. Tab. 63, Anhang L). Dabei handelte es sich um Aufgaben zur Reproduktion, Anwendung und Transferierung des Wissens der während der Instruktionsphase bearbeiteten Inhalte.

Die Lösung von Aufgaben-Nr. 1 erforderte einfaches Faktenwissen, sodass diese Aufgabe den PISA-Kompetenzstufe I zugeordnet werden konnte. Während Aufgaben-

Tabelle 63: Übersicht über die Aufgaben-Kennzeichen des Leistungstests zum Themenbereich ‚Geschwindigkeit'

Aufgaben-Nr.	Aufgabengegenstand	Aufgabentyp (Problemraum)[31]	Kompetenzstufe[32] (Cohens Kappa κ)[33]
1	Erklärung des Begriffs der gleichförmigen Bewegung (Multiple Choice-Aufgabe)	I (PR(k))	I (0.89)
2	Berechnung der Durchschnittsgeschwindigkeit eines ICE aus vorgegebenen Daten	IV (PR(k))	II (0.85)
3	Erdumkreisung mit einem Leichtflugzeug		
3.a	Berechnung der Zeitdauer aus vorgegebenen Daten.	IV (PR(m))	III (0.88)
3.b	Kritische Datenanalyse durch Unterscheidung relevanter und irrelevanter Daten.	IV (PR(m))	IV (0.75)
3.c	Schlussfolgerungen ziehen und Argumentationskette entwickeln.	IV (PR(m))	IV (0.80)

Nr. 2 v. a. funktionales Verständnis auf Basis naturwissenschaftlichen Alltagswissens für die Ermittlung von Variablen in einfachen Zusammenhängen erforderte (PISA-Kompetenzstufe II), stand in Teilaufgabe 3a naturwissenschaftlich-funktionales Wissen im Zentrum (PISA-Kompetenzstufe III). Schließlich war zur Lösung der Teilaufgaben 3b und 3c konzeptuelles und prozedurales Verständnis erforderlich (PISA-Kompetenzstufe IV). Ebenso wie die Aufgaben des Instruktionsmaterials bestand der Leistungstest aus solchen Aufgaben, die sich durch wenigstens substanzielle Interrater-Reliabilitäten zweier unabhängiger Beurteiler auszeichneten. ($0.6 < \kappa \leq 0.8$; $0.8 < \kappa$: fast vollkommene Übereinstimmung) (s. Fußnote 33). Somit konnte auch hier von einer zuverlässigen Einschätzung des Testmaterials hinsichtlich der PISA-Kompetenzstufen der Aufgaben ausgegangen werden. Die Leistungsfähigkeit wurde dabei sowohl für jede Teilaufgabe als auch insgesamt als prozentualer Anteil der erreichten Punktzahl an der insgesamt möglichen Gesamtpunktzahl der Teilaufgabe bzw. des Gesamttests angegeben.

AT-Test

Die Ankertiefe (AT) eines zugehörigen Instruktionstextes, d. h. das Erinnerungsvermögen der Schüler an den semantischen, d. h. propositionalen, Gehalt des betreffenden Textes wurde durch gezielte Fragen zum Textinhalt mit Multiple-Choice-Antwortmöglichkeiten erhoben (s. Anhang M). Dabei bezogen sich die Fragen nur auf solche Textbestandteile, die sowohl in traditionellen Instruktionstexten als auch in Zeitungsartikeln zu finden waren. Die Anzahl der Fragen variierte je nach Instruktionstext zwischen sechs (IA1) und acht (IA2). Dabei standen dem Lernenden zu jeder Frage stets vier Multiple-Choice-Antworten zur Verfügung, von denen nur eine richtig war. Die AT-Tests zu den Instruktionstexten aus IA1 und IA2 wurden vor der Interventionsstudie in sieben Schulklassen der Klassenstufe 9 an drei Realschulen durchgeführt (N = 180). Da die AT-Tests eine eindimensionale Testskala aufweisen, ist an dieser Stelle eine Faktorenanalyse nicht erforderlich. Die Reliabilitäten der Fragebögen zu den Instruktionstexten von IA1 und IA2 wurden aus der Pilotstudie zu Cronbach's $\text{Alpha}_{AT1} = 0.83$ bzw. Cronbach's $\text{Alpha}_{AT2} = 0.81$ bestimmt (s. Fußnoten 12, 58).

Lesekompetenztest

Als Indikator für die Moderatorvariable Sprachfähigkeit wurde im Themenbereich ‚Geschwindigkeit' wie in Kapitel 3 der standardisierte und gut validierte Mehrfach-wortschatz-Intelligenztest MWT-B nach Lehrl (1999) eingesetzt.

4.2.2.3 Material und Testinstrumente im Themenbereich ‚Elektrische Energie'

Instruktionsmaterial (Instruktionsaufgaben)

Das Instruktionsmaterial im Themenbereich ‚Elektrische Energie' bestand hauptsächlich aus Aufgaben zu Anwendung und Transfer der Zusammenhänge zur Berechnung der elektrischen Energie sowie der dazu erforderlichen Größen (s. 2.3.5 und 4.2.3.1).[60] Wie in Kapitel 3 standen neben der Ermittlung von Möglichkeiten und Grenzen regenerativer Energien zudem die Berechnung der Energiekosten sowie das Thema ‚Energie sparen' im Zentrum der Instruktionsphase.

Da sich die Aufgaben in EG und KG nur in der Form und dem Schwierigkeitsgrad des Instruktionstexts unterschieden, die Aufgabenstellung und der zu erarbeitende Lerninhalt dagegen identisch waren (s. 2.3.6 und Abb. 25), wird an dieser Stelle das Instruktionsmaterial zwischen Zeitungsaufgaben und ‚traditionellen Aufgaben' nicht differenziert beschrieben.

Insgesamt umfasste das Instruktionsmaterial zwei Instruktionsaufgaben (IA) mit jeweils drei Teilaufgaben (Übersicht: s. Tab. 64). Während die Aufgabenstellungen und damit die Lerninhalte pro IA wie im Themenbereich ‚Geschwindigkeit' in EG und KG identisch waren, unterschieden sich jeweils die Instruktionstexte sowohl in EG als auch in KG in ihrem Schwierigkeitsgrad: durch den AM-Test (s. 4.2.2.1) wurden sie jeweils einer der drei Kategorien AM_high, AM_med und AM_low zugeordnet. Somit gab es auch hier zu jeder IA drei Lerngruppen, die als EG mit Zeitungsartikeln mit verschiedenem Schwierigkeitsgrad aber gleichen Aufgabenstellungen arbeiteten: ZA_high, ZA_med und ZA_low. Gleiches gilt für die ‚traditionellen Aufgaben' in der KG: TA_high, TA_med und TA_low (vgl. 4.2.2.1; 4.2.3.2). Dabei ist der Schwierigkeitsgrad von Zeitungsartikel und traditionellem Text aus der gleichen AM-Kategorie pro IA gleich (vgl. Tab. 61).

Der Instruktionstext in IA1 beschreibt die Energieumwandlung durch das größte Speicherwasserkraftwerk der Welt am ‚Drei-Schluchten-Staudamm' an dem chinesischen Fluss Yangtse. Dabei sollte in Aufgaben-Nr. 1 zunächst die Laufzeitdauer des Kraftwerks ermittelt und das Ergebnis beurteilt werden. Um eine bessere Vorstellung von dem umgewandelten Energiebetrag zu erhalten, berechneten die Schüler in Teilaufgabe 2 die Anzahl der Haushalte, die mit dem umgewandelten Energiebetrag ver-

[60] Infolge des großen Materialumfangs sind die Lernmaterialien in OnlinePLUS unter www.viewegteubner.de zu finden.

Tabelle 64: Übersicht über die Aufgaben-Kennzeichen des Instruktionsmaterials zum Themenbereich ‚Geschwindigkeit'

Aufgaben-Nr.	Lerninhalt (*Didaktischer Ort*)	Aufgabentyp (Problemraum)[31]	Kompetenzstufe[32] (Cohens Kappa κ)[33]
Instruktionsaufgabe 1: Der Gigant kurz vor der ersten Belastungsprobe			
1.	Berechnung und Bewertung der Laufzeitdauer eines Wasserkraftwerks aus vorgegebenen Daten (*Anwendung*)	IV (PR(m))	III (0.77)
2.	Berechnung der möglichen Anzahl an Haushalten zur Energieversorgung (*Festigung*)	IV (PR(k))	II (0.81)
3.	Diskussion der Vor- und Nachteile des Kraftwerks (*Transfer*)	VII (PR(g))	IV (0.78)
Instruktionsaufgabe 2: „Aushungern" von Stromfressern schont Geldbeutel			
1.	Berechnung der Energiekosten von Stand-by-Geräten (*Anwendung*)	IV (PR(m))	III (0.86)
2.	Kritische Datenanalyse (*Anwendung*)	IV (PR(m))	III (0.79)
3.	Vergleich der Energiekosten von verschiedenen Lichtquellen (Glühlampen vs. Energiesparlampen; *Anwendung*)	IV (PR(g))	III (0.78)
4.	Kritische Analyse verschiedener Energiesparmöglichkeiten (*Transfer*)	IV (PR(g))	V (0.82)

sorgt werden könnten. Basierend auf darauf wurden dann Vor- und Nachteile dieses Kraftwerkstyps diskutiert. Bei IA2 standen weitere Anwendungsaufgaben zur Berechnung der Größen zur elektrischen Energieumwandlung im Mittelpunkt. Dabei ging es in den Instruktionstexten rund ums Thema ‚Energie sparen'. Während in Teilaufgabe 1 die jährlichen Energiekosten für elektrische Geräte im Stand-by-Modus berechnet wurden, war in Teilaufgabe 2 und 3 der elektrische Energiekostenvergleich zwischen Glühlampe und Energiesparlampe Lerngegenstand. Abschließend sollten die Lernenden basierend auf den in den vorangehenden Teilaufgaben erworbenen Erkenntnissen die aufgezeigten Energiesparmöglichkeiten aus ökonomischer und ökologischer Sicht kritisch beurteilen (vgl. Aufgaben-Nr. 4, IA2).

Wie im Themenbereich ‚Geschwindigkeit' fand auch hier die Bearbeitung der einzelnen Teilaufgaben in EG und KG in allen IA stets in Gruppen zu je zwei bis drei Lernenden entsprechend der problemorientierten Aufgaben- und Lernumgebung (pAL; s. 2.3.2, Abb. 4) statt.

Leistungstest

Anforderungsbereiche, Offenheitsgrade und Kompetenzstufen der Aufgaben des Leistungstests im Themenbereich ‚Elektrische Energie' entsprachen den Aufgaben des Instruktionsmaterials (s. Tab. 65, Anhang L). Dabei handelte es sich um Aufgaben zur Anwendung und Transferierung des Wissens der während der Instruktionsphase bearbeiteten Inhalte.

Während die Lösung von Aufgaben-Nr. 1 naturwissenschaftliches Alltagswissen erforderte (PISA-Kompetenzstufe III) erforderte, war für die Teilaufgaben-Nr. 3a und 3b die Anwendung naturwissenschaftlichen Wissens notwendig, sodass diese Aufgaben jeweils der PISA-Kompetenzstufe III zugeordnet werden konnten. Im Gegensatz dazu mussten in der Aufgaben-Nr. 2 Erklärungen auf Basis elaborierter naturwissenschaftlicher Konzepte getroffen sowie Informationen für gültige Schlussfolgerungen identifiziert werden (PISA-Kompetenzstufe IV). Schließlich erforderte die Teilaufgaben-Nr. 3c die Verwendung alternativer Gesichtspunkte und Perspektiven zur Beurteilung des Ergebnisses ein breites Spektrum an verschiedenen Kompetenzen (PISA-Kompetenzstufe V).

Tabelle 65: Übersicht über die Aufgaben-Kennzeichen des Leistungstests zum Themenbereich ‚Geschwindigkeit'

Aufgaben-Nr.	Aufgabengegenstand	Aufgabentyp (Problemraum)[31]	Kompetenzstufe[32] (Cohens Kappa κ)[33]
1	Berechnung des elektrischen Energiebedarfs eines Staubsaugers auf Basis naturwissenschaftlichen Alltagswissens.	IV (PR(k))	II (0.84)
2	Beurteilung der Auswirkung des Anschlusses einer Waschmaschine und Erklärung auf Basis elaborierter Konzepte.	IV (PR(m))	IV (0.82)
3	**‚Wind lässt Rotoren langsamer drehen'**		
3.a	Berechnung der elektrischen Leistung einer Windkraftanlage auf Basis naturwissenschaftlichen Wissens.	IV (PR(k))	III (0.91)
3.b	Kritische Datenprüfung auf Basis naturwissenschaftlichen Wissens.	IV (PR(m))	III (0.75)
3.c	Beurteilung des Ergebnisses unter Verwendung alternativer Gesichtspunkte und Perspektiven.	IV (PR(g))	V (0.78)

Ebenso wie die Aufgaben des Instruktionsmaterials bestand der Leistungstest aus solchen Aufgaben, die sich durch wenigstens substanzielle Interrater-Reliabilitäten zweier unabhängiger Beurteiler auszeichneten. ($0.6 < \kappa \leq 0.8$; $0.8 < \kappa$: fast vollkommene Übereinstimmung) (s. Fußnote 33). Somit konnte auch hier von einer zuverlässigen Einschätzung des Testmaterials hinsichtlich der PISA-Kompetenzstufen der Aufgaben ausgegangen werden. Die Leistungsfähigkeit wurde dabei sowohl für jede Teilaufgabe als auch insgesamt als prozentualer Anteil der erreichten Punktzahl an der insgesamt möglichen Gesamtpunktzahl der Teilaufgabe bzw. des Gesamttests angegeben.

AT-Test

Die Ankertiefe (AT) eines zugehörigen Instruktionstextes, d. h. das Erinnerungsvermögen der Schüler an den semantischen, d. h. propositionalen, Gehalt des betreffenden Textes wurde auch im Themenbereich ‚Elektrische Energie' durch gezielte Fragen zum Textinhalt mit Multiple-Choice-Antwortmöglichkeiten erhoben (s. Anhang N). Die Anzahl der Fragen variierte je nach Instruktionstext zwischen sechs (IA1) und sieben (IA2). Dabei standen den Lernenden zu jeder Frage erneut stets vier Multiple-Choice-Antworten zur Verfügung, von denen nur eine richtig war. Die AT-Tests zu den Instruktionstexten aus IA1 und IA2 wurden vor der Interventionsstudie in sieben Schulklassen der Klassenstufe 9 an drei Realschulen durchgeführt (N = 180). Da die AT-Tests eine eindimensionale Testskala aufweisen, ist an dieser Stelle eine Faktorenanalyse nicht erforderlich. Die Reliabilitäten der Fragebögen zu den Instruktionstexten von IA1 und IA2 wurden aus der Pilotstudie zu Cronbach's Alpha_{AT1} = 0.83 bzw. Cronbach's Alpha_{AT2} = 0.81 bestimmt (s. Fußnoten 21, 58).

Lesekompetenztest

Als Indikator für die Moderatorvariable Sprachfähigkeit wurde im Themenbereich ‚Elektrische Energie' wie in Kapitel 3 der standardisierte und gut validierte Lesekompetenztest nach Lang, Mengelkamp und Jäger (2004) eingesetzt.

4.2.3 Organisation und Design der Interventionsstudie

4.2.3.1 Organisation: Voraussetzungen und Rahmenbedingungen

Auch in diesem Kapitel stellte die Leitlinie ‚Praktikabilität' hinsichtlich der Implementation der Untersuchung das Projekt vor die Herausforderung, zwei vordergründig gegensätzliche Anforderungen zu vereinen: einerseits die Intervention in den alltäglichen Physikunterricht unter möglichst authentischen Bedingungen einzubinden und andererseits die statistische Aussagekraft und Validität der Untersuchung durch Reduktion und Kontrolle möglicher Moderatorvariablen zu sichern. Letzteres hatte zur Folge, dass für diesen Untersuchungsschwerpunkt die Instruktionsphase erstens zeitlich kürzer organisiert und zweitens die Instruktion in allen Klassen vom Instruktionsleiter und Autor selbst durchgeführt wurde (s. 4.2.3.2). Dies resultierte daraus, dass für die in diesem Kapitel im Zentrum stehende, differenzierte Analyse zur Optimierung authentischer Ankermedien das Untersuchungsdesign deutlich komplexer war (vgl. 4.2.3.2, Tab. 68) als das Design zur Untersuchung der MAI-Breitenwirkung in Kapitel 3 (vgl. 3.2.3.2, Tab. 21). Eine Durchführung des Instruktionsdesigns wäre dadurch sehr anspruchsvoll für empirisch unerprobte Lehrkräfte. Um den Faktor ‚Lehrkraft' besser kontrollieren zu können und die Aussagekraft und Validität der Untersuchung zu erhöhen, wurde für diese Intervention im Gegensatz zu Kapitel 3 eine passiv-symbiotische Implementationsstrategie gewählt (vgl. Gräsel & Parchmann, 2004b). Diese sah vor, dass zwar vor der Instruktionsphase u. a. verbindliche Voraussetzungen, Rahmenbedingungen und Absprachen mit den beteiligten Kooperationslehrkräften und -schulen getroffen und eingehalten wurden. Der Instruktionsverlauf selbst wurde aber nicht von den Lehrern übernommen. Die Aktivierung interessierter Lehrkräfte erfolgte für diese Intervention im Gegensatz zu Kapitel 3 nicht durch Projektvorstellungen in Lehrerfortbildungsmaßnahmen, sondern durch Interessenbekundung von Seiten der Lehrer selbst, die einen Einblick in die Arbeit der Kooperationslehrkräfte im Rahmen der Untersuchung zur MAI-Breitenwirkung aus Kapitel 3 an ihrer Schule nehmen konnten.

Die Vereinbarungen verbindlicher Voraussetzungen, Rahmenbedingungen und Absprachen wurden mit den 14 Lehrern im Herbst 2006 im Rahmen einer ganztägigen Veranstaltung an der Abteilung Physik der Universität Koblenz-Landau/Campus Landau getroffen. Dabei wurden den Lehrkräften zunächst das Instruktionsmaterial und die Testinstrumente zu dem jeweiligen Thema vorgestellt sowie deren Einsetzbarkeit und Charakteristika (Kompetenzstufen, Offenheitsgrad usw.) diskutiert. Im

Gegensatz zur Instruktion des Untersuchungsschwerpunkts I (Kapitel 3) diente in dieser Studie das Instruktionsmaterial dazu, das vor der Instruktionsphase erworbene Faktenwissen anzuwenden und zu transferieren. Es sollte kein neuer Lerninhalt erarbeitet werden. Dazu wurde im Rahmen der Vorbereitungsveranstaltung festgelegt, welcher Lerninhalt in den einzelnen Themenbereichen vor der Instruktionsphase erarbeitet werden soll (vgl. Anhang O). Dazu mussten die Lehrer vor der Instruktionsphase in drei Unterrichtsstunden die zu bearbeitenden physikalischen Begriffe sowie deren grundlegenden Zusammenhänge zum jeweiligen Themenbereich einführen. Für den Bereich ‚Geschwindigkeit' bedeutete dies die Einführung verschiedener Bewegungsformen (gleichförmig/ungleichförmig), des formalen Zusammenhangs zur Berechnung der Durchschnittsgeschwindigkeit ($v = s/t$; s. 2.3.5) sowie die Umrechnung der Geschwindigkeitswerte von Kilometer pro Stunde (km/h) in Meter pro Sekunde) m/s und umgekehrt. Im Themenbereich ‚Elektrische Energie' sollten Beispiele zu Energieumwandlungsprozessen bearbeitet, der formale Zusammenhang zur Berechnung der elektrischen Energie ($E = P \cdot t = U \cdot I \cdot t = U \cdot Q$; s. 2.3.5) sowie die Umrechnung der Energieangaben von Kilowattstunden (kWh) in Wattsekunden (Ws) und umgekehrt erarbeitet werden. In beiden Themenbereichen sollten die formale Erarbeitung experimentell ergänzt und mit vorgegebenen Übungsaufgaben abgeschlossen werden (vgl. Anhang Q). Die Auswahl der AM-Kategorie die einzelnen Klassen erfolgte zufällig, indem die Physiklehrkräfte der jeweiligen Schulklassen die AM-Kategorie für ihre Klasse vor Ende der Veranstaltung per Los zogen und das entsprechende Instruktionsmaterial, d. h. Arbeitsblätter mit den entsprechenden Aufgaben, für den Versuchsleiter verdeckt ausgehändigt bekamen. Diese Arbeitsblätter wurden vor jeder Unterrichtsstunde während der Instruktionsphase von dem Fachlehrer der jeweiligen Schule an die Schüler verteilt, ohne dass der Instruktionsleiter Einblick in die Arbeitsblätter hatte. Erst nach der Instruktionsphase erhielt der Autor durch die Kodierung des Instruktions- und Testmaterials eine Übersicht, welches Material die einzelnen Schüler bearbeitet hatten und ordnete daraus die Lernenden den zugehörigen AM-Kategorien zu.

Neben diesen inhaltlichen Absprachen mussten die Lehrkräfte vor der Instruktionsphase wiederum verschiedene, organisatorische Rahmenbedingungen. Dies betrifft v. a. die Sicherstellung des zeitlichen Terminierung während der Instruktionsphase (s. 4.2.3.2) sowie die Erhebnung der Moderatorvariablen. Eine Übersicht für die erforderlichen Tätigkeiten erhielt jeder Lehrer eine ‚Checkliste' für die Intervention (s. Anhang P). Schließlich wurden mit allen Teilnehmern verbindliche Zeiträume zur Durchführung der Instruktionsphasen pro Themenbereich vereinbart, in denen keine schulorganisatorischen Probleme (z. B. Schulpraktika, Studientage, Ausflüge usw.) zu erwarten waren, zu denen die erforderlichen Voraussetzungen und Rahmenbedingungen hergestellt sein mussten und der Autor an der Schule die Instruktionsphase durchführen konnte (Terminüberblick: s. Tab. 66).

Tabelle 66: Übersicht über die Terminierung des Instruktionsverlaufs in den einzelnen Themenbereichen

Jahr / Woche Lerngruppe/Instruktionsphase		2007 5	6	7	8	9	10	11	12	13	14	15	16	17	18	19	20
Themenbereich ‚Geschwindigkeit'																	
ZA_low	Instruktionsphase													x	o		
	FUP-Testung															x	o
ZA_med	Instruktionsphase													x	o		
	FUP-Testung															x	o
ZA_high	Instruktionsphase													x	o		
	FUP-Testung															x	o
TA_low	Instruktionsphase													x	o		
	FUP-Testung															x	o
TA_med	Instruktionsphase													x	o		
	FUP-Testung															x	o
TA_high	Instruktionsphase													x	o		
	FUP-Testung															x	o
Themenbereich ‚Elektrische Energie'																	
ZA_low	Instruktionsphase	•	⊗											x			
	FUP-Testung			•	⊗											x	
ZA_med	Instruktionsphase	•	⊗											x			
	FUP-Testung			•	⊗											x	
ZA_high	Instruktionsphase	•	⊗														
	FUP-Testung			•	⊗												
TA_low	Instruktionsphase	•	⊗														
	FUP-Testung			•	⊗												
TA_med	Instruktionsphase	•	⊗														
	FUP-Testung			•	⊗												
TA_high	Instruktionsphase	•	⊗														
	FUP-Testung			•	⊗												

Anmerkungen. x = Lernende aus Gymnasium a; o = Lernende aus Gymnasium b; • = Lernende aus Realschule c; ⊗ = Lernende aus Realschule d.

Insgesamt umfasst der Instruktionsverlauf pro Themenbereich eine Woche, wobei zwischen den Post- und Follow-up-Tests stets der konventionelle Physikunterricht gemäß Stoffverteilungs- bzw. Arbeitsplan der jeweiligen Schule stattfand.

4.2.3.2 Design der Untersuchung

In einem quasi-experimentellen Untersuchungsdesign in zwei Themenbereichen[61] unterrichtete der Untersuchungsleiter und Autor alle Gruppen. Die Untersuchung der in 4.1.2 formulierten Hypothesen bzgl. der genannten Variablen und damit des Zu-

[61] Da die beiden Themenbereiche curricular in zwei verschiedenen Klassenstufen verankert sind (Themenbereich ‚Geschwindigkeit': Klassenstufe 8; Themenbereich ‚Elektrische Energie': Klassenstufe 10), muss an dieser Stelle zwischen Klassenstufe und Themenbereichen nicht unterschieden werden.

sammenhangs zwischen Authentizität und Komplexität, d.h. zwischen Ankermasse AM, Ankertiefe AT (Texterinnerung), Ankereigenschaften AE und Cognitive Load CL (subjektiv wahrgenommene Textschwierigkeit) erforderte grundsätzlich ein 2 × 3-experimentelles Untersuchungsdesign.

Tabelle 67: 2 × 3-experimentelles Untersuchungsdesign

Textschwierigkeit / **Instruktionstext**	leicht: AM_low	mittel: AM_med	schwer: AM_high
Zeitungsartikel	ZA_low	ZA_med	ZA_high
traditioneller Aufgabentext	TA_low	TA_med	TA_high

Dazu waren zunächst drei Experimental-Gruppen (EG) erforderlich, nämlich eine EG pro AM-Kategorie (s. 4.2.2.1). Entsprechend wurde jeder EG eine Kontrollgruppe (KG) zugeordnet, deren Instruktionsmaterial sich durch das sprachliche Format bzw. den Sprachstil des Instruktionstexts von den Zeitungsaufgaben in der EG unterschied (vergleichbar mit dem Sprachstil von Aufgaben- und Lerntexten in Schulbüchern, ‚Schulbuchtext', s. Abb. 25). Die Aufgabenstellungen entsprachen sich dagegen in den Gruppen vollständig. Demzufolge ergaben sich sechs Lerngruppen, drei EG und drei KG, wobei das Material in den verschiedenen AM-Kategorien der KG – genauso wie in den EG – in ihren textstrukturellen Eigenschaften (s. 4.2.2.1) verschieden war.

Vor der Instruktionsphase wurden in den Lerngruppen in drei regulär stattfindenden Unterrichtsstunden zunächst die mit den Physiklehrkräften vereinbarten physikalischen Inhalte (Grundlagen) des jeweiligen Themengebietes durch die Fachlehrer selbst erarbeitet, nachdem die Moderatorvariablen ‚Lesekompetenz' und ‚allgemeine Intelligenz' erfasst worden waren. Einen Tag vor der Intervention wurden mit den in 4.2.2 genannten Testverfahren zur Motivation (Motivations-Prätest, s. Anhang E) und zur Leistung (Leistungs-Prätest, s. Anhang F) die zugehörigen Variablen erhoben. Die Lerngruppen bearbeiteten am darauf folgenden Tag die Aufgaben einer bestimmten, vom Fachlehrer ausgewählten AM-Kategorie.[62] Die Aufgaben bezogen sich in allen Lerngruppen auf den gleichen Lerninhalt, lediglich die Instruktionstexte variierten in ihrer Schwierigkeit (AM-Kategorie) und Form (Zeitungsartikel vs. traditioneller Aufgabentext). Nach einer ca. 30minütigen Bearbeitungszeit wurden die Aufgaben besprochen und die Schüler jeder Lerngruppe füllten anschließend das in

[62] Instruktionsaufgabe 1: ZA1_low: erste Zeitungsaufgabe ZA mit leichtem Instruktionstext; ZA1_med: erste Zeitungsaufgabe ZA mit Instruktionstext von mittlerer Schwierigkeit; ZA1_high: erste Zeitungsaufgabe ZA mit schwerem Instruktionstext; TA1_low: erste traditionelle Aufgabe TA mit leichtem Instruktionstext; TA1_med: erste traditionelle Aufgabe TA mit Instruktionstext von mittlerer Schwierigkeit; TA1_high: erste traditionelle Aufgabe TA mit schwerem Instruktionstext; entsprechend gilt die Nummerierung und Bezeichnung für die Teil-gruppen bei Instruktionsaufgabe 2.

4.2.2.1 beschriebene Instrument mit Items zur Cognitive Load CL sowie zu den Ankereigenschaften AE des Instruktionsmaterials aus. Nach einem Tag Instruktionspause beantworteten die Lernenden in einer Unterrichts-Doppelstunde zunächst Fragen zum Textinhalt der ersten Instruktionsaufgabe aus der vorangehenden Unterrichtsstunde (erste Zeitungsartikel in den EG bzw. erste traditionelle Texte in den KG), wodurch die Ankertiefe des ersten Instruktionstextes, d. h. die Erinnerung an den Textinhalt erfasst wurde (s. Anhang M, Anhang N). Danach bearbeiteten die Schüler etwa 60 Minuten lang die zweite Instruktionsaufgabe aus der gleichen AM-Kategorie wie die vorangehende Aufgabe. Hatte eine Lerngruppe also in der ersten Unterrichtsstunde eine Aufgabe mit leichtem Instruktionstext bearbeitet, so war der Text in dieser Instruktionsphase ebenfalls vom Typ ‚AM_low' (entsprechend wird in den anderen Lerngruppen verfahren).

Nach der Besprechung der Aufgaben füllten die Schüler jeder Lerngruppe Items zur CL sowie zu den AE des Instruktionsmaterials aus. Am Tag darauf wurden der Test zur Ankertiefe (mit Fragen zum zweiten Instruktionstext) sowie die Posttests zu Motivation und Leistungsfähigkeit erfasst (gleiche Testverfahren wie bei der Prätest-Messung, s. o.). Die Follow-up Messungen (FUP) erfolgten 14 Tage nach Abschluss der Untersuchung. Einen Überblick des Untersuchungsverlaufs zeigt Tabelle 68.

Tabelle 68: Design der Untersuchung

Tag*	U.-Std (Anzahl)	**EG: Zeitungsaufgaben (ZA)**			**KG: Traditionelle Aufgaben (TA)**		
		AM_low	AM_med	AM_high	AM_low	AM_med	AM_high
	3	Erarbeitung der physikalischen Grundlagen					
1	1	Pre-Test: Motivation, Leistung					
2	1	**Instruktionsaufgabe IA 1**					
		ZA 1	ZA 1	ZA 1	TA 1	TA 1	TA 1
		Erfassung von CL und AE1 (Ankereigenschaften von AM1)					
3	Instruktionspause						
4	2	Erfassung von AT1 (Ankertiefe zu IA1)					
		Instruktionsaufgabe IA 2					
		ZA 2	ZA 2	ZA 2	TA 2	TA 2	TA 2
		Erfassung von CL und AE2 (Ankereigenschaften von AM2)					
5	1	Erfassung von AT2 (Ankertiefe zu IA2)					
		Post-Tests: Motivation, Leistung					
6...19	2	Konventioneller Unterricht					
20	1	Follow up (FUP)-Tests: AT1, AT2, Motivation, Leistung					

Anmerkung. * In diesem Design handelt es sich bei der Zeitskala ‚Tag' um direkt aufeinander folgende Tage.

4.3 Auswertungsverfahren

Die Prüfung der in 4.1 theoriegeleitet entwickelten Hypothesen erfordert neben varianzanalytischen Betrachtungen von Mittelwertunterschieden (vgl. 4.4.1-4.4.4) zudem Analysen über kausale Zusammenhänge zwischen den verschiedenen Variablen (vgl. 4.4.5). Während die statistischen Grundlagen zur Analyse von Unterschiedshypothesen an dieser Stelle infolge ihres grundlegenden Charakters nicht mehr eigens diskutiert werden (vgl. Backhaus et al., 2000, S. 43ff.; Bortz, 1999, S. 233ff.), sind für die in Abbildung 23 dargestellten Kausalmodelle Kovarianzstrukturanalysen erforderlich. Dazu wird in dieser Arbeit das LISREL-Verfahren angewendet (Version 8.72; vgl. Jöreskog & Sörbom, 2005), dessen Grundlagen an dieser Stelle zum besseren Verständnis der diesbzgl. darzustellenden Ergebnisse kurz skizziert werden. Ausführliche Beschreibungen zu dem Verfahren sind allgemein in Backhaus et al. (2002, S. 390 ff.) oder Kline (1998) und speziell bzgl. dieser Untersuchung in Schneider und Kuhn (2008) zu finden.

4.3.1 Grundlagen der LISREL-Methode

LISREL (Linear Structural Relations) ist ein strukturbildendes Verfahren und somit ein Werkzeug zur Berechnung von Kovarianzstrukturanalysen, das zur Schätzung unbekannter Variablen in Kausalmodellen dient (synonyme Begriffe: ‚lineare Strukturgleichungsmodelle', ‚Kausalanalyse' oder ‚Structural Equation Modelling'). Dazu steht das gleichnamige Programm ‚LISREL' (Version 8.72; Jöreskog & Sörbom, 2005) zur Verfügung. Der Grundgedanke dieser Methode ist, empirische Beziehungen (sog. Pfade) zwischen einer Reihe von Variablen durch ein sukzessiv verbessertes Erklärungsmodell mit möglichst wenig Informationsverlust abzubilden.

Im hypothetisch angenommenen Modell werden typischerweise Restriktionen eingeführt, wie z. B. dass einzelnen Pfaden unterstellt wird, dass diese nicht von Null verschieden sind oder einen festen Wert besitzen, oder aber dass bestimmte Pfade sich nicht zwischen unterschiedlichen Untersuchungsgruppen unterscheiden. Das Anliegen der Kausalmodellierung ist es, ein Modell mit möglichst wenigen ‚freien' bzw. aus den Daten zu schätzenden Parametern zu finden, sodass die modelltheoretische (durch Restriktionen ‚vereinfachte') Kovarianzmatrix die empirische hinreichend gut erklärt. Zur Beurteilung der Übereinstimmung zwischen empirischer und modelltheoretischer Matrix stehen eine kaum überschaubare Anzahl von Maßen zur Verfügung (vgl. Kline, 1998; Langer, 2006), die Aufschluss über die Modellanpassung (sog. ‚Modellfit') geben (s. 4.3.3).

Eine grundlegende Unterscheidung wird dabei zwischen so genannten exogenen und endogenen Variablen getroffen. Während diese Variablentypen in einfachen Wirkungsgefügen mit unabhängigen (exogenen) und abhängigen (endogenen) Variablen in Varianzanalysen vergleichbar sind, können beide Variablentypen in komplexen Wirkungsmodellen – im Gegensatz zu Varianzanalysen – gleichzeitig sowohl vorherzusagenden als auch vorhersagenden Charakter haben. Somit kann eine Variable in Kausalmodellen also nicht nur durch eine Linearkombination anderer Variablen erklärt werden, sondern sie wird auch ihrerseits dazu herangezogen, gegebenenfalls in Kombination mit weiteren Variablen selbst eine andere Variable zu erklären. Alle Variablen im Kausalmodell, die ausschließlich vorhersagenden Charakter besitzen, werden als exogene Variablen bezeichnet, alle anderen Variablen als zu erklärende, endogene. Die Spezifikation der in Modellen eingeschlossenen Parameter wird dabei anhand einer matrizenbasierten Syntax vorgenommen. Die Nomenklatur von LISREL sieht dabei vor, dass Pfade von exogenen zu endogenen Variablen in der sog. Gamma-Matrix spezifiziert werden, Bezüge zwischen endogenen Variablen in der sog. Beta-Matrix (s. 4.3.2, Gl. (26)).

4.3.2 Spezialfall des LISREL-Verfahrens: Die Pfadanalyse

Grundsätzlich erlaubt die LISREL-Methode die Modellierung von Variablenzusammenhängen auf latenter Ebene. Dabei wird angenommen, dass die manifest gemessenen Variablen nur Ausdruck eines latenten Konstrukts sind, das seinerseits der direkten Beobachtung bzw. Messung nicht zugänglich ist. Die Modellierung von latenten Konstrukten setzt in der Logik des LISREL-Ansatzes voraus, dass für jedes latente Konstrukt idealer weise mehrere manifest gemessene Indikatoren zur Verfügung stehen, die als verschiedene Zugänge zum latenten Konstrukt verstanden werden. Die Beziehungen zwischen manifesten Indikatoren und latenten Konstrukten wird im so genannten Messmodell thematisiert. Strukturelle Beziehungen bestehen im vollständigen LISREL-Modell in der Regel ausschließlich zwischen den latenten Konstrukten.

Eine Vereinfachung bzw. einen Spezialfall des allgemeinen LISREL-Modells stellt die Pfadanalyse dar, die historisch dem allgemeinen Fall vorausging. In Pfadanalysen wird auf die latente Modellierung von Konstrukten verzichtet und es werden direkt strukturelle Bezüge zwischen gemessenen manifesten Variablen modelliert. Wenngleich dieses Vorgehen von seiner Aussagekraft her ‚schwächer' ist als die latente Modellierung von Variablenzusammenhängen, gibt es Anwendungsbereiche, in denen sich eine latente Modellierung schon aus praktischen Gründen verbietet. Dies ist beispielsweise dann der Fall, wenn zur Modellierung eines oder mehrerer latenten Konstrukte nicht eine ausreichende Zahl von manifesten Messungen zur Verfügung steht bzw. im gewählten Forschungsdesign erhoben werden konnte.

Durch die der Leitlinie ‚Praktikabilität' dieser Arbeit geschuldete Gratwanderung zwischen der aus wissenschaftlicher Sicht wünschenswerten Fülle von zu erhebenden Variablen und der externen Validität der Untersuchungsergebnisse musste die Anzahl von Erhebungen vor Ort im Rahmen des Schulunterrichts auf ein Mindestmaß beschränkt werden. Durch noch detailreichere Erhebungen wäre ein unangemessen hohes Risiko entstanden, die ‚Lebensnähe' der Instruktion und auch der Kontrollbedingung zu verlieren. Im Zuge dieser Überlegungen wurde schon bei der Planung der Studie bewusst auf zu viele und zu umfangreiche Testinstrumente in Bezug auf die Bewertung des Aufgabenmaterials verzichtet, so dass für eine latente

Modellierung von Cognitive Load CL, Ankereigenschaften AE und Ankertiefe AT nicht hinreichend viele Messungen zur Verfügung stehen. Dies ist der Grund dafür, dass bei der Auswertung der Daten auf eine latente Modellierung verzichtet wird und stattdessen pfadanalytische Auswertungsstrategien herangezogen werden. Ausgangspunkt einer Pfadanalyse ist dabei stets ein hypothetisches Kausalsystem wie in 4.1.2, das aufgrund theoretischer Vorüberlegungen aufgestellt wurde und die vermuteten kausalen Abhängigkeiten zwischen den Variablen widerspiegelt. Das verbal formulierte Hypothesensystem wird anschließend in einem Pfaddiagramm graphisch dargestellt (vgl. Abb. 23). Anhand eines Ausschnitts aus dem Pfaddiagrammen in Abb. 23 soll das Verfahren der Pfadanalyse erläutert werden (vgl. Abb. 26).

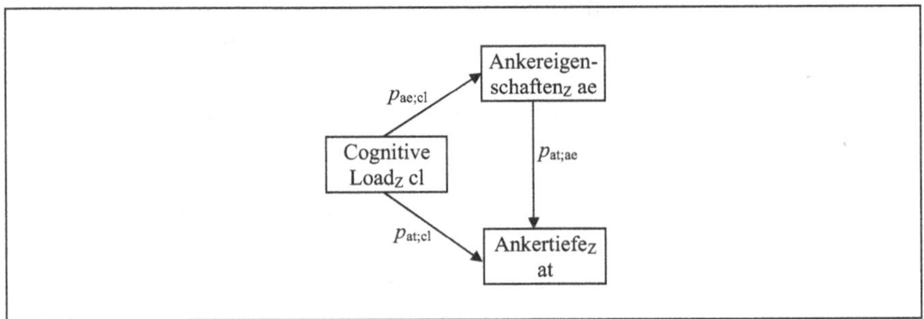

Abb. 26: Pfaddiagrammausschnitt mit standardisierten Pfadkoeffizienten und Variablen

In diesem Pfaddiagramm ist CL die einzige exogene Variable, mit der die restlichen beiden Variablen AE und AT zu erklären sind. Dieses Pfaddiagramm lässt sich mit folgenden Strukturgleichungen abbilden:

$$AE = b_{\mathrm{CL}} + b_{\mathrm{AE;CL}} \cdot CL \qquad (28a)$$
$$AT = b_{\mathrm{AE}} + b_{\mathrm{AT;CL}} \cdot CL + b_{\mathrm{AT;AE}} \cdot AE \qquad (28b)$$

Dabei lassen sich die *b*-Koeffizienten durch Anwendung multipler Regressionsanalysen schätzen und auf Signifikanz prüfen.

Werden z-standardisierte Variablen[63] verwendet, so entfallen die Intercepts b_{CL} und b_{AE}, sodass sich Gl. (28a) und (28b) vereinfachen zu (vgl. Abb. 26)[64]

$$ae = p_{\mathrm{ae;ck}} \cdot cl \qquad (28c)$$
$$at = p_{\mathrm{at;cl}} \cdot cl + p_{\mathrm{at;ae}} \cdot ae \qquad (28d)$$

[63] Vgl. Bortz, 1999, S. 45.

[64] Die Kleinschreibung der Variablen ae, at und cl soll verdeutlichen, dass es sich hierbei nicht mehr um die empirischen Rohwerte AE, AT und CL sondern um z-standardisierte Variablen handelt.

und in Vektor- bzw. Matrizenschreibweise wie folgt darstellen lassen:

$$\begin{bmatrix} ae \\ at \end{bmatrix} = \mathbf{B} \cdot cl + \mathbf{\Gamma} \cdot \begin{bmatrix} ae \\ at \end{bmatrix} \tag{29}$$

mit der Beta-Matrix $\mathbf{B} = \begin{bmatrix} p_{ae;cl} \\ p_{at;cl} \end{bmatrix}$ für Pfade zwischen exogenen zu endogenen Variablen und der Gamma-Matrix $\mathbf{\Gamma} = \begin{bmatrix} 0 & 0 \\ p_{at;ae} & 0 \end{bmatrix}$ für Bezüge zwischen endogenen Variablen (s. 4.3.1).

Unter Verwendung der Multiplikationsmethode nach Opp und Schmidt (1976) und dem Fundamentaltheorem der Pfadanalyse nach Wright (1934) lassen sich Gl. (28a) und (28b) vereinfachen zu (vgl. Abb. 26):

$$r_{ae;cl} = p_{ae;cl} \tag{30a}$$
$$r_{at;cl} = p_{at;cl} + p_{at;ae} \cdot r_{ae;cl} = p_{at;cl} + p_{at;ae} \cdot p_{ae;cl} \tag{30b}$$
$$r_{at;ae} = p_{at;ae} + p_{at;cl} \cdot r_{ae;cl} = p_{at;ae} + p_{at;cl} \cdot p_{ae;cl} \tag{30c}$$

mit $r_{i;j}$ = empirischer Korrelationskoeffizient zwischen den z-standardisierten Variablen i und j
$p_{i;j}$ = standardisierter Pfadkoeffizient zwischen den z-standardisierten Variablen i und j

Die Verwendung standardisierter Pfadkoeffizienten erleichtert die Bestimmung von Kausalzusammenhängen zwischen Variablen im Rahmen von Pfadanalysen. Dabei kann sich der totale Effekt von einer Variablen auf eine zweite aus direkten und indirekten Effekten zusammensetzen (vgl. Backhaus et al., 2000): Während indirekte Effekte Zusammenhänge über eine oder mehrere zwischengeschaltete Variablen beschreiben, besteht ein direkter Effekt nur von einer auf eine zweite Variable.

In diesem Sinne besteht ein direkter Effekt von CL auf AE und von AE auf AT. Während CL zudem einerseits direkt auf AT wirkt, besteht ebenso ein indirekter Einfluss von CL auf AT über AE. Somit kann z. B. der totale Effekt von CL auf AT gemäß Gl. (30b) durch die Summe aus direkten Einfluss von CL auf AT ($p_{at;cl}$) und dem indirekten Effekt von CL über AE auf AT ($p_{at;ae} \cdot p_{ae;cl}$) ermittelt werden: $r_{at;cl} = p_{at;cl} + p_{at;ae} \cdot p_{ae;cl}$.

Die Verwendung standardisierter Pfadkoeffizienten ermöglicht neben einer einfacheren Ermittlung der Kausalzusammenhänge zudem die Einschätzung von Effektstärken. Eine Richtlinie zur Interpretation des Effektstärke von standardisierten Pfadkoeffizienten nach Cohen (1988, S. 24ff.) besagt, dass ein Pfadkoeffizient von 0.10 bis 0.30 als ‚schwacher' Effekt, zwischen 0.30 und 0.50 als ‚mittelgroßer' Effekt sowie größer als 0.50 als ‚großer' Effekt zu werten ist.

4.3.3 *Strategien und Spezifikationen der Modellierung*

Die Definition eines Kausalmodells sollte beim LISREL-Ansatz stets streng theoriegeleitet erfolgen. Nur in diesem Sinne ist eine Überprüfung eines hypothetisierten Modells im inferenzstatistischen Sinn möglich. Werden a posteriori Änderungen am Modell vorgenommen, so verliert das LISREL-Verfahren bei strenger Auslegung seinen konfirmatorischen Charakter und ist damit wenig mehr als eine rein explorative Anpassung des Modells an die Daten.

In der praktischen Arbeit mit LISREL zeigt sich jedoch, dass die vorliegenden empirischen Befunde zur Generierung von Hypothesen in aller Regel nicht dazu ausreichen, ein Modell zu definieren, das von LISREL ‚auf Anhieb' für gut befunden wird. In umfangreichen Dokumentationen zu einem berechneten Modell leistet LISREL hier in zweierlei Hinsicht Hilfestellung:

- Für die in der Definition des Modells angegebenen Pfade berechnet LISREL t-Werte, anhand derer ein einzelner Pfad auf statistische Signifikanz überprüft werden kann. Erreicht ein Pfad keine statistische Signifikanz, so bedeutet dies, dass er aus dem Modell entfernt werden kann, ohne dass dieses dadurch in seiner Güte vermindert würde. Dieses Vorgehen wird in der Literatur für gewöhnlich als ‚model trimming' bezeichnet.
- LISREL gibt zudem für alle Pfade, die in der Modelldefinition nicht zugelassen wurden, Modifikationsindizes an. Große Werte in diesen Indizes bedeuten, dass es dem Modell insgesamt zuträglich wäre, wenn dieser Pfad zusätzlich freigesetzt würde. Hierfür wird zumeist die Bezeichnung ‚model building' verwendet.

Das Zulassen von Pfaden, das über entsprechende Modifikationsindizes nahe gelegt wird, entspricht einer Gratwanderung und sollte nur dann vorgenommen werden, wenn sich dies theoretisch rechtfertigen lässt. Obwohl der streng konfirmatorische Charakter von LISREL durch Aufnahme zusätzlicher Pfade in das Modell untergraben wird, ist es bei der Anwendung durchaus üblich, a posteriori Veränderungen zuzulassen, insbesondere dann, wenn der Forschungsstand, der zur Definition des initialen Modells geführt hat, für ein vollständiges Hypothesengebäude nicht ausreichend war.

Zur Berechnung eines Modells gibt LISREL stets einen χ^2-Wert mit einer entsprechenden Zahl von Freiheitsgraden aus. Dieser χ^2-Wert wird umso größer, je weniger das definierte Modell der empirischen Kovarianzmatrix gerecht wird, je schlechter also die globale Güte des Modells ist. Der χ^2-Wert wird von LISREL auf statistische Signifikanz überprüft. Fällt dieser Test signifikant aus, so bedeutet dies, dass signifikante Abweichungen zwischen empirischer und modelltheoretischer Kovarianzmatrix bestehen und deutet somit auf ein schlechtes Modell hin. Das Problem der Abschätzung der Modellgüte über diese Signifikanzprüfung des χ^2-Wertes besteht darin, dass das Resultat dieses Tests von der Größe der Stichprobe abhängig ist. Je größer der Stichprobenumfang, desto eher kann die Nullhypothese der Gleichheit der empirischen und der modelltheoretischen Matrix zurückgewiesen werden. Eine Entscheidung über die Güte eines Modells alleine auf der Basis der Signifikanzprüfung des χ^2-Wertes wird daher bei der Interpretation der von LISREL ausgegebenen Modelldokumentation faktisch nicht vorgenommen. Eine gebräuchliche Methode der Interpretation des χ^2-Wertes besteht darin, ihn ins Verhältnis zur Anzahl der Freiheitsgrade des Modells zu setzen. Für kleine Modelle mit einer geringen Zahl von Variablen kann ein Verhältnis bis zu 2:1 als Indikator für eine ‚hohe', ein Verhältnis bis 3:1 für eine ‚akzeptable' Anpassungsgüte angesehen werden. Marsh und Hovecar (1985) halten hingegen insbesondere für umfangreiche Modelle ein Verhältnis von bis zu 5:1 für ‚akzeptabel'.

Über die Betrachtung des reinen χ^2-Wertes hinaus, gibt LISREL eine Vielzahl weiterer Maße für die Anpassungsgüte an. Zu unterscheiden ist hier zwischen Badness-of-Fit- und Goodness-of-Fit-Maßen. Betrachtet man Studien, in denen mit LISREL oder vergleichbaren Programmen zur Kovarianzstrukturanalyse gearbeitet wurde, so fällt auf, dass eine Übereinstimmung zwischen den Untersuchern über zu verwendende Maße für die Anpassungsgüte nicht einmal ansatzweise existiert. In verschiedenen Studien werden Teilmengen der von LISREL ausgegebenen Indizes berichtet, ohne dass diese sich notwendigerweise überlappen. Aus diesem Grund orientiert sich die Auswahl der Indizes, die in dieser Studie berichtet werden, in erster Linie an der Gebräuchlichkeit der Maße, so wie sie von Kline (1998) berichtet wird. Während normierte Maße Werte zwischen Null und Eins annehmen, können nichtnormierte Maße unter Umständen größer als Eins werden. An dieser Stelle soll ein Überblick über die Maße gegeben werden, die in dieser Studie zum Einsatz kommen:

- Der GFI (Goodness-of-Fit-Index) ist das gebräuchlichste Maß, auf das in nahezu keiner Studie verzichtet wird. Er beschreibt den Anteil der empirischen Varianzen und Kovarianzen, die durch das Modell erklärt werden (Jöreskog & Sörbom, 2005). Für gute Modelle gilt: GFI > 0.95; für akzeptable Modelle gilt: 0.95 ≥ GFI > 0.90.
- Der CFI (Comparative-Fit-Index) von Bentler (1990) ist ein Maß, das durch die Berücksichtigung der Freiheitsgrade weniger restriktive Modelle (d.h. Modelle mit mehr zugelassenen Pfaden) dadurch ‚bestraft', dass eine Adjustierung nach unten vorgenommen wird. Die Verwendung des CFI ist ebenfalls üblich und seine Interpretation identisch zum GFI.
- Beim NNFI (Non-Normed-Fit-Index; auch Tucker-Lewis-Index genannt) von Bentler & Bonnett (1980) handelt es sich ebenfalls um ein Maß, das die Komplexität der Modelle berücksichtigt. Das Anliegen der Autoren war es, ein Maß zu schaffen, dass sich analog zu R^2 interpretieren lässt. In Ausnahmefällen kann der NNFI Werte größer Eins annehmen, dies ist aber lediglich als Hinweis auf eine sehr gute Modellanpassung zu werten. Auch die Interpretation des Betrages des NNFI ist identisch mit der des GFI. Marsh, Balla & Hau (1996) empfehlen explizit die simultane Verwendung von CFI und NNFI zur Begutachtung von Modellen.

– Der RMSEA (Root Mean Square Error of Approximation) von Browne und Cudeck (1993) ist ein Badness-of-Fit-Index, der eine Abschätzung für die durchschnittliche Diskrepanz pro Freiheitsgrad darstellt (Langer, 2006). Bei guten Modellen sollte der RMSEA nicht größer als 0.05, bei akzeptablen Modellen nicht größer als 0.08 sein.

Eine direkte vergleichende Betrachtung zweier Modelle kann sinnvoller Weise nur dann vorgenommen werden, wenn das eine Modell als Spezialfall des anderen aufgefasst werden kann (Bentler & Bonnett, 1980). Dies ist dann gegeben, wenn beide Modelle die gleiche Anzahl manifester Indikatoren und latenter Konstrukte besitzen und sich lediglich durch die Anzahl der zugelassenen Pfade unterscheiden. Das weniger restriktive Modell mit der höheren Anzahl freigesetzter Pfade ist ein Spezialfall des restriktiveren Modells. Der direkte Vergleich erfolgt über die Bildung der Differenz des χ^2-Wertes der beiden Modelle vor dem Hintergrund der Differenz der Freiheitsgrade der beiden Modelle. Dieser Differenzwert ist ebenfalls χ^2-verteilt (Hayduk, 1987). Erreicht dieser statistische Signifikanz, so lässt sich daraus ableiten, dass das weniger restriktive Modell dem restriktiveren signifikant überlegen ist. Eine typische Anwendung dieses direkten Vergleichs ist der zwischen zwei Modellen, wo aufgrund eines von LISREL zum restriktiveren Modell ausgegebenen Modifikationsindex im weniger restriktiven (Folge-)Modell ein weiterer Pfad freigesetzt wurde.

Über die bisher berichteten Gütemaße hinausgehend kann die Anpassungsgüte eines Modells im Vergleich zur Anpassungsgüte seines jeweiligen Null- oder Unabhängigkeitsmodells betrachtet werden. Das Nullmodell ist ein solches, bei dem keine Kovariation zwischen den Indikatoren angenommen wird. Jedem der Indikatoren ist also ein eigenes latentes Konstrukt zugeordnet und zwischen diesen latenten Konstrukten bestehen keine Pfade. Der Vergleich eines Modells mit seinem Nullmodell erfolgt über das Akaike-Information-Criterion AIC (Akaike, 1987). Bei dem AIC handelt es sich um ein relatives Maß, dessen absoluter Wert aussagelos ist. Ein Modell ist dann besser als sein jeweiliges Nullmodell, wenn der AIC des Modells geringer ist als der AIC des Nullmodells. Besondere Bedeutung kommt dem AIC auch in der vergleichenden Betrachtung nicht hierarchisch geschachtelter Modelle zu, hier ist stets das Modell mit dem geringeren AIC vorzuziehen.

4.4 Ergebnisse

Die Darstellung der Ergebnisse zur ‚Optimierung authentischer Ankermedien‘ erfolgt in diesem Abschnitt in fünf Schritten. Zunächst werden die varianzanalytischen Ergebnisse zu den Hypothesen A.1, A.8-A.15 und C.1-C.4 sowie zu den Forschungsfragen D.1-D.4 und methodischen Kontrollen E.1 und E.2 bzgl. der Variablen ‚Cognitive Load‘ CL, ‚Ankereigenschaften‘ AE und ‚Ankertiefe‘ AT (vgl. 4.4.1, 4.4.2) sowie zu Leistung (vgl. 4.4.3) und Motivation (vgl. 4.4.4) dargestellt. Danach folgen die pfadanalytischen Ergebnisse zu den Kausalzusammenhängen dieser Variablen (Hypothesen A.2-A.7, B.1-B.10, C.5-C.8; vgl. 4.4.5). Die deskriptiven Daten der Variablen sind in den jeweiligen Abschnitten zu finden, in denen die zugehörigen Varianzanalysen berichtet werden.

Während in den Pfadanalysen eine Effektstärkeeinschätzung entsprechend den in Abschnitt 4.3.2 dargestellten Zusammenhängen erfolgt, wird wie in Kapitel 3 als Effektstärkemaß in varianzanalytischen Verfahren das auf die Population korrigierte Maß χ^2 verwendet (Wolf, 2001) und aus Gründen der Übersichtlichkeit werden ebenso nur praktisch relevante Einwirkungen ($0.06 < \chi^2$) im Fließtext berichtet (s. Fußnote 41). Eine ausführliche Ergebnisdarstellung findet sich jeweils in den zugehörigen Tabellen.

Vorab verdeutlichen die deskriptiven Daten der Moderatorvariablen in Tabelle 69, dass kein signifikanter Unterschied in diesen Variablen zwischen den Lerngruppen besteht, weder bei der Physik-Vorleistung noch bei den beiden Kofaktoren zur allgemeinen Intelligenz und Lesekompetenz. Ebenso gibt es im Themenbereich ‚Elektrische Energie' keinen signifikanten Unterschied bei einer der drei Variablen innerhalb der Lerngruppen AM_low und AM_med zwischen Realschülern und Gymnasiasten.

Tabelle 69: Übersicht über die deskriptiven Daten der Moderatorvariablen in den einzelnen Lerngruppen

Thema/Test \ Lerngruppe		**EG: Zeitungsaufgaben**			**CG: Traditionelle Aufgaben**		
		Ankermasse (Schwierigkeit d. Instr.-Textes)			**Ankermasse (Schwierigkeit d. Instr.-Textes)**		
		low (leicht): *MW* (*SD*)*	med (mittel): *MW* (*SD*)*	high (schwer): *MW* (*SD*)	low (leicht): *MW* (*SD*)	med (mittel): *MW* (*SD*)	high (schwer): *MW* (*SD*)
Geschwindigkeit	Physik-Vorleistung	58.07 (9.50)	60.18 (13.47)	61.73 (12.83)	61.39 (15.28)	60.28 (12.31)	64.00 (12.84)
	Allgemeine Intelligenz	78.29 (11.54)	74.80 (9.81)	77.57 (11.69)	76.00 (10.22)	76.00 (10.22)	75.14 (7.33)
	Lesekompetenz	66.60 (8.43)	69.37 (6.89)	66.99 (6.72)	65.06 (6.98)	68.05 (7.10)	67.28 (6.43)
Elektrische Energie	Physik-Vorleistung	61.80 (11.56) 61.57 (16.57)	60.35 (16.44) 63.15 (20.89)	62.14 (18.09)	60.58 (17.00)	60.41 (18.46)	60.00 (15.94)
	Allgemeine Intelligenz	79.20 (10.51) 79.54 (11.78)	78.09 (10.78) 81.23 (10.96)	78.43 (7.80)	78.46 (17.64)	78.07 (10.49)	79.71 (9.30)
	Lesekompetenz	61.45 (14.88) 62.20 (16.74)	63.77 (15.41) 63.46 (13.14)	62.50 (12.52)	60.60 (8.20)	61.54 (7.28)	63.10 (13.31)

Anmerkungen. MW = Mittelwert; SD = Standardabweichung; alle Werte in %; Diese Gruppen setzten sich im Themenbereich ‚Elektrische Energie' jeweils aus Lernenden einer Realschulklasse (obere Werte pro Zelle; $N_{low} = 20$; $N_{med} = 23$) und einer Gymnasialklasse (untere Werte pro Zelle; $N_{low} = 28$; $N_{med} = 26$), deren Werte getrennt ausgewiesen sind.

4.4.1 Varianzanalyse zur Beeinflussung von Cognitive Load, Ankereigenschaften und Ankertiefe

Zur Analyse der Hypothesen A.1, A.8 bis A.10 und C.1 bis C.2 sowie der Forschungsfragen D.1 bis D.4 und der methodischen Kontrolle E.1 wird in diesem Abschnitt eine 4-faktorielle ANCOVA (2x3x2x2) mit Messwiederholung durchgeführt. Dabei stellen Instruktionstext IT (Zeitungsartikel vs. traditioneller Aufgabentext), Ankermasse AM (Textschwierigkeit: leicht vs. mittel vs. schwer), Themenbereich (‚Geschwindigkeit' vs. ‚Elektrische Energie') sowie Geschlecht G (männlich vs. weiblich) die Zwischensubjektfaktoren dar. Zur methodischen Kontrolle E.2 und damit zur differenzierten Betrachtung der einzelnen eingesetzten Instruktionsaufgaben IA dienen diese als Innersubjektfaktor, wodurch etwaige Unterschiede zwischen IA1 und IA2 untersucht werden (vgl. Tab. 70, Tab. 71). Diese Analyse ist zudem für die weitere Vorgehensweisen bei den Untersuchungen zur Beständigkeit der Ankertiefe

Tabelle 70: Übersicht über die deskriptiven Daten von Cognitive Load und Ankereigenschaften in den einzelnen Lerngruppen des Themenbereichs ‚Geschwindigkeit'

	Lerngruppe	**EG: Zeitungsaufgaben**			**KG: Traditionelle Aufgaben**		
		Ankermasse (Schwierigkeit d. Instr.-Textes)			**Ankermasse (Schwierigkeit d. Instr.-Textes)**		
	Aufgaben-Nr./Test	low (leicht): *MW* (*SD*)	med (mittel): *MW* (*SD*)	high (schwer): *MW* (*SD*)	low (leicht): *MW* (*SD*)	med (mittel): *MW* (*SD*)	high (schwer): *MW* (*SD*)
Instruktions-aufgabe IA1	Cognitive Load (CL) 1	17.9 (8.7)	26.9 (10.4)	37.4 (8.4)	17.8 (8.2)	27.9 (10.2)	39.9 (9.9)
	Ankereigenschaften (AE) 1	69.3 (9.4)	79.9 (9.8)	68.0 (7.5)	58.1 (7.5)	48.6 (8.7)	37.6 (10.2)
	Ankertiefe (AT) 1: Post	78.0 (7.9)	87.9 (8.8)	76.8 (9.4)	75.4 (11.1)	66.7 (8.5)	58.3 (10.6)
	AT 1: FUP	70.2 (8.3)	84.4 (7.6)	66.0 (7.9)	57.0 (7.0)	50.2 (8.2)	42.5 (11.0)
IA2	CL 2	16.5 (8.5)	29.9 (6.7)	39.7 (8.0)	18.4 (8.1)	30.1 (6.8)	39.5 (11.2)
	AE 2	66.5 (9.3)	75.0 (8.6)	66.8 (6.1)	53.7 (8.8)	46.2 (8.8)	36.9 (7.5)
	AT 2: Post	79.9 (8.6)	87.1 (9.7)	77.7 (8.6)	76.1 (8.4)	69.3 (9.0)	62.5 (10.4)
	AT 2: FUP	69.2 (8.0)	84.2 (8.0)	63.8 (7.9)	54.0 (6.0)	45.5 (6.1)	38.4 (5.8)

Anmerkungen. MW = Mittelwert; SD = Standardabweichung; alle Werte in %

Tabelle 71: Übersicht über die deskriptiven Daten von Cognitive Load und Ankereigenschaften in den einzelnen Lerngruppen des Themenbereichs ‚Elektrische Energie'

	Lerngruppe	**EG: Zeitungsaufgaben**			**KG: Traditionelle Aufgaben**		
		Ankermasse (Schwierigkeit d. Instr.-Textes)			**Ankermasse (Schwierigkeit d. Instr.-Textes)**		
	Aufgaben-Nr./Test	low (leicht): *MW* (*SD*)*	med (mittel): *MW* (*SD*)*	high (schwer): *MW* (*SD*)	low (leicht): *MW* (*SD*)	med (mittel): *MW* (*SD*)	high (schwer): *MW* (*SD*)
Instruktions-aufgabe IA1	Cognitive Load (CL) 1	28.9 (10.4) 26.2 (7.8)	37.4 (14.4) 37.3 (13.0)	48.6 (13.3)	27.2 (9.6)	36.8 (8.2)	46.1 (9.2)
	Ankereigenschaften (AE) 1	71.4 (7.4) 70.1 (9.2)	74.5 (8.6) 78.5 (8.3)	73.1 (7.8)	59.0 (8.1)	50.6 (8.9)	40.8 (8.2)
	Ankertiefe (AT) 1: Post	71.6 (9.9) 69.8 (9.6)	81.9 (9.5) 81.0 (9.2)	73.8 (10.3)	67.3 (8.5)	56.7 (8.3)	48.0 (8.0)
	AT 1: FUP	57.1 (9.3) 58.2 (8.6)	76.3 (9.0) 78.3 (9.5)	54.6 (9.6)	44.0 (9.3)	38.1 (10.0)	31.6 (8.1)
IA2	CL 2	23.6 (6.4) 22.9 (9.4)	33.8 (11.7) 33.9 (11.0)	43.0 (13.6)	24.4 (8.9)	34.8 (9.3)	43.6 (9.3)
	AE 2	66.9 (8.6) 67.0 (10.7)	74.3 (6.5) 76.2 (9.5)	66.8 (9.2)	53.8 (7.3)	46.6 (9.5)	35.0 (8.0)
	AT 2: Post	74.2 (10.0) 73.8 (9.5)	87.0 (8.6) 88.5 (9.1)	75.0 (8.5)	68.8 (9.9)	60.7 (8.1)	53.0 (9.1)
	AT 2: FUP	58.3 (10.1) 57.7 (9.6)	83.3 (10.1) 84.0 (11.0)	60.1 (8.3)	50.9 (6.7)	44.2 (6.3)	38.1 (7.7)

Anmerkungen. MW = Mittelwert; SD = Standardabweichung; alle Werte in %; * Diese Gruppen setzten sich im Themenbereich ‚Elektrische Energie' jeweils aus Lernenden einer Realschulklasse (obere Werte pro Zelle; $N_{low} = 20$; $N_{med} = 23$) und einer Gymnasialklasse (untere Werte pro Zelle; $N_{low} = 28$; $N_{med} = 26$), deren Werte getrennt ausgewiesen sind.

AT (vgl. 4.4.2) sowie für die Pfadanalysen (4.4.5) erforderlich. Die Interaktionen mit E.1 und E.2 beruhen dabei auf keinen theoretischen Überlegungen, sodass die damit verbundene statistische Prüfung als methodische Kontrolle auf unvermutete Besonderheiten der Aufgaben darstellt.

4.4.1.1 Beeinflussung der Cognitive Load

Betrachtet man zunächst den Einfluss der Zwischensubjektfaktoren auf die Cognitive Load CL gemittelt über beide Instruktionsaufgaben IA, so kann kein signifikanter Unterschied der CL zwischen den beiden Formen des Instruktionstextes (Zeitungsartikel vs. traditionelle Aufgabe) nachgewiesen werden. Dagegen unterscheidet sich die CL zwischen Instruktionsmaterial mit verschiedener Ankermasse AM signifikant ($F(2,352) = 222.209$, $p < 0.001$, $\omega^2 = 0.558$; vgl. Tab. 72). Dieser Effekt ist nach der Einteilung von Cohen (1988) als groß zu bezeichnen. Die A-priori Kontraste weisen signifikante Unterschiede bei der CL zwischen allen drei AM-Kategorien auf (low/med: $t(376) = 5.360$; $p < 0.001$; med/high: $t(376) = 6.117$; $p < 0.001$; low/high: $t(376) = 13.995$; $p < 0.001$). Dabei gilt wie erwartet (vgl. Tab. 70, Tab. 71):

$$CL_{AM\_low} < CL_{AM\_med} < CL_{AM\_high}$$

Ebenso signifikant und groß ist der Unterschied der CL zwischen den beiden Themenbereichen ‚Geschwindigkeit‘ und ‚Elektrische Energie‘ ($F(1,352) = 80.783$, $p < 0.001$, $\omega^2 = 0.187$; vgl. Tab. 72). Signifikant aber klein ist der Einfluss der Physikvorleistung auf die CL (vgl. Tab. 72).

Neben den hier berichteten Ergebnissen sind keine weiteren signifikanten Einflüsse auf CL nachzuweisen. Dies betrifft sowohl alle Innersubjektfaktoren als auch andere Interaktion verschiedener Faktoren oder den Einfluss weiterer Moderatorvariablen. Aus den insignifikanten Innersubjektfaktoren ergibt sich somit, dass sich die CL zwischen IA1 und IA2 insgesamt und in allen Interaktionen nicht unterscheidet.

4.4.1.2 Beeinflussung der Ankereigenschaften

Die Ausprägung der Ankereigenschaften AE gemittelt über beide Instruktionsaufgaben IA (Zwischensubjektfaktoren) unterscheiden zwischen Zeitungsaufgaben und ‚traditionellen Aufgaben‘ signifikant ($F(1,352) = 1040.419$, $p < 0.001$, $\omega^2 = 0.747$; vgl. Tab. 72). Der Einteilung nach Cohen (1988) ist dieser Effekt groß. Ebenso ist der AE-Unterschied zwischen Instruktionsmaterial mit verschiedener Ankermasse AM signifikant und groß ($F(2,352) = 67.158$, $p < 0.001$, $\omega^2 = 0.558$; vgl. Tab. 72).

Dabei zeigen A-priori Kontraste in der EG einen signifikanten Unterschied zwischen den AE bei Zeitungsartikeln mit ZA_low und ZA_med ($t(152) = 4.152$; $p < 0.001$) sowie ZA_med und ZA_high ($t(132) = 6.185$; $p < 0.001$), während der AE-

Tabelle 72: Einfluss der unabhängigen Variablen ‚Instruktionstext', ‚Ankermasse', ‚Themenbereich' und ‚Geschlecht' auf die Variablen ‚Cognitive Load', ‚Ankereigenschaften' und Ankertiefe (ANCOVA mit den beiden Instruktionsaufgaben als Messwiederholungsfaktor)

Abh. Var. / Unabh. Var.	df	**Cognitive Load CL** F (ω^2)	**Ankereigen-schaften AE** F (ω^2)	**Ankertiefe (Post-test)** F (ω^2)	**Ankertiefe (FUP-Test)** F (ω^2)
		Zwischensubjektfaktoren			
Haupteffekte und Interaktionen					
Instruktionstext IT	1	0.265 (0.001)	1040.419*** (0.747)	467.638*** (0.571)	1281.793*** (0.785)
Ankermasse AM	2	222.209*** (0.558)	67.158*** (0.276)	83.075*** (0.321)	131.259*** (0.427)
Themenbereich TB	1	80.783*** (0.187)	0.995 (0.003)	119.247*** (0.253)	218.492*** (0.383)
Geschlecht G	1	2.074 (0.006)	0.020 (0.001)	2.845 (0.008)	0.022 (0.001)
IT x AM	2	0.063 (0.001)	62.149*** (0.261)	78.932*** (0.310)	116.461*** (0.398)
IT x TB	1	0.411 (0.001)	0.045 (0.001)	2.369 (0.007)	0.085 (0.001)
IT x G	1	0.738 (0.002)	1.005 (0.003)	2.249 (0.006)	1.193 (0.003)
AM x TB	2	0.587 (0.003)	0.420 (0.002)	0.232 (0.001)	4.949** (0.027)
AM x G	2	1.017 (0.006)	2.738 (0.015)	1.189 (0.007)	0.258 (0.001)
TB x G	1	0.098 (0.001)	0.536 (0.002)	1.157 (0.003)	0.151 (0.001)
IT x AM x TB	2	0.152 (0.001)	0.438 (0.002)	1.267 (0.007)	2.830 (0.016)
IT x AM x G	2	0.226 (0.001)	0.841 (0.005)	1.222 (0.007)	2.838 (0.017)
IT x TB x G	1	0.001 (0.001)	0.241 (0.001)	0.040 (0.001)	0.009 (0.001)
AM x TB x G	2	1.117 (0.006)	1.766 (0.010)	2.587 (0.014)	0.070 (0.001)
IT x AM x TB x G	2	0.279 (0.002)	0.157 (0.001)	0.360 (0.002)	0.104 (0.001)
Moderatorvariable					
Physik-Vorleistung PV	1	4.649* (0.013)	0.496 (0.001)	1.483 (0.004)	0.557 (0.002)
Allgemeine Intelligenz AI	1	1.031 (0.003)	0.099 (0.001)	0.191 (0.001)	0.135 (0.001)
Lesekompetenz LK	1	1.222 (0.003)	1.296 (0.004)	1.405 (0.004)	0.035 (0.001)
Fehler	352				
		Innersubjektfaktoren			
Haupteffekte und Interaktionen					
Instruktionsaufgaben IA12: IA1 ⇨ IA2	1	0.030 (0.001)	0.047 (0.001)	0.093 (0.001)	1.456 (0.004)
IA12 x IT	1	0.186 (0.001)	0.127 (0.001)	0.770 (0.002)	5.268* (0.015)
IA12 x AM	2	0.542 (0.003)	0.124 (0.001)	0.586 (0.003)	3.071* (0.017)
IA12 x TB	1	2.319 (0.012)	1.740 (0.005)	2.866 (0.016)	113.454*** (0.244)
IA12 x G	1	1.531 (0.004)	0.401 (0.001)	1.577 (0.004)	0.725 (0.002)
IA12 x IT x AM	2	0.185 (0.001)	0.490 (0.003)	0.314 (0.002)	3.692* (0.021)
IA12 x IT x TB	1	1.257 (0.004)	0.922 (0.003)	2.789 (0.017)	9.446** (0.026)
IA12 x IT x G	1	1.999 (0.006)	0.005 (0.001)	0.066 (0.001)	0.220 (0.001)
IA12 x AM x TB	2	0.658 (0.004)	2.659 (0.008)	0.489 (0.003)	1.771 (0.010)
IA12 x AM x G	2	0.993 (0.006)	0.329 (0.002)	1.387 (0.008)	0.987 (0.006)
IA12 x TB x G	1	0.013 (0.001)	2.294 (0.006)	0.371 (0.002)	0.460 (0.001)
IA12 x IT x AM x TB	2	0.575 (0.003)	0.585 (0.003)	1.090 (0.006)	1.004 (0.006)
IA12 x IT x AM x G	2	1.538 (0.009)	0.030 (0.001)	1.675 (0.005)	3.287* (0.018)
IA12 x IT x TB x G	1	2.720 (0.008)	0.168 (0.001)	0.053 (0.001)	4.159* (0.012)
IA12 x AM x TB x G	2	1.026 (0.006)	0.574 (0.003)	2.665 (0.015)	0.088 (0.001)
IA12 x IT x AM x TB x G	2	0.104 (0.001)	1.181 (0.007)	1.346 (0.008)	0.173 (0.001)
Moderatorvariable					
IA12 x PV	1	1.862 (0.005)	3.490 (0.010)	0.014 (0.001)	0.083 (0.001)
IA12 x AI	1	0.121 (0.001)	1.332 (0.004)	0.951 (0.003)	1.057 (0.003)
IA12 x LK	1	0.077 (0.001)	0.706 (0.002)	0.162 (0.001)	6.045* (0.017)
Fehler	352				

Anmerkung. Instruktionstext: Zeitungsartikel vs. traditioneller Text; Ankermasse (Textschwierigkeit): low, med, high; Themenbereich: Geschwindigkeit, Elektrische Energie; IA12: 2stufiger Vergleich zwischen Instruktionsaufgabe 1 und 2; * $p < 0.05$; ** $p < 0.01$; *** $p < 0.001$.

Unterschied zwischen ZA_low und ZA_high nicht signifikant ist ($t(129) = 0.751$; $p = 0.453$). Somit gilt in der EG (vgl. Tab. 70, Tab. 71):

$AE_{ZA\_low} < AE_{ZA\_med}$; $AE_{ZA\_high} < AE_{ZA\_med}$

Die Interaktion zwischen Instruktionstext IT (Zeitungsartikel vs. traditioneller Aufgabentext) und AM (leicht, mittel, schwer) weist einen signifikanten und großen Einfluss auf die AE gemittelt über beide Instruktionsaufgaben auf (IT × AM: $F(2,352) = 62.149$, $p < 0.001$, $\omega^2 = 0.558$; vgl. Tab. 72). Dabei gilt (vgl. vgl. Tab. 70, Tab. 71):

$AE_{TA\_low} < AE_{ZA\_low}$; $AE_{TA\_med} < AE_{ZA\_med}$; $AE_{TA\_high} < AE_{ZA\_high}$

Wie in Abschnitt 4.4.1.1 können auch bzgl. AE keine weiteren signifikanten Einflüsse nachgewiesen werden. Dies betrifft wiederum sowohl alle Innersubjektfaktoren als auch andere Interaktion verschiedener Faktoren oder den Einfluss von Moderatorvariablen. Somit kann aus den insignifikanten Innersubjektfaktoren wiederum geschlossen werden, dass sich die AE zwischen IA1 und IA2 insgesamt und in allen Interaktionen nicht unterscheidet.

4.4.1.3 Beeinflussung der Ankertiefe direkt nach der Instruktion (Posttest)

Die Ankertiefe AT als Erinnerung an den Inhalt des Instruktionstextes unterscheidet sich direkt nach der Instruktion – gemittelt über beide Instruktionsaufgaben IA (Zwischensubjektfaktoren) – zwischen Zeitungsaufgaben und ‚traditionellen Aufgaben' signifikant ($F(1,352) = 1040.419$, $p < 0.001$, $\omega^2 = 0.747$; vgl. Tab. 72). Dieser Effekt ist wiederum als groß einzuschätzen. Da zudem die Interaktion zwischen Instruktionstext IT (Zeitungsartikel vs. traditioneller Aufgabentext) und AM (leicht, mittel, schwer) signifikant und von großem Einfluss auf die AT direkt nach der Instruktion gemittelt über beide Instruktionsaufgaben ist (IT × AM: $F(2,352) = 78.932$, $p < 0.001$, $\omega^2 = 0.310$; vgl. Tab. 72), gilt (vgl. Tab. 70, Tab. 71):

$AT_{TA\_low} < AT_{ZA\_low}$; $AT_{TA\_med} < AT_{ZA\_med}$; $AT_{TA\_high} < AT_{ZA\_high}$

Wie in Abschnitt 4.4.1.2 ist auch der AT-Unterschied zwischen Instruktionsmaterial mit verschiedener Ankermasse AM im Posttest signifikant und groß ($F(2,352) = 83.075$, $p < 0.001$, $\omega^2 = 0.321$; vgl. Tab. 72). Dabei zeigen A-priori Kontraste in der EG wiederum einen signifikanten Unterschied zwischen den AT bei Zeitungsartikeln mit ZA_low und ZA_med ($t(152) = 5.648$; $p < 0.001$) sowie ZA_med und ZA_high ($t(132) = 4.589$; $p < 0.001$), während der AT-Unterschied zwischen ZA_low und ZA_high nicht signifikant ist ($t(129) = 0.670$; $p = 0.504$). Somit gilt in der EG (vgl. Tab. 70, Tab. 71):

$AT_{ZA\_low} < AT_{ZA\_med}$; $AT_{ZA\_high} < AT_{ZA\_med}$

Wie in den vorangehenden Abschnitten können auch bzgl. der AT-Posttests keine weiteren signifikanten Einflüsse nachgewiesen werden. Dies betrifft wiederum sowohl alle Innersubjektfaktoren als auch andere Interaktion verschiedener Faktoren oder den Einfluss von Moderatorvariablen. Somit kann aus den insignifikanten Innersubjektfaktoren wiederum geschlossen werden, dass sich die AT direkt nach der Instruktion zwischen IA1 und IA2 insgesamt und in allen Interaktionen nicht unterscheidet.

4.4.1.4 Beeinflussung der Ankertiefe (zeitverzögert; Follow up-Test)

Die Ankertiefe AT unterscheidet sich zwischen Zeitungsaufgaben und ‚traditionellen Aufgaben' auch noch 14 Tage nach der Instruktion (Follow up; FUP) – gemittelt über beide Instruktionsaufgaben IA (Zwischensubjektfaktoren) – signifikant ($F(1,352) = 1281.793$, $p < 0.001$, $\omega^2 = 0.785$; vgl. Tab. 72). Dieser Effekt ist nach Cohen (1988) wiederum als groß einzuschätzen. Da auch die Interaktion zwischen Instruktionstext IT (Zeitungsartikel vs. traditioneller Aufgabentext) und AM (leicht, mittel, schwer) – gemittelt über beide Instruktionsaufgaben – ebenso wie im Posttest signifikant und von großem Einfluss auf die AT 14 Tage nach der Instruktion ist (IT × AM: $F(2,352) = 116.461$, $p < 0.001$, $\omega^2 = 0.398$; vgl. Tab. 72) gilt auch für die FUP-Messung (vgl. Tab. 70, Tab. 71):

$AT_{TA\_low} < AT_{ZA\_low}$; $AT_{TA\_med} < AT_{ZA\_med}$; $AT_{TA\_high} < AT_{ZA\_high}$

Wie im Posttest (s. 4.4.1.3) ist auch der AT-Unterschied zwischen Instruktionsmaterial mit verschiedener Ankermasse AM im FUP-Test signifikant und groß ($F(2,352) = 131.259$, $p < 0.001$, $\omega^2 = 0.427$; vgl. Tab. 72). Dabei kann a priori in der EG erneut ein signifikanter Unterschied zwischen den AT bei Zeitungsartikeln mit ZA_low und ZA_med ($t(152) = 7.459$; $p < 0.001$) sowie ZA_med und ZA_high ($t(132) = 6.875$; $p < 0.001$), während der AT-Unterschied zwischen ZA_low und ZA_high nicht signifikant ist ($t(129) = 0.865$; $p = 0.389$). Somit gilt in der EG (vgl. Tab. 70, Tab. 71):

$AT_{ZA\_low} < AT_{ZA\_med}$; $AT_{ZA\_high} < AT_{ZA\_med}$

Darüber hinaus hat die Interaktion aus Ankermasse AM und Themenbereich TB einen signifikanten, aber kleinen Einfluss auf die Erinnerung der Schüler an die Instruktionstexte – gemittelt über beide Instruktionsaufgaben IA (Zwischensubjektfaktoren) – 14 Tage nach Abschluss der Instruktion (vgl. Tab. 72).

Im Gegensatz zu den vorangehenden Abschnitten gibt es neben den Einwirkungen der Zwischenfaktoren signifikante Effekte durch Innersubjektfaktoren. So unterscheiden sich die Ankertiefen der Instruktionstexte von IA1 und IA2 zwischen den beiden Themenbereichen TB signifikant (IA12 × TB: $F(1,352) = 113.454$, $p < 0.001$, $\omega^2 = 0.244$; vgl. Tab. 72). Das heißt, dass sich die Erinnerungsfähigkeit an den Instruktionstext von Lernenden im Themenbereich ‚Elektrische Energie' 14 Tage nach Abschluss der Interaktion zwischen IA1 und IA 2 unterscheidet, während im Themenbereich ‚Geschwindigkeit' dieser Unterschied nicht nachgewiesen werden kann (vgl. Tab. 70, Tab. 71). Weitere Einflüsse des Instruktionstextes IT und der Ankermasse AM auf die FUP-Ankertiefe zwischen IA1 und IA2 sind ebenso signifikant, aber klein (IA12 × IT; IA12 × AM; vgl. Tab. 72). Gleiches gilt für die Interaktionen von IT und AM, von IT und TB, von IT, AM und dem Geschlecht G sowie von IT, AM, TB und G jeweils mit IA12 (IA12 × IT × AM; IA12 × IT × TB; IA12 × IT × AM × G; IA12 × IT × AM × TB × G; vgl. Tab. 72). Zu diesen Interaktionseffekten beeinflusst zudem die Lesekompetenz als Moderatorvariable signifikant aber gering den Unterschied in den FUP-Ankertiefen zwischen IA1 und IA2. Somit unterscheiden sich die AT im FUP-Test zwischen IA1 und IA2 insgesamt und in differenzierten Interaktionen signifikant.

4.4.2 Varianzanalysen zur themenspezifischen Beständigkeit der Ankertiefe

Nach den Ergebnissen aus Abschnitt 4.4.1.4 ist es angezeigt, die Beständigkeit der Ankertiefe AT, also der Erinnerung an die Instruktionstexte, infolge vielfältiger Interaktionen in den Innersubjektfaktoren themenspezifisch sowie nach Instruktionsaufgaben differenziert zu untersuchen. Dadurch können die verschiedenen Einflussfaktoren differenziert analysiert werden. Zur Prüfung von Hypothese A.11 und Forschungsfrage D.1 wird in diesem Abschnitt eine 3-faktorielle ANCOVA (2 × 3 × 2) mit Messwiederholung durchgeführt. Dabei stellen der Instruktionstext IT (Zeitungsartikel vs. traditioneller Aufgabentext), die Ankermasse AM (Textschwierigkeit: leicht vs. mittel vs. schwer) sowie das Geschlecht G (männlich vs. weiblich) die Zwischensubjektfaktoren dar. Zur Analyse der Beständigkeit der AT werden die verschiedenen Messzeitpunkte (Posttest vs. Follow up-Test) als Innersubjektfaktor ‚Zeit' aufgeführt (vgl. Tab. 73 und Tab. 74).

In diesem Abschnitt sollen zunächst nur solche Faktoren genannt werden, die die Ankertiefen und deren Beständigkeit in den verschiedenen Themenbereichen bei beiden Instruktionsaufgaben jeweils signifikant beeinflussen (signifikante Einflussfaktoren bei AT1 und AT2). Vereinzelt signifikante Faktoren von praktischer Relevanz werden danach stets im Anschluss aufgeführt.

4.4.2.1 Beständigkeit der Ankertiefe im Themenbereich ‚Geschwindigkeit'

Über alle Messzeitpunkte hinweg betrachtet (Zwischensubjektfaktoren) kann ein signifikanter und nach Cohen (1988) großer Unterschied zwischen den Ankertiefen von Zeitungsaufgaben und ‚traditionellen Aufgaben' festgestellt werden (AT1: $F(1,155) = 266.477$, $p < 0.001$, $\omega^2 = 0.632$; AT2: $F(1,155) = 438.376$, $p < 0.001$, $\omega^2 = 0.739$; vgl. Tab. 73).

Tabelle 73: Einfluss der unabhängigen Variablen ‚Instruktionstext', ‚Ankermasse' und ‚Geschlecht' auf die Beständigkeit der Ankertiefen AT der beiden bearbeiteten Aufgaben im Themenbereich ‚Geschwindigkeit' (ANCOVA mit Messwiederholung)

Unabh. Var. \ Abh. Var.	df	**Ankertiefe AT1** F (ω^2)	**Ankertiefe AT2** F (ω^2)
Zwischensubjektfaktoren			
Haupteffekte und Interaktionen			
Instruktionstext IT	1	266.477*** (0.632)	438.376*** (0.739)
Ankermasse AM	2	32.928*** (0.298)	58.952*** (0.432)
Geschlecht G	1	1.149 (0.007)	0.385 (0.002)
IT x AM	2	28.476*** (0.269)	33.951*** (0.305)
IT x G	1	0.375 (0.002)	1.988 (0.013)
AM x G	2	0.002 (0.001)	0.130 (0.002)
IT x AM x G	2	1.612 (0.020)	3.071* (0.038)
Moderatorvariablen			
Physik-Vorleistung PV	1	2.298 (0.015)	0.125 (0.001)
Allgemeine Intelligenz AI	1	2.058 (0.013)	1.181 (0.008)
Lesekompetenz LK	1	4.415* (0.028)	0.638 (0.004)
Fehler	155		
Innersubjektfaktoren			
Haupteffekte und Interaktionen			
Zeit (Post => FUP)	1	0.041 (0.001)	1.329 (0.009)
Zeit x IT	1	15.674** (0.103)	70.041*** (0.311)
Zeit x AM	2	3.256* (0.040)	3.252* (0.040)
Zeit x G	1	9.556** (0.060)	0.001 (0.001)
Zeit x IT x AM	2	3.484* (0.046)	3.880* (0.048)
Zeit x IT x G	1	1.065 (0.007)	0.327 (0.002)
Zeit x AM x G	2	1.489 (0.019)	1.473 (0.019)
Zeit x IT x AM x G	2	0.242 (0.003)	0.104 (0.001)
Moderatorvariablen			
Zeit x PV	2	0.198 (0.001)	0.036 (0.001)
Zeit x AI	2	0.001 (0.001)	0.661 (0.004)
Zeit x LK	2	0.746 (0.005)	0.014 (0.001)
Fehler	155		

Anmerkung. Instruktionstext: Zeitungsartikel vs. traditioneller Text; Ankermasse (Textschwierigkeit): low, med, high; Themenbereich: Geschwindigkeit, Elektrische Energie; Zeit: 2stufiger Zeitverlauf (Posttest ⇒ FUP-Test); * $p < 0.05$; ** $p < 0.01$; *** $p < 0.001$.

Ebenso signifikant und groß ist die Beeinflussung durch die AM (AT1: $F(2,155) = 32.928$, $p < 0.001$, $\omega^2 = 0.298$; AT2: $F(2,155) = 58.952$, $p < 0.001$, $\omega^2 = 0.432$; vgl. Tab. 73).

Die Interaktion zwischen Instruktionstext IT (Zeitungsartikel vs. traditioneller Text) und AM (leicht, mittel, schwer) weist einen signifikanten und großen Einfluss auf den Verlauf der AT über alle Messzeitpunkte hinweg bei beiden Instruktionsaufgaben auf (IT × AM; AT1: $F(2,155) = 28.476$, $p < 0.001$, $\omega^2 = 0.269$; AT2: $F(2,155) = 33.951$, $p < 0.001$, $\omega^2 = 0.305$; vgl. Tab. 73).

Die Interaktion des Zeitverlaufs der Ankertiefen-Messwerte (Innersubjektfaktoren), d. h. der Ankertiefen-Unterschiede zwischen den beiden Messzeitpunkten mit dem Instruktionstext (Zeitungsartikel vs. traditioneller Aufgabentext) zeigt einen höchst signifikanten Einfluss (AT1: $F(1,155) = 15.674$, $p < 0.01$, $\omega^2 = 0.103$; AT2: $F(1,155) = 70.041$, $p < 0.001$, $\omega^2 = 0.311$; vgl. Tab. 73). Dieser Effekt ist bei der Beständigkeit von AT1 nach Cohen (1988) mittelgroß, bei der AT2-Beständigkeit groß. Signifikant und gering ist die Beeinflussung der Beständigkeit der AT durch die AM sowie durch deren Interaktion mit dem Instruktionstext.

Neben den bisher genannten Einflüssen auf den AT-Verlauf, die bei beiden Instruktionsaufgaben – also Verlauf bei AT1 und AT2 – auftraten, gibt es noch Einflüsse von Faktoren bei nur einer Instruktionsaufgabe. So hat die Interaktion von Instruktionstext, AM und Geschlecht einen signifikanten, jedoch kleinen Einfluss auf den Unterschied von AT2 über alle Messzeitpunkte hinweg. Gleiches gilt für die Lesekompetenz bzgl. AT1. Signifikant unterscheidet sich auch die Beständigkeit von AT1 zwischen männlichen und weiblichen Lernenden (AT1: $F(1,155) = 9.556$, $p < 0.01$, $\omega^2 = 0.060$; vgl. Tab. 73). Dieser Effekt ist der Einteilung von Cohen (1988) folgend mittelgroß.

4.4.2.2 Beständigkeit der Ankertiefe im Themenbereich ‚Elektrische Energie‘

Über alle Messzeitpunkte hinweg betrachtet (Zwischensubjektfaktoren) besitzt der Instruktionstext einen signifikanten und nach Cohen (1988) großen Einfluss auf die Ankertiefen (AT1: $F(1,194) = 349.095$, $p < 0.001$, $\omega^2 = 0.643$; AT2: $F(1,194) = 460.228$, $p < 0.001$, $\omega^2 = 0.703$; vgl. Tab. 74). Ebenso signifikant und groß ist die Beeinflussung durch die AM (AT1: $F(2,194) = 46.810$, $p < 0.001$, $\omega^2 = 0.325$; AT2: $F(2,194) = 55.532$, $p < 0.001$, $\omega^2 = 0.364$; vgl. Tab. 74). Die Interaktion zwischen Instruktionstext IT und AM weist einen signifikanten und großen Einfluss auf die Beständigkeit der AT über beide Messzeitpunkte hinweg bei beiden Instruktionsaufgaben auf (AT1: $F(2,194) = 43.010$, $p < 0.001$, $\omega^2 = 0.307$; AT2: $F(2,194) = 71.987$, $p < 0.001$, $\omega^2 = 0.426$; vgl. Tab. 74).

Die AT-Beständigkeit (Innersubjektfaktoren) ist bei Zeitungsaufgaben und traditionellen Aufgaben signifikant verschieden (AT1: $F(1,194) = 38.501$, $p < 0.001$, $\omega^2 = 0.166$; AT2: $F(1,194) = 16.310$, $p < 0.01$, $\omega^2 = 0.096$; vgl. Tab. 74)). Dieser Effekt ist bei der Beständigkeit von AT1 groß, bei AT2 mittelgroß. Signifikant und höchstens mittelgroß ist die Beeinflussung der AT-Beständigkeit durch die Ankermasse (AT2: $F(2,194) = 6.541$, $p < 0.01$, $\omega^2 = 0.063$) sowie durch deren Interaktion mit dem Instruktionstext (vgl. Tab. 74). Ausschließlich bezogen auf AT1 unterscheiden sich die Messwerte der Ankertiefe zwischen den beiden Messzeitpunkten signifikant, jedoch gering. Gleiches gilt für den Einfluss der Lesekompetenz auf den Verlauf von AT2.

Im Gegensatz zum Themenbereich ‚Geschwindigkeit‘ gibt es im Themenbereich ‚Elektrische Energie‘ keinen geschlechtsspezifischen Unterschied in der Beständigkeit der Ankertiefe.

Tabelle 74: Einfluss der unabhängigen Variablen ‚Instruktionstext', ‚Ankermasse' und ‚Geschlecht' auf die Beständigkeit der Ankertiefen AT der beiden bearbeiteten Aufgaben im Themenbereich ‚Elektrische Energie' (ANCOVA mit Messwiederholung)

Abh. Var. / Unabh. Var.	df	**Ankertiefe AT1** F (ω^2)	**Ankertiefe AT2** F (ω^2)
Zwischensubjektfaktoren			
Haupteffekte und Interaktionen			
Instruktionstext IT	1	349.095*** (0.643)	460.228*** (0.703)
Ankermasse AM	2	46.810*** (0.325)	55.532*** (0.364)
Geschlecht G	1	0.085 (0.001)	0.202 (0.001))
IT x AM	2	43.010*** (0.307)	71.987*** (0.426)
IT x G	1	1.810 (0.009)	0.018 (0.001)
AM x G	2	2.542 (0.026)	1.269 (0.013)
IT x AM x G	2	1.848 (0.019)	0.880 (0.009)
Moderatorvariablen			
Physik-Vorleistung PV	1	0.030 (0.001)	1.427 (0.007)
Allgemeine Intelligenz AI	1	0.338 (0.002)	2.096 (0.011)
Lesekompetenz LK	1	0.190 (0.001)	2.412 (0.012)
Fehler	194		
Innersubjektfaktoren			
Haupteffekte und Interaktionen			
Zeit (Post => FUP)	1	7.387** (0.037)	1.308 (0.007)
Zeit x IT	1	38.501*** (0.166)	16.310** (0.096)
Zeit x AM	2	3.978* (0.039)	6.541** (0.063)
Zeit x G	1	0.192 (0.001)	0.131 (0.001)
Zeit x IT x AM	2	3.617* (0.036)	5.280** (0.052)
Zeit x IT x G	1	0.755 (0.004)	1.353 (0.007)
Zeit x AM x G	2	2.081 (0.021)	0.856 (0.009)
Zeit x IT x AM x G	2	0.069 (0.001)	2.176 (0.022)
Moderatorvariablen			
Zeit x PV	2	0.051 (0.001)	0.031 (0.001)
Zeit x AI	2	0.022 (0.001)	0.308 (0.002)
Zeit x LK	2	1.071 (0.005)	4.663* (0.023)
Fehler	194		

Anmerkung. Instruktionstext: Zeitungsartikel vs. traditioneller Text; Ankermasse (Textschwierigkeit): low, med, high; Themenbereich: Geschwindigkeit, Elektrische Energie; Zeit: 2stufiger Zeitverlauf (Posttest => FUP-Test); * $p < 0.05$; ** $p < 0.01$; *** $p < 0.001$.

4.4.3 Varianzanalysen zu Leistungsentwicklung und -unterschieden

Im Gegensatz zu Kapitel 3 erlaubt das Studiendesign (vgl. 4.2.3) in diesem Untersuchungsschwerpunkt eine Pre-, Post- und Follow up-Analyse der Leistungsentwicklung. Dies ist darauf zurück zu führen, dass im Gegensatz zu Kapitel 3 in der Instruktionsphase keine neuen Lerninhalte erarbeitet werden sollen, sodass die Leistungstests (vgl. 4.2.2.2, 4.2.2.3) auch als Vortests verwendet werden konnten. Die Analyse der Hypothesen A.14, A.15 und C.4, der Forschungsfragen D.1-D.4 sowie der methodischen Kontrolle E.1 erfolgt dabei in diesem Abschnitt in zwei Schritten: Da die

Leistungstestinstrumente in den beiden Themenbereichen ‚Geschwindigkeit' und ‚Elektrische Energie' inhaltlich verschieden sind und die einzelnen Teilaufgaben pro Leistungstest teils verschiedenen Kompetenzstufen zugeordnet werden, kann eine themenübergreifende Analyse zu den o. g. Hypothesen nur für die Gesamtleistung – im Sinne von kumulierter Kompetenz – durchgeführt werden (vgl. 4.4.3.1). Dazu werden die zugehörigen Leistungswerte am Themenbereich z-standardisiert (s. Fußnote 63). Im zweiten Schritt erfolgt dann die themenspezifische Untersuchung der Leistungen in den Teilaufgaben, wobei aus Gründen differenzierter Analysemöglichkeiten auch in diesen Abschnitten die Gesamtleistung jeweils mit in die Untersuchung integriert wird (vgl. 4.4.3.2, 4.4.3.3). Ähnlich wie in 4.4.2 sollen auch in 4.2.2.2 und 4.2.2.3 zunächst Ergebnisse solcher Faktoren berichtet werden, die auf die Leistung und deren Verlauf insgesamt und zudem auf mehr als eine Teilaufgabe signifikant einwirken. Vereinzelt signifikante Faktoren von praktischer Relevanz werden danach stets im Anschluss aufgeführt.

4.4.3.1 Themenübergreifende Analyse der Gesamtleistung

Zur Analyse der Gesamtleistung wird eine 4-faktorielle ANCOVA (2 × 3 × 2 × 2) mit Messwiederholung durchgeführt. Dabei stellen der Instruktionstext IT (Zeitungsartikel vs. traditioneller Aufgabentext), die Ankermasse AM (Textschwierigkeit: leicht vs. mittel vs. schwer), der Themenbereich (‚Geschwindigkeit' vs. ‚Elektrische Energie') sowie das Geschlecht G (männlich vs. weiblich) die Zwischensubjektfaktoren dar.

Zur Analyse der Leistungsentwicklung werden die verschiedenen Messzeitpunkte (Pretest, Posttest, Follow up-Test) als Innersubjektfaktor ‚Zeit' aufgeführt (vgl. Tab. 75).

Über alle Messzeitpunkte hinweg betrachtet (Zwischensubjektfaktoren) kann ein signifikanter und nach Cohen (1988) großer Unterschied zwischen der Gesamtleistung in EG und KG festgestellt werden ($F(1,352) = 136.650$, $p < 0.001$, $\omega^2 = 0.280$; vgl. Tab. 75). Ebenso signifikant ist die Beeinflussung durch die AM ($F(2,352) = 11.768$, $p < 0.001$, $\omega^2 = 0.063$; vgl. Tab. 75). Dieser Einfluss ist mittelgroß. Gleiches gilt für die Interaktion zwischen Instruktionstext IT (Zeitungsartikel vs. traditioneller Text) und AM (leicht, mittel, schwer; IT× AM: $F(2,352) = 7.435$, $p = 0.001$, $\omega^2 = 0.041$; vgl. Tab. 75). Die A-priori Kontraste zeigen in der EG einen signifikanten Unterschied zwischen der Gesamtleistung (Total) bei Zeitungsartikeln mit ZA_low und ZA_med ($t(152) = 3.648$; $p < 0.001$) sowie ZA_med und ZA_high ($t(132) = 4.001$; $p < 0.001$), während der Leistungsunterschied zwischen ZA_low und ZA_high nicht signifikant ist ($t(129) = 0.670$; $p = 0.504$). Somit gilt in der EG(vgl. Tab. 76, Tab. 78):

$\text{Leistung(Total)}_{\text{ZA\_low}} < \text{Leistung(Total)}_{\text{ZA\_med}}$;

$\text{Leistung(Total)}_{\text{ZA\_high}} < \text{Leistung (Total)}_{\text{ZA\_med}}$

Tabelle 75: Einfluss der unabhängigen Variablen ‚Instruktionstext', ‚Ankermasse', ‚Themenbereich' und ‚Geschlecht' auf die Entwicklung der Gesamtleistung (ANCOVA mit Messwiederholung)

Unabh. Var. \ Abh. Var.	df	**Gesamtleistung (Total)** F (ω^2)
Zwischensubjektfaktoren		
Haupteffekte und Interaktionen		
Instruktionstext IT	1	136.650*** (0.280)
Ankermasse AM	2	11.768*** (0.063)
Themenbereich TB	1	2.412 (0.007)
Geschlecht G	1	2.174 (0.006)
IT x AM	2	7.435** (0.041)
IT x TB	1	3.571 (0.011)
IT x G	1	1.606 (0.005)
AM x TB	2	0.989 (0.006)
AM x G	2	1.915 (0.011)
TB x G	1	0.719 (0.002)
IT x AM x TB	2	0.014 (0.000)
IT x AM x G	2	1.580 (0.009)
IT x TB x G	1	1.116 (0.003)
AM x TB x G	2	2.342 (0.013)
IT x AM x TB x G	2	1.417 (0.008)
Moderatorvariable		
Physik-Vorleistung PV	1	61.022*** (0.148)
Allgemeine Intelligenz AI	1	5.543* (0.016)
Lesekompetenz LK	1	0.169 (0.000)
Fehler	352	
Innersubjektfaktoren		
Haupteffekte und Interaktionen		
Zeit: Pre=>Post=>FUP	1	4.820* (0.014)
Zeit x IT	1	155.165*** (0.306)
Zeit x AM	2	13.504*** (0.071)
Zeit x TB	1	3.302 (0.009)
Zeit x G	1	0.416 (0.001)
Zeit x IT x AM	2	14.730*** (0.077)
Zeit x IT x TB	1	0.841 (0.002)
Zeit x IT x G	1	2.378 (0.007)
Zeit x AM x TB	2	0.277 (0.002)
Zeit x AM x G	2	0.822 (0.005)
Zeit x TB x G	1	0.619 (0.002)
Zeit x IT x AM x TB	2	0.866 (0.005)
Zeit x IT x AM x G	2	0.659 (0.004)
Zeit x IT x TB x G	1	0.050 (0.000)
Zeit x AM x TB x G	2	3.520 (0.012)
Zeit x IT x AM x TB x G	2	0.277 (0.002)
Moderatorvariable		
Zeit x PV	1	11.990** (0.033)
Zeit x AI	1	4.007* (0.011)
Zeit x LK	1	0.633 (0.002)
Fehler	352	

Anmerkung. Instruktionstext: Zeitungsartikel vs. traditioneller Text; Ankermasse (Textschwierigkeit): low, med, high; Themenbereich: Geschwindigkeit, Elektrische Energie; Zeit: 3stufiger Zeitverlauf (Pretest ⇒ Posttest ⇒ FUP-Test; * $p < 0.05$; ** $p < 0.01$; *** $p < 0.001$.

Während der Einfluss der Physik-Vorleistung signifikant und von großem Effekt ist ($F(1,352) = 61.022$, $p < 0.001$, $\omega^2 = 0.148$; vgl. Tab. 75), beeinflusst die Allgemeine Intelligenz diese Variable signifikant, aber gering.

Bezogen auf die Entwicklung der Gesamtleistung (Innersubjektfaktoren) ist zunächst ein signifikanter, aber kleiner Unterschied zwischen der Gesamtleistung zu den verschiedenen Messzeitpunkten zu diagnostizieren. Die Interaktion des Zeitverlaufs, d.h. der Gesamtleistungsunterschiede zwischen den drei Messzeitpunkten, mit dem Instruktionstext (Zeitungsartikel vs. traditioneller Aufgabentext) zeigt einen höchst signifikant Einfluss ($F(1,352) = 155.165$, $p < 0.001$, $\omega^2 = 0.306$; vgl. Tab. 75). Dieser Effekt ist nach Cohen (1988) groß. Signifikant und mittelgroß ist der Unterschied in der Gesamtleistungsentwicklung zwischen den AM-Kategorien (Zeit × AM) sowie durch deren Interaktion mit dem Instruktionstext (Zeit × AM: $F(1,352) = 13.504$, $p < 0.001$, $\omega^2 = 0.071$; Zeit × IT × AM: $F(1,352) = 14.730$, $p < 0.001$, $\omega^2 = 0.077$; vgl. Tab. 75). Dabei ist der Einfluss der Physik-Vorleistung sowie der Allgemeinen Intelligenz signifikant aber gering (vgl. Tab. 75).

4.4.3.2 Leistungsanalyse im Themenbereich ‚Geschwindigkeit'

Zur Leistungsanalyse im Themenbereich ‚Geschwindigkeit' wird eine 3-faktorielle ANCOVA (2 × 3 × 2) mit Messwiederholung durchgeführt. Dabei stellen der Instruktionstext IT (Zeitungsartikel vs. traditioneller Aufgabentext), die Ankermasse AM (Textschwierigkeit: leicht vs. mittel vs. schwer) sowie das Geschlecht G (männlich vs. weiblich) die Zwischensubjektfaktoren dar. Zur Analyse der Leistungsentwicklung werden die verschiedenen Messzeitpunkte (Pretest, Posttest, Follow up-Test) als Innersubjektfaktor ‚Zeit' aufgeführt (vgl. Tab. 77).

Tabelle 76: Übersicht über die deskriptiven Daten der Leistungsfähigkeit in den einzelnen Lerngruppen des Themenbereichs ‚Geschwindigkeit'

Leistungs-Test/Teilaufgabe	Lerngruppe	**EG: Zeitungsaufgaben**			**KG: Traditionelle Aufgaben**		
		Ankermasse (Schwierigkeit d. Instr.-Textes)			**Ankermasse (Schwierigkeit d. Instr.-Textes)**		
		low (leicht): *MW (SD)*	med (mittel): *MW (SD)*	high (schwer): *MW (SD)*	low (leicht): *MW (SD)*	med (mittel): *MW (SD)*	high (schwer): *MW (SD)*
Pre-Test	A1	70.0 (20.7)	66.7 (37.9)	72.8 (31.9)	67.9 (33.9)	65.9 (43.1)	67.9 (27.9)
	A2	43.1 (20.8)	42.4 (21.4)	45.3 (16.8)	40.8 (19.3)	41.7 (21.2)	39.6 (24.3)
	A3	37.3 (23.9)	36.7 (26.1)	36.2 (22.6)	34.9 (21.1)	31.8 (18.3)	33.9 (27.6)
	Total	46.3 (16.8)	44.6 (18.9)	44.4 (14.5)	42.3 (14.1)	42.3 (16.4)	43.3 (18.1)
Post-Test	A1	77.1 (10.5)	76.7 (34.1)	80.4 (25.3)	58.9 (30.6)	71.4 (44.0)	75.0 (25.5)
	A2	71.8 (29.9)	80.7 (21.6)	68.5 (18.1)	63.5 (18.4)	49.1 (20.5)	48.6 (25.5)
	A3	57.9 (21.1)	80.3 (19.6)	66.7 (19.9)	52.6 (18.6)	52.7 (21.3)	39.5 (19.2)
	Total	67.1 (17.2)	79.8 (17.1)	69.2 (16.2)	57.8 (13.8)	53.9 (17.9)	47.8 (19.6)
FUP-Test	A1	87.5 (29.3)	81.7 (27.8)	55.7 (26.7)	67.9 (39.0)	75.0 (37.3	66.1 (30.6)
	A2	57.5 (23.6)	77.4 (22.9)	58.6 (15.5)	41.8 (21.8)	29.5 (9.1)	25.2 (15.7)
	A3	56.5 (17.0)	79.7 (16.3)	51.8 (18.4)	40.8 (15.1)	34.1 (12.1)	32.7 (13.8)
	Total	61.5 (13.2)	79.1 (15.2)	59.4 (13.9)	45.2 (15.1)	36.4 (9.3)	33.1 (11.8)

Anmerkungen. MW = Mittelwert; SD = Standardabweichung; alle Werte in %

Über alle Messzeitpunkte hinweg betrachtet (Zwischensubjektfaktoren) unterscheiden sich die Leistungen von Schülern, die mit Zeitungsaufgaben arbeiteten, von denen, die traditionelle Aufgaben bearbeiteten, signifikant. Dieser Unterschied ist nach Cohen (1988) bei der Gesamtleistung (Total) sowie bei zwei von drei Teilaufgaben des Leistungstests groß (A2: $F(1,155) = 48.568$, $p < 0.001$, $\omega^2 = 0.239$; A3: $F(1,155) = 96.508$, $p < 0.001$, $\omega^2 = 0.384$; Total: $F(1,155) = 107.341$, $p < 0.001$, $\omega^2 = 0.409$; vgl. Tab. 77). Ebenso signifikant ist die Beeinflussung durch die AM bei zwei der drei Teilaufgaben sowie insgesamt (A3: $F(2,155) = 11.884$, $p < 0.001$, $\omega^2 = 0.133$; Total: $F(2,155) = 6.871$, $p < 0.01$, $\omega^2 = 0.081$). Während der Effekt bei Teilaufgabe A2 klein ist, beeinflusst die AM die Leistungsfähigkeit der Schüler bei Teilaufgabe A3 sowie insgesamt mittelgroß.

Dabei zeigen A-priori Kontraste in der EG signifikante Unterschiede bei Teilaufgabe A3 und insgesamt (Total) zwischen ZA_low und ZA_med (A3: $t(56) = 4.589$;

Tabelle 77: Einfluss der unabhängigen Variablen ‚Instruktionstext', ‚Ankermasse' und ‚Geschlecht' auf den Verlauf der Leistungsfähigkeit im Themenbereich ‚Geschwindigkeit' (ANCOVA mit Messwiederholung)

Abh. Var. / Unabh. Var.	df	**Teilaufgabe A1** $F(\omega^2)$	**Teilaufgabe A2** $F(\omega^2)$	**Teilaufgabe A3** $F(\omega^2)$	**Total** $F(\omega^2)$
		Zwischensubjektfaktoren			
Haupteffekte und Interaktionen					
Instruktionstext IT	1	8.710** (0.053)	48.568*** (0.239)	96.508*** (0.384)	107.341*** (0.409)
Ankermasse AM	2	0.291 (0.004)	3.953* (0.049)	11.884*** (0.133)	6.871** (0.081)
Geschlecht G	1	2.724 (0.017)	0.042 (0.000)	2.941 (0.019)	2.488 (0.016)
IT x AM	2	0.258 (0.003)	3.771* (0.046)	6.223** (0.074)	4.729** (0.058)
IT x G	1	2.236 (0.014)	0.011 (0.000)	0.443 (0.003)	0.006 (0.001)
AM x G	2	0.886 (0.011)	0.294 (0.004)	1.072 (0.014)	0.049 (0.001)
IT x AM x G	2	0.657 (0.008)	1.297 (0.016)	2.645 (0.033)	2.702 (0.034)
Moderatorvariablen					
Physik-Vorleistung PV	1	0.808 (0.005)	14.489*** (0.085)	33.112*** (0.176)	29.829*** (0.161)
Allgemeine Intelligenz AI	1	1.011 (0.006)	1.508 (0.010)	6.165* (0.038)	6.052* (0.038)
Lesekompetenz LK	1	1.527 (0.010)	0.067 (0.000)	0.009 (0.000)	0.406 (0.003)
Fehler	155				
		Innersubjektfaktoren			
Haupteffekte und Interaktionen					
Zeit (Pre=>Post=>FUP)	2	2.914 (0.018)	0.984 (0.006)	0.083 (0.001)	0.906 (0.006)
Zeit x IT	2	1.585 (0.010)	51.739*** (0.250)	8.834*** (0.064)	51.906*** (0.251)
Zeit x AM	4	1.194 (0.015)	2.622* (0.033)	1.613 (0.020)	4.056** (0.050)
Zeit x G	2	0.040 (0.000)	0.341 (0.002)	2.691 (0.017)	1.021 (0.007)
Zeit x IT x AM	4	0.952 (0.012)	6.708*** (0.080)	5.378*** (0.065)	6.591*** (0.078)
Zeit x IT x G	2	1.610 (0.010)	0.054 (0.000)	0.774 (0.005)	0.596 (0.004)
Zeit x AM x G	4	0.491 (0.006)	0.348 (0.004)	4.381** (0.054)	1.131 (0.014)
Zeit x IT x AM x G	4	0.708 (0.009)	0.186 (0.002)	0.056 (0.001)	0.136 (0.002)
Moderatorvariablen					
Zeit x PV	2	0.062 (0.000)	3.774* (0.024)	1.212 (0.008)	0.566 (0.004)
Zeit x AI	2	1.291 (0.008)	1.691 (0.011)	2.442 (0.016)	0.108 (0.001)
Zeit x LK	2	1.411 (0.009)	1.987 (0.013)	0.461 (0.003)	0.657 (0.004)
Fehler	310				

Anmerkung. Instruktionstext: Zeitungsartikel vs. traditioneller Text; Ankermasse (Textschwierigkeit): low, med, high; Themenbereich: Geschwindigkeit, Elektrische Energie; Zeit: 3stufiger Zeitverlauf (Pre-Test ⇒ Post-Test ⇒ FUP-Test); * $p < 0.05$; ** $p < 0.01$; *** $p < 0.001$.

$p < 0.001$; Total: $t(56) = 4.125$; $p < 0.001$) sowie ZA_med und ZA_high (A3: $t(56) = 6.134$; $p < 0.001$; Total: $t(56) = 5.326$; $p < 0.001$). Dagegen ist der Leistungsunterschied zwischen ZA_low und ZA_high nicht signifikant (A3: $t(54) = 1.301$; $p = 0.091$; Total: $t(54) = 1.047$; $p = 0.135$). Somit gilt in der EG für diese Variablen (vgl. Tab. 76):

$\text{Leistung(A3; Total)}_{\text{ZA\_low}} < \text{Leistung(A3; Total)}_{\text{ZA\_med}}$;
$\text{Leistung(A3; Total)}_{\text{ZA\_high}} < \text{Leistung(A3; Total)}_{\text{ZA\_med}}$

Signifikant und mittelgroß ist auch der Einfluss der Interaktion von Instruktionstext und AM auf die Leistung insgesamt und die Teilaufgaben A2 und A3 (A3: $F(2,155) = 6.223$, $p < 0.01$, $\omega^2 = 0.074$; vgl. Tab. 77). Einen signifikanten Einfluss auf die Leistung der Lernenden insgesamt und auf zwei der drei Teilaufgaben besitzt die Moderatorvariable ‚Physik-Vorleistung' (A2: $F(1,155) = 14.489$, $p < 0.001$, $\omega^2 = 0.085$; A3: $F(1,155) = 33.112$, $p < 0.001$, $\omega^2 = 0.176$; Total: $F(1,155) = 29.829$, $p < 0.001$, $\omega^2 = 0.161$). Diese Effekte sind bei A2 mittelgroß und bei A3 sowie bei der Gesamtleistung groß. Dagegen beeinflusst die allgemeine Intelligenz die Leistungsfähigkeit insgesamt sowie bei Teilaufgabe A3 signifikant und klein.

Bezogen auf die Leistungsentwicklung, also die Unterschiede zwischen den Messzeitpunkten (Innersubjektfaktoren), unterschiedet sich die Leistung von Lernenden, die mit Zeitungsaufgaben arbeiteten, von der Leistung bei Schülern, die ‚traditionelle Aufgaben' bearbeiteten, signifikant. Dieser Unterschied lässt sich bei der Gesamtleistung (Total) sowie bei zwei von drei Teilaufgaben des Leistungstests nachweisen, wobei die Effekte insgesamt und bei Teilaufgabe A2 groß sind (A2: $F(2,310) = 51.739$, $p < 0.001$, $\omega^2 = 0.250$; A3: $F(2, 310) = 8.834$, $p < 0.001$, $\omega^2 = 0.064$; Total: $F(2,310) = 51.906$, $p < 0.001$, $\omega^2 = 0.251$; vgl. Tab. 77). Dagegen ist der Einfluss der Interaktion von Instruktionstext und AM auf den Leistungsverlauf insgesamt sowie auf zwei der drei Teilaufgaben signifikant und mittelgroß (A2: $F(4,310) = 6.708$, $p < 0.001$, $\omega^2 = 0.080$; A3: $F(4,310) = 5.378$, $p < 0.001$, $\omega^2 = 0.065$; Total: $F(4,310) = 6.591$, $p < 0.001$, $\omega^2 = 0.078$; vgl. Tab. 77).

Einflüsse von Faktoren auf nur eine abhängige Variable bestehen einerseits in der Interaktion zwischen dem Zeitverlauf, der AM und dem Geschlecht auf die Leistungsfähigkeit bei Teilaufgabe A3. Dieser Effekt ist signifikant und ebenso klein wie der signifikante Einfluss der Physik-Vorleistung auf den Leistungsverlauf bei Teilaufgabe A2.

4.4.3.3 Leistungsanalyse im Themenbereich ‚Elektrische Energie'

Über alle Messzeitpunkte hinweg betrachtet (Zwischensubjektfaktoren) ist die Leistung bei Schülern, die mit Zeitungsaufgaben arbeiteten, signifikant größer als die von Lernenden, die traditionelle Aufgaben bearbeiteten. Dieser Unterschied ist nach

Cohen (1988) bei der Leistung insgesamt (Total) sowie bei Teilaufgabe A2 des Leistungstests groß, bei den Teilaufgaben A1 und A3 mittelgroß (A1: $F(1,194) = 22.021$, $p < 0.001$, $\omega^2 = 0.102$; A2: $F(1,194) = 43.420$, $p < 0.001$, $\omega^2 = 0.183$; A3: $F(1,194) = 14.190$, $p < 0.001$, $\omega^2 = 0.068$; Total: $F(1,194) = 53.596$, $p < 0.001$, $\omega^2 = 0.216$; vgl. Tab. 79). Signifikant und mittelgroß ist die Beeinflussung der Leistung insgesamt und von zwei der drei Teilaufgaben durch die AM (A2: $F(2,194) = 11.709$, $p < 0.001$, $\omega^2 = 0.108$; A3: $F(2,194) = 6.513$, $p < 0.001$, $\omega^2 = 0.063$; Total: $F(2,194) = 8.272$, $p < 0.001$, $\omega^2 = 0.079$; vgl. Tab. 79).

Dabei zeigen A-priori Kontraste in der EG signifikante Unterschiede bei Teilaufgabe A2 und insgesamt (Total) zwischen ZA_low und ZA_med (A2: $t(95) = 5.175$; $p < 0.001$; Total: $t(95) = 4.237$; $p < 0.001$) sowie ZA_med und ZA_high (A2: $t(75) = 4.954$; $p < 0.001$; Total: $t(75) = 3.997$; $p < 0.001$). Dagegen ist der Leistungsunterschied zwischen ZA_low und ZA_high nicht signifikant (A2: $t(74) = 0.678$; $p = 0.251$; Total: $t(74) = 0.387$; $p = 0.335$). Somit gilt in der EG für diese Variablen (vgl. Tab. 78):

$\text{Leistung(A2; Total)}_{\text{ZA\_low}} < \text{Leistung(A2; Total)}_{\text{ZA\_med}}$;

$\text{Leistung(A2; Total)}_{\text{ZA\_high}} < \text{Leistung(A2; Total)}_{\text{ZA\_med}}$

Tabelle 78: Übersicht über die deskriptiven Daten der Leistungsfähigkeit in den einzelnen Lerngruppen des Themenbereichs ‚Elektrische Energie'

Leistungs-Test/Teilaufgabe \ Lerngruppe		EG: Zeitungsaufgaben			KG: Traditionelle Aufgaben		
		Ankermasse (Schwierigkeit d. Instr.-Textes)			Ankermasse (Schwierigkeit d. Instr.-Textes)		
		low (leicht): *MW (SD)*	med (mittel): *MW (SD)*	high (schwer): *MW (SD)*	low (leicht): *MW (SD)*	med (mittel): *MW (SD)*	high (schwer): *MW (SD)*
Pretest	A1	55.7 (32.4) 60.0 (37.3)	55.2 (13.4) 58.8 (30.1)	64.3 (27.6)	50.0 (38.5)	50.9 (37.6)	54.8 (26.8)
	A2	43.5 (31.3) 38.2 (25.9)	42.8 (21.4) 43.8 (25.9)	41.4 (27.4)	37.9 (24.2)	46.4 (23.2)	26.6 (27.6)
	A3	28.1 (24.9) 30.2 (24.9)	27.0 (24.6) 29.4 (28.5)	26.1 (24.3)	38.6 (20.1)	33.7 (23.7)	31.4 (16.7)
	Total	40.7 (22.2) 38.2 (22.2)	40.2 (17.1) 40.7 (23.7)	40.1 (17.7)	40.4 (15.6)	42.5 (17.1)	42.1 (13.6)
Posttest	A1	77.6 (17.5) 73.9 (18.1)	88.8 (11.3) 86.9 (17.9)	73.0 (20.3)	66.1 (43.1)	67.9 (33.9)	69.4 (25.1)
	A2	44.0 (29.6) 41.5 (31.9)	71.3 (24.0) 74.2 (21.0)	67.9 (20.1)	40.4 (16.2)	50.0 (18.5)	32.5 (21.7)
	A3	64.2 (14.6) 69.6 (24.0)	69.6 (23.0) 72.2 (28.2)	54.1 (25.0)	55.7 (23.0)	42.9 (23.5)	48.6 (27.8)
	Total	62.0 (14.1) 60.1 (15.9)	74.9 (16.5) 76.4 (16.4)	63.0 (16.7)	51.1 (15.9)	50.1 (15.5)	48.1 (16.3)
FUP-Test	A1	65.1 (15.4) 67.4 (21.3)	88.1 (11.7) 85.0 (15.2)	68.8 (17.5)	58.9 (47.2)	48.2 (41.9)	43.9 (19.8)
	A2	52.1 (22.4) 50.9 (24.5)	72.2 (27.6) 74.4 (28.4)	52.6 (20.5)	33.3 (13.2)	33.3 (17.6)	18.6 (14.3)
	A3	54.3 (18.2) 50.9 (24.3)	67.9 (22.5) 69.9 (21.7)	42.2 (16.3)	42.0 (16.5)	39.3 (22.3)	24.2 (21.4)
	Total	55.3 (15.1) 56.2 (14.5)	73.9 (17.2) 75.9 (12.6)	54.5 (15.5)	40.7 (15.1)	38.6 (14.8)	26.4 (15.6)

Anmerkungen. MW = Mittelwert; SD = Standardabweichung; alle Werte in %

Signifikant und klein ist der Einfluss der Interaktion von Instruktionstext und AM auf die Gesamtleistung und die Teilaufgabe A2. Gleiches gilt für den Einfluss der Interaktion von AM und Geschlecht auf die Leistung insgesamt und die Teilaufgabe A3. Einen durchweg signifikanten und mittelgroßen Einfluss auf die Leistung der Lernenden besitzt die Moderatorvariable ‚Physik-Vorleistung' (A1: $F(1,194) = 15.532$, $p < 0.001$, $\omega^2 = 0.074$; A3: $F(1,194) = 21.952$, $p < 0.001$, $\omega^2 = 0.102$; Total: $F(1,194) = 30.143$, $p < 0.001$, $\omega^2 = 0.134$; vgl. Tab. 79).

Bezogen auf die Leistungsunterschiede zwischen den Messzeitpunkten (Innersubjektfaktoren) unterscheidet sich die Leistung von Schülern, die mit Zeitungsaufgaben arbeiteten, von der von Lernenden, die ‚traditionelle Aufgaben' bearbeiteten, wenigsten zwischen zwei Messzeitpunkten signifikant. Dieser Unterschied lässt sich bei der Gesamtleistung (Total) sowie bei allen Teilaufgaben des Leistungstests nach-

Tabelle 79: Einfluss der unabhängigen Variablen ‚Instruktionstext', ‚Ankermasse' und ‚Geschlecht' auf den Verlauf der Leistungsfähigkeit im Themenbereich ‚Elektrische Energie' (ANCOVA mit Messwiederholung)

Abh. Var. / Unabh. Var.	df	Teilaufgabe A1 $F(\omega^2)$	Teilaufgabe A2 $F(\omega^2)$	Teilaufgabe A3 $F(\omega^2)$	Total $F(\omega^2)$
Zwischensubjektfaktoren					
Haupteffekte					
Instruktionstext IT	1	22.012*** (0.102)	43.420*** (0.183)	14.190*** (0.068)	53.596*** (0.216)
Ankermasse AM	2	1.006 (0.010)	11.709*** (0.108)	6.513** (0.063)	8.272*** (0.079)
Geschlecht G	1	1.425 (0.007)	1.938 (0.010)	1.858 (0.009)	0.224 (0.001)
IT x AM	2	2.238 (0.023)	4.336* (0.043)	2.765 (0.028)	4.306* (0.043)
IT x G	1	0.291 (0.001)	0.112 (0.001)	6.193* (0.031)	2.944 (0.015)
AM x G	2	0.643 (0.007)	2.130 (0.021)	3.791* (0.038)	4.154* (0.041)
IT x AM x G	2	1.075 (0.011)	0.631 (0.006)	1.265 (0.013)	0.119 (0.001)
Kovariate					
Physik-Vorleistung PV	1	15.532*** (0.074)	6.035* (0.030)	21.952*** (0.102)	30.143*** (0.134)
Allgemeine Intelligenz AI	1	2.957 (0.015)	2.757 (0.014)	0.009 (0.001)	1.455 (0.007)
Lesekompetenz LK	1	0.594 (0.003)	0.811 (0.004)	1.787 (0.009)	1.135 (0.006)
Fehler	194				
Innersubjektfaktoren					
Haupteffekte					
Zeit (Pre=>Post=>FUP)	2	0.257 (0.001)	0.108 (0.001)	0.791 (0.004)	0.289 (0.001)
Zeit x IT	2	6.853** (0.034)	32.172*** (0.142)	33.896*** (0.149)	79.994*** (0.292)
Zeit x AM	4	1.783 (0.018)	5.213*** (0.051)	4.140** (0.041)	7.875*** (0.075)
Zeit x G	2	0.024 (0.000)	0.181 (0.001)	1.001 (0.005)	0.264 (0.001)
Zeit x IT x AM	4	2.013 (0.020)	4.444** (0.044)	2.426* (0.024)	4.807** (0.047)
Zeit x IT x G	2	2.062 (0.011)	0.018 (0.000)	0.884 (0.005)	1.184 (0.006)
Zeit x AM x G	4	2.824* (0.028)	0.612 (0.006)	2.229 (0.022)	2.077 (0.021)
Zeit x IT x AM x G	4	0.884 (0.009)	0.896 (0.009)	2.632* (0.026)	1.419 (0.014)
Kovariate					
Zeit x PV	2	2.468 (0.013)	7.737*** (0.038)	0.404 (0.002)	7.277** (0.036)
Zeit x AI	2	0.713 (0.004)	4.364* (0.022)	2.729 (0.014)	6.570** (0.033)
Zeit x LK	2	0.346 (0.002)	2.036 (0.010)	0.286 (0.001)	0.357 (0.002)
Fehler	388				

Anmerkung. Instruktionstext: Zeitungsartikel vs. traditioneller Text; Ankermasse (Textschwierigkeit): low, med, high; Themenbereich: Geschwindigkeit, Elektrische Energie; Zeit: 3stufiger Zeitverlauf (Pretest ⇒ PosttTest ⇒ FUP-Test); * $p < 0.05$; ** $p < 0.01$; *** $p < 0.001$.

weisen, wobei die Effekte insgesamt groß und in zwei der drei Teilaufgaben mittelgroß sind (A2: $F(2,388) = 32.172, p < 0.001, \omega^2 = 0.142$; A3: $F(2,388) = 33.896, p < 0.001, \omega^2 = 0.149$; Total: $F(2,388) = 79.994, p < 0.001, \omega^2 = 0.292$; vgl. Tab. 79). Signifikant ist zudem die Beeinflussung des Zeitverlaufs der Leistung durch die Ankermasse. Während der Effekt bei der Gesamtleistung mittelgroß ist, wird bei zwei der drei Teilaufgaben dagegen ein kleiner Einfluss nachgewiesen (Total: $F(4, 388) = 7.875, p < 0.001, \omega^2 = 0.075$; vgl. Tab. 79). Die Interaktion von Instruktionstext und AM beeinflusst die Leistung insgesamt sowie bei zwei der drei Teilaufgaben signifikant und wenig. Gleiches gilt für die Einflüsse der Moderatorvariablen ‚Physik-Vorleistung' sowie ‚Allgemeinen Intelligenz' auf den Verlauf der Gesamtleistung und den Leistungsverlauf bei Teilaufgabe A2.

Neben den bisher genannten Einflüssen solcher Faktoren, die die Leistung über alle Messwertpunkte hinweg bzw. den Leistungsverlauf insgesamt und zudem bei mehr als einer Teilaufgabe signifikant beeinflussen, gibt es noch Einflüsse von Faktoren auf nur eine abhängige Variable (vgl. Tab. 79). So haben die Interaktion von AM und Geschlecht sowie von Instruktionstext, AM und Geschlecht jeweils einen signifikanten und kleinen Einfluss auf die Leistungsfähigkeit bei den Teilaufgaben A1 bzw. A3. Ebenso signifikant und klein ist die Beeinflussung der Leistung über alle Messzeitpunkte hinweg bei Teilaufgabe A3 durch die Interaktion von Instruktionstext und Geschlecht.

4.4.4 Varianzanalysen zu Motivationsverlauf und -unterschieden

Zur Untersuchung der Hypothesen (A.12, A.13, C.3; vgl. 4.1.2) und Forschungsfragen (D.1-D.4; vgl. 4.1.2) sowie der methodischen Kontrolle E.1 zur Motivation wird auch in diesem Abschnitt ein Messwiederholungsdesign durchgeführt. Es handelt sich dabei um eine 4-faktorielle ANCOVA ($2 \times 3 \times 2 \times 2$) mit Messwiederholung durchgeführt, wobei der Instruktionstext IT (Zeitungsartikel vs. traditioneller Aufgabentext), die Ankermasse AM (Textschwierigkeit: leicht vs. mittel vs. schwer), der Themenbereich (‚Geschwindigkeit' vs. ‚Elektrische Energie') sowie das Geschlecht G (männlich vs. weiblich) die Zwischensubjektfaktoren darstellen. Zur Analyse des Motivationsverlaufs werden die verschiedenen Messzeitpunkte (Pretest, Posttest, Follow up-Test) als Innersubjektfaktor ‚Zeit' aufgeführt (vgl. Tab. 82). Diese Analyse kann infolge des themenunabhängigen Motivationsmessinstruments (vgl. 4.2.2.1) themenübergreifend durchgeführt werden, wobei die Variable ‚Themenbereich' kontrolliert wird (vgl. 4.1.2, methodische Kontrolle E.1).

Ähnlich wie in den vorangehenden Abschnitten sollen auch hier zunächst Ergebnisse solcher Faktoren berichtet werden, die auf die Motivation und deren Verlauf insgesamt und zudem auf mehr als einen Teilbereich (Subskala) signifikant einwirken. Vereinzelt signifikante Faktoren von praktischer Relevanz werden danach stets im Anschluss aufgeführt.

Tabelle 80: Übersicht über die deskriptiven Daten der Motivation in den einzelnen Lerngruppen des Themenbereichs ‚Geschwindigkeit'

Mot.-Test/Teilbereich \ Lerngruppe		EG: Zeitungsaufgaben			KG: Traditionelle Aufgaben		
		Ankermasse (Schwierigkeit d. Instr.-Textes)			Ankermasse (Schwierigkeit d. Instr.-Textes)		
		low (leicht): *MW (SD)*	med (mittel): *MW (SD)*	high (schwer): *MW (SD)*	low (leicht): *MW (SD)*	med (mittel): *MW (SD)*	high (schwer): *MW (SD)*
Pretest	Intrinsische Motivtion/Engagement IE	36.8 (19.0)	36.7 (18.7)	41.5 (17.5)	39.9 (13.2)	38.6 (16.2)	39.7 (17.2)
	Selbstkonzept Sk	57.6 (15.8)	56.0 (16.7)	57.2 (14.8)	58.8 (12.9)	57.5 (14.5)	58.2 (14.2)
	Realitätsbezug/Authentizität RA	53.7 (15.9)	52.0 (14.3)	51.9 (10.7)	51.6 (14.6)	50.9 (18.8)	55.9 (19.6)
	Total	49.4 (15.8)	48.2 (15.1)	50.6 (12.5)	50.5 (12.0)	49.2 (14.5)	51.3 (14.0)
Posttest	IE	49.3 (19.9)	60.5 (16.0)	56.1 (17.6)	34.8 (17.4)	32.1 (14.7)	23.3 (18.3)
	SK	73.3 (16.5)	73.9 (12.5)	65.9 (14.2)	61.1 (14.7)	52.4 (13.0)	49.9 (13.9)
	RA	65.5 (20.7)	80.1 (16.1)	55.2 (12.7)	49.4 (16.3)	53.5 (16.6)	47.8 (12.1)
	Total	62.9 (17.8)	71.0 (12.9)	59.6 (13.0)	48.9 (12.7)	45.7 (12.2)	40.1 (9.3)
FUP-Test	IE	52.9 (17.2)	57.8 (14.3)	55.3 (16.6)	40.3 (13.7)	31.9 (15.9)	31.7 (16.1)
	SK	72.1 (16.7)	71.5 (15.2)	66.5 (13.9)	55.9 (13.8)	54.4 (12.1)	50.0 (10.7)
	RA	64.1 (19.2)	81.0 (18.7)	48.5 (14.9)	48.6 (12.8)	46.7 (17.1)	46.7 (16.2)
	Total	59.8 (15.6)	69.3 (14.0)	57.8 (12.6)	48.5 (11.7)	44.6 (13.2)	42.8 (12.4)

Anmerkungen. MW = Mittelwert; SD = Standardabweichung; alle Werte in %

Über alle Messzeitpunkte hinweg betrachtet (Zwischensubjektfaktoren) kann ein signifikanter und nach Cohen (1988) großer Einfluss des Instruktionstextes (Zeitungsartikel vs. traditioneller Text) auf die Motivation der Schüler insgesamt und auf alle Motivations-Teilbereiche festgestellt werden (Intrinsische Motivation/Engagement IE: $F(1,352) = 94.710$, $p < 0.001$, $\omega^2 = 0.212$; Selbstkonzept Sk: $F(1,352) = 147.373$, $p < 0.001$, $\omega^2 = 0.295$; Realitätsbezug/Authentizität RA: $F(1,352) = 115.940$, $p < 0.001$, $\omega^2 = 0.248$; Total: $F(1,352) = 158.316$, $p < 0.001$, $\omega^2 = 0.310$). Signifikant, aber klein ist der Unterschied der Motivation insgesamt sowie in den Teilbereichen Selbstkonzept (Sk) und Realitätsbezug/Authentizität (RA) zwischen den verschiedenen AM-Kategorien. Dabei zeigen A-priori Kontraste in der EG signifikante Unterschiede im Teilbereich Sk und insgesamt (Total) zwischen ZA_low und ZA_med (Sk: $t(153) = 4.325$; $p < 0.001$; Total: $t(153) = 4.987$; $p < 0.001$) sowie zwischen ZA_med und ZA_high (Sk: $t(132) = 5.020$; $p < 0.001$; Total: $t(132) = 3.980$; $p < 0.001$). Dagegen ist der Motivationsunterschied zwischen ZA_low und ZA_high nicht signifikant (Sk: $t(129) = 1.040$; $p = 0.153$; Total: $t(129) = 0.843$; $p = 0.201$). Somit gilt in der EG für diese Variablen (vgl. Tab. 80, Tab. 81):

$\text{MOT(Sk; total)}_{\text{ZA\_high}} < \text{MOT(Sk; total)}_{\text{ZA\_med}}$;

$\text{MOT(Sk; total)}_{\text{ZA\_low}} < \text{MOT(Sk; total)}_{\text{ZA\_med}}$

Eine post-hoc-Analyse weist darüber hinaus im Teilbereich RA signifikante Unterschiede zwischen AM_low und AM_med, zwischen AM_high und AM_med sowie zwischen AM_low und AM_high aus. Somit gilt für diese Subskala (vgl. Tab. 80, Tab. 81):

$\text{MOT(RA)}_{\text{AM\_high}} < \text{MOT(RA)}_{\text{AM\_low}} < \text{MOT(RA)}_{\text{AM\_med}}$

Wenigstens signifikant, aber klein ist ebenso der Einfluss des Themenbereichs auf die Motivation insgesamt sowie auf die Teilbereiche Intrinsische Motivation/Engagement (IE) und Sk.

Tabelle 81: Übersicht über die deskriptiven Daten der Motivation in den einzelnen Lerngruppen des Themenbereichs ‚Elektrische Energie'

	Lerngruppe	**EG: Zeitungsaufgaben**			**KG: Traditionelle Aufgaben**		
		Ankermasse (Schwierigkeit d. Instr.-Textes)			**Ankermasse (Schwierigkeit d. Instr.-Textes)**		
	Mot.-Test/Teilbereich	low (leicht): *MW (SD)*	med (mittel): *MW (SD)*	high (schwer): *MW (SD)*	low (leicht): *MW (SD)*	med (mittel): *MW (SD)*	high (schwer): *MW (SD)*
Pretest	Intrinsische Motivtion/Engagement IE	40.8 (15.5) 40.5 (19.7)	36.7 (12.3) 40.3 (25.4)	35.2 (19.8)	42.2 (18.4)	39.4 (20.5)	40.9 (24.5)
	Selbstkonzept Sk	56.1 (18.8) 56.0 (19.3)	59.7 (13.8) 57.3 (22.4)	60.1 (17.7)	59.3 (9.9)	56.1 (14.1)	59.5 (21.5)
	Realitätsbezug (Authentizität RA	55.5 (17.7) 53.6 (16.5)	55.2 (12.6) 51.0 (20.2)	57.4 (12.0)	55.2 (20.8)	55.3 (17.2)	50.0 (19.7)
	Total	50.7 (15.2) 50.0 (16.7)	50.6 (10.1) 50.6 (21.4)	50.7 (16.6)	52.2 (14.1)	50.4 (15.7)	51.1 (12.0)
Posttest	IE	52.5 (17.5) 51.7 (21.6)	58.7 (13.8) 60.3 (18.6)	43.3 (17.3)	30.2 (17.8)	22.0 (18.7)	28.3 (16.2)
	SK	68.9 (19.0) 66.6 (15.7)	77.1 (14.8) 80.7 (11.8)	65.1 (17.8)	44.3 (17.0)	49.5 (14.6)	39.0 (12.9)
	RA	66.5 (22.1) 75.4 (17.6)	81.5 (13.3) 77.4 (17.2)	64.8 (22.6)	46.5 (25.2)	35.4 (22.5)	36.0 (14.8)
	Total	62.6 (17.0) 63.8 (15.6)	72.0 (11.3) 72.7 (14.2)	57.5 (17.4)	40.0 (17.2)	36.2 (13.2)	34.5 (12.1)
FUP-Test	IE	46.6 (11.5) 41.3 (18.4)	53.3 (11.6) 55.7 (18.8)	36.2 (17.5)	34.3 (20.8)	28.3 (18.2)	28.9 (12.8)
	SK	60.3 (16.8) 65.4 (15.9)	81.3 (14.0) 78.9 (12.3)	59.5 (18.1)	46.8 (17.2)	44.6 (15.3)	44.1 (18.6)
	RA	57.8 (19.4) 61.9 (15.7)	75.4 (16.1) 74.7 (18.3)	68.7 (27.0)	45.1 (19.5)	41.4 (21.0)	41.3 (20.9)
	Total	54.9 (12.8) 56.1 (13.1)	70.0 (11.0) 69.8 (13.9)	53.9 (16.7)	41.9 (18.4)	38.0 (15.8)	38.1 (15.7)

Anmerkungen. MW = Mittelwert; SD = Standardabweichung; alle Werte in %

Die Interaktion zwischen Instruktionstext und AM beeinflusst die Motivation insgesamt und die Teilbereiche Sk und RA signifikant, aber wenig. Zwar wird auch eine signifikante Beeinflussung der Motivation und ihrer Teilbereiche durch die Interaktion des Themenbereichs mit dem Geschlecht diagnostiziert. Dieser Einfluss ist aber klein.

Gleiches gilt auch für die Beeinflussung der Motivation insgesamt und der Teilbereiche IE und Sk durch die Interaktion von Instruktionstext, AM, Themenbereich und Geschlecht. Zudem beeinflusst die Physik-Vorleistung als Moderatorvariable die Motivation insgesamt sowie die Teilbereiche IE und Sk signifikant, wobei der Einfluss auf Sk mittelgroß, die Beeinflussung der anderen beiden Variablen jedoch klein ist (Selbstkonzept Sk: $F(1,352) = 53.177, p < 0.001, \omega^2 = 0.131$; vgl. Tab. 82).

Bezogen auf die Motivationsunterschiede zwischen den Messzeitpunkten (Innersubjektfaktoren) unterscheidet sich die Motivation von Schülern, die mit Zeitungsaufgaben arbeiteten, von der bei Lernenden, die ‚traditionelle Aufgaben' bearbeiteten, wenigstens zwischen zwei Messzeitpunkten signifikant. Dieser Unterschied lässt

Tabelle 82: Einfluss der unabhängigen Variablen ‚Instruktionstext', ‚Ankermasse', ‚Themenbereich' und ‚Geschlecht' auf den Verlauf der Motivation (ANCOVA mit Messwiederholung)

Abh. Var. / Unabh. Var.	df	Intrinsische Motivation/Engagement IE F (ω^2)	Selbstkonzept Sk F (ω^2)	Realitätsbezug/Authentizität RA F (ω^2)	Total F (ω^2)
Zwischensubjektfaktoren					
Haupteffekte					
Instruktionstext IT	1	94.710*** (0.212)	147.373*** (0.295)	115.940*** (0.248)	158.316*** (0.310)
Ankermasse AM	2	1.380 (0.008)	7.654*** (0.042)	7.174** (0.039)	6.141** (0.034)
Themenbereich TB	1	8.382** (0.023)	11.832*** (0.033)	0.068 (0.001)	7.128** (0.020)
Geschlecht G	1	2.447 (0.007)	8.919** (0.025)	0.285 (0.001)	2.657 (0.007)
IT x AM	2	5.929** (0.033)	2.390 (0.013)	5.867** (0.032)	5.575** (0.031)
IT x TB	1	0.762 (0.002)	2.926 (0.008)	8.660** (0.024)	1.757 (0.005)
IT x G	1	6.312* (0.018)	0.073 (0.001)	1.855 (0.005)	2.747 (0.008)
AM x TB	2	1.611 (0.009)	4.156* (0.023)	1.543 (0.009)	0.247 (0.001)
AM x G	2	0.303 (0.002)	0.362 (0.002)	0.390 (0.002)	0.108 (0.001)
TB x G	1	4.158* (0.012)	5.099* (0.014)	8.001** (0.022)	7.397** (0.021)
IT x AM x TB	2	6.834** (0.037)	1.524 (0.009)	2.928 (0.016)	0.872 (0.005)
IT x AM x G	2	1.122 (0.006)	3.326* (0.019)	2.720 (0.015)	2.641 (0.015)
IT x TB x G	1	1.006 (0.003)	0.005 (0.001)	4.217* (0.012)	1.347 (0.004)
AM x TB x G	2	3.353* (0.019)	1.307 (0.007)	2.467 (0.014)	2.939 (0.016)
IT x AM x TB x G	2	7.158** (0.039)	4.846* (0.027)	1.324 (0.007)	5.714** (0.031)
Kovariate					
Physik-Vorleistung PV	1	11.052** (0.030)	53.177*** (0.131)	0.069 (0.001)	17.279*** (0.047)
Allgemeine Intelligenz AI	1	2.358 (0.007)	5.498* (0.015)	0.655 (0.002)	3.370 (0.009)
Lesekompetenz LK	1	0.087 (0.001)	0.190 (0.001)	1.035 (0.003)	0.004 (0.001)
Fehler	352				
Innersubjektfaktoren					
Haupteffekte					
Zeit (Pre=>Post=>FUP)	2	0.009 (0.001)	0.038 (0.001)	0.211 (0.001)	0.061 (0.001)
Zeit x IT	2	94.611*** (0.212)	95.830*** (0.214)	75.899*** (0.177)	115.712*** (0.247)
Zeit x AM	4	3.039* (0.017)	6.191*** (0.034)	6.433*** (0.035)	6.389*** (0.035)
Zeit x TB	2	4.556* (0.013)	9.178*** (0.025)	3.410* (0.010)	6.514** (0.018)
Zeit x G	2	0.219 (0.001)	0.451 (0.001)	4.781** (0.013)	1.148 (0.003)
Zeit x IT x AM	4	4.576** (0.025)	1.729 (0.010)	7.922*** (0.043)	5.013** (0.028)
Zeit x IT x TB	2	0.361 (0.001)	2.911 (0.008)	6.476* (0.018)	2.726 (0.008)
Zeit x IT x G	2	0.081 (0.001)	0.693 (0.002)	0.913 (0.003)	0.351 (0.001)
Zeit x AM x TB	4	0.883 (0.005)	1.635 (0.009)	4.059** (0.023)	0.077 (0.001)
Zeit x AM x G	4	0.445 (0.003)	0.627 (0.004)	0.883 (0.005)	0.108 (0.001)
Zeit x TB x G	2	0.160 (0.001)	0.479 (0.001)	0.392 (0.001)	0.246 (0.001)
Zeit x IT x AM x TB	4	0.717 (0.004)	2.338 (0.013)	1.438 (0.008)	0.304 (0.002)
Zeit x IT x AM x G	4	1.189 (0.007)	3.054* (0.017)	1.833 (0.010)	1.998 (0.011)
Zeit x IT x TB x G	2	0.008 (0.001)	0.409 (0.001)	1.454 (0.004)	0.370 (0.001)
Zeit x AM x TB x G	4	1.645 (0.009)	1.633 (0.009)	2.585* (0.014)	2.383 (0.013)
Zeit x IT x AM x TB x G	4	0.892 (0.005)	0.377 (0.002)	1.480 (0.008)	0.422 (0.002)
Kovariate					
Zeit x PV	2	0.378 (0.001)	2.150 (0.006)	0.610 (0.002)	1.187 (0.003)
Zeit x AI	2	1.063 (0.003)	1.090 (0.003)	1.562 (0.004)	1.200 (0.003)
Zeit x LK	2	0.996 (0.003)	0.062 (0.001)	0.791 (0.002)	0.399 (0.001)
Fehler	704				

Anmerkung. Instruktionstext: Zeitungsartikel vs. traditioneller Text; Ankermasse (Textschwierigkeit): low, med, high; Themenbereich: Geschwindigkeit, Elektrische Energie; Zeit: 3stufiger Zeitverlauf (Pre-Test ⇒ Post -Test ⇒ FUP-Test); * $p < 0.05$; ** $p < 0.01$; *** $p < 0.001$.

sich bei der Motivation insgesamt (Total) sowie bei allen Motivations-Teilbereichen nachweisen, wobei nach Cohen (1988) alle Effekte groß sind (IE: $F(1,704) = 94.611$, $p < 0.001$, $\omega^2 = 0.212$; Sk: $F(1,704) = 95.830$, $p < 0.001$, $\omega^2 = 0.214$; RA: $F(1,704) = 75.899$, $p < 0.001$, $\omega^2 = 0.177$; Total: $F(1,704) = 115.712$, $p < 0.001$, $\omega^2 = 0.247$; vgl. Tab. 82). Signifikant, aber klein ist die Beeinflussung des Zeitverlaufs der Motivation insgesamt und all ihrer Teilbereiche durch die AM sowie durch den Themenbereich. Die Interaktion von Instruktionstext und AM beeinflusst die Motivation insgesamt sowie die Teilbereiche IE und RA wenigstens sehr signifikant und ebenso klein.

Neben den bisher genannten Einflüssen solcher Faktoren, die die Motivation über alle Messwertpunkte hinweg bzw. den Motivationsverlauf insgesamt und zudem bei mehr als einem Motivationsteilbereich signifikant beeinflussen, gibt es noch Einflüsse von Faktoren auf nur eine abhängige Variable. So haben die Interaktion von Instruktionstext und Themenbereich auf den Teilbereich RA, die Interaktion von AM und Themenbereich auf den Teilbereich Sk sowie die Interaktion von Instruktionstext, AM und Themenbereich auf den Teilbereich IE jeweils einen signifikanten Einfluss. Ebenso signifikant ist der Einfluss der Interaktion von AM und Themenbereich auf den Motivationsverlauf (Zeit). Alle die hier genannten Effekte sind jedoch klein. Zudem gibt es noch weitere vereinzelte Einflussfaktoren, deren Effektstärke jedoch so klein ist ($\omega^2 < 0.02$), dass sie an dieser Stelle nicht berichtet werden sollen. Eine Detailübersicht zeigt Tabelle 82.

4.4.5 Pfadanalyse zu Kausalzusammenhängen zwischen Cognitive Load, Ankereigenschaften, Ankertiefe, Motivation und Leistung

Die Hypothesen A.2-A.7, B.1-B.10 und C.5-C.8 über die theoriebasierenden Kausalzusammenhänge zwischen den verschiedenen Variablen (vgl. Abb. 23, 4.1.2) werden an dieser Stelle mit dem LISREL-Verfahren analysiert (vgl. 4.3). Da sich die Ausprägungen der Variablen ‚Cognitive Load' CL, ‚Ankereigenschaften' AE und ‚Ankertiefe' AT (Posttest) gemäß den Ergebnissen aus 4.4.1 zwischen den verschiedenen Instruktionsaufgaben nicht unterscheiden, wird für die Pfadanalyse jeweils der Mittelwert der einzelnen Variablenausprägung zwischen Instruktionsaufgabe 1 und 2 verwendet. Zudem müssen die Variablen an dieser Stelle zur vergleichenden Betrachtung über die beiden Untersuchungskohorten EG und KG themenübergreifend analysiert werden, da robuste Ergebnisse bei der LISREL-Methode eine gewisse Stichprobengröße erfordern (mindestens 150 Probanden pro Gruppe bei Mehrgruppenvergleichen; vgl. Jöreskog & Sörbom, 2005). Dazu erfolgt eine z-Standardisierung innerhalb der Themenbereiche ‚Geschwindigkeit' und ‚Elektrische Energie'. Es handelt sich hierbei jedoch explizit nicht um eine a-priori-Standardisierung innerhalb der Untersuchungsgruppen (KG: ‚traditionelle Aufgaben' vs. EG: Zeitungsaufgaben), von der eindringlich abgeraten wird (vgl. Jöreskog & Sörbom, 2005, S. 290), sondern um eine a-priori-Standardisierung innerhalb der Themenbereiche. Die in dieser Studie gewählte Standardisierung wurde zum Zweck der Vergleichbarkeit der Untersuchungskohorten über beide Themenbereiche hinweg durchgeführt. Sie bringt jedoch empirisch den Nebeneffekt, dass einerseits die methodische Kontrolle E.1 für diese Analysen entfällt und andererseits die unstandardisierte Lösung besser interpretiert ist (vgl. 4.3.2). Zudem wurde der kausale Charakter der Modelle aus Abbildung 23 in diesem Rahmen zunächst nur auf die Posttest-Messungen von Motivation und Leistung bezogen, da nur in diesem Fall die kausalen Zusammenhänge der Variablen theoriegeleitet hypothetisiert werden können. Versuche, die Modelle auf die Follow up-Messwerte zu erweitern, sind gescheitert (vgl. Kuhn & Schneider, 2008).

4.4.5.1 Modellierungsschritte in dieser Untersuchung

Bei der hier eingeschlagenen Modellierung handelt es sich um eine Mischstrategie aus dem Aufheben bestehender (‚model bulding‘) und der Einführung zusätzlicher Restriktionen (‚model trimming‘; vgl. 4.3.3). In beiden Fällen ist jeweils ein Vergleich der Modelle per Prüfung der Differenz in den χ^2-Werten der Modelle anhand eines statistischen Tests möglich (Kline, 1998, S. 131ff.). Dabei sind die jeweils zu klärenden Fragen allerdings gegenläufig zu stellen (vgl. Tab. 84).

1. Schritt: Das Invarianzmodell

Den Ausgangspunkt der Modellierung stellt das Invarianzmodell (Modell I) dar, in dem angenommen wird, dass sich alle Pfade zwischen endogenen und exogenen Variablen (vgl. 4.3.1) nicht zwischen den Gruppen unterscheiden. Dieses Modell ist erwartungsgemäß durch eine sehr schlechte Güte der Anpassung gekennzeichnet (vgl. Tab. 83).

Tabelle 83: Gütemaße der fünf Pfadmodelle

Gütemaße / *Modell*	χ^2	df	χ^2/df	GFI in Gruppen	NNFI	CFI	RMSEA	AIC*
I	72.52	11	6.59	KG: .920 EG: .935	0.657	0.811	0.172	110.52
II	10.86	7	1.55	KG: .984 EG: .992	0.967	0.989	0.054	56.86
III	15.75	12	1.31	KG: .974 EG: .992	0.981	0.989	0.041	51.75
IV	6.67	6	1.11	KG: .986 EG: .999	0.993	0.998	0.024	54.67
V	9.80	10	0.980	KG: .983 EG: .995	1.00	1.00	0.000	49.80

Anmerkungen. * Der AIC des Nullmodells beträgt 402.55; Modell I: Invarianzmodell; Modell II: Aufhebung der Restriktionen der Parametergleichheit in den Pfaden von exogenen zu endogenen Variablen; Modell III: Wie II, zusätzlich insignifikante Pfade in Gruppen auf Null fixiert; Modell IV: Wie III, zusätzlich Aufhebung der Restriktionen der Parametergleichheit in den Pfaden zwischen endogenen Variablen; Modell V: Wie IV, zusätzlich insignifikante Pfade in Gruppen auf Null fixiert.

Die Annahme, dass die Wirkungen der exogenen Variablen (hier: ,Cognitive Load' CL) auf die endogenen Variablen (hier: Ankereigenschaften' AE, ,Ankertiefe' AT, ,Motivation', ,Leistung') und die Bezüge zwischen den endogenen Variablen in den beiden Untersuchungsgruppen gleichartig sind, hält offensichtlich der Realität nicht stand.

2. Schritt: Lockerung der Restriktion der Gleichartigkeit der Beziehungen zwischen exogener und endogenen Variablen (Gamma-Matrix)

In der ausführlichen Darstellung der Ergebnisse des Invarianzmodells wird anhand der von LISREL ausgegebenen Modifikationsindizes deutlich, dass die größten Unterschiede zwischen EG und KG in den jeweils analysierten Wirkungen der exogenen Variablen ,Cognitive Load' CL auf die endogenen Variablen bestehen. Es liegt daher nahe, als zweiten Schritt ein Modell zu formulieren, dass die entsprechenden Gleichheitsrestriktionen aufhebt (Modell II). Dadurch, dass Restriktionen entfernt werden, handelt es sich um einen ,model building'-Schritt. Entsprechend Tabelle 83 verfügt Modell II nach den gängigen Beurteilungskriterien über eine gute (RMSEA) bis sehr gute (χ^2/df, GFI, NNFI, CFI) Anpassungsgüte, d.h. das Zulassen unterschiedlicher Pfadkoeffizienten für die Wirkung der exogenen Variablen ,Cognitive Load' CL auf die endogenen Variablen alleine führt zu einer substantiellen Verbesserung des Modells. In diesem Sinne fällt auch der χ^2-Test auf Unterschiedlichkeit der Modelle I und II signifikant aus (vgl. Tab. 84).

3. Schritt: Bereinigung des Modells um insignifikante Pfade zwischen exogener und endogenen Variablen (Gamma-Matrix)

In der bisherigen Modellierungslogik wäre nun zu prüfen, ob die Aufhebung der Gleichheitsrestriktionen zwischen den Beziehungen der endogenen Variablen zu einer weiteren Verbesserung der Anpassungsgüte des Modells führt. Dieser Schritt verbietet sich jedoch an dieser Stelle aus pragmatischen Gründen, da eine Aufhebung dieser Restriktionen in einem saturierten Modell ohne Freiheitsgrade, die eine Schätzung der Parameter erlauben, münden würde. Bevor also Restriktionen zwischen den Zusammenhänge der endogenen Variablen aufgehoben werden können, müssen (im Sinne des ,model trimming') Anstrengungen unternommen werden, Restriktionen einzuführen, die einen Gewinn an Freiheitsgraden nach sich ziehen.

Bei der Sichtung der Signifikanzprüfungen der einzelnen Pfade zwischen der exogenen Variablen ,Cognitive Load' CL und den endogenen Variablen in den beiden Untersuchungsgruppen fällt auf, dass es Hinweise darauf gibt, dass einige dieser Pfade sich nicht bedeutsam von Null unterscheiden. Es sind die in der Gruppe mit ,traditionellen Aufgaben' die Pfade von CL zu ,Motivation' und ,Leistung' und in der Gruppe mit Zeitungsaufgaben die Pfade zu ,Ankereigenschaften' AE, ,Ankertiefe' AT und ,Leistung' (vgl. vgl. Abb. 23, 4.1.2). In Modell III werden diese Pfade explizit auf den Wert Null fixiert, um zu prüfen, ob das Modell im Vergleich zu Modell II unter der Einführung neuer Restriktionen ‚leidet'. Entsprechend Tabelle 83 hat Modell III nach allen zur Verfügung stehenden Kriterien an Anpassungsgüte hat und kann nunmehr uneingeschränkt als sehr gutes Modell bezeichnet werden. Aus der vergleichenden Betrachtung der Modelle II und III per χ^2-Differenzen-Test (vgl. Tab. 84) geht zudem hervor, dass es zu keiner signifikanten Verschlechterung der Anpassungsgüte gekommen ist. Es erweist sich nicht nur im Sinne einer besseren Interpretierbarkeit sondern auch nach empirischen Gesichtspunkten als sinnvoll, anzunehmen, dass die fixierten Pfade tatsächlich für nicht vorhandene Kausalbeziehungen stehen.

4. Schritt: Lockerung der Restriktion der Gleichartigkeit der Beziehungen zwischen endogenen Variablen (Beta-Matrix)

Noch immer ist der Schritt der Lockerung der Restriktion der Gleichartigkeit der Bezüge zwischen den endogenen Variablen nicht unternommen worden. Dieser Schritt kann jedoch nach dem Gewinn an Freiheitsgraden zwischen Modell II und Modell III als neuerlicher ‚model building'-Schritt nun erfolgen. Dabei ist allerdings darauf hinzuweisen, dass die entsprechenden Modifikationsindizes, wenngleich alle in der absoluten Höhe von Null verschieden, keine hohen Beträge aufweisen.

Gemäß Tabelle 83 ist Modell IV, in dem die Gleichheitsrestriktion aufgehoben ist, dem Modell III nach der Mehrzahl der Kriterien (χ^2/df, GFI, NNFI, CFI, RMSEA) überlegen, obwohl der angestiegene AIC gegen eine verbesserte Modellanpassung spricht. Dass es zu keiner deutlichen Verbesserung von Modell III zu Modell IV kommt, wird auch durch den entsprechenden Modellvergleich in Tabelle 84 bestätigt, in dem die durch die Reduktion im χ^2-Wert zum Ausdruck kommende Verbesserung die Signifikanzgrenze knapp verfehlt wird.

Beim Vergleich der Modelle III und IV ist allerdings zu berücksichtigen, dass es sich bei Modell III ohnehin schon um ein sehr gutes Modell handelt und infolge dessen naturgemäß keine substantiellen Verbesserungen mehr möglich sind. Die knapp verfehlte Signifikanz der Unterschiedlichkeit bedeutet aber vor dem Hintergrund dieses Deckeneffektes in der Modellanpassung nicht notwendig, dass die Aufhebung

Tabelle 84: Direkter Vergleich der Modellierungsschritte

Vergleich der Modelle…	Modellierungs-strategie*	Diff. χ^2	Diff. df	Krit. χ^2	Unterschiedlichkeit
II mit I	build	61.66	4	9.49	sign. Verbesserung
III mit II	trim	4.89	5	11.07	keine sign. Verschlechterung
IV mit III	build	9.08	6	12.59	keine sign. Verbesserung
V mit IV	trim	3.13	4	9.49	keine sign. Verschlechterung

Anmerkungen. * Bei der Strategie ‚build' lautet die Fragestellung: „Wird das Modell durch die Aufhebung von Restriktionen besser?"; bei der Strategie ‚trim' lautet die Frage: „Wird das Modell durch die Einführung von Restriktionen schlechter?"

der Gleichheitsrestriktionen in den Beziehungen zwischen den endogenen Variablen obsolet ist. Im Sinne der Interpretierbarkeit des Modells und dem Rückbezug des Modells auf die initial formulierten Hypothesen ist der Schritt von Modell III zu Modell IV dennoch von nicht zu vernachlässigendem praktischen Nutzen.

5. Schritt: Bereinigung des Modells um insignifikante Pfade zwischen endogenen Variablen (Beta-Matrix)

In einem letzten Schritt wird geprüft, ob es in den beiden Untersuchungsgruppen Bezüge zwischen den endogenen Variablen gibt, die sich nicht bedeutsam von Null unterscheiden. Anhand der Sichtung der Signifikanzprüfungen der zugehörigen Pfade zwischen den endogenen Variablen wird deutlich, dass dies in der Gruppe mit ‚traditionellen Aufgaben' bei den Pfaden von AE zu ‚Leistung', von AT zu ‚Motivation' und von ‚Motivation' zu ‚Leistung' der Fall zu sein scheint. In der Gruppe mit Zeitungsaufgaben trifft dies nur auf den Pfad von AT zu ‚Leistung' zu.

Die durch die Fixierung dieser Pfade in Modell V zu klärende Frage, ob das Modell im Sinne eines ‚model trimming'-Schritts mit diesen Restriktionen ausgestattet werden kann, ohne dass sich dies negativ auf die Anpassungsgüte auswirkt, kann anhand des χ^2-Differenzentests zwischen Modell IV und Modell V bejaht werden (vgl. Tab. 84). Offensichtlich ist es sinnvoll anzunehmen, dass die oben genannten Beziehungen statistisch unbedeutend sind. Diese Schlussfolgerung wird auch durch die Mehrzahl der Maße der Anpassungsgüte (vgl. Tab. 83) bestätigt. Bezüglich Modell V sprechen χ^2/df, NNFI, CFI und RMSEA für eine nahezu perfekte Übereinstimmung mit den Daten. Ferner unterstreicht auch der im Vergleich aller betrachteten Modelle geringste AIC, dass es sich um dasjenige Modell handelt, das den Daten am besten gerecht wird. Mit Modell V ist gleichzeitig auch ein Endpunkt in den Modellierungsmöglichkeiten erreicht, so dass dies das Modell ist, anhand dessen die Hypothesen der Studie geprüft werden.

4.4.5.2 Ergebnisse der Pfadanalyse

In Abbildung 27 und Abbildung 28 sind die nach Modell V geschätzten unstandardisierten Pfadkoeffizienten der beiden Untersuchungsgruppen dargestellt, wobei statistisch nicht signifikante Pfade durch gestrichene Pfeile dargestellt sind. Da jedoch zuvor, wie oben beschrieben, bei der Aufbereitung der Daten für die vergleichende Betrachtung über die beiden Untersuchungskohorten ‚Geschwindigkeit' und ‚Elektrische Energie' eine Standardisierung der betrachteten Variablen jeweils innerhalb der Themenbereiche vorgenommen werden musste, zeigt sich nun auch empirisch, dass keine in der Interpretation problematischen Unterschiede zwischen den unstandardisierten ‚Estimates', der ‚Within Group Standardized Solution' und der ‚Common Metric Standardized Solution' bestehen. Dadurch können die unstandardisierten Koeffizienten in Abbildung 27 und Abbildung 28 wie standardisierte Koeffizienten interpretiert werden (vgl. 4.3.2).

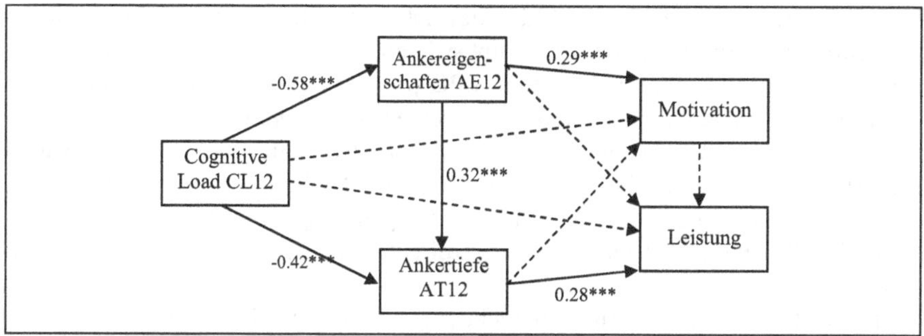

Abb. 27: Unstandardisierte Lösung von Modell V für die Gruppe mit ‚traditionellen Aufgaben' (gestrichelte Linien: insignifikante Pfade; * $p < 0.05$; ** $p < 0.01$; *** $p < 0.001$)

An dieser Stelle werden ausschließlich signifikante Effekte berichtet. Dabei werden zunächst solche Zusammenhänge aufgeführt, die in beiden Gruppen zu finden sind. Anschließend werden nacheinander die direkten und indirekten Effekte zuerst in der KG und dann in der EG dargestellt.

In beiden Gruppen gibt es einen signifikanten mittelgroßen und positiven Zusammenhang zwischen den Ankereigenschaften AE12 und der Ankertiefe AT12 (KG: $b_{at;ae} = 0.32$; EG: $b_{at;ae} = 0.45$). Während der signifikante Einfluss von AE auf die Motivation MOT in der KG positiv und klein ist ($b_{mot;ae} = 0.29$), ist dieser in der EG nach Cohen (1988) als positiv und mittelgroß einzuschätzen ($b_{mot;ae} = 0.34$).

Neben diesen in beiden Gruppen vorzufindenden direkten Effekten gibt es darüber hinaus in der KG einen direkten signifikanten Einfluss der Cognitive Load CL12 auf AE12 ($b_{ae;cl} = -0.58$). Während dieser negativ und groß ist, gibt es einen ebenso signifikanten negativen jedoch mittelgroßen Effekt von CL12 auf AT12 ($b_{at;cl} = -0.42$). Gemäß der in 4.3.2 aufgeführten Zusammenhänge wird dieser direkte Effekt von CL12 auf AT12 durch den indirekten Effekt über AE signifikant verstärkt.

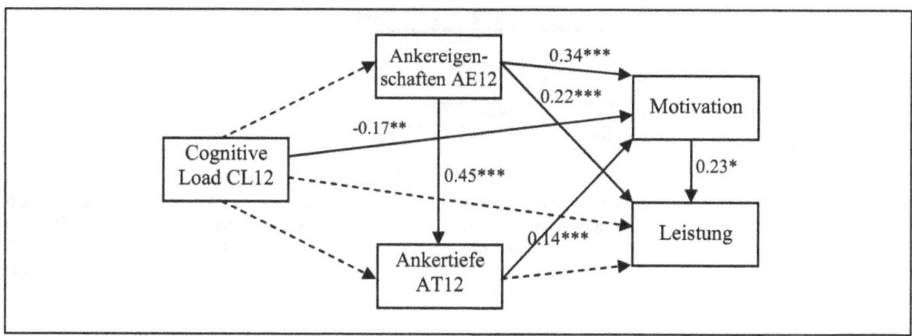

Abb. 28: Unstandardisierte Lösung von Modell V für die Gruppe mit Zeitungsaufgaben (gestrichelte Linien: insignifikante Pfade; * $p < 0.05$; ** $p < 0.01$; *** $p < 0.001$)

Der totale Effekt von CL12 auf AT12 ergibt sich demnach zu -0.61. Als letzter direkter signifikanter Einfluss in der KG ergibt sich ein positiver, aber kleiner Zusammenhang zwischen AT12 und der Leistung LPO ($b_{lpo;at}$ = 0.28). Neben diesen direkten Einflüssen zeigt Abbildung 27 weitere indirekte signifikante Effekte in der KG auf. So beeinflusst CL12 die Motivation indirekt über AE12 signifikant und negativ aber klein ($b_{mot;cl}$ = -0.17). Gleiches gilt für den Effekt von CL12 über AE12 auf AT12 ($b_{at;cl}$ = -0.19) sowie über AE12 und AT12 auf die Leistung ($b_{lpo;cl}$ = -0.17).

In der EG hat die CL12 lediglich einen direkten signifikanten Effekt auf die Motivation MOT.

Dieser Einfluss ist negativ aber klein ($b_{mot;cl}$ = -0.17).[65] Darüber hinaus gibt es zwischen AE12 und der Leistung LPO einen direkten signifikanten positiven, allerdings schwachen Zusammenhang ($b_{lpo;ae}$ = 0.22). Positiv, aber ebenso schwach sind die direkten signifikanten Effekte von AT12 auf die Motivation ($b_{mot;at}$ = 0.14) sowie von der Motivation auf die Leistung ($b_{lpo;mot}$ = 0.23). Dabei wird letzterer indirekt durch den direkten Effekt von AE12 auf MOT sowie auf AT12 signifikant verstärkt, sodass sich der totale Einfluss von AE12 auf LPO zu 0.31 ergibt und damit als mittelgroß einzuschätzen ist. Außerdem verstärkt der AE-Einfluss auf AT12 dessen direkten Effekt auf MOT signifikant indirekt, sodass sich der totale Einfluss von AE12 auf MOT zu 0.40 ergibt.

Die durch das Modell in der KG insgesamt aufgeklärte Varianz beträgt 33.2% an der Variablen ‚Ankereigenschaften', 43.2% an der Variablen ‚Ankertiefe' sowie 8.6% und 8.1% an den Variablen ‚Motivation' und ‚Leistung'. Infolge des fehlenden Einflusses von CL auf AE klärt dagegen das Modell in der EG keine Varianz an der Variablen ‚Ankereigenschaften' auf. Dabei beträgt in dieser Gruppe die durch das Modell an der Variablen ‚Ankertiefe' aufgeklärte Varianz 20.3% sowie 20.4% und 13.6% an den Variablen ‚Motivation' und ‚Leistung'. Eine Detailübersicht über die Interkorrelationen zwischen den einzelnen Variablen in den Gruppen zeigt Tabelle 85.

Tabelle 85: Interkorrelationsmatrix in EG und KG

	CL12	AE12	AT12	MOT	LPO	
CL12	1	-0.576***	-0.604***	-0.319***	-0.170*	*KG*
AE12	0.039	1	0.560***	0.294***	0.195*	
AT12	0.031	0.450***	1	0.179*	0.284***	
MOT	-0.153*	0.395***	0.285***	1	0.118	
LPO	0.009	0.306***	0.245***	0.307***	1	
	EG					

Anmerkung. CL12 = Mittelwert der ‚Cognitive Load' (am Themenbereich z-standardisiert) zwischen Instruktionstext 1 und 2; AE12 = Mittelwert der ‚Ankereigenschaften' (am Themenbereich z-standardisiert) zwischen Instruktionstext 1 und 2; AT12 = Mittelwert der ‚Ankertiefe' (am Themenbereich z-standardisiert) zwischen Instruktionstext 1 und 2; MOT = Gesamtmotivation des Motivations-Posttest (am Themenbereich z-standardisiert); LPO = Gesamtleistung des Leistungs-Posttest (am Themenbereich z-standardisiert); * $p < 0.05$; ** $p < 0.01$; *** $p < 0.001$.

[65] Der damit verbundene indirekte Effekt von CL auf die Leistung LPO beläuft sich auf –0.04 und ist damit praktisch nicht relevant.

4.5 Diskussion

Wie in Kapitel 3 sollen auch an dieser Stelle die in 4.4 dargestellten Ergebnisse zum Untersuchungsschwerpunkt II interpretiert und deren Folgen für zukünftige Forschungsvorhaben diskutiert werden. Ebenso erfolgt das Vorgehen auch hier ‚von innen nach außen', d. h. zunächst in Bezug auf die in 4.1 für diesen Untersuchungsschwerpunkt formulierten Hypothesen und Forschungsfragen und anschließend in einem zweiten Schritt im Hinblick auf die in den vorangehenden Kapiteln dargestellten Leitlinien des MAI-Ansatzes und übergeordneten Ziele dieser Arbeit. Dazu werden die zu Beginn dieses Abschnittes zur differenzierten Analyse dieses Untersuchungsschwerpunktes detailliert aufgeführten Hypothesen entsprechend dem analytischen Vorgehen in 4.4 in nach Variablen geordneten Abschnitten zusammengefasst diskutiert. Somit werden alle Unterschiedshypothesen und alle Hypothesen zu Kausalzusammenhängen getrennt voneinander jeweils in gemeinsamen Abschnitten erörtert.

4.5.1 Unterschiede zwischen Zeitungsaufgaben und ‚traditionellen Aufgaben'

Die Unterschiedshypothesen A.1, A.8-A.15, C.1-C.4, die Forschungsfragen D.1-D.4 sowie die methodischen Kontrollen E.1 und E.2 werden hier nach Variablen geordnet diskutiert. Zur Vergleichbarkeit der Variablen in Diagrammen mit verschiedenen Variablen wurden diese jeweils über den Themenbereich z-standardisiert.

4.5.1.1 Über Instruktionsaufgaben gemittelte Ergebnisse: Unterschiede in Cognitive Load, Ankereigenschaften und Ankertiefe

Zu A.9/A.10:

Hinsichtlich des Unterschiedes in den über beide Instruktionsaufgaben IA1 und IA2 gemittelten Variablen ‚Cognitive Load' CL12, ‚Ankereigenschaften' AE12 und ‚Ankertiefe' (Posttest: AT12_Post; FUP-Test: AT12_FUP) weist die Art des Instruktionstextes (Zeitungsartikel vs. traditioneller Aufgabentext) zunächst keinen Einfluss auf CL12 als subjektiv wahrgenommene Beanspruchung der Lernenden auf. Dagegen unterscheiden sich Zeitungsaufgaben und ‚traditionelle Aufgaben' in der Ausprägung ihrer Ankereigenschaften AE12 und in der Ankertiefe AT12 als Erinnerung an den Instruktionstext direkt nach der Instruktion (Post) und auch im FUP-Test höchst signifikant (jeweils gemittelt über beide Instruktionsaufgaben IA1 und IA2; vgl. 4.4.1, Tab. 72; s. Abb. 29). Die Unterschiede in den Ankereigenschaften und den Ankertiefen sind dabei sehr groß ($\omega^2 > 0.14$) (s. Fußnote 41). Interpretiert man die Effektstärke als aufgeklärte Varianz, so klärt der Faktor ‚Instruktionstext' ca. 57% der Varianz der AT direkt nach der Instruktion und sogar mehr als 78% bei AT-FUP auf. Genauso ausgeprägt ist der Unterschied zwischen den Instruktionstextarten in

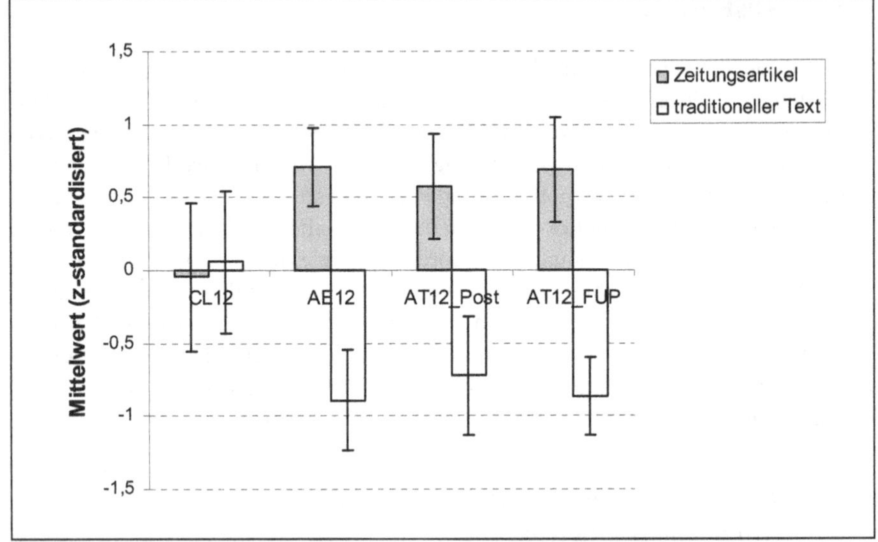

Abb. 29: Unterschiede zwischen Zeitungsaufgaben und ‚traditionellen Aufgaben' in den z-standardisierten Variablen Cognitive Load CL, Ankereigenschaften AE und Ankertiefe AT (Posttest und FUP-Test; Fehlerbalken: Standardabweichung)

der Wahrnehmung der Ankereigenschaften durch die Lernenden. Die aufgeklärte Varianz durch den Faktor ‚Instruktionstext' beträgt dabei etwa 75%.

Somit können die Hypothesen A.9 und A.10 bestätigt werden, wobei speziell der Hypothese A.9 noch die Funktion eines ‚Manipulation Checks' (s. Fußnote 55) zukommt. Damit wird nachgewiesen, dass die Lernenden in den Lerngruppen der EG das Instruktionsmaterial auch tatsächlich theoriegemäß als MAI-Ankermedium wahrnehmen, mit statistisch bedeutsamem Unterschied zu den Schülern in den Lerngruppen der KG. Somit wird sichergestellt, dass die Experimentalbedingung ‚Zeitungsartikel vs. traditioneller Aufgabentext' im Sinne der Theorie auch tatsächlich erfüllt ist.

Zu A.1/A.8

Der zu Beginn erwähnte fehlende Einfluss der Instruktionstextart auf die über beide Instruktionsaufgaben IA1 und IA2 gemittelte CL12 resultiert aus der Verbindung zweier Effekte: Erstens weisen Instruktionstexte mit größerer AM auch eine größere CL auf, zweitens unterscheiden sich allerdings Instruktionstextarten bei gleicher AM-Kategorie nicht in der Ausprägung ihrer CL (vgl. 4.4.1.1, Tab. 72; s. Abb. 30). Dabei ist der Unterschied zwischen Instruktionstexten aus verschiedenen AM-Kategorien in der Ausprägung ihrer CL sehr deutlich ($\omega^2 = 0.558$; vgl. Tab. 72) (s. Fußnote 41).

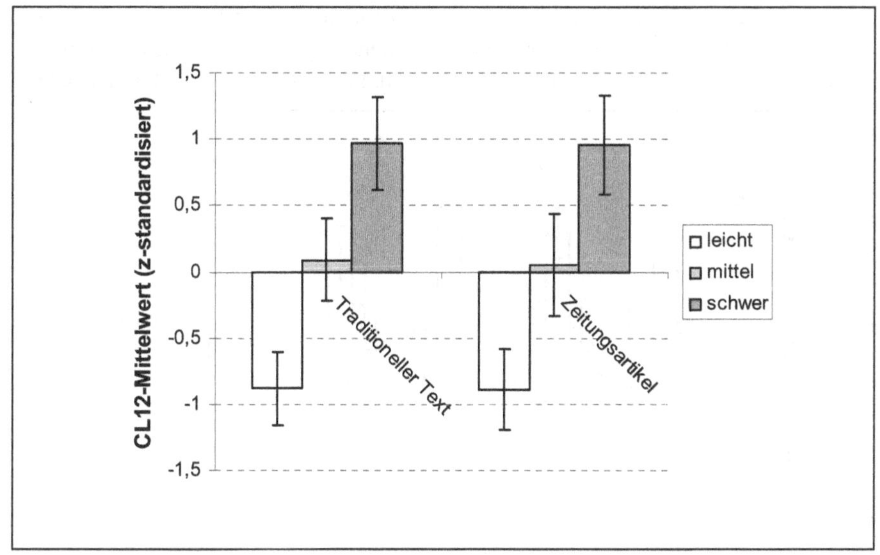

Abb. 30: Unterschiede in der Variablen Cognitive Load CL12 (z-standardisiert) zwischen verschiedenen AM-Kategorien bei Zeitungsaufgaben und ‚traditionellen Aufgaben' (Fehlerbalken: Standardabweichung)

Somit können auch die Hypothesen A.1 und A.8 und damit wiederum zusätzlich der ‚Manipulation Check' zur Textschwierigkeit (Hypothese A.1) bestätigt werden, d.h. die vorab durch die multikriteriale Konsistenzbedingungen konstruierten verschieden schweren Instruktionstexte (vgl. 4.2.2.1) werden auch von den Lernenden im gleichen Maße verschieden schwierig wahrgenommen.

Zu C.1/C.2:

Neben der Einwirkung auf die CL der Lernenden beeinflusst die AM der Instruktionstexte die über beide Instruktionsaufgaben gemittelte Ausprägung der AE und der AT (direkt nach der Instruktion und im FUP-Test) höchst signifikant. Dabei unterscheiden sich Instruktionstexte aus verschiedenen AM-Kategorien in diesen Variablen sehr deutlich ($\omega^2 > 0.276$; vgl. Tab. 72) (s. Fußnote 41). Dieser Unterschied kann sowohl unabhängig vom Instruktionstext IT als auch innerhalb der jeweiligen Instruktionstextarten (IT × AM; vgl. Tab. 72) nachgewiesen werden. Dabei sind sowohl AE als auch AT zwischen den einzelnen AM-Kategorien jeweils innerhalb der beiden Instruktionstextarten auf unterschiedliche Weise verschieden (AE: vgl. 4.4.1.2; AT_Post: vgl. 4.4.1.3; AT_FUP: vgl. 4.4.1.4). Während in den Lerngruppen der EG die Ausprägungen von AE und AT (Posttest und FUP-Test) bei mittlerer AM maximal und zwischen leichtem und schwerem Text nicht signifikant unterschiedlich sind (vgl. Abb. 31), sind die Ausprägungen dieser Variablen in den Lerngruppen der KG bei zunehmender Textschwierigkeit monoton fallend (vgl. Abb. 32). Diese Unterschiede fallen in allen Fällen sehr deutlich aus ($\omega^2 > 0.261$; vgl. Tab. 72) (s. Fußnote 41).

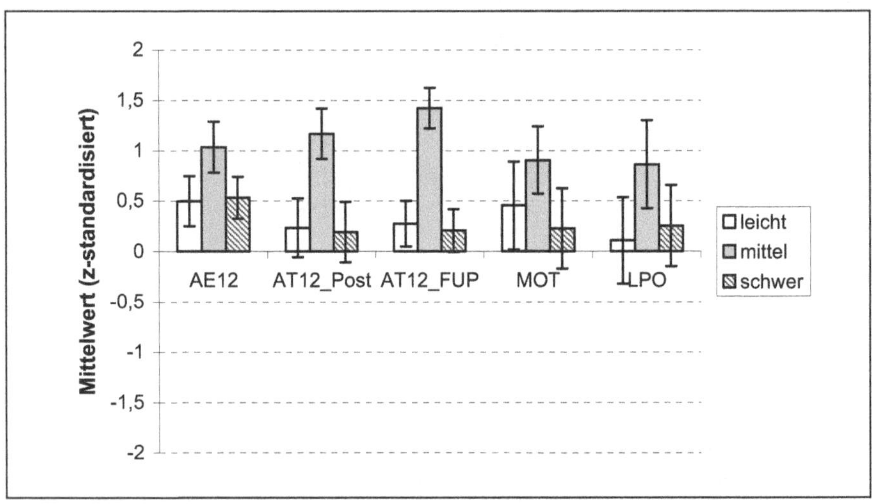

Abb. 31: Unterschiede in den einzelnen abhängigen Variablen (z-standardisiert) zwischen verschiedenen AM-Kategorien bei Zeitungsaufgaben (Fehlerbalken: Standardabweichung)

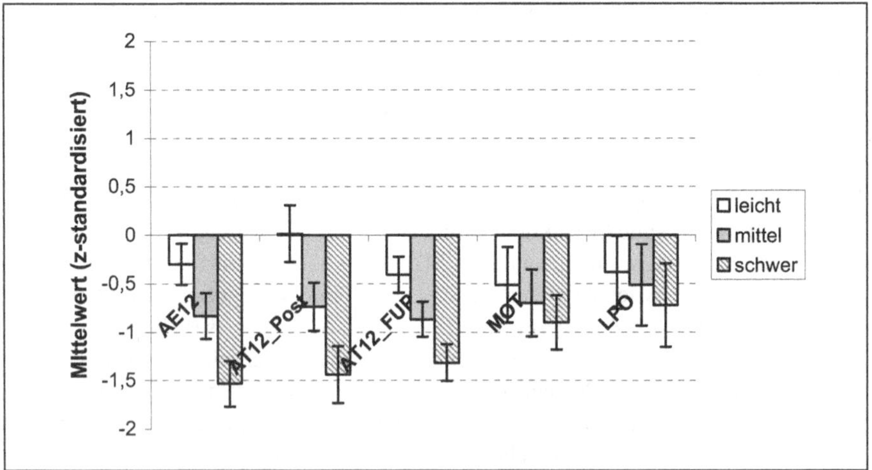

Abb. 32: Unterschiede in den einzelnen abhängigen Variablen (z-standardisiert) zwischen verschiedenen AM-Kategorien bei ‚traditionellen Aufgaben' (Fehlerbalken: Standardabweichung)

Somit können auch die Hypothesen C.1 und C.2 bestätigt werden. Infolge des o. g. Zusammenhangs zwischen AM und CL lässt sich darüber hinaus bereits an dieser Stelle ein negativer Einfluss der von CL auf die restlichen abhängigen Variablen vermuten (vgl. 4.4.5 und 4.5.2).

Zu E.1/E.2:
Neben diesen hypothesengeleiteten Analysen lassen sich darüber hinaus signifikante Unterschiede zwischen den beiden Themenbereichen in den über beide Instruktionsaufgaben gemittelten Variablen CL12 und AT12 (Posttest und FUP-Test) nachweisen (methodische Kontrolle E.1). Während die Ausprägungen der CL im Themenbereich ‚Elektrische Energie' größer sind als im Themenbereich ‚Geschwindigkeit' verhält es sich bei den Variablen der Ankertiefen (Post, FUP) umgekehrt: In beiden Fällen sind die Ausprägungen im Themenbereich ‚Geschwindigkeit' größer als im Themenbereich ‚Elektrische Energie' (vgl. Tab. 70, Tab. 71).

Einerseits ist dies wiederum ein Hinweis auf den negativen Zusammenhang zwischen CL und den restlichen abhängigen Variablen. Andererseits kann an dieser Stelle allerdings nicht geklärt werden, ob dieses Ergebnis ein altersspezifischer oder ein themenbereichsspezifischer Effekt ist, da die verschiedenen Themenbereiche in verschiedenen Klassenstufen unterrichtet wurden. Unbeeinflusst vom Themenbereich bleiben die AE, d. h. dass die Lernenden in beiden Themenbereiche die AE des Instruktionsmaterials statistisch nicht bedeutsam unterschiedlich einschätzen.

Die bisherigen Erörterungen bezogen sich stets auf die über beide Instruktionsaufgaben IA gemittelten Ausprägungen der Variablen. Für das weitere analytische Vorgehen ist an dieser Stelle aber zudem die Untersuchung des methodischen Kontrollaspekts E.2 essentiell: Würden sich die Ausprägungen der einzelnen Variablen zwischen den beiden Instruktionsaufgaben unterscheiden, so müssten die folgenden Analysen zudem diesen Unterschied berücksichtigen und jede Variable nach Instruktionsaufgabe getrennt untersucht werden. Darüber hinaus erlaubt die Beantwortung dieser Forschungsfrage einen differenzierte Rückmeldung zum Instruktionsmaterial selbst. Ein Unterschied zwischen IA1 und IA2 kann jedoch lediglich bei der Ausprägung des verzögerten Nachtests (Follow up-Test) zur Ankertiefe in Interaktion mit dem Themenbereich TB nachgewiesen werden (IA12 × TB; vgl. Tab. 72). Dieser Unterschied ist allerdings sehr groß ($\omega^2 = 0.244$) (s. Fußnote 41). Somit muss die Beständigkeit der Ankertiefe als Erinnerung an die verschiedenen Instruktionstexte themenspezifisch und nach Instruktionsaufgaben getrennt analysiert und diskutiert werden (vgl. 4.5.1.2). Weiterhin folgt aus dem fehlenden Unterschied zwischen IA1 und IA2 (inkl. jeglicher Interaktion) in den Ausprägungen der restlichen Variablen, dass diese ohne Informationsverlust und statistisch bedeutsamen Fehler durch Mittelwertbildung über die beiden Aufgaben jeweils zusammengefasst betrachtet werden können.

Zu D.1-D.4:
Im Bereich der verschiedenen Forschungsfragen können keine praktisch relevanten Einflüsse ($\omega^2 > 0.06$) von Geschlecht, Physik-Vorleistung, allgemeine Intelligenz oder Textverständnis bzw. Sprachfähigkeit auf keine der abhängigen Variablen CL, AE oder AT diagnostiziert werden. Dies gilt sowohl für Haupteffekte als auch für Interaktionen.

4.5.1.2 Für Instruktionsaufgaben differenzierte Ergebnisse: Unterschiede in der Beständigkeit der Ankertiefe

Die in 4.4.1.4 diagnostizierten Unterschiede im FUP-Test zur Ankertiefe als Erinnerung an den Instruktionstext führt dazu, dass die Analysen zur Beständigkeit dieser Variablen aufgaben- und themenspezifisch durchgeführt werden müssen (s. o.).

Zu A.10/A.11:
Die in 4.5.1.1 diskutierten Einflussfaktoren auf die über die Instruktionsaufgaben hinweg gemittelten Ankertiefen, werden selbstverständlich auch bei der Analyse des Zeitverlaufs jeweils gemittelt über beide Messzeitpunkte nachgewiesen. Dabei sind in beiden Themenbereichen die Unterschiede in der Erinnerung an die jeweilige Instruktionstextart sowie an verschieden schwere Instruktionstexte gemittelt über die beiden Messzeitpunkte sowohl bei Instruktionsaufgabe IA1 als auch bei IA2 höchst signifikant und sehr groß ($\omega^2 > 0.571$) (s. Fußnote 41). Gleiches gilt für die Beeinflussung durch die Interaktion aus beiden Faktoren. Das bedeutet erstens, dass sich Lernende, die mit Zeitungsartikeln als Instruktionstexte arbeiten, sehr viel besser an diese Texte erinnern können als Schüler, die traditionelle Aufgabentexte bearbeiten. Zweitens hängt diese Erinnerung in verschiedener Weise auch von der Textschwierigkeit ab: Während es in den Lerngruppen der EG ein *Optimum* der Erinnerung für mittelschwere Texte gibt und die Erinnerung an leichte und schwere Texte nicht verschieden ist (vgl. Abb. 31), nimmt die Erinnerungsfähigkeit in den Lerngruppen der KG mit zunehmender Textschwierigkeit monoton ab (vgl. Abb. 32).

Ebenso können bezogen auf die *Beständigkeit* der Ankertiefe, d. h. auf den Unterschied in der Texterinnerung zwischen Posttest und FUP-Test, in beiden Themenbereichen Unterschiede zwischen den beiden Instruktionstextarten nachgewiesen werden. Dabei ist die Erinnerung an die Zeitungsartikel in den Lerngruppen der EG bei jeweils beiden Instruktionsaufgaben themenübergreifend signifikant beständiger. Das heißt der Unterschied der Ausprägung der Ankertiefen zwischen dem Post- und dem FUP-Test ist in beiden Themengebieten und Instruktionsaufgaben in den Lerngruppen der EG geringer als in denen der KG (vgl. Abb. 33, Abb. 34). Somit erinnern sich die Lernende auch dauerhaft besser an Zeitungsartikel.

Dieser Effekt ist zwar in beiden Themenbereichen und Instruktionsaufgaben nachweisbar, die Stärke ist jedoch verschieden. Während der Unterschied in der Beständigkeit der Ankertiefe zwischen EG und KG im Themenbereich ‚Geschwindigkeit' bei Instruktionsaufgabe IA2 groß ist ($\omega^2 = 0.311$), kann bei Instruktionsaufgabe IA1 nur ein mittelgroßer Effekt nachgewiesen werden ($\omega^2 = 0.103$) (s. Fußnote 41). Dies ist darauf zurück zu führen, dass die Schüler in der KG den Inhalt des Instruktionstexts von IA2 schneller vergessen als bei IA1, während der Unterschied zwischen Post- und FUP-Test in der EG bei beiden Instruktionsaufgaben statistisch nicht

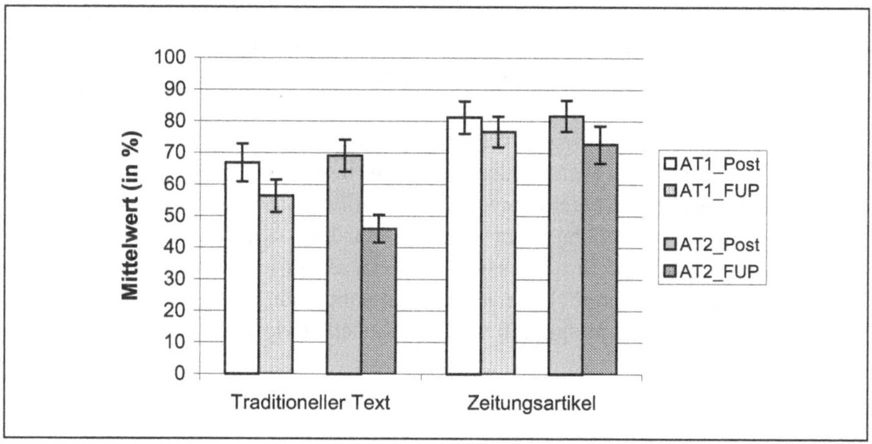

Abb. 33: Beständigkeit der Ankertiefe getrennt nach Instruktionsaufgaben im Themenbereich ‚Geschwindigkeit' (Fehlerbalken: Standardabweichung)

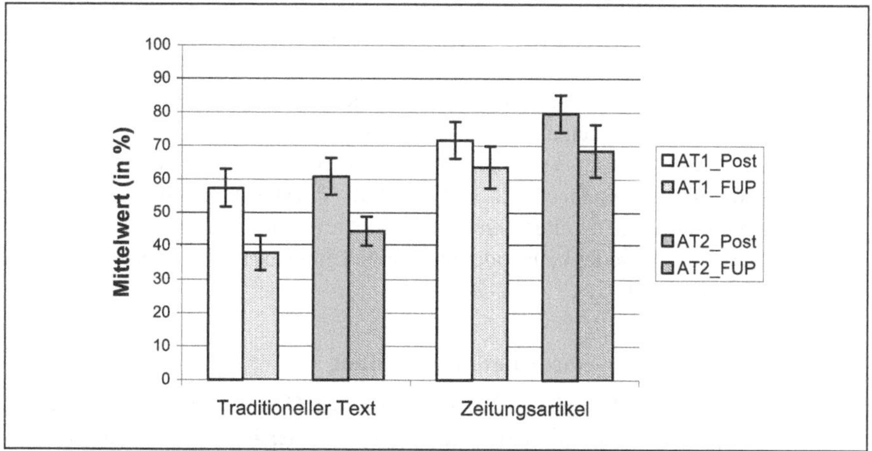

Abb. 34: Beständigkeit der Ankertiefe getrennt nach Instruktionsaufgaben im Themenbereich ‚Elektrische Energie' (Fehlerbalken: Standardabweichung)

verschieden ist (vgl. Abb. 33). Im Gegensatz dazu ist im Themenbereich ‚Elektrische Energie' der Unterschied in der Beständigkeit der Ankertiefe zwischen EG und KG bei Instruktionsaufgabe IA1 groß ($\omega^2 = 0.166$) und bei IA2 dagegen nur mittelgroß ($\omega^2 = 0.096$) (s. Fußnote 41). Dieser unterschiedliche Effekt ist darauf zurück zu führen, dass die Schüler in der EG den Inhalt des Zeitungsartikels von IA2 schneller vergessen als bei IA1, wobei die Beständigkeit in der KG bei beiden Instruktionsaufgaben wiederum statistisch nicht verschieden ist (vgl. Abb. 34).

Trotz themenbereichsspezifisch verschiedener Effektstärken können insgesamt die Hypothesen A.10 und A.11 bestätigt werden: Schüler, die mit Zeitungsaufgaben arbeiten, können sich besser und länger an den Inhalt des Instruktionstextes – also des Zeitungsartikels – erinnern als Lernenden, die ‚traditionelle Aufgaben' bearbeiten.

Neben den Unterschieden in der Beständigkeit der Ankertiefen zwischen den beiden Instruktionstextarten weist zudem die Textschwierigkeit signifikante Einflüsse auf den Verlauf der Texterinnerung auf. Diese Einflüsse sind durchweg darauf zurück zu führen, dass sich die Schüler unabhängig von der Art des Instruktionstextes an mittelschwere Texte zeitlich dauerhafter erinnern als an leichte und schwere Texte. Dieser Unterschied erreicht aber nur im Themenbereich ‚Elektrische Energie' bei IA2 durch einen knapp mittelgroßen Effekt praktische Relevanz ($\omega^2 = 0.063$) (s. Fußnote 41).

Zu D.1-D.4:

Zu dem Einfluss der Ankermasse auf die Beständigkeit der Ankertiefe kann noch ein weiterer praktisch relevanter Faktor diagnostiziert werden: So hat das Geschlecht einen sehr signifikanten und knapp mittelgroßen Einfluss auf die Beständigkeit der Ankertiefe an IA1 im Themenbereich ‚Geschwindigkeit' ($\omega^2 = 0.060$) (s. Fußnote 41). Dieser Befund zu Forschungsfrage D.1 untermauert einschlägige Erkenntnisse aus der Interessenforschung (vgl. Hoffmann, Häußler & Lehrke, 1998; Muckenfuß, 1995; 1996), dass Mädchen an biologische Themen stärker interessiert sind und es nahe liegend ist, dass sie sich an diese Themen auch besser erinnern als Jungs (IA1: ‚Schnelle Körperbewegung', vgl. 4.2.2.2, Tab. 62). Weitere signifikante Einwirkungen sowohl durch das Geschlecht als auch durch die übrigen Moderatorvariablen auf die Beständigkeit oder den Unterschied der Ankertiefen (gemittelt über beide Messzeitpunkte) weisen entweder keine oder nur kleine Effektstärken[41] auf und sind damit praktisch nicht relevant.

4.5.1.3 Leistungsunterschiede und -entwicklung

In diesem Abschnitt soll zunächst die Diskussion der Gesamtleistung als Ausdruck einer themenspezifisch kumulierten Vielfalt verschiedener Teilkompetenzen entsprechend dem varianzanalytischen Vorgehen zunächst themenübergreifend und hypothesengerichtet (Hypothesen A.14, A.15 und C.4) erfolgen. Dabei stehen zunächst die Unterschiede in der Gesamtleistung gemittelt über alle Messzeitpunkte hinweg im Zentrum, gefolgt von der Diskussion der Gesamtleistungsentwicklung und der methodischen Kontrolle E.1.[66] Die kompetenzspezifischen Unterschiede und Entwicklungen werden anschließend analog zum varianzanalytischen Vorgehen (vgl. 4.4.3) und der dort dargelegten Begründung themenspezifisch durch Erörterung der verschiedenen Teilaufgaben des Leistungstests diskutiert. Die Erörterung der Forschungsfragen D.1 bis D.4 erfolgt für die Gesamtleistung und die einzelnen Teilaufgaben des Leistungstests abschließend gemeinsam.

Zu A.14, A.15, C.4 und E.1 (Gesamtleistung):
Der größte Einflussfaktor auf die *Gesamtleistung gemittelt über alle Messzeitpunkte* hinweg ist der Faktor ‚Instruktionstext': Lernende, die mit Zeitungsaufgaben arbeiten, erreichen über alle Messzeitpunkte während und nach der Instruktionsphase hinweg betrachtet eine sehr deutlich größere Gesamtleistung als Schüler in den Lerngruppen der KG, die ‚traditionelle Aufgaben' bearbeiten ($\omega^2 = 0.280$; vgl. Abb. 35, Abb. 36) (s. Fußnote 41). Zwar unterscheiden sich die Effektstärken in den themenbereichsspezifischen Teilanalysen, wobei im Themenbereich ‚Geschwindigkeit' der

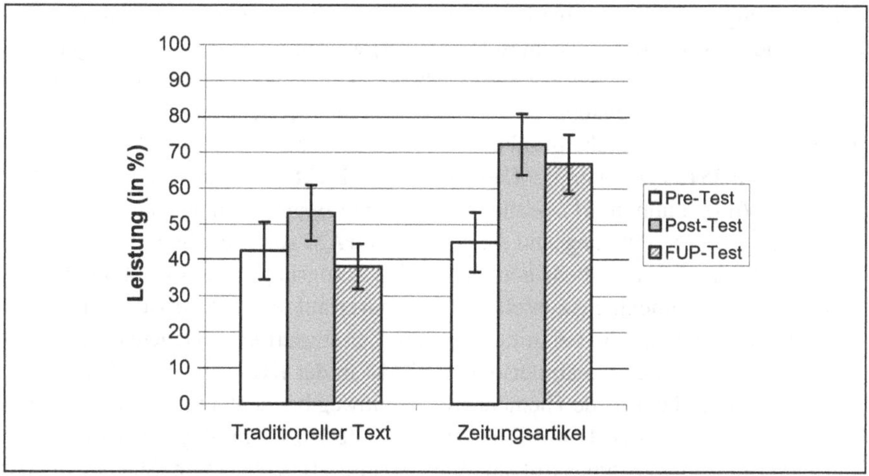

Abb. 35: Entwicklung der Gesamtleistung im Themenbereich ‚Geschwindigkeit' (Fehlerbalken: Standardabweichung)

[66] Die methodische Kontrolle E.1 wird ausschließlich auf die Gesamtleistung bezogen diskutiert, da nur dort infolge der themenübergreifenden Analyse der Faktor ‚Themenbereich' in die Analyse einbezogen wird. Die methodische Kontrolle E.2 entfällt an dieser Stelle, da die Leistungstests vor und nach Bearbeitung beider Instruktionsaufgaben durchgeführt wurden und deshalb eine Analyse differenziert nach Instruktionsaufgaben nicht erfolgen kann.

Faktor ‚Instruktionstext' mit etwa 41% fast doppelt so viel Varianz der Gesamtleistung aufklärt wie im Themenbereich ‚Elektrische Energie' (mehr als 21% aufgeklärte Varianz). Insgesamt sind die Effekte in beiden Teilanalysen als groß einzuordnen (s. Fußnote 41). Neben dem Instruktionstext unterscheiden sich auch Lerngruppen mit verschiedenen Ankermassen AM in der Gesamtleistung höchst signifikant, sodass Lernende mit mittelschweren Instruktionstexten – unabhängig von der Textart selbst – eine größere Gesamtleistung erzielen als Schüler, die mit leichten oder schweren Texten arbeiten. Allerdings wird dieser Effekt gerade mittelgroß und ist damit an der Grenze zur praktischen Relevanz. Auch hier sind analoge Effekte der AM auf die Gesamtleistung in den Teilanalysen zu beobachten, wobei sich die Effektstärken in beiden Themenbereichen nahezu entsprechen. Weitere signifikante Einflüsse, wie z. B. durch die Interaktion aus Instruktion und AM, sind dagegen klein und sollen hier deshalb auch nicht weiter diskutiert werden.

Auch bezogen auf die *Entwicklung der Gesamtleistung* wird als größter Einflussfaktor der Unterschied zwischen EG und KG diagnostiziert: Schüler, die mit Zeitungsaufgaben arbeiten, können ihre Gesamtleistung im Post-Test gegenüber der Ausgangsleistung (Pre-Test) stark steigern und diese themenspezifisch auch dauerhaft nahezu unverändert beibehalten (FUP-Test). Dagegen ist die Steigerung der Ausgangsleistung (Pre $\Rightarrow$ Post) bei Lernenden in den Lerngruppen der KG weitaus geringer, und im verzögerten Nachtest (FUP-Test) weisen sie sogar eine geringere Gesamtleistung auf als vor der Instruktion. Dieser Unterschied in der zeitlichen Entwicklung der Gesamtleistung ist in beiden Themenbereichen nahezu analog und durchweg groß (themenübergreifend: $\omega^2 = 0.306$; Themenbereich ‚Geschwindigkeit': $\omega^2 = 0.251$; vgl. Abb. 35; Themenbereich ‚Elektrische Energie': $\omega^2 = 0.292$; vgl. Abb. 36) (s. Fußnote 41). Weitere signifikante Beeinflussungsfaktoren der Entwicklung der Gesamtleistung sind die Ankermasse AM sowie die Interaktion aus AM und Instruktionstext. Dies bedeutet, dass in den Lerngruppen der EG ein umgekehrt U-förmiger Zusammenhang zwischen Leistungsverlauf und AM vorzufinden ist, mit einem Leistungsmaximum bei mittelschweren Zeitungsartikeln. Dagegen ist der Zusammenhang zwischen Gesamtleistung und AM in der KG monoton fallend. Beide Effekte erreichen über beide Themenbereiche hinweg betrachtet praktische Relevanz (AM: $\omega^2 = 0.071$; IT × AM: $\omega^2 = 0.077$) (s. Fußnote 41). Somit führt die Bearbeitung von mittelschweren Zeitungsartikeln zu nachhaltig größerer Gesamtleistung als das Arbeiten mit leichten und schweren Artikeln. Es zeigt sich zudem, dass sich auch der Gesamtleistungsverlauf bei der Arbeit mit verschieden schweren Instruktionstexten unterscheidet – wiederum unabhängig von der Art des Instruktionstexts selbst. Themenbereichspezifisch gibt es jeweils eine immerhin mittelgroße Effektstärke pro Einwirkung auf die Entwicklung der Gesamtleistung (Themenbereich ‚Geschwindigkeit': $\omega_{IT \times AM}^2 = 0.078$; Themenbereich ‚Elektrische Energie': $\omega_{AM}^2 = 0.075$) (s. Fußnote 41). Dies lässt darauf schließen, dass die Arbeit mit mittelschweren Zei-

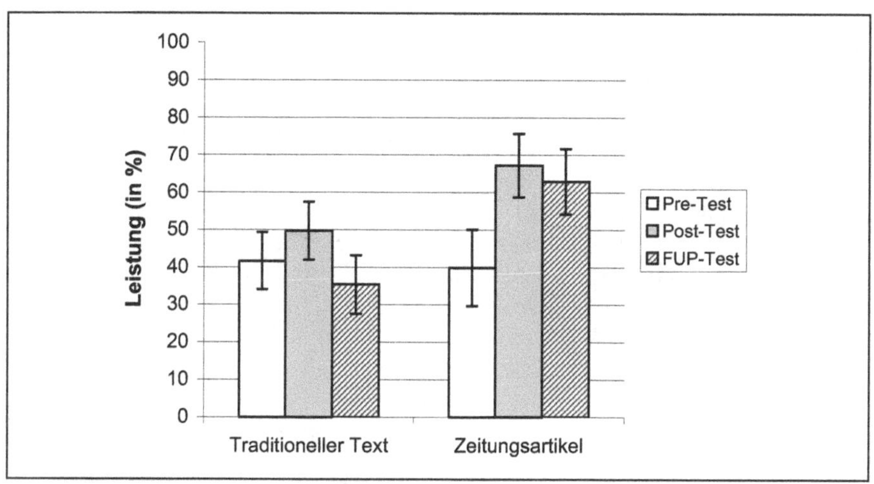

Abb. 36: Entwicklung der Gesamtleistung im Themenbereich ‚Elektrische Energie' (Fehlerbalken: Standardabweichung)

tungsartikeln die Lernleistung dauerhafter fördert als die Bearbeitung von leichten oder schweren Artikeln.

Weitere vereinzelt signifikante Effekte bzgl. der Gesamtleistung weisen nur eine kleine Effektstärke auf.

Somit können die Hypothesen A.14 und A.15 insgesamt, d.h. bezogen auf die *Gesamtleistung* als Ausdruck einer themenspezifisch kumulierten Vielfalt verschiedener Teilkompetenzen, bestätigt werden: Die Arbeit mit Zeitungsaufgaben führt zu einer größeren und anhaltend beständigeren Leistungsfähigkeit als die Bearbeitung von ‚traditionellen Aufgaben'. Zwar zeigen die Ergebnisse aus 4.4.3.1 auch eine Bestätigung des in Hypothese C.4 prognostizierten umgekehrt U-förmigen Verlauf der Gesamtleistung, d.h. die Abhängigkeit von AM zeigt in der EG ein Maximum bei mittlerer Ausprägung (vgl. Abb. 31), in der KG hingegen ist sie monoton fallend (vgl. Abb. 32). Allerdings ist dieser Effekt von kleiner Effektstärke und deshalb praktisch nicht relevant. Dabei sind die Einflüsse auf die *Gesamtleistung* unabhängig von dem Faktor ‚Themenbereich' und von jeglicher Interaktion anderer Variablen mit diesem Faktor (methodische Kontrolle E.1).

Zu A.14, A.15 und C.4 (kompetenzspezifische Teilaufgaben):

In beiden Themenbereichen wird wiederum der Faktor ‚Instruktionstext' als stärkste Einflussgröße auf die *über die drei Messzeitpunkte hinweg gemittelte Leistung in allen Teilaufgaben* diagnostiziert. Schüler, die mit Zeitungsaufgaben arbeiten, weisen zunächst eine deutliche Überlegenheit beim Kompetenzerwerb allgemein auf. Dabei

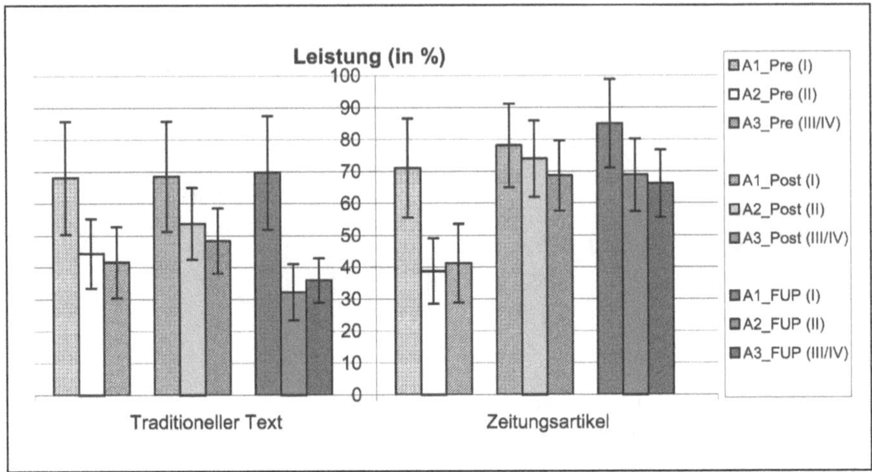

Abb. 37: Leistungsentwicklung in den Teilaufgaben im Themenbereich ‚Geschwindigkeit' (Fehlerbalken: Standardabweichung; in Klammern: PISA-Kompetenzstufen der Teilaufgaben)

sind die über die Messzeitpunkte hinweg gemittelten Unterschiede im Themenbereich ‚Geschwindigkeit' insbesondere für mittlere bis höherwertige Kompetenzen besonders groß ausgeprägt ($A2_{ZA}$ vs. $A2_{TA}$/PISA-Kompetenzstufe II: $\omega^2 = 0.239$; $A3_{ZA}$ vs. $A3_{TA}$/PISA-Kompetenzstufe III/IV: $\omega^2 = 0.384$; vgl. Abb. 37) (s. Fußnote 41).

Zwar kann auch im Themenbereich ‚Elektrische Energie' ein großer Effekt bei Aufgaben mit höherwertigen Kompetenzstufen nachgewiesen werden ($A2_{ZA}$ vs. $A2_{TA}$/PISA-Kompetenzstufe IV: $\omega^2 = 0.183$), allerdings ist der Unterschied beim Lösen der zweiten anspruchsvollen Teilaufgabe A3 ($A3_{ZA}$ vs. $A3_{TA}$/PISA-Kompetenzstufe III/V: $\omega^2 = 0.068$) genauso wie der Unterschied der einfachsten Teilaufgabe A1 ($A1_{ZA}$ vs. $A1_{TA}$/PISA-Kompetenzstufe II, $\omega^2 = 0.102$) ‚nur' mittelgroß (vgl. Abb. 38) (s. Fußnote 41).

Einen praktisch relevanten Einfluss der Interaktion aus Instruktionstext und AM ist zudem im Themenbereich ‚Geschwindigkeit' bei der Teilaufgabe A3 ($A3_{ZA}$ vs. $A3_{TA}$/PISA-Kompetenzstufe III/IV, $\omega^2 = 0.074$) (s. Fußnote 41) festzustellen, was auf einen U-förmigen zwischen AM und Leistung in den Lerngruppen der EG sowie auf einen monoton fallenden Zusammenhang zwischen diesen Variablen in der KG zurückzuführen ist: d. h. insbesondere beim Lösen von Aufgaben höherer Kompetenzstufen sind Schüler, die mit mittelschweren Zeitungsartikeln arbeiteten, ihren Mitschülern überlegen. Dieser Effekt lässt sich auch über die Textarten und über die drei Messzeitpunkte hinweg gemittelt nachwiesen, wobei dieser Zusammenhang in beiden Themenbereichen nur maximal halb so groß wie der Einfluss der Instruktions-

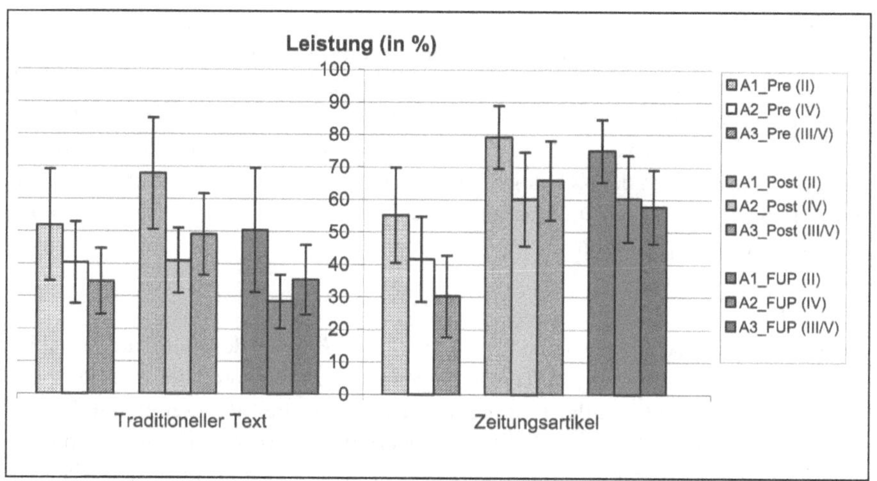

Abb. 38: Leistungsentwicklung in den Teilaufgaben im Themenbereich ‚Elektrische Energie' (Fehlerbalken: Standardabweichung; in Klammern: PISA-Kompetenzstufen der Teilaufgaben)

textart ist (Themenbereich ‚Geschwindigkeit': $A3_{ZA}$ vs. $A3_{TA}$/PISA-Kompetenzstufe III/IV, $\omega^2 = 0.133$; Themenbereich ‚Elektrische Energie': 2_{ZA} vs. $A2_{TA}$/PISA-Kompetenzstufe IV, $\omega^2 = 0.108$; $A3_{ZA}$ vs. $A3_{TA}$/PISA-Kompetenzstufe III/V, $\omega^2 = 0.063$) (s. Fußnote 41).

Auch bei der Analyse der *Leistungsentwicklung in den einzelnen Teilaufgaben* spielt der Faktor ‚Instruktionstext' themenübergreifend die größte Rolle. Dabei unterscheiden sich die Lerngruppen der EG von denen der KG kompetenzspezifisch (vgl. Abb. 37, Abb. 38): Während Schüler, die mit Zeitungsaufgaben arbeiten, insbesondere höherwertige Kompetenzen nachhaltig deutlich besser erwerben, fällt der kurzzeitig kleine Kompetenzzuwachs bei Lernenden der KG danach entweder auf nahezu Ausgangsniveau oder sogar darunter ab.

Neben diesem Haupteinflussfaktor zeigt darüber hinaus nur im Themenbereich ‚Geschwindigkeit' noch zudem die Interaktion aus Instruktionstext und AM einen praktisch relevanten, knapp mittelgroßen Einfluss auf den Leistungserwerb in den Teilaufgaben A2 und A3. Dies ist wiederum darauf zurück zuführen, dass die Leistungsentwicklung in der EG bei Lernenden, die mit mittelschweren Zeitungsartikeln arbeiten, nachhaltig besser ist als bei leichten und schweren Artikeln. Dagegen ist der Zusammenhang zwischen AM und Leistungsentwicklung in der KG bei diesen Aufgaben monoton fallend.

Somit können die Hypothesen A.14 und A.15 *kompetenzspezifisch* insbesondere bei dem Erwerb höherwertiger Kompetenzen bestätigt werden: Zeitungsaufgaben fördern insbesondere den Erwerb höherwertiger Kompetenzen meist deutlich und nachhaltig. Die Arbeit mit Zeitungsaufgaben führt zu einer größeren und anhaltend beständigeren Leistungsfähigkeit als die Bearbeitung von ‚traditionellen Aufgaben'. Zwar zeigen die Ergebnisse aus 4.4.3.2 auch eine Bestätigung des in Hypothese C.4 prognostizierten umgekehrt U-förmigen Verlauf bei höherwertigen Kompetenzen, d. h. die Abhängigkeit von AM zeigt in der EG ein Maximum bei mittlerer Ausprägung (vgl. Abb. 31), in der KG hingegen ist sie monoton fallend (vgl. Abb. 32). Allerdings ist dieser Effekt nur im Themenbereich ‚Geschwindigkeit' nachzuweisen und dort auch nur knapp mittelgroß.

Zu D.1-D.4:
Der einzige praktisch bedeutsame Einflussfaktor im Bereich der Moderatorvariablen stellt die Physik-Vorleistung dar (Forschungsfrage D.2). Während diese Variable den Unterschied in der Gesamtleistung gemittelt über die drei Messzeitpunkte hinweg höchst signifikant und mit großer Stärke moderiert ($\omega^2 = 0.148$), beeinflusst die Variable ‚Physik-Vorleistung' die kompetenzspezifische Leistung in beiden Themenbereichen hauptsächlich bei anspruchsvolleren Aufgaben wenigstens mit mittelgroßer Stärke (Themenbereich ‚Geschwindigkeit': Teilaufgabe A3, $\omega^2 = 0.176$; Themenbereich ‚Elektrische Energie': Teilaufgabe A3, $\omega^2 = 0.102$) (s. Fußnote 41). Weitere signifikante Einwirkungen sowohl durch das Geschlecht als auch durch die übrigen Moderatorvariablen auf den Unterschied oder die Entwicklung der Leistung weisen entweder keine oder nur kleine Effektstärken (s. Fußnote 41) auf und sind damit praktisch nicht relevant.

4.5.1.4 Motivationsverlauf und -unterschiede

Ähnlich wie in 4.5.1.3 werden in diesem Abschnitt zunächst die Unterschiede in der Gesamtmotivation und deren Subskalen gemittelt über alle Messzeitpunkte hinweg analysiert themenübergreifend und hypothesengerichtet (Hypothesen A.12, A.13 und C.3), gefolgt von der Diskussion des Motivationsverlaufs. Abschließend erfolgt die Erörterung der Forschungsfragen D.1 bis D.4 und der methodischen Kontrolle E.1.[67]

Zu A.12, A.13 und C.3:
Wie in 4.5.1.3 werden auch hier die über die drei Messzeitpunkte hinweg gemittelte Motivation insgesamt sowie alle Motivations-Subskalen durch den Faktor ‚Instruktionstext' themenübergreifend dominierend beeinflusst. So weisen Lernende, die mit Zeitungsaufgaben arbeiten, in allen Subskalen sowie in der Gesamtmotivation ge-

[67] Die methodische Kontrolle E.2 entfällt an dieser Stelle, da die Motivationstests vor und nach Bearbeitung beider Instruktionsaufgaben durchgeführt wurden und deshalb eine Analyse differenziert nach Instruktionsaufgaben nicht erfolgen kann.

mittelt über die drei Messzeitpunkte einen sehr deutlich größeren Motivationsgrad auf als Schüler, die ‚traditionelle Aufgaben' bearbeiten ($\omega^2 > 0.212$; vgl. Abb. 39, Abb. 40) (s. Fußnote 41). Im Gegensatz zu den Leistungsunterschieden in 4.5.1.3 stellt der Faktor ‚Instruktionstext' auch gleichzeitig den einzig praktisch relevanten Einflussfaktor auf die über die Messzeitpunkte hinweg gemittelte Gesamtmotivation und auf alle Subskalen dar.

Gleiches ist bei der Beeinflussung des Verlaufs der Gesamtmotivation sowie der einzelnen Subskalen nachzuweisen: Während die Motivation von Lernenden, die mit Zeitungsartikeln als Instruktionstexten arbeiten, deutlich ansteigt und auch anhaltend auf hohem Niveau konstant bleibt, fällt die Motivation von Schülern bei der Arbeit mit traditionellen Instruktionstexten deutlich ab und steigt auch mittelfristig nicht mehr signifikant an (vgl. Abb. 39, Abb. 40). Dieser Unterschied in der Motivationsentwicklung ist in allen Teilbereichen und auch insgesamt sehr groß ($\omega^2 > 0.177$) (s. Fußnote 41). Ebenso wie bei den über die Messzeitpunkte hinweg gemittelten Motivationsunterschieden stellt der Faktor ‚Instruktionstext' den einzig praktisch relevanten Einflussfaktor auf die Entwicklung der Gesamtmotivation sowie deren Teilbereiche dar.

Somit können die Hypothesen A.12 und A.13 insgesamt und in allen Teilbereichen der Motivation bestätigt werden: Die Arbeit mit Zeitungsaufgaben führt zu einer größeren und anhaltend beständigeren Motivation als die Bearbeitung von ‚traditionellen Aufgaben'. Zwar zeigen die Ergebnisse aus 4.4.4 auch eine Bestätigung

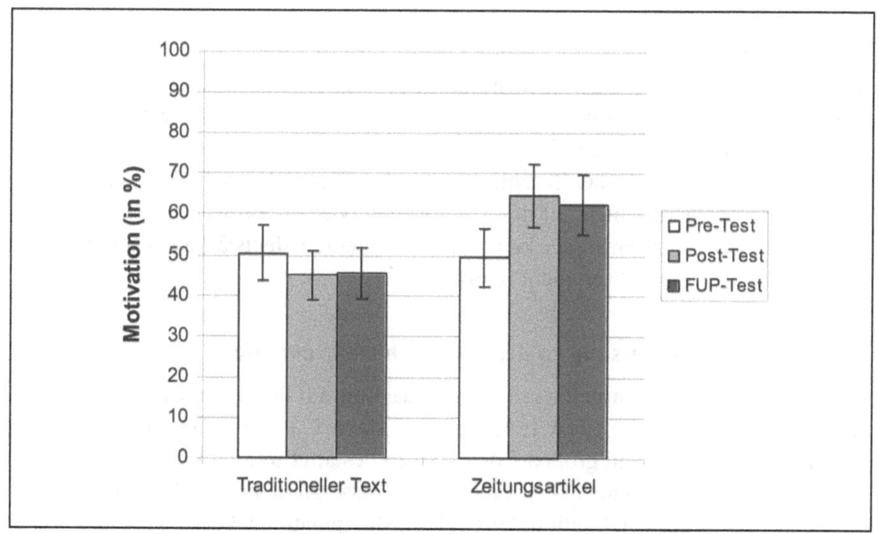

Abb. 39: Entwicklung der Gesamtmotivation im Themenbereich ‚Geschwindigkeit' (Fehlerbalken: Standardabweichung)

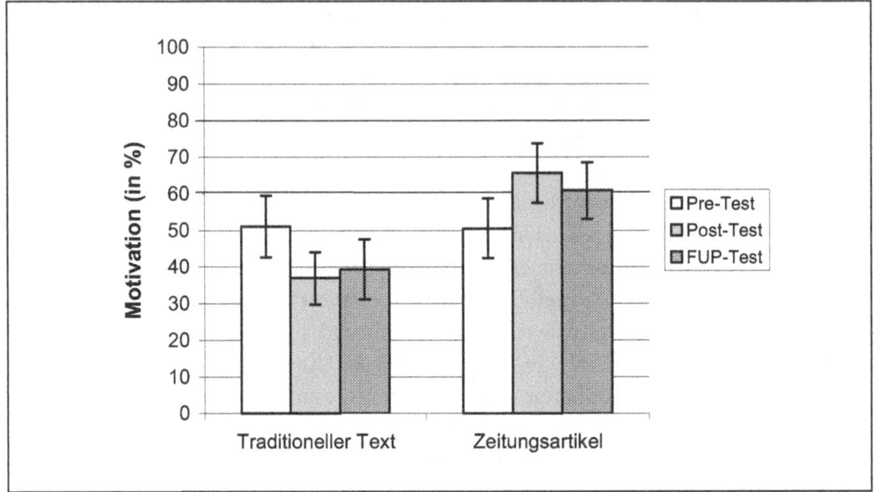

Abb. 40: Entwicklung der Gesamtmotivation im Themenbereich ‚Elektrische Energie' (Fehlerbalken: Standardabweichung)

des in Hypothese C.3 prognostizierten umgekehrt U-förmigen Verlaufs der Motivation (vgl. Abb. 31). Allerdings ist dieser Effekt von kleiner Effektstärke und deshalb praktisch nicht relevant.

Zu D.1-D.4 und E.1:

Im Bereich der Forschungsfragen moderiert lediglich die Physik-Vorleistung den Einfluss des Faktors ‚Instruktionstext' auf die Subskala ‚Selbstkonzept' mit mittlerer Effektstärke (dar (Forschungsfrage D.2) (s. Fußnote 41). Weitere signifikante Einwirkungen sowohl durch das Geschlecht oder den Themenbereich als auch durch die übrigen Moderatorvariablen auf den Unterschied oder die Entwicklung der Motivation weisen wiederum entweder keine oder nur kleine Effektstärken (s. Fußnote 41) auf und sind damit praktisch nicht relevant.

4.5.1.5 Zusammenfassung zu den Unterschiedshypothesen

In den bisherigen Abschnitten wurde belegt, dass bis auf die Hypothesen C.3 und C.4 alle Unterschiedshypothesen (A.1, A.8 bis A.15 sowie C.1 und C.2) statistisch bedeutsam und mit überwiegend großen Effektstärken bestätigt werden können (Überblick: s. Tab. 86). Damit verbunden besitzen die Ergebnisse große praktische Relevanz.

Zunächst hat die Verifikation der beiden ‚Manipulation Checks' (s. Fußnote 55) zur Textschwierigkeit (Hypothese A.1) und zur Verankerung (Hypothese A.9) zur Folge, dass valide Testverfahren und Instrumente für die Variablen ‚Komplexität' und

,Verankerung' entwickelt werden konnten. Erst diese Tatsache macht es überhaupt möglich, zuverlässige Aussagen zu dem eingangs dieses Kapitels aufgezeigten Forschungsdefizit bei der Untersuchung der Frage nach dem Zusammenhang zwischen Authentizität, Komplexität und kognitiver Belastung zu treffen. Im Folgenden wurde in allen Abschnitten deutlich, dass erstens der Instruktionstext der größte Einflussfaktor auf alle abhängige Variablen darstellt (bis auf den gewünscht fehlenden Unterschied in der Cognitive Load): Somit zeigen Schüler in den Lerngruppen der EG, die mit Zeitungsaufgaben arbeiten, gegenüber Lernenden der KG, die ,traditionelle Aufgaben' bearbeiten, eine meist sehr deutliche Überlegenheit sowohl in ihrer Erinnerung an den Instruktionstext (d. h. an den Zeitungsartikel) als auch in ihrer Leistungsfähigkeit und Motivation. Dies gilt sowohl für die in diesen Variablen über die Messzeitpunkte hinweg gemittelten Unterschiede als auch für die Beständigkeit im Zeitverlauf der Variablen. Speziell bei den kompetenzspezifischen Detailanalysen

Tabelle 86: Hypothesenbezogene Ergebnisübersicht über die Unterschiedshypothesen des Untersuchungsschwerpunkts II

Hyp.-Nr.	Kurzbeschreibung	Ergebnis	Effektstärke	Kapitelverweis
A. Vergleich beider Instruktionstextarten und allgemein geltende Zusammenhänge				
A.1	Größere AM führt zu größerer CL (,Manipulation Check'[55]).	+	0.558	4.4.1.1; Tab. 72
A.8	CL pro AM-Kategorie ist unabhängig vom Instruktionsmaterial.	+		4.4.1.1; Tab. 72
A.9	$AE_{ZA} > AE_{TA}$ (,Manipulation Check'[55])	+	0.747	4.4.1.2; Tab. 72
A.10	$AT_{ZA} > AT_{TA}$	+	Post-Test: 0.571 FUP-Test: 0.427	4.4.1.3, 4.4.1.4; Tab. 72
A.11	AT_{ZA} ist mittelfristig größer als AT_{TA}	+	AT1: 0.103 (G); 0.166 (E) AT2: 0.311 (G); 0.096 (E)	4.4.2; Tab. 73, Tab. 74
A.12	$Motivation_{ZA} > Motivation_{TA}$	+	Total: 0.310; IE: 0.212; Sk: 0.295; RA: 0.248	4.4.4; Tab. 82
A.13	$Motivation_{ZA}$ ist mittelfristig größer als $Motivation_{TA}$	+	Total: 0.247; IE: 0.212; Sk: 0.214; RA: 0.177	4.4.4; Tab. 82
A.14	$Leistung_{ZA} > Leistung_{TA}$	+	Total: 0.280; A1: 0.053 (G); 0.102 (E) A2: 0.239 (G); 0.183 (E) A3: 0.384 (G); 0.068 (E)	4.4.3.1-4.4.3.3; Tab. 75, Tab. 77, Tab. 79
A.15	$Leistung_{ZA}$ ist mittelfristig größer als $Leistung_{TA}$	+	Total: 0.306; A1: n.s. (G); 0.034 (E) A2: 0.250 (G); 0.142 (E) A3: 0.064 (G); 0.149 (E)	4.4.3.1-4.4.3.3; Tab. 75, Tab. 77, Tab. 79
C. Hypothesen alleine bezogen auf ZEITUNGSAUFGABEN				
C.1	AE ist bei AM_med maximal.	+	0.261	4.4.1.2; Tab. 72
C.2	AT ist bei AM_med maximal.	+	Post-Test: 0.310 FUP-Test: 0.398	4.4.1.3, 4.4.1.4; Tab. 72
C.3	Die Motivation ist bei AM_med maximal.	(+)	Total: 0.031; IE: 0.033; Sk: n.s.; RA: 0.032	4.4.4; Tab. 82
C.4	Die Leistung ist bei AM_med maximal.	(+)	Total: 0.041; A1: n.s. (G); n.s. (E) A2: 0.046 (G); 0.043 (E) A3: 0.074 (G); n.s. (E)	4.4.3.1-4.4.3.3; Tab. 75, Tab. 77, Tab. 79

Anmerkungen. Als Effektstärkemaß wird hier ω^2 verwendet (s. Fußnote 41); n. s. = nicht signifikant; + = Bestätigung der Hypothese; (+) = Bestätigung der Hypothese in Teilen bzw. von fehlender praktischer Relevanz; CL = ,Cognitive Load'; AM = ,Ankermasse'; AE = ,Ankereigenschaften'; AT = ,Ankertiefe'; ZA = Zeitungsaufgabe; TA = ,Traditionelle Aufgabe'; G = Themenbereich ,Geschwindigkeit'; E = Themenbereich ,Elektrische Energie'; Total = Gesamtleistung bzw. -motivation; IE = Motivation-Subskala ,Intr. Motivation/Engagement'; Sk = Motivation-Subskala ,Selbstkonzept'; RA = Motivation-Subskala ,Realitätsbezug/Authentizität'.

zur Leistungsfähigkeit wurde zudem deutlich, dass Zeitungsaufgaben die Schüler insbesondere zum Erwerb höherwertiger Kompetenzen (nach PISA) befähigen.

Darüber hinaus zeigte sich zudem, dass sich der Einfluss der Textschwierigkeit auf die einzelnen Variablen (ausgenommen die Motivation) in den Lerngruppen von EG und KG verschieden ist: Während Schüler durch die Arbeit mit mittelschweren Zeitungsartikeln ins besondere auch für das Lösen von Aufgaben höherwertiger Kompetenzen am meisten profitieren, nimmt die negative Wirkung der Textschwierigkeit in den Gruppen der KG mit zunehmendem Schwierigkeitsgrad des traditionellen Instruktionstextes zu. Somit kann die Arbeit mit mittelschweren Zeitungsartikeln als die beste Wahl herausgestellt werden, um die Lernleistung der Lernenden zu optimieren.

Bezüglich der Forschungsfragen und der methodischen Kontrollen kann als bedeutendster moderierender Einflussfaktor die Variable ‚Physik-Vorleistung' herausgestellt werden. Weitere signifikante Einwirkungen sowohl durch das Geschlecht oder den Themenbereich als auch durch die übrigen Moderatorvariablen auf den Unterschied oder die Entwicklung der einzelnen Variablen weisen wiederum entweder keine oder nur kleine Effektstärken auf und sind damit praktisch nicht relevant.

Insgesamt haben Zeitungsaufgaben, insbesondere solche mit mittelschweren Zeitungsartikeln, auf alle Variablen und insbesondere auf Lernleistung und Motivation einen sehr positiven Einfluss. Sie befähigen, verglichen mit ‚traditionellen Aufgaben', zum nachhaltig andauernden Erwerb höherwertiger Kompetenzen und steigern dauerhaft die Motivation.

4.5.2 Kausalzusammenhänge zwischen den Variablen

An dieser Stelle erfolgt die Diskussion der Hypothesen entsprechend der in 4.1.2 dargestellten Gliederung in drei Abschnitten. Zunächst werden die Hypothesen erörtert, die sich im Rahmen des in Abbildung 23 dargestellten allgemeinen Kausalmodells auf beide Instruktionstextarten beziehen (Hypothesen A.2-A.7). Im Anschluss daran werden die ebenfalls in Abbildung 23 dargestellten instruktionstextspezifischen Teilmodelle diskutiert (‚traditionelle Aufgaben': B.1-B.10; Zeitungsaufgaben: C.5-C.8).

4.5.2.1 Instruktionstextübergreifende Kausalzusammenhänge

Entsprechend der in 4.4.5.2 dargestellten Ergebnisse der Pfadanalysen ergibt sich in beiden Instruktionstextarten ein positiver und in beiden Fällen in Anlehnung an Cohen (1988) mittelgroßer direkter Zusammenhang zwischen Ankereigenschaften AE und Ankertiefe AT. Gleiches gilt für die direkt positive Beeinflussung der Gesamtmotivation des Motivations-Posttests MOT durch AE, wobei der Einfluss in der KG gerade noch klein ist. Ebenso gibt es sowohl in der EG als auch in der KG einen positiven Zusammenhang zwischen der Gesamtleistung des Leistungs-Posttests LPO und der AE. Während die Arbeit mit Zeitungsaufgaben einen direkt positiven Einfluss auf LPO aufweist, wird diese Variable durch das Bearbeiten von ‚traditionellen Aufgaben' nur indirekt über AT beeinflusst. In beiden Fällen ist der Zusammenhang allerdings klein.

Insgesamt gesehen, bestätigen die Ergebnisse die entsprechend dem Modell vermuteten, wenn auch teils kleinen, Zusammenhänge der Hypothesen A.2-A.7 bzgl. des instruktionstextübergreifenden positiven Einflusses von AE auf die restlichen Variablen. Somit wirken sich Instruktionsmaterialien umso besser auf die in dem Modell eingeschlossenen, am Lernprozess beteiligten Variablen aus, je größer die Ausprägung ihrer Ankereigenschaften ist, d. h. je mehr Eigenschaften der gemäß dem MAI-Ansatz entwickelten Designprinzipien erfüllt werden. Dies unterstreicht die positiven Einwirkungen von Instruktionsmaterialien, die gemäß den MAI-Designprinzipien entwickelt werden.

Hinsichtlich der Einwirkung von AT zeigt sich zunächst, dass diese Variable nur in den Lerngruppen der EG eine positive, aber kleine Einwirkung auf MOT aufweist. Dagegen wird LPO in EG und KG von AT positiv beeinflusst, direkt in der KG und über MOT indirekt in der EG. Während dieser Einfluss in der EG klein ist, wirkt AT in der KG fast mittelgroß auf LPO ein.

Somit kann nur die Hypothese A.6 für beide Instruktionstextarten bestätigt werden, während Hypothese A.5 nur durch die Bearbeitung von Zeitungsaufgaben nachgewiesen werden kann. Somit fördert zwar eine bessere Erinnerungsfähigkeit an den Instruktionstext die Leistungsfähigkeit generell, allerdings ist dieser Einfluss noch nicht mal mittelgroß. Bezogen auf die Motivation hat die Erinnerungsfähigkeit auch nur bei der Arbeit mit Zeitungsaufgaben eine positive, aber wiederum nur kleine Wirkung. Somit ist eine gute Erinnerung an den Instruktionstext alleine nicht ausreichend, um Lernleistung und Motivation praktisch relevant zu fördern.

Schließlich kann die letzte instruktionsübergreifende Kausalhypothese A.7 zum positiven Zusammenhang zwischen MOT und LPO wiederum nur für Lerngruppen der EG bestätigt werden. Nur bei der Bearbeitung von Zeitungsaufgaben fördert die Motivation zudem die Leistungsfähigkeit, wobei auch dieser Effekt nur von kleiner Stärke ist.

4.5.2.2 Kausalzusammenhänge bei ‚traditionellen Aufgaben'

Die Ergebnisse aus 4.4.5.2 hat die subjektiv wahrgenommene Textschwierigkeit ‚Cognitive Load' CL einen direkten, negativen Einfluss sowohl auf AE als auch auf AT. Dieser ist groß bzgl. AE ($b_{ae;cl}$ = -0.58) und unter Berücksichtigung des indirekten Einflusses von CL auf AT (über AE: $b_{at;ae;cl}$ = -0.19) sogar noch größer (totaler AT-Effekt: $b_{ae;cl} + b_{at;ae;cl}$ = -0.42 + (-0.19) = -0.61). Somit können die Hypothesen B.1, B.2 und B.5 bestätigt werden: Die Erinnerungsfähigkeit an den Instruktionstext sowie die wahrgenommenen Ankereigenschaften des Instruktionsmaterials nimmt bei ‚traditionellen Aufgaben' mit zunehmender Textschwierigkeit ab.

Dagegen hat die CL keinen Einfluss auf MOT und LPO, sodass die Hypothesen B.3 und B.4 für ‚traditionelle Aufgaben' verworfen werden müssen: Die Textschwierigkeit hat keinen direkten negativen Einfluss auf Motivation und Leistung.

Obwohl keine direkten Einflüsse von CL auf Motivation und Leistung nachgewiesen werden können, wirkt die CL erstens indirekt negativ über AE auf die MOT. Zweitens wirkt die CL sowohl über AT als auch über AE und AT auf LPO indirekt und negativ. In beiden Fällen ist der totale Einfluss von CL auf LPO und MOT allerdings klein (jeweils: $b = -0.17$).

Somit können zwar die Hypothesen B.6, B.7 und B.9 bestätigt werden, allerdings ist der CL-Einfluss klein.

Im Gegensatz dazu kann keine indirekte Beeinflussung von MOT durch CL über AT bzw. von LPO über MOT nachgewiesen werden, sodass die Hypothesen B.8 und B.10 für ‚traditionelle Aufgaben' verworfen werden müssen.

4.5.2.3 Kausalzusammenhänge bei Zeitungsaufgaben

Hinsichtlich der Zusammenhänge bei der Arbeit mit Zeitungsaufgaben ist auffallend, dass die CL – bis auf MOT – keine Variablen direkt negativ beeinflusst, also weder AE, noch AT oder LPO. Dabei ist aber selbst noch der direkte negative Einfluss von CL auf MOT lediglich klein ($b_{mot;cl} = -0.17$). Zwar wirkt darüber hinaus CL noch über MOT indirekt und negativ auf LPO ein, aber auch dieser Effekt ist klein und praktisch nicht relevant ($b_{lpo;mot;cl} = -0.04$).

Somit kann – bis auf den kleinen direkten CL-Einfluss auf MOT – die Hypothese C.5 bestätigt werden: Die positiven Einwirkungen durch die Arbeit mit Zeitungsaufgaben bleiben von der Textschwierigkeit weitgehend unbeeinflusst.

Zudem wird der direkte Einfluss von AE auf MOT und auf LPO jeweils noch indirekt über AT verstärkt. So setzt sich der totale mittelgroße Effekt von AE auf die Motivation MOT aus dem direkten Effekt $b_{mot;ae}$ und dem indirekten Effekt von AE auf MOT über AT ($b_{mot;at;ae}$) zusammen: $b(\text{total})_{mot;ae} = 0.34 + 0.06 = 0.40$. Ebenso wird der direkte Effekt $b_{lpo;ae}$ von AE auf LPO durch den indirekten Effekt von AE auf LPO über AT und MOT verstärkt: $b(\text{total})_{lpo;ae} = 0.22 + 0.02 = 0.24$. Somit ergibt sich durch die Verstärkung über AT zunächst ein kleiner totaler Effekt von AE auf die Gesamtleistung des Leistungs-Posttests.

Während die indirekte Verstärkung des AE-Einflusses auf LPO über AT nur klein ist und somit den totalen AE-LPO-Effekt auch unwesentlich verstärkt, ist die indirekte Einwirkung von AE auf LPO über die Motivation MOT $b_{lpo;mot;ae}$ größer. Somit erreicht der totale Effekt von AE auf LPO durch die indirekte Verstärkung über MOT mittelgroße Stärke: $b(\text{total})_{lpo;ae} = 0.22 + 0.08 = 0.30$.

Damit können die Hypothesen C.6, C.7 und C.8 bestätigt werden: Die positiven direkten Einflüsse der Ankereigenschaften auf alle beteiligten Variablen werden zudem noch indirekt über die jeweils moderierenden Variablen verstärkt. Somit wirken die gemäß dem MAI-Ansatz entwickelten Designprinzipien sowohl direkt als auch indirekt auf alle in dem Modell eingeschlossenen, am Lernprozess beteiligten Variablen positiv ein. Dies unterstreicht nachhaltig die positiven Einwirkungen von MAI-Ankermedien.

4.5.2.4 Zusammenfassung zu den Kausalzusammenhängen der Variablen

Grundsätzlich stellt sich heraus, dass es in 4.4.5.1 gelungen ist, ein theoriegeleitetes Modell zu entwickeln, das den Daten – und damit der Realität – sehr gut gerecht wird und über eine sehr gute Anpassungsgüte verfügt. Dabei wurde der kausale Charakter des Modells in diesem Rahmen zunächst nur auf die Posttest-Messungen von Motivation und Leistung bezogen, da nur in diesem Fall die kausalen Zusammenhänge der Variablen theoriegeleitet hypothetisiert werden können. Versuche, die Follow up-Messwerte in das Modell zu integrieren, führten zu deutlichen Verschlechterungen der Anpassungsgüte (vgl. Kuhn & Schneider, 2008). Dies ist ein Hinweis dafür, dass dieses Modell zur Untersuchung kausaler Längsschnittzusammenhänge modifiziert werden muss, da zwischen den Messzeitpunkten offensichtlich (Stör-)Effekte auftreten, die mit dem Modell nicht erklärt werden können. Da für kausale mittel- oder langfristige Auswirkungen des MAI-Ansatzes derzeit jedoch noch keine gesicherten Erkenntnisse vorliegen, ist eine theoriegeleitete Hypothesenbildung an dieser Stelle jedoch auch nicht möglich. Untersuchungen, die dieses Defizit zu schließen suchen, laufen gerade im Rahmen verschiedenere Dissertationsverfahren (z. B. an der Graduiertenschule ‚Unterrichtsprozesse – Graduiertenschule der Exzellenz‘ der Universität Koblenz-Landau). Basierend auf diesen Erkenntnissen wäre es möglich, weitergehende Modellierungsschritte für Längsschnitt-Kausalmodelle durchzuführen.

Bezüglich der an diesem Modell geprüften Hypothesen der Studie (Übersicht: s. Tab. 87) wird deutlich, dass zunächst die Instruktionstextschwierigkeit (Cognitive Load CL), abgesehen von einer schwachen negativen Wirkung auf die Motivation in der EG, nur bei ‚traditionellen Aufgaben‘ eine wesentliche Rolle im Hinblick auf die anderen im Modell betrachteten Variablen spielt. Bei ‚traditionellen Aufgaben‘ werden sowohl die Ankereigenschaften AE als auch die Erinnerung an den Instruktionstext (Ankertiefe AT) durch eine (zu) hohe Schwierigkeit des Texts massiv in Mitleidenschaft gezogen. Dadurch, dass Zeitungsaufgaben im hohen Maße die MAI-Designprinzipien erfüllen und damit eine große Ausprägung der Ankereigenschaften aufweisen, spielt die Schwierigkeit des Stimulusmaterials keine wesentliche Rolle. In beiden Bedingungen ist die Erinnerung an den Instruktionstext AT dann umso größer je größer die Ausprägung der Ankereigenschaften AE ist. Dies ist bei Zeitungsaufgaben noch deutlicher der Fall als bei ‚traditionellen Aufgaben‘.

Tabelle 87: Hypothesenbezogene Ergebnisübersicht über die Kausalzusammenhänge des Untersuchungsschwerpunkts II

Hyp.-Nr.	Kurzbeschreibung	Ergebnis	Effektstärke	Kapitelverweis
A. Vergleich beider Instruktionstextarten und allgemein geltende Zusammenhänge				
A.2	Größere AE führt zu größere AT.	+	KG: 0.32; EG: 0.45	4.4.5.2; Abb. 27, Abb. 28
A.3	Größere AE führt zu größerer Motivation.	+	KG: 0.29; EG: 0.34	
A.4	Größere AE führt zu größerer Leistung.	(+)	KG: 0.09.; EG: 0.30	
A.5	Größere AT führt zu größerer Motivation.	(+)	KG: n.s.; EG: 0.14	
A.6	Größere AT führt zu größerer Leistung.	(+)	KG: 0.28; EG: 0.03	
A.7	Größere Motivation führt zu größerer Leistung.	(+)	KG: n.s.; EG: 0.23	
B. Hypothesen alleine bezogen auf ‚traditionelle Aufgaben' (KG)				
B.1	CL hat eine direkte negative Auswirkung auf AE.	+	-0.58	4.4.5.2; Abb. 27
B.2	CL hat eine direkte negative Auswirkung auf AT.	+	-0.61	
B.3	CL hat eine direkte negative Auswirkung auf die Motivation.	–	n.s.	
B.4	CL hat eine direkte negative Auswirkung auf die Leistung.	–	n.s.	
B.5	Negative Auswirkung von CL auf AT wird indirekt über AE verstärkt.	(+)	-0.19	
B.6	Negative Auswirkung von CL auf die Motivation wird indirekt über AE verstärkt.	(+)	-0,17	
B.7	Negative Auswirkung von CL auf die Leistung wird indirekt über AE verstärkt.	(+)	-0.05	
B.8	Negative Auswirkung von CL auf die Motivation wird indirekt über AT verstärkt.	–	n.s.	
B.9	Negative Auswirkung von CL auf die Leistung wird indirekt über AT verstärkt.	(+)	-0.17	
B.10	Negative Auswirkung von CL auf die Leistung wird indirekt über die Motivation verstärkt.	–	n.s.	
C. Hypothesen alleine bezogen auf ZEITUNGSAUFGABEN (EG)				
C.5	CL hat keine statistisch bedeutsame direkte negative Auswirkung auf AE, AT, Motivation und Leistung.	(+)	Motivation: -0.17 Leistung: -0.04	4.4.5.2; Abb. 27
C.6	Positiver Einfluss von AE auf die Motivation wird indirekt über AT verstärkt.	(+)	0.06	
C.7	Positiver Einfluss von AE auf die Leistung wird indirekt über AT verstärkt.	(+)	0.01	
C.8	Positiver Einfluss von AE auf die Leistung wird indirekt über die Motivation verstärkt.	(+)	0.09	

Anmerkungen. Als Effektstärkemaß wird hier *b* verwendet (totaler Effekt; vgl. 4.3.2); + = Bestätigung der Hypothese; (+) = Bestätigung der Hypothese in Teilen bzw. mit kleinen Effektstärken; – = Hypothese wird verworfen; CL = ‚Cognitive Load'; AM = ‚Ankermasse'; AE = ‚Ankereigenschaften'; AT = ‚Ankertiefe'; EG = Experimental-Gruppe; KG = Kontrollgruppe.

Deutliche Unterschiede zwischen den beiden Gruppen gibt es ferner in der Art und Weise, wie sich Motivation und Leistung am Ende der Unterrichtsreihe durch die Charakteristika der Aufgaben prädizieren lassen. Bei ‚traditionellen Aufgaben' lässt sich die Motivation direkt ausschließlich auf die Ankereigenschaften zurückführen, die Leistung dagegen direkt alleine auf das Ausmaß, mit dem der Instruktionstext erinnert wurde. Zieht man die starken direkten und indirekten negativen Wirkungen der Instruktionstextschwierigkeit hinzu, so ergibt sich schließlich, dass Motivation und Leistung bei ‚traditionellen Aufgaben' tendenziell höher sind, wenn das Instruktionsmaterial generell leichter verständlich ist. Da Motivation und Leistung nur von einzelnen Faktoren und zudem nicht stark beeinflusst werden, ist davon auszugehen, dass diese beiden Variablen bei der Darbietung von ‚traditionellen Aufgaben' insgesamt nur schwierig zu beeinflussen sind.

Ein deutlich komplexeres Wirkungsmuster bei der Prädiktion von Motivation und Leistung findet sich bei der Darbietung von Zeitungsaufgaben. Hier sind – bis auf die fehlende Beziehung zwischen Instruktionstexterinnerung AT und Leistung – Interdependenzen von Motivation und Leistung und den sie bedingenden Größen auszumachen. Im Gegensatz zu den ‚traditionellen Aufgaben‘ lässt sich hier die Aussage treffen, dass Motivation und Leistung umso mehr ansteigen, je größer die Ausprägung der Ankereigenschaften ist – also je stärker das Instruktionsmaterial den Kriterien eines MAI-Ankermediums entspricht – und je besser das Ankermedium erinnert werden kann. Allerdings darf das deutlich differenziertere Einflussmuster zur Erklärung der Variablen ‚Motivation‘ und ‚Leistung‘ in der Bedingung Zeitungsaufgaben nicht den Blick dafür verstellen, dass die Effekte in diesem Teil des Erklärungsmodells insgesamt recht schwach sind, so dass noch viel Spielraum für andere Möglichkeiten bleibt, Motivation und Leistung günstig zu beeinflussen.

4.5.3 Zusammenfassung und Ausblick

Im Zentrum dieses Kapitels stand die Optimierung des in der Breitenwirkung in Untersuchungsschwerpunkt I schulartübergreifend positiv evaluierten Ankermediums Zeitungsaufgabe. Es sollte also die Frage geklärt werden, unter welchen Bedingungen die positive Wirkung von Zeitungsaufgaben maximal ist, d.h. wie sich Komplexität und Authentizität einerseits und kognitive Belastung andererseits beeinflussen. Diese Fragestellung erforderte als erstes eine Operationalisierung und Validierung dieser Größen (‚Manipulation Check‘, s. Fußnote 55).

Im Gegensatz zu Kapitel 3 stand in diesem Untersuchungsschwerpunkt II die MAI-Leitlinie ‚Praktikabilität‘ nicht allein und primär im Zentrum, sondern zudem und schwerpunktmäßig die Leitlinie ‚Flexibilität‘. Die Analyse der hier skizzierten Fragestellungen verdeutlicht den Vorteil der theoriegeleiteten Modifizierung des originären AI-Ansatzes in besonderem Maße: Die Verwendung von flexiblen Ankermedien, die z.B. in verschiedenen Komplexitätsgraden ausgeführt werden können, ermöglich überhaupt erst eine Untersuchung des o.g. Zusammenhangs mit überschaubarem Aufwand. Zwar könnten auch Videodisks oder andere AI-Medien in unterschiedlichen Komplexitätsgraden ausgeführt werden. Dies wäre aber erstens sehr aufwändig (s. 2.2.4.2, 2.3.1) und zweitens sicherlich nicht im alltäglichen Unterricht von einem Lehrer realisierbar. Vermutlich ist dies auch die Ursache, dass sich die AI-Bewegung nie mit dieser Fragestellung auseinandergesetzt hat. Die Frage nach Optimierung hinsichtlich Komplexität der AI-Ankermedien war nie Gegenstand eines AI-Projekts, die höchstens die Effektivität des Medieneinsatzes selbst zum Untersuchungsgegenstand hatten. Dies macht auch deutlich, dass die Tendenz dieser theoretischen Linie nicht auf Optimierung, sondern auf Maximierung des Umfangs der eingesetzten Ankermedien ausgerichtet ist (s. 2.2.2.3: ‚Enhanced Anchored

Instruction', EAI). Übertragen könnte man diesen Trend mit dem sprichwörtlichen Schuss von Kanonen auf Vögel unbekannter Größe interpretieren, indem die Maximierung des Geschosses die Trefferwahrscheinlichkeit erhöhen soll. In diesem Kapitel wurde dagegen der entgegen gesetzte Weg beschritten, nämlich, ebenso bildlich gesprochen, die Erhöhung der Trefferwahrscheinlichkeit durch bessere Justierung der Zielvorrichtung und Optimierung der Geschossgröße. Dabei ist es gelungen, mit dem Instrument ‚Ankereigenschaften' im Sinne von MAI ein valides Maß für die Verankerung von Lerninhalten zu entwickeln. Gleiches gilt für die multikriteriale Konsistenzbedingung zur Erfassung der Textschwierigkeit.

Die grundlegenden Ergebnisse dieses Untersuchungsschwerpunkts sind in folgenden Punkten überblicksartig zusammenzufassen:

1. Zeitungsaufgaben fördern generell deutlich besser und andauernder Lernwirkung und Motivation.
2. Zeitungsaufgaben mit mittelschweren Zeitungsartikeln haben den größten positiven Einfluss auf Lernwirkung und Motivation.
3. Die positive Wirkung von Zeitungsaufgaben mit leichten und schweren Zeitungsartikeln unterscheidet sich nicht und ist zwar geringer als bei der Verwendung von mittelschweren Artikeln, trotzdem fördert der Einfluss beider Lernwirkung und Motivation immer noch besser als ‚traditionelle Aufgaben'.
4. Während die Wirkung von Zeitungsaufgaben von der Schwierigkeit des Instruktionstextes nicht negativ beeinflusst wird, ist Lernwirkung und Motivation bei der Arbeit mit ‚traditionellen Aufgaben', umso geringer je schwieriger der Aufgabentext ist.

Dieses Kapitel verdeutlicht, dass der Komplexitätsgrad des Instruktionstextes eine entscheidende Rolle für die Wirkung von Instruktionsmaterialien auf den Lernprozess der Lernenden spielt. Während der monoton fallende Zusammenhang zwischen Textschwierigkeit und Lernleistung bei ‚traditionellen Aufgaben' nicht überraschend sowie theoretisch und empirisch gut belegt ist (vgl. ‚Cognitive Load Theory' CLT: Sweller et al., 1990), gibt es bei MAI-Ankermedien, und hier speziell bei Zeitungsaufgaben, ein Optimum im Zwischenbereich von leichten und schweren Zeitungsartikeln. Obwohl die Einschätzung der Textschwierigkeit durch die multikriteriale Konsistenzbedingung für den Zweck und die Ziele dieses Untersuchungsschwerpunktes II erforderlich und erfolgreich war, ist dieses Vorgehen für den Einsatz im alltäglichen Unterricht sehr aufwändig. Es gilt also, basierend auf den Ergebnissen dieser Untersuchung praktikable Methoden zu entwickeln, die es dem Lehrer erlauben, mittelschwere Zeitungsartikel objektiv und auf einfache Weise zu identifizieren.

In diese Richtung gehen neuere Arbeiten zur Aufgabenanalyse (vgl. Kulgemeyer, 2007; Kulgemeyer & Schecker, 2008), die durch theoriegeleitete Textverständlichkeitsanalysen mithilfe überschaubarer Kriterien (Gliederung, Satzbau, Kohärenz und zusätzliche Stimulanz) Aufgabentexte kategorisieren. Im Folgenden wäre es nun erforderlich, durch die Entwicklung und Analyse einer größeren Anzahl mittelschwerer Zeitungsartikel zu identifizieren, in wieweit diese in den o. g, Kriterien statistisch bedeutsam übereinstimmen. Dadurch wäre es möglich, kriterienorientierte Merkmale zu bestimmen, die mittelschwere Zeitungsartikel charakterisieren, und diese dann gemäß diesen Merkmalen auszuwählen.

Dieses Vorgehen erfordert allerdings zunächst ein an diese Arbeit angelehntes Forschungsprogramm, mit dem die positive Wirkung einer so großen Anzahl von Zeitungsaufgaben mit mittelschweren Zeitungsartikeln identifiziert werden kann, dass eine statistisch valide Charakterisierung und Merkmalsbestimmung möglich ist. Es ist davon auszugehen, dass wenigsten 20-25 Zeitungsaufgaben dazu erforderlich sind. Dieser Anspruch stellt aber gleichzeitig auch eine weitergehende Perspektive und neue Forschungsfrage für die Weiterentwicklung der in dieser Arbeit initiierten Fragestellungen dar.

Kapitel 5: Nachhaltige Dissemination – Ein regionales LehrerBildungs-Netzwerk

In den vorangehenden Kapiteln standen zunächst die Entwicklung des MAI-Ansatzes als Rahmentheorie sowie die Implementation und differenzierte Analyse von Zeitungsaufgaben als ein praktikables und flexibles MAI-Lernmedium im Zentrum dieser Arbeit. Die dabei analysierten positiven Effekte geben Grund zum Optimismus hinsichtlich eines erfolgreichen Einsatzes von MAI und einer damit verbundenen Verbesserung des Physikunterrichts. Allerdings werden die daraus resultierenden Chancen nur dann zur Erhöhung der Lernwirksamkeit und Lernmotivation im alltäglichen Physikunterricht beitragen, wenn es gelingt, das Lernmedium auch wirklich nachhaltig in die Unterrichtspraxis zu verankern. Dieser Aspekt wurde bis vor kurzem in der fachdidaktischen und pädagogisch-psychologischen Lehr-Lern-Forschung stark vernachlässigt, sodass bis in jüngster Vergangenheit kaum eine nachhaltige Implementation erfolgreicher Konzepte aus der fachdidaktischen Unterrichtsforschung in die Unterrichtspraxis gelungen ist (Eilks et al., 2005; Fischer & Wecker, 2006).

Dies bedeutet für den vorliegenden Fall dieser Arbeit einerseits, dass Effektivität und Chancen des MAI-Ansatzes den für die Gestaltung des Unterrichtsalltags Verantwortlichen, nämlich den Lehrern, kommuniziert und einsichtig gemacht werden müssen. Ein erster Schritt in diese Richtung ist bereits durch die symbiotisch-partizipative Implementationsstrategie gelungen. Für eine nachhaltige Dissemination ist dieser Schritt infolge der Dynamik von Unterrichtspraxis und Unterrichtsforschung allerdings nicht ausreichend. Den Entwicklungen in beiden Bereichen muss durch deren kontinuierliche, wechselseitige Vernetzung Rechnung getragen werden.

Über die Realisierung einer solchen dynamischen Vernetzungsstruktur in Form eines lernenden und forschenden LerhrerBildungs-Netzwerk (LeBi-Net) auf regionaler Ebene wird in diesem Kapitel ausgehend von der in Kapitel 4 dargestellten Forschungsorientierung berichtet. Nach den verschiedenen Abstimmungsmaßnahmen sowie deren Integration im Rahmen von LeBi-Net werden zudem ein zur Analyse einer spezifischen Maßnahme entwickeltes Evaluationsinstrument vorgestellt sowie bisher daraus resultierende, aktuelle Ergebnisse präsentiert.

5.1 Ausgangspunkt ‚Forschungsorientierung': Von empirischer Unterrichtsforschung zu einem regionalen LehrerBildungs-Netzwerk

Die Implementation von MAI in Kapitel 3 orientierte sich an einer symbiotisch-partizipativen Implementationsstrategie. Diese Vorgehensweise erfüllt sowohl die aus der Lernpsychologie heraus gestellte Forderung nach einem integrativen Forschungsansatz (Stark, 2004; Stark & Mandl, 2007) als auch den Ruf nach einer stärkeren Forschungsorientierung resultierend aus Analysen der federführenden Stellungnahmen zur Lehrerbildung: Die Gutachten und Expertisen der Hochschulrektorenkonferenz (s. Fußnote 2), der Kultusministerkonferenz (Terhart, 2000), des Wissenschaftsrates (s. Fußnote 3), mehrerer Bundesländer (s. Fußnote 4) und Verbände (z. B. DPG, 2006; DMV, GDM & MNU, 2007) stellen als gemeinsame und zentrale Forderung eine verstärkte Forschungsorientierung als essentiellen Bestandteil der Lehrerbildung in allen Phasen heraus. Diese Forderung wurde zudem in dem KMK-Beschluss über die Standards in der Lehrerbildung für die Bildungswissenschaften explizit als Kompetenz verankert (KMK, 2004). Somit zielt die in 3.5 beschriebene Implementationsstrategie einerseits auf die Professionalisierung von Lehrkräften durch Mitwirkung an Planung, Organisation, Durchführung und Auswertung von fachdidaktischen empirischen Forschungsprojekten. Andererseits dient diese Vorgehensweise darüber hinaus dazu, den entwickelten MAI-Ansatz nachhaltig im Unterricht zu verankern, indem die beteiligten Lehrkräfte aktiv an der Gestaltung des Forschungsprojektes teilnehmen und die Effektivität des Ansatzes selbst aktiv erleben konnten. Diese Maßnahme ist auch essentieller Bestandteil des Innovationskonzepts der Graduiertenschule der Exzellenz ‚Unterrichtsprozesse' der Universität Koblenz-Landau, das durch Rekrutierung der Kollegiaten sowohl aus erfahrenen Lehrkräften aus der Schulpraxis als auch aus Hochschulabsolventen die Verbindung von Theorie und Praxis in den Bildungswissenschaften zu stärken sucht. Aufbauend auf den positiven Erfahrungen dieses im Rahmen des Hochschulsonderprogramms „Wissen schafft Zukunft" des Landes Rheinland-Pfalz geförderten Projekts wird diese Maßnahme außerdem in einem in 2008 beantragten DFG-Graduiertenkolleg weitergeführt und ausgebaut.

Für eine nachhaltige Dissemination eines speziellen Ansatzes (hier: MAI) oder Konzepts für den Unterricht ist ein solcher Schritt der Forschungsorientierung von Lehrern alleine allerdings nicht ausreichend, da sowohl Unterrichtspraxis als auch Unterrichtsforschung dynamischen Prozessen unterliegen. Diesen kann nur dadurch adäquat Rechnung getragen werden, dass eine kontinuierliche, wechselseitige Vernetzung zwischen beiden Bereichen realisiert wird. Erst dadurch ist erstens eine Weiterentwicklung der symbiotisch-partizipativ entwickelten und evaluierten Lernmedien (vgl. Kapitel 3 und 4) sowie zweitens deren sukzessive Prüfung auf Effektivität möglich. Darüber hinaus wäre die ausschließliche Fokussierung auf ein als effektiv analysiertes Lernmedium alleine einseitig und würde die methodische und inhaltliche Vielfalt des Unterrichts vernachlässigen. Welche Lerngegenstände und -methoden praktisch interessant und relevant sind, können aber gerade die Unterrichtspraktiker, also die Lehrer, am besten bewerten, die somit umgekehrt den Vertretern der Lehr-Lern-Forschung Aspekte relevanter Forschungsgegenstände aufzeigen. Es liegt somit auf der Hand, dass durch eine wechselseitige, kontinuierliche Vernetzung von Theorie und Praxis die zwischen diesen beiden Lagern bestehende Kluft

(Eilks et al., 2005; Gräsel & Parchmann, 2004a; Stark, 2004; Stark & Mandl, 2007) schließen kann. Eine solche Vernetzungsstrategie hätte die Bildung einer wirklichen ‚Learning Community' zur Folge, die sich als lernende und forschende Gemeinschaft versteht. Dabei nimmt die Wahrscheinlichkeit für eine erfolgreiche Dissemination mit steigender Vernetzungsdichte dieser Gemeinschaft zu.

5.2 LeBi-Net: Ein regionales LehrerBildungs-Netzwerk

Die in 5.1 beschriebene im Rahmen dieses Projekts realisierte verstärkte Forschungsorientierung von Lehrkräften dient somit einerseits zur Professionalisierung deren pädagogischen Handelns und zur Implementation von MAI in der Unterrichtspraxis. Andererseits stellt dieser Aspekt infolge der dabei begrenzten aber für eine nachhaltige Dissemination notwendigerweise größeren und dynamischen Handlungsreichweite den Ausgangspunkt für die Entwicklung einer Vernetzungsstruktur dar, die im Rahmen dieses Projektes in einem Netzwerk realisiert wurde. Durch verschiedene Abstimmungsmaßnahmen werden in dem regionalen LehrerBildungs-Netzwerk (LeBi-Net) alle im Land Rheinland-Pfalz an der Lehrerbildung beteiligten Einrichtungen in dieses Netzwerk integriert. Dadurch wird einem zweiten zentralen Anliegen der federführenden Stellungnahmen zur Lehrerbildung und insbesondere des Reformansatzes des Landes Rheinland-Pfalz (s. Kapitel 1) Rechnung getragen: Die Stärkung der Professionalität des pädagogischen Handelns von Lehrern durch die verbesserte Abstimmung und Verzahnung der drei Phasen der Lehrerbildung (vertikale Abstimmung) sowie der an der Lehrerbildung beteiligten Einrichtungen (horizontale Abstimmung; Gräsel & Parchmann, 2004b). Infolge der großen Anzahl dieser Einrichtungen (Schulen, Studienseminare, Universitäten usw.; s. 5.2.1) und der Komplexität von deren Interaktion legt die Institutionalisierung und Evaluation einer solchen Abstimmung zunächst eine regionale und domänenspezifische Ausrichtung nahe. Dazu wird hier LeBi-Net für das Fach Physik im regionalen Umfeld des Campus Landau der Universität Koblenz-Landau vorgestellt. Die modulare Struktur des Konzepts erlaubt es dabei aber ohne weiteres, die Elemente des Netzwerkes auch an andere Gegebenheiten (andere Fächer o. Regionen, überregional, fächerübergreifend) anzupassen.

5.2.1 Beteiligte Einrichtungen

Im Rahmen von LeBi-Net werden zum aktuellen Zeitpunkt folgende Institute und Institutionen für eine verbesserte Abstimmung einbezogen:

Am Campus Landau der Universität Koblenz-Landau fungieren speziell das *Zentrum für Lehrerbildung* als organisatorischer sowie die *Lehreinheit Physik* als inhaltlicher Träger von Abstimmungsmaßnahmen des Projektes. Darüber hinaus ist noch der *Arbeitsbereich Grundschulpädagogik* in die Abstimmungsmaßnahmen des

Vorhabens einbezogen. Neben kooperativen Lehrveranstaltungen soll durch gemeinsam geplante curriculare Maßnahmen mit Fachleitern und Beratungslehrkräften (Fachmoderatoren Naturwissenschaften FaMoNa, Fachberater) eine intensive und homogene Vernetzung zwischen den beteiligten *Studienseminaren*, *Lehrerfortbildungsinstituten* (speziell dem Institut für schulische Fortbildung und schulpsychologische Beratung IFB) und der *Schulaufsicht* (speziell der Aufsichts- und Dienstleistungsdirektion ADD) erfolgen. Somit werden alle drei Phasen der Lehrerbildung miteinander verzahnt. Neben der Integration interessierter Lehrer und Schüler, und damit der Schulen, wird zu der Schulaufsicht auch das *Ministerium für Bildung, Wissenschaft, Jugend und Kultur* (MBWJK) des Landes Rheinland-Pfalz zur kontinuierlichen Abstimmung in administrativen Angelegenheiten in das Vorhaben einbezogen.

5.2.2 Abstimmungsmaßnahmen

Die Abstimmung wird an der Lehreinheit Physik am Campus Landau der Universität Koblenz-Landau inhaltlich neben der in 5.1 beschriebenen Maßnahme ‚Forschung' zur Professionalisierung des pädagogischen Handelns von Lehrkräften durch zwei weitere Vernetzungsmaßnahmen umgesetzt: fachdidaktische Vertiefungskurse (V-Kurse) und ‚Experten'.

5.2.2.1 Fachdidaktische Vertiefungskurse (V-Kurse)

Mit diesem Veranstaltungstyp wird eine curriculare Verortung für die systematische Koordination von fachwissenschaftlichen und fachdidaktischen Inhalten eingerichtet. Grundlage sind die Curricularen Standards des Lehramtes Physik (Modul 3), auf die die Ausbildung in Landau bereits vor der organisatorischen Umstellung auf die Bachelor-/Master-Struktur im Wintersemester 2007/08 ausgerichtet war.[68] In diesen Vertiefungskursen werden parallel zu den fachwissenschaftlichen Grundveranstaltungen und bezogen auf deren Inhalte wichtige fachdidaktische Kompetenzen u. a. in folgenden Bereichen erarbeitet:

- Aufgabenorientiertes Lernen,
- Begriffsbildung (einschließlich Reflexion des eigenen fachlichen Lernprozesses),
- Erklären physikalischer Sachverhalte (unter Berücksichtigung des Vorverständnisses von Schülern),
- Lernschwierigkeiten und typische Fehler (insbes. alltagsgebundene Fehlvorstellungen),
- Motivierungsmöglichkeiten (insbes. durch Alltagsanwendungen, Experimente, Software),
- Schüler- und Demonstrationsexperimente.

[68] Curriculare Standards des Faches Physik: http://www.mwwfk.rlp.de/Lehrerbildung/Reform_der_Lehrerbildung/CS_Physik.pdf [Stand: 06/2008].

Das aufgabenorientierte Lernen steht hier an erster Stelle, da es eine grundlegende Rolle für viele andere Aspekte spielt (s. Kapitel 2).

Die erarbeiteten Kompetenzen erproben die Studierenden dann in der Schulpraxis, wobei Umfang und Inhalt dieser Erprobungen sukzessive zunehmen: Während die Studierenden in den ersten beiden Semestern zunächst einzelne, themenspezifische ‚Unterrichtsminiaturen' (Labudde, 2002) bis hin zu einer Unterrichtsstunde gemeinsam mit dem Dozenten planen und dann selbst in der Schule durchführen, erstellen sie im dritten und vierten Semester bereits Unterrichtsreihen mit offenen Unterrichtsformen (z. B. Stationenlernen, projektorientierter Unterricht usw.) von bis zu vier Unterrichtsstunden. In den ersten beiden Semestern werden dabei die Studierenden ausschließlich vom Dozenten selbst in Kooperation mit dem Lehrer vor Ort an der Kooperationsschule semesterbegleitend betreut, in der zweiten Phase (3./4. Semester) übernehmen dagegen Kooperationslehrkräfte an eigens für diese Veranstaltung gewonnenen Kooperationsschulen einen Großteil der Betreuung. Die Erprobung des Unterrichts erfolgt dabei häufig in der vorlesungsfreien Zeit, teilweise im Rahmen der Schulpraktika der Studierenden.

Die besondere Bedeutung der Kooperationsschulen für diesen Veranstaltungstyp wird auch durch den Veranstaltungsablauf deutlich: So erhalten die Studierenden beispielsweise in den V-Kursen der zweiten Phase (3./4. Semester) zu Beginn des Semesters eine Auswahl von Vorschlägen für Unterrichtsthemen, die thematisch an den parallel dazu stattfindenden Grundvorlesungen ausgerichtet sind. Nachdem sich die Studierenden paarweise für ein Thema entschieden haben, begeben sie sich an die Kooperationsschule und besprechen mit der betreuenden Lehrkraft vor Ort den inhaltlichen und organisatorischen Rahmen des Unterrichts. Dabei kann das vorgeschlagene Thema auf Wunsch der Lehrkraft sowohl inhaltlich als auch methodisch geändert werden. Grundgedanke dabei ist, dass einerseits die Studierenden ihre theoretisch erworbenen, fachdidaktischen Kompetenzen in der Unterrichtspraxis erproben und vertiefen. Andererseits sollen aber auch die Kooperationslehrkräfte von den Materialien und Experimenten profitieren, die von den Studierenden für ihre Unterrichtserprobungen erstellt wurden, da diese methodisch-didaktisch detailliert aufbereitete Inhalte darstellen, die die Lehrer für ihren eigenen Unterricht verwenden können und zu deren Herstellung oftmals die nötige Zeit im ‚Unterrichtsalltag' fehlt. Nach der endgültigen Festlegung des Themas erstellen die Studierendengruppen eine diesbzgl. Unterrichtssequenz unter Berücksichtigung offener Unterrichtsformen. Bevor die Unterrichtsreihen dann endgültig in der Schule erprobt werden, findet ein ‚Testlauf' im Rahmen des fachdidaktischen Vertiefungskurses an der Universität statt, bei dem die Kommilitonen als Lernende auftreten, die die Unterrichtsmaterialien und Experimente erproben. Diese Phase stellte sich in der Vergangenheit als äußerst wichtig und effektiv heraus, da dabei vorab bereits Probleme aufgedeckt werden können, die bei der Unterrichtsplanung nur schwierig zu erkennen sind (z. B. Schwierigkeiten bei einzelnen Experimenten oder Arbeitsblättern, unklare Aufgabenstellungen usw.). Nachdem die Materialien gemäß den Hinweisen der Kommilitonen überarbeitet wurden, wird die Unterrichtsreihe von der Studentengruppe in der Schule durchgeführt und die Erfahrungen wiederum im Vertiefungskurs reflektiert. Dieser Veranstaltungstyp erzeugt auch bei den Lehrern in der Schule ein durchweg positives Echo, sodass die Anzahl der Kooperationsschulen stetig zunimmt (aktuell: 13 Kooperationsschulen aller Schularten; Stand: 06/2008).

Die im Rahmen der V-Kurse von Studierenden erstellten Unterrichtsstunden und -sequenzen sowie die dabei stattfindende Betreuung durch Kooperationslehrkräfte sind ein sinnvoller und wirksamer Beitrag für die Abstimmung ‚Schulen ↔ Universität' (s. 5.2.3.1). Dabei nehmen die Lehrkräfte einerseits durch die Mitbestimmung an Thema und Methode der Unterrichtserprobung und der Betreuung der Studierenden direkt an der Ausbildung in der ersten Phase der Lehrerbildung teil. Andererseits unterstützen die von den Studierenden erstellten und erprobten Unterrichtssequenzen in Form von Arbeitsblättern, Experimenten usw. den Unterricht der Kooperationslehrkräfte, da diese ‚Produkte' der Studierenden in der Kooperationsschule verbleiben.

5.2.2.2 ‚Experten'

Wie in 5.1 beschrieben, gilt es eine möglichst hohe Vernetzungsdichte in einem LehrerBildungs-Netzwerk anzustreben, ohne dass dessen Komplexitätsgrad zu groß wird. In diesem Sinne ist es folgerichtig, die durch die curriculare Maßnahme ‚V-Kurse' initiierte Vernetzung zwischen Fachwissenschaft und Fachdidaktik für Studierende in den ersten vier Semestern auch in der folgenden Studienphase fortzuführen. Dazu dient die Abstimmungsmaßnahme ‚Experten'. ‚Experten' sind Studierende höheren Semesters des Faches Physik, die durch überdurchschnittliche Leistungen insgesamt oder in einzelnen Teilbereichen ausgewiesen sind. Darüber hinaus zählen zu dieser Gruppe auch angehende Lehrkräfte, die sich in der zweiten Phase der Lehrerbildung (Studienseminar) befinden, oder Doktoranden der Graduiertenschule der Exzellenz ‚Unterrichtsprozesse' der Universität Koblenz-Landau.

5.2.3 Abstimmungsebenen

Die in 5.2.2 dargestellten Abstimmungsmaßnahmen orientieren sich an den in o. g. Gutachten und Stellungnahmen. Zur Abschaffung oder Reduzierung dieser Defizite gliedern sich die o. g. Abstimmungsmaßnahmen in verschiedene organisatorische Abstimmungsebenen (s. Abb. 41).

5.2.3.1 Abstimmungsebene ‚Schulen ↔ Universität'

Die im Rahmen der V-Kurse von Studierenden erstellten Unterrichtsstunden und -sequenzen sowie die dabei stattfindende Betreuung durch ‚Experten' und Kooperationslehrkräfte ist ein essentieller Bestandteil der Vernetzung in dieser Ebene (s.

5.2.2.1). Dabei nehmen die Lehrkräfte einerseits durch die Mitbestimmung an Thema und Methode der Unterrichtserprobung und der Betreuung der Studierenden direkt an der Ausbildung in der ersten Phase der Lehrerbildung teil. Andererseits wirken die von den Studierenden erstellten und erprobten Unterrichtssequenzen in Form von Arbeitsblättern, Experimenten usw. in den Unterricht der Kooperationslehrkräfte ein, da diese ‚Produkte' der Studierenden in der Kooperationsschule verbleiben. Darüber hinaus werden ausgezeichnete, praktisch erprobte und gut bewährte Unterrichtssequenzen aus den V-Kursen von ‚Experten' in Sachen Handhabung und Darstellung aufbereitet und in sog. ‚Lernboxen' zusammengestellt. Eine ‚Lernbox' stellt in diesem Zusammenhang eine methodisch-didaktisch dokumentierte, praxiserprobte Unterrichtseinheit dar (oft als offene Unterrichtsform). Die darin verwendeten Materialien und Arbeitsblätter befinden sich zusammengefasst in einem ‚Lernbox-Hefter', der mit den verwendeten Experimenten in einem entsprechenden Behälter zusammengestellt wird. Diese ‚Lernboxen' stehen Studierenden (z. B. zur Verwendung im Praktikum) und interessierten Lehrkräften zum unterrichtlichen Einsatz zur Verfügung.

Neben der Erstellung von Lernboxen stehen die ‚Experten' den Schulen zur Unterstützung bei der Betreuung bzw. Erstellung von Facharbeiten und sonstigen Leistungen (z. B. Praktika), beim Scheinerwerb für das Studium an der Universität (Stichwort ‚Frühstudium') sowie bei Schülerwettbewerben zur Verfügung. Dies soll überwiegend durch Betreuung von Schülerkleingruppen erfolgen, sodass dieser Aspekt neben der Unterstützung für Schulen als integrativer Bestandteil des Lehramtsstudiums angesehen werden kann. Dadurch bleiben Diagnostik, individuelle Schüler-

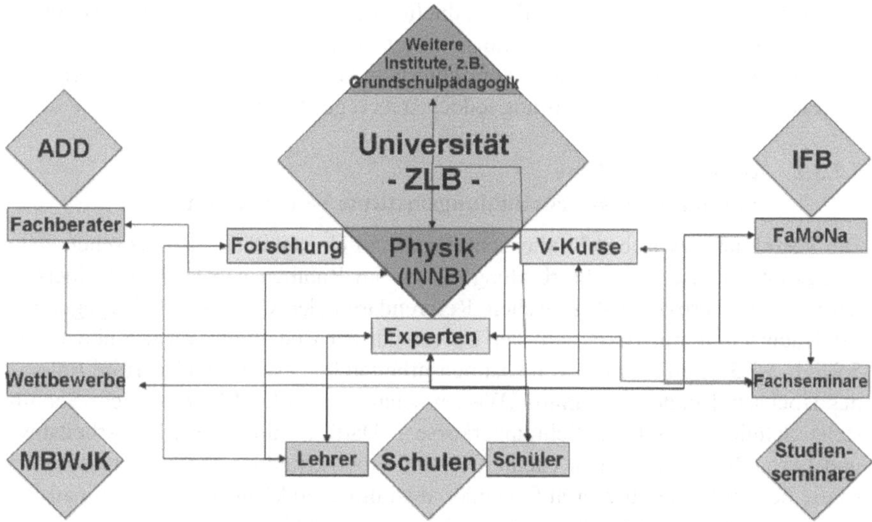

Abb. 41: Regionales ‚LehrerBildungs-Netzwerk' (LeBi-Net) für das Fach Physik

leistungen und -förderung kein abstrakter didaktischer Studieninhalt, sondern ist bereits Bestandteil der ersten Phase der Lehrerausbildung.

Da die Forschungsorientierung essentieller Bestandteil der Lehrerbildung in allen Phasen sein sollte (s. 5.1), sind mehr als 30 Lehrkräfte an über 20 Schulen im Rahmen von empirischen Forschungsprojekten zu aktuellen fachdidaktischen Fragestellungen mit der Universität vernetzt. Neben den an den in dieser Arbeit vorgestellten Untersuchungen teilnehmenden Kooperationsschulen konnten aus LeBi-Net heraus auch für Doktoranden der Graduiertenschule der Exzellenz ‚Unterrichtsprozesse' weitere Schulen zur fächerübergreifenden Unterrichtsforschung gewonnen werden. Dabei steht neben der gemeinsamen Entwicklung von Unterrichtsmaterialien v.a. auch die Umsetzung und Auswertung der Untersuchungen im Zentrum der Kooperationen.

Zu den bisher beschriebenen, den täglichen Unterrichtsprozess betreffende Vernetzungsmaßnahmen wurde zudem ein informelles Kooperationsangebot an interessierte Physik-Lehrkräfte initiiert: Im Rahmen einer Arbeitsgruppe (‚Physiker im Dialog') tauschen sich Lehrer und Fachdidaktiker in einem offenen Teilnehmerkreis zweimal jährlich über aktuelle Themen zum Physikunterricht aus. Vor jedem Treffen (ca. 6 Wochen vorher) schicken die Teilnehmer dem AG-Koordinator (in diesem Fall: der Autor) eine Liste mit solchen Themen und Fragen (fachlich, fachdidaktisch, unterrichtspraktisch usw.) zu, die für sie von Bedeutung, von aktueller Brisanz sind oder die sie einfach einmal gerne mit Kollegen besprechen würden. Der Koordinator sammelt die Themen und versendet eine Sammelliste mit allen eingegangenen Themen vor dem nächsten Treffen an alle Teilnehmer, sodass sich bei Bedarf und Interesse auf einzelne Themen vorbereitet werden kann (z.B. eigene Materialien zu einzelnen Themen mitbringen). Der Teilnehmerkreis ist zwar offen, d.h. es können jederzeit neue Kollegen an den Veranstaltungen teilnehmen, wobei keine Verpflichtung besteht, die Veranstaltungen kontinuierlich zu besuchen. Trotz des informellen Charakters findet die Veranstaltung jedoch stets reges Interesse.

5.2.3.2 Abstimmungsebene ‚Studienseminare/Fortbildungsinstitute ↔ Universität'

Die Verzahnung zwischen Studienseminaren und Universität – also zwischen erster und zweiter Phase der Lehrerbildung – wird im Rahmen von LeBi-Net einerseits durch ‚Lehr-Lern-Teams' zwischen Referendaren der Grundschulpädagogik und der Hauptschule mit ‚Experten' der Universität zur Erstellung von ‚Lernboxen' (s. 5.2.2.1, 5.2.3.1) im Rahmen von Examensarbeiten hergestellt (gefördert im Rahmen des Hochschulsonderprogramms ‚Wissen schafft Zukunft', Förderbereich ‚Schnittstelle Schule/Hochschule: Schnupperkurse'). Darüber hinaus werden Arbeitstexte und Lernaufgaben zwischen Fachleitern und Hochschuldozenten ausgetauscht, um so die beiden Phasen besser aufeinander abstimmen zu können. Darüber hinaus bestehen vereinzelte Kooperationsabsprachen zwischen Universität und Studienseminar, wonach zudem Referendare im Rahmen ihrer Fachseminare in Kooperation mit

Fachleitern und Fachdidaktikern der Universität Aufgabenstellungen zum Offenheitsgrad (s. 2.3.6) und eigene Unterrichtsreihen als empirische Forschungsprojekte entwickeln. Diese sollen dann im eigenständigen Unterricht durchgeführt und in Zusammenarbeit mit der Universität evaluiert. Somit werden die angehenden Lehrer frühzeitig dafür sensibilisiert, dass empirische Unterrichtsforschung ein produktiver Bestandteil der eigenen Unterrichtspraxis sein kann.

Die inhaltliche Abstimmung zwischen den drei Phasen der Lehrerbildung in Physik wurde durch das in Kooperation mit dem IFB (s. 5.2.1) in Speyer initiierte, landesweite Forum zur ,Vernetzung in der Lehrerbildung Physik' angestoßen. Zu dieser Veranstaltung waren schulartübergreifend alle Fachleiter für Physik, die Dozenten für Physikdidaktik der Hochschulen in Rheinland-Pfalz, die Vertreter der landesweiten Lehrerfortbildungsinstitute, des Ministeriums, der Schulen und aus landesübergreifenden, fachspezifischen Dachverbänden eingeladen. Neben der Darstellung der aktuellen Ausbildungsinhalte in den drei Phasen wurde die Einrichtung einer Arbeitsgruppe gefordert, die sich schulartübergreifend aus Vertretern aller Phasen zusammensetzt und die inhaltliche Vernetzung der Phasen ausarbeiten soll.

5.2.3.3 Abstimmungsebene ,Fortbildungsinstitute/Schulaufsicht ↔ Universität'

Neben der in 5.2.3.2 beschriebenen inhaltlichen Abstimmung zwischen den einzelnen Phasen der Lehrerbildung soll durch den Austausch von ,Lernboxen' (s. 5.2.2.1, 5.2.3.1) zudem auch eine organisatorische Vernetzung hergestellt werden, indem diese Materialien den Beratungslehrkräften (Fachmoderatoren Naturwissenschaften FaMoNa des IFB, Fachberater der Schulaufsicht) für die Beratungsunterstützung zur Verfügung gestellt werden. Unterstützt werden die Lehrkräfte dabei von denjenigen ,Experten', die die jeweilige ,Lernbox' erstellt haben und diese dann auch bei Beratungsgesprächen vorstellen und erläutern.

5.2.3.4 Abstimmungsebene ,Universität ↔ Universität'

Neben der Abstimmung der Lehrerbildung außerhalb der Universität wird auch die Ausbildung innerhalb der Universität im Rahmen von LeBi-Net stärker vernetzt. Dazu sollen ,Lehr-Lern-Teams' zwischen Studierenden der Grundschulpädagogik und der Physik gebildet werden, die gemeinsam im Rahmen einer Lehrveranstaltung, einer Semester- oder Examensarbeit ein Thema mit naturwissenschaftlichem Schwerpunkt zum Sachunterricht im Sinne von ,reciprocal teaching' erstellen und erproben. Dabei soll der Physikstudent den Kommilitonen aus der Grundschulpädagogik als Fachmann für die fachlichen Inhalte und umgekehrt der Grundschulpädagogikstudent den Mitstudierenden aus der Physik als Fachmann für das kindliche Lernen unterstützen. Während der ,Grundschulpädagoge' mit wachsendem ,Know-how' auch die Distanz zur Naturwissenschaft verliert, übt der Physikstudent sein pädagogisch-didaktisches

Geschick in der Vermittlung des Fachinhaltes an einem fachlich anspruchsvollen ‚Laien'. Die didaktische Reduktion des Fachinhaltes auf das Lernniveau von Grundschülern stellt für beide eine anspruchsvolle Aufgabe dar. Die Arbeiten der Teams können in Form von ‚Lernboxen' zum Aufbau eines ‚Lernateliers' führen.

5.3 Evaluation der Abstimmungsmaßnahme ‚V-Kurse'

Grundsätzlich ist es sicherlich sinnvoll und erstrebenswert, ein Lehrernetzwerk wie das Beschriebene wie jede neu entwickelte und zielgerichtete Maßnahme daraufhin zu überprüfen, in wieweit das angestrebte Ziel damit erreicht wurde. Die im Rahmen von LeBi-Net entwickelten und umgesetzten Abstimmungsmaßnahmen und -ebenen verdeutlichen allerdings, dass die Vernetzungsstruktur dieses Netzwerks sehr komplex ist. Demzufolge ist es kaum möglich, LeBi-Net als Netzwerk insgesamt, also in seiner Gesamtstruktur zu evaluieren. Aus diesem Grund sollen im Rahmen von LeBi-Net einzelne Abstimmungsmaßnahmen getrennt voneinander auf ihre Effektivität hin geprüft werden.

Ein erster Schritt dazu soll in dieser Arbeit durch die Evaluation der Abstimmungsmaßnahme ‚V-Kurse' vorgestellt werden. Dazu wurde in Kooperation mit der Abt. Didaktik der Mathematik der Universität Siegen[69] ein Fragebogen entwickelt, der sich neben fünf freien Antwortfeldern aus 27 auf die Lehrveranstaltung und acht auf die Dozententätigkeit bezogenen jeweils 6-stufigen Items zusammensetzt.[70] Alle Items waren positiv formuliert und können wie Schulnoten interpretiert werden, sodass eine vollständige Zustimmung zu einem Item den Wert 1 bedeutet und damit eine positive Beurteilung der Veranstaltung impliziert. Das Instrument wurde so entwickelt, dass es sich insgesamt aus vier Gegenstandsbereichen zusammensetzt. Der Bereich ‚Dozententätigkeit' wird durch die gemäß den Curricularen Standards des Fachs Physik in Rheinland-Pfalz (s. Fußnote 68) integrierten Gegenstandbereiche ‚Physikdidaktisches Wissen', ‚Berufsfeldbezug' und ‚selbstständig berufsbezogene Erfahrung' ergänzt.

Der Fragebogen wird seit vier Semestern eingesetzt und am Schluss der letzten Lehrveranstaltung des jeweiligen Semesters von den Studierenden ausgefüllt, woraus bis jetzt ein Datensatz von $N = 84$ Probanden resultierte. Anhand einer Faktorenanalyse in Form einer Hauptachsenanalyse (PAF) mit anschließender orthogonaler Varimax-Rotation wurde geprüft, ob die angenommene latente Struktur sich in einem Faktorenmuster ausdrückt. Zur Bestimmung der Hauptkomponentenzahl wurde das

---

69 Im Rahmen eines Modellversuchs der Deutschen Mathematiker-Vereinigung und der Telekom-Stiftung (Beutelspacher & Danckwerts, 2005).

70 Werte der 6-stufigen Items: 1 = Die Aussage trifft voll und ganz zu; 2 = Die Aussage trifft zu; 3 = Die Aussage trifft eher zu; 4 = Die Aussage trifft eher nicht zu; 5 = Die Aussage trifft nicht zu; 6 = Die Aussage trifft gar nicht zu.

Kaiser-Kriterium festgelegt, nach dem alle Faktoren mit einem Eigenwert größer als 1 extrahiert werden (vgl. Backhaus et al., 2000, 90ff.). Daraus resultierte die Extraktion von vier Faktoren (s. Tab. 88):

Faktor F1: Physikdidaktisches Wissen PW (elf Items: PW5, PW6, PW17, PW18, PW20, PW21, PW23, PW24, PW25, PW26, PW27)

Faktor F2: Berufsfeldvorbereitung allgemein BF (acht Items: BF1, BF2, BF3, BF7, BF8, BF14, BF15, BF16)

Faktor F3: selbstständig berufsbezogene Erfahrung sbE (sechs Items: sbE9, sbE10, sbE11, sbE12, sbE13, sbE19)

Faktor F4: Dozententätigkeit Doz (acht Items: DB28-DB35)

Tabelle 88: Faktorenstruktur des Fragebogens zur Evaluation der ‚V-Kurse' [FACTORS (4)] (Faktorladungen in rotierter Faktorenmatrix[71])

Item-Nr.[72]	**Faktor**			
	1	**2**	**3**	**4**
PW21	**0,796**			
PW26	**0,753**			
PW17	**0,711**			
PW27	**0,687**			
PW18	**0,682**			
PW5	**0,642**			
PW23	**0,692**			
PW24	**0,612**			
PW6	**0,577**	0,308		
PW20	**0,543**			
PW25	**0,503**			
BF2		**0,859**		
BF8		**0,828**		
BF1		**0,748**		
BF14		**0,654**	0,316	
BF3	0,389	**0,592**		
BF7		**0,528**	0,308	
BF15	0,220	**0,498**	0,231	
BF16		**0,487**		0,211
sbE12			**0,723**	
sbE13			**0,651**	
sbE11			**0,581**	
sbE9	0,226		**0,512**	
sbE19		0,203	**0,509**	
sbE10	0,212		**0,479**	
Doz32				**0,635**
Doz31	0,298			**0,610**
Doz29		0,301		**0,599**
Doz35				**0,586**
Doz28		0,218		**0,569**
Doz33		0,250		**0,557**
Doz34			0,257	**0,533**
Doz30	0,201			**0,488**

[71] Extraktionsmethode: Hauptachsen-Faktorenanalyse; Rotationsmethode: Varimax mit Kaiser-Normalisierung; die größte Ladung ist fett gedruckt; Faktorladungen kleiner als 0.3 werden wegen geringer Bedeutung und aus Gründen der Übersichtlichkeit nicht aufgeführt.

[72] Die Item-Nr. entspricht der Nummerierung der Items des Fragebogens (s. Anhang R).

Zur Extraktion dieser Faktoren wurde zwar das komplette Itemset (s. Fußnote 72) verwendet, um die theoretisch angenommenen vier Gegenstandsbereiche abzubilden. Allerdings konnten das Item Nr. 4 und das Item Nr. 22 (s. Anhang R) keinem der vier extrahierten Faktoren zugeordnet werden. Trotzdem sollen diese beiden Items aus physikdidaktischen Gründen (curricular verankerte Detailinformationen über Inhalt und Methodik der Veranstaltung) in dem Instrument verbleiben.

Die Varianzaufklärung dieser ersten vier Faktoren betrug 57%. Obwohl einige Items Sekundärladungen aufwiesen und dadurch eine ‚Einfachsstruktur' nicht erreicht wurde, konnte jedes Item durch Ausweis der maximalen Faktorladung (> 0.45) eindeutig dem zugehörigen Faktor zugeordnet werden. Eine Verbesserung der Fakto-

Tabelle 89: Übersicht über die Konstruktvalidität des 4-faktoriellen Instruments zur Abstimmungsmaßnahme ‚V-Kurse'

Skala	Beispiel-Item	N Items	Cronbach's Alpha	Reliabilitätssteigerung durch Itemelimination
Physikdidaktisches Wissen	Die Lehrveranstaltung bot Einblick über die Förderung des Umgangs mit Sprache im Physikunterricht.	11	0.91	Nein
Berufsfeldbezug	Die Lehrveranstaltung war nützlich für meine spätere Lehrertätigkeit.	8	0.91	Nein
selbstständig berufsbezogene Erfahrung	Die Lehrveranstaltung ermöglichte mir, eigene Erfahrunge mit der Gestaltung offener Unterrichtsformen (z.B. Lernstationen) zu machen.	6	0.80	Nein
Dozententätigkeit	Der Dozent war gut auf die Lehrveranstaltung vorbereitet.	8	0.87	Nein
Gesamt		33	0.95	Nein

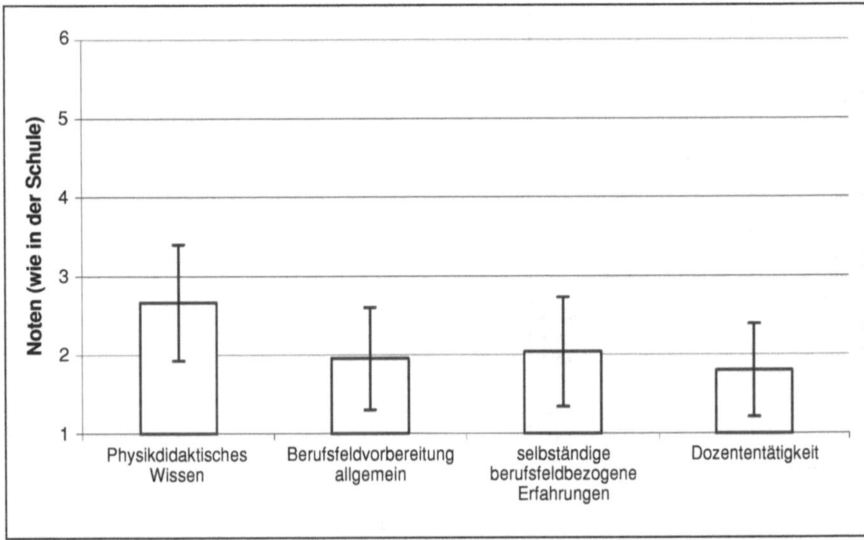

Abb. 42: Übersicht über die Ergebnisse des Evaluationsbogens zu den V-Kursen ($N = 87$; Mittelwerte; Fehlerbalken: Standardabweichung)

renstruktur war durch Elimination einzelner Items nicht zu erreichen. Ein Anhaltspunkt für die Konstruktvalidität der gefundenen Faktoren erlaubte die Analyse der Reliabilität der jeweils auf einem Faktor ladenden Items im Sinne einer Skalenanalyse (vgl. Backhaus et al., 2000; s. Tab. 89).

Die Konstruktvalidität aller Skalen sowie des Instruments insgesamt war zufrieden stellend, obwohl diese sowie die Skalenstruktur insgesamt nochmals mit größerem Stichprobenumfang überprüft werden muss.

Ein Überblick über die bis zum Abschluss dieser Arbeit im Juni 2008 erhobenen deskriptiven Ergebnisse der Evaluation zeigt Abbildung 42. Es wird deutlich, dass die Studierenden die Lehrveranstaltung in allen Faktoren positiv beurteilen, wobei der Faktor ‚Physikdidaktisches Wissen' am schlechtesten bewertet wurde (Mittelwert $MW = 2.66$; Standardabweichung $SD = 0.7$).

Dabei weist die Beurteilung der Dozententätigkeit die größte Zustimmung auf ($MW = 1.80$; $SD = 0.59$), gefolgt von dem Faktor ‚Berufsfeldvorbereitung allgemein' ($MW = 1.95$; $SD = 0.65$) und den selbstständig erworbenen, berufsfeldbezogenen Erfahrungen ($MW = 2.03$; $SD = 0.70$). Diese letzten drei genannten Faktoren wichen jedoch nur unwesentlich und statistisch unbedeutsam voneinander ab.

5.4 Zusammenfassung

Die nachhaltige Implementation fachdidaktischer und pädagogisch-psychologischer Ergebnisse aus der Lehr-Lern-Forschung in die Unterrichtspraxis ist nach wie vor defizitär. Bemühungen, diese Zustandslage zu verbessern und Wege zu finden, die Kluft zwischen Theorie und Praxis zu reduzieren, stehen im Einklang mit allen federführenden Stellungnahmen zur Lehrerbildung der letzten Jahre und insbesondere mit dem Reformansatz des Landes Rheinland-Pfalz (s. Kapitel 1) und dem KMK-Beschluss über die Standards in der Lehrerbildung für die Bildungswissenschaften (KMK, 2004).

In dieser Hinsicht wird in diesem Kapitel ausgehend von der in Kapitel 4 dargestellten Forschungsorientierung mit dem Konzept eines regionalen LeBi-Net ein möglicher Weg vorgestellt, der die analysierten Defizite in der Lehrerbildung zu reduzieren sucht. Dieses Konzept soll damit dem in dieser Arbeit propagierten Verständnis einer nachhaltigen Dissemination Rechnung tragen. Durch Vernetzung zwischen den an der Lehrerbildung beteiligten Einrichtungen einerseits (horizontale Abstimmung) und zwischen den drei Phasen der Lehrerbildung andererseits (vertikale Abstimmung) soll zunächst ein ‚barrierefreier' Austausch innerhalb des gesamten Systems ‚Lehrerbildung' ermöglicht werden. Durch die ‚Hebelwirkung' dreier Maßnahmen erfolgt eine hohe, wechselseitige und dynamische Vernetzungsdichte zwischen Lehrern und Experten aus allen Phasen der Unterrichtspraxis mit Fachdidaktikern, Psychologen und empirischen Erziehungswissenschaftlern an der Universität. Diese Art der Vernetzung ermöglicht die Reduktion der Kluft zwischen Theorie und

Praxis und den nachhaltigen Transport erfolgreicher Forschungsergebnisse der Lehr-Lern-Forschung in den Unterrichtsalltag. Darüber hinaus stärkt dieses Konzept auch im Sinne des KMK-Beschlusses (KMK, 2004) die Professionalisierung der Lehrkräfte durch Mitwirkung an Entwicklung, Durchführung und Auswertung empirischen Untersuchungen, sprich durch ‚Teacher Research'. Damit sieht sich LeBi-Net in der Tradition breit angelegter Projekte zum kontextorientierten Lernen der letzten Jahre (z. B. ‚Chemie im Kontext' (ChiK): vgl. Demuth, Parchmann & Ralle, 2006; Parchmann et al., 2001; 2006; ‚Physik im Kontekt' (PiKo): vgl. Mikelskis-Seifert & Duit, 2007; ‚Biologie im Kontext' (BiK): vgl. Bayrhuber et al., 2007a; 2007b), geht aber in wesentlichen Aspekten über diese in der Fachdidaktik renommierten Vorhaben hinaus: Erstens stellt LeBi-Net neben der in diesen Projekten hauptsächlich umgesetzten Maßnahme ‚Forschung' zudem mit ‚Experten' und ‚V-Kursen' zwei weitere Maßnahmen bereit, die in verschiedenen Abstimmungsebenen eine hohe Vernetzungsdichte aller an der Lehrerbildung beteiligten Institutionen gewährleisten. Zweitens ist die Struktur von LeBi-Net modular zu verstehen, d. h. je nach Gegebenheiten vor Ort können eine, zwei oder alle drei Abstimmungsmaßnahmen initiiert werden. Drittens ist das Netzwerk selbst Evaluationsgegenstand, nicht in seiner Gesamtstruktur, aber für wesentliche Einzelmaßnahmen (s. 5.3).

Somit sieht sich das Netzwerk auch im Sinne der Leitlinien dieser Arbeit: Durch den regionalen Charakter ist es ein praktikables, weil vom Umfang her überschaubares Projekt, das flexibel modular an die vorliegenden Gegebenheiten angepasst werden kann (andere Fächer o. Regionen, überregional, fächerübergreifend) und nicht nur die in den Maßnahmen umgesetzten Inhalte zum Gegenstand empirischer Prüfung macht, sondern in dem auch die Maßnahmen selbst Forschungsgegenstand sind. Dabei geben erste positive Ergebnisse zur Abstimmungsmaßnahme ‚V-Kurse' Grund zum Optimismus hinsichtlich der erfolgreichen Wirkung dieses Konzepts. Neben dem regionalen Charakter ist das Netzwerk zudem zurzeit auch in einem ersten Schritt zunächst fachspezifisch für das Fach Physik bzw. den Fächerverbund Naturwissenschaften konzipiert. Aber auch in dieser Hinsicht spiegelt sich die Praktikabilität und Flexibilität des Projekts wieder, da durch die Modularität auch fächerübergreifende Maßnahmen umgesetzt werden können, ohne fachspezifische Vernetzungsmöglichkeiten auszuschließen.

Gestützt auf die ‚Empfehlungen zur Bildungsforschung in Rheinland-Pfalz' (Arbeitsgruppe Bildungsforschung) fand im Juli 2007 eine öffentliche Ausschreibung für Projekte der Bildungsforschung statt. In diesem Rahmen stellt die hier vorgestellte Konzeption von LEBI-NET eines von nur fünf Projekten dar, die gefördert werden: Mit LEBI-NET könnte ein Mechanismus etabliert werden, mit dem sich die Einrichtungen der Lehrerbildung in ihren Ideen und Erkenntnissen wechselseitig ergänzen und diese nachhaltig in die Praxisanwendung eingebunden werden können.

Kapitel 6: Resümee und Ausblick

Die Motive für diese Arbeit gehen auf drei Aspekte zurück, die die Diskussionen in den naturwissenschaftlichen Fachdidaktiken in den letzten Jahren bis heute maßgeblich dominieren: die in den jüngsten Analysen der PISA-Studie (PISA-2006; mit naturwissenschaftlichem Schwerpunkt) erneut bestätigte defizitäre Fähigkeit deutscher Schüler zur Anwendung ihres physikalischen Wissens in neuen Kontexten (PISA-Konsortium Deutschland, 2007), die teils mit diesem Ergebnis ursächlich in Verbindung gebrachte Realitätsferne der Aufgaben und Inhalte des deutschen Physikunterrichts sowie die unzureichende Einbindung der auf diesen Erkenntnissen basierenden neuen Konzepte in die Klassenzimmer deutscher Schulen.

Aus diesem Problemrahmen heraus sieht sich die fachdidaktische Forschung speziell in Physik u. a. folgenden Forderungen gegenüber gestellt: dem Bedarf an stärker schüler- und anwendungsorientierten Lehr-Lernprozessen, nach einer hervorgehobenen Bedeutung einer neuen ‚Aufgabenkultur' im Rahmen authentischer Problemstellungen sowie Konzepten zur nachhaltigen Implementation dieser Entwicklungen (BLK, 1997; Eilks et al., 2005; Kuhn & Müller, 2005b; Leisen, 2005; 2006; 2007; Müller & Müller, 2002). Sich diesen Herausforderungen zu stellen und Aspekte aufzuzeigen, die analysierten Probleme zu reduzieren oder sogar zu lösen, ist die übergeordnete Absicht und auch der Anspruch dieser Arbeit. Zur Konkretisierung dieses Anspruchs ist das Projekt ausgehend von dem skizzierten Problemrahmen auf drei Ziele hin ausgerichtet:

- die theoriegeleitete Entwicklung praktikabler und flexibler Lernmedien im Rahmen von aufgabenorientierten Lernumgebungen,
- die Implementation und detaillierte empirische Untersuchung des entwickelten Ansatzes sowie
- die Bildung einer ‚Learning Community' als lernende, lehrende und forschende Gemeinschaft.

Die Umsetzung dieser drei Ziele spiegelt sich im Aufbau dieser Arbeit wider, deren Kapitel auf die vorangestellten Ziele bezogen sind. Um zusammenfassend beurteilen zu können, inwiefern diese Arbeit ihrem Anspruch gerecht wird, werden in diesem Abschnitt zunächst die Ergebnisse der vorangehenden Kapitel ausgerichtet auf die drei genannten Ziele hin resümiert.

Es liegt in der Natur der durch den aufgespannten Problemrahmen umfassten Thematik, dass es sich hierbei nicht um einen statischen Gegenstand der physikdidaktischen Forschung handeln kann, sondern eine dynamische Problemlage vorliegt. Dies macht auch die bis heute andauernde Diskussion des Themas deutlich, die durch die kontinuierlichen Analysen stets neue Aspekte aufweist. Aus diesem Grund kann eine Arbeit wie diese auch immer nur eine momentane Aufnahme des analysierten Problemrahmens darstellen und als Anknüpfungspunkt für weitere Forschungsvorhaben dienen. Deshalb soll im zweiten Teil dieses Abschnitts ein Ausblick gegeben werden, der einerseits auf assoziierte Projekte verweist, die auf dieser Arbeit aufbauen. Andererseits werden weitergehende Forschungsperspektiven aufgezeigt, die zum aktuellen Zeitpunkt noch nicht Gegenstand laufender Untersuchungen sind.

6.1 Zusammenfassung

Ziel 1: Entwicklung eines praktikablen und flexiblen Lernmediums im Rahmen einer aufgabenorientierten, situierten Lernumgebung zur Verbesserung der Lernwirksamkeit im Physikunterricht.

Zur theoriegeleiteten Entwicklung eines diesem Ziel entsprechenden Lernmediums wurde in Kapitel 2 zunächst eine interdisziplinäre Problem- und Bedarfsanalyse durchgeführt: Die Erkenntnisse zum kontextorientierten Lernen in der Physikdidaktik und die Ergebnisse zu dem lern- bzw. instruktionspsychologischen Ansatz des Situierten Lernens wurden analysiert und miteinander in Verbindung gebracht. Dabei stand speziell der ‚Anchored Instruction' (AI) als einer der führenden Ansätze Situierten Lernens im Zentrum der Analysen. Dieser verwendet als Lernmedium insbesondere sog. Videodisks, die mit einer 15-20minütigen Filmsequenz einer alltäglichen Situation eine Art multimediale Textaufgabe als realitätsnahe Problemstellung präsentiert, die von den Schülern gelöst werden muss.

Mit den in diesem Kapitel durchgeführten Analysen konnten dabei neben den Vorzügen von AI einerseits empirisch-methodologische Defizite sowie andererseits fachdidaktische und unterrichtspraktische Probleme des Ansatzes herausgestellt werden. Aus empirisch-methodologischer Sicht waren speziell die Studiendesigns und die verwendeten Instrumente in den bis dahin zu AI durchgeführten empirischen Untersuchungen defizitär, hinzu kam noch eine große Heterogenität in den Studienergebnissen. Aus fachdidaktischer und unterrichtspraktischer Sicht sind die verwendeten Lernmedien (auch ‚Ankermedien', ‚Lernanker' oder ‚Anker') mit hohem Herstellungsaufwand verbunden, erfordern von den Lehrkräften eine große Medienkompetenz und sind – wenn überhaupt – nur sehr aufwändig z. B. auf die Lernvoraussetzungen verschiedener Lerngruppen anpassbar (z. B. Stichwort: Binnendifferenzierung). Insgesamt setzte sich die Bedarfslage somit aus drei defizitären Bereichen zusammen: Der Bedarf an für die Unterrichtspraxis *praktikablen* (hinsichtlich Erstellung und Handhabung) und *flexiblen* Lernmedien (hinsichtlich Anpassung auf individuelle Lernvoraussetzungen) sowie an reproduzierbarer und gesicherter *empirischer Forschung*.

Darauf basierend wurde ein an der AI-Rahmentheorie orientiertes Konzept entwickelt, das die Erstellung von problem- und aufgabenorientierten Lernumgebungen (paL) erlaubt. Diese sind einerseits durch ein authentisch wirkendes Lernmedium sowie durch die damit verbundene ‚Unterrichtschoreographie' des aufgabenorientierten Lernens gekennzeichnet. Sie sollten es ermöglichen, die Vorteile Situierten Lernens zu nutzen und die zuvor im Rahmen von AI diagnostizierten Probleme und Nachteile zu reduzieren bzw. zu beheben. Im Rahmen der theoriegeleiteten Konzeptentwicklung dieser Modifizierten ‚Anchored Instruction' (MAI) standen demzufolge drei Leitlinien im Vordergrund: ‚Praktikabilität', ‚Flexibilität' und ‚empirische Forschung'. Mit Rücksicht auf die vielfach genannten Mängeln physikdidaktischer Entwicklungen (fehlende Praktikabilität, keine Rücksicht auf unterrichtliche Rahmenbedingungen, Kluft zwischen Theorie und Praxis usw.) und auf die daraus resultierenden Folgen (fehlende Akzeptanz, schwierige Umsetzbarkeit usw.) stand dabei die Entwicklung eines möglichst einfach zu erstellenden und unterrichtspraktisch relevanten, auf das alltägliche Leben bezogenen Lernmediums im Vordergrund. Eingebettet in den aufgespannten Theorierahmen des MAI-Ansatzes wurden dazu Zeitungsaufgaben als authentisch wirkendes Lernmedium zur Verankerung des Wissens an realitätsnahen Lerngegenständen vorgestellt, die den Kriterien von MAI entsprechen und als praktikable und flexible ‚Ankermedien' zur Umsetzung in reproduzierbaren Untersuchungsdesigns verwendet werden können (Vergleichsübersicht zwischen AI und MAI: s. Tab. 90).

Die Einfachheit von Zeitungsaufgaben als MAI-Ankermedien kann dabei durch Gegenüberstellung des Kosten-Nutzen-Verhältnisses zwischen diesem und einer Videodisk des originären AI-Ansatzes verdeutlicht werden. Diese Maßzahl kann durch das Verhältnis von Entwicklungsstunden für die Medien zu den damit durchführbaren Unterrichtsstunden repräsentiert werden. Schätzungen gehen beispielsweise für die Entwicklungsphase einfacher Videodisks von einem Wert von mindestens 100 aus, d. h. dass für eine Unterrichtsstunde 100 Entwicklungsstunden für das Ankermedium aufgewendet werden müssten (vgl. 2.4.2.2). Dieser Wert steigt mit zunehmender Funktionalität schnell auf 500 und mehr an. Für die Erstellung einer Zeitungsaufgabe ist dagegen aus eigener, mittlerweile 5-jähriger Erfahrung durchschnittlich ca. eine Stunde erforderlich (darin eingeschlossen sind die Recherche beim täglichen Zeitungslesen und das Ausschneiden oder das elektronische Erfassen per Scan). Geht man davon aus, dass pro Unterrichtsstunde – je nach Komplexität der Zeitungsaufgabe – durchschnittlich ein bis zwei Aufgaben im Rahmen einer paL eingesetzt werden, ergibt sich ein Kosten-Nutzen-Verhältnis von 1-2: D. h. dass pro Unterrichtsstunde 1-2 Entwicklungsstunden für dieses MAI-Ankermedium aufgewendet werden müssten. Nimmt man nun zudem für eine Entwicklungsstunde Kosten von 25 EUR an, so stehen 25-50 EUR für die Erstellung von Zeitungsaufgaben einem Betrag von mindestens 2500 EUR bei AI-Ankermedien gegenüber. Somit ist das Kosten-Nutzen-Verhältnis von Zeitungsaufgaben mindestens 100-mal günstiger als das originärer AI-Videodisks. Hinzu kommt noch die o. g. erforderliche Medienkompetenz der Lehrkräfte: Während Zeitungsaufgaben von jedem Lehrer problemlos erstellt und im Rahmen der paL eingesetzt werden können, ist für die Verwendung originärer AI-Ankermedien technologisches Know-how erforderlich, das nicht zu unterschätzen ist und selbst von den Vertretern dieses Ansatzes als problematischer Aspekt hinsichtlich der Verbreitung der AI-Medien eingeschätzt wurde.

Zusammenfassend kann an dieser Stelle festgehalten werden, dass mit MAI ein theoriegeleitetes Rahmenkonzept entwickelt wurde, das die Entwicklung praktikabler und flexibler Lernmedien im Rahmen einer problem- und aufgabenorientierten Lernumgebung erlaubt. Ob und in welchem Maß ein MAI-Ankermedium lernförderlich wirken und optimiert werden kann, steht ganz im Sinne einer nutzenorientierten Grundlagenforschung in der Bildung (Fischer & Wecker, 2006) im Zentrum von Ziel 2 und wurde exemplarisch für das Medium Zeitungsaufgaben untersucht.

Ziel 2: Implementation und detaillierte empirische Untersuchung des entwickelten Ansatzes durch differenziert konzipierte Interventionsstudien

Dieses Ziel wurde in dieser Arbeit in zwei Untersuchungsschwerpunkten angegangen. Zunächst durch Implementation und empirische Prüfung des MAI-Ankermediums Zeitungsaufgaben in seiner Breitenwirkung und Robustheit (s. a)) und dann durch differenzierte Detailanalysen zu dessen Optimierung (s. b)):

a) In Kapitel 3 wurde die Effektivität des MAI-Ansatzes untersucht, sodass die übergeordnete Leitlinie dieses Untersuchungsschwerpunktes I zunächst die empirische Forschung darstellt. Im Vordergrund stand dabei die Frage nach Breitenwirkung und Robustheit des Ansatzes hinsichtlich Lernleistung und Motivation der Schüler– oder in der Sprache der Forschung: die Frage nach möglichen Moderatorvariablen und Aptitude-Treatment-Effekten.
Zur Lösung dieser Problemstellung war es zunächst erforderlich, dass vor den Ergebnissen bereits die Untersuchungsdurchführung selbst in die Unterrichtspraxis implementiert wurde. Dabei spielte neben der empirischen Forschung die Leitlinie ‚Praktikabilität' nicht nur für die Entwicklung der Lernmedien sondern auch für die Intervention hinsichtlich Tauglichkeit im Unterrichtsalltag eine herausragende Rolle. Deshalb wurde ein quasiexperimentelles Untersuchungsdesign entwickelt, das an den Rahmenbedingungen der Unterrichtspraxis orientiert wurde und die Bedürfnisse des alltäglichen Physikunterrichts berücksichtigte. Dies galt sowohl für die curricularen als auch für die organisatorischen Rahmenbedingungen. Durch dieses ‚praxistaugliche' Studiendesign sollte die Intervention ohne (großen) Zusatzaufwand im täglichen Unterrichtsgeschehen stattfinden können. Dieser Aspekt war entscheidend für die Implementation von MAI im Rahmen einer breit angelegten, schulartübergreifenden Interventionsstudie und damit zur Untersuchung der Breitenwirkung des Ansatzes. Zur Implementation dieser Intervention wurde zunächst – orientiert an den Ergebnissen aktueller Im-

plementationsforschung – eine inhaltliche und organisatorische Infrastruktur hergestellt und in den Rahmen einer symbiotisch-partizipative Implementationsstrategie eingebunden. Dadurch nahmen die Lehrkräfte einerseits an der Anpassung und Validierung von Instruktionsmaterial und Testinstrumenten der Intervention selbst teil und wurden andererseits auch geschult, um die Untersuchung zudem im eigenen Unterricht selbst durchzuführen (inkl. Organisation vor Ort). Mit dieser Implementationskonzeption sollte eine Möglichkeit vorgestellt werden, wie fachdidaktische Forschung – hier speziell zum kontextorientierten Lernen im Physikunterricht – hinsichtlich zeitlich und inhaltlichem Umfang im alltäglichen Unterricht praktikabel umgesetzt werden und darüber hinaus theoretisch fundierte und empirisch abgesicherte Erkenntnisse liefern kann. Der mit dieser Implementationsstrategie aufgezeigte Weg bietet somit eine Alternative zu den verschiedenen Großprojekten zum kontextorientierten Lernen im naturwissenschaftlichen Unterricht (z.B. ChiK, PiKo, BiK), die mit erheblichem materiellen, finanziellen und personellen Aufwand betrieben werden und dadurch häufig mit dem Vorwurf mangelnder Praktikabilität hinsichtlich reibungsloser Implementation konfrontiert werden. Die durchweg positiven Rückmeldungen der beteiligten Lehrkräfte zu der in Kapitel 3 dargestellten Interventionsstudie und deren bis heute andauernde Teilnahme an laufenden Forschungsprojekten und an LeBi-Net (s. u.) sind – neben deskriptiven Evaluationsdaten – ein ‚gefühltes' Kriterium für den Erfolg dieser Strategie.

Eine erfolgreiche Implementation war zwar eine notwendige Voraussetzung für empirisch abgesicherte Erkenntnisse, letztere stellten aber den eigentlich zentralen Gegenstand des Forschungsinteresses des Untersuchungsschwerpunktes I dar. Neben der Entwicklung von Instruktionsmaterial und Testinstrumenten wurde dabei zur Datenauswertung mit der Mehrebenenanalyse ein modernes Verfahren zur Analyse komplexer Daten verwendet, das bis heute weder in der Psychologie und schon gar nicht in der Fachdidaktik zu den statistischen Standardmethoden gehört. Mithilfe dieses Verfahrens konnten bezüglich der durch Zeitungsaufgaben im Rahmen von MAI erzeugten Motivations- und Lernleistungseffekte und deren Robustheit gegenüber beeinflussenden Moderatorvariablen folgende Ergebnisse analysiert werden:

- Schüler, die mit Zeitungsaufgaben arbeiteten, wiesen einen *deutlich größeren Motivationsgrad* auf, als Lernende, die ‚traditionelle Aufgaben' bearbeiteten.
- Zeitungsaufgaben bewirkten über einen mittelfristigen Zeitraum eine *große Motivationssteigerung* bei den Lernenden.
- Trotz vereinzelter teils praktisch unrelevanter Einflussfaktoren war der durch das MAI-Ankermedium erzeugte positive Motivationseffekt dominierend und erwies sich dadurch als robust gegenüber den Einflüssen der berücksichtigten Moderatorvariablen.

- Schüler, die mit Zeitungsaufgaben arbeiteten, wiesen eine sehr viel *größere Lernleistung* auf, als Lernende, die ‚traditionelle Aufgaben' bearbeiteten.
- Die *Steigerung der Leistungsfähigkeit* durch Zeitungsaufgaben hatte wenigstens mittelfristig Bestand.
- Im Gegensatz zur Motivation wurde die Lernleistung der Schüler neben dem sehr großen, positiven Einfluss von Zeitungsaufgaben zudem von der Physik-Vorleistung sowie von der Ausprägung des Interesses der Lehrer am Unterrichten von Physik beeinflusst. Obwohl der positive Einfluss von Zeitungsaufgaben auch auf die Lernleistung als dominierend herausgestellt wurde, waren die Effektstärken dieser beiden Faktoren praktisch bedeutsam und dürfen deshalb nicht vernachlässigt werden.

b) Der Untersuchungsschwerpunkt I zu Breitenwirkung und Robustheit von Zeitungsaufgaben im Rahmen von MAI war ein wichtiger Teilschritt zum Erreichen von Ziel 2. Allerdings sind authentische Aufgaben im Allgemeinen – und speziell Zeitungsaufgaben – auch komplex und stellen durch eine sinnvolle Komplexität das Sprungbrett für das anspruchsvollste Charakteristikum ‚Steigerung der Problemlösefähigkeit' dar. Überzogene kognitive Anforderungen und zu komplexe Lernumgebungen können jedoch den Lernerfolg mindern und sogar ganz verhindern. Folgerichtig musste in Kapitel 4 in einem nächsten Schritt die Untersuchung dieses Zusammenhangs zwischen Authentizität und Komplexität einerseits und kognitiver Belastung andererseits stehen, um authentische Ankermedien in ihrer positiven Wirkung weiter optimieren zu können. Ziel der durch die Betrachtung dieses Zusammenhangs erzielten Optimierung war dabei, durch Analyse der die Lernwirkung beeinflussenden Faktoren Bedingungen ausfindig zu machen, unter denen die positive Wirkung dieser Ankermedien maximal war. Dabei wird die Komplexität speziell von Zeitungsaufgaben wenigstens von zwei Parametern beeinflusst, dem Aufgabentext (Instruktionstext) und der Aufgabenstellung. Der Einfluss dieser Parameter auf die Effektivität von Zeitungsaufgaben hinsichtlich Lernleistung und Motivation muss getrennt voneinander untersucht werden. Im Zentrum dieser Arbeit stand dabei die Optimierung von Zeitungsaufgaben in Abhängigkeit von der Komplexität des Instruktionstextes. Dazu wurden durch multikriteriale Konsistenzbedingungen verschieden schwere Instruktionstexte entwickelt, die zur Detailanalyse in ein differenziertes Untersuchungsdesign eingebunden wurden. Dies erforderte natürlich, dass das Ankermedium ein ausreichendes Maß an ‚Flexibilität' aufweist, um eine derartige Variation durchführen zu können. Somit war diese MAI-Leitlinie auch methodische Grundlage von Untersuchungsschwerpunkt II. Zudem wurde ein an den MAI-Kriterien orientiertes Testinstrument entwickelt, mit dem erfasst wurde, in welchem Maße die Lernenden das Ankermedium auch tatsächlich als ein authentisches Lernmedium wahrgenommen haben (Stichwort: ‚Manipulation Check' (s. Fußnote 55). Dieses

Instrument ist das erste seiner Art im Rahmen konstruktivistischer Lernumgebungen aus dem Bereich des Situierten Lernens. Neben dem Vergleich der Motivations- und Lerneffekte resultierend aus der Bearbeitung von Zeitungsaufgaben mit verschiedenen Textschwierigkeiten mit den zugehörigen ‚traditionellen Aufgaben' wurden die Kausalzusammenhänge der operationalisierten Variablenstruktur in diesem Untersuchungsschwerpunkt im Rahmen einer Pfadanalyse analysiert. Zusammenfassend ergaben sich folgende Ergebnisse:

- Zeitungsaufgaben förderten generell deutlich besser und andauernder Lernwirkung und Motivation, wodurch die Hauptergebnisse des Untersuchungsschwerpunktes I bestätigt werden konnten.
- Zeitungsaufgaben mit mittelschweren Zeitungsartikeln hatten den größten positiven Einfluss auf Lernwirkung und Motivation.
- Die positive Wirkung von Zeitungsaufgaben mit leichten und schweren Zeitungsartikeln unterschied sich nicht. Zwar war der positive Effekt dieser Instruktionstextformen geringer als bei der Verwendung von mittelschweren Artikeln, trotzdem förderte der Einfluss beider Textformen Lernwirkung und Motivation immer noch besser als ‚traditionelle Aufgaben'.
- Während die Wirkung von Zeitungsaufgaben von der Schwierigkeit des Instruktionstextes nicht negativ beeinflusst wurde, waren Lernwirkung und Motivation bei der Arbeit mit ‚traditionellen Aufgaben', umso geringer je schwieriger der Aufgabentext war.

Während die Implementation in Untersuchungsschwerpunkt I einen wichtigen Punkt darstellte, wurden in diesem Schwerpunkt die beteiligten Lehrer infolge der aus der detaillierten Untersuchung resultierenden komplexen Struktur der Intervention nur an der Validierung einzelner Instruktionsmaterialien beteiligt. Die Durchführung der Studie in den verschiedenen Schulklassen wurde vom Autor selbst übernommen, wobei die statistische Validität der Untersuchung durch differenzierte Maßnahmen gesichert wurde (verdeckte und zufällige Gruppenzuordnung, ‚Teilsampling' der Gruppen).

Die Ergebnisse der beiden Untersuchungsschwerpunkte verdeutlichen einerseits, dass im Rahmen von MAI die Implementation von Zeitungsaufgaben in den alltäglichen Physikunterricht möglich und für die Motivation und Lernleistung nachhaltig sehr förderlich war. Darüber hinaus konnten mit der Physik-Vorleistung und dem Interesse der Lehrer am Unterrichten von Physik wesentliche Faktoren diagnostiziert werden, die neben dem Einfluss von Zeitungsaufgaben eine nicht zu vernachlässigende Rolle der Beeinflussung der Schülerleistung spielten. Andererseits ist es gelungen, durch eine differenziert konzipierte, theoriegeleitete Intervention Parameter auszuloten, die es erlauben, Zeitungsaufgaben als MAI-Ankermedium in seiner positiven Wirkung zu optimieren. Somit kann das in diesem Rahmen gesetzte Teilziel 2 als erfüllt betrachtet werden.

Tabelle 90: Vergleichsübersicht zwischen AI und MAI

AI	MAI
Ankermedien	
multimedial; nicht operationalisiert	wie AI, aber nicht notwendigerweise multimedial (hier: ZEITUNGSAUFGABEN); operationalisiert
Aufwand (Kosten-Nutzen-Verhältnis)	
groß 100-500 Entwicklungsstunden pro Unterrichtsstunde (Brahler, Peterson & Johnson, 1999); entspricht ca. 2500-12500 € (bei 25 € pro Entwicklungsstunde)	klein 1-2 Entwicklungsstunden pro Unterrichtsstunde (Schätzung); entspricht ca. 25-50 € (bei 25 € pro Entwicklungsstunde)
Praktikabilität (hinsichtlich Tauglichkeit für den alltäglichen Unterricht)	
gering (großer materieller Aufwand, hoher Anspruch an Lehrkräfte)	groß (kleiner materieller Aufwand, einfach im alltäglichen Unterricht einsetzbar)
Flexibilität (didaktisch-inhaltlich, technisch)	
klein (schwierig an individuelle Lernvoraussetzung anpassbar, technische Voraussetzungen erforderlich)	groß (Binnendifferenzierung durch variierende Aufgabenstellungen und Artikelwahl möglich, keine unterrichtsunüblichen Voraussetzungen erforderlich)
Empirische Forschung	
Material & Methode	
Material	
nicht kriterienorientiert validiert	kompetenzspezifisch validiert
Testinstrumente	
teils nicht valide oder nicht validiert	valide
Moderatorvariablen	
meist nicht vorhanden	vorhanden
‚Manipulation Check'[55]	
nicht vorhanden	vorhanden
Erhebung von Lehrervariablen	
nicht vorhanden	vorhanden
Auswertungsverfahren	
parametrisch (auch für kleine Stichproben mit $N < 30$)	parametrisch (für $N >> 30$; sonst: nicht-paramterisch); Mehrebenenanalysen; Pfadanalysen
Ergebnisse	
Effektivität in kleinen Stichproben	
uneinheitlich	einheitliche Überlegenheit von MAI
Breitenwirkung	
uneinheitlich	einheitliche Überlegenheit von MAI
Robustheit	
nicht untersucht	vorhanden
Optimierung	
nicht untersucht	vorhanden

Verbindet man die empirischen Forschungsergebnisse zu Zielsetzung 2 mit der Praktikabilität und Flexibilität der nach dem MAI-Konzept entwickelten Ankermedien nach Zielsetzung 1 dieser Arbeit, so kann an dieser Stelle diesbzgl. resümiert werden: Es ist gelungen, im Sinne einer nutzenorientierten Grundlagenforschung in der Bildung eine theoretisch fundierte, praktikable und unterrichtstaugliche Lernumgebung zu entwickeln, die eine sehr günstige Kosten-Nutzen-Relation aufweist und nachgewiesenermaßen zu sehr deutlichen, lernförderlichen Effekten führt. Diese können unter Berücksichtigung bestimmter analysierter Parameter sogar noch optimiert werden.

Allerdings werden diese Erkenntnisse nur dann zur Erhöhung der Lernwirksamkeit und Lernmotivation im alltäglichen Physikunterricht beitragen, wenn es gelingt, das Lernmedium nachhaltig in der Unterrichtspraxis zu verankern. Um dieses ‚träge Wissen' hinsichtlich Forschungsergebnissen zu vermeiden, eine nachhaltige Implementation der erzielten Erkenntnisse zu gewährleisten und die Forschungsorientierung in der Lehrerbildung generell zu stärken, ist Gegenstand von Ziel 3 dieser Arbeit.

Ziel 3: Bildung einer ‚Learning Community' als lernendes, lehrendes und forschendes LehrerBildungs-Netzwerk (LeBi-Net)

Eine nachhaltige Einbindung positiver Interventionsergebnisse aus der Lehr-Lern-Forschung in die Unterrichtspraxis gelingt am besten dann, wenn einerseits die damit verbundenen oder dazu erforderlichen Lernmedien oder Maßnahmen praktikabel sind, sich im Unterrichtsalltag gut umsetzen lassen und dauerhaft bewähren. Darüber hinaus müssen andererseits möglichst viele Lehrkräfte von der positiven Wirkung der Interventionsmaßnahmen überzeugt sein. Während ersteres durch die in dieser Arbeit dargestellten Interventionen deutlich nachgewiesen werden konnte, ist die Überzeugung einer breiten Masse von Lehrkräften allein durch Präsentation der Ergebnisse oder durch Einbindung in Lehrerfortbildungsveranstaltungen nur schwer möglich. Die Initialisierung eines sog. ‚Schneeballeffekts' wäre wünschenswert, indem sich z.B. die an den Untersuchungen beteiligten Lehrkräfte wiederum mit anderen Kollegen über die Ergebnisse und ihre Erfahrungen austauschen, und die davon überzeugten Kollegen wiederum weitere Lehrer darüber informieren usw. Um einen solchen Effekt zu erreichen, liegt es Nahe, möglichst viele Lehrer miteinander in Verbindung zu bringen, sie zu vernetzen. Dabei war der in dieser Arbeit realisierte integrative Forschungsansatz im Rahmen einer symbiotisch-partizipativen Implementationsstrategie Ausgangspunkt einer regionalen Vernetzung von Lehrkräften. Basierend auf den Erfahrungen der im Rahmen dieser Arbeit durchgeführten nutzenorientierte Grundlagenforschung zum MAI-Ansatz waren die beteiligten Lehrer an einer Intensivierung und einem Ausbau der zunächst projektbezogenen Vernetzung interessiert.

Der Mangel derartiger Vernetzungen von Lehrkräften sowie die schwach ausgeprägte Forschungsorientierung in der Lehrerbildung sind essentielle Kritikpunkte der beeindruckend konvergenten Gesamtanalyse der wichtigsten Gremien in der deutschen Lehrerbildung. Somit wurde die im Rahmen dieser Arbeit durchgeführte nutzenorientierte Grundlagenforschung als Kondensationskeim für die Konzeptentwicklung eines regionalen LehrerBildungs-Netzwerkes (LeBi-Net) genutzt. Das Konzept von LeBi-Net geht aber über die im Rahmen der MAI-Interventionsstudien initialisierte regionale Vernetzung von Lehrkräften hinaus. Denn für eine nachhaltige Dissemination und eine Stärkung der Forschungsorientierung in der Lehrerbildung schien es erforderlich, eine Vernetzung nicht nur auf einen bestimmten Aspekt oder einzelne Maßnahme zu beschränken, sondern eine vielfältige Verzahnung mit verschiedenen Aspekten anzustreben. Deshalb zielt LeBi-Net auf eine grundsätzlich verbesserte Abstimmung und Verzahnung der drei Phasen der Lehrerbildung (vertikale Abstimmung) sowie der an der Lehrerbildung beteiligten Institutionen und Institute (horizontale Abstimmung) ab. Durch verschiedene Abstimmungsmaßnahmen wurden durch die Universität Koblenz-Landau/Campus Landau, verschiedene Studienseminare, die Schulaufsicht, das Ministerium und das Institut für schulische Fort- und Weiterbildung und schulpsychologische Beratung IFB nahezu alle im Land Rheinland-Pfalz an der Lehrerbildung beteiligten Institute in dieses Netzwerk integriert. Die Abstimmungsmaßnahmen verzahnen z. B. im Bereich ‚Forschung' und durch curricular im Physikstudium verankerte ‚Fachdidaktische Vertiefungskurse' (V-Kurse) u. a. im Rahmen integrativer Forschungsansätze und Unterrichtserprobungen die Universität mit Schulen, Lehrern und Schülern. Darüber hinaus erfolgt durch ausgewiesene Studierende des Faches Physik als ‚Experten' eine Vernetzung zwischen Universität, IFB, Schulaufsicht und Studienseminare.

Somit entstand im Laufe der Zeit sukzessive eine ‚Learning Community' als lernendes, lehrendes und forschendes LeBi-Net, in dem alle beteiligten Akteure für sich selbst Gewinn und Nutzen sehen. Gerade diese ‚Win-Win-Situation' stellt dabei eine essentielle Voraussetzung für die Nachhaltigkeit eines solchen Netzwerkes dar. Durch die flexible Anpassungsmöglichkeit der Abstimmungsmaßnahmen an die regionalen Bedingungen vor Ort und die empirische Prüfung dieser Maßnahmen steht LeBi-Net ganz im Zeichen der drei Leitlinien dieser Arbeit: Praktikabilität, Flexibilität und empirische Forschung. Damit wird mit LeBi-Net ein möglicher Mechanismus vorgestellt, dessen Etablierung auch dem in der fachdidaktischen und Lehr-Lern-Forschung analysierten Defizit Rechnung trägt, Ideen und Erkenntnisse aus der Forschung in die breite Praxisanwendung zu transportieren (Fischer & Wecker, 2006). Die Förderung im Rahmen des Hochschulsonderprogramms ‚Wissen schafft Zukunft' des Landes Rheinland-Pfalz seit 2007 und das Untersuchungsergebnis einer ersten Abstimmungsmaßnahme (vgl. 5.3) geben dabei Optimismus für die positive Wirkung dieser Konzeption.

6.2 Ausblick

Die Sinnhaftigkeit einer Forschungsarbeit ist u. a. auch daran erkennbar, ob und, wenn ja, wie viele Anknüpfungspunkt für weitere Forschungsvorhaben von ihr ausgehen. Deshalb soll im Folgenden ein Ausblick gegeben werden, der einerseits auf assoziierte Projekte verweist, die auf dieser Arbeit aufbauen und aktuell bearbeitet werden. Andererseits werden darüber hinausgehende Forschungsperspektiven aufgezeigt, die zum jetzigen Zeitpunkt noch nicht Gegenstand laufender Untersuchungen sind.

6.2.1 Anknüpfende Arbeiten und erste Ergebnisse

In diesem Abschnitt werden aktuelle laufende und mit dem MAI-Ansatz assoziierte Projekte überblicksartig beschrieben. In 2.1.1wird ein Projekt skizziert, das explizit an die im Untersuchungsschwerpunkt II dieser Arbeit durchgeführte Interventionsstudie zu Zeitungsaufgaben anknüpft. Da diesbzgl. vorliegende deskriptive Ergebnisse einer ersten Pilotuntersuchung bisher noch nicht publiziert sind, werden diese in diesem Abschnitt dargestellt. Dagegen wird auf Zwischenergebnisse der in 2.1.2 skizzierten Dissertationsvorhaben verwiesen, sofern vorhanden oder veröffentlicht.

6.2.1.1 Laufende Untersuchung zum Aspekt ‚Offenheitsgrad'

Wie in Untersuchungsschwerpunkt II diskutiert wurde, wird die Komplexität speziell von Zeitungsaufgaben wenigstens von zwei Parametern beeinflusst, dem Aufgabentext (Instruktionstext) und der Aufgabenstellung. Da der Einfluss dieser Parameter auf die Effektivität von Zeitungsaufgaben getrennt voneinander untersucht werden muss, ist es nur folgerichtig, nach der Optimierung des Instruktionstextes von Zeitungsaufgaben in dieser Arbeit in einem nächsten Schritt die Aufgabenstellung dieses MAI-Ankermediums zu optimieren. Da die Komplexität von Aufgaben auf verschiedene Art und Weisen variiert werden kann (kompetenzorientiert, verschieden offene Aufgaben usw.), muss dieser Aspekt des in Untersuchungsschwerpunkt II beschriebenen Antagonismus zwischen Komplexität und Authentizität schrittweise angegangen werden.

Dazu wird dieser Zusammenhang aktuell durch die in 2.3.6 vorgestellte Operationalisierung des Offenheitsgrades von Aufgabenstellungen im Rahmen einer 2 × 3-faktoriellen quasiexperimentellen Pilotstudie analysiert (ausführliche Beschreibung des Studiendesigns: s. Kuhn, 2007b). Dabei wird in diesem Fall die Komplexität der Aufgabenstellung durch deren Offenheitsgrad variiert, während der Instruktionstext gleich bleibt (s. Abb. 43). Dabei folgen Material und Methode – bis auf das Instruktionsmaterial – im Wesentlichen der in Untersuchungsschwerpunkt II vorgestellten

Studie. Der einzige Unterschied besteht darin, dass die verschiedenen Lerngruppen der EG, die mit Zeitungsaufgaben arbeiteten, wie in Abbildung 43 den gleichen, mittelschweren Instruktionstext bearbeiteten und das Instruktionsmaterial nur in dem unterschiedlichen Offenheitsgrad der Aufgabenstellungen verschieden war. Entsprechend bearbeiten die verschiedenen Lerngruppen der KG den gleichen, traditionellen Instruktionstext, allerdings unterschieden sich deren Aufgabenstellungen ebenso in ihrem Offenheitsgrad. Dabei entsprachen sich die Aufgabenstellungen in den einzelnen Lerngruppen der KG und der EG. An der ersten diesbzgl. durchgeführten Pilotstudie, die sich zunächst auf den Themenbereich ‚Geschwindigkeit' beschränkte, waren insgesamt 122 Schüler beteiligt (s. Tab. 91).

GEGEN ERWÄRMUNG DER ERDE

Britischer Anwalt durchschwimmt Themse in voller Länge

London (rpo). Zum ersten Mal hat ein Mensch den längsten Fluss Englands, die Themse, von der Quelle bis zur Mündung in voller Länge durchschwommen. Der 36-jährige Anwalt Lewis Pugh vollendete die sportliche Leistung am Sonntag nach 20 Tagen Dauerschwimmen und zeigte sich am Ende der Reise total erschöpft.

Der 36-Jährige war am 17. Juli im westenglischen Gloucestershire zu der 330 Kilometer langen Tour gestartet. Der Umweltschützer wollte mit der Themsedurchschwimmung für eine Kampagne gegen die Erderwärmung werben. Unterwegs hatte er dem britischen Premierminster Tony Blair in London ein Schreiben übergeben, in dem er ihn zum Kampf gegen den Klimawandel und zur Reduzierung der Treibhausgase aufforderte.

Pugh hatte in mehreren Langstreckenschwimmen bereits den Atlantik, den Arktischen Ozean, die Südsee, den Indischen und den Pazifischen Ozean durchquert.

DIE RHEINPFALZ, 07.08.2006

Aufgabe	Typ	Problemraum
Vergleicht die Durchschnittsgeschwindigkeit des Schwimmers bei seiner Themsedurchquerung (in m/s und km/h) mit dem aktuellen Schwimmrekord von Grant Hacket, der bei den Olympischen Spielen in Athen 2004 die 1500 m-Freistilstrecke in 14 Minuten und 35 Sekunden zurückgelegt hat. Verwendet dazu die zugehörige Formel.	Geschlossen (Typ I)	*Ergebnis*: PR(k) Es gibt nur ein mögliches Ergebnis
Vergleicht die Durchschnittsgeschwindigkeit des Schwimmers bei seiner Themsedurchquerung (in m/s und km/h) mit einem olympischen Schwimmrekord aus der beiliegenden Liste. Verwende dazu die zugehörige Formel.	Halboffen (Typ V).	*Ausgangsdaten*: PR(m) Zu der Aufgabe erhalten die Schüler eine Liste mit den 16 aktuellen olympischen Schwimmrekorden, aus denen sie einen auswählen. *Ergebnis*: PR(k) Es gibt nur ein mögliches Ergebnis
Vergleicht die Durchschnittsgeschwindigkeit des Schwimmers bei seiner Themsedurchquerung (in m/s und km/h) mit einem olympischen Schwimmrekord aus der beiliegenden Liste.	Offen (Typ VII)	*Ausgangsdaten*: PR(m) s.o. *Lösungsweg*: PR(m) Es gibt (wenigstens) zwei Lösungswege: Formel, Dreisatz (evtl. grafisch) *Ergebnis*: PR(k) Es gibt nur ein mögliches Ergebnis

Abb. 43: Zeitungsaufgaben zum Thema ‚Geschwindigkeit' mit verschiedenem Offenheitsgrad

Zum aktuellen Zeitpunkt dieser Arbeit im Juni 2008 lagen ausschließlich die deskriptiven Daten der Variablen ‚Ankereigenschaften', ‚Cognitive Load', ‚Ankertiefe' sowie der Leistungstests vor (s. Tab. 92). Obwohl die Daten erst nach Erfassung der restlichen Testinstrumente zur Motivation und zu den Moderatorvariablen durch inferenzstatistische Analysen voraussichtlich im Herbst 2008 aussagekräftige Ergebnisse erlauben, sollen an dieser Stelle zumindest eine Auswahl der vorliegenden deskriptiven Daten exemplarisch und überblicksartig dargestellt werden.

In Abbildung 44 wird ersichtlich, dass die Ausprägung der einzelnen Variablen – bis auf ‚Cognitive Load' – gemittelt über die verschiedenen Offenheitsgrade hinweg in der EG größer sind als in der KG. Das heißt, dass die lernförderliche Wirkung von Zeitungsaufgaben auch in dieser Studie vorhanden war, wodurch die in dieser Arbeit vorgestellten Ergebnisse reproduziert werden könnten. Darüber hinaus wird auch die Wirkung von Zeitungsaufgaben als MAI-Ankermedium mithilfe der Variablen ‚Ankereigenschaften' ausgewiesen, indem die Ausprägung dieser Variable bei Zeitungsaufgaben größer ist als bei ‚traditionellen Aufgaben' (Stichwort: ‚Manipulation Check'; s. Fußnote 55).

Tabelle 91: Übersicht über die beteiligten Lernenden an der ersten Pilotstudie zum ‚Offenheitsgrad' in den Experimental- und Kontrollgruppen im Themenbereich ‚Geschwindigkeit'

Thema	EG: Zeitungsaufgaben			KG: Traditionelle Aufgaben			Gesamt
	geschlossen	halboffen	offen	geschlossen	halboffen	offen	
Geschwindigkeit (Klassenstufe 7)	21	21	19	20	20	21	122

Zudem zeigt die nahezu identische Ausprägung von ‚Cognitive Load' gemittelt über die verschiedenen Offenheitsgrade, dass sich EG und KG in der Schwierigkeit der Aufgabenstellung nicht wesentlich unterscheiden.

Tabelle 92: Übersicht über die deskriptiven Daten von Ankereigenschaften, Cognitive Load, Ankertiefe und Leistungstest in den einzelnen Lerngruppen des Themenbereichs ‚Geschwindigkeit'

	Gruppen / Tests (in %)	EG: Zeitungsaufgaben			KG: Traditionelle Aufgaben		
		Offenheitsgrad (Schwierigk. der Aufgabenst.)			Offenheitsgrad (Schwierigk. der Aufgabenst.)		
		geschlossen *MW (SD)*	halboffen *MW (SD)*	offen *MW (SD)*	geschlossen *MW (SD)*	halboffen *MW (SD)*	offen *MW (SD)*
Arbeits-blatt 1	Ankereigenschaften (AE) 1	71.5 (6.8)	74.2 (8.7)	73.2 (7.8)	52.6 (12.0)	50.1 (8.8)	51.2 (9.2)
	Cognitive Load (CL) 1	38.8 (9.7)	46.5 (9.5)	56.4 (9.1)	39.8 (15.5)	48.8 (13.5)	58.5 (9.5)
	Ankertiefe (AT) 1: Post	74.6 (8.5)	81.2 (9.1)	71.9 (9.7)	58.7 (11.1)	68.1 (9.9)	60.1 (9.4)
	AT 1: FUP	68.1 (8.6)	80.4 (8.2)	65.8 (3.8)	50.0 (15.1)	60.4 (15.4)	49.4 (10.6)
Arbeits-blatt 2	AE 2	70.1 (9.4)	71.0 (8.3)	70.1 (8.6)	52.9 (11.7)	51.5 (11.0)	52.3 (6.7)
	CL 2	34.8 (8.6)	43.6 (9.0)	57.9 (8.0)	36.8 (11.0)	45.3 (14.4)	56.8 (9.1)
	AT 2: Post	69.6 (8.3)	77.7 (6.5)	70.4 (9.5)	61.4 (8.4)	70.1 (8.2)	57.6 (9.8)
	AT 2: FUP	61.1 (8.4)	74.5 (8.0)	60.5 (8.6)	50.0 (16.4)	62.5 (9.0)	42.0 (8.5)
Leistungs-Prätest		40.6 (15.5)	38.9 (15.5)	40.9 (13.2)	39.7 (20.4)	38.2 (21.4)	36.1 (19.8)
Leistungs-Posttest		67.4 (12.9)	75.0 (15.3)	65.8 (11.6)	43.3 (17.7)	55.8 (16.2)	38.4 (14.1)
Follow up-Leistungstest		56.0 (14.7)	72.7 (16.6)	54.2 (14.0)	40.6 (22.3)	43.1 (17.5)	32.3 (16.8)

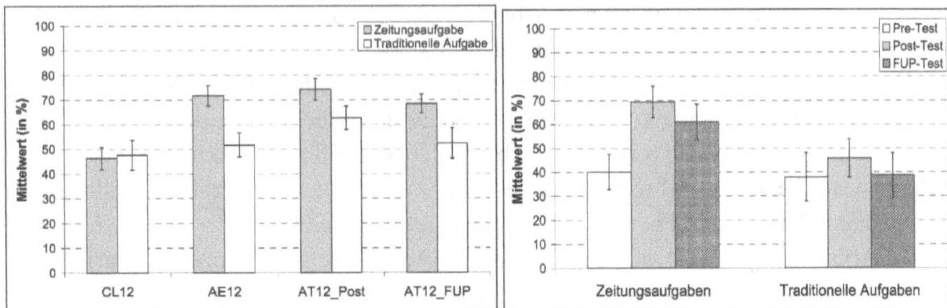

Abb. 44: Unterschiede zwischen Zeitungsaufgaben und ‚traditionellen Aufgaben' in den Variablen Cognitive Load CL, Ankereigenschaften AE und Ankertiefe AT (links; Fehlerbalken: Standardabweichung) sowie Entwicklung der Gesamtleistung (rechts; Fehlerbalken: Standardabweichung)

Schließlich zeigt die linke Grafik in Abbildung 45, dass Zeitungsaufgaben mit halboffenen Aufgabenstellungen die größte Erinnerung an den Zeitungsartikel (Ankertiefe) sowie die größte Leistungsfähigkeit im Posttest bewirkten. Dabei sind sowohl die verschieden offenen ‚traditionellen Aufgaben' in der KG als auch die Zeitungsaufgaben mit verschiedenem Offenheitsgrad in der EG in der Ausprägung der Variablen ‚Cognitive Load' unterschiedlich. Diese deskriptiven Daten sind Indizien dafür, dass die in 2.3.6 verdeutlichte Operationalisierung des Offenheitsgrades die Konstruktion verschieden komplexer Aufgabenstellungen erlauben (Stichwort: ‚Manipulation Check'; s. Fußnote 55).

Die an dieser Stelle dargestellten statistischen Ergebnisse basierend auf den bis zum Abschluss dieser Arbeit vorliegenden deskriptiven Daten werden durch infe-

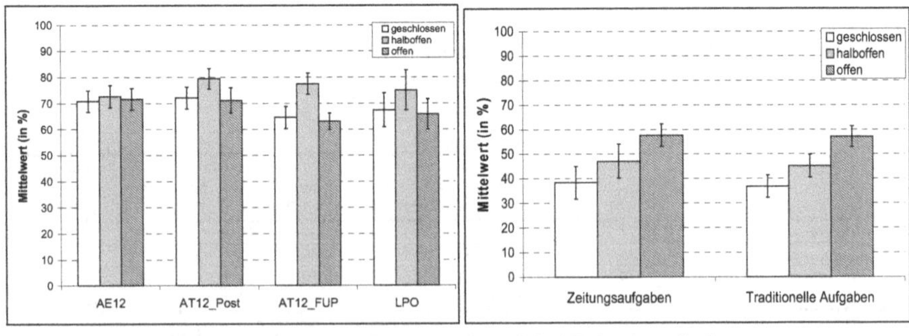

Abb. 45: Unterschiede zwischen Lerngruppen der EG bei Zeitungsaufgaben mit verschiedenem Offenheitsgrad in den Variablen Ankereigenschaften AE, Ankertiefe AT und bei dem Leistungs-Posttest LPO (links; Fehlerbalken: Standardabweichung) sowie Unterschiede bei verschieden offenen Aufgaben in EG und KG (rechts; Fehlerbalken: Standardabweichung)

renzstatistische Analysen im Laufe des Jahres 2008 ergänzt. Nach dieser Auswertung der Pilotstudie sind dann zunächst die Erweiterung der Population auf den Themenbereich ‚Elektrische Energie' sowie die Entwicklung weiterer Instruktionsmaterialien mit verschiedenem Offenheitsgrad geplant.

Danach sind entsprechend dem Vorgehen in Untersuchungsschwerpunkt II strukturanalytische Untersuchungen vorgesehen, um auch in diesem Bereich ursächliche Zusammenhänge zwischen den verschiedenen Variablen zu diagnostizieren und darauf aufbauend Empfehlungen für die Konstruktion von Aufgaben für die Unterrichtspraxis vornehmen zu können.

6.2.1.2 Laufende Dissertationen

Die Konzeption von MAI und die Ergebnisse der Pilotierungsphasen sowie die bis dahin gemachten Erfahrungen in der systematischen Implementationsphase waren Ausgangspunkt für das Teilprojekt ‚Aufgabenkultur' der Abteilung Physik im Rahmen des Drittmittelantrages ‚Kooperationsprojekt Empirische Unterrichtsforschung' der Universität Koblenz-Landau. Nach positiver Begutachtung dieses Projektverbunds basieren zwei bis 2009 im Rahmen der Graduiertenschule ‚Unterrichtsprozesse' (UPGradE) der Universität Koblenz-Landau geförderten Dissertationen auf dem in dieser Arbeit dargestellten MAI-Rahmenkonzept.

– P. Vogt greift in seinem Dissertationsvorhaben die aus dem durch MAI aufgespannten Theorierahmen resultierende Frage auf, mit welchen anderen authentischen Ankermedien neben Zeitungsaufgaben ebenfalls eine Steigerung der Lernwirkung erzielt werden kann. Dabei wird speziell die Lernwirksamkeit von ‚Werbeaufgaben' als MAI-Ankermedium erprobt. Unter ‚Werbeaufgaben' werden Aufgaben zu Werbetexten verstanden, die – ähnlich wie Zeitungsaufgaben – die MAI-Kriterien erfüllen und ein vergleichbar praktikables Ankermedium darstellen (s. Abb. 46).
  Vogt untersucht in dieser Arbeit in einem quasi-experimentellem Untersuchungsdesign die Effektivität von ‚Werbeaufgaben' im Hinblick auf Motivation und Schülerleistung verglichen mit der Wirkung von konventionell formulierten Problemstellungen im Bereich der Alltagsphysik sowie mit der von Aufgaben ohne Realitätsbezug. Dazu werden Aufgaben in Versuchs- und Kontrollklassen eingesetzt, die aus physikalischer Sicht völlig identisch sind und die damit die gleichen Lösungen besitzen. Die Problemstellungen unterscheiden sich lediglich in der Textgestaltung, im Layout und im Grad der Situiertheit. Dabei greift Vogt weitestgehend auf Design, Methoden und Testinstrumente des in dieser Arbeit vorgestellten Untersuchungsscherpunktes I sowie auf die dabei aufgebaute Infrastruktur zurück. Erste Ergebnisse dieser Arbeit sind in Vogt und Müller (2008) zusammengefasst.

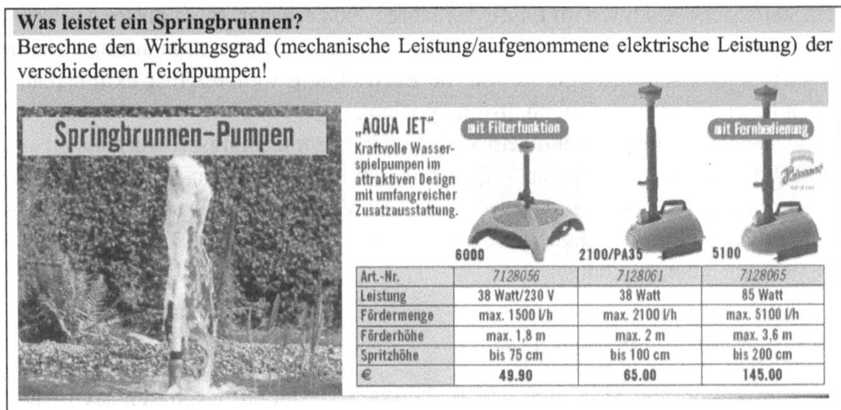

Art.-Nr.	7128056	7128061	7128065
Leistung	38 Watt/230 V	38 Watt	85 Watt
Fördermenge	max. 1500 l/h	max. 2100 l/h	max. 5100 l/h
Förderhöhe	max. 1,8 m	max. 2 m	max. 3,6 m
Spritzhöhe	bis 75 cm	bis 100 cm	bis 200 cm
€	49.90	65.00	145.00

Abb. 46: Werbeaufgabe zum Themenbereich ‚Elektrische Energie'

– Bei der im Rahmen von MAI entwickelten problem- und aufgabenorientierten Lernumgebung (paL) ist u. a. auch der Aspekt der sozialen Situierung berücksichtigt. Die paL soll den Lernenden ein hohes Maß an Selbsttätigkeit, Eigenverantwortung und Selbstbestimmung ermöglichen, die sie bei der Erschließung in für sie bedeutungsvollen Kontexten anwenden können. Dieses Lernarrangement soll u. a. auch eine bedeutungsvolle Lerneinstellung und damit die Motivation der lernenden fördern.

  Der Aspekt der sozialen Situierung ist ein Bindeglied zwischen dieser Arbeit und der Dissertation von T. Poth, in der ein aus den USA stammendes Unterrichtskonzept auf dessen Wirkung hinsichtlich Motivation und Lernleistung untersucht wird. Bei diesem sog. JiTTVerfahren (JiTT: Just-in-Time Teaching) werden ein oder zwei Tage vor der Unterrichtsstunde Fragen hauptsächlich zu qualitativem und konzeptuellem Verständnis an die Schüler gestellt und von diesen per E-Mail beantwortet. Dazu stellt die Lehrkraft im Internet eine themenrelevante Aufgabe zur Verfügung (s. Abb. 47), die von den Lernenden des Kurses am Computer zu Hause bearbeitet wird. Die Bearbeitung wird über ein Formularfenster als E-Mail an die Lehrkraft gesendet. Unter Berücksichtigung der Statements der Lernenden plant die Lehrkraft dann die folgende Unterrichtsstunde. Insbesondere werden die interessantesten Statements auf Folie kopiert und bilden den roten Faden der in Planung befindlichen Unterrichtsstunde. Die Schülerantworten sind also zum einen Planungsgrundlage für die folgende Unterrichtsstunde, zum anderen werden sie zu einem besonderen Unterrichtsmedium des JiTT-Verfahrens (Folie o. Ä. mit den interessantesten Statements).

  Der Unterrichtsverlauf enthält Phasen, in denen die Schüleraussagen gelesen, erörtert und diskutiert werden sowie Phasen, in denen die Gruppe mit üblichen Un-

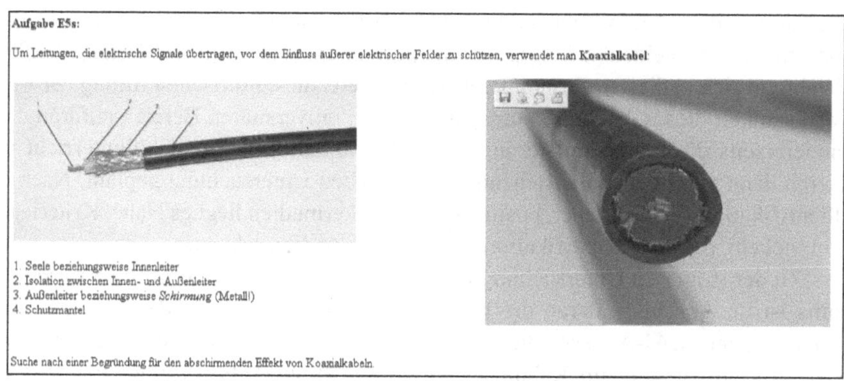

Abb. 47: JiTT-Beispielaufgabe aus dem Themenbereich ‚Elektrische Energie'

terrichtsmedien und -methoden (Arbeitsblätter, Versuche) arbeitet. Im Idealfall reduziert sich die Rolle des Lehrers in der Diskussionsphase auf die eines Moderators. Je nach Position innerhalb der Unterrichtseinheit werden JiTT-Aufgaben in ‚Warm-Ups' (Einstiegsaufgaben), Puzzles und ‚Exercises' kategorisiert. Während Puzzles auf qualitatives Konzeptverständnis abzielen, geht es den ‚Exercises' verstärkt um die Schulung von Problemlösekompetenzen (Poth & Gröber, 2006). Neben dem gemeinsamen Theorierahmen greift Poth in seiner Arbeit weitestgehend auf Methoden und Testinstrumente dieser Arbeit sowie auf die dabei aufgebaute Infrastruktur zurück.

6.2.2 *Weiterführende Forschungsperspektiven*

Neben den in 2.1 skizzierten aktuell laufenden und auf dieser Arbeit basierenden Projekten gibt es eine Reihe von Untersuchungsaspekten, die geplant aber bisher noch nicht initiiert worden sind. Diese sollen hier in Form übergeordneter Forschungsfragen überblicksartig zusammengestellt werden:

1. *Welche Lernwirksamkeit kann durch verschiedene Typen von MAI-Ankermedien erreicht werden?*

Diese Forschungsfrage bezieht sich auf die Konstruktion weiterer MAI-Ankermedien und zunächst auf die jeweils isoliert betrachtete Prüfung der Lernwirksamkeit jedes einzelnen Lernmediums alleine. Während mit ‚Werbeaufgaben' bereits der erste weitere MAI-Ankertyp untersucht wird (vgl. 2.1.2), sind darüber hinaus Untersuchungen zur Effektivität von dekorativen Bildern und von Comics als MAI-Ankermedien geplant bzw. bereits initiiert. Gerade letztere haben in jüngster Zeit für Aufsehen gesorgt. Beispielsweise hat James Kakalios in seinen Lehrveranstaltungen an der University of Minnesota den Physiklehrstoff anhand von Phänomenen in Comics bekannter Superhelden (z. B. Superman, Spiderman usw.) vermittelt (Kakalios, 2006). Während sich in diesem Zusammenhang einerseits die empirische Prüfung der Lernwirksamkeit dieses Ankermediums zunächst im universitären Bereich aufdrängt, ist andererseits die Elementarisierung dieser Lerninhalte für den Schulunterricht und deren dann anschließend anstehenden empirischen Untersuchung geplant. Nach der Identifikation verschiedener, positiver MAI-Ankermedien liegt es Nahe, Kriterien zu entwickeln, die eine Klassifikation dieser Ankermedien erlauben.

Zu der isolierten Untersuchung der Lernwirksamkeit jedes einzelnen Lernmediums ist im Anschluss daran die Prüfung der Wirkung verschiedener, miteinander kombinierter MAI-Ankermedien angedacht. So würde z. B. der Themenbereich ‚Elektrische Energie' im Rahmen einer Interventionsstudie in einer EG teils mit Zeitungsaufgaben, teils mit ‚Werbeaufgaben' und teils mit Aufgaben zu Comics bearbeitet und die dadurch erzielte Lernwirkung geprüft werden.

2. *Wie können MAI-Ankermedien im Rahmen eines Kompetenzmodells gezielt kompetenzorientiert ausgerichtet und kompetenzförderlich wirken?*

Die im Jahre 2005 veröffentlichten Bildungsstandards im Fach Physik für den Mittleren Schulabschluss (KMK, 2005) führten dazu, dass verstärkt an der Entwicklung eines theoriegeleiteten Kompetenzmodells gearbeitet wird (Schecker & Parchmann, 2006). Im Rahmen dieser Bestrebungen spielen Aufgaben zur Kompetenzausrichtung eine wesentliche Rolle (Leisen, 2005; 2006; 2007). Deshalb liegt es Nahe, zu prüfen, ob und wenn ja welche Kompetenzen mit MAI-Ankermedien besser gefördert werden können als mit ‚traditionellen Aufgaben'.

3. *Wie können auch MAI-Ankermedien zu sehr komplexen Lerngegenständen in ihrer Lernwirksamkeit optimiert werden?*

In Untersuchungsschwerpunkt II dieser Arbeit sowie in dem aktuell laufenden Projekt zum Aspekt ‚Offenheitsgrad' steht die Untersuchung des Zusammenhangs zwischen Authentizität und Komplexität einerseits und kognitiver Belastung andererseits zentral. Obwohl in Kapitel 4 nachgewiesen werden konnte, dass die Lernwirksamkeit bei mittelschweren Zeitungsartikeln am besten ist und somit kein monotoner Zusammenhang zwischen kognitiver Belastung und Lernwirksamkeit besteht, führt auch bei Zeitungsaufgaben ein zu großer Komplexitätsgrad zur Verminderung der Lernwirksamkeit. Um die kognitive Belastung bei solch sehr komplexen Zeitungsaufgaben zu reduzieren und diese dadurch zu optimieren, sollen MAI-Ankermedien mit ausgearbeiteten Lösungsbeispielen (‚Worked-Out Examples' bzw. ‚Fading Examples') zur Reduktion der kognitiven Belastung konstruiert und eingesetzt werden (vgl. z.B. Renkl, 2002). Dazu soll eine web-basierte Benutzeroberfläche entwickelt werden, mit der die Lernenden die ausgearbeiteten Lösungsbeispiele entsprechend der diesbzgl. vorliegenden Instruktionsmethode (vgl. Renkl, 2002) selbstständig bearbeiten können. Im Gegensatz zu den bisher benutzten Softwarelösungen originärer AI-Ankermedien soll die web-basierte Oberfläche die Möglichkeit bieten, die dem MAI-Ansatz innewohnende, flexible Gestaltung von Form und Inhalt der Lösungsbeispiele zu realisieren. Dieser entscheidende Vorteil wird dadurch gewährleistet, dass die Beispiele mit herkömmlichen Web-Editoren bearbeitbar sein sollen.

4. Können MAI-Ankermedien die Lernwirksamkeit auch in anderen Schulfächern fördern?

Während MAI-Ankermedien in dieser Arbeit und in den aktuell laufenden Forschungsprojekten ausschließlich in dem Schulfach Physik eingesetzt werden, liegt es auf der Hand, diese Medien auch für andere Fächer zu entwickeln und deren Lernwirksamkeit zu erproben. So liegt z. B. gerade in den gesellschaftskundlichen Fächern wie Geschichte, Erdkunde und Sozialkunde oder im Fach Deutsch der Einsatz von Zeitungsaufgaben auf den ersten Blick deutlich näher als in der Physik. Obwohl in diesen Fächern in der Regel Zeitungsartikel im Unterricht eingesetzt werden, wird die lernförderliche Wirkung z. B. durch eine fehlende problem- und aufgabenorientierte Lernumgebung nach MAI wenn überhaupt häufig nicht in vollem Maße erreicht. Deshalb ist es wichtig, die Möglichkeiten des MAI-Ansatzes gerade auch in diesen Fächern zu entfalten.

Neben den hier skizzierten übergeordneten Forschungsperspektiven existieren selbstverständlich zudem eine Reihe von für die Physikdidaktik relevanten Untersuchungsaspekten wie z. B. der Aspekt ‚Konzeptnetze' (Stichwort: Vernetzungsgrad), die Transferfähigkeit von Wissen, der Interesseneinfluss verschiedener Lernertypen oder die Sozialform. Diese Aspekte sollen in den einzelnen Forschungsperspektiven soweit möglich erfasst und mit analysiert werden.

Insgesamt zeigt gerade auch dieser letzte Abschnitt zum Ausblick auf laufende und geplante Forschungsprojekte, dass mit MAI kein eng begrenzter Ansatz entwickelt wurde, der einmal mehr nur eine weitere Facette möglicher Lernmedien zur Verbesserung des physikalischen Lernens vorstellt. Vielmehr ist diese Arbeit in ein Forschungsprogramm eingebettet, das vielfältige und facettenreiche Perspektiven sowie weitereichende Chancen und Möglichkeiten sowohl für die Physikdidaktik als auch für die Lehr-Lern-Forschung bietet.

Anhang

Anhang A:
Test zum Motivationsverlauf (Pilotstudien)

<table>
<tr><th colspan="2">**FRAGEBOGEN** zum Fach **PHYSIK**</th></tr>
<tr><td>Lehrer:

Schule:

Gruppe: ☐ V-Klasse ☐ K-Klasse</td><td>Schüler-Nummer:

Datum: Klasse:

Geschlecht: ☐ weiblich ☐ männlich</td></tr>
<tr><td colspan="2">Thema: Geschwindigkeit elektrische Energie</td></tr>
</table>

Wie findest Du den Physikunterricht ALLGEMEIN?

Mit diesem Fragebogen sollst Du Auskunft darüber geben, wie der Physikunterricht Deiner Meinung nach bislang gewesen ist. Kreuze bitte bei jeder Aussage das Kästchen an, das für dich der Aussage am meisten entspricht:

LK 1. Physikunterricht macht mir...
sehr viel Spaß ☐☐☐☐ *keinen Spaß*

LK 2. Ich finde Physikunterricht...
sehr gut ☐☐☐☐ *sehr schlecht*

LK 3. Ich fühle mich im Physikunterricht...
wohl ☐☐☐☐ *unwohl*

LK 4. Der Unterrichtsstoff in Physik ist für mich...
leicht zu verstehen ☐☐☐☐ *schwer zu verstehen*

LK 5. Die Aufgaben im Physikunterricht sind für mich...
leicht zu lösen ☐☐☐☐ *schwer zu lösen*

LK 6. Ich finde die Aufgaben im Physikunterricht...
interessant ☐☐☐☐ *uninteressant*

LK 7. Was wir im Physikunterricht lernen, ist im Alltag für mich...
sehr nützlich ☐☐☐☐ *sehr wenig nützlich*

LK 8. Die Aufgaben im Physikunterricht sind...

sehr... | | | | | *gar nicht...*

auf den Alltag bezogen.

Lk 9. Wenn mich bestimmte Themen der Physik interessieren, dann strenge ich mich...

sehr... | | | | | *gar nicht...*

an.

Lk 10. Ich finde „trockene" Themen in Physik...

interessant | | | | | *uninteressant*

		sehr gut	eher gut	eher schlecht	sehr schlecht
Sk	11. Ich verstehe den Stoff in Physik...				
Sk	12. Ich behalte den Stoff in Physik...				
Sk	13. Meine Leistungen in Physik sind nach meiner eigenen Einschätzung...				
Sk	14. Ich beteilige mich am Physikunterricht...				
Sk	15. Ich glaube, dass mich die anderen Schüler in meiner Klasse für ... halten.				
Sk	16. Ich glaube, dass meine Physiklehrerin/mein Physiklehrer meine Leistungen in Physik als ... einschätzt.				
Sk	17. Ich erwarte, dass meine Leistungen in Physik in Zukunft ... sein werden.				

		Stimmt genau	Stimmt ziemlich	Stimmt wenig	Stimmt gar nicht
M	18. Wenn ich etwas nicht verstehe, frage ich nach der Stunde den Lehrer, um mehr darüber zu erfahren.				
M	19. In meiner Freizeit beschäftige ich mich auch über die Hausaufgaben hinaus mit Themen, die mit Physik zu tun haben.				
M	20. Eine gute Physiknote ist wichtig, damit ich später bessere Einstellungschancen habe.				
M	21. Ich strenge mich in Physik generell mehr an als in anderen Fächern.				
M	22. Ein physikalisches Problem zu lösen macht mir Spaß.				
M	23. Wenn ich an einem physikalischem Problem sitze, kann es passieren, dass ich gar nicht merke, wie die Zeit verfliegt.				
M	24. Ich gehe gern zur Schule.				

		sehr	ziemlich	wenig	gar nicht	
Lk, M	25. Ich möchte in Physik ...					... gute Leistungen erbringen.
M	26. Ich freue mich ...					... auf den Physikunterricht.
M	27. Ich finde es ...					... schade, wenn die Physikstunde zu Ende ist.
M	28. Durch die Aufgaben in Physik kann ich das behandelte Thema ...					... gut verstehen
M	29. Physik ist in vielen Berufen ...					... wichtig.

Anhang B:

Test zur aktuellen Motivation (Pilotstudien)

FRAGEBOGEN zum Fach PHYSIK	
Lehrer:	Schüler-Nummer:
Schule:	Datum: Klasse:
Gruppe: ☐ V-Klasse ☐ K-Klasse	Geschlecht: ☐ weiblich ☐ männlich
Thema: ☐ Geschwindigkeit ☐ elektrische Energie	

Wie fandest Du die ZURÜCKLIEGENDEN Physikstunden?

Mit diesem Fragebogen sollst Du Auskunft darüber geben, wie der Physikunterricht Deiner Meinung nach in letzter Zeit gewesen ist. Kreuze bitte bei jeder Aussage das Kästchen an, das für dich der Aussage am meisten entspricht:

LK 1. Die letzten Physikstunden machten mir...
sehr viel Spaß ☐☐☐☐ *keinen Spaß*

LK 2. Ich fand die vergangenen Physikstunden...
sehr gut ☐☐☐☐ *sehr schlecht*

LK 3. Ich fühlte mich in den letzten Physikstunden...
wohl ☐☐☐☐ *unwohl*

LK 4. Der Unterrichtsstoff in den letzten Physikstunden war für mich...
leicht zu verstehen ☐☐☐☐ *schwer zu verstehen*

LK 5. Die Aufgaben in den letzten Physikstunden waren für mich...
leicht zu lösen ☐☐☐☐ *schwer zu lösen*

LK 6. Ich fand die Aufgaben in den letzten Physikstunden...
interessant ☐☐☐☐ *uninteressant*

LK 7. Was wir in den letzten Physikstunden gelernt haben, ist im Alltag für mich...
sehr nützlich ☐☐☐☐ *sehr wenig nützlich*

LK 8. Die Aufgaben in den letzten Physikstunden waren...

sehr... | | | | | *gar nicht...*

auf den Alltag bezogen.

LK 9. Ich fand die Themen in den letzten Physikstunden...

interessant | | | | | *uninteressant*

		sehr gut	eher gut	eher schlecht	sehr schlecht	
Sk	10. Ich habe den Stoff in den letzten Physikstunden...					... verstanden.
Sk	11. Ich konnte die Aufgaben in den letzten Physikstunden ...					... lösen.
Sk	12. Ich habe den Stoff in den letzten Physikstunden...					... behalten.
Sk	13. Meine Leistungen in den letzten Physikstunden waren nach meiner eigenen Einschätzung...					
Sk	14. Ich habe mich in den letzten Physikstunden...					... am Physikunterricht beteiligt.
Sk	15. Ich glaube, dass mich die anderen Schüler in meiner Klasse in den letzten Physikstunden für ...					... hielten.
Sk	16. Ich glaube, dass meine Physiklehrerin/mein Physiklehrer meine Leistungen in den letzten Physikstunden als ...					... einschätzt.
Sk	17. Ich erwarte, dass meine Leistungen in Physik in Zukunft ...					... sein werden.

		sehr	ziemlich	wenig	gar nicht	
M	18. Ich beschäftigte mich auch in meiner Freizeit über die Hausaufgaben hinaus ...					... mit den Themen der letzten Physikstunden.
Lk,	19. Ich möchte in Physik gerade bei diesen Themen ...					... gute Leistungen erbringen.
M	20. Ich habe mich in den letzten Physikstunden ...					... auf den Physikunterricht gefreut.
M	21. Wenn die letzten Physikstunden zu Ende waren, habe ich das ...					... bedauert.
M	22. Die Lösung der physikalischen Probleme in den letzten Physikstunden machten mir ...					... Spaß.
M	23. Wenn wir öfter solche Dinge wie in den letzten Physikstunden machen würden, würde mir die Schule ...					... Spaß machen.
M	24. Mein Interesse für Physik ist ...					... groß geworden, seit wir diesen Stoff durchnehmen.
SK_A	25. Durch die Aufgaben in den letzten Physikstunden konnte ich das Thema ...					... gut verstehen.

M_A	26. Aufgaben wie in den letzten Physikstunden zu lösen, finde ich ...					... wichtig.
M_A	27. Durch die Aufgaben in den letzten Physikstunden wurde mein Interesse für Physik ...					... erhöht.
M_A	28. Durch die Aufgaben in den letzten Physikstunden macht mir das Thema...					... Spaß.
M_A	29. Bei den Aufgaben in den letzten Physikstunden habe ich mir ...					... Mühe gegeben, verglichen mit denen in vorigen Themen.
M_A	30. Die Aufgaben in den letzten Physikstunden waren ...					... lehrreich, verglichen mit denen in vorigen Themen.

Anhang C:
Leistungstests (Pilotstudien)

LEISTUNGSÜBERPRÜFUNG: GESCHWINDIGKEIT

1. Geschwindigkeit eines ICE

a) Der ICE 777 „Marie Luise Kaschnitz“ fährt auf der Strecke zwischen Hamburg-Altona und Freiburg. Die Strecke zwischen Hannover und Göttingen ist 99 km lang. Diese legt er in 33 Minuten zurück. Wie groß ist die Durchschnittsgeschwindigkeit des ICE auf dieser Strecke?

b) Wie lange würde der ICE 777 für die 70 km lange Strecke von Frankfurt nach Mannheim benötigen, wenn er mit einer Durchschnittsgeschwindigkeit von 250 km/h fahren könnte?

2. Haarwachstum

Mit welcher Geschwindigkeit wächst ein Kopfhaar, wenn es für eine Haarlänge von 1 cm einen Monat benötigt?

3. Marathon-Lauf

> **Klassezeiten in Paris**
>
> **Paris/sid.** Klassezeiten gab es gestern beim Paris-Marathon. Der Franzose Benoit Zwierzchlewski verpasste als Erster in 2:08:18 Minuten den drei Jahre alten Streckenrekord des Kenianers Julius Ruto um die Winzigkeit von acht Sekunden. Die Belgierin Marleen Renders verbesserte in 2:23:05 Stunden ihren eigenen Streckenrekord aus dem Jahr 2000 um 38 Sekunden.

MITTELDEUTSCHE ZEITUNG, 08.04.2002

a) Lese den Artikel sehr sorgfältig. Welche Zeiteinheit ist sicherlich falsch, wenn du bedenkst, dass die Marathon-Strecke 42 km lang ist? Streiche sie im Text durch und ersetze sie durch die richtige Zeiteinheit.

b) Welche Durchschnittsgeschwindigkeit erreichte der Sieger Benoit Zwierzchlewski?

c) Wie schnell war Julius Ruto durchschnittlich beim Aufstellen seines Streckenrekordes 1999?

d) Berechne die Durchschnittsgeschwindigkeiten von Marleen Renders bei den Marathonläufen von Paris im Jahr 2002 und im Jahr 2000. Wie groß ist der Unterschied zwischen den beiden Geschwindigkeiten?

Viel Erfolg!

Leistungsüberprüfung: Elektrische Energie

Verlangt wird in allen Aufgaben: geg., ges., Lösung. Ausgenommen davon sind die Aufgaben 5a), 5d) und 5e).

1. Der Elektromotor eines Staubsaugers hat eine Leistung von 800 W. Er wird eine halbe Stunde lang eingeschaltet. – Berechne die in dieser Zeit umgewandelte elektrische Energie (in Ws und in kWh).

2. Die Spannung eines Fahrraddynamos beträgt 6 V. Durch fließt ein elektrischer Strom einer Stärke von 0,4 A. Wie viel Energie müssen deine Beinmuskeln zum Betrieb des Dynamos aufwenden, wenn du 45 Minuten in der Nacht mit deinem Fahrrad fährst (in Ws und kWh)?

3. Wie viel Ladung war in der Lithium-Batterie von Panasonic gespeichert, wenn sie eine elektrische Energie E von 2520 Ws liefern konnte? Entnimm die erforderliche Größe dem beiliegenden Zeitungsartikel aus dem TRIERISCHEN VOLKSFREUND vom 28.09.1998.

4. Lest den Zeitungsartikel „*Über Windräder diskutiert*" vom 23.11.2002 und beantwortet folgende Fragen:
   a) Wie viel kostet ein Windrad?
   b) Laut dem Artikel hat sich ein Windrad nach 10 Jahren amortisiert, d.h. die Gewinne der Energieerzeugung haben die Anschaffungskosten aus a) ausgeglichen. Wie viel elektrische Energie müsste dazu ein Windrad in dieser Zeit erzeugen? (Für *eine* von einem Windrad erzeugte *kWh* zahlen die Energieversorger 8,9 Cent).
   c) Wie viel elektrische Energie müsste ein Windrad dann durchschnittlich in einem Jahr erzeugen?
   d) Wie lange müsste ein Windrad mit einer Leistung von 1 MW jährlich in Betrieb sein, um die in c) berechnete Energie umzuwandeln? (Ergebnis in Stunden und Tage angeben!)
   e) Wie viel elektrische Energie würde demnach ein Haushalt mit vier Personen jährlich benötigen, wenn Minfeld mit vier Windrädern versorgt werden würde?
   f) Hältst du den Wert für realistisch? (Berücksichtige die im Unterricht besprochenen jährlichen Energiekosten von etwa 1000 € bei 0,1 € pro kWh.) Beurteile damit die Verlässlichkeit der Aussagen der Firma „juwi".

Viel Erfolg!

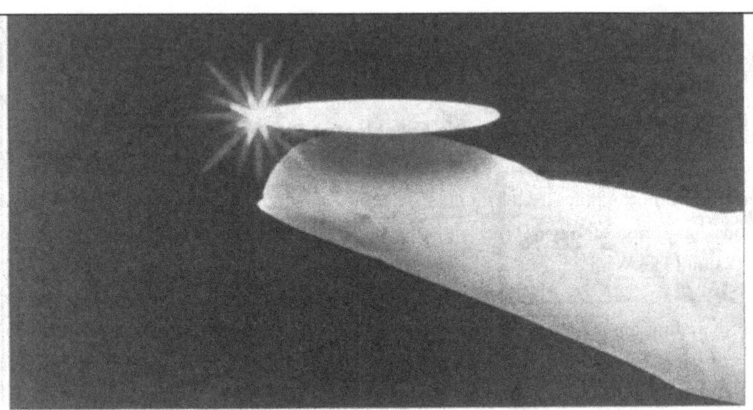

EINE WINZIGE Lithium-Batterie hat jetzt der japanische Elektro-Konzern Panasonic entwickelt. Die Drei-Volt-Zelle ist 0,5 Millimeter dick und bringt 0,7 Gramm auf die Waage. Foto: dpa

TRIERISCHER VOLKSFREUND, 23.09.1998

Über Windräder diskutiert

MINFELD: Rund 100 Bürger besuchen Einwohnerversammlung

„Windräder in Minfeld" – dieses Thema lockte am Montag gut 100 Bürger zur Einwohnerversammlung. Hier stellten sich Ortsbürgermeister Clemens Nagel und zwei Vertreter der Firma „juwi" (Mainz) drei Stunden den meist skeptischen Fragen.

Über den Bau der Windräder sei vom Gemeinderat noch nicht entschieden, betonte Nagel. Juwi, seit 1996 im Geschäft, könnte zwar über ein privilegiertes Bauvorhaben bauen, möchte aber eine Akzeptanz bei der Bevölkerung erreichen, so Rainer Reschka von juwi. Es sollen drei bis vier Windräder entstehen (Nabenhöhe 100 Meter, Raddurchmesser 77 Meter). Im Jahresmittel kann für 4000 Haushalte (16.000 Menschen) Strom erzeugt werden, sagte Ingo Ewald von juwi. Die Räder stehen nähestens 500 Meter von einem Aussiedlerhof und 850 bis 1000 Meter von Minfelder und Kandeler Randbebauung entfernt. Der gesetzliche Mindestabstand beträgt 350 Meter. Ein Windrad kostet etwa 1 Million Euro. Ein Viertel soll über private Investoren, auch aus Minfeld, drei Viertel über Bankkredite finanziert werden. Nach gut zehn Jahren habe sich ein Rad amortisiert, 20 bis 25 Jahre soll es laufen. 20 Jahre werde der Einspeisungspreis ins Netz (8,9 Cent) garantiert. Eine Rückbaubürgschaft sorge dafür, dass das Windrad abgebaut werde, falls die Firma pleite ginge, so Ewald. Das Geschäft lohne sich. Ein deutsches Energieunternehmen, das hier Windräder ablehne, weil es eigene Kernkraftwerke noch ein paar Jahre betreiben will, sei größter Bauherr von Windrädern in Portugal und Spanien.

Im Prinzip schienen die meisten Bürger dem Einsatz regenerativer Energien nicht abgeneigt. Aber eigne sich bergiges Gelände nicht besser, wurde gefragt. Der geringere Winderttrag würde durch viel günstigere Errichtungskosten mehr als gedeckt, so Ewald. Die Optik der riesigen Bauten störte viele. Der Blick auf das AKW Phillipsburg sei sogar beängstigend, erwiderte eine in Germesheim aufgewachsene Frau. Sollte alles reibungslos verlaufen, könnten die Windräder (Bauzeit: vier Wochen) im Herbst in Betrieb gehen. Die Firma drängt auf schnelle Entscheidungen, jede Verzögerung koste Geld. Computerprogramme könnten recht genau Windwerte und Ertrag berechnen, so Ewald.

Das Thema Sicherheit wurde wiederholt angesprochen. So fürchteten Bewohner des Aussiedlerhofes, abspringende Teile könnten sie treffen. Hier beruhigte Ewald: Jedes Rad werde Online überwacht. Die Räder seien auf Windgeschwindigkeiten von über 200 Kilometer ausgelegt. 2002 habe drei Unfälle gegeben, niemand wurde verletzt. Elektromagnetische Strahlen würden wegen der guten Isolierung durch den Stahlmantel nicht frei.

Insgesamt profitiere die Gemeinde von den Windrädern. Bis zu 30.000 Euro bekomme sie im ersten Jahr, in den folgenden bis zu 10.000 Euro. Nach einigen Jahren könnte Gewerbesteuer hinzukommen. Die beim Bau benützten Feldwege würden in der Regel im besseren Zustand sein als vorher, so Reschka. Für Schwertransporte müsse geschottert werden und nach Abschluss der Arbeiten würden Schäden beseitigt. Selbst an den auf der „roten Liste" stehenden Feldhamster wird gedacht: auf Ausgleichsflächen werden für ihn bessere Lebensbedingungen geschaffen und er damit vom Standort weggelockt, erklärte Ewald.

„Wo soll denn der Strom, den wir verbrauchen, in Zukunft herkommen", meinte ein älterer Minfelder. Er hätte sich eine solch umfassende Aufklärung wie an diesem Abend vor dem Bau der Hochspannungsmasten und der Atomkraftwerke gewünscht. Vielleicht ein Grund, warum alle Referenden trotz teilweise emotionaler Diskussion am Ende mit Beifall verabschiedet wurden. (Inn)

DIE RHEINPFALZ, 23.11.2002

Anhang D:

Fragebogen zu Lehrereinstellungen
Lehrerfragebogen zum Fach Physik in der Sekundarstufe I

LEHRERFRAGEBOGEN ZUM FACH PHYSIK IN DER SEKUNDARSTUFE I

Teil 0:

Informationen zu Ihrer Person

Geschlecht:
- ❑ weiblich
- ❑ männlich

Ausbildung in Physik:
- ❑ Ich habe das erste Staatsexamen in Physik abgelegt.
- ❑ Ich habe das zweite Staatsexamen in Physik abgelegt.
- ❑ Ich unterrichte Physik fachfremd.
- ❑ Ich habe eine andere Ausbildung (z.B. Dipl.-Ing.). Welche?____________________

Unterrichtserfahrung in Physik:
- ❑ 0-2 Jahre
- ❑ 3-5 Jahre
- ❑ 6-10 Jahre
- ❑ 11-20 Jahre
- ❑ mehr als 20 Jahre

In welcher Schulart unterrichten Sie das Fach Physik?
- ❑ Hauptschule
- ❑ Realschule
- ❑ Gymnasium
- ❑ Regionale Schule
- ❑ Duale Oberschule
- ❑ Integrierte Gesamtschule
- ❑ Andere:__________________

In welcher Klassenstufe führten Sie den Unterricht für die Untersuchung durch?
- ❑ Klassenstufe 7/8
- ❑ Klassenstufe 9/10

Fortbildungen in Physik in den letzten 5 Jahren:

- Anzahl: ______

- Themen (z.B. Aufgabenkultur, Bildungsstandards, Experimente im PU):

____

____

Teil 1:
Ihre Interessen und Einschätzungen bzgl. Physik

Ihr Interesse am Schulfach Physik

Denken Sie bei den folgenden Aussagen bitte an den Physikunterricht, den Sie in Ihrer eigenen Schulzeit erlebt haben.

		stimmt gar nicht	stimmt wenig	stimmt teils-teils	stimmt ziemlich	stimmt völlig
fai1	Der Physikunterricht in der Schule hat mir Spaß gemacht.	□	□	□	□	□
fai7	Die Beschäftigung mit dem Schulfach Physik gehörte nicht gerade zu meinen Lieblingstätigkeiten.	□	□	□	□	□
fai11	Vor dem Fach Physik hätte ich mich am liebsten gedrückt.	□	□	□	□	□
fai3	Ich habe mich meistens auf die nächste Physikstunde gefreut.	□	□	□	□	□

Ihr Interesse an Physik

Denken Sie nun bitte nicht an den jeweiligen Fachunterricht, sondern ganz generell an die Gegenstände und Themen, die die Physik behandelt.

		stimmt gar nicht	stimmt wenig	stimmt teils-teils	stimmt ziemlich	stimmt völlig
sai2	Mich mit physikalischen Inhalten zu beschäftigen, macht mir großen Spaß.	□	□	□	□	□
sai9	Physikalische Inhalte sind schrecklich langweilig.	□	□	□	□	□
sai7	Für die Beschäftigung mit physikalischen Dingen bin ich auch bereit, meine Freizeit zu verwenden.	□	□	□	□	□
sai10	Mich mit Physik zu beschäftigen ist das Schrecklichste, was es gibt.	□	□	□	□	□

Wie schätzen Sie die Bedeutung von Physik für sich persönlich ein?

		stimmt gar nicht	stimmt wenig	stimmt teils-teils	stimmt ziemlich	stimmt völlig
sbp5	Physik hilft mir, Phänomene des Alltags zu verstehen.	☐	☐	☐	☐	☐
sbp8	Was ich in Physik gelernt habe, kann ich auch in anderen Lebensbereichen gebrauchen.	☐	☐	☐	☐	☐
sbp4	Ich kenne zahlreiche praktische Anwendungen der Physik in meinem Alltag.	☐	☐	☐	☐	☐
sbp2	Ich würde gar nicht auf die Idee kommen, Physik und Alltag in Verbindung zu bringen.	☐	☐	☐	☐	☐
sbp1	Für mich ist Physik etwas, das man nur in Schule, Universität oder Forschungslabors findet.	☐	☐	☐	☐	☐

Lehrmittel: Welche Unterrichtsmittel/Materialien setzen Sie wie häufig im Unterricht Ihrer Klassen ein?

	nie	selten	weniger oft	oft
Das eingeführte Physikbuch.	☐	☐	☐	☐
Vorgefertigte Arbeitsblätter (Internet, Verlage).	☐	☐	☐	☐
Selbsterstellte Arbeitsblätter, Texte, Modelle.	☐	☐	☐	☐
Schülerexperimente mit Materialien von Lehrmittelherstellern.	☐	☐	☐	☐
Schülerexperimente mit selbst erstellten Materialien.	☐	☐	☐	☐
Lehrerexperimente mit Materialien von Lehrmittelherstellern.	☐	☐	☐	☐
Lehrerexperimente mit selbst erstellten Materialien.	☐	☐	☐	☐
PC mit Physiksoftware (z.B. PhenOpt o.Ä.) oder Internet.	☐	☐	☐	☐
Materialien von Kollegen, auch gemeinsam Entwickeltes.	☐	☐	☐	☐
Overheadfolien	☐	☐	☐	☐
Sonstiges:				

Teil 2:
Wie denken Sie persönlich über das Lehren und Lernen im Physikunterricht?

Die Aussagen in diesem Teil des Fragebogens beziehen sich auf den **Physikunterricht in der Sekundarstufe I**. Wir verwenden dafür die Abkürzung **PU**. Wir würden gerne von Ihnen erfahren, wie Sie über das Lehren und Lernen im PU denken.

Sicherlich findet man in jeder Klasse sehr leistungsstarke und auch leistungsschwache Kinder, die jeweils individuell besonders gefördert werden müssen. Bitte denken Sie aber bei den folgenden Aussagen an „durchschnittliche" bzw. Ihre ***„durchschnittlichen" Schüler****. Hätten wir in den Aussagen noch zusätzlich zwischen eher leistungsstarken und -schwachen Schülern unterschieden, wäre der Fragebogen noch umfangreicher geworden.*

		stimmt gar nicht	stimmt wenig	stimmt teils-teils	stimmt ziemlich	stimmt völlig
ii3	Schüler der Sekundarstufe I benötigen beim Lösen physikalischer Probleme ausführliche Anleitungen, die sie schrittweise befolgen können.	□	□	□	□	□
uw1	Lehrer sollten die Kinder im PU auffordern, eigene Lösungen zu finden, auch wenn diese ineffizient oder falsch sind.	□	□	□	□	□
ei4	Wenn Schüler ihre eigenen Formulierungen verwenden dürfen, können sie physikalische Phänomene besser verstehen.	□	□	□	□	□
vw1	Man kann davon ausgehen, dass Schüler in der Sekundarstufe I bei physikalischen Themen (wie „Schall" oder „elektrischer Strom") noch keine Vorstellungen oder Erklärungsansätze haben.	□	□	□	□	□
ii1	Schwächeren Schülern müssen physikalische Phänomene erklärt werden.	□	□	□	□	□
aw3	Das Lernen im PU sollte während der ganzen Zeit an Problemen oder Aspekten aus dem Alltag orientiert sein.	□	□	□	□	□
ei8	Wenn die Schüler im PU eigene Ideen entwickeln, wird das Lernen fachlich angemessener Vorstellungen erschwert.	□	□	□	□	□
pl1	Für den PU gilt: Spaß beim Handeln ist ein Garant für Lernen.	□	□	□	□	□
uw7	Wenn Schüler selbst Erklärungen für physikalische Phänomene suchen sollen, ist das nicht sinnvoll, da viel Zeit verloren geht.	□	□	□	□	□
mt2	Schüler können physikalische Phänomene nur verstehen, wenn sie motiviert sind, diese zu verstehen.	□	□	□	□	□
cc13	Lernen von Physik bedeutet oft, dass sich neue Vorstellungen bei den Kindern erst auf lange Sicht gegen alte Erklärungsmuster durchsetzen.	□	□	□	□	□

		stimmt gar nicht	stimmt wenig	stimmt teils-teils	stimmt ziemlich	stimmt völlig
vw3	Lernende der Sekundarstufe I können zu physikalischen Phänomenen bereits hartnäckige Vorstellungen haben, die den Lernprozess erschweren.	☐	☐	☐	☐	☐
dk6	Wenn Schüler ihre Ideen zur Erklärung von physikalischen Phänomenen diskutieren, bleiben oft gerade die falschen Vorstellungen hängen.	☐	☐	☐	☐	☐
il4	Am besten lernen Schüler in der Sekundarstufe I physikalische Sachverhalte aus Darstellungen und Erklärungen ihrer Lehrperson.	☐	☐	☐	☐	☐
fv6	Bevor Lernende selbst Versuche durchführen, sollte der Lehrer ihnen einige theoretische Grundlagen zu dem physikalischen Phänomen vermitteln, das gerade untersucht werden soll.	☐	☐	☐	☐	☐
ol3	Der Lehrer soll die Schüler im PU bei der Suche nach einem geeigneten Lösungsweg ganz eigenständig vorgehen lassen und sich dabei vollkommen zurückhalten.	☐	☐	☐	☐	☐
pl8	Allein durch „learning by doing" können Lernende physikalische Phänomene keinesfalls verstehen.	☐	☐	☐	☐	☐
ol13	Wenn der Lehrer die Schüler anspruchsvolle physikalische Themen ganz selbständig bearbeiten lässt, können sie diese Themen nicht verstehen.	☐	☐	☐	☐	☐
vw9	Das Vorwissen der Schüler kann wichtige Anknüpfungsmöglichkeiten für das Lernen im PU bereitstellen.	☐	☐	☐	☐	☐
uw5	Der Lehrer sollte den Schülern viel Zeit einräumen, eigene Deutungen für ein physikalisches Phänomen zu suchen, auch wenn diese fachlich nicht richtig sind.	☐	☐	☐	☐	☐
cc10	Schüler lassen im PU so schnell nicht ab von den Vorstellungen, die sie mit in den Unterricht bringen.	☐	☐	☐	☐	☐
aw9	Nur wenn Themen im PU in echte Fragestellungen aus dem Alltag eingebunden sind, können die Kinder das erworbene Wissen auch in „Alltagssituationen" anwenden.	☐	☐	☐	☐	☐
vw2	Bei komplexen Fragestellungen im PU wie z.B. „Wie funktioniert eine elektrische Zahnbürste?" kann man davon ausgehen, dass die meisten Schüler der Sekundarstufe I kaum über Erklärungen verfügen.	☐	☐	☐	☐	☐
mt7	Nur wenn die Kinder bei einem physikalischen Thema motiviert sind, können sie verstandenes Wissen aufbauen.	☐	☐	☐	☐	☐
uw3	Das Lernen wird ineffizient, wenn die Kinder im PU eigene Deutungen für physikalische Phänomene suchen sollen und dabei falsche Vorstellungen entstehen.	☐	☐	☐	☐	☐
cc3	Schüler lernen besser, wenn sie mit ihren aktuellen Erklärungen für ein physikalisches Phänomen unzufrieden sind.	☐	☐	☐	☐	☐

		stimmt gar nicht	stimmt wenig	stimmt teils-teils	stimmt ziemlich	stimmt völlig
fv1	Die Schüler sollten erst ein gewisses physikalisches Basiswissen über das aktuelle Thema vermittelt bekommen, bevor sie dazugehörige Problemstellungen bearbeiten.	☐	☐	☐	☐	☐
aw6	Echte und komplexe Problemstellungen aus dem Alltag müssen der Ausgangspunkt des PU sein.	☐	☐	☐	☐	☐
pl5	Für das Lernen physikalischer Inhalte der Sekundarstufe I reicht es keineswegs, die Kinder praktisch handeln zu lassen.	☐	☐	☐	☐	☐
fv4	Bevor Kinder physikalische Zusammenhänge verstehen können, sollten ihnen grundlegende Begriffe vermittelt werden.	☐	☐	☐	☐	☐
il7	Im PU ist das Lernen eines Merksatzes wichtig für das Verstehen eines physikalischen Phänomens.	☐	☐	☐	☐	☐
cc7	Um das Lernen der Kinder im PU herauszufordern, sollte der Lehrer sie mit Beobachtungen oder Phänomenen konfrontieren, die den Erwartungen der Kinder widersprechen.	☐	☐	☐	☐	☐
cc5	Wenn im PU in gemeinsamen Gesprächen falsche Vorstellungen einzelner Schüler besprochen werden, hilft das, das Verständnis der Kinder zu fördern.	☐	☐	☐	☐	☐
dk9	Im PU sollten die Kinder aufgefordert werden, ihre Deutungen zu einem Phänomen gegenüber Mitschülern zu vertreten.	☐	☐	☐	☐	☐
il2	Wenn Schüler ein physikalisches Phänomen nicht verstehen, sollte man es ihnen erklären.	☐	☐	☐	☐	☐
dk1	Damit Schüler physikalische Phänomene verstehen, ist es entscheidend, dass sie ihre eigenen Lösungsideen untereinander diskutieren.	☐	☐	☐	☐	☐
aw2	Wenn die Kinder im PU nicht direkt an Anwendungsbeispielen lernen, haben sie Probleme, das Erlernte auf den Alltag zu übertragen.	☐	☐	☐	☐	☐
ei7	Kinder verstehen im PU nur, wenn sie Erklärungen zur Deutung von physikalischen Phänomenen selbst entwickeln.	☐	☐	☐	☐	☐
pl9	Das Durchführen von Versuchen im PU stellt eigentlich schon sicher, dass die Kinder physikalische Phänomene verstehen.	☐	☐	☐	☐	☐
vw7	Einer der wichtigsten Faktoren, der das Lernen und Problemlösen im PU beeinflusst, ist das inhaltliche Vorwissen der Kinder.	☐	☐	☐	☐	☐
dk10	Die Kinder einer Klasse sollten auch dann angeregt werden, ihre Vorstellungen untereinander zu diskutieren, wenn man als Lehrer feststellt, dass einige Kinder falsche Vorstellungen zu einem physikalischen Phänomen haben.	☐	☐	☐	☐	☐

		stimmt gar nicht	stimmt wenig	stimmt teils-teils	stimmt ziemlich	stimmt völlig
ol5	Für mich gilt die Maxime: Kinder sollen im PU Experimente grundsätzlich ohne Hilfe des Lehrers selbständig entwickeln.	☐	☐	☐	☐	☐
cc4	Lernen im PU bedeutet oft ein inneres Ringen (Hin und Her) zwischen alten und neuen Vorstellungen über ein physikalisches Phänomen.	☐	☐	☐	☐	☐
ei6	Schüler lernen die Physik am besten, indem sie selbst Wege zur Lösung von Problemen suchen.	☐	☐	☐	☐	☐
mt9	Eine notwendige Voraussetzung *jeden* Wissenserwerbs ist auch im PU, dass die Kinder motiviert sein müssen.	☐	☐	☐	☐	☐
pl6	Das Handeln der Kinder im PU ist so entscheidend, dass andere Prinzipien der Unterrichtsgestaltung zweitrangig sind.	☐	☐	☐	☐	☐
ei10	Lehrer sollten im PU den Schülern, die Probleme mit der Deutung eines Phänomens haben, Zeit für ihre eigenen Deutungsversuche lassen.	☐	☐	☐	☐	☐
cc12	Wenn Kinder physikalische Inhalte lernen, stehen oft alte Vorstellungen in ständiger Konkurrenz mit neu erworbenen Vorstellungen.	☐	☐	☐	☐	☐
dk8	Schüler der Sekundarstufe I sind überfordert, wenn sie Deutungen zu physikalischen Phänomenen diskutieren sollen.	☐	☐	☐	☐	☐
aw7	Themen im PU sollten *immer* an einer Fragestellung aufgehängt werden, die einen direkten Bezug zu Problemen oder Aspekten des alltäglichen Lebens hat.	☐	☐	☐	☐	☐
il5	Damit wirklich alle Schüler ein physikalisches Phänomen verstehen können, sind Erklärungen durch den Lehrer unerlässlich.	☐	☐	☐	☐	☐
cc8	Sachlich nicht angemessenes Wissen der Kinder sollte im PU besser nicht vom Lehrer aufgegriffen werden.	☐	☐	☐	☐	☐
vw4	Schüler der Sekundarstufe I kommen mit teilweise tief in Alltagserfahrungen verankerten Vorstellungen zu physikalischen Phänomenen in den Unterricht hinein.	☐	☐	☐	☐	☐
dk5	Die Themen im PU sind für Diskussionen unter den Kindern eher ungeeignet.	☐	☐	☐	☐	☐
ol12	Gespräche über die Deutung von physikalischen Phänomenen sind nur sinnvoll, wenn sich der Lehrer dort ganz heraushält.	☐	☐	☐	☐	☐
mt6	Nur wenn für die Kinder die Auseinandersetzung mit einem physikalischen Thema wirklich bedeutsam ist, können sie erfolgreich lernen.	☐	☐	☐	☐	☐
ei5	Wenn Kinder ihre eigenen Formulierungen zur Erklärung von physikalischen Phänomenen verwenden, fällt es ihnen später schwer, die allgemeingültige Fachsprache zu lernen.	☐	☐	☐	☐	☐

		stimmt gar nicht	stimmt wenig	stimmt teils-teils	stimmt ziemlich	stimmt völlig
ol9	Ohne Eingreifen und Lenken des Lehrers lernen Kinder im PU am besten.	☐	☐	☐	☐	☐
il8	Durch Nachvollziehen eines vorgegebenen Lösungsweges lernen Kinder am besten, ein physikalisches Problem zu verstehen.	☐	☐	☐	☐	☐
pl7	Wenn Kinder im PU Versuche durchführen, Dinge herstellen und viel ausprobieren können, ist eigentlich schon sichergestellt, dass sie die physikalischen Inhalte der Sekundarstufe I lernen.	☐	☐	☐	☐	☐
dk4	Kinder lernen physikalische Inhalte, indem sie sich untereinander austauschen.	☐	☐	☐	☐	☐
cc2	Kinder erlernen physikalisches Wissen nur, wenn das neue Wissen für sie überzeugender ist als das alte Wissen.	☐	☐	☐	☐	☐
ei11	Man sollte den Schülern im PU ermöglichen, sich erst ihre eigenen Deutungen zu suchen, bevor der Lehrer Hilfen gibt.	☐	☐	☐	☐	☐
uw6	Es kommt darauf an, dass die Schüler selbst Erklärungen für ein physikalisches Phänomen suchen, auch wenn diese nicht sachlich korrekt sind.	☐	☐	☐	☐	☐
vw10	Die vorunterrichtlichen Erklärungen und Vorstellungen der Kinder zu einem physikalischen Phänomen sind für das Lernen im PU nicht so wichtig.	☐	☐	☐	☐	☐

Teil 3:
Ihre Einstellungen und Interessen zum/am Physikunterricht

Ihr Interesse am Unterrichten von Physik

Sicherlich hat jeder seine Lieblingsfächer und -themen, die er am liebsten unterrichtet. Wir würden daher gerne von Ihnen wissen, wie Sie zum Unterrichten von physikalischen Themen stehen.

		stimmt gar nicht	stimmt wenig	stimmt teils-teils	stimmt ziemlich	stimmt völlig
iup1	Ich habe Interesse daran, physikalische Themen zu unterrichten.	☐	☐	☐	☐	☐
iup2	Es macht mir Spaß, meinen PU vorzubereiten.	☐	☐	☐	☐	☐
iup8	Soweit es geht, vermeide ich, anspruchsvolle physikalische Themen zu unterrichten.	☐	☐	☐	☐	☐
iup5	Physik zu unterrichten, macht mir keinen Spaß.	☐	☐	☐	☐	☐

Wie schätzen Sie sich ein?

Bei den folgenden Aussagen können Sie angeben, inwieweit Sie sich persönlich zutrauen, PU planen und durchführen zu können.

		stimmt gar nicht	stimmt wenig	stimmt teils-teils	stimmt ziemlich	stimmt völlig
swe1	Ich fühle mich nicht kompetent genug, physikalische Themen zu behandeln.	☐	☐	☐	☐	☐
swe6	Ich weiß, dass ich es schaffe, auch anspruchsvolle physikalische Themen schülergerecht aufzubereiten.	☐	☐	☐	☐	☐
swe4	Ich fühle mich überfordert, anspruchsvolle Themen aus der Physik zu unterrichten.	☐	☐	☐	☐	☐
swe11	Ich traue mir zu, PU zu machen, in dem die Schüler physikalische Inhalte verstehen können.	☐	☐	☐	☐	☐

Anhang E:
Fragebogen zur Projektkonzeption

Informationen zu Ihrer Person

Geschlecht:
- ❑ weiblich
- ❑ männlich

Ausbildung in Physik:
- ❑ Ich habe das erste Staatsexamen in Physik abgelegt.
- ❑ Ich habe das zweite Staatsexamen in Physik abgelegt.
- ❑ Ich unterrichte Physik fachfremd.
- ❑ Ich habe eine andere Ausbildung (z.B. Dipl.-Ing.). Welche?____________________

Unterrichtserfahrung in Physik:
- ❑ 0-2 Jahre
- ❑ 3-5 Jahre
- ❑ 6-10 Jahre
- ❑ 11-20 Jahre
- ❑ mehr als 20 Jahre

In welcher Schulart unterrichten Sie das Fach Physik?
- ❑ Hauptschule
- ❑ Realschule
- ❑ Gymnasium
- ❑ Regionale Schule
- ❑ Duale Oberschule
- ❑ Integrierte Gesamtschule
- ❑ Andere:__________________

In welcher Klassenstufe führten Sie den Unterricht für die Untersuchung durch?
- ❑ Klassenstufe 7/8
- ❑ Klassenstufe 9/10

Fortbildungen in Physik in den letzten 5 Jahren:

- Anzahl: ______

- Themen (z.B. Aufgabenkultur, Bildungsstandards, Experimente im PU):

____

____

Mit diesem Fragebogen sollen Sie Ihren Eindruck und Ihre Erfahrungen im Rahmen dieses Projektes beschreiben können. Kreuzen Sie bitte dazu bei jeder Aussage die Ziffer an, die für Sie der Aussage am meisten entspricht.

Die Ziffern haben dabei die Bedeutung wie Noten in der Schule:

Die Aussage...
① = ... trifft voll und ganz zu.
② = ... trifft zu.
③ = ... trifft eher zu.
④ = ... trifft eher nicht zu.
⑤ = ... trifft nicht zu.
⑥ = ... trifft gar nicht zu.

1. Das Projekt ‚Effektivität von Zeitungsaufgaben im Physikunterricht' war didaktisch-methodisch innovativ.	①	②	③	④	⑤	⑥
2. Die organisatorische Umsetzung des Projektes in meinem Unterricht bereitete mir Schwierigkeiten.	①	②	③	④	⑤	⑥
3. Die inhaltlich-methodische Umsetzung des Projektes in meinem Unterricht bereitete mir Schwierigkeiten.	①	②	③	④	⑤	⑥
4. Der organisatorische Konzeptionsaufwand des Projektes war groß.	①	②	③	④	⑤	⑥
5. Der inhaltlich-methodische Konzeptionsaufwand des Projektes war groß.	①	②	③	④	⑤	⑥
6. Das Projekt war für die Unterrichtspraxis allgemein relevant.	①	②	③	④	⑤	⑥
7. Die Mitarbeit an dem Projekt war für meinen eigenen Unterricht gewinnbringend.	①	②	③	④	⑤	⑥
8. Durch die Mitarbeit an dem Projekt wurde meine fachdidaktische Kompetenz gefördert.	①	②	③	④	⑤	⑥
9. Ich würde auch in Zukunft an Projekten zur fachdidaktischen Unterrichtsforschung mitarbeiten.	①	②	③	④	⑤	⑥
10. Durch die Mitarbeit an dem Projekt fällt es mir leichter, eigene Ideen zu möglichen Forschungsfragen für den eigenen Unterricht zu formulieren.	①	②	③	④	⑤	⑥
11. Ich würde gerne eigene Forschungsfragen untersuchen.	①	②	③	④	⑤	⑥

Anhang F:
Test zum Motivationsverlauf (Untersuchungsschwerpunkt I/II)

FRAGEBOGEN zum Fach **PHYSIK**	
Lehrer:	Schüler-Nummer:
Schule:	Datum: Klasse:
Gruppe: ☐ V-Klasse ☐ K-Klasse	Geschlecht: ☐ weiblich ☐ männlich
Thema: ☐ Geschwindigkeit ☐ elektrische Energie	

Wie findest Du den Physikunterricht ALLGEMEIN?

Mit diesem Fragebogen sollst Du Auskunft darüber geben, wie der Physikunterricht **Deiner Meinung nach** bislang in Deiner Schulzeit gewesen ist. Kreuze bitte bei jeder Aussage die Ziffer an, die für dich der Aussage am meisten entspricht.

Die Ziffern haben dabei die Bedeutung wie Noten in der Schule:

Die Aussage...
① = ... trifft voll und ganz zu.
② = ... trifft zu.
③ = ... trifft eher zu.
④ = ... trifft eher nicht zu.
⑤ = ... trifft nicht zu.
⑥ = ... trifft gar nicht zu.

Sk1	1. Physikunterricht macht Spaß.	①	②	③	④	⑤	⑥
RA2	2. Die Aufgaben, die wir im Physikunterricht bearbeiten, sind im Alltag hilfreich.	①	②	③	④	⑤	⑥
Sk3	3. Der Unterrichtsstoff in Physik ist für mich verständlich.	①	②	③	④	⑤	⑥
IE4	4. Ich schaue zu Hause in Büchern, im Internet oder ähnlichem nach, um mehr zu Themen aus dem Physikunterricht zu erfahren.	①	②	③	④	⑤	⑥
Sk5	5. Meine Leistungen in Physik sind nach meiner eigenen Einschätzung gut	①	②	③	④	⑤	⑥

Sk6	6. Ich beteilige mich aktiv am Physikunterricht.	①	②	③	④	⑤	⑥
RA7	7. Die Aufgaben, die wir im Physikunterricht bearbeiten, sind auf den Alltag bezogen.	①	②	③	④	⑤	⑥
Sk8	8. Ich erwarte, dass meine Leistungen in Physik in Zukunft gut sein werden.	①	②	③	④	⑤	⑥
IE9	9. In meiner Freizeit beschäftige ich mich auch über die Hausaufgaben hinaus mit Themen, die mit Physik zu tun haben.	①	②	③	④	⑤	⑥
RA10	10. Die Themen (Unterrichtsstoff) aus dem Physikunterricht sind hilfreich für das tägliche Leben.	①	②	③	④	⑤	⑥
Sk11	11. Es gelingt mir stets, die Aufgaben im Physikunterricht zu lösen.	①	②	③	④	⑤	⑥
Sk12	12. Ich freue mich auf den Physikunterricht.	①	②	③	④	⑤	⑥
RA13	13. Die Aufgaben im Physikunterricht sind für Dinge interessant, mit denen ich außerhalb der Schule zu tun habe.	①	②	③	④	⑤	⑥
Sk14	14. Ich bin im Physikunterricht konzentriert.	①	②	③	④	⑤	⑥
IE15	15. Ich strenge mich in Physik mehr an als in anderen Fächern.	①	②	③	④	⑤	⑥
RA16	16. Was wir im Physikunterricht lernen, ist im Alltag nützlich.	①	②	③	④	⑤	⑥
IE17	17. Ein physikalisches Problem zu lösen, macht mir Spaß.	①	②	③	④	⑤	⑥
Sk18	18. Durch die Aufgaben in Physik kann ich das behandelte Thema verstehen.	①	②	③	④	⑤	⑥
IE19	19. Ich spreche oft mit Freunden, Eltern oder Geschwistern über Dinge aus dem Physikunterricht.	①	②	③	④	⑤	⑥
IE20	20. Physik ist mein Lieblingsfach.	①	②	③	④	⑤	⑥
RA21	21. Im Physikunterricht geht es um Dinge, die mit dem täglichen Leben zu tun haben.	①	②	③	④	⑤	⑥
Sk22	22. Ich glaube, dass mich die anderen Schüler in meiner Klasse für gut in Physik halten.	①	②	③	④	⑤	⑥
IE23	23. Mir gefällt unser Physikunterricht.	①	②	③	④	⑤	⑥
RA24	24. Die Themen (Unterrichtsstoff) im Physikunterricht sind für Dinge interessant, mit denen ich außerhalb der Schule zu tun habe.	①	②	③	④	⑤	⑥
IE25	25. Wenn ich mich mit einem physikalischen Problem beschäftige, kann es passieren, dass ich gar nicht merke, wie die Zeit verfliegt.	①	②	③	④	⑤	⑥
RA26	26. Die Aufgaben, die wir im Physikunterricht bearbeiten, sind nützlich für das tägliche Leben.	①	②	③	④	⑤	⑥

Anhang G:
Test zur aktuellen Motivation (Untersuchungsschwerpunkt I)

FRAGEBOGEN zum Fach **PHYSIK**	
Lehrer:	Schüler-Nummer:
Schule:	Datum: Klasse:
Gruppe: ☐ V-Klasse ☐ K-Klasse	Geschlecht: ☐ weiblich ☐ männlich
Thema: ☐ Geschwindigkeit ☐ elektrische Energie	

Wie fandest Du die ZURÜCKLIEGENDEN Physikstunden?

Mit diesem Fragebogen sollst Du Auskunft darüber geben, wie der Physikunterricht **Deiner Meinung nach** gerade in letzter Zeit gewesen ist. Kreuze bitte bei jeder Aussage die Ziffer an, die für dich der Aussage am meisten entspricht.

Die Ziffern haben dabei die Bedeutung wie Noten in der Schule:

Die Aussage...
① = ... trifft voll und ganz zu.
② = ... trifft zu.
③ = ... trifft eher zu.
④ = ... trifft eher nicht zu.
⑤ = ... trifft nicht zu.
⑥ = ... trifft gar nicht zu.

Sk1	1. Die letzten Physikstunden haben Spaß gemacht.	①	②	③	④	⑤	⑥
RA2	2. Die Aufgaben, die wir in den letzten Physikstunden bearbeiteten, sind im Alltag hilfreich.	①	②	③	④	⑤	⑥
Sk3	3. Der Unterrichtsstoff der letzten Physikstunden war für mich verständlich.	①	②	③	④	⑤	⑥
IE4	4. Ich schaue zu Hause in Büchern, im Internet oder ähnlichem nach, um mehr zu Themen aus den letzten Physikstunden zu erfahren.	①	②	③	④	⑤	⑥
Sk5	5. Meine Leistungen in letzten Physikstunden waren nach meiner eigenen Einschätzung gut	①	②	③	④	⑤	⑥
Sk6	6. Ich habe mich aktiv an den letzten Physikstunden beteiligt.	①	②	③	④	⑤	⑥

RA7	7. Die Aufgaben, die wir in den letzten Physikstunden bearbeiteten, waren auf den Alltag bezogen.	①	②	③	④	⑤	⑥
Sk8	8. Ich erwarte, dass meine Leistungen in Physik in Zukunft gut sein werden.	①	②	③	④	⑤	⑥
IE9	9. In meiner Freizeit beschäftige ich mich auch über die Hausaufgaben hinaus mit Themen, die mit den letzten Physikstunden zu tun haben.	①	②	③	④	⑤	⑥
RA10	10. Die Themen (Unterrichtsstoff) aus den letzten Physikstunden sind hilfreich für das tägliche Leben.	①	②	③	④	⑤	⑥
Sk11	11. Es gelang mir stets, die Aufgaben in den letzten Physikstunden zu lösen.	①	②	③	④	⑤	⑥
Sk12	12. Ich habe mich auf die letzten Physikstunden gefreut.	①	②	③	④	⑤	⑥
RA13	13. Die Aufgaben in den letzten Physikstunden sind für Dinge interessant, mit denen ich außerhalb der Schule zu tun habe.	①	②	③	④	⑤	⑥
Sk14	14. Ich war in den letzten Physikstunden konzentriert.	①	②	③	④	⑤	⑥
IE15	15. Ich habe mich in den letzten Physikstunden mehr angestrengt als in anderen Fächern.	①	②	③	④	⑤	⑥
RA16	16. Was wir in den letzten Physikstunden gelernt haben, ist im Alltag nützlich.	①	②	③	④	⑤	⑥
IE17	17. Ein physikalisches Problem zu lösen, macht mir Spaß.	①	②	③	④	⑤	⑥
Sk18	18. Durch die Aufgaben in den letzten Physikstunden konnte ich das behandelte Thema verstehen.	①	②	③	④	⑤	⑥
IE19	19. Ich sprach oft mit Freunden, Eltern oder Geschwistern über Dinge aus den letzten Physikstunden.	①	②	③	④	⑤	⑥
IE20	20. Physik ist mein Lieblingsfach.	①	②	③	④	⑤	⑥
RA21	21. In den letzten Physikstunden ging es um Dinge, die mit dem täglichen Leben zu tun haben.	①	②	③	④	⑤	⑥
Sk22	22. Ich glaube, dass mich die anderen Schüler in meiner Klasse in den letzten Physikstunden für gut hielten.	①	②	③	④	⑤	⑥
IE23	23. Mir haben die letzten Physikstunden gefallen.	①	②	③	④	⑤	⑥
RA24	24. Die Themen (Unterrichtsstoff) in den letzten Physikstunden sind für Dinge interessant, mit denen ich außerhalb der Schule zu tun habe.	①	②	③	④	⑤	⑥
IE25	25. Wenn ich mich mit einem physikalischen Problem beschäftige, kann es passieren, dass ich gar nicht merke, wie die Zeit verfliegt.	①	②	③	④	⑤	⑥
RA26	26. Die Aufgaben, die wir in den letzten Physikstunden bearbeiteten, sind nützlich für das tägliche Leben.	①	②	③	④	⑤	⑥

Anhang H:
Leistungstests (Untersuchungsschwerpunkt I)

LEISTUNGSÜBERPRÜFUNG: GESCHWINDIGKEIT

1. Fragen zur Durchschnittsgeschwindigkeit

a) Was versteht man unter der Durchschnittsgeschwindigkeit eines Körpers? Verdeutliche deine Erklärung mit einem Beispiel aus dem Alltag.

b) Was kannst du über die Durchschnittsgeschwindigkeit eines Körpers sagen, wenn er sich gleichförmig bewegt?

c) Was kannst du über die Durchschnittsgeschwindigkeit eines Körpers sagen, wenn er sich nicht gleichförmig bewegt?

2. Geschwindigkeit eines ICE

Der ICE 777 „Marie Luise Kaschnitz" fährt auf der Strecke zwischen Hamburg-Altona und Freiburg. Die Strecke zwischen Hannover und Göttingen ist 99 km lang. Diese legt er in 33 Minuten zurück. (Bei jeder Aufgabe wird verlangt: „Geg.", „Ges.", Lös.", „Antwort")

a) Wie groß ist die Durchschnittsgeschwindigkeit des ICE (in km/h und m/s) auf der Strecke von Hamburg-Altona nach Hannover?

b) Welche Strecke legt der ICE in 50 Minuten zurück, wenn er mit einer Durchschnittsgeschwindigkeit von 250 km/h fahren könnte?

3. Haarwachstum

Mit welcher Geschwindigkeit wächst ein Kopfhaar, wenn es an einem Tag um 0,35 Millimeter länger wird? Wähle die Einheit der Geschwindigkeit so, dass du einen verständlichen Antwortsatz schreiben kannst. (Es wird verlangt: „Geg.", „Ges.", Lös.", „Antwort")

4. Erdumkreisung mit einem Leichtflugzeug

Mini um die Welt

Mit einem ungewöhnlichen Mini-Fluggerät will der britische Armeepilot Barry Jones die Welt umrunden. Jones hob am Montag mit seinem hubschrauberähnlichen Autogyro-Fluggerät im südenglischen Hampshire ab. Vor ihm liegen 40.000 Kilometer und 25 Länder, die es in dem offenen Mini-Flieger zu überqueren gilt. Sollte er die dreieinhalbmonatige Reise erfolgreich beenden, wird Jones einen neuen Rekord aufstellen: Es wäre die Weltumrundung im bisher leichtesten Fluggerät. Autogyros wurden in den 20er Jahren erfunden. Es sind propellergetriebene Fluggeräte, die zusätzlich einen nicht motorgetriebenen Rotor auf dem Dach haben. Der Autogyro ist mit 145 Stundenkilometern Durchschnittsgeschwindigkeit zwar langsam, aber sehr sicher. Bei einer Motorpanne kann das Gerät trotzdem sanft zur Erde gelenkt werden. (afp) —FOTO: AP

Die Rheinpfalz, 28.04.2004

a) In welcher Zeit würde Barry Jones die Erde einmal umrunden, wenn er die in dem Zeitungsartikel genannte Strecke mit der in dem Artikel genannten Durchschnittsgeschwindigkeit zurücklegen würde? (Es wird verlangt: „Geg.“, „Ges.“, Lös.“, „Antwort“)
b) Vergleiche deine in a) berechnete Zeitdauer mit der in dem Artikel genannten Zeit, die Jones angeblich für eine Erdumrundung benötigen würde. Was fällt Dir auf?
c) Nimm kritisch Stellung zu deiner Beobachtung in b): Was meinst du dazu? Woran könnte es liegen, dass deine in a) berechnete Zeit verschieden von der ist, die in dem Artikel angegeben wird?

Viel Erfolg!

Leistungsüberprüfung: Elektrische Energie

Verlangt wird in allen Aufgaben: geg., ges., Lösung. Ausgenommen davon sind die Aufgaben 5a), 5d) und 5e).

5. Der Elektromotor eines Staubsaugers hat eine Leistung von 800 W. Er wird eine halbe Stunde lang eingeschaltet. – Berechne die in dieser Zeit umgewandelte elektrische Energie (in Ws und in kWh).

6. Oftmals werden Zimmer im Winter mithilfe von Heizlüftern elektrisch beheizt. Dabei fließt bei Betrieb an der Steckdose (U = 230 V) ein Strom von 40 A. – Wie hoch sind die Energiekosten, wenn der Heizlüfter an 9 Tagen im Jahr jeweils 4 Stunden in Betrieb ist? (1 kWh kostet 10 Cent)

7. Warum sollte man eine Waschmaschine mit einer Leistung von P = 3,3 kW nicht an einen Stromkreis anschließen, der durch eine Sicherung von 10 A gesichert ist (d.h. wenn die Stromstärke 10 A übersteigt, wird der Stromkreis unterbrochen)? Berechne zunächst und begründe. (BEACHTE: Die Waschmaschine ist an eine Steckdose angeschlossen)

8. Wie viel Ladung war in der Lithium-Batterie von Panasonic gespeichert, wenn sie eine elektrische Energie E von 2520 Ws liefern konnte? Entnimm die erforderliche Größe dem beiliegenden Zeitungsartikel aus dem TRIERISCHEN VOLKSFREUND vom 28.09.1998.

5. Lest den Zeitungsartikel „*Starker Rückenwind...*“ und beantwortet folgende Fragen:
   a) Welche elektrische Leistung besitzt **eine** Windkraftanlage im Durchschnitt?
   b) Wie viel elektrische Energie könnte **eine** durchschnittliche Anlage **an einem Tag** erzeugen? Gib die elektrische Energie in kWh an.
   c) Wie viele Euro müssten die Stromversorgungsunternehmen täglich zahlen, wenn die an einem Tag erzeugte elektrische Energie aus Nr. 5 b) ins Stromversorgungsnetz eingespeist werden würde?
   d) Welchen Betrag müssten die Stromversorgungsunternehmen demnach im ersten Jahr für die von der Windkraftanlage erzeugte elektrische Energie zahlen?
   e) Ist dieser Wert realistisch? Begründe!

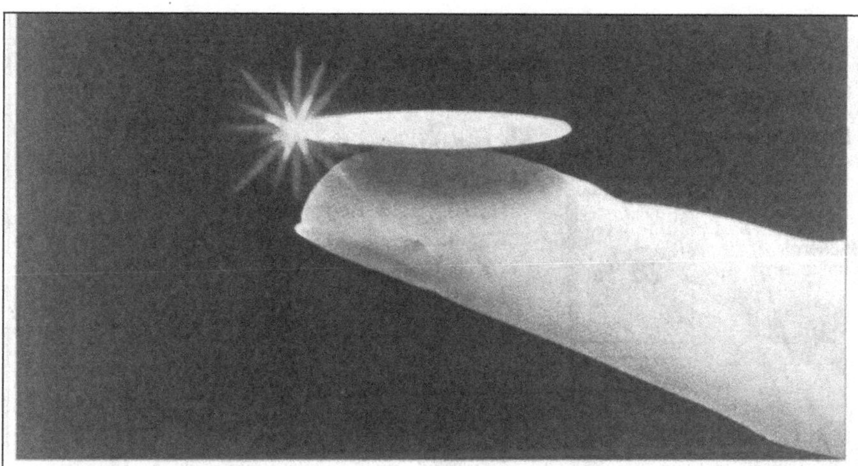

EINE WINZIGE Lithium-Batterie hat jetzt der japanische Elektro-Konzern Panasonic entwickelt. Die Drei-Volt-Zelle ist 0,5 Millimeter dick und bringt 0,7 Gramm auf die Waage. *Foto: dpa*

TRIERISCHER VOLKSFREUND, 23.09.1998

Starker Rückenwind ...

... aus der Politik beflügelt die Windkraft in Deutschland. Dank kräftiger Förderung bleibt die Branche auf Rekordkurs und ist mittlerweile weltweit führend. Nach Angaben des Bundesverbandes Windenergie stehen zwischen Alpen und Ostsee fast 13.800 Windräder mit 12.000 Megawatt (MW) elektrischer Leistung. Am deutschen Netto-Stromverbrauch hat die Windenergie bereits einen Anteil von 4,7 Prozent, nach 3 Prozent im Jahr zuvor. Die Branche erzielt allein in Deutschland rund 3,5 Milliarden Euro Umsatz, die Zahl der Arbeitsplätze stieg voriges Jahr um 5000 auf 40.000. In einigen Regionen sei die Windbranche bereits wichtigster Wirtschaftsfaktor. In Deutschland halten Fachleute weitere 20.000 Anlagen für möglich, obwohl es vielerorts Proteste gegen die teils mehr als 100 Meter hohen „Spargel" gibt und die windreichen Standorte knapper werden. Deshalb soll der weitere Ausbau wie in anderen Küstenländern vor allem im Meer vorangetrieben werden. Nach dem Gesetz für Erneuerbare Energien (EEG) können die Windmüller ihren Strom, der in der Erzeugung noch verhältnismäßig teuer ist, ins Netz einspeisen und erhalten dafür von den Stromversorgern fünf Jahre lang mindestens 9,1 Cent je Kilowattstunde. Diese legen die Erstattung in der Regel auf den Strompreis für alle Verbraucher um. (wüp) —FOTO: ZBSP

Die Rheinpfalz, 23.01.2003

Anhang I:
Lesbarkeitsindizes (Beispiele)

	ZA_low	ZA_med	ZA_high
	Schnelle Körperbewegung Ihr Name ist Odontomachus Buri, zu deutsch Schnappkieferameise. Sie kommt in Mittel- und Südamerika vor und ernährt sich von Termiten und anderen Ameisen. Die Ameisenart ist das Lebewesen mit der wohl schnellsten Körperbewegung der Welt. Ihre Kieferzangen, die Mandibeln, können mit Höchstgeschwindigkeit zuschnappen. Ein Muskelpaket im Kopf dieser Schnappkieferameise überträgt dazu wie eine Feder die Kraft auf die Kiefer. Die Ameisen benutzen ihre Fähigkeiten zum Beutefang und zur Flucht vor Feinden. In höchster Not lassen sie ihre Kiefer auf den Boden schnappen und schleudern sich dadurch in nur 0,003 Sekunden bis zu 40 Zentimeter weit weg. Für einen 1,75 Meter großen Menschen würde dies bedeuten, dass er mehr als 64 Meter weit fliegen müsste TAZ, 23.08.2006	**Schnelle Körperbewegung** Ihr Name ist Odontomachus Buri, sie kommt in Mittel- und Südamerika vor, ernährt sich von Termiten und anderen Ameisen und ist das Lebewesen mit der wohl schnellsten Körperbewegung der Welt. Ihre Kieferzangen, die Mandibeln, können mit Höchstgeschwindigkeit zuschnappen. Ein Muskelpaket im Kopf der Schnappkieferameise überträgt dazu wie eine Feder die Kraft auf die Kiefer. Die Ameisen benutzen ihre Fähigkeiten zum Beutefang und zur Flucht vor Feinden. Forscher um Sheila Patek von der University of California in Berkeley haben Schnappkieferameisen in Costa Rica untersucht. In höchster Not lassen die Ameisen ihre Kiefer auf den Boden schnappen und katapultieren sich dadurch in nur 0,003 Sekunden an die 40 Zentimeter weit weg. 40 Zentimeter entsprechen etwa der 36-fachen Körperlänge der Ameise, was für einen 1,75 Meter großen Menschen bedeuten würde, dass er mehr als 64 Meter weit fliegen müsste. Die Forscher konnten den Mechanismus beim Schnappen analysieren, weil sie hoch auflösende Kameras benutzten, die 50 000 Aufnahmen pro Sekunde machen können. TAZ, 23.08.2006	**Schnelle Körperbewegung** Ihr Name ist Odontomachus Buri, sie kommt in Mittel- und Südamerika vor, ernährt sich von Termiten und anderen Ameisen und ist das Lebewesen, das die wohl schnellste Körperbewegung der Welt ausführen kann. Die Mandibeln der Ameisenart können mit Höchstgeschwindigkeit zuschnappen, indem ein Muskelpaket im Kopf der Schnappkieferameise dazu die Beschleunigungsenergie wie eine Feder auf die Kieferzangen überträgt. Die Ameisen benutzen ihre Fähigkeiten zum Beutefang und zum Entkommen beim Angriff von Feinden. Wissenschaftler um Sheila Patek von der University of California in Berkeley haben in Südamerika Schnappkieferameisen gesammelt und dann im Laboratorium zu sportlichen Höchstleistungen angetrieben. Bei höchster Bedrohung durch Spinnen oder Frösche lassen die Ameisen ihre Kiefer auf den Boden schnappen und katapultieren sich dadurch in nur 0,003 Sekunden in eine sichere Distanz von 40 Zentimeter, schreiben die Wissenschaftler im Fachblatt "Proceedings of the National Academy of Sciences". Vierzig Zentimeter entsprechen etwa der 36-fachen Körperlänge der Ameise, was für einen 1,75 Meter großen Menschen bedeuten würde, dass er mehr als 64 Meter weit fliegen müsste. Die Wissenschaftler hatten den Schnappmechanismus mit Hochgeschwindigkeitskameras gefilmt, die 60 000 Videoaufnahmen pro Sekunde machen. Die Sprünge erfassten sie mit 3000 Bildern pro Sekunde. Mit dieser Bildrate hatten auch Würzburger Wissenschaftler die Schnappkieferameise bereits vor das Objektiv genommen und daraus aber "nur" etwa eine Drittel Millisekunde für das Zuschnappen abgeleitet. TAZ, 23.08.2006
LIX	16,50	20,1	24,3
AVI	51,85	41,76	28,5
WSTF	2,674	3,621	4,74

Anhang J: Hamburger Verständlichkeitsmodell

Einfachheit	+2	+1	0	-1	-2	**Kompliziertheit**
einfache Darstellung						komplizierte Darstellung
kurze, einfache Sätze						lange, verschachtelte Sätze
geläufige Wörter						ungeläufige Wörter
Fachwörter erklärt						Fachwörter nicht erklärt
konkret						abstrakt
anschaulich						unanschaulich

Gliederung/ Ordnung	+2	+1	0	-1	-2	**Ungegliedertheit/ Zusammenhanglosigkeit**
gegliedert						ungegliedert
folgerichtig						zusammenhanglos, wirr
übersichtlich						unübersichtlich
gute Unterscheidung von Wesentlichem und Unwesentlichem						schlechte Unterscheidung von Wesentlichem und Unwesentlichem
roter Faden bleibt sichtbar						roter Faden geht verloren

Kürze / Prägnanz	+2	+1	0	-1	-2	**Weitschweifigkeit**
zu kurz						zu lang
aufs Wesentliche beschränkt						viel Unwesentliches
gedrängt						breit
aufs Lehrziel konzentriert						abschweifend
knapp						ausführlich
jedes Wort notwendig						vieles weglassbar

Zusätzliche Stimulanz	+2	+1	0	-1	-2	**Stimulanz fehlt**
anregend						nüchtern
interessant						farblos
abwechslungsreich						gleichbleibend neutral
persönlich						unpersönlich

Anhang K:
Test[73] zu Ankereigenschaften und Cognitive Load

FRAGEBOGEN zum Fach **PHYSIK**	
Lehrer:	Schüler-Nummer:
Schule:	Datum: Klasse:
Thema: ☐ Geschwindigkeit ☐ elektrische Energie	Geschlecht: ☐ weiblich ☐ männlich

DEINE EINSCHÄTZUNG!

Mit diesem Fragebogen kannst Du Auskunft darüber geben, **wie Du die Aufgaben einschätzt** und **wie der Text auf Dich gewirkt, welche Eigenschaften er Deiner Meinung nach hat**.
Kreuze bitte bei jeder Aussage die Ziffer an, die für dich der Aussage am meisten entspricht.

Die Ziffern haben dabei die Bedeutung wie Noten in der Schule:

Die Aussage...
① = ... trifft voll und ganz zu.
② = ... trifft zu.
③ = ... trifft eher zu.
④ = ... trifft eher nicht zu.
⑤ = ... trifft nicht zu.
❑ = ... trifft gar nicht zu.

AE	1. Der Text war interessant.	①	②	③	④	⑤	❑
CL	2. Der Text war schwierig.	①	②	③	④	⑤	❑
AE	3. Der Text beschreibt Dinge, die tatsächlich passiert sind oder die es tatsächlich gibt.	①	②	③	④	⑤	❑
AE	4. Zum Verständnis des Textes waren Kenntnisse aus vorangehenden Schuljahren nützlich.	①	②	③	④	⑤	❑
CL	5. Ich musste mich anstrengen, um den Inhalt des Textes zu verstehen.	①	②	③	④	⑤	❑
AE	6. Der Text hat mich neugierig gemacht, mehr darüber zu erfahren.	①	②	③	④	⑤	❑
CL	7. Es war schwierig für mich, die Aufgaben zu lösen.	①	②	③	④	⑤	❑
AE	8. Der Text hat eine wahre, reale Gegebenheit beschrieben.	①	②	③	④	⑤	❑
AE	9. Der Inhalt des Textes hat auch mit anderen Fächern zu tun.	①	②	③	④	⑤	❑

[73] AE: Items zu Ankereigenschaften; CL: Items zu Cognitive Load.

CL	10. Es war schwierig, wichtige und unwichtige Informationen im Text zu unterscheiden.	①	②	③	④	⑤	❑
AE	11. Es gibt auch noch andere Beispiele aus dem wirklichen Leben, mit denen das Unterrichtsthema erarbeitet werden könnte.	①	②	③	④	⑤	❑
AE	12. Zum Verständnis des Textes waren Kenntnisse aus anderen Fächern nützlich.	①	②	③	④	⑤	❑
CL	13. Es war schwierig, die richtigen Informationen zum Lösen der Aufgaben in dem Text zu finden.	①	②	③	④	⑤	❑
AE	14. Bei der Bearbeitung der Aufgabe konnten wir selbstständig Lösungswege finden.	①	②	③	④	⑤	❑
CL	15. Ich musste mich anstrengen, um die Aufgaben lösen zu können.	①	②	③	④	⑤	❑
AE	16. In dem Text waren alle Daten, die zur Lösung der Aufgabe erforderlich waren, enthalten.	①	②	③	④	⑤	❑
CL	17. Den Text zu verstehen, war schwierig.	①	②	③	④	⑤	❑

Anhang L:
Leistungstests (Untersuchungsschwerpunkt II)

FRAGEBOGEN zum Fach **PHYSIK**		
Lehrer:	Schüler-Nummer:	
Schule:	Datum:	Klasse:
Thema: ☐ Geschwindigkeit ☐ elektrische Energie	Geschlecht: ☐ weiblich	☐ männlich

LEISTUNGSTEST: Geschwindigkeit

1. Kreuze diejenigen Aussagen an, die richtig sind (mehrere Kreuze möglich).

☐ Bei gleichförmigen Bewegungen benötigt ein Körper für gleich lange Wege stets gleich lange Zeiten.

☐ Bei ungleichförmigen Bewegungen kann die Durchschnittsgeschwindigkeit berechnet werden.

☐ Bei gleichförmigen Bewegungen ist die Geschwindigkeit stets verschieden.

☐ Bei ungleichförmigen Bewegungen ist die Geschwindigkeit konstant.

2. Der ICE 777 „Marie Luise Kaschnitz" fährt auf der Strecke zwischen Hamburg-Altona und Freiburg. Die Strecke zwischen Hannover und Göttingen ist 99 km lang. Diese legt er in 33 Minuten zurück. Wie groß ist die Durchschnittsgeschwindigkeit des ICE auf dieser Strecke (in km/h und m/s)?

Gegeben: | *Gesucht*:

Lösung:

Antwort:

3. Die folgenden Aufgaben beziehen sich auf den angefügten Zeitungsartikel!

a) In welcher Zeit würde Barry Jones die Erde einmal umrunden, wenn er die in dem Zeitungsartikel genannte Strecke mit der in dem Artikel genannten Durchschnittsgeschwindigkeit zurücklegen würde?

Gegeben: | *Gesucht*:

Lösung:

Antwort:

b) Vergleiche deine in a) berechnete Zeitdauer mit der in dem Artikel genannten Zeit, die Jones angeblich für eine Erdumrundung benötigen würde. Was fällt Dir auf?

Antwort:

c) Nimm kritisch Stellung zu deiner Beobachtung in b): Was meinst du dazu? Woran könnte es liegen, dass deine in a) berechnete Zeit verschieden von der ist, die in dem Artikel angegeben wird?

Antwort:

Mini um die Welt

Mit einem ungewöhnlichen Mini-Fluggerät will der britische Armeepilot Barry Jones die Welt umrunden. Jones hob am Montag mit seinem hubschrauberähnlichen Autogyro-Fluggerät im südenglischen Hampshire ab. Vor ihm liegen 40.000 Kilometer und 25 Länder, die es in dem offenen Mini-Flieger zu überqueren gilt.
Sollte er die dreieinhalbmonatige Reise erfolgreich beenden, wird Jones einen neuen Rekord aufstellen: Es wäre die Weltumrundung im bisher leichtesten Fluggerät. Autogyros wurden in den 20er Jahren erfunden. Es sind propellergetriebene Fluggeräte, die zusätzlich einen nicht motorgetriebenen Rotor auf dem Dach haben. Der Autogyro ist mit 145 Stundenkilometern Durchschnittsgeschwindigkeit zwar langsam, aber sehr sicher. Bei einer Motorpanne kann das Gerät trotzdem sanft zur Erde gelenkt werden. (afp) —FOTO: AP

DIE RHEINPFALZ, 28.04.2004

FRAGEBOGEN zum Fach **PHYSIK**	
Lehrer:	Schüler-Nummer:
Schule:	Datum: Klasse:
Thema: ☐ Geschwindigkeit ☐ elektrische Energie	Geschlecht: ☐ weiblich ☐ männlich

LEISTUNGSTEST: Elektrische Energie

1. Der Elektromotor eines Staubsaugers hat eine Leistung von 800 W. Er wird eine halbe Stunde lang eingeschaltet. – Berechne die in dieser Zeit umgewandelte elektrische Energie (in Ws und in kWh).

   Gegeben: | *Gesucht*:

   Lösung:

   Antwort:

2. Warum sollte man eine Waschmaschine mit einer Leistung von $P = 3{,}3$ kW nicht an einen Stromkreis anschließen, der durch eine Sicherung von 10 A gesichert ist (d.h. wenn die Stromstärke 10 A übersteigt, wird der Stromkreis unterbrochen)? Berechne zunächst und begründe. (BEACHTE: Die Waschmaschine ist an eine Steckdose angeschlossen)

   Gegeben: | *Gesucht*:

   Lösung:

   Antwort:

3. Die folgenden Aufgaben beziehen sich auf den angefügten Zeitungsartikel!
   a) Wie lange hätten sich die südpfälzischen Windräder im vergangenen Jahr den Angaben des Artikels zufolge drehen müssen, wenn sie mit maximaler Leistung in Betrieb gewesen wären?

   Gegeben: | *Gesucht*:

   Lösung:

   Antwort:

   b) Vergleiche dein Ergebnis mit der Laufzeitangabe des Zeitungsartikels. Wieso unterscheidet sich der wert im Artikel von dem in deiner Berechnung?

   Antwort:

   c) Beurteile den Betrieb von Windkraftanlagen aus wirtschaftlicher und aus ökologischer (d.h. die Umwelt betreffend) Sicht. Verwende dazu auch deine physikalischen Kenntnisse.

Wind lässt Rotoren langsamer drehen

Windkraft-Daten aus 40 pfälzischen Anlagen

► MAINZ (jüm). Was die „Stromernte" anbelangt, fiel das zu Ende gehende Jahr für die Betreiber von Windkraftanlagen in der Pfalz vergleichsweise unterdurchschnittlich aus.

Die vorder- und südpfälzischen Windräder bei Bellheim, Herxheimweyher, Rülzheim, Minfeld und Hassloch mit insgesamt 30 Megawatt maximaler Leistung schafften im zu Ende gehenden Jahr 41 Millionen Kilowattstunden. Genug, um fast 12000 Haushalte zu versorgen.

Und wie sieht es mit den Laufzeiten aus? Laut Hinsch waren die Windräder aus technischen Gründen zwischen 90 und 260 Stunden nicht in Betrieb. Tatsächlich Strom geliefert hätten die Anlagen somit in 80 bis 85 Prozent der Zeit. Dies entspricht über 7000 Stunden im Jahr. Während außerdem Strom aus konventionellen Energiequellen wie Kohle und Uran seit Jahren kontinuierlich teurer würden, werde der Windenergie-Strom nach Juwi-Angaben von Jahr zu Jahr günstiger. „An sehr guten Standorten wird Windstrom bereits im kommenden Jahr günstiger sein als Strom aus konventionellen Kraftwerken", prognostiziert Juwi-Geschäftsführer Matthias Willenbacher.

DIE RHEINPFALZ, 27.12.2006

Anhang M:
Tests zur Ankertiefe – ‚Geschwindigkeit'

Fragen zum Instruktionstext 1

FRAGEBOGEN zum Fach **PHYSIK**	
Lehrer:	Schüler-Nummer:
Schule:	Datum: Klasse:
Thema: ☐ Geschwindigkeit ☐ elektrische Energie	Geschlecht: ☐ weiblich ☐ männlich

WIE GUT KANNST DU DICH ERINNERN?

Die Fragen beziehen sich alle auf den Text mit der Ameisenart, den ihr in der letzten Unterrichtsstunde behandelt habt. Es gibt zu jeder Frage nur genau **eine** richtige Antwort, die **in dem Text genannt wurde**. Werden mehr als ein Kästchen pro Frage angekreuzt, gilt die Frage als falsch beantwortet.

1. Welches Körperteil macht es möglich, dass sich die Ameisenart sehr schnell fortbewegen kann?

☐ Kiefer ☐ Hinterbeine

☐ Vorderbeine ☐ Fühler

2. Wie lange benötigen die Ameisen laut Text für den Sprung?

☐ 0,08 Minuten ☐ 0,8 Sekunden

☐ 0,08 Sekunden ☐ 0,008 Sekunden

3. Wie ist der Name der Ameisenart, die in dem Text genannt wird?

☐ Kieferschnappkopfameise ☐ Schnappkopfkieferameise

☐ Schnappkieferameise ☐ Kieferschnappameise

4. Wie weit können die Ameisen dem Text zufolge springen?

☐ 20 Zentimeter ☐ 40 Zentimeter

☐ 0,80 Meter ☐ 1,40 Meter

5. Wo lebt die in dem Text genannte Ameisenart?

- [ ] Mittel- und Südostasien
- [ ] Mittel- und Südamerika
- [ ] Mittel- und Nordamerika
- [ ] Mittel- und Südafrika

6. Wozu benutzen die Ameisen ihre große Geschwindigkeit am häufigsten?

- [ ] Zur Arbeit
- [ ] Zum Sammeln
- [ ] Zum Kampf
- [ ] Zur Flucht

Fragen zum Instruktionstext 2

FRAGEBOGEN zum Fach **PHYSIK**	
Lehrer:	Schüler-Nummer:
Schule:	Datum: Klasse:
Thema: ☐ Geschwindigkeit ☐ elektrische Energie	Geschlecht: ☐ weiblich ☐ männlich

WIE GUT KANNST DU DICH ERINNERN?

Die Fragen beziehen sich alle auf den Text über den Schwimmer, den ihr in der letzten Unterrichtsstunde behandelt habt. Es gibt zu jeder Frage nur genau **eine** richtige Antwort, die **in dem Text genannt wurde**. Werden mehr als ein Kästchen pro Frage angekreuzt, gilt die Frage als falsch beantwortet.

1. Wo startete der Schwimmer?

☐ Cambridgeshire ☐ Cheltenham

☐ Berkeley ☐ Gloucestershire

2. Wie war der Name des Weltrekordschwimmers?

☐ Pugh ☐ Perth

☐ Stevens ☐ Miller

3. Welchen Beruf hatte der Schwimmer?

☐ Anwalt ☐ Richter

☐ Mechaniker ☐ Advokat

4. Worauf wollte der Schwimmer mit seiner Aktion aufmerksam machen?

☐ Bedrohte Meerestiere ☐ Erderwärmung

☐ Sicherheitsbedrohungen ☐ Umweltschutz

5. Wie alt war der Schwimmer, der den Fluss durchschwommen hat?

☐ 31 Jahre ☐ 26 Jahre

☐ 39 Jahre ☐ 36 Jahre

6. Wie lange war der Schwimmer laut Text unterwegs?

☐ 30 Tage ☐ 25 Tage

☐ 20 Tage ☐ 15 Tage

7. Wie heißt der Fluss, die in dem Text genannt wird?

- [ ] River Tyne
- [ ] Themse
- [ ] Trent
- [ ] Rhine

8. Wie lang war die Strecke, die der Schwimmer laut Text zurücklegte?

- [ ] 390 Kilometer
- [ ] 360 Kilometer
- [ ] 330 Kilometer
- [ ] 300 Kilometer

Anhang N:
Tests zur Ankertiefe – ‚Elektrische Energie'

Fragen zum Instruktionstext 1

FRAGEBOGEN zum Fach **PHYSIK**	
Lehrer:	Schüler-Nummer:
Schule:	Datum: Klasse:
Thema: ☐ Geschwindigkeit ☐ elektrische Energie	Geschlecht: ☐ weiblich ☐ männlich

WIE GUT KANNST DU DICH ERINNERN?

Die Fragen beziehen sich alle auf den **Text über das Wasserkraftwerk**, den ihr in der letzten Unterrichtsstunde behandelt habt. Es gibt zu jeder Frage nur genau eine richtige Antwort, die **in dem Text genannt wurde**. Werden mehr als ein Kästchen pro Frage angekreuzt, gilt die Frage als falsch beantwortet.

1. Welcher Vergleich zur Ausdehnung des Stausees ist in dem Text zu finden?

☐ Berlin - Rotterdam ☐ Berlin - Amsterdam

☐ Schwerin - Rotterdam ☐ Frankfurt - Eindhoven

2. Welche elektrische Leistung wird das Wasserwerk dem Text zufolge besitzen?

☐ 18 200 MW ☐ 1 820 MW

☐ 18 200 GW ☐ 18 200 kW

3. In welchem Jahr soll das größte Wasserwerk der Welt dem Text zufolge fertig gestellt sein?

☐ 2011 ☐ 2010

☐ 2009 ☐ 2008

4. In welchem Land wurde der Staudamm errichtet?

☐ Vietnam ☐ Japan

☐ China ☐ Korea

5. Wie lang wird der Stausee laut Text am Ende des Projektes sein?

- [ ] 690 Kilometer
- [ ] 660 Kilometer
- [ ] 630 Kilometer
- [ ] 600 Kilometer

6. Wie viele Kilowattstunden elektrische Energie sollen laut Text durch das Wasserwerk jährlich erzeugt werden?

- [ ] 85 Milliarden
- [ ] 8,5 Milliarden
- [ ] 850 Millionen
- [ ] 85 Millionen

7. An welchem Fluss wurde der Staudamm errichtet?

- [ ] Yungtu
- [ ] Yuangho
- [ ] Yijong
- [ ] Yangtse

Fragen zum Instruktionstext 2

FRAGEBOGEN zum Fach **PHYSIK**	
Lehrer:	Schüler-Nummer:
Schule:	Datum: Klasse:
Thema: ☐ Geschwindigkeit ☐ elektrische Energie	Geschlecht: ☐ weiblich ☐ männlich

WIE GUT KANNST DU DICH ERINNERN?

Die Fragen beziehen sich alle auf den **Text zum Stand-by-Betrieb**, den ihr in der letzten Unterrichtsstunde behandelt habt. Es gibt zu jeder Frage nur genau eine richtige Antwort, die **in dem Text genannt wurde**. Werden mehr als ein Kästchen pro Frage angekreuzt, gilt die Frage als falsch beantwortet.

1. Mit welchem Kraftwerkstyp wurde in dem Text ein Vergleich angestellt?

☐ Kernkraftwerk ☐ Kohlekraftwerk

☐ Atomkraftwerk ☐ Gasturbinenkraftwerk

2. Welche Leistung besaß die Energiesparlampe, die in dem Text genannt wurde?

☐ 11 Watt ☐ 7 Watt

☐ 5 Watt ☐ 1 Watt

3. Wie wurden elektrische Geräte in dem Text bezeichnet, die im Stand-by-Betrieb immer noch elektrische Energie umwandeln?

☐ Heimliche Energieschlucker ☐ Heimliche Leistungsfresser

☐ Heimliche Stromschlucker ☐ Heimliche Energiefresser

4. Welche Leistung besaß die Glühlampe, die in dem Text genannt wurde?

☐ 80 Watt ☐ 60 Watt

☐ 40 Watt ☐ 20 Watt

5. Wie groß ist dem Text zufolge die elektrische Leistung eines Computers im Stand-by-Modus?

☐ 5 Watt ☐ 2 Watt

☐ 1 Watt ☐ 0,5 Watt

6. Wie viel Kilowattstunden werden durch Geräte im Stand-by-Modus dem Text zufolge jährlich umgewandelt?

☐ 22 Milliarden ☐ 18 Milliarden

☐ 14 Milliarden ☐ 10 Milliarden

Anhang O: Organisations-Leitfaden

Phase	Inhalt	Bemerkungen	U.-Std.-Anzahl	Terminzeitraum (KW)	Datum, U.-Std.
I. Themenerarbeitung (vor Beginn des Untersuchungszeitraum; Lehrkraft)	Geschwindigkeit • Bewegungsformen (gleichförmig/ungleichförmig) • Experimente • $v = s/t$ • Umwandlung km/h ↔ m/s • Umwandlung von Zeiten und Strecken		3 U.-Std.		
	Elektrische Energie • versch. Energieformen • Elektrische Energie • Experimente • $E = P{\cdot}t = U{\cdot}I{\cdot}t$ • Umwandlung kWh ↔ Ws • Umwandlung von Zeiten		3 U.-Std.		
II. Prä-Test-Datenerhebung (Kuhn)	Motivation und ein Leistungstest	Physikfolgestunde nach Abschluss von I.	1 U.-Std („normale" Physikstunde im Stundenplan)		
III. Übungsstunde 1 (Beginn des Untersuchungszeitraums; Kuhn)	• Bearbeitung und Besprechung der 1. Aufgabe zum Thema • Tests zur Textkomplexität und -wirkung	**Folgestunde zu II.**	1 U.-Std („normale" Physikstunde im Stundenplan)		
IV. Übungsstunde 2 (Beginn des Untersuchungszeitraums; Kuhn)	• Erinnerungstest • Bearbeitung und Besprechung der 1. Aufgabe zum Thema • Tests zur Textkomplexität und -wirkung	**2 Tage nach III.**	2 U.-Std. (Unterrichtsstunden außerhalb des Stundenplans)		
V. Post-Test-Datenerhebung (Kuhn)	Motivations-, Erinnerungs- und Leistungstest	**Folgetag**	1 U.-Std. (Unterrichtsstunde außerhalb des Stundenplans)		
VI. Einführung/Erarbeitung (Lehrkraft)	Folgethema		3 U.-Std („normale" Physikstunden im Stundenplan)		
VII. Follow up-Test-Datenerhebung (Kuhn)	Motivations-, Erinnerungs- und Leistungstest	**4. U.-Stunde nach V.**	1 U.-Std („normale" Physikstunde im Stundenplan)		

Diese Termine bitte spätestens 2 Wochen vorher (also zu Beginn von I.) angeben/absprechen

Anhang P:
Checkliste

VORBEREITUNGSPHASE	erl.	WER
• Die Einverständniserklärungen der SuS zur Teilnahme an der Untersuchung liegen vor.		Lehrkraft (Lk)
• Bedenken gegenüber der Untersuchung (z.B. Datenschutz) wurden ausgeräumt.		
• Die erforderlichen Untersuchungsdaten (Vornoten in Mathematik, Deutsch und Physik, Physiknote in % usw.) wurden für alle SuS erfasst und in die Liste eingetragen.		
• Die SuS kennen ihre Schüler-Nr. und wissen, dass diese Nummer (statt ihres Namens) auf jedes Testblatt notiert werden muss.		
• Die Testblätter zur allgemeinen Intelligenz und zur Lesekompetenz werden in einer früheren U.-Stunde durchgeführt (Testdauer: jeweils 15 Minuten in Klasse 10 bzw. 20 Minuten in Klasse 7/8).		
• Zum Ausfüllen der Testblätter wird eine Testsituation hergestellt, um Abschriften zu vermeiden.		
• Die SuS tragen bei allen Testblättern die Kopfdaten (EIGENE Schülernummer, Klasse, Thema usw.) korrekt ein (evtl. stichprobenartige Kontrollen).		
• Jeder Test wird kurz erklärt, um Verständnisschwierigkeiten zu vermeiden.		
• Die SuS werden auf die gewissenhafte Bearbeitung der Testblätter hingewiesen.		
• Alle Testblätter werden nach der Bearbeitung gleich eingesammelt.		
• Jeweils eine Doppelstunde für die Durchführung der Untersuchung sowie eine Unterrichtsstunde am darauf folgenden Tag (zur Testdurchführung) wurden für die beteiligten Klassen organisiert, mit den betreffenden Kolleginnen und Kollegen sowie mit der Schulleitung (Stundenplan!!!) abgesprochen. ⇨ Durchführungszeitraum innerhalb 1 Woche (Bitte um frühzeitige Terminabsprache mit Projektleiter; s. **Formblatt „Organisations-Leitfaden"!!!**).		
• Vor der Doppelstunde der Untersuchung werden in den Klassen die formalen und physikalischen Zusammenhänge experimentell und mit der vorgegebenen „traditionellen Übungsaufgabe" erarbeitet (Inhalt und Stundenumfang: s. **Formblatt „Organisations-Leitfaden"!!!**).		

	DURCHFÜHRUNG (KEIN PHYSIK-FACHSAAL ERFORDERLICH!!!)	WER
	• Nach Abschluss der Themenerarbeitung werden einige Fragen zur Motivation und ein Leistungstest durchgeführt (Dauer: 1 U.-Std., „normale" Physikstunde im Stundenplan).	Kuhn
Innerhalb 1 Arbeitswoche (MO-FR)	*Folgende Physikstunde* (Dauer: 1 U.-Std., „normale" Physikstunde im Stundenplan)	
	• Die 1. Aufgabe wird nach der ‚Methode des aufgabenorientierten Lernens' bearbeitet.	
	• Fragen zur kognitiven Belastung sowie zur Einschätzung der Arbeitstexte.	
	Doppelstunde (Dauer: 2 U.-Std., Unterrichtsstunden außerhalb des Stundenplans)	
	• Die SuS führen einen Erinnerungstest durch.	
	• Die 2. (und evtl. 3.) Aufgabe wird nach der ‚Methode des aufgabenorientierten Lernens' bearbeitet.	
	• Fragen zur kognitiven Belastung sowie zur Einschätzung der Arbeitstexte durch die SuS.	
	Folgetag (1 Tag später; Dauer: 1 U.-Std., Unterrichtsstunde außerhalb des Stundenplans)	
	• Die SuS führen jeweils einen Motivations-, Erinnerungs- und Leistungstest durch.	

Folgestunden	erl.	WER
• Fortführung des Unterrichtsprozesses: Einführung/Erarbeitung eines neuen Themenbereiches.		Lk
• In der dritten U.-Stunde nach Projektabschluss: Wiederholung der Tests (Motivations-, Erinnerungs- und Leistungstest)		Kuhn

AUSWERTUNG	WER
• Die Leistungstests werden gleich nach der Durchführung korrigiert und als Leistungsnachweis zur Verfügung gestellt.	Kuhn

Anhang Q:
Vorbereitungsaufgaben

1. Themenbereich „Geschwindigkeit“:
Berechne die fehlenden Größen (verlangt wird: „Gegeben“, „Gesucht“, „Lösung“, „Antwort“)

	Strecke *s*	**Zeit *t***	**Geschwindigkeit *v* (in m/s und km/h)**
a)	50 m	9 s	
b)	90 cm	0,02 min	

2. Themenbereich „Elektrische Energie“:
Berechne die fehlenden Größen (verlangt wird: „Gegeben“, „Gesucht“, „Lösung“, „Antwort“)

	Spannung *U*	**Stromstärke *I***	**Zeit *t***	**Leistung *P***	**Energie *E***
a)	6 V	0,4 mA	2 h		
b)	20 kV		1 d	600 MW	

BEISPIEL FÜR MUSTERLÖSUNG BZW. -BEWERTUNG

Zu 1.b):

Geg.: s = 90 cm = 0,9 m;
t = 0,02 min = 1,2 s
Ges.: t

1 P (für korrektes Formelzeichen, zugehörigen Zahlwert und korrekte Einheit)

Lösung: v = s/t = 0,9 m/1,2 s
= 0,75 m/s ·3,6
= 2,70 km/h

1 P (für korrekte Formel; in der 7. bzw. 8. Klasse muss die Endformel nicht durch Termumformung wie in Klasse 10 hergestellt werden)

1 P (für korrektes Einsetzen und Ausrechnen) und evtl. **1 P** (für korrekte Umwandlung der Einheit falls gefordert)

Antwort: ...

0,5 P/1 P (Je nach Komplexität der erforderlichen Antwort)

Summe: 4,5 P bzw. 5 P

Zu 2.b) (Teilaufgabe):

Geg.: P = 600 MW = 600 000 000 W;
U = 20 kV = 20 000 V
Ges.: I

1 P (für korrektes Formelzeichen, zugehörigen Zahlwert und korrekte Einheit)

Lösung: P = U·I | : U

1 P (für korrekte Ausgangsformel)

P/U = I

1 P (für korrekte Umformung)

600 000 000 W/20 000 V = I
I = 30 000 A

1 P (für korrektes Einsetzen und Ausrechnen)

Antwort: ...

0,5 P/1 P (Je nach Komplexität der erforderlichen Antwort)

Summe: 4,5 P für die Berechnung der Stromstärke in 2.b)

Anhang R:
Fragebogen zu den ‚V-Kursen'

Veranstaltung: [ ] Dozent: [ ]

Semester: ☐ WiSe Jahr: [ ]
☐ SoSe

EVALUATIONSBOGEN

Mit diesem Fragebogen möchten wir Ihre Meinung zu der von Ihnen besuchten Lehrveranstaltung erfassen.

Fragen zu Ihrer Person

Geburtsdatum Ihrer Mutter (dd/mm/yyyy): __ /__ /____
(Die Angabe ist wertvoll für weitere Evaluationsrunden und wahrt strikt die Anonymität.)

Geschlecht: ☐ w
☐ m

Alter: [ ]

Semesterzahl: [ ]

Physik-Kursbelegung in der Oberstufe: ☐ Leistungskurs
☐ Grundkurs
☐ abgewählt

Physik-Note im Abschlussjahrgang: [ ]

Abiturjahrgang: [ ]

Vorkenntnisse in Physik?
hervorragend ☐ ☐ ☐ ☐ ☐ ☐ sehr schlecht

Interesse an Physik?
sehr hoch ☐ ☐ ☐ ☐ ☐ ☐ sehr gering

Wie schätzen Sie Ihre eigene Leistungsfähigkeit in Physik ein?
sehr hoch ☐ ☐ ☐ ☐ ☐ ☐ sehr gering

Wie oft haben Sie die Veranstaltung besucht?
immer ☐ ☐ ☐ ☐ ☐ ☐ nie

Wie schätzen Sie Ihren Aufwand für die Veranstaltung außerhalb der Veranstaltungszeit ein (Vorbereitung, Nachbereitung usw.)?
sehr hoch ☐ ☐ ☐ ☐ ☐ ☐ sehr gering

Kreuzen Sie im Folgenden bitte bei jeder Aussage die Ziffer an, die für Sie der Aussage am meisten entspricht bzw. die Frage am ehesten beantwortet.

Die Ziffern haben dabei die Bedeutung wie Noten in der Schule:

Die Aussage...		
① = ... trifft voll und ganz zu;	**② = ... trifft zu;**	**③ = ... trifft eher zu.**
④ = ... trifft eher nicht zu;	**⑤ = ... trifft nicht zu.**	**❑ = ... trifft gar nicht zu.**

Zur Lehrveranstaltung						
Die Lehrveranstaltung ...						
1. ... trägt dazu bei, den Bezug zwischen dem Fach Physik und dem Lehrerberuf deutlich zu machen.	①	②	③	④	⑤	❑
2. ... war nützlich für meine spätere Lehrertätigkeit.	①	②	③	④	⑤	❑
3. ... förderte meine Motivation, Physiklehrer zu werden.	①	②	③	④	⑤	❑
4. ... trägt dazu bei, den Bezug zwischen Hochschulphysik und dem Physikunterricht in der Schule herzustellen.	①	②	③	④	⑤	❑
5. ... trägt dazu bei, die in den fachspezifischen Veranstaltungen behandelten Themen besser verstehen zu können.	①	②	③	④	⑤	❑
6. ... bestand aus einem guten Verhältnis zwischen Eigenaktivität und Vortragsanteilen.	①	②	③	④	⑤	❑
7. ... bot einen Einblick in die Tätigkeiten als Physiklehrer.	①	②	③	④	⑤	❑
8. ... ist ein guter Baustein für die Vorbereitung auf den späteren Lehrerberuf.	①	②	③	④	⑤	❑
9. ... ermöglichte mir, Kenntnisse und Fertigkeiten im Experimentieren zu erlangen.	①	②	③	④	⑤	❑
10. ... bot die Möglichkeit, die Handhabung schultypischer Geräte, Experimente, Materialien und Medien zu erproben.	①	②	③	④	⑤	❑
11. ... ermöglichte mir, Experten (Dozent, externer Ansprechpartner) als Unterstützung für die Erstellung meines Vortrags/ Unterrichts zu Rate zu ziehen.	①	②	③	④	⑤	❑
12. ... ermöglichte mir, eigene Erfahrung mit der Gestaltung offener Unterrichtsformen (z.B. Lernstationen) zu machen.	①	②	③	④	⑤	❑
13. ... ermöglichte mir, Physikunterricht selbstständig zu erproben.	①	②	③	④	⑤	❑
14. ... ist ein guter Baustein für die Vorbereitung auf den späteren Physikunterricht.	①	②	③	④	⑤	❑
15. ... bot Einblick, wie theoretische bekannte Unterrichtsmethoden im Physikunterricht verwirklicht werden können.	①	②	③	④	⑤	❑
16. ... zeigte Möglichkeiten auf, wie ein schülerorientierter Physikunterricht gestaltet werden kann.	①	②	③	④	⑤	❑
17. ... zeigte schülergemäße Handlungsmöglichkeiten zum Umgang und zur Nutzung von Schülervorstellungen für den Physikunterricht auf.	①	②	③	④	⑤	❑

	①	②	③	④	⑤	❑
18. ... bot Einblick über die Förderung des Umgangs mit Sprache im Physikunterricht.	①	②	③	④	⑤	❑
19. ... ermöglichte, selbstständig Aufgaben zu erstellen und zu erproben, die ich später als Lehrer in meinem Physikunterricht einsetzen kann.	①	②	③	④	⑤	❑
20. ... zeigte Möglichkeiten für Strategien zur Sicherung und Vertiefung von Wissen im Physikunterricht auf.	①	②	③	④	⑤	❑
21. ... gab Einblick über Diagnose- und Rückmeldeverfahren zur Förderung von Lernenden.	①	②	③	④	⑤	❑
22. ... förderte die Teamarbeit.	①	②	③	④	⑤	❑
23. ... verdeutlichte Ergebnisse fachdidaktischer und lernpsychologischer Forschung über das Physiklernen.	①	②	③	④	⑤	❑
24. ... bot Einblick in den Einsatz und die Wirkung von Unterrichtsmaterialien, Präsentationsmedien, Lehr-Lernsoftware usw.	①	②	③	④	⑤	❑
25. ... bot mir verschiedene Alternativen von Unterricht, sodass ich mich in der Lage fühle, Physikunterricht selbstständig zu gestalten.	①	②	③	④	⑤	❑
26. ... zeigte Handlungsmöglichkeiten zur individuellen Unterstützung von Lernenden auf (z.B. Binnendifferenzierung, gestufte Lernhilfen usw.)	①	②	③	④	⑤	❑
27. ... zeigte Möglichkeiten für verschiedene Formen der Leistungsmessung und -beurteilung auf.	①	②	③	④	⑤	❑
Zum Dozenten						
Der Dozent...						
28. ... zeigte einen souveränen Umgang mit dem Inhalt der Lehrveranstaltung.	①	②	③	④	⑤	❑
29. ... kann auch komplexe Zusammenhänge gut erklären.	①	②	③	④	⑤	❑
30. ... weckte physikalisches Verständnis.	①	②	③	④	⑤	❑
31. ... konnte gut motivieren.	①	②	③	④	⑤	❑
32. ... war gut auf die Lehrveranstaltung vorbereitet.	①	②	③	④	⑤	❑
33. ... war auf Rückkopplung mit den Studierenden bedacht.	①	②	③	④	⑤	❑
34. ... war um eine angenehme Atmosphäre in der Lehrveranstaltung bemüht.	①	②	③	④	⑤	❑
35. ... stand auch außerhalb der Lehrveranstaltungen für Rückfragen und Besprechungen zur Verfügung.	①	②	③	④	⑤	❑

Offene Frage zur Veranstaltung
Was mir gefallen hat:
Was mir nicht gefallen hat:
Verbesserungs- bzw. Veränderungsvorschläge:
Worin sehen Sie Ihren eigenen Lernfortschritt durch die Veranstaltung?
Schätzen Sie die Veranstaltung als einen sinnvollen Teil der Ausbildung zum Physiklehrer ein? Begründen Sie Ihre Aussage!

Literaturverzeichnis

Aikenhead, G. & Fleming, R. (1975). Science: A Way of Knowing. Saskatoon: University of Saskatchewan.

Akaike, H. (1987). Factor analysis and AIC. Psychometrika, 52, 317-322.

Al-Diban, S. & Seel, N. M. (1999). Evaluation als Forschungsaufgabe von Instruktionsdesign. Unterrichtswissenschaft, 27 (1), 29-60.

Amstad, T. (1978). Wie verständlich sind unsere Zeitungen? (unveröffentlichte Dissertation). Zürich: Universität.

Anderson, J.-R., Reder, L. M. & Simon, H. A. (1996). Situated learning and education. Educational Researcher, 25 (4), 5-11.

Armbrust, A. (2001). Physikaufgaben und -informationen aus der Zeitung. *Mathematischer und Naturwissenschaftlicher Unterricht (MNU), 54* (6), 405-409.

Arnold, K. H. (Hrsg.) (2006). Unterrichtsqualität und Fachdidaktik. Bad Heilbrunn: Klinkhardt.

Backhaus, K., Erichson, B., Plinke, W. & Weiber, R. (2000). Multivariate Analysemethoden: eine anwendungsorientierte Einführung (9. Aufl.). Berlin,: Springer.

Barnberger, R. & Vanecek, E. (1984). Lesen-Verstehen-Lernen-Schulen. Wien, Frankfurt a. Main, Arau: Juger Sauerländer.

Baumert, J. (1996). Technisches Problemlösen im Grundschulalter: Zum Verhältnis von Alltags- und Schulwissen – Eine kulturvergleichende Studie. In: Leschinsky, A. (Hrsg.), Die Institutionalisierung von Lehren und Lernen. Beiträge zu einer Theorie der Schule (S. 187ff.). Basel, Weinheim: Beltz Verlag.

Baumert, J. & Kunter, M. (2006). Stichwort: Professionelle Kompetenz von Lehrkräften. Zeitschrift für Erziehungswissenschaft, 9 (4), 469-520.

Baumert, J., Lehmann, R., Lehrke, M., Schmitz, B., Clausen, M., Hosenfeld, I., Köller, O., & Neubrand, J. (Hrsg.). (1997). TIMSS – Mathematisch-naturwissenschaftlicher Unterricht im Vergleich. Opladen: Leske + Budrich.

Bayrhuber, H., Bögeholz, S., Elster, D., Hammann, M., Hössle, C., Lücken, M., Prechtl, H. & Sandmann, A. (2007a). Biologie im Kontext – Ein Programm zur Kompetenzförderung durch Kontextorientierung im Biologieunterricht und zur Unterstützung von Lehrerprofessionalisierung. Mathematischer und Naturwissenschaftlicher Unterricht (MNU), 60 (5), 282-286.

Bayrhuber, H., Bögeholz, S., Eggert, S., Elster, D., Grube, C., Hössle, C., Linser, M., Lücken, M., Mayer, J., Müller, A., Nerdel, C., Neuhaus, B., Prechtl, H., Sandmann, A., Scheid, N. M. & Schmiermann, P. (2007b). Biologie im Kontext – Erste Forschungsergebnisse. Mathematischer und Naturwissenschaftlicher Unterricht (MNU), 60 (5), 304-313.

Bennett, J. & Lubben, F. (2002). A systematic review of the effects of context-based and Science-Technology-Society (STS) approaches in the teaching of secondary science. Version 1.1.I: Research Evidence in Education Library. London: EPPI-Centre, Social Science Research Unit, Institute of Education.

Bentler, P. M. (1990). Comparitive fit indexes in structural models. Psychological Bulletin, 107 (2), 238-246.

Bentler, P. M. & Bonett, D. G. (1980). Significance Tests and Goodness of Fit in the Analysis of. Covariance Structures. Psychological Bulletin, 88, 588-606.

Berlyne, D. (1960). Conflict, Arousal and Curiosity. New York: McGraw-Hill.

Beutelspacher, A. & Danckwerts, R. (2005). Neuorientierung der universitären Lehrerausbildung im Fach Mathematik für das gymnasiale Lehramt. Deutsche Mathematiker-Vereinigung, Deutsche Telekom Stiftung.

Björnsson, C. H. (1968): Läsbarhet. Stockholm: Liber.

Blair, K., Schwartz, D., Biswas, G. & Leelawong, K. (2006). Pedagogical Agents for Learning by Teaching: Teachable Agents. Educational Technology, 47 (1), 56-61.

Blömeke, S. (2004). Empirische Befunde zur Wirksamkeit der Lehrerbildung. In S. Blömeke, P. Reinhold, G. Tulodziecki & J. Wildt (Hrsg.), Handbuch Lehrerbildung (S. 59-91). Braunschweig: Klinkhardt.

Blum, W. & Wiegand, B. (2000). Offene Aufgaben – wie und wozu? Mathematik lehren, (2000) Nr. 100, 52-55.

Blumenfeld, P., Fishman, B. J., Krajcik, J. & Marx, R. W. (2000). Creating usable innovations in systemic reform: Scaling up technology-embedded project-based science in urban schools. Educational Psychologist, 25, 149-164.

Blumschein, P. (2003). Eine Metaanalyse zur Effektivität multimedialen Lernens am Beispiel der Anchored Instruction. Unveröffentlichte Dissertation. Freiburg: Albert-Ludwigs Universität, Institut für Erziehungswissenschaften.

Bortz, J. (1999). Statistik für Sozialwissenschaftler. Berlin, Heidelberg, New York: Springer Verlag.

Bortz, J. & Döring, H. (2002). Forschungsmethoden und Evaluation für Human- und Sozialwissenschaftler. 3. Auflage. Berlin, Heidelberg, New York: Springer Verlag

Bottge, B. A. & Hasselbring, T. S. (1993). A Comparison of Two Approaches for Teaching Complex, Authentic Mathematics Problems to Adolescents in Remedial Math Classes. *Exceptional Children*, *59* (6), 556-566.

Bottge, B. A. (1999). Effects of Contextualized Math Instruction on Problem Solving of Average and Below Average Achieving Students. *The Journal of Special Education*, *33* (2), 81-92.

Bottge, B. A., Heinrichs, M., Chan, S. & Serlin, R. C. (2001). Anchoring Adolescents' Understanding of Math Concepts in rich Problem-Solving Environments. *Remedial and Special Education*, *22* (5), 299-314.

Bottge, B. A., Heinrichs, M., Metha, Z. D. & Hung, Y.-H. (2002). Weighing the Benefits of Anchored Instruction for Students with Disabilities in General Education Classes. *Journal of Special Education*, *35* (4), 186-200.

Bottge, B. A., Heinrichs, M., Chan, S., Mehta, Z. D. & Watson, E. (2003). Effects of video-based and applied problems on the procedural math skills of average- and low-achieving adolescents. Journal of Special Education Technology, 18 (2), 5-22.

Bottge, B. A., Heinrichs, M., Mehta, Z. D., Rueda, E., Hung, Y.-H. & Dannecker, J. (2004). Teaching Mathematical Problem Solving to Middle School Students in Math, Technology Education, and Special Education Classrooms. Research in Middle Level Education, 27 (1), 1-17.

Bottge, B. A., Rueda, E., & Skivington, M. (2006). Situating math instruction in rich problem-solving contexts: Effects on adolescents with challenging behaviors. Behavioral Disorders, 31, 394-407.

Bottge, B. A., Rueda, E., LaRoque, P. T., Serlin, R. C., & Kwon, J. M. (2007a). Integrating reform-oriented math instruction in special education settings. Learning Disabilities Research & Practice 22 (2), 96-109.

Bottge, B. A., Rueda, E., Serlin, R. C., Hung, Y.-H. & Kwon, J. M. (2007b). Shrinking achievement differences with anchored math problems: Challenges and possibilities. Journal of Special Education 41 (1), 31-49.

Brahler, C. J., Peterson, N. S. & Johnson, E. C. (1999). Developing on-line learning materials for higher education: An overview of current issues [Themenheft]. Educational Technology & Society, 2 (1999).

Bransford, J. D., Stein, B. S., Delclos, V. R. & Littlefield, J. (1986). Computers and Problem Solving. In C. K. Kinzer, R. Sherwood & J. D. Bransford (Eds.), *Computer Strategies for Education* (pp. 147-180). Columbus, OH: Merrill.

Bransford, J. D., Delclos, V., Vye, N., Burns, S. & Hasselbring, T. (1987). Approaches to Dynamic Assessment: Issues, Data and Future Directions. In C. Lidz (Ed.), *Dynamic Assessment: An Interactional Approach to Evaluating Learning Potential* (pp. 479-495). New York, NY: Gildford.

Bransford, J. D. (1989). *Human Cognition: Learning, Understanding and Remembering*. Belmont, California: Wadsworth Publishing Comp.

Bransford, J. D., Sherwood, R. D., Hasselbring, T. S., Kinzer, C. K. & Williams, S. M. (1990). Anchored Instruction: Why We Need It and How Technology can Help. In R. Spiro & D. Nix (Eds.), *Cognition, Education, and Multimedia: Exploring Ideas in High Technology* (pp. 115-141). Mahwah, NJ: Lawrence Erlbaum.

Bransford, J. D. & Schwartz, D. L. (1998). A Time for Telling. *Cognition and Instruction, 16* (4), 475-522.

Bransford, J. D., Zech, L., Schwartz, D., Barron, B. & Vye, N. (2000a). Designs for Environments That Invite and Sustain Mathematical Thinking. In P. Cobb, E. Yackel & K. McClain (Eds.), *Symbolizing and Communicating in Mathematics Classrooms. Perspectives on Discourse, Tools, and Instructional Design* (pp. 275-324). Mahwah, NJ: Lawrence Erlbaum.

Bransford, J. D., Brown, A. L. & Cocking, R. R. (Eds.) (2000b). *How people learn: Brain, mind, experience and school committee on developments in the science of learning.* National Academy Press.

Broadhurst, P. L. (1957). Emotionality and the Yerkes-Dodson law. *Journal of Experimental Psychology*, 54, 345-352.

Brodbeck, F. C. & Frey, D. (1999). Gruppenprozesse. In Frey, D. & Hoyos, C. (Hrsg.): Arbeits- und Organisationspsychologie. Ein Lehrbuch (S. 358-371). Weinheim: Beltz Psychologie VerlagsUnion.

Brown, A. L. (1989). Analogical learning and transfer: What develops? In S. Vosniadou & A. Ortony (Eds.), Similarity and analogical reasoning (pp. 369-412). Cambridge, MA: Cambridge University Press.

Brown, A. L. & Palincsar, A. S. (1989). Guided cooperative learning and individual knowledge acquisition. In L. B. Resnick (Ed.), Knowing, learning and instruction: Essays in honour of Robert Glaser (pp. 393-452). Hillsdale, NJ: Lawrence Erlbaum.

Browne, M. W. & Cudeck, R. (1993). Alternative ways of assessing model fit. In K. A. Bollen & J. S. Long (Eds.), Testing structural equation models. Newbury Park, CA: Sage.

Brown, J., Collins, A. & Duguid, P. (1989). Situated cognition and the culture of learning. Educational Researcher, 18 (1), 32-42.

Bruder, R. (2000). Mit Aufgaben arbeiten. Mathematik lehren, (2000) Nr. 101, 12-17.

Bruder, R. (2003). Konstruieren – auswählen – begleiten: Über den Umgang mit Aufgaben. Friedrich Jahresheft: Aufgaben, (2003) Nr. XXI, 12-15.

Bryant, S. M. & Hunton, J. E. (2000). The Use of Technology in the Delivery of Instruction: Implications for Accounting Educators and Education Researchers. *Issues in Accounting Education, 15*(1).

Bund-Länder-Kommission für Bildungsplanung und Forschungsförderung (BLK) (Hrsg.). (1997). Gutachten zur Vorbereitung des Programms ‚Steigerung der Effizienz des mathematisch-naturwissenschaftlichen Unterrichts'. Bonn: Bund-Länder-Kommission für Bildungsplanung und Forschungsförderung (BLK). Verfügbar unter: http://www.blk-info.de/fileadmin/BLK-Materialien/heft60.pdf (Heft 60) [Stand: 06/2008]

Burton, G. (1994). Salters Advanced Chemistry Project: Chemical Ideas. Oxford: Heinemann Education.

Casey, C. (1996). Incorporating cognitive apprenticeship in multi-media. Educational Technology Research and Development, 44 (1), 71-84.

Clark, R. E. & Salomon, G. (1983). Media in reaching. In M. Wittrock (Ed.), Handbook of Research on Teaching, 3rd Ed. (pp. 464-478). New York, NY: Macmillan.

Clark, R. (1983). Reconsidering Research on Learning from Media. *Review of Educational Research, 53* (4), 445-459.

Cognition and Technology Group at Vanderbilt (CTGV). (1990). Anchored Instruction and its Relationship to Situated Cognition. *Educational Researcher, 19* (6), 2-10.

Cognition and Technology Group at Vanderbilt (CTGV). (1991). Technology and the Design of Generative Learning Environments. *Educational Technology, 31*, 34-40.

Cognition and Technology Group at Vanderbilt (CTGV). (1992a). The Jasper Series as an Example of Anchored Instruction: Theory, Program Description, and Assessment Data. *Educational Psychologist, 27*, 291-315.

Cognition and Technology Group at Vanderbilt (CTGV). (1992b). The Jasper Experiment: An Exploration of Issues in Learning and Instructional Design. *Educational Technology Research and Development, 40*, 65-80.

Cognition and Technology Group at Vanderbilt (CTGV). (1993a). Anchored Instruction and Situated Cognition Revisited. *Educational Technology, 33*, 52-70.

Cognition and Technology Group at Vanderbilt (CTGV). (1993b). Toward Integrated Curricula: Possibilities From Anchored Instruction. In M. Rabinowitz (Ed.), *Cognitive Science Foundations of Instruction* (pp. 33-55). Hillsdale, NJ: Lawrence Erlbaum.

Cognition and Technology Group at Vanderbilt (CTGV). (1993c). Anchored Instruction and Situated Cognition Revisited. *Educational Technology, 33*(3), 52-70.

Cognition and Technology Group at Vanderbilt (CTGV). (1993c). The Jasper series: Theoretical Foundations and Data on Problem Solving and Transfer. In L. A. Penner, G. M. Batsche, H. M. Knoff & D. L. Nelson (Eds.), *The Challenges in Mathematics and Science Education: Psychology's Response* (pp. 113-152). Washington, DC: American Psychological Association.

Cognition and Technology Group at Vanderbilt (CTGV). (1994a). From Visual Word Problems to Learning Communities: Changing Conceptions of Cognitive Research. In K. McGilly (Ed.), *Classroom Lessons: Integrating Cognitive Theory and Classroom Practice* (pp. 157-200). Cambridge, MA: MIT Press.

Cognition and Technology Group at Vanderbilt (CTGV). (1994b). Multimedia Environments for Enhancing Student Learning in Mathematics. In S. Vosniadou, E. De Corte & H. Mandl (Ed.), *Technology Based Learning Environments. Psychological and Educational Foundations.* (Vol. 137, pp. 167-173). Berlin, Heidelberg: Springer-Verlag.

Cognition and Technology Group at Vanderbilt (CTGV). (1996). Looking at Technology in Context: A Framework for Understanding Technology and Education Research. In D. C. Berliner & R. C. Calfee (Eds.), *The Handbook of Educational Psychology* (pp. 807-840). New York, NY: MacMillan Publishing.

Cognition and Technology Group at Vanderbilt (CTGV). (1997). *The Jasper Project. Lessons in Curriculum, Instruction, Assessment and Professional Development.* Mahwah, NJ: Lawrence Erlbaum.

Cognition and Technology Group at Vanderbilt (CTGV). (2000). Adventures in Anchored Instruction: Lessons from Beyond the Ivory Tower. In R. Glaser (Ed.), *Advances in Educational Psychology.* Hillsdale, NJ: Lawrence Erlbaum.

Cohen, J. (1960). A coefficient of agreement for nominal scales. Educational and Psychological Measurement, 20 (1960), 37-46.

Cohen, J. (1988). *Statistical Power Analysis for the Behavioral Sciences*. Hillsdale, NJ: Lawrence Erlbaum.

Collins, A., Brown, J. S. & Newman, S. (1989). Cognitive apprenticeship: Teaching the crafts of reading writing and mathematics. In L. B. Resnick (Ed.), Knowing, learning and instruction: Essays in honour of Robert Glaser (pp. 453-494). Hillsdale, NJ: Lawrence Erlbaum.

Craik F. & Lockhart, R. (1972). Levels of processing: A framework for memory research. Journal of Verbal Learning & Verbal Behaviour, 11, 671-684.

Crews, H., Biswas, G., Goldman, S. & Bransford, J. (1997). Anchored Interactive Learning Environments. *International Journal of AI in Education, 8*, 142-178.

Dahncke, H., Duit, R., Gilbert, J., Östman, L., Psillos, D. & Pushkin, D. (2001). Science education versus science in the academy: Questions-discussions-perspectives. In H. Behrendt, H. Dahncke, R. Duit, W. Gräber, M. Komorek, A. Kross & P. Reiska (Eds.), Research in science education – Past, present, and future (pp. 43-48). Dordrecht, The Netherlands: Kluwer Academic Publishers.

De Corte, E. (2003). Designing Learning Environments that Foster the Productive Use of Acquired Knowledge and Skills. In E. De Corte, L. Verschaffel, N. Entwistle & J. van Merrienboer (Eds.), Powerful Leraning Environments: Unravelling Basic Components and Dimensions (pp. 21-34). Amsterdam: Pergamon.

De Corte, E., Verschaffel, L. & Masui, C. (2004). The CLIA-Model: A framework for designing powerful learning environments for thinking and problem solving. (European Journal of Psychology of Education, 19 (4), 365-384.

Demuth, R., Parchmann, I. & Ralle, B. (Hrsg.). (2006). Chemie im Kontext. Sekundarstufe II. Berlin: Cornelsen.

Deutsche Mathematiker-Vereinigung (DMV), Gesellschaft Deutscher Mathematiker (GDM) & Deutscher Verein zur Förderung des mathematischen und naturwissenschaftlichen Unterrichts (MNU). (2007). Für ein modernes Lehramtsstudium im Fach Mathematik. Mitteilungen der Deutschen Mathematiker-Vereinigung (MDMV), 15 (3), 146-150.

Deutsche Physikalische Gesellschaft (DPG). (Hrsg.). (2006). Thesen für ein modernes Lehramtsstudium. Bad Honnef: Eigenverlag. Verfügbar unter: http://www.dpg-physik.de/static/info/lehramtsstudie_2006.pdf [Stand: 06/2008].

Deutsches PISA-Konsortium (Hrsg.). (2001). PISA 2000 – Basiskompetenzen von Schülerinnen und Schülern im internationalen Vergleich. Opladen: Leske und Budrich.

Deutsches PISA-Konsortium (Hrsg.). (2002). PISA 2000 – Die Länder der Bundesrepublik Deutschland im Vergleich. Opladen: Leske und Budrich.

Deutsches PISA-Konsortium (Hrsg.). (2003). PISA 2000 – Ein differenzierter Blick auf die Länder der Bundesrepublik Deutschland. Opladen: Leske und Budrich.

Ditton, H. (1998). Mehrebenenanalyse. Grundlagen und Anwendungen des hierarchisch linearen Modells. Weinheim: Juventa.

Ditton, H. & Krecker, L. (1995). Qualität von Schule und Unterricht. Zeitschrift für Pädagogik, 4, 507-529.

Dörner, D. (1976). Problemlösen als Informationsverarbeitung. Klett: Stuttgart.

Duffy, E. (1957). The psychological significance of the concept of "arousal" or "activation." *Psychological Review*, 64, 265-275.

Duit, R. (2007). Zum Stand der naturwissenschaftsdidaktischen Forschung im deutschsprachigen Raum. In D. Höttecke (Hrsg.), Naturwissenschaftlicher Unterricht im internationalen Vergleich (S. 622-624). Münster: LIT

Duit, R. & Mikelskis-Seifert, S. (2007). Kontextorientierter Unterricht: Wie man es einbettet, so wird es gelernt. Unterricht Physik, 18 (98), 4-8.

Duit, R., Niedderer, H. & Schecker, H. (2007). Teaching Physics. In S. K. Abell & N. G. Lederman (Eds.), Handbook of Research on Science Education (pp. 599-630). Mahwah, NJ: Lawrence Erlbaum.

Duit, R. & Widodo, A. (2004). Konstruktivistische Sichtweisen vom Lehren und Lernen und die Praxis des Physikunterrichts. Zeitschrift für Didaktik der Naturwissenschaften (ZfDN), 10 (2004), 233-255.

Edelmann, W. (1996). *Lernpsychologie*. Weinheim: Beltz Psychologische Verlagsunion.

Eilks, I., Fischer, H. E., Hammann, M., Neuhaus, B., Petri, J., Ralle, B., Sandmann, A., Schön, L.-H., Sumfleth, E., Vogt, H. & Bayrhuber, H. (2005). Forschungsergebnisse zur Neugestaltung des Unterrichts in den Naturwissenschaften. In H. Bayrhuber, B. Ralle, K. Reiss, L.-H. Schön & H. J. Vollmer (Hrsg.), Konsequenzen aus PISA (S. 197-215). Innsbruck, Wien, Bozen: StudienVerlag.

Engeln, K. (2004). Schülerlabors: authentische aktivierende Lernumgebungen als Möglichkeit, Interesse an Naturwissenschaften und Technik zu wecken. Berlin: Logos Verlag

Euler, D. (2001). Transferförderung in Modellversuchen (Dossier zum Modellversuchsprogramm KOLIBRI). St. Gallen: Institut für Wirtschaftspädagogik, Universität. Verfügbar unter: http://www.iwp.unisg.ch/kolibri/Downloads/Doss-Transferfv2_0.pdf [Stand: 06/2008].

Eysenck, M. (1982). Attention and Arousal. New York: Springer.

Fach, M., Kandt, W. & Parchmann, I. (2006). Offene Lernaufgaben im Chemieunterricht – Kriterien für die Gestaltung und Einbettung. MNU 59 (2006) Nr. 5, 284-291

Fey, A., Gräsel, C., Puhl, T. & Parchmann, I. (2004). Implementation einer kontextorientierten Unterrichtskonzeption für den Chemieunterricht. Unterrichtswissenschaft 32 (3), 238-256.

Fishman, B. & Krajcik, J. (2003). What does it mean to create sustainable science curriculum innovations? A commentary. Science Education, 87, 564-573.

Fitz-Gibbon, C. T. & Morris, L. L. (1987). How to analyze data. London: Sage.

Fischer, F. & Wecker, C. (2006). Pasteurs Quadrant und die Diskussion in den USA um die Verbesserung des praktischen Nutzens der Bildungsforschung. In A. Brüggemann & R. Bromme (Hrsg.), Entwicklung und Bewertung von anwendungsorientierter Grundlagenforschung in der Psychologie – Rundgespräche und Kolloquien der Deutschen Forschungsgemeinschaft (S. 27-37). Berlin: Akademie Verlag.

Frey, K. (2002). *Die Projektmethode*. Weinheim: Beltz.

Fröhlich, I., Bieber, G. & Horn, M. E. (2003). Physiklernen mit offenen Aufgaben – Erfahrungen mit dem BLK-Programm SINUS in Brandenburg. Didaktik der Physik. Beiträge zur Frühjahrstagung der DPG – Augsburg 2003. CD zur Frühjahrstagung des Fachverbandes Di-daktik der Physik in der DPG.

Funke, J. (2003). Problemlösendes Denken. Stuttgart: Kohlhammer.

Gardner, H. (1994). Der ungeschulte Kopf: Wie Kinder denken. Stuttgart: Klett-Cotta.

Gerstenmaier, J. (1999). Situiertes Lernen. In C. Perleth & A. Ziegler (Hrsg.), Pädagogische Psychologie (S. 236-246). Bern, Göttingen, Toronto, Seattle: Verlag Hans Huber.

Gerstenmaier, J. & Mandl, H. (1995). Wissenserwerb unter konstruktivistischer Perspektive. Zeitschrift für Pädagogik, 41, 867-888.

Gerstenmaier, J. & Mandl, H. (2001). Methodologie und Empirie zum Situierten Lernen (Forschungsbericht Nr. 137). München: Ludwig-Maximilian-Universität, Lehrstuhl für Empirische Pädagogik und Pädagogische Psychologie.

Glass, G. V., McGraw, B. & Smith, M. L. (1981). Meta-analysis in social research. London: Sage.

Gollwitzer, M., Banse, R., Eisenbach, K. & Naumann, A. (2007). Effectiveness of the Vienna Social Competence Training on Explicit and Implicit Aggression – Evidence from an Aggressiveness-IAT. European Journal of Psychological Assessment, 3 (3), 150-156.

Gräsel, C. & Parchmann, I. (2004a). Die Entwicklung und Implementation von Konzepten situierten, selbstgesteuerten Lernens. Zeitschrift für Erziehungswissenschaft 7 (3), 171-184.

Gräsel, C. & Parchmann, I. (2004b). Implementationsforschung – oder: der steinige Weg, Unterricht zu verändern. Unterrichtswissenschaft 32 (3), 196-214.

Greeno, J. G. (1989). Situations, Mental Models and Generative Knowledge. In D. Klahr & K. Kotovsky (Eds.), Complex Information Processing: The Impact of Herbert A. Simon (pp. 285-318). Hillsdale, NJ: Lawrence Erlbaum.

Greeno, J. G. (1994). Gibson's Affordance. Psychological Review, 101, 336-342.

Greeno, J. G., Smith, D. R. & Moore, J. L. (1993). Transfer of situated learning. In D. K. Dettermann & R. J. Sternberg (Eds.), Transfer on trial: Intelligence, cognition and instruction (S. 99-167). Norwood, NJ: Ablex.

Griffin, M. M. (1995). You Can't Get There from Here: Situated Learning, Transfer and Map Skill. *Contemporary Educational Psychology, 20*, 65-87.

Gräsel, C., Prenzel, M. & Mandl, H. (1993). Konstruktionsprozesse beim Bearbeiten eines fallbasierten Computerlernprogramms. In C. Tarnai (Hrsg.), Beiträge zur empirischen pädagogischen Forschung (S. 55-67). Münster: Waxmann.

Gruber, H. (2006). Situiertes Lernen. In K.-H. Arnold, J. Wiechmann & U. Sandfuchs (Hrsg.), *Handbuch Unterricht*. Bad Heilbrunn: Klinkhardt.

Gruber, H., Law, L.-C., Mandl, H. & Renkl, A. (1995). Situated learning and transfer. In P. Reimann & H. Spada (Eds.), Learning in humans and machines: Towards an interdisciplinary learning science (pp. 168-188). Oxford: Pergamon.

Gruber, H., Mandl, H. & Renkl, A. (2000). Was lernen wir in Schule und Hochschule: Träges Wissen? In H. Mandl & J. Gerstenmaier (Hrsg.), *Die Kluft zwischen Wissen und Handeln* (S. 139-156). Göttingen: Hogrefe.

Hartinger, A., Kleickmann, T. & Hawelka, B. (2006). Der Einfluss von Lehrervorstellungen zum Lernen und Lehren auf die Gestaltung des Unterrichts und auf motivationale Schülervariablen. Zeitschrift für Erziehungswissenschaft, 9 (1), 110-126.

Hayduk, L. A. (1987). Structural equation modelling with LISREL: Essentials and advances. Baltimore: The John Hopkins University Press.

Henninger, M., Mandl, H., Pommer, M. & Linz, M. (1999). Die Veränderung sprachrezeptivem Handelns: Einfluß des instruktionalen Gestaltungsprinzips Authentizität. Zeitschrift fü Entwicklungspsychologie und Pädagogische Psychologie, 31 (1), 1-10.

Helmke, A. (2007). Unterrichtsqualität erfassen – bewerten – verbessern. Seelze: Kallmeyer.

Helmke, A. & Schrader, F.-W. (2001). School achievement, cognitive and motivational determinants. In N. J. Smelser & P. B. Baltes (Eds.), International Encyclopedia of the Social and Behavioural Sciences, Vol. 20 (pp. 13552-13556). Oxford: Elsevier.

Herget, W. & Scholz, D. (1998). *Die etwas andere Aufgabe – aus der Zeitung. Mathematik-Aufgaben Sek. I*. Seelze: Kallmeyersche Verlagsbuchhandlung.

Hickey, D. T., Moore, A. L. & Pellegrino, J. W. (2001). The Motivational and Academic Consequences of Elementary Mathematics Environments: Do Constructivist Innovations and Reforms Make a Difference? *American Educational Research Journal, 38* (3), 611-652.

Hochweber, J. (2004). Korrelate der Mathematikleistung von Viertklässlern – Eine mehrebenenanalytische Untersuchung. Unveröffentlichte Diplomarbeit im Studiengang Diplom-Psychologie. Landau, Universität, Institut für Psychologie.

Hofer, M. (2005). Stellungnahme zu den zehn Anträgen im Projektverbund „Empirische Unterrichtsforschung". Unveröffentlichtes Gutachten. Mannheim: Universität, Fakultät für Sozialwissenschaften, Lehrstuhl Erziehungswissenschaft II.

Hoffmann, L., Häußler, P. & Peters-Haft, S. (1997). An den Interessen von Mädchen und Jungen orientierter Physikunterricht. Ergebnisse eines BLK-Modellversuches. Kiel: IPN.

Hoffmann, L., Häußler, P. & Lehrke, M. (1998). Die IPN-Interessenstudie Physik. Kiel: IPN.

Hosenfeld, I. (2002). Kausalitätsüberzeugungen und Schulleistungen (Pädagogische Psychologie und Entwicklungspsychologie, Vol. 34). Münster: Waxmann.

Hox, J. J. (1995). Applied Multilevel Analysis. Amsterdam: TT-Publikaties.

Hox, J. J. (1998). Multilevel modeling: when and why. In I. Balderjahn, R. Mathar & M. Schader (Hrsg.), Classification, data analysis, and data highways (S. 147-154). New York: Springer.

Hox, J. J. (2002). Multilevel Analysis: Techniques and Application. Mahwah, NJ: Lawrence Erlbaum.

Hullman, D. & Kalnin, J. (2003). Collaborative inquiry to make data-based decisions in schools. Teaching and Teacher Education, 19, 569-580.

Institut für die Pädagogik der Naturwissenschaften (IPN). (1975). IPN Curriculum Physik für das 9. und 10. Schuljahr. Kiel: IPN.

Jahnke, T. (1998). Zur Kritik und Bedeutung der Stoffdidaktik. Mathematica Didactica, 21, 61-74.

Jenkins, E. (2001). Research in science education in Europe: Retrospect and prospect. In H. Behrendt, H. Dahncke, R. Duit, W. Gräber, M. Komorek, A. Kross & P. Reiska (Eds.), Research in science education – past, present, and future (pp. 17-26). Dordrecht, The Netherlands: Kluwer Academic.

Jöreskog, K. & Sörbom, D. (2005). Das LISREL-Handbuch. Chicago: Scientific Software International, Inc.

Kafai, Y. B. (1996). Software by Kids for Kids. *Communication of the ACM, 39* (4), 38-39.

Kakalios, J. (2006). Physik der Superhelden. Berlin: Rogner & Bernhard.

Kerres, M. & Gorhan, E. (1999). Status und Potentiale multimedialer und telemedialer Lernangebote in der betrieblichen Weiterbildung. In QUEM (Hrsg.), *Kompetenzentwicklung* (S. 18ff.). Münster: Waxmann.

Kerres, M. (2001). Mediendidaktische Professionalität bei der Konzeption und Entwicklung technologiebasierter Lernszenarien. In B. Herzig (Hrsg.), *Medien machen Schule, Grundlagen, Konzepte und Erfahrungen zur Medienbildung* (S. 22ff.). Bad Heilbrunn: Klinkhardt.

Kerres, M. (2002). Bunter, besser, billiger? Zum Mehrwert digitaler Medien in der Bildung. *Informationstechnik und Technische Informatik, 44* (4), 187-192.

Kleickmann, T., Möller, K., Jonen, A. (2005). Effects of in-service teacher education courses on teachers' pedagogical content knowledge in primary science. In H. Gruber (Ed.), Bridging Individual, Organisational, and Cultural Aspects of Professional Learning (pp. 51-58). Regensburg: Roderer.

Kleickmann, T., Möller, K. & Jonen, A. (2006). Die Wirksamkeit von Fortbildungen und die Bedeutung von tutorieller Unterstützung. In R. Hinz & T. Pütz (Hrsg.), Professionelles Handeln in der Grundschule – Entwicklungslinien und Forschungsbefunde (S. 121-128). Hohengehren: Schneider Verlag.

Klieme, E. & Stanat, P. (2002). Zur Aussagekraft internationaler Schulleistungsvergleichsstudien – Befunde und Erklärungsansätze am Beispiel von PISA. Bildung und Erziehung, 55, 25-44.

Kline, R. B. (1998). Principles and Practice of Structural Equation Modelling. New York: Guilford Press.

KMK – Sekretariat der Ständigen Konferenz der Kultusminister der Länder in der Bundesrepublik Deutschland (Hrsg.) (2004). Standards für die Lehrerbildung: Bildungswissenschaften. Verfügbar unter: http://www.kmk.org/doc/beschl/standards_lehrerbildung.pdf [Stand: 06/2008]

KMK – Sekretariat der Ständigen Konferenz der Kultusminister der Länder in der Bundesrepublik Deutschland (Hrsg.) (2005). Bildungsstandards im Fach Physik für den Mittleren Schulabschluss. München: Luchterhand.

Kornmann, A. & Horn, R. (2001). SSB – Screeningverfahren für Schul- und Bildungsberatung. Teil 2. Frankfurt a. M.: Swets Test Services GmbH.

Kourilsky, M. & Wittrock, M. C. (1992). Generative Teaching: An Enhancement Strategy for the Learning of Economics in Cooperative Groups. *American Educational Research Journal, 29*(4), 861-876.

Kreft, I. & De Leeuw, J. (1998). Introducing Multilevel Modeling. London: Sage Publications.

Kuhn, J. (2005). The Modified 'Anchored Instruction'-Approach: Anchor-Media and 'Task-Culture' in Physics Education Within the Theoretical Framework of Situated Learning. *ACTA SYSTEMICA – IIAS International Journal*, Vol. V, No. 1, 17-26.

Kuhn, J. (2007a). Authentische Aufgaben im Physikunterricht: Nachhaltige Bildung durch Entwicklung von Ankermedien und ‚Kultivierung' von Aufgaben. In D. Lemmermöhle, M. Rothgangel, S. Bögeholz, M. Hasselhorn & R. Watermann (Hrsg.), Professionell lehren – Erfolgreich lernen (S. 251-263). Münster: Waxmann Verlag.

Kuhn, J. (2007b). Authentische Aufgaben im Physikunterricht: Effektivität und Optimierung von Zeitungsaufgaben. In V. Nordmeier & A. Oberländer (Hrsg.), Didaktik der Physik. Beiträge zur Frühjahrstagung der DPG – Regensburg 2007 [CD]. Berlin: Lehmanns Media.

Kuhn, W. (2003). Aus Fehlern Lernen [Themenheft]. Praxis der Naturwissenschaften (PdN) – Physik 52 (2003), Heft 1.

Kuhn, J. & Müller, A. (2004). Optische Wahrnehmung zwischen Physik und Biologie: Aufgaben und Schülerversuche. *Praxis der Naturwissenschaften (PdN) – Physik, 53* (2004), Heft 8, 22-29.

Kuhn, J. & Müller, A. (2005a). Ankermedien und ‚Aufgabenkultur' im Physikunterricht: Zwei empirische Studien im theoretischen Rahmen des situierten Lernens. In V. Nordmeier & A. Oberländer (Hrsg.), Didaktik der Physik. Beiträge zur Frühjahrstagung der DPG – Berlin 2005 [CD]. Berlin: Lehmanns Media.

Kuhn, J. & Müller, A. (2005b). Ein modifizierter ‚Anchored Instruction'-Ansatz im Physikunterricht: Ergebnisse einer Pilotstudie. *Empirische Pädagogik (EP) 19* (2005), Heft 3, 281-303.

Kuhn, J. & Müller, A. (2005c). The Modified 'Anchored Instruction'-Approach: Anchor-Media and 'Task-Culture' in Physics Education Within the Theoretical Framework of Situated Learning. Paper presented on the First European Physics Education Conference (EPEC-1) in Bad Honnef in July 2005. Landau: University, Department of Physics.

Kuhn, J. & Müller, A. (2006). Authentische Aufgaben – ‚Zeitungsaufgaben' als Beispiel zur Umsetzung von Bildungsstandards in Physik. *Praxis der Naturwissenschaften (PdN) – Physik 55* (2006), Heft 4, 29-34.

Kuhn, J. & Müller, A. (2007a). LeBi-Net: Vernetzung in der Lehrerbildung durch ein regionales LehrerBildungs-Netzwerk. In V. Nordmeier & A. Oberländer (Hrsg.), Didaktik der Physik. Beiträge zur Frühjahrstagung der DPG – Regensburg 2007 [CD]. Berlin: Lehmanns Media.

Kuhn, J. & Müller, A. (2007b). Authentische Aufgaben im Physikunterricht: Der Modifizierte ‚Anchored Instruction'-Ansatz – Chance und Perspektiven für eine nachhaltige Bildung. In R. S. Jäger (Hrsg.), Bildung muss nachhaltig sein! Deutscher Innovationspreis für nachhaltige Bildung (S. 62-77). Landau: Verlag Empirische Pädagogik (VEP).

Kuhn, J. & Müller, A. (2007c). Authentische Aufgaben zur Kompetenzausrichtung: Kriterien zur Gestaltung offener Aufgaben *Praxis der Naturwissenschaften (PdN) – Physik 56* (2007), Heft 6, 38-45.

Kuhn, J. & Müller, A. (2007d). Operationalisierung des Offenheitsgrades am Beispiel authentischer Aufgaben. In D. Höttecke (Hrsg.), Naturwissenschaftlicher Unterricht im internationalen Vergleich (S. 148-150). Münster: LIT.

Kulgemeyer, C. (2007). Weiterentwicklung und weitere Entwicklung von PISA-ähnlichen Aufgaben. Schriftliche Hausarbeit zur ersten Staatsprüfung für das Lehramt an öffentlichen Schulen (Sek. II/I). Bremen: Universität, Fachbereich 1 (Physik/Elektrotechnik).

Kulgemeyer, C. & Schecker, H. (2008). Was ist eine PISA-Aufgabe? Ein Vergleich bisheriger Testdurchläufe. In D. Höttecke (Hrsg.), Kompetenzen, Kompetenzmodelle, Kompetenzentwicklung. Gesellschaft für Didaktik der Chemie und Physik. Jahrestagung in Essen 2007 (S. 284-286). Münster: LIT-Verlag.

Kunter, M., Dubberke, T. Baumert, J., Blum, W., Brunner, M., Jordan, A., Klusmann, U., Krauss, S., Löwen, L., Neubrand, J. & Tsai, Y.-M. (2006). Mathematikunterricht in den PISA-Klassen 2004: Rahmenbedingungen, Formen und Lehr-Lernprozesse. In M. Prenzel, J. Baumert, W. Blum, R. Lehmann, D. Leutner, M. Neubrand, R. Pekrun, H.-G. Rolff, J. Rost

& U. Schiefele (Hrsg.), PISA 2003: Untersuchungen zur Kompetenzentwicklung im Verlauf eines Schuljahres (pp. 161-194). Münster: Waxmann.

Kunter, M., Klusmann, U., Dubberke, T. Baumert, J., Blum, W., Brunner, M., Jordan, A., Krauss, S., Löwen, L., Neubrand, J. & Tsai, Y.-M. (2007). Linking Aspects of Teacher Competence to Their Instruction: Results from the COACTIV Projekt. In Studies on the educational quality of schools. The final report on DFG Priority Programme. Münster: Waxmann.

Labudde, P. (2002). Situiertes Lernen in fachdidaktischen Lehr-Lern-Veranstaltungen. In V. Nordmeier & A. Oberländer (Hrsg.), Didaktik der Physik – Bremen 2001. Berlin: Lehmanns Media.

Landis, J. R. & Koch G. G. (1977). The measurement of observer agreement for categorical data. Biometrics, 33, 159-174.

Lave, J. (1988). Cognition in Practice: Mind, Mathematics and Culture in Everyday Life. Cambridge, MA: Cambridge University Press.

Lave, J. & Wenger, E. (1991). Situated Learning. Legitimate peripheral participation. Cambridge, MA: Cambridge University Press.

Law, L.-C. (2000). Die Überwindung der Kluft zwischen Wissen und Handeln aus situativer Sicht. In H. Mandl & J. Gerstenmaier (Hrsg.), Die Kluft zwischen Wissen und Handeln (S. 253-287). Göttingen: Hogrefe.

Lang, D., Mengelkamp, C. & Jäger, R. S. (2004). Entwicklung von Testverfahren zur Berufsberatung von Schülern. Empirische Pädagogik, 18 (3), 281ff.

Langer, W. (2004). Mehrebenenanalyse: Eine Einführung für Forschung und Praxis. Wiesbaden: VS-Verlag.

Langer, W. (2006). Neuere Entwicklungen bei den Fitindizes für LISREl-Modelle. Verfügbar unter: http://www.soziologie.uni-halle.de/langer/lisrel/skripten/lisfit2.pdf [Stand: 06/2008].

Langer, I., Schulz von Thun, F. & Tausch, R. (1974). Verständlichkeit in Schule Verwaltung, Politik und Wissenschaft. München, Basel: Reinhardt.

Lehrl, S. (1999). Mehrfachwortschatz-Intelligenztest: Manual mit Block MWT-B. Balingen: Spitta Verlag.

Leisen, J. (2005). Zur Arbeit mit Bildungsstandards – Lernaufgaben als Einstieg und Schlüssel. Mathematischer und Naturwissenschaftlicher Unterricht (MNU) 58 (5), 306-308.

Leisen, J. (2006). Aufgabenkultur im mathematisch-naturwissenschaftlichen Unterricht. Mathematischer und Naturwissenschaftlicher Unterricht (MNU), 59 (5), 260-266.

Leisen, J. (2007). Problemorientierter Unterricht und Aufgabenkultur. In S. Mikelskis-Seifert & T. Rabe (Hrsg.), Physik-Methodik: Handbuch für die Sekundarstufen I und II (S. 82-94). Berlin: Cornelsen Verlag Scriptor.

Leutner, D. (1992). Adaptive Lehrsysteme. Instruktionspsychologische Grundlagen und experimentelle Analysen. Weinheim: Beltz.

Leutner, D. (2001). Instruktionspsychologie. In D. Rost (Hrsg.), Handwörterbuch Pädagogische Psychologie (S. 267-275). Weinheim: Beltz.

Lowe, J. (2001). Computer-based education: Is it a panacea? *Journal of Research on Technology in Education*, *34* (2), 163-171.

Ludwig, P. H. (2001). Pygmalioneffekt. In Rost, D. (Hrsg.): Handwörterbuch der Pädagogischen Psychologie (S. 567-572). Weinheim: Beltz Psychologie VerlagsUnion.

Maas, C. J. M. & Hox, J. J. (2004a). The influence of violations of assumptions on multilevel parameter estimates and their standard errors. Computational Statistics and Data Analysis, 46 (3), 427-440.

Maas, C. J. M. & Hox, J. J. (2004b). Robustness issues in multilevel regression analysis. Statistica Neerlandica, 58, 127-137.

Maas, C. J. M. & Hox, J. J. (2005). Sufficient Sample Sizes for Multilevel Modeling. Methodology, 1 (3), 85-91.

Mandl, H., Gruber, H., Renkl, A. (1993). Misconceptions and knowledge compartmentalization. In G. Strube & K. F. Wender (Eds.), The cognitive psychology of knowledge. Advances in Psychology (S.161-176): Amsterdam: Elsevier.

Mandl, H., Gruber, H., Renkl, A. (1997). Situiertes Lernen in multimedialen Lernumgebungen. In L. J. Issing & P. Klimsa (Hrsg.), Information und Lernen mit Multimedia (S.166-178): Weinheim: Beltz-PVU.

Mandl, H. & Kopp, B. (2005). Situated Learning: Theories and models. In Nentwig, P. & Waddington, D. (Eds.): Context based learning of science. Münster, New York, München, Berlin: Waxmann.

Marsh, H. W., Balla, J. R. & Hau, K-F. (1996). An Evaluation of Incremental Fit Indexes: A Clarification of Mathematical and Empirical Properties. In G.A. Marcoulides & R.E. Schumacker (Eds.), Advanced Structural Equation Modeling. Issues and Techniques (pp. 315-353). Mahwah, NJ: Erlbaum,

Marsh, H. W. & Hocevar, D. (1985). Application of confirmatory factor analysis to the study of self-concept: first- and higher order factor models and their invariances across groups. Psychological Bulletin, 97 (3), 562-582.

MBFJ – Ministerium für Bildung, Frauen und Jugend (Hrsg.). (2004a). Erwartungshorizonten (Klassenstufe 6 und 8) zu den Bildungsstandards für den Mittleren Schulabschluss Deutsch. Verfügbar unter: http://bildungsstandards.bildung-rp.de/uploads/media/Endfassung_Erwartungshorizonte_Deutsch_Gesamtdatei_04-09-02_03.pdf [Stand: 06/2008].

MBFJ – Ministerium für Bildung, Frauen und Jugend (Hrsg.). (2004b). Erwartungshorizonten (Klassenstufe 6 und 8) zu den Bildungsstandards für den Mittleren Schulabschluss Mathematik. Verfügbar unter: http://bildungsstandards.bildung-rp.de/uploads/media/EHMathematik_Stand010904a_05.pdf [Stand: 06/2008].

MBFJ – Ministerium für Bildung, Frauen und Jugend (Hrsg.). (2005). Erwartungshorizonten (Klassenstufe 6 und 8) zu den Bildungsstandards für den Mittleren Schulabschluss: Biologie, Chemie, Physik. Verfügbar unter: http://bildungsstandards.bildung-rp.de/uploads/media/EH_NatWiss_26.08.2005_05.pdf [Stand: 06/2008].

MBWW – Ministerium für Bildung, Wissenschaft und Weiterbildung Rheinland-Pfalz (Hrsg.). (1998). Lehrplanentwurf Physik – Realschule, Gymnasium (Klassen 7/8-10). Grünstadt: Sommer Druck und Verlag.

Mehlhorn, G. & Mehlhorn, H.-G. (1979). Untersuchungen zum schöpferischen Denken bei Schülern, Lehrlingen und Studenten. Berlin: Volk und Wissen

Mikelskis-Seifert, S. & Duit, R. (2007). Physik im Kontext – Innovative Unterrichtsansätze für den Schulalltag. Mathematischer und Naturwissenschaftlicher Unterricht (MNU), 60 (5), 265-274.

Millar, R. (2005). Contextualised science courses: Where next?. In Nentwig, P. & Waddington, D. (Eds.): Context based learning of science. Münster, New York, München, Berlin: Waxmann.

Moschner, B. (2001). Instruktionspsychologie. In D. Rost (Hrsg.), Handwörterbuch Pädagogische Psychologie (S. 629-635). Weinheim: Beltz.

Muckenfuß, H. (1995). Lernen im sinnstiftenden Kontext. Entwurf einer zeitgemäßen Didaktik des Physikunterrichts. Berlin: Cornelsen.

Muckenfuß, H. (1996). Orientierungswissen und Verfügungswissen – Zur Ablehnung des Physikunterrichts durch die Mädchen. Naturwissenschaften im Unterricht: Physik, 7 (31), 20-25.

Müller, A. & Müller, W. (2002). Physikaufgaben und Kompetenzentwicklung. Naturwissenschaften im Unterricht: Physik, 1 (13), 31-33.

Müller, R. (2006). Kontextorientierung und Alltagsbezug. In H. F. Mikelskis (Hrsg.), Physikdidaktik (S. 102-118). Berlin: Cornelsen Verlag Scriptor.

Newell, A., & Simon, H.A. (1972). Human problem solving. Englewood Cliffs, NJ: Prentice Hall.

Nunally, J. C. & Bernstein, I. H. (1994). Psychometric theory. New York: McGraw-Hill, Inc.

Olechowski, R. (Hrsg.). (1995). Schulbuchforschung. Frankfurt a. M.: Verlag Peter Lang.

Opp, K. D. & Schmidt, P. (1976). Einführung in die Mehrvariablenanalyse. Hamburg: Verlag der Sozialwissenschaften.

Paas, F., van Merrienboer, J. J. G. & Adams, J. J. (1994). Measurement of Cognitive Load in Instructional Research. *Perceptual and Motor Skills, 79,* 419-430.

Papert, S. (1980). *Mindstorms: Children, Computers and Powerful Ideas*. New York, USA: Basic Book.

Parchmann, I., Demuth, R., Ralle, B., Paschmann, A. & Huntemann, H. (2001). Chemie im Kontext – Begründung und Realisierung eins Lernens in sinnstiftenden Kontexten. Praxis der Naturwissenschaften – Chemie in der Schule, 50 (1), 2-7.

Parchmann, I., Gräsel, C., Baer, A., Nentwig, P., Demuth, R., Ralle, B. & the ChiK Project Group. (2006), "Chemie im Kontext": A symbiotic implementation of e context-based teaching and learning approach. Internationale Journal of Science Education, 28 (9), 1041-1062.

Pellegrino, J. W., Hickey, D., Heath, A., Rewey, K., Vye, N. J. & CTGV (1991). Assessing the outcomes of an innovative instructional program: the 1990-1991 implementation of the "Adventures of Jasper Woodbury". Nashville, TN: Vanderbilt University.

Pellegrino, J. W. & Altman, J. E. (1997). Information technology and teacher preparation: Some critical issues and illustrative solutions. Peabody Journal of Education, 72 (1), 89-121.

Peterßen, W. H. (2004). Aufgabenorientiertes Lernen – Didaktische Überlegungen zur Förderung produktiven Wissens. – Schulmagazin 5 bis 10, 4, 9-11.

Pfendler, C. (1991). Vergleichende Bewertung der NASA-TLX Skala und der ZEIS-Skala bei der Erfassung von Lernprozessen (Bericht Nr. 92). Wachtberg: Forschungsinstitut für Anthropotechnik.

PISA-Konsortium Deutschland (Hrsg). (2004). PISA 2003 – Der Bildungsstand der Jugendlichen in Deutschland - Ergebnisse des zweiten internationalen Vergleichs. Münster: Waxmann.

PISA-Konsortium Deutschland (Hrsg.). (2007). PISA 2006 – Die Ergebnisse der dritten internationalen Vergleichsstudie. Waxmann: Münster.

Poth, T. & Gröber, S. (2006). Maßgeschneiderter Unterricht durch Just-in-Time Teaching – Vorstellung eines Unterrichtsgangs im MultiMechanics Project. Praxis der Naturwissenschaften – Physik 55 (3), 43-46.

Prenzel, M., Baumert, J., Blum, W., Lehmann, R., Leutner, D., Neubrand, M., Pekrun, R., Rolff, H.-G., Rost, J. & Schiefele, U. (Hrsg.). (2004). PISA 2003. Der Bildungsstand der Jugendlichen in Deutschland – Ergebnisse des zweiten internationalen Vergleichs. Münster: Waxman.

Prenzel, M., Duit, R., Euler, M., Lehrke, M. & Seidel, T. (2001). Erhebungs- und Auswertungsverfahren des DFG-Projekts „Lehr-Lern-Prozesse im Physikunterricht – eine Videostudie." Kiel: IPN – Leibniz-Institut für die Pädagogik der Naturwissenschaften.

Prenzel, M., Seidel, T., Lehrke, M., Rimmele, R., Duit, R. & Euler, M. (2002). Lehr-Lernprozesse im Physikunterricht – eine Videostudie. Zeitschrift für Pädagogik, 45, 139-156.

Rabe, T., Starauschek, E. & Mikelskis H. F. (2004). Textkohärenz und Selbsterklärung beim Lernen mit Texten im Physikunterricht. Ergebnisse einer Vorstudie zur lokalen Textkohärenz. In V. Nordmeier & A. Oberländer (Hrsg.), Didaktik der Physik. Beiträge zur Frühjahrstagung der DPG – Düsseldorf 2004 [CD]. Berlin: Lehmanns Media.

Radinsky, J., Bouillion, L., Lento, E. M. & Gomes, L. M. (2001). Mutual Benefit Partnerships: A Curricular Design for Authenticity. Journal of Curriculum Studies, 33 (4), 405-430.

Raudenbush, S. W. & Bryk, A. S. (2002). Hierarchical linear models: Applications and Data Analysis Methods. Thousand Oaks, CA: Sage.

Raudenbush, S. W., Bryk, A. S., Cheong, Y. & Congdon, R. T. (2004). HLM 6: Hierarchical linear and non-linear modeling. Chicago: Scientific Software International.

Reich, K. (2004). Konstruktivistische Didaktik. Lehren und Lernen aus interaktionistischer Sicht. München: Luchterhand.

Reinmann, G. & Mandl, H. (2006). Unterrichten und Lernumgebungen gestalten. In A. Krapp & B. Weidenmann (Hrsg.), Pädagogische Psychologie (S. 613-658). Weinheim: Beltz.

Reinmann-Rothmeier, G. & Mandl, H. (1998a). Wissensvermittlung: Ansätze zur Förderung des Wissenserwerbs. In F. Klix & H. Spada (Hrsg.), Wissenspsychologie, C/II/G, Enzyklopädie der Psychologie (S. 457-500). Göttingen: Hogrefe.

Reinmann-Rothmeier, G. & Mandl, H. (1998b). Wenn kreative Ansätze versanden: Implementation als verkannte Aufgabe. Unterrichtswissenschaft, 26, 292-311.

Renkl, A. (1996). Träges Wissen: Wenn Erlerntes nicht genutzt wird. Psychologische Rundschau, 47, 78-92.

Renkl, A. (2002). Worked-out examples: instructional explanations support by self-explanations. Learning and Instruction, 12 (5), 529-556.

Renkl, A., Gruber, H. & Mandl, H. (1996). Situated learning in instructional settings: From euphoria to feasibility (Research report No. 74). München: Ludwig-Maximilian-Universität, Lehrstuhl für Empirische Pädagogik und Pädagogische Psychologie.

Renkl, A., Mandl, H. & Gruber, H. (1996). Inert knowledge: Analyses and remedies. Educational Psychologist, 31 (2), 115-121.

Resnick, L. B. (Ed.) (1989). Knowing, Learning and Instruction. Hillsdale, NJ: Lawrence Erlbaum.

Resnick, L. B. (1991). Shared cognition: Thinking as social practice. In L. Resnick, J. Levine & S. Teasley (Eds.), Perspectives on socially shared cognition (pp. 1-20). Washington, DC: American Psychology Association.

Rogoff, B. (1990). Apprenticeship in Thinking. Cognitive development in social context. New York, NY: Oxford University Press.

Rolff, H.-G., Buhren, C. G., Lindau-Bank, D. & Müller, S. (1999). Manual Schulentwicklung. Handlungskonzept zur pädagogischen Schulentwicklung. Weinheim: Beltz.

Romiszowski, A. J. (1988). The Selection and Use of Instructional Media. New Brunswick, NJ: Nichol.

Rosenshine, B. & Meister, C. (1994). Reciprocal teaching: A review of the research. Review of Educational Research, 64 (4), 479-530.

Rost, J. (2004). Lehrbuch Testtheorie – Testkonstruktion (2. Aufl.). Bern: Huber.

Sammons, P., Elliot, K., Sylva, K., Melhuish, E., Siraj-Blatchford, I. & Taggart, B. (2004). The impact of pre-school on young children's cognitive attainments at entry to reception. British Educational Research Journal, 30 (5), 691-712.

Sauer, J. & Gamsjäger, E. (1996). Ist Schulerfolg vorhersagbar? Göttingen: Hogrefe.

Sauer, J. (2001). Prognose von Schulerfolg. In D. Rost (Hrsg.), Handwörterbuch Pädagogische Psychologie (S. 544-554). Weinheim: Beltz.

Schank, R. C. (Ed.) (1998). *Inside Multi-Media Case Based Instruction*. Mahwah, NJ: Lawrence Erlbaum.

Schecker, H. & Parchmann, I. (2006). Modellierung naturwissenschaftlicher Kompetenz. Zeitschrift für Didaktik der Naturwissenschaften (ZfDN), 12 (2006), 67-76

Schmidt, A. (2000). *Komplexität des Anchored Instruction Ansatzes in seiner unterrichtlichen Realisation als Jasper Woodbury Serie (Bericht Nr. 25).* Göttingen: Georg-August Universität, Seminar für Wirtschaftspädagogik.

Schmidkunz, H. & Lindemann, H. (1992). Das forschend-entwickelnde Unterrichtsverfahren: Problemlösen im naturwissenschaftlichen Unterricht. Essen: Westarp Wissenschaften.

Schneider, C. & Kuhn, J. (2005). Interpretationsübung zur Faktorenanalyse. Skript zum Forschungskolloquium. Landau: Universität, Abteilung Physik.

Schneider, C. & Kuhn, J. (2008). Kausalanalysen zur Optimierung authentischer Ankermedien. Unveröffentlichter Forschungsbericht. Landau: Universität, Abteilung Physik.

Schnieder, W. & Raue, P.-J. (1998). Handbuch des Journalismus. Reinbek: Rowohlt.

Schnotz, W. (1994). Aufbau von Wissensstrukturen: Untersuchungen zur Kohärenzbildung bei Wissenserwerb mit Texten. Weinheim: Beltz.

Schwartz, D. L., Brohpy, S., Lin, X. & Bransford, J. D. (1999). Software for Managing Complex Learning: Examples from an Educational Psychology Course. *Educational Technology Research and Development, 47*(2), 39-59.

Schulmeister, R. (2003). Lernplattformen für das virtuelle Lernen. München, Wien: Oldenburg.

Seel, N. M., Al-Diban, S. & Blumschein, P. (2000). Mental Models & Instructional Planning. In M. Spector & T. M. Anderson (Eds.), *Integrated and Holistic Perspectives on Learning, Instruction and Technology:Understanding Complexity*. Dordrecht, NL: Kluwer Acad. Publ.

Seel, N. M. (2003a). *Psychologie des Lernens: Lehrbuch für Pädagogen und Psychologen*. München, Basel: UTB Reinhardt.

Seel, N. M. (2003b). Model-Centered Learning and Instruction. *Technology, Instruction, Cognition and Learning*, 59-85.

Seel, N. M. (2004). Designing Model-Centered Learning Environments: Hocus-pocus – Or the Focus Must Strictly Be on Locus. In M. J. Spector & D. Wiley (Eds.), *Innovations in Instructional Technology: Essays in Honour of M. David Merrill.* Mahwah, NJ, USA: Lawrence Erlbaum.

Sharp, D. L. M. & Risko, V. J. (1993). *Integrating Media to Enhance Story Comprehension of Young, At-Risk Children*. Paper Presented at the Annual Meeting of the International Reading Association. San Antonio, TX: University.

Sharp, D. L. M., Bransford, J. D., Goldman, S. R., Risko, V., Kinzer, C. K. & Vye, N. J. (1995). Dynamic Visual Support for Story Comprehension and Mental Model Building by Young, At-Risk Children. Educational Technology Research and Development, 43 (4), 25-42.

Sherwood, R. D., Kinzer, C. K., Bransford, J. D. & Franks, J. J. (1987). Some Benefits of Creating Macro-Contexts For Science Instruction: Initial Findings. *Journal of Research in Science Teaching, 24* (5), 417-435.

Shyu, H. (1997). Effects of Anchored Instruction on Enhancing Chinese Students' Problem-Solving Skills. National Convention of the Association for Educational Communications and Technology (Albuquerque, NM, USA).

Shyu, H. (1999): Effects of Media Attributes in Anchored Instruction. Journal of Educational Computing Research, 21 (2), 119-139.

Sivin-Kachala, J. & Bialo, E. R. (1996). The Effectiveness of Technology in Schools: A Summary of Recent Research. *School Library Media Quarterly, 25* (1), 51-57.

Snijders, T. & Bosker, R. (1994). Modeled Variance in Two-Level-Models. Sociology of Education, 59, 1-17.

Snijders, T. & Bosker, R. (1999). Multilevel Analysis: An Introduction to Basic and Advanced Multilevel Modeling. London, Thousand Oaks, New Delhi: SAGE.

Soraci, S. A., Franks, J. J., Bransford, J. D., Chechile, R. A., Belli, R. F., Carr, M., Carlin, M. T. (1994). Incongruous item generation effect: A multiple perspective. Journal of Experimental Psychology: Learning, Memory and Cognition, 20, 1-12

Spiro, R. J., Feltovich, P. J., Coulsen, R. J. & Anderson, D. K. (1989). Multiple analogies for complex concepts: Antidotes for analogy-induced misconception in advanced knowledge acquisition. In S. Vosniadou & A. Ortony (Eds.), Similarity and analogical reasoning (pp. 498-531). Cambridge, MA: Cambridge University Press.

Spiro, R. J. & Jehng, J. C. (1990). Cognitive Flexibility and Hypertext: Theory and Technology for the Non-linear and Multidimensional Traversal of Complex Subject Matter. In R. J. Spiro & D. Nix (Eds.), *Cognition, Education, Multimedia. Exploring Ideas in High Technology* (pp. 163-205). Hillsdale, NJ: Lawrence Erlbaum.

Starauschek. E. (2003). Ergebnisse einer Schülerbefragung über Physikschulbücher. Zeitschrift für Didaktik der Naturwissenschaften (ZfDN), 9 (2003), 147-159.

Starauschek, E. (2006). Der Einfluss von Textkohäsion und gegenständlichen externen piktoralen Repräsentationen auf die Verständlichkeit von Texten zum Physiklernen. Zeitschrift für Didaktik der Naturwissenschaften (ZfDN), 12 (2006), 127-157.

Stark, R. (2004). Eine integrative Forschungsstrategie zur anwendungsbezogenen Generierung relevanten wissenschaftlichen Wissens in der Lehr-Lern-Forschung. Unterrichtswissenschaft, 32 (3), 257-273.

Stark, R. & Mandl, H. (2000). Konzeptualisierung von Motivation und Motivierung im Kontext situierten Lernens. In U. Schiefele & K.-P. Wild (Hrsg.), Interesse und Lernmotivation: Untersuchungen zu Entwicklung, Förderung und Wirkung (S. 95-115). Münster: Waxmann.

Stark, R. & Mandl, H. (2007). Bridging the gap between basic and applied research by an integrative research approach. Educational research and evaluation, Special issue, 13 (3), 249-261.

Sweller, J., Chandler, P., Tierney, P. & Cooper, M. (1990). Cognitive Load as a Factor in the Structuring of Technical Material. *Journal of Experimental Psychology: General*, 119, 176-192.

Terhart, E. (Hrsg.) (2000). Perspektiven der Lehrerbildung in Deutschland. Abschlußbericht der von der Kultusministerkonferenz eingesetzten Kommission. Weinheim: Beltz.

Terhart, E. (2002). Fremde Schwestern. Zum Verhältnis von Allgemeiner Didaktik und Lehr-Lern-Forschung. Zeitschrift für Pädagogische Psychologie, 16 (2), 77-86.

Trautwein, U. & Baeriswyl, F. (2007). Wenn leistungsstarke Klassenkameraden eine Nachteil sind. Zeitschrift für Pädagogische Psychologie, 21 (2), 119-133.

Tymms, P. B., Merrell, C. & Henderson, B. (1997). The First Year at School: A Quantitative Investigation of the Attainment and Progress of Pupils. Educational Research and Evaluation, 3 (2), 101-118.

Tymms, P. B. (2004). Effect sizes in multilevel models. In I. Schagen & K. Elliott (Eds.), But what does it mean? The use of effect sizes in educational research (pp. 55-66). Slough: National Foundation of Educational Research (NFER).

Urhahne, D., Prenzel, M., von Davier, M., Senbiel, M. & Bleschke, M. (2000). Computereinsatz im naturwissenschaftlichen Unterricht – Ein Überblick über die pädagogisch-psychologischen Grundlagen und ihre Anwendung. Zeitschrift für die Didaktik der Naturwissenschaften, 6, 157-186.

Van den Akker, J. (1998). The science curriculum: between ideals and outcomes. In B. Fraser & K. Tobin (Eds.), International handbook of science education (pp. 421-447). Dordrecht, The Netherlands: Kluwer.

Vogt, P. & Müller, A. (2008). „Werbeaufgaben" - ein Beispiel für authentisches Lernen in Physik. In V. Nordmeier & A. Oberländer (Hrsg.), Didaktik der Physik. Beiträge zur Frühjahrstagung der DPG – Berlin 2008 [CD]. Berlin: Lehmanns Media.

Von LaRoche, W. (2006). Einführung in den praktischen Journalismus. Berlin: Econ.

Vye, N. J., Goldman, S. R., Voss, J. F., Hmelo, C. & Williams, S. &. CTGV. (1997). Complex Mathematical Problem Solving by Individuals and Dyads. *Cognition and Instruction, 15* (4), 435-484.

Vygotsky, L. S. (1996). *Die Lehre von den Emotionen*. Münster: Lit-Verlag.

Waddington, D. J. (2005). Context-based learning inscience education: a review. In P. Nentwig & D. Waddington (Eds.), Making it relevant: Context based learning of science (pp. 305-321). Münster, New York, München, Berlin: Waxmann.

Weber, T. & Schön, L. (2001). Fachdidaktische Forschungen am Beispiel eines Curriculums zur Optik. In H. Bayrhuber, C. Finkbeiner, K. Spinner & H. Zwergel (Hrsg.), Lehr-Lern-Forschung in den Fachdidaktiken. Innsbruck: Studien Verlag.

Weinert, F. E. (1998). Lehrerkompetenz als Schlüssel der inneren Schulreform. Schulreport, 98 (2), 24.

Weniger, G. (2002). Lexikon der Psychologie. Heidelberg: Spektrum Akademischer Verlag.

Whitehead, A. N. (1929). The aims of education. New York: MacMillan.

Whitelegg, E. & Parry, M. (1999). Real-life contexts for learning physics: meanings, issues and practice. Physics Education, 34 (2), 68-72.

Winkler, K. & Mandl, H. (2004). Mitarbeiterorientierte Implementation von Wissensmanagement in Unternehmen. In G. Reinmann & H. Mandl (Hrsg.), Psychologie des Wissensmanagements. Perspektiven – Theorien – Methoden (S. 207-219). Göttingen: Hogrefe.

Woest, V. (2004). Aufgabenformate. Naturwissenschaften im Unterricht (NiU) – Chemie, 15 (2004) Nr. 82/83, 7-13.

Wolf, B. (2001). Effektstärkenmaße. In D. Rost (Hrsg.), *Handwörterbuch der Pädagogischen Psychologie* (S. 96-102). Weinheim: Beltz Psychologie VerlagsUnion.

Wright, E. (1993). The irrelevancy of science education research: Perception or reality? NARST News, 35 (1), 1-2.

Wright, S. (1934). The Method of Path Coefficients. The Annals of Mathematical Statistics, 5 (1934), 161ff.

Yerkes, R. M. & Dodson, J. D. (1908). The Relationship of Strength of Stimulus to Rapidity of Habit Formation. Journal of Comparative Neurology and Psychology, 18, 459-482.

Zanger, N. (2003). Instruktionsdesign als technologische Umsetzung psychologischer Lerntheorie am Beispiel des Jasper-Projects. Magisterarbeit im Studiengang Erziehungswissenschaften. Freiburg: Universität, Institut für Erziehungswissenschaft.

Zech, L. K., Gause-Vega, C. L., Bray, M. H., Secules, T. & Goldman, S. R. (2000). Content-based collaborative inquiry: A professional development model for sustaining educational reform. Educational Psychologist, 35, 207-217.

Zumbach, J. (2002). Goal-Based Scenarios. Realitätsnahe Vorgaben sichern den Lernerfolg. In U. Scheffer & F. W. Hesse (Hrsg.), *E-Learning, Die Revolution des Lernens gewinnbringend einsetzen* (S. 67-82). Stuttgart: Klett-Cotta.

SPRINGER NATURE

GPSR Compliance

The European Union's (EU) General Product Safety Regulation (GPSR) is a set of rules that requires consumer products to be safe and our obligations to ensure this.

If you have any concerns about our products, you can contact us on ProductSafety@springernature.com

In case Publisher is established outside the EU, the EU authorized representative is:

Springer Nature Customer Service Center GmbH
Europaplatz 3
69115 Heidelberg, Germany

Zeitfracht Medien GmbH
Ferdinand-Jühlke-Straße 7
99095 Erfurt, Deutschland
produktsicherheit@kolibri360.de